VORLESUNGEN ÜBER PHYSIOLOGIE

VON

Dr. M. von FREY

PROFESSOR DER PHYSIOLOGIE UND VORSTAND DES PHYSIOLOGISCHEN
INSTITUTS AN DER UNIVERSITÄT WÜRZBURG

DRITTE, NEU BEARBEITETE AUFLAGE

MIT 142 TEXTFIGUREN

BERLIN

VERLAG VON JULIUS SPRINGER

1920

ISBN-13:978-3-642-98666-6   e-ISBN-13:978-3-642-99481-4

DOI:10.1007/978-3-642-99481-4

Softcover repint of the hardcover 3rd edition 1920

Aus dem Vorwort zur ersten Auflage.

Das stets wiederkehrende Verlangen meiner Hörer nach einem Buche, das sich dem mündlichen Unterrichte möglichst enge anschließt, hat mich nach langem Sträuben veranlaßt, meine Vorlesungen niederzuschreiben. Es ist das gute Recht eines jeden Lehrers, den zu bewältigenden Stoff in seiner Weise zu ordnen und aufzufassen. Tut er das, so erhält der Vortrag etwas so Persönliches, daß es dem Hörer schwer fällt, sich in einer anderen Darstellung zurecht zu finden. Natürlich ist das Geschriebene keine sklavische Wiederholung des Gesprochenen. Die Breite des Vortrags ist kaum erträglich im Druck; anderseits können die Zahlenangaben und Tabellen im Buche ausführlicher sein.

Im ganzen habe ich die Mitte zu halten gesucht zwischen den an Tatsachen überreichen großen Lehrbüchern und den nur ein fleischloses Skelett bietenden Kompendien. Das durch den Buchhandel geförderte Überhandnehmen der sogenannten Paukbücher scheint mir eine schwere Gefahr für das Studium der Physiologie und der Medizin überhaupt. Das Niveau des Studiums wird durch sie herabgedrückt und statt den Hörer zu fesseln, verleiden sie ihm den Gegenstand. Der Student verträgt mit wenigen Ausnahmen nahrhafte geistige Kost und ist dankbar dafür, wenn man sich an ihn wendet nicht wie an einen Schuljungen, sondern wie an einen Mann von selbständigem Urteil. Diesem Zwecke dienen auch die Zitate, die dem Suchenden ermöglichen sollen, an die Quellen heranzukommen. Dagegen ist Vollständigkeit nicht die Pflicht eines Lehrbuches, weder in der Darstellung noch in den literarischen Nachweisen.

Vorwort zur dritten Auflage.

Das durch die Kriegszeit verspätete Erscheinen der dritten Auflage hat eine gründliche Umarbeitung des Buches nötig gemacht. Mehr als drei Viertel sind neu geschrieben und auch das Stehengebliebene nach Kräften verbessert. Die Literaturangaben sind, wie früher, nicht als historische Nachweise gedacht, sondern als Wegleitung für solche, die sich mit dem Stoffe näher befassen wollen. Hierzu sind neuere Abhandlungen im allgemeinen geeigneter, da sich von ihnen aus meist leicht die Spur nach rückwärts verfolgen läßt. Die Ausstattung mit Abbildungen konnte, dank dem Entgegenkommen der Verlagshandlung, wesentlich reicher gestaltet werden. Den Herren Professoren ACKERMANN und HOFFMANN bin ich für freundliche Hilfe beim Lesen der Korrekturen und mancherlei Hinweise dankbar.

Würzburg, im Januar 1920.

Inhaltsverzeichnis.

Inhaltsverzeichnis.   VII

Abkürzungen in den Literaturangaben.

Die Bandzahlen sind fett gedruckt.

A. A. = Anatomischer Anzeiger.
A. de P. = Archives de Physiologie normale et pathologique.
A. d. Heilk. = Archiv der Heilkunde von E. WAGNER.
A. d. P. = Annalen der Physik.
A. d. P. N. F. = Annalen der Physik, Neue Folge.
A. di Fis. = Archivio di Fisiologia.
A. e. P. = Archiv für experimentelle Pathologie und Pharmakologie.
A. f. A. = Archiv für Anatomie und Entwicklungsgeschichte.
A. f. A: u. P. = Archiv für Anatomie, Physiologie und wissenschaftl. Medizin.
    von JOH. MÜLLER, REICHERT und DU BOIS-REYMOND.
A. f. d. ges. Psych. = Archiv für die gesamte Psychologie.
A. f. Entw. = Archiv für Entwicklungsmechanik.
A. f. Hyg. = Archiv für Hygiene.
A. f. klin. Chir. = Archiv für klinische Chirurgie.
A. f. klin. Med. = Deutsches Archiv für klinische Meidzin.
A. f. Ophth. = Archiv für Ophthalmologie.
A. f. P. = Archiv für Physiologie.
A. g. P. = Archiv für die gesamte Physiolgie von PFLÜGER.
A. int. de P. = Archives internationales de physiologie.
A. ital. d. B. = Archives italiennes de Biologie.
A. m. A. = A. f. m. A. = Archiv für mikroskopische Anatomie.
Acad. des Sc. = Comptes rendus de l'académie des Sciences, Paris.
Am. J. of med. Sc. = American Journal of medical Sciences.
Am. J. of P. = American Journal of Physiology.
Am. J. of Ps. = American Journal of Psychology.
Ann. d. C. = Annalen der Chemie von LIEBIG.
Ann. Inst. Pasteur = Annales de l'Institut Pasteur.
A. p. A. = A. f. p. A. = Archiv für pathologische Anatomie und Physiologie
    von VIRCHOW.
B. D. C. G. = Berichte der Deutschen Chemischen Gesellschaft.
Beitr. z. A. u. P. = ECKHARDS Beiträge zur Anatomie und Physiologie.
Beitr. z. klin. Chir. = BRUNS Beiträge zur klinischen Chirurgie.
Berl. Ber. = Sitzungsberichte der Berliner Akademie.
Berl. klin. W. = Berliner klinische Wochenschrift.
Berl. med. W. = Deutsche medizinische Wochenschr, Berlin.
Bibl. zool. = Bibliotheca zoologica, Stuttgart.
Biol. Zb. = Biologisches Zentralblatt, Leipzig.
Brain = Brain, a Journal of Neurology, London.
Bull. acad. Belg. = Bulletin de l'Académie Royale de médecine de Belgique.
Bull. Mus. Comp. Zool. = Bulletin of the Museum of Comparative Zoology.
B. z. ch. P. u. P. = Beiträge zur chemischen Physiologie und Pathologie von
    HOFMEISTER.
B. Z. = Biochemische Zeitschrift, Berlin.
C. R. = Comptes rendus de l'Academie des sciences, Paris.
C. R. Soc. de Biol. = Comptes rendus de la Société de Biologie, Paris.
D. A. f. kl. Med. = Deutsches Archiv für klinische Medizin, Leipzig.
Diss. = Dissertation.

D. med. W. = Deutsche medizinische Wochenschrift, Berlin.
D. Z. f. Nervenheilk. = Deutsche Zeitschrift für Nervenheilkunde.
E. d. P. = Ergebnisse der Physiologie.
Fol. hämatol. = Folia hämatologica, Leipzig.
Ges. Abh. = Gesammelte Abhandlungen.
Handb. d. Bioch. = OPPENHEIMERS Handbuch der Biochemie.
Handb. d. physiol. Meth. = TIGERSTEDTS Handbuch der physiologischen Methodik.
H. d. P. oder Handb. d. P. = Handbuch der Physiologie,
                1844, von JOHANNES MÜLLER,
                1879—83, herausgegeben von L. HERMANN,
                1905—1909,   „   „ W. NAGEL.
J. Biol. Chem. = The Journal of Biological Chemistry.
J. de Phys. et de Path. = Journal de Physiologie et de Pathologie générale.
J. de la P. = Journal de la Physiologie de l'homme et des animaux.
Jb. f T. = Jahresbericht für Tierchemie.
J. of A. a. P. = Journal of Anatomy and Physiology.
J. Biol. Chem. = The Journal of Biological Chemistry.
J. of exp. Med. = The Journal of experimental Medicine, Lancaster.
J. of Morph. = The Journal of Morphology.
J. of P. = Journal of Physiology.
Leipz. Abh. ⎫
Leipz. Ber. ⎬ = Abhandlungen bzw. Berichte der mathematisch-naturwissenschaftlichen Klasse der kgl. sächs. Gesellschaft der Wissenschaften zu Leipzig.
Leipz. Arb. = Arbeiten aus der physiologischen Anstalt zu Leipzig, mitgeteilt von C. LUDWIG.
Med. Klin. = Medizinische Klinik, Berlin.
Mitt. a. d. Grenzgeb. = Mitteilungen aus den Grenzgebieten der Medizin und Chirurgie.
MOLESCHOTTS Unters. = MOLESCHOTTS Untersuchungen zur Naturlehre.
Münch. Sitzgsber. = Sitzungsberichte der Akademie der Wissenschaften, München.
Nord. med. Ark. = Nordisches medizinisches Archiv, Stockholm.
Onderzoek. Leiden = Onderzoekingen gedaan in het Physiologisch Laboratorium Leiden.
Onderzoek. Utrecht = Onderzoekingen gedaan in het Physiologisch Laboratorium Utrecht.
Ph. O. = Physiologische Optik von HELMHOLTZ, 3. Aufl.
Phil. Trans. ⎫
Proc. R. S. ⎬ = Philosophical Transactions and Proceedings of the Royal Society, London.
Phil. Stud. = Philosophische Studien, ⎱
Psych. Stud. = Psychologische Studien, ⎰ herausgegeben von W. WUNDT.
Publ. CARNEGIE Inst. = CARNEGIE Institution of Washington Publications.
Quart. J. of exp. P. = Quarterly Journal of experimental Physiology.
Rev. méd. de la S. R. = Revue médicale de la Suisse Romande.
Sk. A. = Skandinavisches Archiv für Physiologie.
Texb. of P. = Textbook of Physiology, London 1898—1900, ed. by E. A. SCHÄFER.
Wien. Ber. = Sitzungsberichte der k. Akademie der Wissenschaften, Wien.
Wien. Denkschr. = Denkschriften der Akademie der Wissenschaften, Wien.
Wien. med. Jahrb. = Wiener medizinische Jahrbücher.
Würzb. Ber. ⎫
Würzb. Verh. ⎬ = Sitzungsberichte und Verhandlungen der physikalisch-medizinischen Gesellschaft, Würzburg.
Zb. f. d. med. Wiss. = Zentralblatt für die medizinischen Wissenschaften.
Zb. f. P. = Zentralblatt für Physiologie, Wien.
Z. f. allg. P. = Zeitschrift für allgemeine Physiologie, Jena.
Z. f. B. = Zeitschrift für Biologie.
Z. f. Chir. = Zeitschrift für Chirurgie.
Z. f. exp. P. u. T. = Zeitschrift für experimentelle Pathologie und Therapie.
Z. f. klin. Med. = Zeitschrift für klinische Medizin.
Z. f. Ps. = Zeitschrift für Psychologie und Physiologie der Sinnesorgane.
Z. f. rat. Med. = Zeitschrift für rationelle Medizin.
Z. f. wiss. Zool. = Zeitschrift für wissenschaftliche Zoologie.
Z. ges. exp. Med. = Zeitschrift für die gesamte experimentelle Medizin.
Z. phk. C. = Zeitschrift für physikalische Chemie.
Z. phl. C. = Zeitschrift für physiologische Chemie.

Erster Teil.

Der Satz von der Erhaltung der Energie in seiner Anwendung auf die Lebewesen.

Die Physiologie — oder wie sie auch genannt wird, die Biologie — ist die Wissenschaft von den Lebensvorgängen, begründet auf das Experiment. Durch die Gemeinsamkeit der Methode ist sie ein Teil der Naturwissenschaft. Tatsächlich findet zwischen ihr und den Naturwissenschaften ein beständiger Austausch von Fragestellungen und Verfahrungsweisen statt und jeder Fortschritt auf dem einen Gebiete nützt dem anderen. Es braucht hier nur daran erinnert zu werden, welche weitreichende Bedeutung die Entdeckung der Röntgenstrahlen für die Physiologie, wie für die gesamte Medizin gewonnen hat. Die Entwicklung der Thermodynamik hat zu einer vertieften Ausbildung der Lehre von der Ernährung und des Wärmehaushaltes geführt; die wissenschaftliche Untersuchung des Kreislaufes und der Pulserscheinungen fußt auf der Hydrodynamik und der Wellenlehre. Von HELMHOLTZ ist bekannt, daß er durch das Studium der Schriften von EULER und GAUSS zur Untersuchung des Strahlenganges im Auge und zur Konstruktion des Augenspiegels angeregt worden ist.

Die Physiologie hat aber auch ihrerseits den Naturwissenschaften vielfache Anregung gegeben. Um nur einige Beispiele zu erwähnen, ist aus den Untersuchungen der Gelehrten des 17. und 18. Jahrhunderts — hauptsächlich in England — über die Vorgänge bei der Atmung die Physik und Chemie der Gase entstanden, aus der medizinischen bzw. physiologischen Chemie das stolze Gebäude der modernen organischen Chemie, während die Untersuchungen und Entdeckungen auf dem Gebiete der Elektrochemie ihren ersten Anstoß erhielten durch die merkwürdigen wenn auch widerspruchsvollen Versuche GALVANIS. Es waren ärztliche Erfahrungen und physiologische Gedankengänge, die JUL. ROB. MAYER zur Aufstellung des Satzes von der Erhaltung der Energie, oder, wie man damals sagte, der Kraft führten.

Ist also die Physiologie nach ihrer Methodik und der Art ihrer Fragestellung unzweifelhaft eine Naturwissenschaft, so unterscheidet sie sich doch durch ihren Gegenstand ganz wesentlich von einer solchen, indem sich ihre Untersuchungen nicht nur auf die körperlichen, sondern auch auf die seelischen Vorgänge erstrecken, also auf zwei ganz verschiedenartige Erscheinungsgebiete. Lebensvorgänge sind allerdings beide. Aber während die körperlichen Vorgänge objektiv feststellbar sind, d. h. von jedem mit gesunden Sinnen Begabten beobachtet werden können, sind die seelischen nur dem Träger derselben unmittelbar zugänglich, Anderen nur auf dem unsicheren Umwege der Sprache, der Gebärde und des Analogieschlusses. Ein weiterer wichtiger Unterschied besteht darin, daß die körperlichen oder objektiven Vorgänge nach Maß und Gewicht bestimmbar sind, während die seelischen als solche sich der Messung entziehen und nur bei ihrer Vergleichung von einem Mehr oder Weniger, von einem Größer oder Kleiner gesprochen werden kann.

Es ist nicht Sache der Naturwissenschaft das Nebeneinanderbestehen der beiden inkommensurablen Erscheinungsgebiete zu erklären, als welches eine über die Erfahrung hinausgehende oder transzendentale Frage wäre. Es darf aber gesagt werden, daß in den Kreisen der Forscher die Annahme mehr und mehr an Boden gewonnen hat, daß es sich hier um zwei Erscheinungsgebiete handelt, die, jedes für sich, nach eigenen Gesetzen ablaufen und in dieser Hinsicht selbständig sind, aber anderseits in der Weise miteinander zusammenhängen, daß allen seelischen Vorgängen körperliche und gewissen — vielleicht auch allen — körperlichen Vorgängen mehr oder weniger vollkommene seelische entsprechen, aber nicht im Sinne einer gegenseitigen kausalen Abhängigkeit, sondern als zwei Seiten ein und desselben Geschehens. Diese unter dem Namen des psychophysischen Parallelismus bekannte dualistische Auffassung erlaubt die objektiv feststellbaren Lebensvorgänge restlos der naturwissenschaftlichen Fragestellung zu unterwerfen und demgemäß auch von Wertbestimmungen und Zwecksetzungen abzusehen.

Die genannte Auffassung ist nicht nur theoretisch möglich, sie hat sich auch praktisch und heuristisch sehr fruchtbar erwiesen. Denn es hat sich zeigen lassen, daß die objektiven Lebensvorgänge von denselben umfassenden Regeln oder Gesetzen abhängig sind, wie die übrigen Naturerscheinungen. Hier sei nur erwähnt, daß die Lebewesen in Rücksicht auf ihre elementare Zusammensetzung aus den gleichen Stoffen bestehen, wie die unbelebten Gegenstände. Für die Lebensvorgänge gilt, soweit sie sich als chemische Vorgänge abspielen, genau so wie für die unbelebten das Gesetz von der Erhaltung der Masse, d. h. die Erfahrung, daß bei chemischen Reaktionen zwar die räumliche Verteilung der Massen oder ihre Bindungsweise, nicht aber ihre Menge sich ändert, ein Satz, auf dessen Begründung im Bereiche des tierischen Stoffwechsels später noch einzugehen sein wird. Für eine sehr große Zahl von Lebenserscheinungen hat sich ferner die Temperaturregel als maßgebend nachweisen lassen, nach welcher die Geschwindigkeit der chemischen Reaktionen in einer ganz bestimmten Abhängigkeit von der herrschenden Temperatur steht.

Von ganz besonderer Wichtigkeit im Gebiete der Naturwissenschaften ist der Satz von der Erhaltung der Energie, nach welchem innerhalb eines geschlossenen, d. h. vor Energieverlusten geschützten Systems von Körpern eine Mehrung oder Minderung des Energievorrates nicht eintreten kann, wohl aber die Umwandlung desselben aus einer Form in die äquivalente Menge einer anderen. Daß dieser Satz auch für die Lebensvorgänge gelte, wurde von vornherein angenommen. Die experimentelle Sicherung desselben hat sich aber als sehr schwierig erwiesen. Vor allen lassen sich die Lebewesen nicht für einige Zeit energetisch isolieren, d. h. sie verlieren beständig Energie nach außen. Die Untersuchung kann also nur darauf gerichtet sein festzustellen, ob der Energievorrat des Lebewesens entsprechend sinkt, oder wenn er konstant bleibt, woher der ausgleichende Ersatz kommt.

Von einem Lebewesen z. B. einem Tiere kann Energie in sehr verschiedener Form abgegeben werden, als mechanische, elektrische, chemische, thermische Energie. Besonders geeignet zur Messung ist die letztere Form. Man richtet daher den Versuch so ein, daß alle vom Tier ausgegebene Energie, soweit sie nicht schon von vornherein als Wärme erscheint, in diese übergeführt wird.

Die Ausgabe der Wärme findet stets auf dreierlei Weise statt: durch Strahlung, durch Leitung und durch Wasserverdunstung. Das Wärmemessungsverfahren, die Kalimetrie, muß imstande sein, die auf jedem der drei Wege verlorenen Wärmemengen vollständig zu messen.

Zur Messung der ausgestrahlten Wärme wird das zu untersuchende Tier oder irgend eine andere Wärmequelle in einen doppelwandigen Behälter aus Metall, das Kalorimeter (Abb. 1), gebracht. Zwischen den beiden Wänden des Kalorimeters befindet sich Luft. Sobald das Tier eingebracht ist, fängt das Kalorimeter an sich zu erwärmen und mit ihm die im Mantelraum eingeschlossene Luft. Indem aber die

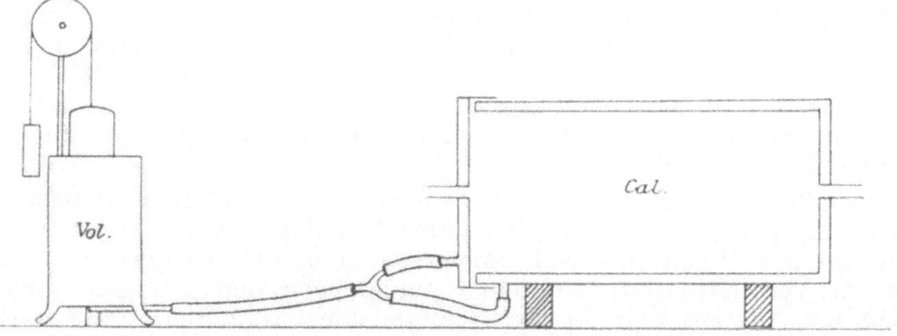

Abb. 1. RUBNERS Kalorimeter, schematisch.

Temperatur des Kalorimeters über die der Umgebung steigt, beginnt es selbst wieder durch Strahlung (und Leitung) Wärme an die Umgebung zu verlieren. Schließlich wird ein Gleichgewichtszustand erreicht, dadurch gekennzeichnet, daß das Kalorimeter in der Zeiteinheit gleichviel Wärme von der Wärmequelle erhält, wie es nach außen abgibt, wobei es eine konstante Temperatur annimmt. Die Höhe dieser Temperatur wird bei gegebener Außentemperatur abhängen von der Größe der Wärmezufuhr, so daß sie als Maß für letztere dienen kann. Statt die Temperatur der im Mantelraum des Kalorimeters eingeschlossenen Luft direkt zu messen, bestimmt man als Funktion derselben ihre Ausdehnung. Hierzu wird der Luftmantel des Kalorimeters, der sonst überallhin abgeschlossen ist, durch einen Schlauch mit dem Volumschreiber *Vol* verbunden, also gewissermaßen in ein Luftthermometer verwandelt. Soll die Temperatur bzw. das Volumen des Luftmantels als Maß für die hindurchgehenden Wärmemengen dienen, so muß man das Kalorimeter eichen, d. h. man muß bestimmen, welche Wärmemenge man in der Zeiteinheit zuzuführen hat, um eine gewisse Stellung des Volumschreibers zu erhalten. Dies kann etwa so geschehen, daß man eine kleine Glühlampe in das Kalorimeter einführt, die in Volt gemessene Spannung mit der Stromstärke in Ampere multipliziert und die in Watt sich ergebende sekundliche Stromleistung durch Multiplikation mit dem Faktor 0,239 in g-kal./Sek. überführt. Auf diesem Wege ist für das vorliegende Kalorimeter bestimmt worden, daß bei einer äußeren Temperatur von 18° ein Ausschlag des Volumschreibers von 1° einer stündlichen Abgabe von 170 g-Kal. entspricht. Bei längerdauernden Versuchen ist zu berücksichtigen, daß das Volum des Luftmantels durch Änderung des Luftdruckes sehr erheblich beeinflußt wird. Die Ablesungen bedürfen daher einer Korrektur, auf deren Ausführung aber hier nicht näher eingegangen werden kann.

Das in dem Kalorimeter eingeschlossene Tier verliert nicht nur Wärme durch Strahlung, sondern auch durch Leitung an die umgebende Luft und an die Unterlage, auf der es ruht. Um eine unmittelbare Übertragung auf die Wand des Kalorimeters und dadurch eine ungleiche Erwärmung desselben zu verhüten, wird die Unterlage des Tieres thermisch möglichst isoliert. Wärmeleitung an die Luft läßt sich dagegen nicht vermeiden und muß berücksichtigt werden. Lüftet man nämlich den Binnenraum des Kalorimeters, wie es für ein atmendes Tier nötig ist, so strömt kalte Luft ein und warme aus; die Temperaturerhöhung der durchströmenden Luft ist das zweite Glied in der zu messenden Energiesumme. Seine Größe wird gefunden, wenn man die Masse (nicht das Volum) der in der Zeiteinheit durchströmenden Luft multipliziert mit der Temperaturdifferenz zwischen einströmender und ausströmender Luft und mit der spezifischen Wärme der Luft für konstanten Druck (0,24).

Endlich verliert das Tier auch noch Wärme, indem es Wasser aus seinem Körper verdampft. Bei guter Ventilation wird dieses Wasser nicht an der Wand des Kalorimeters kondensiert, sondern entweicht mit der Ventilationsluft und kann aufgefangen und gewogen werden, indem man die aus dem Apparate kommende Luft durch Schwefelsäure streichen läßt. Jedes Gramm dieses Wassers entspricht einer Wärmemenge von 600 g-Kal. Dies das dritte Glied der Arbeitssumme.

Der einstündige Versuch gibt nun folgende Werte:

Gewicht des Tieres . . . . 2,525 kg
Ausschlag des Volumschreibers . . . 23 Teile
Ventilationsluft . . . . 216 Liter = 0,26 kg
Temperaturerhöhung derselben . . . 4°
Zimmertemperatur . . . . 20°
Barometerdruck . . . . 747 mmHg
Verdunstungswasser . . . . 4,3 g

Daraus folgt:

1. Wärmeverlust an das Kalorimeter
23 Teile × 0,17 kg-Kal./Teil und Stunde = 3,91 kg Kal./Std.

2. Wärmeverlust an die Ventilationsluft
$$0,26 \text{ kg/Stunde} \times 4^0 \times 0,24 \frac{\text{kg-Kal}}{\text{kg}} = 0,25 \quad \text{,,}$$

3. Wärmeverlust durch Verdunstung
$$4,3 \text{ g/Stunde} \times 0,6 \frac{\text{kg-Kal.}}{\text{g}} = 2,58 \quad \text{,,}$$

Summe = 6,74 kg Kal./Std.

Der Versuch zeigt, daß der durch Erwärmung der Ventilationsluft entstehende Energieverlust gering ist; dagegen stellt die durch Verdunstung entzogene Wärmemenge einen recht ansehnlichen Bruchteil, fast $3/7$ der Summe, dar.

Zum Zwecke der weiteren Diskussion des Versuchsergebnisses wird man sich zunächst von der zufälligen Größe des Tieres unabhängig machen, indem man die Kaloriensumme durch das Körpergewicht dividiert. Man erhält $\dfrac{6{,}74 \text{ Kal.}}{2{,}525 \text{ kg}} = 2{,}7$ Kal. pro kg und Stunde.

Zum Vergleiche mit dieser Zahl mögen die Werte dienen, die sich aus Versuchen von RUBNER berechnen lassen. Sie geben für 2 Kaninchen am 3.—5. bzw. 3.—8. Hungertag im Mittel 2,2—2,4 kg-Kal. pro kg und Stunde (1881. Z. f. B. **17**. 238). Der oben gefundene höhere Wert ist verständlich, da es sich um ein Tier handelt, das sich in voller Verdauung befindet.

Am meisten interessiert der Vergleich mit dem Menschen. Versuche über die Wärmeausgabe des gesunden Menschen sind unter verschiedenen Verhältnissen der Ernährung und der körperlichen Betätigung in dem Ernährungslaboratorium in Boston unter der Leitung von F. G. BENEDICT in großer Zahl ausgeführt worden (Veröffentlichungen der Carnegie-Institution, Washington). Die Versuche haben in gut übereinstimmender Weise für den ruhenden und fastenden Menschen eine stündliche Wärmelieferung von 1,23 bis 1,28, für den ruhenden und zureichend ernährten Menschen 1,30 bis 1,37 kg-Kal. pro kg und Stunde ergeben. Zu denselben Werten sind auch andere Forscher gelangt (vgl. R. TIGERSTEDT in Handb. d. Biochemie **4**. 2. Hälfte. S. 55—82).

RUBNER hat zuerst darauf hingewiesen, daß der Warmblüter auf die Einheit der Körpermasse um so weniger Wärme ausgibt, je größer er ist. Sehr überzeugend tritt dies zutage in der folgenden Tabelle, die sich auf Hunde verschiedenen Gewichts bezieht (RUBNER 1887, Biologische Gesetze, Marburg; 1883 Z. f. B. **19**, 535).

Gewicht in Kilo	Kal. pro kg und Stunde	Kal. pro 1 m² Oberfläche in 24 Stunden
31,2	1,48	1036
24,0	1,70	1112
19,8	1,91	1207
18,2	1,92	1097
9,6	2,71	1183
6,5	2,75	1153
3,2	3,67	1212

Die Zahlen des zweiten Stabes (Kalorien pro kg und Stunde) nehmen mit sinkendem Körpergewicht fortwährend zu. Das Ergebnis ist verständlich, wenn man sich erinnert, daß in dem oben ausgeführten Versuch die Ausstrahlung an das Kalorimeter den Hauptteil des Wärmeverlustes ausmachte. Die Strahlung ist der Oberfläche proportional, und kleine Tiere haben für die Einheit ihrer Masse eine größere Oberfläche. An Körpern einfacher Form ist diese Eigentümlichkeit leicht nachzuweisen. So hat ein Würfel von 1 l Rauminhalt und 1000 g Masse eine Oberfläche von 600 cm² oder 0,6 cm² pro g Masse; dagegen ein Würfel von 1 cm³ Rauminhalt und 1 g Masse die Oberfläche von 6 cm² oder 6 cm² pro g Masse. Der Würfel von $\dfrac{1}{10}$ Seitenlänge des großen hat demnach auf die Masseneinheit eine 10fach größere Oberfläche. Was hier von geometrisch einfachen Körpern gilt, ist auch für ähnliche Tiergestalten zutreffend.

Der Einfluß der Oberfläche ergibt sich deutlich, wenn die Wärmeausgabe nicht auf die Einheit der Masse, sondern auf die Einheit der Oberfläche bezogen wird. Dies ist in dem letzten Stab der obigen Tabelle geschehen, mit dem Erfolge, daß die gewonnenen Zahlen nur noch Unterschiede bis zu 17 Prozent aufweisen, während das Gewicht des kleinsten Tieres sich zu dem des größten wie 1 : 10 verhält. Daraus ist zu schließen, daß in der Tat die Oberflächenentwickelung von der einschneidensten Bedeutung ist für die Größe der Wärmeausgabe.

Die Natur des Warmblüters bringt es also mit sich, daß er beständig Energie verliert durch Erwärmung seiner Umgebung. Die Größe dieses Verlustes ändert sich mit der äußeren Temperatur, ohne jemals Null oder gar negativ zu werden. Auch wenn die äußere Temperatur auf die des Organismus steigt, wird noch Wärme abgegeben, in diesem Falle allerdings nicht durch Strahlung und Leitung, sondern durch Wasserverdunstung. Wird diese durch Sättigung der Luft ausgeschlossen, so ist das Leben nicht möglich.

Der Verlust ist ein sehr bedeutender, er übertrifft alle anderen Energieausgaben des Körpers. Für den erwachsenen Menschen stellt er sich für die Person und den Tag unter gewöhnlichen Umständen im fastenden Zustand auf 1900 kg-Kal. und auf 2200—2300 im ausreichend ernährten und ruhenden Zustand. Die Zahlen sind Mittel aus den Versuchen von BENEDICT (s. o.). Die äquivalenten mechanischen Energiemengen sind 850000 bis 10^6 m-kg.

Die verschwenderische Ausgabe von Energie, die den Haushalt des Warmblüters auszeichnet, drängt zu der Frage, woher er dieselbe schöpft. Ist der Satz von der Erhaltung der Energie für ihn gültig, so muß entweder der Körper zusehends von seinem Energievorrat einbüßen, oder es muß eine Quelle nachweisbar sein, aus der ein Ersatz möglich ist.

Dieser Ersatz stammt aus der Nahrung. Wird die Zufuhr derselben unterbrochen, so verändert der Körper in der Tat seinen Zustand, er magert ab, er kommt von Kräften. Durch die Nahrung können diese Veränderungen hintangehalten werden: Es treten die Zustandsänderungen der Nahrung an Stelle der Zustandsänderung des (hungernden) Körpers. Für die Aufgabe die aus den Zustandsänderungen fließenden Energiemengen nachzuweisen, ist der zweite Fall das übersichtlichere Problem. Läßt sich die Ernährung so leiten, daß der Körper nach Masse und Energiegehalt konstant bleibt, so müssen die energetischen Leistungen während der Versuchszeit aus der Änderung der Nahrungsbestandteile ableitbar sein.

Die soeben der Ernährung gestellte Aufgabe ist in der Tat durchführbar, d. h. sie läßt sich so einrichten, daß die in den Körper eingehenden elementaren Stoffe den herauskommenden der Menge nach vollständig gleich sind. Es wird genügen für eines der Elemente der Nahrung diesen Beweis zu führen und ich wähle als Beispiel die Untersuchungen von M. GRUBER über das Stickstoffgleichgewicht (vgl. unten 9. Teil und 1880, Z. f. B. **16**, 392). Er fütterte einen Hund durch 17 Tage gleichmäßig mit 600 g Fleisch täglich und bestimmte die gesamte N-

Einfuhr zu 368,53 g, die Ausfuhr zu 368,28 g. Die Differenz ist weniger als 0,1%. Ebenso wie für den Stickstoff läßt sich auch für den Kohlenstoff, für Wasserstoff und Sauerstoff Gleichgewicht zwischen Einfuhr und Ausfuhr herstellen und damit das Ziel erreichen, den Körper seiner Masse und (wie noch näher zu begründen sein wird) auch seinem Energiegehalte nach für die Versuchsdauer unverändert zu erhalten.

Es bleibt zu untersuchen, welche Zustandsänderung die den Körper durchsetzende Nahrung erleidet. Die Nahrung besteht im wesentlichen aus Sauerstoff, der aus der Luft aufgenommen wird, und aus gewissen zubereiteten Marktprodukten pflanzlicher und tierischer Herkunft. Diese stellen sich dar als wasserreiche Gemenge einer Anzahl chemischer Substanzen, die als Nahrungsstoffe bezeichnet werden und in 3 Gruppen zerfallen. Den Hauptbestandteil der (wasserfreien) menschlichen Nahrungsmittel bilden die Kohlehydrate, so genannt, weil sie nur aus Kohlenstoff und den Elementen des Wassers bestehen; d. h. sie enthalten Wasserstoff und Sauerstoff in dem Mengenverhältnis, in dem sich die beiden Elemente im Wasser finden. Die Mengenverhältnisse aller 3 Elemente sind rund C 40 %, H 7 %, O 53 %. Ihre Zusammengehörigkeit ist außer durch die gleiche Zusammensetzung durch die Ähnlichkeit ihrer chemischen Konstitution und der physikalischen und chemischen Eigenschaften gegeben. Soweit sie im Darm verdaut werden und in die Säfte des Körpers übertreten, verschwinden sie aus denselben, um schließlich als Kohlensäure und Wasser durch die Lungen bzw. die Nieren wieder zutage zu treten. Die nicht verdauten Mengen gelangen in den Kot.

Es liegt hier eine Umwandlung vor, die als Oxydation oder Verbrennung bezeichnet wird, und zwar eine vollständige. Die künstliche Oxydation dieser Stoffe außerhalb des lebenden Körpers liefert genau die gleichen Produkte.

Ähnlich wie mit den Kohlehydraten verhält es sich mit den Fetten. Sie bilden eine der Menge nach nicht so vorwiegende, dennoch aber höchst wichtige, wohlcharakterisierte Gruppe von Nahrungsbestandteilen. Auch sie bestehen nur aus den Elementen C, H und O, aber in dem Mengenverhältnis von rund C 77 %, H 12 %, O 11 %. Sie sind also kohlenstoffreich und sauerstoffarm. In die Körpersäfte aufgenommen erleiden sie das gleiche Schicksal wie die Kohlehydrate.

Die dritte Gruppe der Nahrungsbestandteile bilden die Eiweißkörper. Sie enthalten außer C, H, und O noch N (und fast immer auch S) als regelmäßigen Bestandteil ihres Moleküls. Im Mittel stellen sich die Mengenverhältnisse zu C 53 %, H 7 %, N 16 %, O 23 %, S 1 %. In bezug auf den Sauerstoffgehalt stehen sie in der Mitte zwischen den Fetten und Kohlehydraten. Selbst bei vollständiger Verdauung ist zu berücksichtigen, daß die Schleimhaut des Darmes stets stickstoffhaltige Stoffe abstößt, die im Kot erscheinen und als Verlust gebucht werden müssen. Man pflegt sie unverdautem Eiweiß gleich zu setzen. Auch fettartige, aus der Darmschleimhaut stammende Substanzen, finden sich stets im Kot und müssen von dem aufgenommenen Fett als nicht verdauter Teil in Abzug gebracht werden.

Eine wichtige Eigentümlichkeit der Eiweißkörper ist, daß sie von dem lebenden Organismus nicht so vollständig mit Sauerstoff verbunden werden können, wie es bei der künstlichen Oxydation möglich ist. Der

Stickstoff wird nicht als Gas, auch nicht in Form eines seiner Oxyde, sondern in Verbindung mit Kohlenstoff, Wasserstoff und Sauerstoff, hauptsächlich als Harnstoff durch die Niere ausgeschieden.

Faßt man zusammen, so ergibt sich folgendes: Die Umwandlung der Nahrung im lebenden Körper verläuft im wesentlichen als Oxydation. Verbrennt man ein gegebenes Quantum derselben Nahrung auf experimentellem Wege und bestimmt die dabei frei werdende Energie, so läßt sich daraus jene berechnen, die der lebende Körper im günstigsten Falle aus seiner Nahrung gewinnen kann. In Abzug zu bringen sind davon die in Harn und Kot nicht oder unvollständig oxydiert ausgeschiedenen Substanzen.

In nicht genauer, aber sehr übersichtlicher Weise läßt sich die Bestimmung der Verbrennungswärme durchführen, wenn man in einem zylindrischen Gefäß aus Kupfer- oder Zinkblech einen Liter Wasser durch eine unterhalb entzündete Kerze erwärmt und einerseits die Temperaturzunahme des Wassers, andererseits die Massenabnahme der Kerze während der Versuchszeit bestimmt. Gibt man dem Gefäß einen nach innen vorgewölbten Boden, versieht seine Seitenwand mit einem Schutzmantel aus Filz und wählt als Kerze ein kleines Stearinlicht, wie sie als Nachtlichter im Handel sind, so läßt sich die frei werdende Wärmemenge nach Ausführung einer oder zweier Korrekturen mit etwa 15 % Verlust gewinnen. Der Fehlbetrag rührt einmal von unvollständiger Verbrennung her und dann von den Wärmemengen, die von der Flamme durch Strahlung und Leitung an die Umgebung abgegeben werden und für die Anheizung des Wassers verloren gehen.

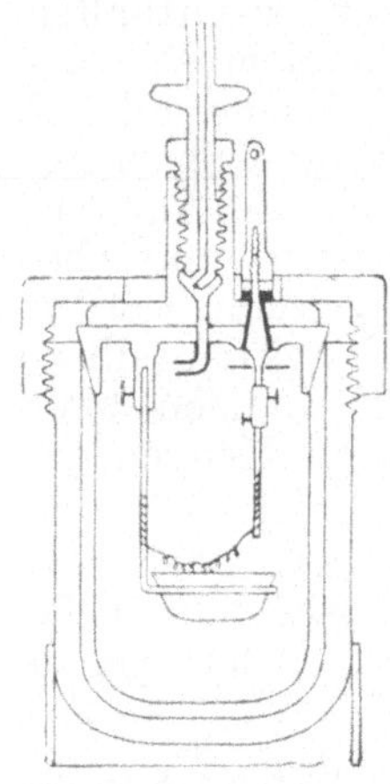

Abb. 2. Berthelots kalorimetrische Bombe zur Bestimmung der Verbrennungswärme organischer Substanzen.

Diese Fehler vermeidet die Verbrennung in der Bombe, die von Berthelot in die kalorimetrische Methodik eingeführt worden ist und die Bestimmungen mit einer Genauigkeit bis 1 °/oo durchführen läßt. Sie besteht aus einem dicht schließenden Gefäß aus Platin (Abb. 2), in welchem eine gewogene Menge der Substanz in Sauerstoff von 24 Atm. Druck durch den elektrischen Strom entzündet und zur Verbrennung gebracht wird. Näheres über die Methode siehe bei Ostwald-Luther, Physikochemische Messungen, Leipzig, 1902, 215.

Die Bombe, welche sich durch den Verbrennungsprozeß erwärmt, ist in ein Wasserbad versenkt, aus dessen Temperaturzunahme die entwickelten Wärmemengen gefunden werden. Die nachstehende Tabelle gibt die in kg-Kal. gemessenen Wärmemengen, welche durch Verbrennung von je 1 g der betreffenden Substanz gewonnen werden. Alle Zahlen beziehen sich auf wasserfreie Substanz.

Verbrennungswärme in kg-Kalorien pro g Substanz

Wasserstoff	34,5
Kohlenstoff	7,9
Schwefel	2,2

Stearinsäure . . . . 9,4—9,7
Tierfett . . . . 9,4—9,5
Butterfett 9,2
Olivenöl . . . . 9,3—9,4

Stärke . . . . 4,1—4,2
Rohrzucker . . . . 3,9—4,0
Milchzucker 3,9
Maltose 3,9
Dextrose . . . . 3,7—3,8

Alkohol . . . . 7,1—7,3
Glyzerin 4,3

Kleber 6,0
Legumin 5,8
Serumalbumin 5,9
Eieralbumin . . . . 5,6—5,7
Milchkasein 5,9
Glutin . . . . 5,4—5,5
Pepton 5,3
Harnstoff 2,5
Muskeleiweiß . . . . 5,75 Nutzeffekt 4,4
Muskel 5,3   4,0
Körpereiweiß 3,8

Zu oberst stehen die Verbrennungswärmen dreier Grundstoffe, H, C und S, von welchen der Wasserstoff bei weitem die größte ergibt. Dann folgt eine Gruppe von Substanzen, die zu den Fetten und deren Spaltungsprodukten gehören. Ihre Verbrennungswärmen schwanken zwischen 9,2 und 9,7. Es folgen fünf Körper aus der Gruppe der Kohlenhydrate, die ebenfalls nahe übereinstimmende Verbrennungswärmen aufweisen, zwischen 3,7 bis 4,2. Eine letzte Gruppe enthält Beispiele von Eiweißkörpern, deren Verbrennungswärmen sich in den Grenzen von 5,3 bis 6,0 bewegen (vgl. die Tabellen von LANDOLT und BÖRNSTEIN, 2. Aufl., Berlin 1894).

Man sieht, daß Substanzen von ähnlicher chemischer Zusammensetzung auch naheliegende Werte der Verbrennungswärme besitzen, und es ist nicht schwer zwischen diesen beiden Tatsachen Beziehungen aufzufinden. Zunächst ist ersichtlich, daß die Verbrennungswärmen um so größer sind, je weniger Sauerstoff die Substanz im Molekül besitzt, je mehr sie also davon bei der Oxydation verbraucht. So enthält z. B. das Tristearin ($C_{57}H_{110}O_6$) bei einem Molekulargewicht von 890 nur 10,78 % Sauerstoff, Dextrose und Rohrzucker bzw. 53,33 % und 51,5%, während die Eiweißkörper mit einem Sauerstoffgehalt von 21—23 % in der Mitte stehen. Für die hohe Verbrennungswärme der Fette kommt ferner in Betracht, daß ein erheblicher Teil des Sauerstoffs (fast $\frac{1}{3}$) zur Oxydation von Wasserstoff erfordert wird.

Die Zahlen für die Eiweißkörper bedürfen bei Anwendung auf den tierischen Energiehaushalt einer Korrektur, weil diese Stoffe, wie schon oben erwähnt, im Organismus nicht so weit oxydiert werden können,

als es in der Bombe gelingt. RUBNER hat die Korrektur ermittelt, indem
er für eine möglichst gleichförmige, eiweißreiche Kost die Verbrennungswärme von Harn und Kot bestimmte und sie von der Verbrennungswärme der Kost abzog.

Auf diese Weise sind die unten rechts stehenden Zahlen der obigen
Tabelle gewonnen, welche den Nutzeffekt für die bei Hunden gut durch-
führbare gleichförmige Beköstigung mit ausgelaugtem, sowie mit frischem,
möglichst fettfreiem Fleisch darstellen. Für das im Hunger vom Körperbestand eingeschmolzene Eiweiß fand RUBNER einen etwas niedrigeren
Nutzwert als für gefüttertes Fleisch, was er geneigt ist auf eine andere
Zersetzungsart des Körpereiweißes zu beziehen (1885, Z. f. B. **21**, S. 308,
319, 328).

Das Verfahren von RUBNER läßt sich verallgemeinern und auf
jede wie immer zusammengesetzte Kost ausdehnen. Man spart auf diese
Weise die Zerlegung der Nahrung in die einzelnen in ihr enthaltenen,
Energie führenden Stoffe und die Ermittelung der aus ihnen fließenden
Wärmemengen. Dieser kürzeste Wege ist aber, wie leicht ersichtlich,
nur gestattet, solange der oben angenommene Idealfall verwirklicht ist,
daß der Zustand des Versuchstieres oder der Versuchsperson vollständig
unverändert bleibt. Ist diese Voraussetzung nicht erfüllt, so muß der
kalorische Versuch mit einem Stoffwechselversuch verbunden werden,
der es in später noch näher zu beschreibender Weise ermöglicht, die
stofflichen und energetischen Zustandsänderungen des lebenden Organismus zu ermitteln. Auf diese Weise sind die Versuche durchgeführt,
über welche nachstehend berichtet werden soll.

Es wird indessen zweckmäßig sein, vorher noch einem Einwand
zu begegnen, der gegen die Gleichstellung der Verbrennungswärmen
innerhalb und außerhalb des Tieres gemacht werden könnte. Die Verbrennung im Tierkörper verläuft weniger stürmisch und nicht mit
Feuererscheinung, wie in der Bombe und man könnte daher geneigt
sein eine entsprechende Verschiedenheit der Verbrennungswärmen anzunehmen. Dies trifft aber nicht zu. Es kommt für den zu erzielenden
Energiegewinn nicht auf die Art der Oxydation, sondern nur auf die
Natur der Oxydationsprodukte an. Sind diese gleich, so wird dieselbe
Energiemenge gewonnen, wie verschieden sonst auch der Prozeß ablaufen mag. Dies erhellt z. B. sehr deutlich aus den Versuchen von
RUBNER, in welchen die Verbrennungswärmen des Harnstoffes auf zwei
verschiedenen Wegen bestimmt wurde, durch Verbrennung im gewöhnlichen Sinne und durch Oxydation auf nassem Wege mittelst unter-
bromigsauren Natrons, und welche bis auf 0,4 % übereinstimmende
Werte ergeben haben (1885, Z. f. B. **21**, 291).

Mit der Kenntnis der Verbrennungswärme und des Nutzeffektes
der Nahrung sind die Voraussetzungen gegeben für die Aufstellung
einer Bilanz zwischen den zugeführten und den verlorenen Energiemengen. Die durch Zersetzung der Nahrung freiwerdenden Wärmemengen sind als Aktiva, die während derselben Zeit vom Körper abgegebenen Wärmemengen als Passiva zu buchen.

Auf diesem Wege sind die nachstehenden Zahlen gewonnen, die
RUBNER im Jahre 1893 veröffentlicht hat (Z. f. B. **30**, 135) und die sich
auf Hunde beziehen.

Art der Nahrung	Zahl der Tage	Summe der aus der Nahrung kommenden Wärme Aktiva	Summe der nach außen abgegebenen Wärme Passiva	Differenz in Prozent	Prozent-Differenz im Mittel
Fleisch u. Fett {	8 12	2492,4 3985,4	2488,0 3958,4	— 0,17 — 0,68	} — 0,42
Fleisch . . . {	6 7	2249,8 4780,8	2276,9 4769,3	+ 1,20 — 0,24	} + 0,43

Die Versuche lehren, daß die in den 6—12tägigen Perioden aufgenommenen Wärmemengen bis auf Differenzen, die sich meist unter 1 % halten, im Kalorimeter wiedererscheinen. Die Differenzen sind bald positiv, bald negativ, was darauf hinweist, daß sie nur durch unvermeidliche Beobachtungsfehler bedingt sind. Die Bilanz stimmt auch im großen und ganzen für die einzelnen Tage, woraus folgt, daß die bei einer täglich einmaligen Fütterung gereichte Nahrung innerhalb 24 Stunden praktisch vollständig zerlegt wird.

Ähnlich gute Bilanzen sind für den Menschen erhalten worden in Versuchen, welche ATWATER und BENEDICT mit einem sehr vervollkommneten Respirations-Kalorimeter ausgeführt haben (1904, E. d. Ph. **3**, I, 614). Sie fanden bei gewöhnlicher Kost und körperlicher Ruhe der Versuchspersonen folgende Werte:

Art des Versuchs	Dauer in Tagen	Tägliche Wärme-Einnahme	Tägliche Wärme-Ausgabe	Unterschiede Kal.	Unterschiede %
7 Versuche an E. O.	25	2268	2259	— 9	— 0,4
1 ., ., A. W. S.	3	2304	2279	— 25	— 1,1
3 ., ., J. F. S.	9	2118	2136	+ 18	+ 0,8
1 ., ., J. C. W.	4	2357	2397	+ 40	+ 1,7
Mittel aus allen diesen Versuchen	41	2246	2246	—	—

Seitdem sind in dem Bostoner Ernährungslaboratorium zahlreiche Versuche an Menschen verschiedenen Alters und Geschlechts, bei Ernährung und Hunger, Ruhe und Arbeit ausgeführt worden, wobei sich stets ähnlich gute Übereinstimmung gefunden hat. Daraus ist zu schließen, daß das tierische und menschliche Leben seinen Energiebedarf durch Verbrennungsprozesse deckt und daß es in allen seinen Geschehnissen dem Satz von der Erhaltung der Energie unterworfen ist. Die Lebenserscheinungen stellen sich damit für die wissenschaftliche Betrachtung auf gleiche Stufe wie die Vorgänge in der leblosen Natur, so daß die Einheitlichkeit der Forschungsmethode gerechtfertigt ist.

———

Die als Energiequelle dienenden Oxydationsvorgänge verlaufen, ebenso wie die übrigen dem Leben eigentümlichen chemischen Prozesse, im wesentlichen innerhalb der Zellen. Es müssen also die zur Zerlegung bestimmten Stoffe sowie der Sauerstoff den Zellen zugeführt werden. Dies wird besorgt durch das Blut, das alle Gewebe durchspült. Seine Zusammensetzung und Eigenschaften sollen daher vor allem einer näheren Untersuchung unterworfen werden.

Zweiter Teil.

Das Blut.

Zur Blutentnahme aus einer Arterie wird in das Gefäß eine Kanüle mit der Spitze gegen das Herz eingebunden und ein passend gebogenes Glasrohr angesetzt. Da der Druck hoch ist, kann man rasch größere Mengen Blut gewinnen und das Tier verbluten, d. h. ihm soviel Blut

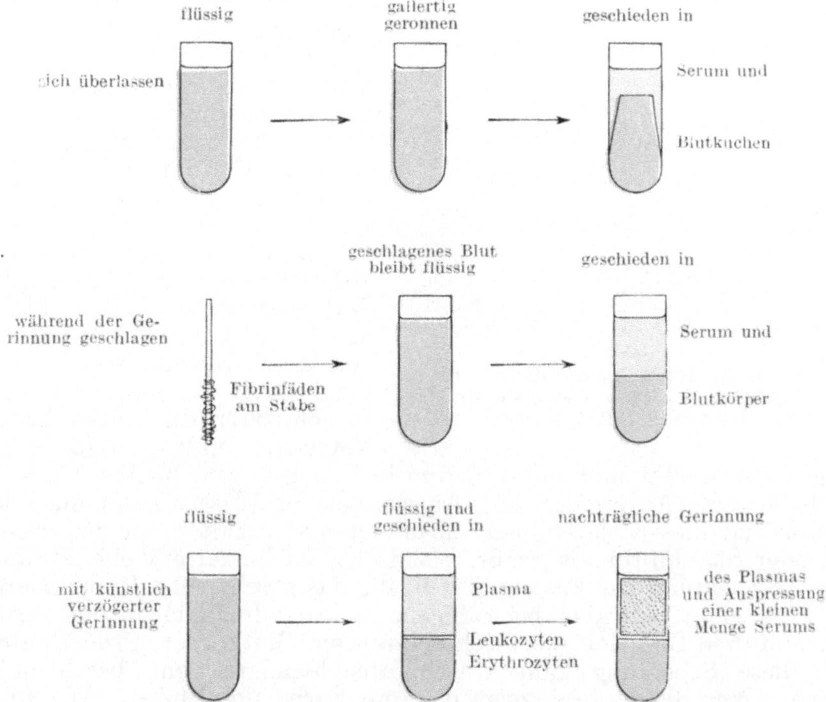

Abb. 3. Aderlaßblut und seine Veränderungen in der Zeit.

entziehen, daß das Leben erlischt. Man erhält eine rote, etwas klebrige, eigentümlich riechende, schon in dünnen Schichten undurchsichtige Flüssigkeit, die das Licht stark zurückwirft. Die Farbe wechselt von hellem Rot bis zu dunkelbraunrot; sie ist in hohem Maße von der Atemtätigkeit des Tieres abhängig.

Nimmt man Blut aus der Vene, indem man eine Kanüle mit der Spitze gegen die Kapillaren in das Gefäß einlegt, so erhält man Blut, das in der Regel dunkler ist als das arterielle und infolge des geringen Drucks sich viel langsamer entleert.

Das Blut hat die Eigenschaften einer Deckfarbe, d. h. der farbige Bestandteil, die Blutkörper, bilden eine Aufschwemmung in der Blutflüssigkeit.

Wenige Minuten nach dem Aderlaß verändert sich das Blut, indem es seine flüssige Beschaffenheit verliert und die Beschaffenheit einer lockeren elastischen Gallerte annimmt: das Blut gerinnt. Man kann das Glas neigen oder umkehren, ohne daß das Blut ausfließt. Die Gallerte verändert sich in den folgenden Stunden langsam weiter, indem sie sich zusammenzieht und eine wasserklare, gelblich gefärbte Flüssigkeit auspreßt: Es ist Scheidung zwischen Blutkuchen und Serum (Blutwasser) eingetreten (vgl. Abb. 3 obere Reihe). Die Scheidung kann durch Zentrifugieren des geronnenen Blutes sehr beschleunigt werden.

In dieser Weise verläuft die Gerinnung indessen nur, wenn man das gelassene Blut stehen läßt. Hält man es während der kritischen Zeit in Bewegung, indem man es mit einem Stabe rührt oder schlägt, so besteht die Gerinnung in der Abscheidung von Fäden und Flokken, die die Neigung haben, sich an die Wände des Glases und insbesondere an den schlagenden Stab anzuhängen. Die Fäden und Flocken bestehen aus Fasern von z. T. ultramikroskopischer Feinheit (H. Stübel, 1914, A. g. P. **156**, 361), die ein so dichtes Netzwerk bilden, daß große

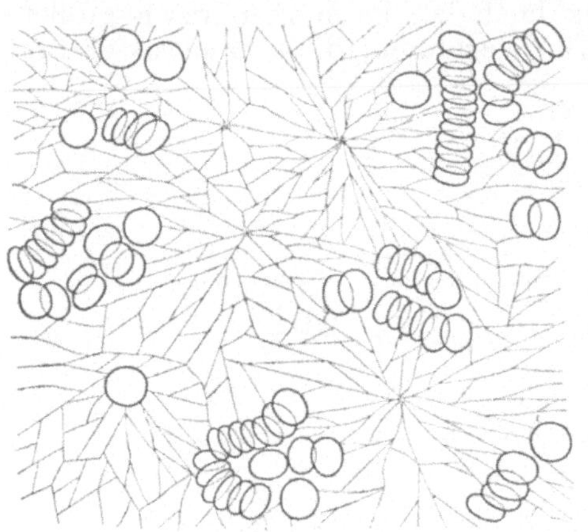

Abb. 4. Geronnenes menschliches Blut. Nach Schiefferdecker, Gewebelehre II. Braunschweig 1891, S. 378.

Mengen Blutkörper und selbst Serum in ihm gefangen bleiben (Abb. 4). Durch längeres Auspressen und Auswaschen in Wasser kann man den größten Teil dieser Einschlüsse entfernen und erhält dann den Faserstoff oder das Fibrin als weiße, elastische, leicht zerreißliche Stränge. Nach Abscheidung des Faserstoffes bleibt das geschlagene Blut dauernd flüssig, scheidet sich aber bei ruhigem Stehen allmählich in das Serum oben und dem Brei der spezifisch schwereren Blutkörper (Cruor) unten. Auch diese Scheidung kann durch Ausschleudern sehr beschleunigt werden. Nur dieser Brei zeigt die rote Farbe des Blutes. Die Blutkörper (Erythrozyten) sind also Träger des Farbstoffes, vgl. Abb. 3, mittlere Reihe.

Untersucht man ein Stückchen Blutkuchen unter dem Mikroskop bei starker Vergrößerung, so findet man genau dieselbe Struktur, welche von den Fibrinflocken des geschlagenen Blutes oben beschrieben worden ist, so daß man nicht zweifeln kann, daß die beiden Formen der Gerinnung im wesentlichen identisch sind. Tritt die Gerinnung am ruhenden Blute ein, so hat das entstehende Netzwerk des Fibrins eben Gelegenheit überall in Zusammenhang zu treten und alle festen und flüssigen Teile des Blutes in sein Maschenwerk einzuschließen. Beim Schlagen des Blutes wird dieser Vorgang gestört, so daß es nur zur Bildung einzelner Flocken kommen kann. Die Masse des Faserstoffs ist gering, etwa 1 % des Blutgewichts.

Seiner chemischen Beschaffenheit nach ist der Faserstoff ein Eiweißkörper. Durch künstlichen Magensaft (siehe unten Teil 9) wird er bei Körpertemperatur in kürzester Zeit gelöst und die Lösung gibt dann die dem Eiweiß eigentümliche Fällungs- und Färbungsreaktionen. Von Reinheit oder doch Einheitlichkeit im chemischen Sinne kann bei dem Fibrin nur gesprochen werden, wenn es aus gereinigten Lösungen von Fibrinogen (siehe unten S. 35) abgeschieden wird. Das in der gewöhnlichen Weise gewonnene Fibrin ist durch eingeschlossene Bestandteile der Blutkörper wie des Serums verunreinigt.

Die Gerinnung besteht also stets in dem Auftreten des Faserstoffs, der als solcher im frischen Aderlaßblut nicht vorhanden ist. Um zu entscheiden, ob er aus dem flüssigen Teil des Blutes stammt, oder von den Blutkörpern abgeschieden wird, muß man das Blut vor seiner Gerinnung in seine festen und flüssigen Bestandteile trennen.

Hierzu genügt es, Blut in einem eisgekühlten Gefäß aus der Ader aufzufangen und auszuschleudern. Man erhält eine Trennung in zwei meist etwas ungleiche Hälften, in eine gelblich gefärbte, klare oder leicht getrübte Flüssigkeit und den Bodensatz der roten Blutkörper, der aber hier stets in dünner Schicht von einem farblosen Niederschlag überdeckt ist, vgl. Abb. 3 untere Reihe. Zuweilen gelingt es noch, den flüssigen Teil abzuheben; meist tritt aber während des Ausschleuderns Gerinnung ein, die nun so verläuft, daß die Flüssigkeit fest gelatiniert, während der Bodensatz flüssig bleibt oder doch nur in ganz lockerer Weise sich zusammenballt. Der Gerinnungsvorgang vollzieht sich sonach vorwiegend in dem flüssigen Teil des Blutes. Daß er im Bodensatz nicht ganz ausbleibt, ist erklärlich, weil zwischen den Körperchen des Blutes die Blutflüssigkeit durchaus nicht völlig verdrängt ist; der geringen hier zurückbleibenden Masse der Blutflüssigkeit entspricht der lockere Zustand des Gerinnsels.

Der Versuch ergibt, daß der Faserstoff oder das Fibrin aus dem ungefärbten, flüssigen Teil des Blutes abgeschieden wird und demgemäß auch selbst farblos ist. Die Flüssigkeit des frischen, ungeronnenen Blutes enthält in Lösung einen Stoff, aus dem sich bei der Gerinnung der Faserstoff bildet. Man unterscheidet daher diese Flüssigkeit als Plasma von dem Serum, d. h. der Flüssigkeit, die nach Ausscheidung des Faserstoffs zurückbleibt.

Die verschiedene Form, in der die Bestandteile des Blutes (Blutkörper, Faserstoff, Serum) je nach der Behandlung voneinander abgetrennt werden können, läßt sich in nachstehender Weise übersichtlich darstellen:

Ungeronnenes Blut:	Blutkörperchen	Plasma	
Geschlagenes Blut:	Blutkörperchen	Faserstoff	Serum
Geronnenes Blut:	Blutkuchen		Serum

Wird ungeronnenes Blut ausgeschleudert, so kann man bei genauerer Betrachtung in der Regel nicht zwei, sondern vier Schichten unterscheiden:

1. eine Schicht klaren Plasmas,
2. eine Schicht fein getrübten Plasmas,
3. eine sehr dünne Schicht eines weißen oder graugelblichen Niederschlages,
4. die mächtige Schicht des roten Bodensatzes, der sog. Cruor.

Nur die oberste klare Plasmaschicht ist frei von körperlichen Bestandteilen. In den drei anderen Schichten ordnen sich dieselben nach ihrem spezifischen Gewicht. Dies gilt wenigstens sicher für die dritte und vierte Schicht, welche die weißen Blutkörper oder Leukozyten und die roten Blutkörper oder Erythrozyten enthalten. Für die zweite, leicht getrübte Plasmaschicht kann es zweifelhaft sein, ob die dort vorhandenen Blutplättchen oder Thrombozyten ihre geringe Neigung abzusitzen nur ihrem niedrigen spezifischen Gewicht oder auch ihrer Kleinheit verdanken. Letztere vergrößert die Reibung, welche die Plättchen in dem Plasma zu überwinden haben.

Die Blutkörper.

Bei Betrachtung eines Bluttröpfchens unter dem Mikroskop fallen die in ungeheuerer Menge vorhandenen gefärbten, bikonkaven, kernlosen Scheiben in die Augen, die roten Blutkörper oder Erythrozyten. Sie sind von sehr gleichmäßiger Größe mit einem Durchmesser von 7,5 μ (Normozyten), doch kommen vereinzelt auch kleine Formen (Mikrozyten) sowie große (Makrozyten) vor. Kernhaltige Erythrozyten heißen Normoblasten. Unter pathologischen Verhältnissen können nach Größe und Gestalt sehr wechselnde Formen auftreten (Poikilozyten). Im verdünnten Blute legen sich die Scheiben vielfach mit ihren Flächen aneinander, wodurch geldrollenartige Gebilde entstehen. Ihre Farbe ist nur in dicken Schichten rot; der einzelne Erythrozyt ist gelb oder grünlichgelb. Dies heißt, daß er im wesentlichen nur violettes Licht absorbiert, während durch dickere Schichten auch das blaue und grüne Licht abgeschwächt wird.

Die roten Blutkörper sind verhältnismäßig wasserarme Zellen; sie enthalten nach C. SCHMIDT (Charakteristik der Cholera 1850) 32 % Trockensubstanz, nach neueren Autoren bis zu 40 % (vgl. VIERORDT, Tabellen, Jena 1906). An Gerinnseln, in denen Blutkörper eingeschlossen sind, läßt sich feststellen, daß sie sehr leicht deformierbar sind, aber nach Aufhören der deformierenden Kräfte sofort in die ursprüngliche Form zurückkehren. Das gleiche zeigt die Beobachtung durchsichtiger Gewebe, wobei man die Blutkörper auf ihrem Wege durch die Gefäße und ihre Formänderungen verfolgen kann. Dies Verhalten läßt vermuten, daß sie Gebilde von gallertiger Beschaffenheit sind. Für diese Anschauung spricht auch die Erfahrung, daß innerhalb der Blutkörper nicht selten Abscheiden von Flüssigkeit in Form von feinen Tröpfchen oder Vakuolen zu beobachten ist. (Vgl. hierzu GÜRBER, A. f. P. **1890**, 401; VON ACKEREN, Diss. Würzburg 1894.)

Die Blutkörper der Säuger sind wie die des Menschen kernlos, homogen, rund und flach und fast immer kleiner als die des Menschen.

Nur der Elefant, das Walroß und die Edentaten haben größere. Die Blutkörper der kamelartigen Tiere sind elliptisch. Alle übrigen Wirbeltiere haben elliptische und kernhaltige Erythrozyten — mit Ausnahme des Petromyzon, dessen Blutkörper rund und kernhaltig sind. Die Unterscheidung der Wirbeltiere in solche mit kernhaltigen und kernlosen Blutkörpern ist jedoch nur für erwachsene Individuen durchführbar. Während der embryonalen Entwickelung haben auch die Säuger kernhaltige Erythrozyten. Die Entkernung tritt beim menschlichen Embryo schon frühzeitig auf, so daß im 4. Monat die Mehrzahl, im 7. Monat alle Blutkörper kernlos sind. Auch beim Erwachsenen können kernhaltige rote Blutkörper beobachtet werden nach allen zur Neubildung von Blut führenden Eingriffen, z. B. nach Aderlässen.

Form und Größe der Blutkörper ist auch abhängig von der Konzentration der Lösung, in der sie sich befinden. Geringe Änderungen lassen sich am besten aus dem Volum des Bodensatzes ausgeschleuderter Blutproben entnehmen, wie nachstehender Versuch zeigt:

Vier kleine, in Zehntelkubikzentimeter geteilte, je 5 ccm fassende Zentrifugengläser werden mit je 2 ccm frischen defibrinierten Blutes gefüllt. Drei der Gläschen werden mit Salzlösungen bis 5 ccm aufgefüllt und zwar:

1. mit Doppel-Ringer,
2. mit anderthalbfachem Ringer,
3. mit Einfach-Ringer,
4. ohne Zusatz.

(Unter Einfach-Ringer ist gemeint eine Lösung, die im Liter enthält 9,0 g NaCl, 0,2 g Kl und 0,2 g $CaCl_2$.)

Nach guter Durchmischung kommen die Gläschen für 20 Minuten auf die Schleuder. Der Bodensatz der Erythrozyten beträgt dann in

Gläschen 1 . . . . 0,75 ccm
„   2 . . . . 0,85 „
„   3 . . . . 1,00 „
„   4 . . . . 1,00 „

Die Einfach-Ringerlösung verändert also das natürliche Volum der Blutkörper nicht, die beiden anderen Lösungen verkleinern es um so mehr, je konzentrierter sie sind. Durch eine Zweidrittel-Ringerlösung läßt sich das Volum des Bodensatzes vergrößern. Alle diese Volumänderungen sind durch Wechsel der Salzlösungen wieder rückgängig zu machen.

Die gefundene Abhängigkeit des Volums der Blutkörper von der Konzentration der umgebenden Flüssigkeit lehrt zunächst, daß die Blutkörper für Wasser durchgängig sind, da die Volumänderungen nur durch Wasserbewegung bedingt sein können. Der Erfolg ist kein selbstverständlicher. Es ist bekannt, daß konzentrierte Salzlösungen in verdünntere hinein diffundieren; man sollte daher im Falle der Konzentrationserhöhung außerhalb des Körperchens eher erwarten, daß das überschüssige Salz in das Körperchen einwandert, bis die Konzentration innen und außen gleich geworden ist. Die Beobachtung, daß in der dichteren Lösung eine Volumverminderung der Körperchen eintritt, beweist, daß das Salz nicht oder nur sehr schwer in das Körperchen eindringt, während der Austritt von Wasser offenbar leicht von statten geht.

In analoger Weise ist die Quellung der Körperchen zu erklären. Wird die Lösung außerhalb der Körperchen verdünnt, so wird der Ausgleich der Konzentrationen wieder nicht durch Austritt der im Körperchen vorhandenen Salze, sondern durch Eintritt von Wasser herbeigeführt. Die Diffusion der Salze nach außen ist also unmöglich oder erschwert, der Eintritt von Wasser dagegen leicht.

Der Grund, warum es in beiden Fällen zu einer Wasserbewegung kommt, liegt in dem Bestreben aller gelösten Substanzen, einen möglichst großen Raum einzunehmen, d. h. in dem Lösungsmittel eine möglichst geringe und gleichmäßige Konzentration zu erreichen. Dieses Bestreben äußert sich als Diffusion überall dort, wo Konzentrationsunterschiede bestehen und als Druck gegen die Oberfläche der Flüssigkeit. Diesen Druck erleiden auch alle von der Flüssigkeit benetzten, für die gelösten Körper undurchlässigen Wände; er wird als osmotischer Druck bezeichnet.

Sind zwei verschieden konzentrierte Lösungen voneinander getrennt durch eine Wand, die für die gelösten Stoffe undurchlässig, für Wasser aber durchgängig ist, so wird der ungleiche osmotische Druck zu einer Verschiebung der Trennungswand führen, wobei Wasser aus der dünneren Lösung in die dichtere übertritt. Ist die Trennungswand unverschieblich, so wird die freie Oberfläche der dichteren Lösung gehoben, während gleichzeitig infolge Wasseraustrittes das Niveau der dünneren Lösung sinkt. Es entstehen mit anderen Worten infolge des osmotischen Druckes hydrostatische Gegendrucke, die solange wachsen, bis die beiden Kräfte sich das Gleichgewicht halten. Der Vorgang kann, wie ersichtlich, zur hydrostatischen Messung des osmotischen Druckes dienen und ist von PFEFFER in einer berühmten Untersuchung (Osmotische Untersuchungen, Leipzig 1877) dazu benützt worden. PFEFFER fand recht bedeutende Drucke z. B. für 1 % Rohrzucker 47 cm Quecksilber oder nahezu $\frac{2}{3}$ Atmosphären; für 1% Salpeter 187 cm Quecksilber oder $2\frac{1}{3}$ Atmosphären, wobei zu beachten ist, daß die von PFEFFER gebrauchte trennende Wand für Salpeter nicht einmal völlig undurchlässig war. Den osmotischen Druck einer 1 prozentigen Kochsalzlösung konnte PFEFFER mit seiner Methode nicht bestimmen, doch ist aus anderen Untersuchungen jetzt bekannt, daß ihr osmotischer Druck sich auf etwa 7 Atmosphären beläuft.

Es ist begreiflich, daß die Blutkörper den ansehnlichen osmotischen Drücken, die schon bei geringen Verschiedenheiten der Konzentration auftreten, nicht Widerstand zu leisten vermögen, sondern wie in dem Versuch auf S. 17 Wasser abgeben bzw. aufnehmen. Bei stärkerer Wasserabgabe, wie sie z. B. durch Austrocknen an jedem ohne besondere Vorsicht angefertigten Blutpräparat auftritt, verlieren sie ihre regelmäßige Gestalt, bekommen Einkerbungen, Buckel und Spitzen und man spricht dann von Stern-, Maulbeer- bzw. Stechapfelformen. Bei stärkerer Quellung blähen sich die Scheiben auf und werden schließlich kugelig. Diese Formänderungen führen zu dauernder Schädigung der Zellen, die sich im Falle der Quellung darin äußert, daß sie ihren Farbstoff nicht mehr festhalten können, der in der Blutflüssigkeit sich löst und gleichmäßig verteilt. Das Blut verliert damit seine Undurchsichtigkeit, es wird lackfarben. Eine vollständige Lösung der Erythrozyten findet aber nicht statt. Sie bleiben an Masse sehr verringert und in ihrem Lichtbrechungsvermögen von der Blutflüssigkeit kaum noch verschieden, als schwer sichtbare sog. Schatten oder Stromata erhalten. Nach längerem Stehen des lackfarbenen Blutes bilden sie am Boden des Gefäßes einen geringfügigen, fast farblosen Niederschlag.

Die Durchgängigkeit der Zellen für gelöste Stoffe ist in neuerer Zeit von OVERTON (Studien über die Narkose, Jena 1901 und 1902 A. g. P. 92, 115) in eingehender Weise geprüft worden. Er fand, daß es neben Wasser noch eine sehr große Zahl von Substanzen gibt, die in die tierischen Zellen eindringen und daß namentlich von den bis jetzt bekannten organischen Verbindungen die Mehrzahl einzudringen vermag. Besonders rasch dringen jene Substanzen ein, die sich durch leichte Löslichkeit in Fetten, fetten Ölen, Cholesterin und Lezithin auszeichnen. Da nun die beiden letztgenannten Stoffe erfahrungsgemäß in allen tierischen und pflanzlichen Zellen vorkommen, so ist die Wahrscheinlichkeit sehr groß, daß ihre Anwesenheit das Verhalten der Zellen gegen die umgebende Lösung in erster Linie bestimmt. Die Verteilung des gelösten Körpers zwischen der umspülenden Flüssigkeit einerseits, der Zelle andererseits würde dann abhängen von dem Verhältnis seiner Löslichkeit in Wasser bzw. in den fettartigen Stoffen, den „Lipoiden", der Zellen. Ist die Löslichkeit in den Lipoiden überwiegend, so werden diese die größere Menge des gelösten Körpers aufnehmen, was sich in einer veränderten Funktion der Zelle, der sog. Narkose äußert. Starke und namentlich langanhaltende Narkosen führen schließlich zu einer irreparablen Änderung oder zum Tode der Zelle, die sich bei den Blutkörpern vor allem in dem Austritt des Farbstoffes äußert. In dieser Weise wirken Alkohol, Äther, Chloroform und viele andere organische Stoffe. Übrigens unterscheiden sich die Erythrozyten von den

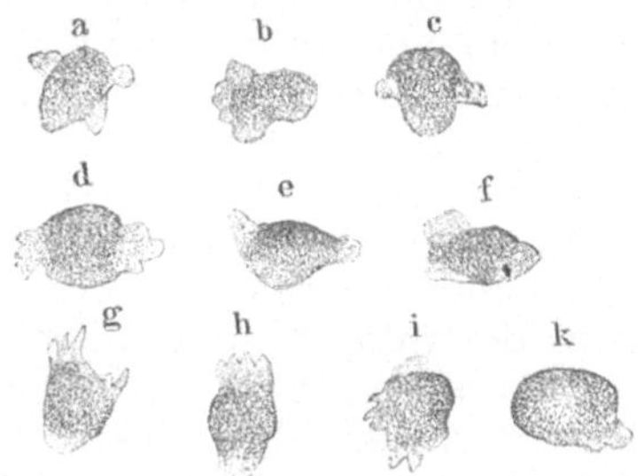

Abb. 5. Formänderungen eines menschlichen Leukozyten innerhalb 15 Minuten bei Stubentemperatur. Nach SCHIEFFERDECKER, Gewebelehre II, Braunschweig 1891, S. 371.

meisten übrigen Zellen durch eine viel größere Durchgängigkeit für Salze und deren elektrolytische Bestandteile, wovon in dem Abschnitt über die Salze des Blutes noch genauer zu handeln sein wird.

Die Leukozyten, insbesondere die größeren Formen derselben, sind durch ihre selbständige Beweglichkeit ausgezeichnet. Man unterscheidet zweierlei Bewegungsarten: Formänderungen an Ort und Stelle, bestehend im Ausstrecken und Einziehen von Fortsätzen, Ausbreitung zu Platten und Zusammenziehung zu Kugeln und zweitens Ortsveränderung. Beide Bewegungsformen greifen ineinander (vgl. Abb. 5).

Die farblosen Blutkörper oder Leukozyten sind im Gegensatz zu den Erythrozyten vollständige Zellen mit einem oder mehreren Kernen, Zentriolen und Astrosphären (vgl. M. HEIDENHAIN 1907, Plasma und Zelle 1, 134 u. 148). In bezug auf Größe der Zelle, Menge des Protoplasmas, Zahl, Gestalt und Größe der Kerne, Granulierung, Verhalten zu Farbstoffen u. a. zeigen sie eine große Mannigfaltigkeit. Sie sind beim Menschen und den Säugern durchschnittlich größer als die Erythrozyten. Einen Überblick über die vorkommenden Formen und ihre relative Häufigkeit verschafft am besten das gefärbte Ausstrichpräparat. Man unterscheidet 1. Lymphozyten, etwa von der Größe der Erythrozyten, mit kompaktem Kern und wenig Protoplasma; sie bilden 20—25 % der Gesamtzahl. 2. Polymorphkernige, neutrophile Leukozyten von ungefähr der anderthalbfachen Größe der Erythrozyten, mit vielteiligem, gelapptem oder in mehrere Stücke gespaltenen Kern und feiner „neutrophiler" Granulierung. Diese Form bildet den Hauptteil der Leukozyten, nämlich 60—70 %. In geringerer Menge finden sich 3. gelapptkernige Zellen mit grober, oxyphiler (eosinophiler) Granulierung, sog. Mastzellen mit gelapptem Kern und grober basische Farbstoffe speichernder Granulierung, endlich große als Myelozyten bezeichnete Zellen mit kompaktem Kern und wechselnder Färbbarkeit (vgl. hierzu Bürker in Tigerstedts Handb. d. physiol. Meth. 2, 5. Abt.). Die Namen Lymphozyten und Myelozyten weisen auf die morphologische und vermutlich auch entwickelungsgeschichtliche Verwandtschaft dieser Zellen mit denen der Lymphdrüsen und der adenoiden Gewebe bzw. des Knochenmarkes hin. Unter pathologischen Verhältnissen können auch noch weitere Formen auftreten.

Die Formänderungen an Ort und Stelle haben manche Ähnlichkeit mit dem Verhalten von Öltropfen in alkalischen Flüssigkeiten. Während ein solcher Tropfen in reinem Wasser keine Benetzungs- oder Mischungserscheinungen aufweist, überall gleiche Oberflächenspannung und demgemäß Kugelform besitzt, tritt in alkalischen Flüssigkeiten Seifenbildung ein, wodurch die Oberflächenspannung vermindert wird. Anscheinend sind die Fettsäuren nicht gleichmäßig in dem Öltropfen verteilt, denn die Beobachtung lehrt, daß es immer Orte auf der Oberfläche des Tropfens gibt, die an der Reaktion stärker beteiligt sind wie andere. Die Verschiedenheit des Verhaltens führt zu Ungleichheiten der Oberflächenspannung mit dem Erfolge, daß die Orte mit geringerer Spannung von den höher gespannten vorgetrieben werden, also zu Fortsätzen auswachsen. Ist dann die Affinität zwischen Fettsäure und Alkali gesättigt, so tritt wieder die hohe Spannung auf und der Fortsatz wird zurückgezogen. Die farblosen Zellen des Blutes zeigen aber nicht nur Änderungen der Gestalt, sondern auch solche des Ortes. Um dies zu ermöglichen, müssen sie an festen Wänden haften und an ihnen sich entlang bewegen. Daß sie dazu befähigt sind, läßt sich an jedem Blutpräparat und ebenso im strömenden Blut beobachten, wo die Leukozyten an der Gefäßwand zu kleben pflegen, bis sie vom Strome ein Stück weiter geführt werden. Ist der feste Körper, an dem der Leukozyt haftet, von geringer Ausdehnung, so kann er von dem Protoplasma der Zelle ganz umschlossen werden (Phagozytose). Der Ablösung von der Unterlage entspricht in diesem Falle die spätere Ausstoßung des aufgenommenen und chemisch veränderten (verdauten) Fremdkörpers aus dem Zelleib.

Die Formänderungen der Leukozyten, Amöben und anderer frei lebender Zellen treten zweifellos vielfach aus inneren, mit ihrem Stoffwechsel zusammenhängenden, Gründen auf. Für die Ortsveränderungen lassen sich zuweilen äußere Gründe nachweisen in Form von Konzentrationsunterschieden in der umgebenden Flüssigkeit. Dieselben führen bei vielen Organismen zu bestimmt gerichteten Bewegungen, indem die Zellen entweder in der Richtung der Konzentrationszunahme wandern (positive Chemotaxis) oder in entgegengesetzter (negative Chemotaxis). Solche Fälle von Chemotaxis sind von Stahl, Engelmann, Pfeffer u. a. beschrieben worden. (Vgl. Pfeffer, Unters. aus d. bot. Inst. zu Tübingen, Leipzig 1888, 582.) Auch für die Leukozyten des Menschen und der Wirbeltiere ist ein derartiges Verhalten bekannt. Die Stoffe, durch welche in besonders hohem Grade die Anlockung der Leukozyten bewirkt wird, sind Ausscheidungen und Zerfallsprodukte von Bakterien und Zerfallsprodukte der Gewebszellen. Ist in ein Gewebe ein Fremdkörper eingedrungen, hat eine Infektion stattgefunden oder ist eine Nekrose entstanden, so sammeln sich große Massen von Leukozyten an dem Orte und führen schließlich unter Einschmelzung des Gewebes zur Eiterbildung. Zu solchen Orten wandern die Leukozyten hin, indem sie die Blutgefäße durch vorgebildete oder erst entstehende Lücken verlassen und dann im Gewebe ihre Wanderung fortsetzen (Th. Leber, Die Entstehung der Entzündung, Leipzig 1891). Mit dem Auftreten der Leukozyten hängt eng zusammen die Ausscheidung eigentümlicher Schutzstoffe, welche unten bei Besprechung des Blutserums nochmals erwähnt werden.

Am dürftigsten sind die Kenntnisse über die dritte Form der Blutelemente, die Blutplättchen oder Thrombozyten. Es liegt das einmal an ihrer geringen Größe, ihr längster Durchmesser ist etwa 5 μ, ihr kleinster etwa 1 μ, vor allem aber an ihrer Veränderlichkeit. In geronnenem bzw. geschlagenem Blut sind sie überhaupt nur schwer nachzuweisen, sie gehen hier so gut wie vollständig in das Fibrin ein. Man muß das Blut an der Gerinnung hindern, wenn man sie zu Gesicht bekommen will. Ein einfaches und zweckmäßiges Verfahren ist von Bürker angegeben (1904, A. g. P. **102**, 36). Man setzt einzelne Tropfen des frei aus einer kleinen Wunde ausfließenden Blutes auf einen reinen Paraffinblock und bringt diesen sofort in eine feuchte Kammer. Hier tritt in etwa 20 Minuten eine Scheidung der Blutzellen ein, indem die Erythrozyten als die schwersten sich am Grunde sammeln, darüber die Leukozyten und Thrombozyten. Hebt man mit einem Deckglase die Kuppe des Tropfens ab, so erhält man letztere in großer Menge und fast ohne Beimischung von anderen Zellen. Ihre normale Spindel- oder Stäbchenform ist aber selbst unter diesen Bedingungen nur für sehr kurze Zeit, wenn überhaupt, zu sehen, weil die Berührung des Blutes mit der Glaswand genügt, sie zu verändern. Hier hilft nur die Beobachtung im hängenden Tropfen, wie sie von Aynaud geübt worden ist (Ann. Inst. Pasteur **1911**, 56). Leichter ist ihre Beobachtung beim Kaltblüter, wo sie nicht so vergänglich sind. So konnte von Meves (1906, Arch. f. mikr. Anat. **68**, 311) die Spindelform und das Vorhandensein eines Kernes mit aller Sicherheit nachgewiesen werden. Indessen beginnen auch hier nach wenigen Minuten die Veränderungen, die sich in einer strahligen Zerklüftung und Quellung des Protoplasmas, im Ausstrecken und Einziehen von Fortsätzen und Fäden, in Verbeulung und Zerspaltung des Kerns äußern. Ob diese Veränderungen als Eigenbewegungen bezeichnet werden dürfen, in demselben Sinne, in dem man von einer solchen bei den Leukozyten spricht, ist fraglich, weil eine Rückkehr in die normale oder Ruheform niemals statthat, es sich vielmehr um eine Umformung handelt, die bis zum vollständigen Absterben der Zellen weitergeht. Eng verbunden mit diesen Vorgängen ist dann die Gerinnung des Plasmas, wie unten noch zu besprechen sein wird. Eine besondere Eigentümlichkeit absterbender Thrombozyten ist ihre Klebrigkeit, wodurch sie sich an allen Fremdkörpern, mit denen das Blut in Berührung kommt, festsetzen, mit Vorliebe aber auch gegenseitig zu Klumpen und Haufen sich ballen, in welcher Form sie im gerinnenden oder geronnenen Blute noch am ehesten auffindbar sind.

Die Zählung der Blutkörper.

Erythrozyten und Leukozyten sind in der Raumeinheit gesunden Blutes in so gleichmäßiger, nur innerhalb enger Grenzen schwankender Dichte vorhanden, daß der Nachweis einer dauernden Änderung eine hervorragende pathologische Bedeutung gewinnt. Vorübergehende Änderungen geringen Grades treten auch unter physiologischen Bedingungen auf. Die Zählung der Blutkörper ist daher eine von verschiedenen Gesichtspunkten aus wichtige Aufgabe.

Zählung der Erythrozyten. Dieselbe muß im verdünnten Blut geschehen, weil sonst die dichte Häufung der Zellen verwirrt. Hierzu dient die sog. Mischpipette, bestehend aus einer engen in Zehntel geteilten Kapillare und einer daran geblasenen Hohlkugel von dem hundertfachen Rauminhalt der Kapillare. Zieht man Blut in die enge Röhre bis zur Hälfte auf und saugt Salzlösung nach, bis Röhrchen und Kugel mit Flüssigkeit gefüllt sind, so hat man im Röhrchen nur Salzlösung, in der Kugel dagegen eine 200fach verdünnte Blutmischung, mit der nun die Zählkammer beschickt wird.

Letztere ist am Boden in Felder von $^1/_{400}$ mm² geteilt; die Höhe der Kammer beträgt 0,1 mm. Über jedem Felde erhebt sich sonach ein Flüssigkeitsprisma von $^1/_{4000}$ mm³. Die Blutkörper dieses Raumteils senken sich auf den Boden der Kammer und können leicht gezählt werden. Man zählt 100 Felder aus, zieht das Mittel und erhält durch Multiplikation mit 4000 und dem Verdünnungsgrad die Zahl der Erythrozyten im Kubikmillimeter unverdünnten Blutes.

Dieselbe ist, wie bereits erwähnt, beim Gesunden sehr konstant, d. h. sie schwankt beim Erwachsenen nur wenig um 5 Millionen für das männliche, um 4,5 Millionen für das weibliche Geschlecht, trotzdem beständig rote Blutkörper zugrunde gehen — aus dem Hämoglobin entsteht der Farbstoff der Galle — trotzdem kleinere Blutverluste häufig, beim Weibe periodisch eintreten. Diese werden offenbar durch Neubildung bald wieder ausgeglichen. Physiologische Abweichungen sind: Die große Zahl (bis 7 Millionen) beim Neugeborenen, welche indessen nur wenige Tage anhält und um so bedeutender zu sein scheint, je später die Abnabelung erfolgt (vgl. VIERORDT, Tabellen, Jena 1906, S. 209); das Auftreten eines zweiten Maximums im 3.—5. Jahrzehnt; die übrigens geringfügigen Schwankungen während der Verdauung und ihre Erhöhung bei raschem Steigen des Blutdrucks (Suprarenin, O. HESS, 1903, D. A. f. klin. Med. **79**, 128) und bei Muskelarbeit mit Schweißausbruch (BOOTHBY und BERRI, 1915, Am. Journ. of P. **37**, 378; Schwitzen allein wirkt nicht sicher: HALDANE und PRIESTLEY, Journ. of P. **50**, 296 und 304). Dieselben dürften wenigstens zum Teil auf Eindickung bzw. Verdünnung des Blutes beruhen.

Stärkere Blutverluste, z. B. Aderlässe, führen zu einer Verminderung der Zahl der Blutkörper, weil das im Körper zurückbleibende Blut durch die zuströmende körperchenfreie Gewebsflüssigkeit verdünnt wird. Auf diesem Wege wird die verlorene Blutflüssigkeit rasch ersetzt, während die körperlichen Elemente erst nach 2—3 Wochen wieder ihre normale Zahl erreichen. Die Neubildung derselben äußert sich in dem Auftreten kernhaltiger roter Blutkörper und in Veränderungen im Knochenmark (vgl. KREHL, Pathol. Physiologie, Leipzig 1918, 457).

Eine merkwürdige auf den verminderten Sauerstoffdruck zu beziehende Zunahme der Erythrozyten tritt ein beim Verweilen in hochgelegenen Orten. Je höher über dem Meeresniveau, desto größer die Zahl der Blutkörper, die in sehr hohen Lagen auf 8 Millionen und darüber steigen kann. Hält man Tiere einige Wochen unter vermindertem Luftdruck, so tritt ebenfalls Vermehrung der Erythrozyten und des Hämoglobins in der Raumeinheit des Blutes ein; zugleich steigt der gesamte Hämoglobingehalt des Tieres und die Blutmenge (JAQUET, 1902, A. e. P. 45, 1). Vgl. hierzu BÜRKER, 1913, in TIGERSTEDTS Handb. d. physiol. Meth. 2, Abt. 5. S. 149.

Zur Zählung der Leukozyten, welche in weit geringerer Zahl im Blute vorhanden sind, wählt man eine höchstens 20fache Verdünnung und eine Zusatzflüssigkeit, welche die Erythrozyten unsichtbar macht, die Kerne der Leukozyten dagegen deutlich hervorhebt, wie Essigsäure $\frac{1}{3}$ %. So große Konstanz wie bei den Erythrozyten ist hier nicht zu erwarten, da diese Zellen unter Umständen aus dem Blute in die Gewebe austreten und infolge ihrer Neigung an den Gefäßwänden zu haften, nicht so gleichmäßig im Blute verteilt sein können. Im nüchternen Zustande sind 5000—6000 Leukozyten im mm^3 Blut als normaler Wert zu betrachten (ARNETH, Diagnose und Therapie der Anämien, Würzburg 1907, S. 17). Tritt eine Vermehrung ihrer Zahl ein, so spricht man von Leukozytose und unterscheidet eine physiologische, vorübergehende und in engen Grenzen bleibende von der pathologischen. Physiologisch ist die Vermehrung der Leukozyten infolge der Verdauung und der Schwangerschaft sowie bei Bädern und starken Muskelanstrengungen. Alle Beschleunigungen des Kreislaufs dürften vermehrend wirken, da durch sie die Ablösung der Leukozyten von den Wänden der Gefäße begünstigt wird. Vermehrung der Leukozyten scheint bei der Abwehr von Infektionen eine wichtige Rolle zu spielen (vgl. KREHL, Path. Physiol. Leipzig 1918, 488). Sie tritt bei manchen Krankheiten, wie z. B. der Pneumonie, so regelmäßig auf, daß sie zum Bilde der Krankheit gehört. Bei anderen Infektionen, wie Typhus und Tuberkulose, fehlt sie oder macht sogar einer Verminderung (Hypoleukozytose, Leukopenie) Platz. Zuweilen werden enorme Vermehrungen der Leukozyten unter gleichzeitigem Überwiegen der Lymphozyten beobachtet und man spricht sodann von Leukämie. Vermehrungen bis 3 ja $5 \cdot 10^5$ im mm^3 sind beobachtet.

Die Thrombozyten lassen sich nach dem vorstehend angedeuteten Verfahren ihrer Vergänglichkeit und Klebrigkeit wegen nicht zählen. Sie würden den Wänden der Mischpipette anhaften und nicht in die Zählkammer gelangen. Man muß daher einen Umweg einschlagen, in der Weise, daß man das aus der Wunde tropfende Blut unmittelbar in eine Härtungsflüssigkeit (meist Formalin) fallen läßt, in einer Probe derselben das Verhältnis $\dfrac{\text{Erythrozyten}}{\text{Thrombozyten}}$ bestimmt und die nachträglich ermittelte Erythrozytenzahl durch dieses Verhältnis dividiert.

Die besten, weil höchsten Zahlen werden von BRODEE und RUSSEL (1897, Journ. of Physiol. 21, 390), KEMP, CALHOUN und HARRIS (1906, Journ. of the Am. med. Ass. 46, 1022, 1091) und AYNAUD (1910, C. R. Soc.

de Biol. **68**, 1062) mitgeteilt mit 600000—860000 in mm³. Über physiologische und pathologische Schwankungen ist noch wenig bekannt (vgl. AYNAUD a. a. O.).

Die chemische Zusammensetzung der Blutkörper.

1. Der Blutfarbstoff.

Auf S. 18 ist erwähnt, daß die Erythrozyten bei stärkerer Quellung eine dauernde Veränderung erfahren, darin bestehend, daß sie ihren Farbstoff verlieren, der in der Blutflüssigkeit in Lösung geht. Das Blut

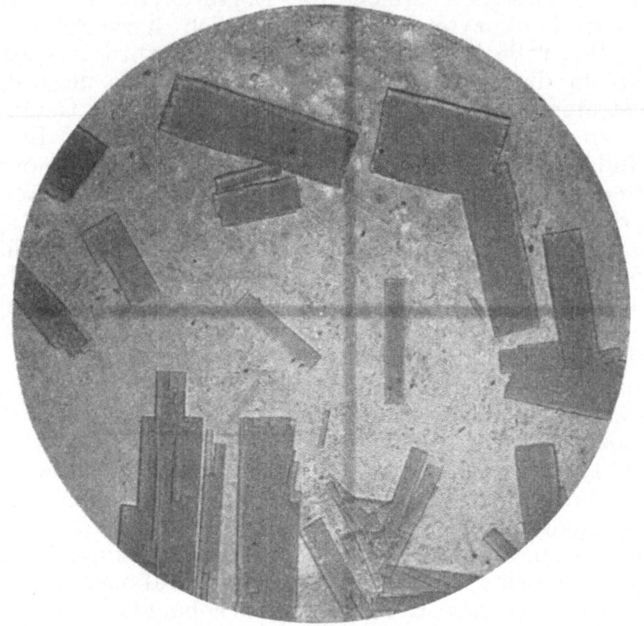

Abb. 6.   Oxyhämoglobinkristalle aus menschlichem Blute.

wird lackfarben, d. h. es ist im durchfallenden Licht hellrot, im auffallenden Licht dunkel. Zunächst entsteht der Anschein, als ob alle Zellen verschwunden wären. Läßt man aber die lackfarbene Lösung längere Zeit in der Kälte stehen, so sammelt sich allmählich auf dem Grunde eine kleine Menge eines graurötlichen Niederschlags, welcher neben den Leukozyten den farbstofffreien Rest der Körperchen, das sog. Stroma enthält. Der in Lösung gegangene Farbstoff heißt Blutfarbstoff oder Hämoglobin bzw. in der bei diesem Versuche vorliegenden Form Oxyhämoglobin, weil das Blut während des Schlagens reichlich Gelegenheit gehabt hat, mit dem Sauerstoff der Luft in Berührung zu kommen und sich mit ihm zu sättigen. Als chemische Symbole für diese Verbindungen sind die Bezeichnungen Hb und Hb·O_2 in Gebrauch.

Die geringe Masse des Stromas lehrt, daß ein sehr großer Teil der Erythrozyten aus Farbstoff besteht. Nach den Analysen ABDER-HALDENS (1898, Z. phl. C. **25**, 108) bildet er ein Drittel des Gewichts der frischen Zellen. Nimmt man an, daß ihr Wasser ausschließlich zur Lösung des Farbstoffs dient, so müßte derselbe in einer Konzentration von über 50 % in den Zellen enthalten sein. So starke Lösungen lassen sich nicht herstellen. Man muß also annehmen, daß der Farbstoff in irgend einer Weise an das Stroma oder Gerüst der Zelle verankert ist. Sein Austritt in das Serum setzt dann die Lockerung und Lösung dieser Bindung voraus und kann nicht aufgefaßt werden als Entleerung einer mit Farbstofflösung gefüllten, durch Quellung geplatzten Blase.

Statt durch Verdünnen mit Wasser kann man die Schädigung der Blutkörperchen und die Lösung des Farbstoffes auch dadurch bewirken, daß man zu dem Blute kleine Mengen Äther oder Chloroform hinzufügt. Gefrieren und Wiederauftauen des Blutes führt ebenfalls zum Ziele (ROLLETT, 1862, Ber. Akad. Wien. **46**, 65).

Je konzentrierter die Lösung des Farbstoffes ist, desto leichter scheidet er sich in kristallinischer Form ab, namentlich in der Kälte. Abb. 6 zeigt solche Kristalle vom Menschen. Es sind Tafeln und Prismen, die dem rhombischen System angehören. Die Kristalle sind blutrot, durchsichtig, seidenglänzend und nicht selten von makroskopischer Größe, namentlich beim Pferde. Die Neigung zu kristallisieren ist bei verschiedenen Tierarten sehr verschieden groß. Leicht kristallisieren die Blutfarbstoffe des Meerschweinchens, des Eichhörnchens, der Ratte, der Maus, des Pferdes, während die des Menschen, des Hundes, Rindes und Schweines schwerer, der des Kaninchens sehr schwer zur Kristallisation zu bringen sind.

Die Kristallisation des Oxyhämoglobins ermöglicht den Farbstoff von den anderen Blutbestandteilen zu trennen, durch Umkristallisieren zu reinigen und Lösungen von bekanntem Gehalt herzustellen. Dies ist namentlich für die Lehre von der Atmung wichtig geworden.

Die Elementaranalyse des kristallisierten Hämoglobins verschiedener Säugetiere hat folgende Werte ergeben (ABDERHALDEN, Lehrb. d. physiol. Chem. 3. Aufl. 699):

$$
\begin{aligned}
\text{C} &\quad 54{,}1—54{,}7 \\
\text{H} &\quad 7{,}0—\ 7{,}4 \\
\text{N} &\quad 16{,}1—17{,}4 \\
\text{S} &\quad 0{,}4—\ 0{,}7 \\
\text{O} &\quad 20{,}1—20{,}4 \\
\text{Fe} &\quad 0{,}3—\ 0{,}5
\end{aligned}
$$

Die Zusammensetzung entspricht im wesentlichen der eines Eiweißkörpers, doch macht·die etwas niedrige Zahl für den Sauerstoff, der Eisengehalt und die Farbe es wahrscheinlich, daß mit dem Eiweiß eine sauerstoffarme und eisenhaltige „chromophore" Gruppe verbunden ist. Daß diese Erwartung zutreffend ist, läßt sich zeigen, indem man eine Lösung von Hämoglobin mit künstlichem Magensaft verdaut. Dieselbe scheidet hierbei einen dunkelbraunen lockeren Niederschlag ab, während die Flüssigkeit nahezu farblos wird. Durch die Verdauung ist die als Globin bezeichnete Eiweißkomponente abgetrennt und umgewandelt worden; der unlösliche gefärbte Rest, die chromophore Gruppe, ist ausgefallen; er führt den Namen Hämatin. Da dasselbe nicht kristalli-

siert, gehen die Untersuchungen über seine Konstitution nicht von dieser
Verbindung aus, sondern von einem Substitutionsprodukt derselben,
dem Hämin $C_{32}H_{32}O_4N_4FeCl$, das man gewinnt, indem man Hämatin
oder auch Blutfarbstoff mit Salzsäure erwärmt. Da das Hämin außerordentlich leicht schon in kleinsten Mengen zur Kristallisation zu bringen
ist, bildet die Darstellung dieser Kristalle eine wichtige Prüfung auf
das Vorhandensein von Blutfarbstoff. Man verfährt so, daß man von
dem Material, von dem man vermutet, daß es mit Blut verunreinigt ist,
eine kleine Menge in trockenem Zustande auf einen Objektträger bringt
und nach Zusatz von Kochsalz und Eisessig vorsichtig erwärmt. Die
Probe ist unter dem Namen der TEICHMANNschen Häminprobe bekannt. Die mikroskopisch kleinen Kristalle, rhombische Prismen und
Tafeln, sind an ihrer Form und der braunen Färbung sowie ihrer Un-
löslichkeit in Wasser leicht zu erkennen (vgl. Abb. 7). Die Konstitution
des Hämins ist in neuerer Zeit von W. KÜSTER, PILOTY, HANS FISCHER,

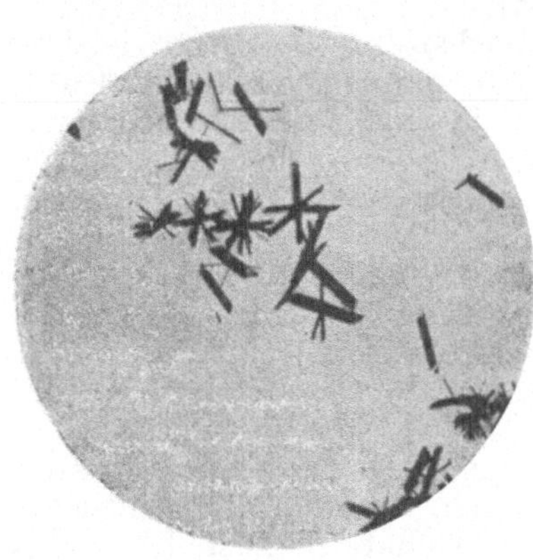

Abb. 7. Aus Eisessig kristallisiertes
Hämin (TEICHMANNsche Kristalle).
Vergr. 75. Nach NENCKI u. ZALESKI,
Z. f. phl. C. **30**. 1900, 423.

WILLSTÄTTER eingehend untersucht
worden, wobei sich ein aus vier Pyrrol-
kernen symmetrisch gefügtes Struktur-
skelett mit dem Eisenatom in zentraler
Stellung hat nachweisen oder doch sehr
wahrscheinlich machen lassen, ebenso,
was biologisch von hohem Interesse,
seine nahe Verwandtschaft mit gewissen Bausteinen des Chlorophylls (H.
FISCHER, 1916, Ergebn. d. Physiol. **15**,
185; ABDERHALDEN, Physiol. Chemie,
3. Aufl. 716).

Bekanntlich kommt der Blutfarbstoff regelmäßig in zwei verschiedenen
Schattierungen oder Modifikationen
vor, der hellen arteriellen und der
dunkleren venösen. Die letztere kann
man auch im lackfarbenen Blute jederzeit erzeugen, indem man der Lösung
einen reduzierenden Stoff wie hydro-
schwefligsaures Natrium oder Ammoniumsulfhydrat in kleinen Mengen
zusetzt. Auf diese Weise ist die Umwandlung eine noch voll-
ständigere, als im venösen Blute, wo neben reduzierten Anteilen
des Farbstoffs immer noch unreduzierte, also arterielle, vorhanden sind.
Der reduzierte Farbstoff führt den Namen reduziertes Hämoglobin
oder kurzweg Hämoglobin, im Gegensatz zum Oxyhämoglobin des
arteriellen Blutes. Die Reduktion mit Ammoniumsulfhydrat verläuft
so langsam, daß sie selbst bei Überschuß des Reduktionsmittels durch
Schütteln der Lösung mit Luft immer wieder rückgängig gemacht werden
kann, worauf dann die Reduktion von neuem einsetzt. So läßt sich also
im Glase der gleiche Vorgang nachahmen, der sich innerhalb des Kreislaufes vollzieht.

Das Hämoglobin kann ebenso wie das Oxyhämoglobin in Kristall-
form erhalten werden. Die Elementaranalyse zeigt keinen Unterschied
zwischen den beiden Präparaten; die Menge des durch die Reduktion
entzogenen Sauerstoffes ist zu gering, um durch die Analyse nachweisbar zu sein. Während nach der Elementaranalyse 1 g Hämoglobin

200—210 mg Sauerstoff als unveränderlichen, nicht reduzierbaren Bestandteil des Moleküls enthält, ist die Menge des reduzierbaren, also locker gebundenen Sauerstoffes, wie unten in Abschnitt 4 noch näher auszuführen sein wird, nur 2 mg. Obwohl nur $^1/_{100}$ der fest gebundenen ist diese Sauerstoffmenge doch von größter physiologischer Wichtigkeit.

Das Hämoglobin wird wie das Oxyhämoglobin durch Verdauen, Erhitzen, unter der Einwirkung von Säuren oder Laugen in die Eiweißkomponente, das Globin und in die farbige Komponente zerlegt. Letztere unterscheidet sich aber von dem Hämatin darin, daß sie keinen reduzierbaren Sauerstoff enthält, verhält sich also zum Hämatin genau so, wie das Hämoglobin zum Oxyhämoglobin. Sie führt den Namen Hämochromogen.

Unter Umständen findet sich im Blute noch eine weitere Modifikation des Blutfarbstoffs, das Methämoglobin. So z. B. wenn

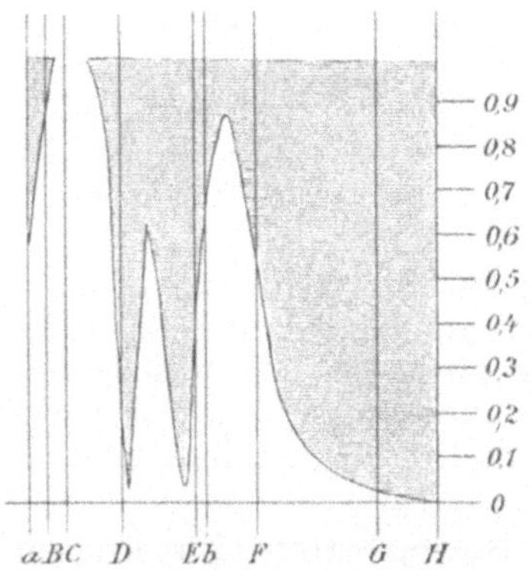

Abb. 8. Schematische Darstellung der Verdunklung des Spektrums durch eine Oxyhämoglobinlösung von 1 cm Schichtdicke und steigendem Prozentgehalt. Nach ROLLET, HERMANNs Handb. d. Physiol. IV, Leipzig 1880, S. 48.

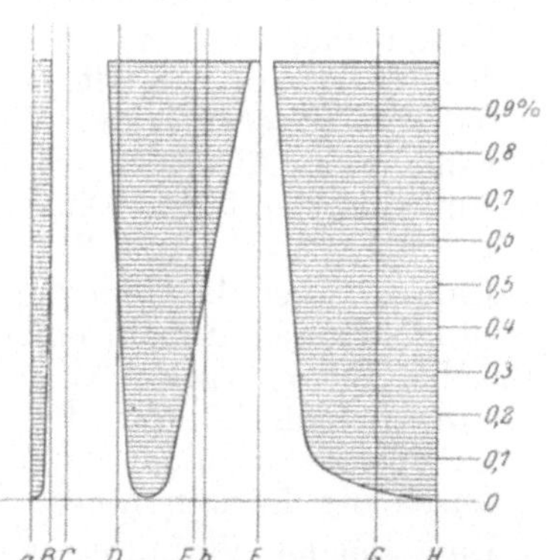

Abb. 9. Schematische Darstellung der Verdunklung des Spektrums durch eine Hämoglobinlösung von 1 cm Schichtdicke und steigendem Prozentgehalt. Nach ROLLET, HERMANNs Handb. d. Physiol. Bd. 4. S. 57 (1880).

Erythrozyten in größeren Mengen eingeschmolzen werden, wie bei Aufsaugung von Blutergüssen und bei zahlreichen Vergiftungen. Die gleiche Veränderung vollzieht sich im Glase, wenn Kaliumpermanganat, Ferrizyankalium, Chlorate, Nitrite u. a. Stoffe mit dem Blute zusammengebracht werden. Hierbei wird ebenfalls dem Oxy-Hb der locker gebundene Sauerstoff entzogen, während wahrscheinlich zwei Hydroxylgruppen an dessen Stelle treten (v. ZEYNEK, A. f. P. 1899, 487). Durch Zusatz von reduzierenden Stoffen wird eine Methämoglobinlösung in eine Hämoglobinlösung übergeführt. Methämoglobinlösungen haben eine braune Farbe und werden auf Zusatz von Alkalien schön rot.

In gleicher Weise und in gleicher Menge wie der Sauerstoff werden von dem Hb auch CO und NO locker gebunden. Die Verbindung mit Kohlenoxyd (CO-Hb) ist von besonderer klinischer Wichtigkeit, weil dieses Gas als ein Produkt unvollständiger Verbrennung und als ein Bestandteil des Leuchtgases gar nicht selten in der Luft bewohnter Räume angetroffen wird und schon in kleinen Mengen zu Vergiftungs-

erscheinungen, ja selbst zum Tode führen kann. Die Affinität des Hb
zum Kohlenoxyd ist nämlich größer als die zum Sauerstoff, so daß wenn
beide konkurrieren, das Kohlenoxyd den Sauerstoff verdrängen und damit
den Atmungsvorgang unmöglich machen kann. Weiteres hierüber im
Abschnitt über die Atmung. Die Farbe des CO - Hb ist hellrot, sehr
ähnlich einer Karminlösung.

Es ist schwer, ja unmöglich, die verschiedenen Arten von Blutfarbstoff mit dem bloßen Auge auseinander zu halten, um so mehr als
natürlich auch die Konzentration der Lösung bzw. die Dicke der Schicht
von Einfluß auf den Farbenton ist. Eine sichere Unterscheidung erlaubt
die spektroskopische Untersuchung, da jeder der genannten Farbstoffe
von dem durchfallenden weißen Lichte andere Wellenlängen in auswählender Weise schwächt, bei genügender Konzentration oder Schichtdicke auslöscht. Am Orte dieser Wellenlängen erscheinen dann im
farbigen Band des Spektrums die sog. Absorptionsstreifen.

Bringt man eine Lösung arteriellen Blutes oder eine Oxyhämoglobinlösung vor den Spalt des Apparates, so erscheinen neben einer
mehr oder weniger starken Verdunkelung des kurzwelligen Teils des
Spektrums zwei Absorptionsbänder im Gelb und Grün, deren Breite
und Dunkelheit mit der Dicke und Konzentration der absorbierenden
Schicht wächst (vgl. Abb. 8).

Eine Lösung des reduzierten Blutfarbstoffes zeigt statt der zwei
Absorptionsbänder nur ein einziges, breites, im Gelbgrün gelegenes, das
bei gleicher Konzentration der Lösung und gleicher Schichtdicke blasser
ist als die beiden Bänder des Hb - O_2. Außerdem ist der kurzwellige
Teil des Spektrums nicht so stark verdunkelt, insbesondere geht mehr
Blau durch die Lösung hindurch (vgl. hierzu Abb. 9).

Das gleiche Verhalten zeigen die Blutfarbstoffe im kreisenden
Blute. Richtet man den Spalt des Spektroskops gegen die Berührungs-
linie zweier eng aneinander geschmiegter, von rückwärts stark be-
leuchteter Finger, so kann man unschwer die beiden Absorptionsbänder
des Hb - O_2, nach längerer Umschnürung der Finger den einfachen
Streifen des Hb im Gelbgrün erkennen (VIERORDT, 1875, Zeitschr. f.
Biol. **11,** 188).

1a. Die Bestimmung der Hämoglobinmenge in der Raumeinheit des Blutes.

Die starke Färbekraft des Blutes bzw. seine absorbierende Wirkung
in bestimmten Spektralregionen ist methodisch ausgenützt worden,
vor allem zur Bestimmung der Hämoglobinmenge in der Raumeinheit Blut.

Die von VIERORDT und HÜFNER ausgebildete spektrophotometrische
Methode geht aus von dem Absorptionsverhältnis, das jedem Farbstoff
für eine bestimmte Spektralregion zukommt und eine Konstante desselben darstellt. Aufgabe der Messung ist die Ermittelung des Ex-
tinktionskoeffizienten der Lösung, d. h. des reziproken Wertes der
Schichtdicke, die das durchfallende Licht auf $^1/_{10}$ der ursprünglichen,
Intensität schwächt. Ist dieser bestimmt, so ergibt sich die Konzentration durch Multiplikation mit dem Absorptionsverhältnis (vgl. BÜRKER
in TIGERSTEDTS Handb. d. physiolog. Methodik. 2. 1. Abt. S. 281).

Für praktische Zwecke begnügt man sich mit einem Farbenvergleich zwischen zwei Lösungen, von denen die eine entweder eine Hb-Lösung von bekanntem Gehalt, oder hundertfach verdünntes normales Blut ist.

Da normales Blut nicht immer zur Hand ist und selbst erst der Prüfung bedürftig wäre, Blutlösungen auch nicht längere Zeit haltbar sind, hat man sich bemüht als unveränderlichen Vergleichsgegenstand Lösungen anderer Farbstoffe von bekanntem Gehalt oder gefärbte Gläser herzustellen, mit denen das zu prüfende Blut abzugleichen ist. Am meisten verwendet wird das von GOWERS eingeführte Verfahren, das darin besteht, daß eine Lösung von Pikrokarmin in Glyzerin, die bei der gewählten Schichtdicke einer hundertfach verdünnten Probe „normalen" Blutes gleich erscheint, mit dem zu prüfenden Blute verglichen wird, d. h. letzteres wird so lange verdünnt bis sein Farbenton mit der Pikrokarminlösung übereinstimmt. Bedarf es dazu einer hundertfachen Verdünnung, so gilt das Blut als normal in bezug auf seinen Gehalt an Farbstoff. Allgemein wird der Hämoglobingehalt angegeben durch den zur Herstellung der Farbengleichheit erforderlichen Verdünnungsgrad.

Da die Übereinstimmung des Farbentons zwischen Pikrokarminlösung und Blut doch keine ganz befriedigende ist, hat SAHLI sie durch eine Hämatinlösung aus hundertfach mit Salzsäure verdünntem Blute ersetzt. Die Verdünnung des zu prüfenden Blutes muß dann ebenfalls mit Salzsäure geschehen. Die Übereinstimmung im Farbenton ist hier natürlich eine vollkommene, die Vergleichslösung ist aber ebenso wie die des Pikrokarmins nicht völlig lichtbeständig.

Das Hauptergebnis der zahlreichen Beobachtungen ist die große Konstanz des Hb-Gehaltes beim Gesunden bzw. die Fähigkeit des Organismus Störungen auszugleichen. Beim männlichen Geschlecht ist die Hb-Menge in 100 g Blut im Mittel 14 g, beim weiblichen 13 g. Dieselbe ist von dem Alter in der Weise abhängig, daß zwischen dem 21. und 45. Jahr ein Maximum von 15 g besteht, das nur von dem Hb-Gehalt des Neugeborenen übertroffen wird, der bis zu 21 g emporgeht. Im Hunger nimmt der Hb-Gehalt im Verhältnis zu den übrigen festen Bestandteilen des Blutes zu, d. h. dasselbe wird weniger rasch aufgezehrt wie diese. Bei chronischer Dyspnoe sowie unter der Wirkung des Höhenklimas nimmt der Hb-Gehalt und auch die Gesamtmenge des Hb im Körper zu, bei Aderlassen ab.

Die erwähnten Verschiebungen vollziehen sich nicht parallel mit den gleichsinnigen Veränderungen der Zahl oder des Volums der Blutkörper, was besagt, daß die Gewichtseinheit Erythrozyten nicht immer dieselbe Menge des Farbstoffs enthält, wie dies bei der einigermaßen veränderlichen Größe der Blutkörper (Quellung, Schrumpfung) nicht anders zu erwarten ist. Noch größer sind die Abweichungen von der Norm in krankhaften Zuständen. Die Bestimmung des Hb-Gehaltes besitzt demnach eine von der Blutkörperzählung unabhängige selbständige Bedeutung.

1 b. Die Blutmenge des Körpers.

Ein anderes auf der Färbekraft des Blutes fußendes Versuchsverfahren setzt sich die Bestimmung der Blutmenge des Körpers zum Ziele. Verblutet man ein Tier, so gewinnt man vielleicht die Hälfte des vorhandenen Blutes. Man muß also das Gefäßsystem ausspülen, was

man früher mit Wasser getan hat, jetzt mit indifferenten Salzlösungen.
Aber auch dann bleiben noch Blutreste im Körper zurück, weshalb
HEIDENHAIN (1857, Arch. f. physiol. Heilk. N. F. 1. 507) zur Zerkleinerung
und Auslaugung des Tierkörpers geschritten ist. Die gesamten auf diese
Weise gewonnenen Flüssigkeitsmengen werden schließlich in bezug auf
ihre Färbekraft verglichen mit einer kleinen, dem Tiere vorher entzogenen Blutprobe.

In entsprechender Weise fand BISCHOFF an zwei menschlichen
Leichen die Blutmenge zu $1/14$—$1/13$ des Körpergewichts (Zeitschr. f. w.
Zool. 1856, 7, 331 und 1857, 9, 65), ED. WEBER und LEHMANN sogar $1/8$
(Physiol. Chem. Leipzig 1853. 2. 234).

Verschiedene Wege wurden eingeschlagen, um die Bestimmung
am Lebenden durchführen zu können. Man spritzte eine abgemessene
Menge einer indifferenten Salzlösung in die Vene und verglich zwei Blutproben, von denen die eine vor, die andere nach der Einspritzung entnommen war, in bezug auf das Volum der Blutkörper oder auf die
Konzentration der Eiweißkörper des Serums (siehe Seite 33). Auf diese
Weise haben KOTTMANN (1906, A. e. P. 54. 356) und DE CRINIS (1917,
Z. phl. C. 99. 131) an zahlreichen gesunden erwachsenen Personen die
Werte 6,0—8,7 % mit Überwiegen der größeren Zahlen erhalten. Berücksichtigt man, daß die an der Leiche vorgenommenen Bestimmungen
vielleicht etwas zu niedere Werte (Zurückbleiben von Blut in den Geweben), die am Lebenden wohl etwas zu große ergeben dürften (Austritt eines Teils der Salzlösung in die Gewebe), so ist die Übereinstimmung
eine befriedigende und demgemäß wird der Wert von $1/13$ des Körpergewichts = 7,7 %, für den erwachsenen Menschen allgemein als zutreffend betrachtet. Einem Körpergewicht von 65 kg würde also eine
Blutmenge von 5 l entsprechen.

Ein anderes von GREHANT und QUINQUAUD angegebenes, von
HALDANE und SMITH verbessertes Verfahren (1900, Journ. of Physiol.
25. 331) hat sehr viel kleinere Werte ergeben, rund $1/20$ des Körpergewichts, scheint aber in den Ergebnissen sehr schwankend und außerdem mit einem systematischen Fehler behaftet zu sein.

Ein nur am Tier anwendbares Verfahren ist in neuerer Zeit in
ausgedehntem Maße von DREYER und dessen Mitarbeitern benützt
worden (1910, Phil. Trans. R. S. Series B. Vol. 201. 133 und 1913, Sk.
Arch. 28. 299). Hierbei wird nach Entnahme einer kleinen Blutprobe
dem Tiere $1/5$—$1/4$ seiner Blutmenge entzogen und dieses Volum auf
Grund des Hb-Gehaltes der Blutprobe korrigiert. Nun wird alle 12—24
Stunden der Hb-Gehalt des im Körper zurückgebliebenen Blutes bestimmt, der sich nach etwa 48 Stunden auf einen konstanten, gegen
früher verminderten Wert einstellt. Unter der Annahme, daß nun das
ursprüngliche Blutvolum durch Zustrom von Wasser aus den Geweben
wieder ergänzt, Hämoglobin aber noch nicht neu gebildet ist, läßt sich
das ursprüngliche Volum berechnen.

Das Verfahren gibt unter sich, wie mit den Ergebnissen anderer
Untersucher meist gut übereinstimmende Werte, aus denen geschlossen
wird, daß die Blutmenge nicht dem Körpergewicht, sondern der Oberfläche proportional ist. Sie berechnet sich aus der Formel Blutmenge =
$\dfrac{\text{Körpergewicht}^n}{k}$, wo der Exponent n ungefähr 0,7 und k eine für jede
Tierspezies zu bestimmende Konstante ist.

2. Stromata, Leukozyten und Thrombozyten.

Die nach Austritt des Farbstoffs verbleibenden Reste der Erythrozyten, die sog. Stromata, bestehen, wie das Protoplasma der Leukozyten und Thrombozyten, in der Hauptsache aus Eiweiß oder genauer aus Eiweißverbindungen, über die noch sehr wenig bekannt ist. Soweit Kerne vorhanden sind, finden sich stets Nukleoproteide; aus dem Stroma der kernlosen Erythrozyten ist dafür sog. Nukleoalbumin, ein Phosphor (Phosphorsäure) enthaltender Eiweißkörper gewonnen worden (WOOLDRIDGE, A. f. P. 1881, 387). Geringer ist die Menge der fettartigen Stoffe oder Lipoide, unter denen das Lezithin den Hauptteil ausmacht (ABDERHALDEN, 1895, Z. phl. C. 25. 67; PASCUCCI, 1905, Beitr. z. chem. P. u. P. 6. 543); noch geringer die des Traubenzuckers (MASING, 1913, A. g. P. 149. 227) und der anderen aus dem Plasma eindiffundierender Stoffe. Endlich enthalten die Erythrozyten über 1 % Aschenbestandteile, darunter besonders Kalium, Chlor und Phosphorsäure (GÜRBER, Habilitationsschrift, Würzburg 1904).

Die chemische Zusammensetzung der Blutflüssigkeit.

Das Serum, wie es nach vollständiger Gerinnung des Blutes von der sich zusammenziehenden Gallerte ausgepreßt wird, ist wasserklar und etwas gelblich gefärbt. Serum aus geschlagenem Blute ist stets durch Blutfarbstoff mehr oder weniger rötlich. Gegen Lackmus reagiert es, namentlich wenn lange an der Luft gestanden, deutlich alkalisch, Phenolphthaleinpapier bleibt dagegen farblos, was auf den CO_2-Gehalt des Serums zu beziehen ist. Die mit der Gaskettenmethode gemessene Wasserstoffzahl schwankt zwischen $3,5 \cdot 10^{-8}$ (für arterielles) und $4,9 \cdot 10^{-8}$ (für venöses Blut), nähert sich also hier dem neutralen Zustand, ohne ihn ganz zu erreichen (MICHAELIS, Die Wasserstoffionenkonzentration usw. Berlin 1914). Spezifisches Gewicht im Mittel 1,028. Beim Schütteln stark schäumend, beim Eintrocknen klebrig, gesteht es beim Eindampfen auf dem Wasserbade wie Hühnereiweiß zu einer Gallerte und trocknet schließlich zu einer spröden, gummiartigen Masse ein, die rund 10 % seines Gewichtes ausmacht. Auf dem Platinblech erhitzt, verkohlt der Trockenrückstand unter Ausstoßung von Dämpfen, die nach verbranntem Horn und Ammoniak riechen und rotes Lackmuspapier bläuen. Nach vollständiger Verbrennung verbleibt eine nicht unbeträchtliche Aschenmenge von etwa 1 %. Aus diesen Erfahrungen folgt, daß das Serum eine eiweißreiche, salzhaltige Lösung darstellt.

Das im Serum vorhandene Eiweiß ist nicht einheitlich. Dies zeigt sich schon bei langsamem Erwärmen des verdünnten Serums darin, daß die bei etwa 70° beginnende Trübung bis 85° wiederholte Verstärkung erfährt (vgl. HALLIBURTON 1884, J. of P. 5. 152 und 1886, 7. 319). Zweckmäßiger ist die fraktionierte Ausfällung durch Salze, insbesondere durch eine kaltgesättigte Lösung von Ammoniumsulfat. Das Eiweiß wird dabei nicht denaturiert, der Niederschlag geht bei Verdünnung wieder in Lösung. Auf diesem Wege lassen sich mit Sicherheit zwei Fraktionen trennen, von denen die erste bei etwa $\frac{1}{4}$—$\frac{1}{2}$, die zweite bei $\frac{2}{3}$—$\frac{9}{10}$-Sättigung des Serums mit dem Salze ausfallen. Die erste umfaßt die Globuline des Serums, die zweite die Albumine.

Serumglobuline und Serumalbumine zeigen die allgemeinen Fällungs- und Färbungsreaktionen der Eiweißkörper und besitzen die denselben eigentümliche elementare Zusammensetzung. Sie sind phosphorfrei und schwefelhaltig. Die Globuline sind in Wasser und verdünnten Säuren unlöslich. Sie lösen sich in verdünnten Alkalien und verdünnten Neutralsalzlösungen. Sie zeigen das Verhalten schwacher Säuren. Die Albumine sind neutrale Eiweißkörper. Sie lösen sich in salzfreiem Wasser und sind auch in verdünnten Säuren und Alkalien löslich. In bezug auf ihren Aufbau aus Aminosäuren ist hervorzuheben, daß die Albumine kein Glykokoll enthalten (ABDERHALDEN 1903, Z. phl. C. **37**, 495) und schwefel-(zystin)reicher sind als die Globuline (K. MÖRNER 1902, Ebenda **34**. 207).

Ein Teil der Albuminfraktion des Serums läßt sich besonders im Pferdeserum meist leicht kristallinisch zur Abscheidung bringen. Zu dem Ende entfernt man zunächst die Globuline durch halbe Sättigung mit Ammoniumsulfat und versetzt das klare Filtrat weiter mit der gesättigten Salzlösung oder noch besser mit verdünnter Schwefelsäure, bis die dabei auftretende Trübung nicht mehr verschwindet. Der Niederschlag setzt sich in Form nadel- oder büschelförmiger Kristalle ab. Umkristallisiert können sie bis 1 mm lang werden und wie Bergkristalle die Form von sechsseitigen Prismen mit aufgesetzter Pyramide zeigen (Abb. 10) (GÜRBER, Würzb. Sitzungsber. 1894, MICHEL, 1895, Würzb. Verh. N. F. **29**, INAGAKI, 1906, ebenda **38**).

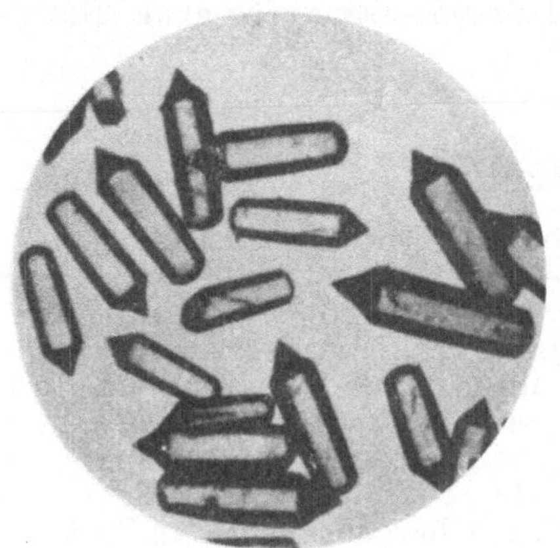

Abb. 10.   GÜRBER s kristallisiertes Serumalbumin vom Pferde.

Serumglobuline und Serumalbumine haben sich in dem Blutserum und dem Blutplasma aller bisher darauf untersuchten Wirbeltiere vorgefunden, aber in sehr verschiedener absoluter wie relativer Menge. Nach HALLIBURTON (1878, J. of P. **7**. 321) enthalten die Sera die in nachstehender Tabelle zusammengestellten prozentischen Mengen von Eiweiß, Serumglobulin und Serumalbumin.

	Eiweiß	Serumglobulin	Serumalbumin
Mensch	7,62	3,10	4,52
Pferd	7,25	4,56	2,69
Rind	7,50	4,17	3,33
Kaninchen	6,22	1,79	4,43
Taube	5,01	1,32	3,69
Huhn	4,14	2,90	1,24
Schlange	5,32	4,95	0,37
Frosch	2,54	2,18	0,36

Die von einigen Beobachtern angegebene Vergrößerung des sog. Eiweißquotienten $\dfrac{\text{Serumglobulin}}{\text{Serumalbumin}}$ im Hunger ist von anderen nicht bestätigt worden (HALLIBURTON, Textb. of Phys. 1898. I. 162). Dagegen hat der Aderlaß nicht nur eine Verringerung der gesamten Eiweißmenge zur Folge, sondern auch eine Verkleinerung des Eiweißquotienten (INAGAKI, 1907, Z. f. B. **49**. 171).

Die als Serumglobulin und Serumalbumin bezeichneten Eiweißfällungen sind jedenfalls Gemenge einander nahestehender Stoffe. Mit dem Serumglobulin fällt ein phosphorhaltiges Proteid (LIEBERMEISTER 1906, B. z. chem. P. **8**. 439) aus und die eigentliche Globulinfraktion läßt sich in mindestens zwei Teile trennen (vgl. OPPENHEIMER, Handb. d. Biochem. 1908. **2**. II. 73). Die Aufteilung der Albuminfraktion ist noch unsicher. Mit der Globulinfraktion fallen auch jene Stoffe aus, die unter dem Namen der Antikörper zusammengefaßt werden können und die Aufhebung von Giftwirkungen, Hemmung von Enzymwirkungen, die Schädigung oder Abtötung blutfremder Zellen in verschiedener Weise bewirken. Sie sind teils von vornherein im Blute enthalten als angeborener Bestandteil desselben oder erst durch die Reaktion des Organismus auf die krankmachenden Einflüsse entstanden. Eine Isolierung und Reindarstellung dieser Stoffe ist bisher nicht gelungen, sie sind nur auf sog. biologischem Wege nachweisbar (vgl. den Abschnitt: Spezifische Bindung und Antikörper im Handb. d. Biochem. **2**. I.). Es ist durchaus fraglich, ob es sich bei diesen Körpern um Eiweißstoffe handelt oder um irgendwie beschaffene Kolloide, die leicht ausflockbar sind, sich an beliebige Niederschläge anheften bzw. adsorbiert werden.

In neuerer Zeit hat die Bestimmung des gesamten Eiweißgehaltes des Serums auf refraktrometrischem Wege eine erhebliche praktische Bedeutung gewonnen. Sie beruht darauf, daß der Brechungsindex einer Lösung eine additive Eigenschaft derselben ist, d. h. bestimmt wird durch die Natur und Menge der in ihr enthaltenen Stoffe. Da nun die Eiweißkörper den Hauptteil der im Serum gelösten Stoffe darstellen und in Lösung durch einen hohen Brechungskoeffizienten ausgezeichnet sind, genügt die sehr genau, rasch und mit kleinsten Blutmengen ausführbare Refraktionsbestimmung, um den Eiweißgehalt mit großer Annäherung zu erfahren (vgl. E. REISS 1913, Ergebn. d. inn. Med. **10**. 531). Auf diesem Wege ist die Eiweißkonzentration im Serum gesunder Erwachsener zu 7—9 % bestimmt worden, während sie beim Säugling durchschnittlich nur 6 % beträgt. Die fortlaufende Prüfung derselben in Krankheitszuständen hat wertvolle Aufschlüsse über den Wasserhaushalt des Organismus ergeben.

Neben den Eiweißkörpern treten die übrigen im Serum enthaltenen organischen Verbindungen stark zurück, ihre Menge beträgt nur ungefähr $^1/_{13}$ der Eiweißmenge. Es handelt sich um Verdauungsprodukte, die durch das Blut den Geweben zugeführt werden, um Stoffe, die zwischen den verschiedenen Zellenarten des Organismus ausgetauscht werden, endlich um Abfallprodukte des Stoffwechsels. Zu der ersten Gruppe gehört das zur Zeit der Fettverdauung in emulgierter Form im Serum vorhandene und es milchig trübende Fett, das beim Ausschleudern des Blutes als Rahmschicht an der Oberfläche gesammelt werden kann, ferner die neuerdings nachgewiesenen Aminosäuren (BINGEL 1908, Z.

phl. C. **57**. 382; ABDERHALDEN 1913, ebenda **88**. 478 u. Lehrb. **3**. Aufl. S. 540), die natürlich auch als Abbaustufen von Zelleiweiß oder als Zwischenprodukte von Umwandlungsvorgängen aufgefaßt werden können. Die Kohlehydrate werden vertreten hauptsächlich durch den Traubenzucker, dessen niedere Konzentration (0,1—0,2 %) durch später zu besprechende Regulationen konstant gehalten wird. Er dient zweifellos dem interzellularen Stoffaustausch, wie wahrscheinlich auch die stets vorhandene Milchsäure und die Cholesterinester der Fettsäuren (HÜRTHLE 1895, Z. phl. C. **21**. 331).

Von den Endprodukten des Stoffwechsels seien hier nur erwähnt der Harnstoff zu etwa $^{1}/_{20}$ %, Karbaminsäure, Ammoniak, Harnsäure, Kreatin und vor allem die Kohlensäure über die im 4. Abschnitt noch eingehender gehandelt werden wird.

Eine besondere Besprechung verdienen noch die **Salze des Serums**. Zur Abtrennung derselben von den organischen Bestandteilen stehen zwei Wege offen: Veraschung und Dialyse. Die Veraschung des Trockenrückstandes gibt für Schwefelsäure zu hohe Werte, weil der Schwefel des Eiweißes zu Schwefelsäure verbrennt. Die Phosphorsäure kann aus organischer Bindung abgespalten sein. Die Dialyse anderseits führt zu keiner vollständigen Trennung der organischen und anorganischen Stoffe, weil ein Teil der ersteren, wie Zucker- und Harnstoff, die Membran durchwandern. Anderseits wird ein Teil der Basen von dem Eiweiß gebunden und ist nicht dialysierbar. Am lehrreichsten ist es, beide Methoden zu verwenden und die Ergebnisse zu vergleichen.

Für menschliches Blut liegen Aschenanalysen von C. SCHMIDT vor, sie ergaben für Serum bzw. Körperchen folgende Zahlen (vgl. BUNGE, Lehrb. d. physiolog. Chem. Leipzig 1894, S. 223):

In 1000 g Serum sind enthalten:		In 1000 g Blutkörper sind enthalten:	
	g		g
Chlor	3,565	Chlor	1,750
Schwefelsäure	0,130	Schwefelsäure	0,061
Phosphorsäure	0,146	Phosphorsäure	1,355
Kalium	0,317	Kalium	3,091
Natrium	3,438	Natrium	0,470

Wie eine Betrachtung dieser Zahlen ergibt, ist die Menge der Säuren derjenigen der Basen nicht äquivalent. Im NaCl verhalten sich Na zu Cl wie 23 zu 35,5 oder ungefähr wie 2 zu 3, während im Serum fast ebensoviel Na wie Cl vorhanden ist. Die starke Alkaleszenz, die man demgemäß im Blute erwarten sollte, fehlt indessen, offenbar, weil die Basen durch andere Säuren gesättigt sind. Die durch die Aschenanalyse nachgewiesenen Mengen von Schwefelsäure und Phosphorsäure reichen hierzu nicht aus, um so weniger als ihr freies Vorkommen im Serum nach dem oben Ausgeführten zweifelhaft bleibt. Die durch die Analyse nicht nachgewiesene Säure ist zu einem Teil jedenfalls Kohlensäure, die im Körper stets reichlich zur Verfügung steht. Berücksichtigt man, daß Natrium, Chlor und Kohlensäure vorherrschen, so läßt sich das Serum in bezug auf seine mineralischen Bestandteile im wesentlichen auffassen als eine Lösung von NaCl, Na_2CO_3 und $NaHCO_3$, wozu zu bemerken ist, daß das saure Karbonat überwiegen wird, solange nicht die Kohlensäure-spannung auf sehr niedere Werte sinkt. Im kreisenden Blute kommt also nur letzteres in Frage.

Dialysate des Serums sind von GÜRBER (Würzb. Verh. 1894; Würzb. Sitzungsber. 1895) auf ihren Salzgehalt untersucht worden. Da sich seine Analysen auf das Pferdeserum beziehen, so sind sie mit denen von C. SCHMIDT nicht ohne weiteres vergleichbar. Es sei nur angeführt, daß er für die elektropositiven Bestandteile ähnliche Werte fand wie C. SCHMIDT; unter den elektronegativen tritt die Schwefelsäure sehr zurück, Phosphorsäure ist nur in Spuren vorhanden. Die Anwesenheit saurer Karbonate konnte direkt nachgewiesen werden.

Weitere Aufschlüsse gaben GÜRBERS Untersuchungen dadurch, daß er die Analysen der Dialysate mit denen der Aschen verglich. Hierbei ergab sich für die einzelnen mineralischen Bestandteile des Serums teilweise ein gegensätzliches Verhalten. Während das Chlor sich verhält wie ein frei in Lösung befindlicher Körper, so daß beide Analysen identische Resultate ergeben, gilt dies nicht für das Na und Ca. Für diese ergibt die Aschenanalyse höhere Werte als die Dialyse. Der Unterschied verschwindet jedoch, wenn man das der Dialyse unterworfene Serum mit Kohlensäure sättigt. Man muß annehmen, daß im kohlensäurearmen Serum ein Teil des Na und Ca an eine nicht dialysierende Säure gebunden ist, als welche nur das Eiweiß (Globuline) in Betracht kommt.

Noch verwickelter gestalten sich die Verhältnisse, wenn die Sättigung mit CO_2 nicht am Serum, sondern am Gesamtblut vorgenommen wird. Das Serum wird dabei, wie schon NASSE beobachtete, ärmer an Chlor, die Blutkörperchen daran reicher. Ferner findet eine Konzentrationserhöhung im Serum durch Übertritt von Wasser aus demselben in die Blutkörperchen statt, wobei dieselben ihr Volum deutlich vergrößern (GÜRBER, Würzb. Ber. u. Verh. 1895, PETRY, 1903, B. z. ch. P. 3 247). Die Bedeutung dieser Vorgänge für die Atmung kann erst in Abschnitt 4 besprochen werden.

Vergleicht man in der nebenstehenden Tabelle den Aschengehalt des Serums mit dem der Blutkörper, so fällt auf, daß sie keine Übereinstimmung miteinander zeigen. Im Serum überwiegen Natrium und Chlor, in den Blutkörpern das Kalium und neben Chlor tritt die Phosphorsäure stark in den Vordergrund. Ähnliche Gegensätze im Salzbestand gegenüber dem Blutserum zeigen auch andere Zellen, wie z. B. die Muskeln, siehe Abschnitt 11.

Das Blutplasma und die Blutgerinnung.

Der auf S. 18 beschriebene und in Abb. 3, untere Reihe, schematisch abgebildete Versuch hat gelehrt, daß im langsam gerinnenden Blute, wo die Blutkörper Zeit haben sich zu setzen, die Gerinnung im Plasma eintritt, daß also dieses den Stoff in Lösung enthält, der sich bei der Gerinnung in das unlösliche Fibrin umwandelt. Dieser als Fibrinogen bezeichnete Stoff zeigt ein den Globulinen des Serums entsprechendes Verhalten in bezug auf leichte Aussalzbarkeit, worin er dieselben sogar noch übertrifft. Er wird schon durch halbe Sättigung des Plasmas mit Kochsalz gefällt. Der abfiltrierte Niederschlag kann in Wasser gelöst und neuerdings ausgesalzen, also gereinigt und schließlich durch Dialyse salzfrei gemacht werden. Lösungen von gereinigtem Fibrinogen spielen in den Untersuchungen über die Blutgerinnung eine wichtige Rolle. Das Fibrinogen ist in einer Menge von etwa 0,5 % im Blute enthalten.

Während Fibrinogenlösungen durch Aussalzen, Erhitzen, wie überhaupt durch fällende oder denaturierende Einwirkungen in der gleichen Weise verändert werden wie andere Eiweißlösungen, gerinnen sie in der faserigen, für das Fibrin typischen Weise, wenn ihnen etwas Serum oder Blutkuchen zugesetzt wird. Der Vorgang hat Ähnlichkeit mit einem fermentativen Prozeß insofern, als wenig Serum genügt, um eine große Menge Fibrinogen zur Gerinnung zu bringen, als die gerinnungserzeugende Wirkung auf stets neue Fibrinogenlösungen übertragbar oder überimpfbar ist, und sie durch Erhitzen auf 100° erlischt. Eine Isolierung des wirksamen Stoffes, der Fibrinferment, Thrombin oder Thrombase genannt worden ist, steht noch aus; seine chemische Natur ist daher unbekannt. Über die Darstellung fermentreicher Blutextrakte vgl. ALEX. SCHMIDT, Zur Lehre von den fermentativen Gerinnungserscheinungen, Dorpat 1876.

Da das Fibrinogen im kreisenden Blut vorhanden ist, fehlt zur Einleitung der Gerinnung nur das Thrombin. Der Anstoß zur Entstehung desselben scheint von den Zellen des Blutes auszugehen und mit ihrem Zerfall in Zusammenhang zu stehen. Am ausgeschleuderten Eisblute läßt sich beobachten, daß die Gerinnung in den tiefsten Teilen der Plasmaschicht beginnt, wo sich die Anhäufung der ungefärbten Formelemente befindet. Während man in früherer Zeit ausschließlich die Leukozyten für diese Wirkung verantwortlich machte, wird sie gegenwärtig, wo die Unbeständigkeit der Blutplättchen bekannt ist, vorwiegend diesen zugeschrieben. Gegen ihre ausschließliche Beteiligung spricht der Umstand, daß die Lymphe gerinnt, obwohl in ihr Blutplättchen fehlen. Auch gibt STÜBEL in seinen ultramikroskopischen Untersuchungen über Blutgerinnung (1914, A. g. P. **156**. 361) ausdrücklich an, daß das erste Auftreten der an Kristalle erinnernden Fibrinnadeln, durch das der Gerinnungsprozeß sich ankündigt, nicht notwendig an die Nachbarschaft der im Absterben begriffenen Thrombozyten gebunden ist.

Für das Aderlaßblut liegt die Veranlassung zur Gerinnung hauptsächlich in der Berührung mit dem Glase, das Alkali abgibt und dadurch die Zellen des Blutes schädigt. Fängt man Blut in Gefäßen auf, die durch einen Überzug von Vaselin oder Paraffin unbenetzbar gemacht sind, so wird die Gerinnung sehr stark verzögert (FREUND 1886, Wien. med. Jahrb. 46—48, BORDET und GENGOU 1904, Ann. Inst. Pasteur, **18**).

Die Annahme, daß die Zellen des Blutes Gerinnung befördernde bzw. veranlassende Stoffe, sogenannte Thrombokinasen liefern, wird gestützt durch die Erfahrung, daß auch Extrakte aus Gewebszellen, besonders aus Thymus, Lymphknoten und Leber sich wirksam erweisen, d. h. die Gerinnung von Aderlaßblut sehr beschleunigen, ja selbst im kreisenden Blute ausgedehnte Gerinnungen, Thrombosen, herbeiführen können. Diese besonders von WOOLDRIDGE untersuchten Gewebssäfte (Die Gerinnung des Blutes, Leipzig 1891) wirken aber nicht auf Fibrinogenlösungen, enthalten also kein Thrombin. Damit wird es wahrscheinlich, daß zur Bildung des letzteren die Thrombokinase für sich allein nicht ausreicht, daß vielmehr auch das Plasma einen Beitrag oder Beiträge liefern muß.

Ein solcher für die Thrombinbildung unbedingt nötige Stoff wurde von ARTHUS und PAGET in den Kalksalzen des Plasmas erkannt (1890, J. de P. 22, 739). Fängt man Blut aus der Ader auf in einer die Kalksalze fällenden Lösung wie Natriumoxalat oder Natriumfluorid, so kann es dauernd ungeronnen bleiben; es gerinnt aber auf Zusatz eines löslichen Kalksalzes in genügender Menge.

Die Tatsache, daß Gewebssäfte, selbst bei Anwesenheit von Kalk Fibrinogenlösungen nicht zur Gerinnung bringen und die Beobachtung, daß die fermentative Kraft des Blutserums auf Fibrinogenlösungen durch Gewebssäfte oft in ganz auffälliger Weise verstärkt wird, haben FULD und SPIRO (1904, Beitr. z. chem. P. 5, 171) und MORAWITZ (1903, Ebenda. 4, 381) zu der Ansicht geführt, daß zur Bildung des Thrombins das Plasma noch einen weiteren Stoff beisteuern muß, der Plasmozym oder Thrombogen genannt worden ist. Nach den Arbeiten dieser Forscher würde man sich demnach den Gerinnungsvorgang so vorzustellen haben, daß zunächst aus den Thrombozyten oder anderen Zellen die Thrombokinase abgespalten wird, die nun im Verein mit dem Thrombogen des Plasmas und den Kalksalzen die Bildung des Thrombins ermöglicht, das dann seinerseits die Umwandlung des Fibrinogens in Faserstoff herbeiführt (vgl. MORAWITZ 1908, Handb. d. Bioch. 2, II. 40).

Sind die angedeuteten, keineswegs in allen Stücken gesicherten Vorstellungen auch imstande, die Gerinnung des Aderlaßblutes verständlich zu machen, so erklären sie doch noch nicht, warum das kreisende Blut flüssig bleibt. Da Thrombogen im Plasma vorgebildet vorhanden sein soll und Kalksalze nicht fehlen, so müßte bei dem im Kreislauf stets stattfindenden Zerfall von Zellen Gerinnung eintreten. Da dies im allgemeinen nicht geschieht, besteht eine gewisse Wahrscheinlichkeit, daß es neben gerinnungsbefördernden Einflüssen auch hemmende gibt und daß der Organismus über solche verfügt. Die in dieser Richtung als wirkend angenommenen Stoffe heißen Antithrombine. Namentlich scheint das Gefäßepithel zur Abscheidung derartiger Stoffe befähigt zu sein, da Blut in abgebundenen Gefäßen auffällig lange flüssig bleibt oder überhaupt nicht gerinnt (BRÜCKE 1857, A. p. A. 12, 81; v. BAUMGARTEN 1902, Verhandl. path. Gesellsch. 5, 37). Dieser Einfluß hört aber auf, wenn das Gefäß erkrankt, verletzt oder angeätzt ist.

Auch andere Erfahrungen sprechen zugunsten des Vorkommens oder der Bildung von Antithrombinen. Durch sehr kleine Mengen des Extraktes aus den Saugnäpfen des Blutegels, kann die Gerinnbarkeit des extra- wie intravaskulären Blutes aufgehoben werden. Man kann die natürliche gerinnungshemmende Kraft des Körpers steigern, indem man Gewebsextrakte oder Produkte der Eiweißverdauung, sogenannte Peptone ins Blut spritzt, in Mengen, die zu klein sind, um intravaskuläre Gerinnung zu erzeugen. Hier kann von einer gerinnungshemmenden Wirkung der eingespritzten Lösungen nicht die Rede sein, sie stacheln vielmehr den Organismus auf zu verstärkter Abwehr, wie man annimmt durch Bildung eines Antikörpers.

Ohne Zweifel ist die Gerinnung ein verwickelter, auf das Ineinandergreifen einer Anzahl von Stoffen und Zwischenprozessen beruhender Vorgang, zu dem die fast unfehlbare Sicherheit, mit der sie eintritt, in bemerkenswertem Gegensatze steht. Ohne Gerinnung würde jede blutende Wunde tödlich sein. Allein schon eine verlangsamte Gerinnung, wie sie den sogenannten Blutern oder Hämophilen eigen ist, bedeutet eine dauernde Lebensgefahr.

Verbrauch und Erneuerung des Blutes.

Blutverluste geringen Umfanges sind im Laufe des Lebens unvermeidlich, beim geschlechtsreifen Weibe eine regelmäßige, periodische Erscheinung. Außerdem findet stets ein Zerfall von Blutkörpern statt. Die beständig gebildeten Gallenfarbstoffe entstehen aus dem Blutfarbstoff (siehe unten Teil 6) unter Abspaltung seines Eisens. Ebenso gehen Leukozyten beständig zugrunde durch Absterben und Einschmelzung, durch Eiterbildung, durch Auswanderung in den Verdauungskanal usw. Neubildung von Blutbestandteilen ist somit unerläßlich. Über die Art, wie sie geschieht, ist wenig bekannt und das Wenige bezieht sich ausschließlich auf die geformten Bestandteile.

Die Einschmelzung der Erythrozyten und die Umwandlung ihres Farbstoffes in braunes körniges „Hämosiderin" vollzieht sich hauptsächlich in der Milz (M. B. SCHMIDT, Würzb. Sitzungsb. 26. 11. 13). Doch scheint auch die Abspaltung des Eisens und seine Speicherung in einer vor Ausscheidung geschützten Form, wenigstens zum Teil dort vor sich zu gehen, denn nach Entmilzung steigt die Abscheidung von Eisen auf dem Wege des Dickdarms merklich an (ASHER mit GROSSEN-BACHER und ZIMMERMANN, 1909, B. Z. **17**, 78 u. 297; R. BAYER 1910, Mitt. Grenzgeb. Med. u. Chir. **21**, 335). Die endgültige Herstellung der Gallenfarbstoffe aus dem eisenfreien Spaltprodukte des Hämoglobins kann aber erst in der Leber geschehen, denn die Gallenfarbstoffe sind normalerweise im Blute nicht nachweisbar, was der Fall sein müßte, wenn sie ihr von anderswoher zugeführt würden.

Für die Neubildung der Erythrozyten scheint beim Erwachsenen nur das (rote) Knochenmark aufzukommen. Man findet in ihm stets kern- und hämoglobinhaltige Zellen, die den embryonalen „Erythroblasten" gleichzuachten sind. Bei lebhafter Neubildung (nach Aderlässen) gelangen sie auch ins kreisende Blut. Sie verlieren später den Kern. Für diese Funktion des Knochenmarkes spricht ferner die Erfahrung, daß bei lebhafter Neubildung von Blut das gelbe (verfettete) Knochenmark sich teilweise wieder in rotes umwandelt bzw. der Verfettungsvorgang verzögert wird (ZUNTZ und Mitarbeiter, Höhenklima usw. Berlin 1906, 199; LITTEN und ORTH, Berl. klin. Wochenschr. 1877, 743). Die Neubildung scheint übrigens auch unter dem (fördernden) Einfluß der Schilddrüse bzw. dem hemmenden der Milz zu stehen (ASHER und DUBOIS, 1917, B. Z. **82**, 141). Die Entstehung der gelapptkernigen Leukozyten wird ebenfalls ins Knochenmark, die der Lymphozyten in die Milz und die übrigen lymphatischen Apparate verlegt (EHRLICH und LAZARUS, NOTHNAGELS Handb. 8, I. Wien 1898).

Die Lebensdauer der Erythrozyten muß nach RUBNER zum mindestens auf 2—3 Monate angeschlagen werden (A. f. P. **1911**, 59), wahrscheinlich entspricht sie aber dem Mehrfachen dieser Zeit.

Dritter Teil.

Die Tätigkeit des Herzens.

Die Blutbewegung geschieht in einer geschlossenen in sich zurückkehrenden Bahn mit einer Geschwindigkeit, die von Ort zu Ort verschieden ist, an einem gegebenen Orte aber um einen bestimmten Mittelwert schwankt. Sieht man von diesen Schwankungen ab, so ist der Blutstrom an dem betrachteten Orte ein gleichmäßiger oder stationärer. Die mittlere Stromgeschwindigkeit d. h. der Weg, den durchschnittlich jeder durch den Querschnitt tretende Blutteil in der Zeiteinheit zurücklegt, ist unter sonst gleichen Bedingungen abhängig von dem zugehörigen Gesamtquerschnitt des Gefäßsystems. Unter Gesamtquerschnitt ist die Summe der Querschnitte aller gleichkalibrigen Gefäße verstanden. So kann man sämtliche Arterien von 1 mm² Querschnitt oder sämtliche Kapillaren des großen bzw. kleinen Kreislaufs mit ihren Querschnitten zusammengelegt denken, wobei dann der zugehörige Gesamtquerschnitt entsteht. Auf diese Weise vorgehend läßt sich für jede Entfernung vom Herzen die ungeheuer reich verästelte Gefäßbahn in ein einfaches Rohr zusammenlegen, dessen Querschnitt dem Gesamtquerschnitt des betreffenden Ortes entspricht.

Nun lehrt die Anatomie, daß die Querschnittssumme der Äste eines Gefäßstammes stets größer ist als der Querschnitt des Stammes, so daß von der Aorta zu den Kapillaren eine beständige Zunahme des Gesamtquerschnittes stattfindet. Das Umgekehrte gilt, wenn man von den Kapillaren nach den Venen weiterschreitet, so daß hier der Gesamtquerschnitt mit der Annäherung an das rechte Herz immer kleiner wird, um an der Mündungsstelle der großen Hohlvenen in das rechte Herz auf etwa das Anderthalbfache des Aortenquerschnittes zusammenzuschrumpfen.

Unter der Voraussetzung eines stationären Stroms muß durch jeden Gesamtquerschnitt in der Zeiteinheit die gleiche Blutmenge gehen, da sonst sehr bald eine ganz veränderte Blutverteilung die Folge wäre. Die genannte Bedingung ist aber nur erfüllbar, wenn die mittlere Stromgeschwindigkeit um so kleiner ist je größer der Gesamtquerschnitt. Daß dies tatsächlich der Fall ist, lehrt die Betrachtung des Kreislaufs in irgend einem durchsichtigen Gewebe z. B. in der Schwimmhaut, der Lunge oder Zunge des Frosches. Stets sieht man die an der Bewegung der Blutkörper verfolgbare Stromgeschwindigkeit von den Arterien gegen die Kapillaren mehr und mehr ab-, in den Venen wieder zunehmen.

Während also die Stromgeschwindigkeit ein Minimum im Gebiet der Kapillaren besitzt, ist das Verhalten des Druckes ein ganz anderes.

Ein Strömen findet nur nach Orten niedrigeren Druckes statt; es muß also der Druck in den Kapillaren höher sein als in den Venen, in diesen noch weiter gegen das Herz zu abnehmen und das Druckminimum im rechten Vorhof gelegen sein.

Um die Beziehungen zwischen Stromgeschwindigkeit und Druck noch besser übersehen und zu einer Berechnung der Herzarbeit verwerten zu können, soll die Betrachtung zunächst an einem einfachsten Schema durchgeführt werden.

Es werde ein einfaches überall gleichweites, horizontal liegendes Rohr, von einem Druckgefäß aus mit Wasser durchströmt (Abb. 11). Anstatt den Druck im Standgefäß dadurch konstant zu halten, daß, wie im Herzen, das aus dem Ende des Rohres kommende Wasser neuerdings auf den ursprünglichen Druck gebracht wird, läßt man es frei ausfließen, nimmt aber das Druckgefäß so groß, daß während der Beobachtungszeit keine merkliche Druckverminderung stattfindet. Man hat dann wieder zwischen

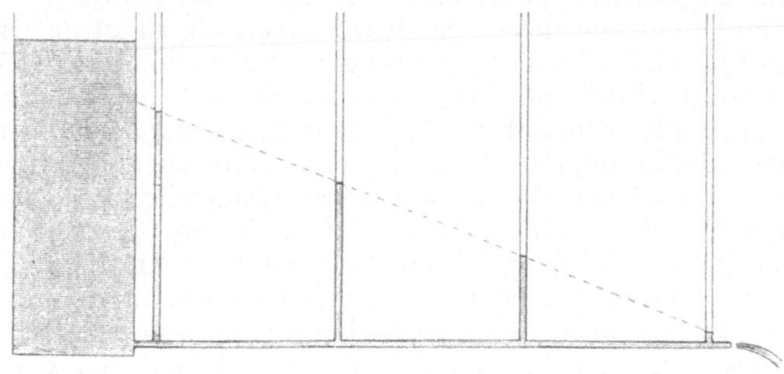

Abb. 11. Druckabfall in einem horizontalen Ausflußrohr.

den beiden Enden des Rohres konstante Druckunterschiede und demgemäß einen stationären Strom.

Die hierfür nötige Arbeit besteht aus zwei Summanden. Der erste entspricht dem Arbeitsaufwand für die Beschleunigung der Flüssigkeit und wird gemessen durch die lebendige Kraft des Sekundenvolumens. Der zweite Summand entspricht der Arbeit, die von der strömenden Flüssigkeit verbraucht wird zur Überwindung der inneren Reibung.

Für die beiden Summanden finden sich im vorliegenden Falle folgende Werte:

I. Bei geöffnetem Hahn entströmen der Röhre in 10 Sekunden 650 cm³: Das Sekundenvolum ist 65 cm³ (oder 0,065 Sekundenliter).

Die Röhre hat einen lichten Querschnitt von 0,33 cm². Die mittlere Stromgeschwindigkeit ist demnach

$$\frac{65 \ \mathrm{cm^3/sec}}{0,33 \ \mathrm{cm^2}} \ \text{oder rund } 200 \ \mathrm{cm/sec}.$$

Setzt man die Masse von 65 cm³ Wasser gleich 65 g, so erhält man für die lebendige Kraft des hervorstürzenden Wassers ($^1/_2$ mv²) den Wert

$$^1/_2 \times 65 \ \mathrm{g} \times 40\,000 \ \mathrm{cm^2/sec^2} = 1\,300\,000 \ \mathrm{erg}.$$

Benützt man statt der absoluten Arbeitseinheit die 981 mal größere praktische Einheit (cm g-gewicht), so findet man die lebendige Kraft des Wassers zu rund

$$1300 \text{ cm g-gewicht.}$$

II. Das Sekundenvolum ist in jedem Röhrenquerschnitt 65 cm³. Es verliert, wie die aufgesetzten Steigröhren zeigen, beim Durchtritt durch die Röhre beständig Druck, und zwar proportional der durchlaufenen Strecke. Der Gesamtdruckverlust im Verlauf der Röhre ist 80 cm Wasser oder 80 g-gewicht/cm². Der sekundliche Arbeitsaufwand zur Überwindung der Reibung ist gleich dem Produkt aus Sekundenvolum und Druckverlust

$$65 \text{ cm}^3 \times 80 \text{ g-gewicht/cm}^2 = 5200 \text{ cm g-gewicht.}$$

Die ganze von dem Druckgefäß sekundlich gelieferte Arbeit ist $= \text{I} + \text{II} = 6500$ cm g-gewicht. Der gleiche Wert ergibt sich unmittelbar aus der Überlegung, daß das Sekundenvolum dort, wo es in die Ausflußröhre eintritt, unter dem vollen Druck einer Wassersäule von 100 cm steht, den es beim Durchtritt durch die Röhre verliert. Das Produkt

$$65 \text{ cm}^3 \times 100 \text{ g-gewicht/cm}^2$$

gibt wie oben 6500 cm g-gewicht. Man kann sagen, daß ein Teil des Druckes, nämlich 20 cm Wasser zur Erzeugung der Stromgeschwindigkeit dient und ihn als „Geschwindigkeitshöhe" absondern, während der Rest von 80 cm als „Widerstandshöhe" zur Überwindung der Reibung verbraucht wird. Die entsprechende Arbeit wird in Wärme verwandelt.

Das Ergebnis des schematischen Versuchs kann ohne weiteres auf den Kreislauf angewendet werden. Gelingt es, das Sekundenvolum in der Aorta ascendens und den Blutdruck dort sowie in den großen Hohlvenen zu messen, so sind, der Querschnitt der Aorta als bekannt vorausgesetzt, alle Daten gegeben, um die Berechnung der sekundlichen Arbeit der linken Herzkammer in gleicher Weise wie für das Schema

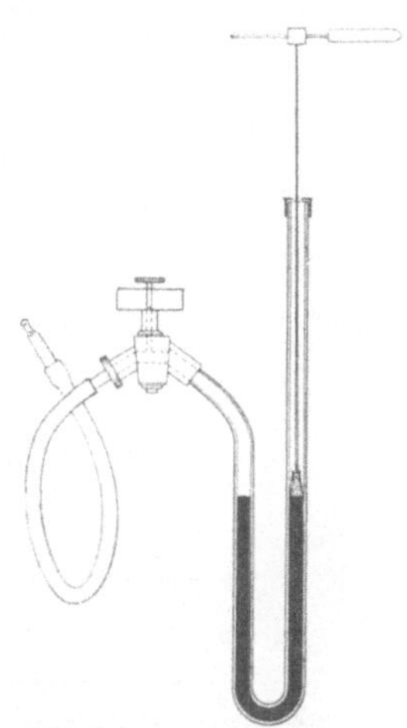

Abb. 12. C. Ludwigs registrierendes Quecksilbermanometer.

durchzuführen. Dieselbe wird durch die anatomische Konfiguration des Gefäßsystems in keiner Weise beeinträchtigt, denn Länge, Weite, Zahl und Art der Aufteilung der Gefäße in ihrem Einfluß auf den Strömungsvorgang finden eben in den Werten für Geschwindigkeits- und Widerstandshöhe und in dem Verhältnis zwischen beiden ihren zutreffenden Ausdruck.

Messung des Blutdrucks. Zur Messung der Druckunterschiede zwischen Arterie und Vene eines Kaninchens können wie bei dem Schema Steigröhren benützt werden. Verbindet man ein Steigrohr mit dem zentralen Stumpf einer durchschnittenen Vena jugularis externa, so dringt das Blut gar nicht in die Röhre ein. Der Druck ist hier nicht merklich verschieden von dem atmosphärischen. Verbindet man dagegen das Rohr mit dem zentralen Stumpf einer durchschnittenen Karotis, so erhebt sich die Blutsäule bis zu einer Höhe von 100 cm und selbst darüber.

Da das spezifische Gewicht des Blutes nur wenig höher ist als das des Wassers, so sind 100 cm Blut merklich gleich $^1/_{10}$ Atmosphäre.

Die Blutsäule über der Arterie bleibt, namentlich am tief narkotisierten Tier, fast unverändert auf gleicher Höhe; sie zeigt nur den Pulsen entsprechende kleine hüpfende Bewegungen und etwas größere, langsamere, mit der Atmung einhergehende Schwankungen. Sieht man von diesen ab, so kann man von einer konstanten Druckdifferenz von $^1/_{10}$ Atmosphäre zwischen Arterie und Vene sprechen, der ein stationäres Fließen in der Richtung gegen die Vene entsprechen muß.

Die Messung des Blutdrucks durch Steigröhren ist zwar sehr anschaulich, aber sonst wenig empfehlenswert. Die langen Steigröhren sind sehr unhandlich, das Blut gerinnt in ihnen und der Blutverlust ist für kleine Tiere nicht gleichgültig. Man nimmt daher nach dem Vorgange Poiseuilles (Thèse, Paris 1828) als druckmessende Flüssigkeit Quecksilber, wodurch

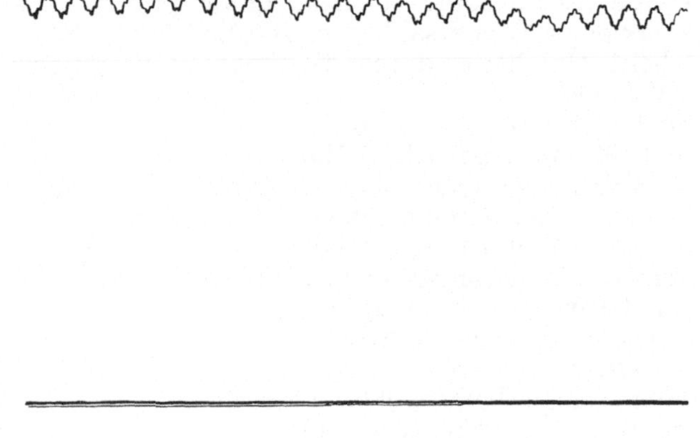

Abb. 13. Blutdruckkurve des Kaninchens, geschrieben von dem Quecksilbermanometer. Oberste Linie Blutdruck, mittlere Linie Atmosphärendruck, unterste Linie Sekundenmarken.

die Steighöhen auf weniger als ein Dreizehntel verkleinert werden. Um ein Eindringen des Quecksilbers in das Blutgefäß zu vermeiden, gibt man der Steigröhre U-form, füllt sie zur Hälfte mit Quecksilber und hat nun den Vorteil, daß man in den offenen Schenkel eine Schreibvorrichtung einsenken kann, welche auf dem Quecksilber schwimmt und alle Bewegungen desselben mitmacht, so daß eine dauernde Registrierung des Drucks möglich wird. Abb. 12 zeigt die Form des zu physiologischen Untersuchungen gebräuchlichen Quecksilbermanometers (C. Ludwig, A. f. A. u. P., 1847, 261). Freilich gibt der Schwimmer nur an, um wieviel das Quecksilber im offenen Schenkel gestiegen ist. Sind aber die beiden Schenkel gleich weit, so entspricht dem Steigen des Quecksilbers auf der einen Seite ein gleich tiefes Sinken auf der anderen und man erhält die wirkliche Niveaudifferenz, indem man die Kurvenordinate verdoppelt.

Bei der Ausführung des Versuchs wird das Manometer durch einen mit gerinnungswidriger Flüssigkeit gefüllten Schlauch mit dem Blutgefäß verbunden und zweckmäßig ein Eindringen des Blutes in die Röhren dadurch vermieden, daß schon vor dem Versuche ein Druck hergestellt wird, der dem zu erwartenden ungefähr gleich ist.

Der Versuch ergibt in der Karotis wieder einen nahezu konstanten, nur wenig (mit Herzschlag und Atmung) schwankenden Druck. Die von dem Manometer geschriebene Kurve (Abb. 13) liegt 4,4—5,0 cm über der Nullinie. Die Niveaudifferenz des Quecksilbers beträgt daher im Mittel $2 \times 4,7 = 9,4$ cm Quecksilber oder 128 cm Wasser. Dies entspricht einem Druck von 128 g-gewicht/cm² oder etwa ¹/₈ Atm. Die durch das Manometer verschlossene Karotis ist sozusagen nur ein Schlauch, der den Truncus anonymus mit dem Manometer verbindet, so daß der angezeigte Druck dem im Trunkus entspricht. Derselbe wird von dem Aortendruck nur wenig verschieden sein.

Messung des Sekundenvolums. Der zweite Wert, der bekannt sein muß, ist das Sekundenvolum des Kreislaufes. Der Gedanke, dasselbe durch einen Aderlaß zu messen, kann nicht in Betracht kommen, da durch einen solchen die Blutmenge des Tieres und damit Druck und Geschwindigkeit sehr rasch abnehmen. Es handelt sich vielmehr darum ein Meßinstrument zu verwenden, welches wie die in der Technik gebräuchlichen Gas- oder Wassermesser in das Blutgefäß eingeschaltet werden kann ohne den Strom zu unterbrechen. Ein solches Instrument ist 1866 von C. LUDWIG (Leipz. Ber. 1867, 200) angegeben worden und unter dem Namen Stromuhr bekannt (Abb. 14). Es besteht aus einem umgekehrten U-Rohr aus Glas mit spindelförmig erweiterten Schenkeln, deren Enden in die Tubuli einer Messingscheibe eingekittet sind. Die Scheibe dreht sich auf einer zweiten ebenfalls durchbohrten, von welcher nach unten zwei kurze Knieröhren ausgehen zur Verbindung mit den beiden Stümpfen eines durchschnittenen Gefäßes. Vor dem Versuche wird die Strom-

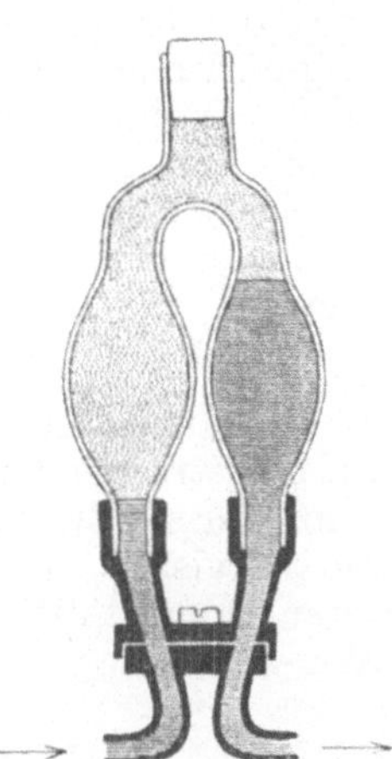

Abb. 14. C. LUDWIGS Stromuhr im Aufriß.

uhr mit defibriniertem Blute gefüllt, mit Ausnahme der stromaufwärts liegenden Spindel und des gebogenen Verbindungsstückes, die mit Petroleum beschickt werden. Das eindringende Blut drängt das Petroleum in die stromabwärts gelegene Spindel, deren Blut sich in den peripheren Gefäßstumpf entleert, während die aufwärts gelegene Spindel sich mit frischem Blute füllt. In diesem Momente ist eine Füllung der Stromuhr gegeben, die das Spiegelbild der ursprünglichen darstellt. Durch Drehung der Stromuhr, d. h. ihrer oberen Hälfte um 180° kann der ursprüngliche Füllungszustand wieder hergestellt und der Versuch ohne Unterbrechung fortgesetzt werden. Damit ist die Aufgabe gelöst. Denn man braucht nur zu wissen, wieviel Blut die Glasspindeln fassen und wie oft in der Zeiteinheit ein Wechsel der Gefäße stattgefunden hat, um die während derselben durchgeflossene Menge zu kennen.

Die Stromuhr, ursprünglich zur Messung des Sekundenvolumens in peripheren Gefäßen gebraucht, ist später in geeignet abgeänderter Ausführung benützt worden, um das Sekundenvolum in der Aorta zu messen. Für das Kaninchen hat R. TIGERSTEDT gefunden, daß die vom Herzen sekundlich ausgetriebene Blutmenge im Mittel $\dfrac{1}{1000}$ des Körpergewichts beträgt (1891, Skand. A. **3**, 152; 1907, ebenda. **19**, 1). Für die Katze sind LOHMANN und BOHLMANN zu ungefähr dem gleichen Wert gekommen (1907, A. g. P. **118**, 260 u. **120**, 400).

Die Arbeit des menschlichen Herzens.

Die entsprechenden Werte für den menschlichen Kreislauf sind nicht direkt bestimmbar. Auf Grund von Messungen des Blutdruckes an peripheren Arterien des Menschen, deren Methode später noch zu erörtern sein wird, kann man den Druck in der Aorta des Menschen Zu 15 cm Quecksilber oder 200 cm Wasser d. h. 200 g-gewicht/cm² ansetzen; der Druck in der Vena cava ist Null d. h. nahezu gleich dem atmosphärischen. Für das Sekundenvolum sei angenommen, daß es wie beim Kaninchen und der Katze ein Tausendstel des Körpergewichts betrage. Dann würde einem Menschen von 65 Kilo Gewicht ein Sekundenvolum von 65 cm³ zukommen. Der durch die Reibung bedingte sekundliche Energieverlust stellt sich demnach für den großen Kreislauf zu

$$65 \text{ cm}^3 \times 200 \text{ g-gewicht/cm}^2 = 13\,000 \text{ cm g-gewicht.}$$

Um auch den Teil der Herzarbeit zu berechnen, der als lebendige Kraft des strömenden Blutes in Erscheinung tritt, bedarf es der Kenntnis der mittleren Stromgeschwindigkeit. Man erhält dieselbe, wie oben, durch Division des Sekundenvolums durch den Aortenquerschnitt. Sei der Querschnitt 5 cm², so findet man die Stromgeschwindigkeit zu

$$\frac{65 \text{ cm}^3/\text{sec}}{5 \text{ cm}^2} = 13 \text{ cm/sec.}$$

Hierbei ist aber folgendes zu berücksichtigen: Zur Überführung des Sekundenvolums aus der linken Kammer in die Aorta steht dem Herzen nur die kurze „Austreibungszeit" (siehe unten S. 57) zur Verfügung, d. h. die Zeit in der die Aortenklappe offen ist. Bei einer Schlagzahl von 60 in der Minute, die der Einfachheit halber angenommen sei, kann die Austreibungszeit auf $^1/_3$ Sekunden angesetzt werden, in den anderen $^2/_3$ Sekunden findet wohl ein Strom von der Aorta gegen die Kapillaren, aber nicht vom Herzen in die Aorta statt. Damit das Sekundenvolum in der kurzen Zeit in die Aorta gelangen kann, muß die Stromgeschwindigkeit 3mal größer sein als sie bei dauerndem Einstrom sein würde. So gelangt man auf den Wert von rund 40 cm/sec. Die lebendige Kraft des Sekundenvolums berechnet sich demnach zu

$$^1/_2 \times 65 \text{ g (Masse)} \times 1600 \text{ cm}^2/\text{sec}^2 = 52\,000 \text{ erg.}$$
oder rund 52 cm g-gewicht.

Wie man sieht, ist der zweite Summand der Herzarbeit so klein, er beträgt ungefähr $^1/_{200}$ des ersten, daß er praktisch vernachlässigt werden kann. Es wird demnach fast die ganze Herzarbeit verbraucht zur Überwindung von Reibungswiderständen und nur ein verschwindend kleiner Teil erscheint als lebendige Kraft des einströmenden Blutes. Solange es sich also nur um die Gewinnung von Näherungswerten handelt, ist es gerechtfertigt die Herzarbeit dem Produkte aus Sekundenvolum und Druckabfall gleichzusetzen. Dieser Wert wurde oben zu 0,13 mkg gefunden.

Selbstverständlich bezieht sich der angegebene Wert nur auf den Teil des Kreislaufes, in dem die Druckdifferenz gemessen wurde, hier also auf den großen Kreislauf bzw. die linke Kammer. Im kleinen Kreislauf ist das Sekundenvolum dasselbe, der Druck aber niedriger. Endlich wäre noch die Arbeit zu bestimmen, die zum Übertritt des Blutes aus den Vorhöfen in die zugehörigen Kammern erforderlich ist. Letztere Arbeiten sind gegenwärtig einer Messung nicht zugänglich, sie lassen sich nur schätzen. Legt man die wahrscheinlichsten Annahmen zugrunde, so erhält man nach B. LEVY (1897, Zeitschr. f. klin. Med. **31**, 1) für das ganze Herz eine sekundliche Arbeit von 0,2 mkg und eine tägliche von 17 280 mkg, was etwa 40 kg-Kal. entspricht. Berücksichtigt man, daß das Herz wie jeder Muskel neben der mechanischen Arbeit stets Wärme liefert und daß der Wirkungsgrad (siehe Abschnitt 11) im günstigsten Falle $^1/_3$ beträgt, so berechnet sich die totale tägliche Energieausgabe des Herzens zu mindestens 120 kg-Kal. oder $^1/_{20}$ des gesamten Energieverbrauchs (2400 kg-Kal.) des Menschen. Die Beanspruchung des Herzens, das nur $^1/_{200}$ der Körpermasse darstellt, ist also sehr groß.

Eigenschaften des Herzmuskels.

Die hohen Anforderungen, die dauernd an das Herz gestellt werden, sind selbst für einen Muskel etwas Ungewöhnliches. Der Skelettmuskel findet während des Schlafes die zur Erholung nötige Schonung. Dem Herzen (wie den Atemmuskeln) ist eine solche nicht gewährt. Der Herzmuskel weist denn auch gewisse mit der Art seiner Beanspruchung in Beziehung stehende Eigentümlichkeiten auf. Er gehört zu den protoplasmareichen Muskeln, d. h. zu jenen, die neben der fibrillierten und quergestreiften Substanz eine erhebliche, mikroskopisch leicht nachweisbare Menge undifferenzierten Sarkoplasmas besonders in der Umgebung der Kerne enthalten. Solche Muskeln erscheinen im durchfallenden Lichte trübe. Sie sind auch meist dunkler (röter) gefärbt. KNOLL hat es auf Grund ausgedehnter Untersuchungen wahrscheinlich gemacht, daß dies ein Kennzeichen der schwer und andauernd arbeitenden Muskeln ist (1891, Wien. Denkschrift. **58**, 685). Nach WEIZSÄCKER ist der Herzmuskel befähigt pro Gramm Substanz mit einer Kontraktion eine 6—7 mal größere Arbeit zu leisten als der Skelettmuskel (1911, A. g. P. **141**, 457).

Eine andere anatomische Eigentümlichkeit des Herzmuskels ist die Aufsplitterung und netzartige Verflechtung seiner histologischen Elemente. Eine anatomische und funktionelle Isolierung einzelner Fasern durch Bindegewebe und Lymphräume wie beim Skelettmuskel findet dort nicht statt. Zerschneidet man die Herzkammer eines eben getöteten Frosches in 2 oder 3 nur noch durch ganz schmale Muskelbrücken zusammenhängende Stücke, so findet man nach einiger Zeit, daß sich auf Reizung irgend eines dieser Stücke auch die andern nach einander zusammenziehen (ENGELMANN 1875, A. g. P. **11**, 466).

Einige weitere Eigentümlichkeiten des Herzmuskels lassen sich sehr anschaulich zur Darstellung bringen, wenn man einen Skelettmuskel des Frosches (z. B. den Gastroknemius) und das Herz, d. h. die Spitze der an ihrer Basis befestigten Herzkammer mit je einem Zeiger verbindet und auf derselben bewegten Fläche schreiben läßt. Man kann dann folgendes beobachten:

1. Der Wadenmuskel bleibt vollkommen ruhig, während das Herz auch nach der Entfernung aus dem Körper seine Tätigkeit fortsetzt. Durch Abschneiden des Sinus venosus läßt sich diese selbständige oder automatische Tätigkeit in der Regel für einige Zeit oder dauernd unterdrücken. Beide Zeiger schreiben nunmehr horizontale Linien.

2. Geht man jetzt über zur künstlichen Reizung durch einen rotierenden Unterbrecher, der etwa in jeder dritten Sekunde einen Induktionsschlag durch beide Präparate schickt, so antwortet der Muskel bereits auf Reize, die das Herz noch nicht aus seiner Ruhe erwecken. Letzteres braucht stärkere Induktionsschläge. Die Antwort des Muskels wie des Herzens ist eine Zuckung, d. h. eine Verkürzung, die sofort von der Rückkehr zur Ruhelage gefolgt ist. Die Zuckung des Skelett-

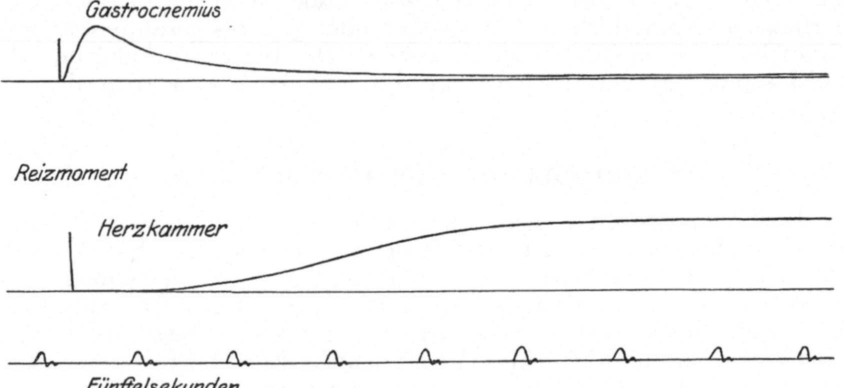

Abb. 15. Zuckung des Gastroknemius und der Herzkammer eines Frosches ausgelöst durch einen beide gleichzeitig durchsetzenden Induktionsschlag. Der Reizmoment ist aus den aufrecht stehenden Bogenlinien ersichtlich.

muskels verläuft weit rascher als die des Herzens. Mißt man die Zeit von dem in passender Weise registrierten Reizmoment bis zum Zuckungsgipfel, so findet man sie für das Herz (die Kammer) etwa 10 mal länger. Die größere Trägheit des letzteren zeigt sich auch darin, daß zwischen Reiz und Zuckung eine merkliche Zeit vergeht, während der Skelettmuskel anscheinend augenblicklich auf den Reiz antwortet. Die Zuckung des Skelettmuskels ist daher bereits zu einem großen Teil abgelaufen, bevor der Herzmuskel mit derselben überhaupt beginnt (Abb. 15). Die langsame Zusammenziehung des Herzmuskels kann als eine Anpassung an die Besonderheit seiner Beanspruchung aufgefaßt werden. Jeder Herzschlag steigert die Spannung im Arteriensystem, das seine Füllung nur allmählich an die Venen weitergeben kann. Rasche Zusammenziehung der Kammer würde die Drucksteigerung noch größer machen und den Muskel noch stärker belasten.

3. Sucht man für den Skelettmuskel jene Reizstärke, welche zur Auslösung einer Zuckung eben genügt, den sog. Schwellenreiz, so erhält man eine ganz geringfügige, die sog. minimale Zuckung.

Verstärkt man den Reiz, so wächst die Zuckung, bis, von einer gewissen Reizstärke ab, der Reizhöhe oder dem maximalen Reiz, weitere Verstärkung den Erfolg nicht mehr vergrößert. Auch für den Herzmuskel gibt es unterschwellige oder unwirksame und überschwellige oder wirksame Reize. Derjenige Reiz, dessen Stärke zur Wirksamkeit gerade genügt, führt aber hier sogleich zum vollen, bei dem momentanen Zustand des Herzens überhaupt erreichbaren Erfolg. Derselbe kann durch Verstärkung des Reizes nicht vergrößert werden. Die Zuckung des Herzmuskels ist oberhalb der Schwelle unabhängig von der Reizstärke (auch unter dem Namen „Alles- oder Nichts-Gesetz" bekannt). Dieses Verhalten ist nur insofern eine Besonderheit des Herzens, als infolge des innigen Zusammenhanges aller Muskelelemente eine Beschränkung der Erregung auf einzelne Teile nicht möglich ist. Im Gegensatz hierzu besteht der Skelettmuskel aus einem Bündel von Fasern, die, nur durch Bindegewebe zusammengehalten, einzeln in Tätigkeit geraten können. Schwache Reize erregen einige wenige Fasern, stärkere eine größere Zahl; es wächst daher die Kraft und die Arbeitsleistung. Hat der Reiz alle Fasern ergriffen, so hat er, wie beim Herzen, den größtmöglichen Erfolg erreicht. Die einzelne Faser des Muskels verhält sich dem nach wie das ganze Herz (LUCAS, 1905, J. of P. **33**, 207 u. 1909, **38**, 113).

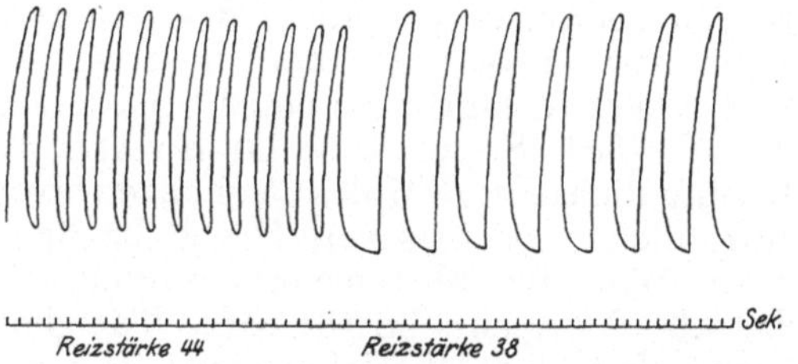

4. Das Herz ist, während es sich in einer Zuckung befindet, unerregbar oder doch schwer erregbar durch einen neuen Reiz. Man nennt diesen Zustand den refraktären (MAREY, 1875, Travaux du labor. **2**, 63; ENGELMANN, 1894, A. g. P. **59**, 309). Er

Abb. 16. Rhythmische Reizung des Froschherzens. 3 Reize in 7 Sekunden. Das Herz antwortet bei Reizstärke 44 auf jeden Reiz mit einer Zuckung, bei Reizstärke 38 nur auf jeden zweiten Reiz. $^2/_3$ des Orginals.

läßt sich in verschiedener Weise aufzeigen. Man verkürzt in einer Reizreihe die Pausen und kommt dann bald zu einer Frequenz, der das Herz nicht mehr zu folgen vermag (BOWDITCH 1871, Leipz. Ber. **23**, 652). Es beantwortet dann nur jeden zweiten Reiz, oder einen noch späteren mit einer Zuckung. Ein anderer Weg ist der, daß man in einer Reizreihe von konstanter Frequenz Zwischenreize einschiebt. Diese sind unwirksam oder müssen, um wirksam zu werden, um so stärker gemacht werden, je näher sie an den vorhergehenden periodischen Reiz heranrücken. Die hierbei ausgelösten Herzschläge heißen Extrasystolen. Endlich kann man so verfahren, daß man in einer Reizreihe von unveränderter Frequenz die Reizstärke bis in die Nähe des Schwellenwertes abschwächt, wie dies in Abb. 16 geschehen ist. Von diesen schwachen Reizen ist dann nur jeder zweite wirksam, die zwischenliegenden finden das Herz noch im unerregbaren oder schwer erregbaren Zustand. Die gleichzeitige Vergrößerung der selteneren Herzzuckungen steht mit der verlängerten Pause in Zusammenhang. Die refraktäre Phase ist nicht dem Herzmuskel allein eigentümlich. Sie ist bei ihm nur leichter nachweisbar, weil viel länger dauernd, als an anderen erregbaren Gewebselementen.

Die auffallendste Eigenschaft des Herzens ist seine Automatie, d. h. die Fortsetzung der Schlagfolge nach Entfernung aus dem Körper des Tieres, wobei alle zu ihm tretenden Nerven durchschnitten werden. Die unmittelbare Veranlassung zur automatischen Tätigkeit ist nicht aufgeklärt, doch sind eine Anzahl Bedingungen bekannt, die den Herzschlag ermöglichen bzw. in verschiedener Weise verändern. Zu diesen gehört vor allem die Temperatur. Das Herz der Amphibien stellt in der Nähe des Gefrierpunktes und ebenso bei ungefähr 40° seine Tätigkeit ein (vgl. UNGER 1912, A. g. P. **149**, 364), nimmt sie aber bei Rückkehr zu einer der zwischenliegenden Temperaturen wieder auf. Die Frequenz der Schläge steigt mit der Temperatur aber nicht proportional, sondern annähernd in geometrischem Verhältnis. Der Faktor (Temperatur-Koeffizient), mit dem die Schlagzahl multipliziert werden muß, um die einer 10° höheren Temperatur zugehörige zu erfahren, hat den Wert 2—3 (vgl. KANITZ, Temperatur und Lebensvorgänge, Berlin 1915).

Von großem Einfluß ist die Beschaffenheit der das Herz erfüllenden Flüssigkeit. Die beste Füllung bleibt stets das Blut; das ausgeschnittene Herz kann aber auch mit passend zusammengesetzten Salzlösungen stunden- ja tagelang (Kaltblüterherz) in Tätigkeit erhalten werden. Hierzu bedarf es vor allem des Sauerstoffs. In ausgekochten oder ausgepumpten Lösungen bzw. in einer Wasserstoffatmosphäre stellt das Froschherz in längstens einer Stunde seine Tätigkeit ein (LANGENDORFF A. f. P. 1884, Suppl. 103; OEHRWALL, 1907, Skand. A. **7**, 222). Daß die Lösung die richtige Molekularkonzentration und damit den für die Gewebe zuträglichen osmotischen Druck besitzen muß, versteht sich nach dem oben über die Blutkörper gesagten (S. 18) von selbst. Das Material, das als Energiequelle für seine Tätigkeit dient, kann das Herz für die ganze Zeit des Überlebens aus seinem Vorrat schöpfen, doch ist die Zugabe einer kleinen Menge Glukose vorteilhaft. Der Zucker wird verbraucht (LOCKE und ROSENHEIM 1907, J. of P. **36**, 205; ROHDE 1910, Z. phl. C. **68**, 181 und 1913, Zb. f. P. **27**, No. 21; RONA und WILENKO 1914, Biochem. Zeitschr. **59**, 173).

Eine sehr eigentümliche Rolle spielen die Salze der Füllflüssigkeit. Reine Kochsalzlösung in der dem Blutserum entsprechenden Konzentration setzt die Tätigkeit des Herzens sehr bald herab und macht es schließlich unerregbar selbst für starke Reize. Dieser scheintote Zustand kann durch Zugabe geringer Mengen von $CaCl_2$ rasch beseitigt werden; das Herz nimmt seine Tätigkeit in kräftiger Weise wieder auf, doch zeigen sich die Zuckungen verändert im Sinne einer verzögerten Erschlaffung. Diese und andere mit der Kalziumzugabe einhergehende Unregelmäßigkeiten werden durch geringe Mengen von KCl beseitigt.

Die auf rein empirischem Wege als die vorteilhafteste befundene Zusammensetzung ist als Ringersche Lösung bekannt (RINGER 1883, J. of. P. **4**, 222). Sie enthält 6,5 g NaCl, 0,2 g $CaCl_2$ und 0,2 g KCl im Liter für den Frosch, 8,5 g NaCl und die angegebenen Mengen $CaCl_2$ und KCl für die Säuger. Eine eingehende Prüfung der in der Ringerlösung enthaltenen Bestandteile ist durch R. BOEHM erfolgt (1914, A. e. P. **75**, 229). Das Ca-Ion kräftigt den Herzschlag, verlangsamt die Schlagfolge und verkürzt die refraktäre Phase, erniedrigt also die Reizschwelle, Wirkungen, die nach dem Vorschlag ENGELMANNS (1896, A. g. P. **62**, 555) als positiv inotrope, negativ chronotrope und positiv bathmotrope bezeichnet werden. Das Kalium-Ion hat, in den hier zulässigen Konzentrationsgrenzen nach allen 3 Richtungen die entgegengesetzte Wirkung, so daß in der Ringer-Lösung sozusagen eine Kompensation der einander widerstreitenden Einflüsse gegeben ist. Die Bedeutung der beiden Salze ist indessen hiermit nicht erschöpft. Hierüber sowie über die Unerläßlichkeit des Natriums für den Kontraktionsakt aller Muskeln vgl. den 12. Abschnitt. In neuerer Zeit werden den indifferenten Lösungen vielfach noch kleine Mengen $MgCl_2$, NaH_2PO_4, $NaHCO_3$ und Glukose zugesetzt (Tyrodesche Lösung).

Ursprung und Ausbreitung der Erregungen im Herzen.

Jede Herzabteilung durchläuft in einer Periode, d. h. in der Zeit, die dem Abstand zweier Schläge entspricht, eine Zeit der Tätigkeit und eine der Ruhe. Erstere fällt im allgemeinen zusammen mit einer Verkleinerung (Systole), letztere mit einer Vergrößerung des Umfanges (Diastole). Die Systolen und Diastolen der einzelnen Abteilungen erfolgen nicht gleichzeitig. Betrachtet man ein von der Bauchseite her freigelegtes Froschherz, so sieht man im wesentlichen nur die Grenze zwischen den Vorhöfen und der Kammer abwechselnd hin und her schwingen. Der Systole der Vorhöfe entspricht eine Diastole der Kammer und umgekehrt. Genauere Untersuchung zeigt, daß der Systole der Vorhöfe die des Venensinus voraufgeht und daß der Kammersystole die des muskulösen Bulbus cordis nachfolgt.

Die Anregung zur Tätigkeit geht vom Sinus aus, wie der oben S. 46 beschriebene Versuch am Froschherzen lehrt, das nach Abtragen des Sinus zu schlagen aufhört. Allerdings nimmt es nach einer kürzeren oder längeren Zeit der Ruhe seine Tätigkeit in der Regel wieder auf, aber in weit langsamerem Tempo. Am Säugetierherzen, an dem eine Scheidung von Sinus und Vorhof nicht durchführbar ist, geht die Anregung von den Vorhöfen aus. Werden die Kammern abgetrennt, so schlagen sie zwar weiter, aber langsamer als die Vorhöfe (TIGERSTEDT, A. f. P. **1884**, 497). Die Schlagzahl des ganzen Herzens wird demnach durch die Vorhöfe bzw. den Sinus bestimmt, die in der Entwicklung ihrer automatischen Eigenschaften den Kammern überlegen sind, was in der größeren Schlagzahl sowie in dem erhöhten Widerstandsvermögen gegen schädigende Einflüsse, z. B. am absterbenden Herzen, zum Ausdruck kommt.

Wird am Kaltblüterherzen die Überleitung der Erregung von den Vorhöfen auf die Kammer durch Schneiden oder Quetschen erschwert, so kann man es dahin bringen, daß die Kammer nur auf jeden zweiten, dritten usw. Schlag der Vorhöfe mitgeht (GASKELL 1883, J. of P. 4, 69). Der Vorgang ist als Blockierung bezeichnet worden. Wird die Erschwerung der Erregungsleitung durch Abkühlung erzielt, so erhält man die Schlagzahl der Kammer zu $^1/_2$, $^1/_4$ oder $^1/_8$ von der der Vorhöfe (v. KRIES, A. f. P. **1902**, 477). Hier wirkt die Umstimmung in stetiger Weise auf einen größeren Bereich des erregbaren Gewebes, so daß von Schicht zu Schicht stattfindende Halbierungen des Rhythmus angenommen werden können (v. KRIES 1914, A. g. P. **159**, 27). Ein Beispiel für erschwerte Überleitung durch Druck auf die Grenze zwischen Vorhof und Kammer und Ausfall jedes zweiten Kammerschlages gibt

die Abb. 17. Dieselbe zeigt zugleich, daß der Vorhof zu seiner Zuckung
nur die halbe Zeit braucht, wie die Kammer (Zuckungsanstieg ungefähr
$^1/_2$ Sek. bzw. 1 Sek., vgl. hierzu ENGELMANN 1892, A. g. P. 52, 357).
Die Verschiedenheit des Zuckungsablaufes steht vielleicht in Beziehung
zu der Dünnheit der Muskelfasern des Vorhofs verglichen mit jenen der
Kammer (KÖLLIKER-EBNER, Gewebelehre III. 1902, 623).

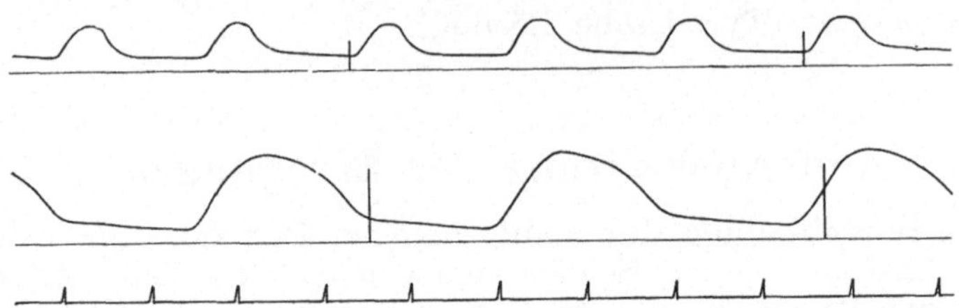

Abb. 17. Herzblock. Auf jeden zweiten Vorhofsschlag folgt ein Kammerschlag.

Mit dem in regelmäßiger Folge stattfindenden Übertritt von Erregungen von den Vorhöfen auf die Kammern hängt eine Erscheinung
zusammen, die als kompensatorische Ruhe oder Pause bekannt ist.
Löst man in der Herzkammer während ihrer Diastole durch einen starken
Momentanreiz eine vorzeitige Zuckung aus — eine sog. Extrasystole —,
so fällt die natürliche Systole, die unmittelbar folgen sollte, aus und
es erscheint erst die übernächste nach der herrschenden Frequenz zu
erwartende. Die Folge ist, daß die Zeit zwischen den beiden ordnungs-
mäßigen Kammerschlägen vor und nach der Extrasystole der Dauer von 2 Herzperioden ent-spricht ($\overline{bc} + \overline{cd}$ in Abb. 18 ziemlich gleich $2\overline{ab}$) und daß zwischen der Extrasystole und der nachfolgenden normalen eine verlängerte Ruhezeit, eben die kompensatorische einge-schaltet ist. Durch eine Reihe von Extrasystolen kann man den Wiedereintritt der ord-nungsmäßigen Schlagfolge noch weiter hinausschieben, immer aber um ein Vielfaches der nor-

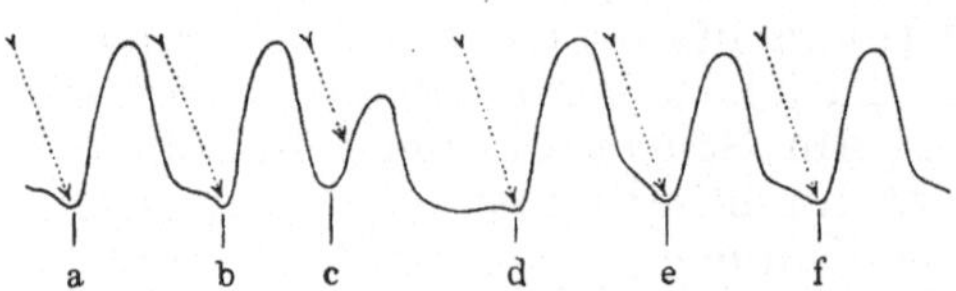

Abb. 18. a, b, d, e, f, spontane Ventrikelkon-
traktionen; c Extrasystole des Ventrikels auf
Reizung mit einem einzigen Induktionsschlag.
Vor den spontanen Kontraktionen (bes. vor d)
sieht man in der Kurve einen schwachen
Vorschlag, welcher durch die vorhergehende
Vorhofsystole erzeugt ist. Die Pfeile zeigen
an den Moment, in dem die vom Vorhof
kommende Erregung die Kammer trifft.

malen Periodendauer. Dies ist ENGELMANNS „Gesetz der Erhaltung der
physiologischen Reizperiode" (1894, A. g. P. 59, 333). Die Erscheinung
erklärt sich aus dem Refraktärstadium, das die Extrasystole in der
Kammer hinterläßt, wodurch diese verhindert wird der nächsten vom
Vorhof kommenden Anregung zu folgen; sie kann das erst bei der über-
nächsten tun. Die Erklärung setzt voraus, daß die Kammer von sich
aus keine Erregungen entwickelt, sondern sie nur vom Vorhof empfängt,
was im allgemeinen auch zutrifft.

Wie Vorhöfe und Kammern nicht gleichzeitig, sondern nacheinander
schlagen, so gibt es auch innerhalb einer Herzabteilung bei künstlicher
wie natürlicher Reizung Muskelelemente, die mit ihrer Erregung voraus-

gehen und andere, die folgen. Die Ausbreitung der Erregung ist hier aber so rasch, daß für das Auge der Eindruck der Gleichzeitigkeit entsteht. Im Vorhof des Froschherzens ist die Erregungsleitung zu 20 cm/sec, in der Kammer zu 10 cm/sec gefunden worden. (ENGELMANN 1894, A. g. P. **56**, 188 und 194; SANDERSON und PAGE 1888, J. of P. **2**, 424.). Die Überleitung der Erregung vom Vorhof auf die Kammer geschieht wesentlich langsamer und erfordert $^1/_4$—2 Sek. Im Herzen der Säuger sind die Zeiten sämtlich bedeutend kürzer, etwa $^1/_{10}$ der angegebenen Werte.

Wo ist nun der Entstehungsort der Herzerregung zu suchen? Der Ort muß dadurch ausgezeichnet sein, daß sein Erregungsrhythmus den des ganzen Herzens beherrscht und daß eine dort ausgelöste Extrazuckung nicht von einer kompensatorischen Pause gefolgt ist, die ja das Kennzeichen der zugeleiteten rhythmischen Erregung ist. Diese Forderungen treffen zu für den Sinus des Kaltblüterherzens bzw. für die in ihn einmündenden großen Venen, wie die Versuche von GASKELL und ENGELMANN gezeigt haben (1882, Phil. Trans. **173**, 996; 1896, A. g. P. **65**, 109). Für das Herz der Säugetiere ist der entsprechende Ort in dem Winkel zwischen Vena cava superior und rechtem Herzohr festgestellt worden. Vgl. SK in Abb. 19. Die dort befindliche Muskulatur zeichnet sich durch schmale protoplasmareiche eigentümlich verflochtene Bündel aus, die ihr den Namen des Sinusknotens eingetragen haben (KEITH u. FLACK. 1907, J. of Anat. und Phys. **41**, 172; KOCH 1911,

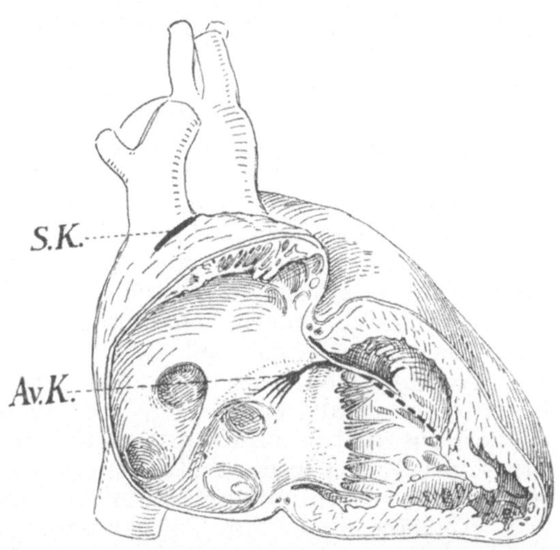

Abb. 19. Menschliches Herz, rechterseits eröffnet. SK. Sinusknoten. AvS. Atrioventrikularknoten. Nach KOCH.

Med. Klin. **7**, 447). Die lehrreichsten Versuche über die Funktion dieser Stelle sind die mit wechselnder Temperierung derselben, indem ein mit kaltem bzw. warmem Wasser durchflossener Metallkonus, eine sog. Thermode, an die Stelle gelegt wird. (GANTER und ZAHN 1912, A. g. P. **145**, 335; BRANDENBURG und P. HOFFMANN 1912, Med. Klin. 1912. Nr. 1.) Auf diese Weise lassen sich Änderungen der Schlagzahl des ganzen Herzens im Verhältnis von 1 : 2 herbeiführen. Wird sehr stark gekühlt, so wird der Sinusknoten von der Führung des Herzens vorübergehend ausgeschaltet, was sich darin kundgibt, daß nun Vorhöfe und Kammern gleichzeitig schlagen oder sogar die Kammern etwas früher, sog. atrioventrikulärer Rhythmus. Die Reizbildung ist heterotop geworden (E. H. HERING. 1905, Zb. f. P. **19**, Nr. 5). Mit Hilfe der Thermode läßt sich zeigen, daß die Erregungen nunmehr ausgehen von einem zweiten System eigentümlich gebauter und verflochtener Muskelfasern, das an der Atrioventrikulargrenze gelegen ist. Dasselbe beginnt an der rechten Seite der Vorhofscheidewand in der Umgebung der Vena coronaria, vgl. Abb. 19 AvK, bildet dicht oberhalb des Septums eine knotenförmige Verdickung, den Atrioventrikularknoten, durchsetzt das Septum, dringt in die Kammerscheidewand ein, wo es sich in 2 Schenkel einen linken und einen rechten teilt, die in die zugehörigen Kammerhöhlen austreten und unter Aufteilung in eine große Zahl von Fäden sich mit den Papillarmuskeln und den übrigen Teilen der Kammermuskulatur in Verbindung setzen (TAWARA, Das Reizleitungssystem, Jena 1906). Kammerwärts von dem Atrioventrikularknoten ist das System als Hissches Bündel, Reizleitungssystem, oder auch als Brückenfasern bekannt. Das System bildet die einzige muskuläre Verbindung zwischen Vorhöfen und Kammern. Die Fasern desselben sind, ähnlich embryonalen Muskeln, ausgezeichnet durch ihren Reichtum an Sarkoplasma und Glykogen (ASCHOFF 1908, Verh. D. path. Ges. **12**, 150), durch ihre starken bindegewebigen Hüllen und zahlreichen Lymphgefäße (AAGAARD und HALL 1914, Anat. Hefte. **51**, 357). Ihnen ist auch die langsame Überleitung der Erregung von den Vorhöfen auf die Kammern zuzuschreiben. Wird das Reizleitungssystem durchtrennt, so schlagen Vorhöfe und Kammern in verschiedener Frequenz, letztere stets viel langsamer als erstere (TRENDELENBURG und COHN 1910, A. g. P. **131**, 1). Der Zustand heißt Dissoziation. In vorübergehender Weise kann er durch starke Abkühlung des Atrioventrikularknotens erzielt werden (GANTER und ZAHN, BRANDENBURG und P. HOFFMANN a. a. O.). Durch Nerveneinfluß auf das System, durch pharmakologische Einwirkungen und pathologische Veränderungen können mannigfache Überleitungsstörungen entstehen (siehe hierzu Teil 4).

An ausgeschnittenen, durch längere Versuchsdauer und verschiedene Eingriffe geschädigten Herzen können auch noch andere Stellen der Vorhofsmuskulatur zu Ursprungsstätten der Erregungen werden, ohne daß sich bis jetzt in dieser Richtung bevorzugte Orte haben nachweisen lassen (BRANDENBURG und HOFFMANN a. a. O.).

Als eine besondere Tätigkeitsform des Herzmuskels, namentlich der Vorhöfe, ist endlich noch jene außerordentlich rasche Folge von Erregungen zu nennen, die als Herzflattern bzw. Flimmern bezeichnet wird. Besonders leicht wird es durch faradische Reizung des Herzens ausgelöst. Es ist von sehr geringem oder keinem mechanischen Erfolge, kommt also, wenn es in den Kammern auftritt, einer Unterbrechung des Kreislaufes gleich. Flattern und Flimmern der Vorhöfe im Verein mit Kammerautomatie kann dagegen sehr lange bestehen, wie klinische Beobachtungen ergeben haben (KAHN und MÜNZER 1912, Zb. f. Herz- und Gefäßkrankheiten. **4**, 361). Das Flimmern erreicht zuweilen im Beginn eines Anfalls außerordentlich hohe Frequenzen bis zu 3500 in der Minute, wird dann allmählich langsamer und mündet schließlich wieder in normale Schlagfolge ein (ROTHBERGER und WINTERBERG 1914, A. g. P. **160**, 42). Es ist sichergestellt, daß in vielen Fällen das Flimmern von dem Atrioventrikularknoten ausgeht (HABERLANDT 1915, Z. f. B. **66**, 327).

Mit dem Nachweis der Ursprungsstätten der Herzerregungen ist über die Art der sie hervorrufenden Reize noch nichts entschieden. Die durch den Temperaturkoeffizienten bestimmte Abhängigkeit der Schlagfrequenz von der Temperatur legt die Annahme nahe, daß es sich um eine chemische Auslösung handelt. Der Reiz kann rhythmisch oder kontinuierlich sein. Im letzteren Falle genügt das dem Herzmuskel in so hohem Grade eigentümliche Refraktärstadium, um eine Häufung von Erregungen zu vermeiden und eine regelmäßige Schlagfolge sicher zu stellen. Die Annahme eines konstanten Dauerreizes kann sich stützen auf die Erfahrung, daß künstliche Dauerreize wie der konstante elektrische Strom, stärkere Spannung des Herzens, sowie eine große Zahl chemischer Stoffe imstande sind eine regelmäßige Schlagfolge hervorzurufen (vgl. hiezu HOFMANN in NAGELS Handbuch 1904, 1, 232).

Über die Nerven des Herzens vgl. Teil 4.

Das Elektrokardiogramm.

Zur Feststellung des Ortes im Herzen, von dem die Erregung ausgeht, und der Wege, die sie einschlägt, ist man nicht auf die Beobachtung ausgeschnittener Herzen oder auf operative Maßnahmen angewiesen, vielmehr kann dies ohne irgend welchen Eingriff am Lebenden geschehen durch Registrierung der Aktionsströme, d. h. der elektrischen Ströme, die die Erregung des Herzens wie jedes Muskels begleiten. Bei ihrer Deutung ist zu beachten, daß der augenblicklich in Erregung befindliche Teil des Herzens negative elektrische Spannung zeigt gegen die ruhenden Teile. Besonders deutlich tritt·dieser Gegensatz zutage bei künstlicher Reizung eines sehr langsam schlagenden Herzteiles. SANDERSON und PAGE (1880, J. of P. 2, 392) haben die abgetrennte Herzkammer der Schildkröte an der Basis gereizt und von dort sowie von

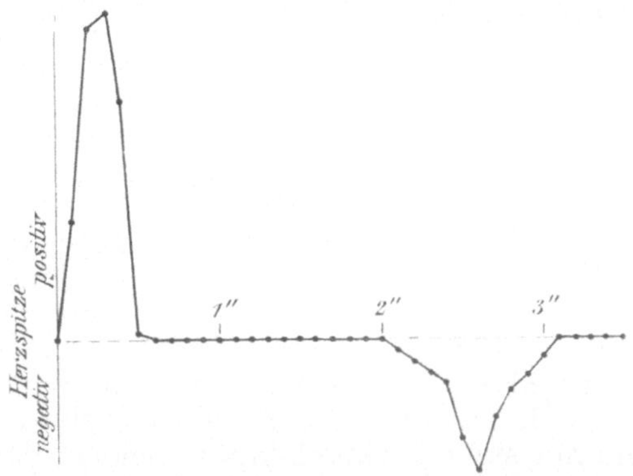

Abb. 20. Potentialdifferenz zwischen Basis und Spitze der isolierten Herzkammer der Schildkröte während eines Schlages. Temp. 20°. Die Ordinaten sind in willkürlichen Einheiten gemessen, die Zahlen der Abszisse bedeuten Sekunden.

der Herzspitze zu einem Spiegelgalvanometer abgeleitet. Die Trägheit des Instrumentes wurde durch ein Summationsverfahren (Rheotom) überwunden. Die Abb. 20 zeigt den ganzen Vorgang aus 3 Stücken bestehend. Die an der Basis des Herzens gesetzte Erregung führt zu einer sofort auftretenden und eine halbe Sekunde dauernden Positivität der Spitze, darauf folgt ein Zeitraum von $1^1/_2$ Sekunden, in welchem kein Spannungsunterschied zwischen Basis und Spitze besteht und endlich ist während einer weiteren Sekunde die Spitze negativ gegen die Basis. Der erste Zeitraum entspricht der Erregung der Basis bei fehlender Erregung der Spitze, der letzte Zeitraum der Erregung der Spitze, während die Basis bereits wieder in den Ruhezustand zurückgekehrt ist. Dazwischen ist die ganze Kammer in Erregung.

Zur Darstellung der elektrischen Störungen, die der Herzschlag im unversehrten Körper hervorruft, bedarf es höchst empfindlicher Instrumente von großer Beweglichkeit. Das Saitengalvanometer von

EINTHOVEN wird diesen Anforderungen in weitem Maße gerecht. Es besteht aus einem kräftigen Elektromagneten, zwischen dessen Polschuhen ein sehr dünner versilberter Quarzfaden ausgespannt ist. Abb. 21.

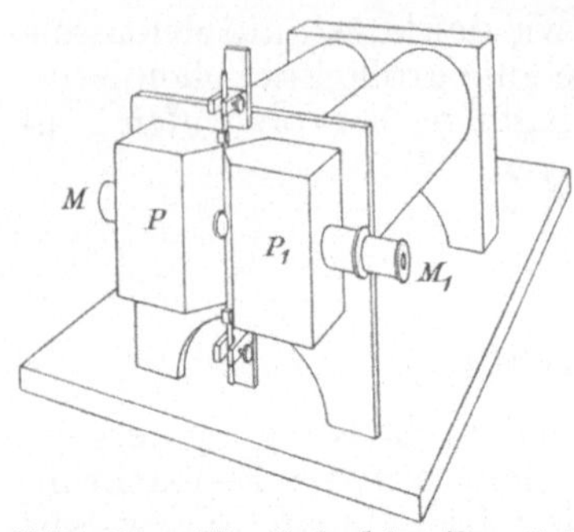

Abb. 21. Vereinfachte Darstellung des Saitengalvanometers von EINTHOVEN, Arch. Néerland. Sér. II t 11 p 240. P u. P_1 die Polschuhe des großen Elektromagneten, zwischen denen der versilberte Quarzfaden vertikal ausgespannt ist. M u. M_1 Mikroskope zur Beleuchtung bzw. Beobachtung oder Projektion des Fadens.

Wird durch den Faden ein Strom geleitet, so erfährt er senkrecht zur Richtung der magnetischen Kraftlinien eine Ablenkung, die durch ein Mikroskop beobachtet oder auch auf eine lichtempfindliche Platte projiziert werden kann (1903, Ann. d. P. N. F. **12**, 1059; 1909, A. g. P. **130**, 287).

Die von der Herztätigkeit herrührenden photographisch registrierten Ausschläge heißen Elektrokardiogramme oder kurz E. K. Sie sind am größten, wenn von der rechten Hand und dem linken Fuß zum Galvanometer abgeleitet wird (Ableitung II), weil hier die Verbindungslinie der Ableitungsstellen ungefähr übereinstimmt mit der Herzachse, d. h. mit der Richtung, in der die Erregung fortschreitet. Als Beispiel diene Abb. 22. Die Kurven zeigen individuelle Verschiedenheiten, sind aber für eine gegebene Person unter gewöhnlichen Umständen sehr konstant. Sie sind formenreicher als die oben von einer einzelnen Herzabteilung des Kaltblüters mitgeteilte (1906, Arch. intern. de P. **4**, 132).

Man kann an einem wohlausgebildeten menschlichen Elektrokardiogramm stets 5 Gipfel unterscheiden, welche nach EINTHOVEN mit den Buchstaben P, Q, R, S, T, bezeichnet werden. P, R und T, die nach

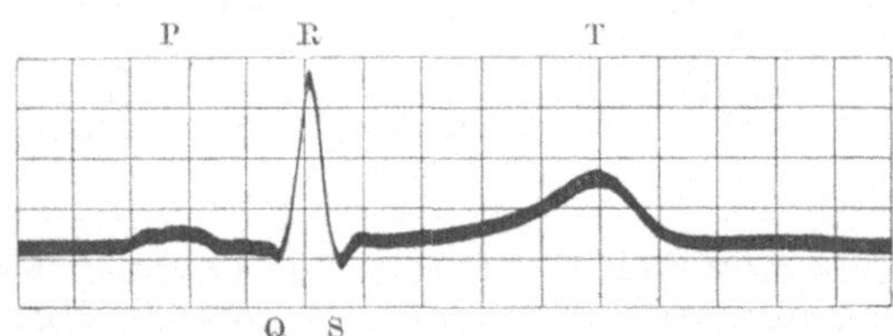

Abb. 22. Elektrokardiogramm eines gesunden Mannes; Ableitung von der r. Hand und dem l. Fuß. Abstand der horizontalen Striche = 0,5 Millivolt, Abstand der vertikalen = 0,05 Sek.

oben gerichtet sind, bedeuten eine Positivität der Herzspitze gegen die Basis; die nach abwärts gerichteten Spitzen Q und S eine Negativität der Herzspitze. Der Herzschlag wird durch die Erhebung P eingeleitet, welche, wie EINTHOVEN nachgewiesen hat, von der Tätigkeit der Vorhöfe herrührt. Der Kammertätigkeit gehören die 4 Gipfel Q—T an. Ihre starke Ausbildung entspricht der Mächtigkeit der Kammermuskulatur. Der höchste unter ihnen ist für gewöhnlich R, der auch durch steilen An- und Abstieg ausgezeichnet ist. Er deutet an, daß die Erregung zunächst zu den basalen Teilen der Herzkammer bzw. zur rechten Kammer gelangt, sich aber dann allerdings sehr rasch auf die übrige Kammermuskulatur ausbreitet. Sehr deutlich ausgeprägt ist ferner der Gipfel T, der anscheinend von einer neuerlichen Erregung der Herzbasis herrührt, oder wahrscheinlicher von der dort länger andauernden Erregung (GARTEN und Sulze 1916, Z. f. B. **66**, 433). In den Spitzen Q und S tritt die vorwiegende Erregung der Herzspitze, bzw. des linken Herzens zutage. Wie leicht ersichtlich, ist das E. K. ein äußerst empfindlicher Anzeiger für den Weg, welchen die Erregung bei ihrer Ausbreitung im Herzen einschlägt. Das Wirksamwerden ungewöhnlicher Ursprungsstellen wie z. B. im Atrioventrikularknoten, das Auftreten von Extrasystolen, von Block, von Dissoziation, das zunächst einseitige Übergehen der Erregung auf die linke oder rechte Kammer, Herzflattern und Flimmern und viele andere Störungen sind auf diesem Wege der Aufdeckung zugänglich. Dabei muß allerdings beachtet werden, daß auch der Bau des Herzmuskels und die Lage des Herzens im Brustraum neben der Wahl der Ableitungsstellen von erheblichem Einfluß auf die Kurve ist, so daß allein schon die Änderung der Körperlage, ja selbst ein tiefer Atemzug genügt, ihr eine andere Form zu geben. (Vgl. hierzu besonders Einthoven 1906, Le Télécardiogramme, Arch. internat. de physiol. **4**, 132, ferner 1908, A. g. P. **122**, 517; 1912, **149**, 65; 1913, **150**, 275; 1916, **164**, 167).

Der Druck im Herzen.

Tritt der Herzmuskel in den erregten Zustand, so wird die Spannung seiner Fasern, wie die jedes anderen erregten Muskels, eine Zunahme erfahren, die unter geeigneten Umständen zur Verkürzung führt. Die damit einhergehende Arbeitsleistung äußert sich aber hier nicht in Hebung einer Last, sondern darin, daß die das Herz füllende Blutmenge unter Druck gesetzt wird. Am bedeutendsten ist die Drucksteigerung in der muskelstarken linken Kammer, in der vorerst die Vorgänge allein betrachtet werden sollen. Die Kammerwand kann am gekochten oder mazerierten Herzen in Muskelbündel zerlegt werden, die trotz ihrer Durchflechtung doch eine Anordnung in Schichten erkennen lassen, und zwar eine äußere und eine innere Schicht schräg verlaufender, d. h. verschieden stark gegen die Herzachse geneigter Bündel und eine mittlere Schicht, deren Bündel quer zur Achse gerichtet sind. Letztere bilden zum Teil einen wirklichen die linke Kammer umgreifenden Sphinkter, teils umschlingen sie in S-förmiger Krümmung die Höhlen beider Kammern (C. Ludwig 1848, Z. f. rat. Med. **7**, 191; Krehl 1891, Abh. Leipz. Gesellsch. d. Wiss. **17**, 339; Mac Callum 1900, Festschr. f. Welch, Baltimore. 307). Im allgemeinen überwiegen wohl die quer zur Herzachse verlaufenden Bündel, wie aus der geringen Verkürzung der Achse bei der Systole geschlossen werden darf.

Für eine schematische Betrachtung ist die linke Kammer eine Hohlkugel, deren Inhalt durch die Spannung der Wand unter Druck gesetzt wird. Denkt man sich die Kugel in der Ebene eines größten Kreises durchschnitten, so wird der Blutdruck p die beiden Hälften auseinander zu treiben suchen mit einer Kraft, die proportional der Schnittfläche ist. Dieser Kraft muß durch die Wandspannung das Gleichgewicht gehalten werden. Vernachlässigt man die Dicke der Wand und bezeichnet mit s die auf die Längeneinheit des Umfangs bezogene Spannung, so ist das Gleichgewicht gegeben durch die Gleichheit der beiden Produkte

$$\text{Druck} \times \text{Fläche} = \text{Spannung} \times \text{Umfang}$$

oder in Zeichen

$$p\,r^2\,\pi = s\,2\,r\,\pi$$

woraus sich ergibt $p = \dfrac{2\,s}{r}$.

Der Ausdruck läßt ohne weiteres ablesen, daß eine unzusammen-
drückbare Flüssigkeit in einer allseitig geschlossenen Kugel, d. h. unter
Bedingungen, die eine Änderung des Volums und damit von r nicht
gestatten, unter einem Druck steht, der proportional der Wandspannung
steigt und sinkt. Anderseits bleibt der Druck trotz wechselnder Spannung
konstant, wenn Spannung und Halbmesser im gleichen Verhältnis sich
ändern. Ferner kann bei gleichbleibender oder selbst sinkender Spannung
der Druck steigen, wenn der Halbmesser stärker abnimmt als die Spannung.
Endlich ist zur Herstellung eines bestimmten Druckes eine um so größere
Wandspannung erforderlich, je größer r, mit anderen Worten, je stärker
die Füllung.

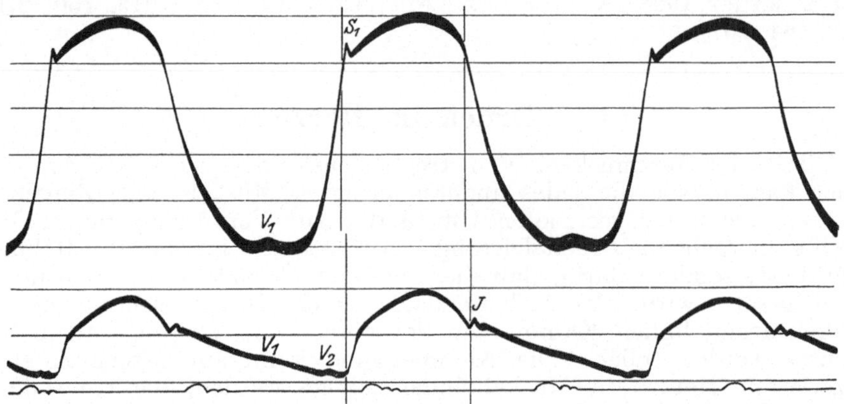

Abb. 23. Druckverlauf gleichzeitig geschrieben in der linken Kammer (oben) und
in der Art. anonyma (unten), einer Katze nach GARTEN a. a. O. Tafel VII. Der
Abstand zweier Horizontallinien entspricht einem Druckunterschied von 30 mm Hg.
Unterste Linie Zeit in Fünftelsekunden.

Die schematische Betrachtung lehrt, daß selbst bei genauer Kenntnis
der jeweiligen Spannungen in der Kammerwand über den in der Füllung
herrschenden Druck nichts ausgesagt werden kann, solange nicht die
zugehörige Füllung bekannt ist. Angaben über die Werte dieser beiden
Variablen während einer Herzperiode lassen sich zur Zeit nicht oder
nur in qualitativer Weise machen. Es bleibt somit als einziger Weg
zur Ermittlung des Herzdrucks die unmittelbare experimentelle Bestimmung desselben.

Die Aufgabe ist eine technisch schwierige infolge der in weiten
Grenzen und mit großer Geschwindigkeit wechselnden Drücke. Erst
durch die umfassenden Untersuchungen O. FRANKS (vgl. TIGERSTEDT
Handb. der physiol. Method. 1, Abt. 4 und 2, Abt. 4), die zu einer zweck-
mäßigen Umformung der Bewegungsgleichungen und zur Aufstellung
neuer Maßeinheiten für die Auswertung der Leistungsfähigkeit führten,
ist es möglich geworden, Instrumente zu konstruieren, die den hier
zu stellenden Anforderungen genügen oder doch den Grad der Annäherung
an dieselben zu bestimmen gestatten. Dabei können die Druckschwan-

kungen entweder unmittelbar zur Registrierung verwendet werden, wie dies unter anderem PIPER (A. f. P. **1913**, 331 und 363) und C. TIGERSTEDT getan haben (1912/14, Skand. A. f. P. **28**, 37; **29**, 234; **31**, 241) oder nach einer von GARTEN erdachten originellen Transformation als elektrische Stromschwankungen (1915, Z. f. B. **66**, 23).

Das Bild, das man sich auf Grund der erwähnten Bemühungen von dem Druckablauf in den Herzkammern machen muß, möge durch die Abb. 23 erläutert werden, die von einer Katze stammt. Sie zeigt drei Kurven, zu unterst Fünftelsekunden, darüber die Druckkurve der Art. anonyma mit drei Pulsen und zu oberst die zugehörigen Druckpulse der linken Kammer. Die Empfindlichkeit der beiden registrierenden Instrumente ist nahezu dieselbe, so daß gleiche Druckschwankungen gleiche Ausschläge ergeben müßten. Die Abbildung zeigt, daß die Druckschwankungen der linken Kammer größer sind als die der Anonyma. Auch die Form der Kammer- und Anonymapulse ist verschieden mit Ausnahme eines kurzen den Gipfel einschließenden Stückes, das im mittleren Puls der beiden Kurvenzüge von senkrechten Linien eingefaßt ist. Dabei sind die beiden Senkrechten der Anonymakurve um ein Kleines nach rechts verschoben, um der Verspätung Rechnung zu tragen, die bei der Ausbreitung der Druckänderung in der Arterie eintreten muß (siehe Teil 4).

Die Ähnlichkeit der beiden Kurvenformen in dem fraglichen Zeitabschnitt ist bedingt durch die offene Kommunikation zwischen Kammer und Aorta, wobei der Druckverlauf in letzterer abhängig wird von dem in der Kammer. Hinterher sinkt der Druck in der Kammer sehr rasch ab und das gleiche würde auch in der Anonyma geschehen, wenn es nicht durch den Klappenschluß verhindert würde. So bleibt der Druck in den Arterien hoch oder sinkt nur wenig, weil ihre Entleerung in der Richtung gegen die Venen durch den großen Reibungswiderstand (siehe oben S. 44) verzögert wird. Dem Zeitabschnitt mit offener Kommunikation zwischen Kammer und Aorta, der sogenannten Austreibungszeit folgt also ein zweiter Abschnitt, in dem die Aortenklappen geschlossen sind und der Druck in der Kammer infolge der Muskelerschlaffung rasch sinkt. Zunächst ist auch die venöse Klappe (Bikuspidalis) geschlossen, bis der Kammerdruck niedrig genug geworden ist, um das Einströmen des Blutes vom Vorhof her zu gestatten. In dem betrachteten Abschnitt ist sonach die Kammer nach beiden Seiten verschlossen: (zweite) Verschlußzeit oder Entspannungszeit. Es folgt die Füllungszeit der Kammer, deren Dauer in weiten Grenzen von der Frequenz des Herzschlages abhängig ist und endlich als vierter Abschnitt der Kammerperiode die Anspannungs- oder (erste) Verschlußzeit, in der die Füllung durch die einsetzende Erregung und Spannung des Muskels unter Druck gesetzt wird, die venöse Klappe geschlossen und die arterielle noch nicht geöffnet ist.

Einige Besonderheiten der Kurven, die aber als regelmäßige Vorkommen zu gelten haben, sind bezeichnet als V_1 und V_2, die erste und zweite Vorschwingung, S_1 die sogenannten Anfangsschwingungen, J die Inzisur des Arterienpulses und die durch besondere Steilheit ausgezeichnete Stelle im absteigenden Ast der Kammerkurve. V_1 ist durch die Systole des Vorhofs bedingt und erscheint als eine geringe Drucksteigerung in der noch schlaffen Kammer, deren Füllung sie vermehrt. Sie ist aber auch in der Anonyma- (und Aorten-) Kurve, wenngleich nur schwach, nachweisbar. Es muß sich also die durch die Vorhofsystole erzeugte Drucksteigerung durch die Kammer und die geschlossene arterielle Klappe hindurch dem Inhalt der Aorta mitteilen oder es wird die Wand der Aorta durch die sich zusammenziehenden Vorhöfe deformiert. V_2 entsteht wahrscheinlich durch den raschen Druckanstieg in der Kammer, der sich durch die geschlossenen Klappen hindurch in der Aorta fühlbar macht. Sie fällt also in die erste Verschlußzeit (Anspannungszeit) der Kammer. S_1 aus einer oder mehreren Schwingungen bestehend, ist nach O. Frank zu beziehen auf die elastischen Eigenschaften der gedehnten Wandungen (1905, Z. f. B. **46**, 495). Das Minimum der Inzisur J des Arterienpulses entspricht dem Klappenschluß und ist von einer oder zwei Nachschwingungen gefolgt.

Die der Austreibungszeit der Kammer entsprechenden Kurvenabschnitte sind nach den zahlreichen bereits vorliegenden Beobachtungen von äußerst wechselnder Gestalt: Gradlinige Abschnitte, sogenannte Plateaus von gleichbleibendem, ansteigendem oder absinkendem Druck abgerundete und spitze, einfache, doppelte, selbst dreifache Gipfel kommen vor. Einen ähnlichen Reichtum an Formen zeigen auch die Gipfel der Aortenkurven, worauf im nächsten Teil noch einzugehen sein wird.

Der Druck in den Vorhöfen erreicht nach Piper (A. f. P. **1912**, 343) nur Werte bis etwa 1 cm Quecksilber $= 14$ cm Wasser und zeigt innerhalb einer Herzperiode 3 Maxima. Das erste und höchste derselben ist verursacht durch die Systole des Vorhofs, das zweite ist eine mit dem Klappenschluß zusammenhängende Schwingung (der zuweilen noch weitere folgen), das dritte hat die Bedeutung eines Füllungsmaximum, das unmittelbar vor Öffnung der Klappe erreicht wird. Die großen in den Vorhof einmündenden Venen zeigen einen den Vorhofkurven sehr ähnlichen Druckverlauf.

Die Klappen des Herzens, die als Duplikaturen des Endokards aufzufassen sind, schließen und öffnen sich rein passiv, je nachdem das Druckgefälle des Blutes nach der einen oder anderen Seite gerichtet ist. Ihr blutdichter Abschluß wird durch die Herzmuskeln wesentlich gefördert, teils durch Verkleinerung der zu verschließenden Öffnungen, teils durch Herbeiführung einer den Schluß vorbereitenden günstigen „Stellung" der Klappen. Am toten Herzen, wo die Muskelhilfe wegfällt, findet man daher in der Regel die Klappen gegen hohe Drücke nicht dicht. Die venösen Ostien werden durch die sie sphinkterartig umschlingenden Muskelbündel der mittleren Schicht des Myokards zusammengeschnürt. An den arteriellen Mündungen kann durch die Muskeln eine Annäherung der Klappen nur in geringem Grade stattfinden, da letztere an der gespannten Arterienwand befestigt sind. Dagegen spielen sie bei der Entfaltung und Stellung der Klappen eine wichtige Rolle, indem sie die Ausströmungsöffnungen für den Blutstrom verkleinern und dadurch eine Kontraktion des Strahles und eine die Klappen entfaltende und stellende Wirbelbildung veranlassen (vgl. Krehl a. a. O. 359; v. Frey, Verh. X. internat. med. Kongr. Berlin 1891, **2**, II. Abt. 35).

Versteht man unter Systole, dem Wortsinn entsprechend die Verkleinerung des Herzens, so muß dieselbe von der Öffnung der arteriellen Klappen an gerechnet werden, denn erst von dieser ab sind die Kammern imstande Inhalt auszutreiben und ihr Volum zu verkleinern. Bis dahin verläuft die Zuckung des Herzmuskels nach Art einer Spannungszuckung oder als eine isochorische, wie WEIZSÄCKER sie nennt (1911, A. g. P. **140**, 136). Die Systole endet mit dem Schluß der arteriellen Klappen, eine weitere Verkleinerung der Kammern findet dann nicht mehr statt. Derselbe Zeitpunkt wird zugleich als Beginn der Diastole betrachtet, obwohl die Vergrößerung der Kammern erst mit der Öffnung der venösen Klappen einsetzen kann. Letztere hört auf mit dem Schluß der venösen Klappen. Etymologisch aufgefaßt würde demnach die Systole mit der Austreibungszeit, die Diastole mit der Füllungszeit zusammenfallen. Es ist indessen üblich geworden die Dauer der Systole einer Herzabteilung der Erregungszeit gleichzusetzen, die für die Kammern (etwas zu kurz) vom Schluß der venösen bis zum Schluß der arteriellen Klappen gerechnet werden kann. Genaue Auskunft über die Dauer des Erregungszustandes gibt das E. K. oder am freigelegten Herzen die mechanische Registrierung.

Die Herztöne.

Die Klappenschlüsse verraten sich dem an die Brustwand gelegten Ohr durch die sogenannten Herztöne, kurzdauernde Schälle, deren Stärke und Charakter klinisch wichtige Folgerungen über den Zustand des Kreislaufs gestattet. Die linke Kammer wird behorcht an der Stelle des Herzstoßes, im fünften Interkostalraum links, zwischen Parasternal- und Mammillarlinie, die rechte Kammer am rechten Sternalrand über dem sechsten Rippenknorpel, die Aorta im zweiten Interkostalraum rechts, die Pulmonalis ebenda links dicht neben dem Brustbein. An allen Stellen hört man innerhalb einer Herzperiode zwei Schälle, die als erster und zweiter Ton unterschieden werden. Über den Kammern ist der erste Ton meist etwas lauter, etwas länger gezogen und, soweit man bei dem geräuschartigen Charakter von einer Höhe sprechen kann, tiefer als der zweite. Über den großen Arterien ist der zweite Ton der lautere. Abnorme Lautheit der Töne, Spaltung derselben, langgezogene Geräusche verschiedener Art, die die Herztöne begleiten oder verbinden, finden sich häufig als Krankheitszeichen.

Ein wesentlicher Fortschritt in der Kenntnis der Herztöne ist durch ihre Registrierung — Kardiophonographie — erreicht worden. Sie ist hauptsächlich von EINTHOVEN ausgebildet worden (1894, A. g. P. **57**, 617; 1907, Ebenda. **117**, 461). Zur Aufnahme wird ein Schalltrichter auf der Brustwand befestigt, durch Kautschukschlauch mit einem Mikrophon verbunden, das im Verein mit einem Induktorium die akustischen Schwingungen in elektrische transformiert. Besonders lehrreich ist es, die dabei zu gewinnende Kurve, das Kardiophonogramm, mit gleichzeitiger Schreibung einer anderen Äußerung der Herztätigkeit, etwa dem Herzstoß oder noch besser dem E. K., zu verbinden. Vgl. Abb. 24.

Die Untersuchungen haben ergeben, daß außer den beiden als erster und zweiter Herzton bezeichneten Schällen häufig noch zwei weitere schwächere in jeder Herzperiode wiederkehren, ein vorausgehender und ein nachfolgender. Der vorausgehende fällt bei gleichzeitiger Aufschreibung des E. K. mit dem Gipfel P desselben zusammen, ist daher als Vorhofston aufzufassen. Der nachfolgende, als dritter Herzton beschriebene (EINTHOVEN, 1907, A. g. P. **119**, 31), erscheint in kurzem Abstand von dem zweiten Herzton und ist anzusehen als ein in dem Arteriensystem entstehender Schall. Er steht vielleicht in Beziehung zu der dort stattfindenden Reflexion des Pulses (siehe den nächsten Teil).

Die dem ersten Herzton zugehörigen Schwingungen des Phonogramms zerfallen in drei Abschnitte, die als Anfangs-, Haupt- und Endschwingungen bezeichnet worden sind (a, b, c in Abb. 24). Die Anfangsschwingungen sind schwach, so daß sie nicht immer deutlich herauskommen. Sind sie gut entwickelt, so beginnen sie nur wenige Tausendstel einer Sekunde später als das Elektrogramm der Herzkammer, eine Differenz, die durch die zur Ausbreitung des Schalles bis zum Mikrophon erforderliche Zeit genügend erklärt wird. Demnach würden die Anfangsschwingungen des ersten Herztones auf die Spannungsentwicklung im Kammermuskel zu beziehen sein, während die weit stärkeren Hauptschwingungen durch das Hinzutreten eines Klappentons entstehen (BATTAERD, 1916, Heart. 6, Nr. 2 und EINTHOVEN, Onderz. Lab. Leyden. 9, 150). Es gibt auch noch andere Erfahrungen, die auf eine Zusammen-

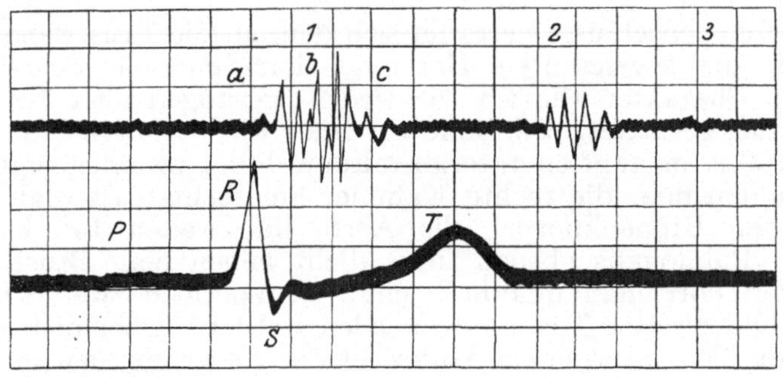

Abb. 24. Gleichzeitige Schreibung der Herztöne (über der Herzspitze) oben und des E. K. unten (Ableitung II) von einer gesunden Versuchsperson. 1—3 1. bis 3. Herzton. Die vertikalen Linien stehen in Abständen von $^1/_{20}$ Sekunden. Nach BATTAERD a. a. O. S. 163.

setzung des ersten Herztones aus Muskel- und Klappenton hinweisen. KREHL hat beobachtet, daß der erste Herzton, wenn auch geschwächt, bestehen bleibt, wenn man den Schluß der venösen Klappen durch in dieselben eingeführte Sperrvorrichtungen verhindert, oder wenn man das Tier verbluten läßt. Die zweiten Herztöne verschwinden im letzteren Falle, was auf ihr Wesen als Klappentöne hinweist (A. f. P. 1889, 253).

Die Schwingungen des ersten, wie des zweiten Herztones sind zu unregelmäßig, als daß an Hand des Phonogramms an die Ermittlung einer mittleren Schwingungszahl mit einiger Sicherheit gegangen werden könnte. Wenn trotzdem die beiden Töne, namentlich der erste, dem Ohre den Eindruck der Dumpfheit oder Tiefe geben, so wird man annehmen dürfen, daß Schwingungen von etwa 100—200 in der Sekunde im allgemeinen überwiegen. Eine genauere Angabe hierüber wird auch dadurch erschwert, daß die Phonogramme von Herzschlag zu Herzschlag erhebliche Änderungen in der Schwingungsform aufweisen können, was mit der Respiration, d. h. mit der wechselnden Zwischenlagerung von Lungengewebe zwischen Herz und Brustwand zusammenhängen dürfte.

Der erste Herzton beginnt an den großen Arterien etwas später als an der Herzspitze, sei es, daß er erst genügend stark werden muß

(Hauptschwingungen), um dort registrierbar zu werden, oder daß er erst nach Öffnung der arteriellen Klappen deutlich wird. Es ist auch denkbar, daß der erste Ton an den großen Arterien nicht ein hingeleiteter, sondern ein dort entstandener ist, indem die Arterienwände durch die plötzlich einsetzende Drucksteigerung in elastische Schwingungen geraten. Ein mit der Ausdehnung (Diastole) einhergehender Ton wird übrigens auch an der Karotis und anderen in der Nähe des Herzens gelegenen Arterien wahrgenommen.

Die Verspätung des ersten Herztones in den großen Arterien des Menschen wie überhaupt die Lage und Dauer der Töne im Verhältnis zu dem gleichzeitig registrierten Spitzenstoß haben EINTHOVEN und GELUK auf Grund ihrer Untersuchungen in einem Schema dargestellt, das in Abb. 25 mit einer unwesentlichen Änderung abgedruckt ist (1894, A. g. P. **57**, 630). Es läßt erkennen, daß der erste Ton (1) an der Herzspitze (S) etwas vor Beginn des Spitzenstoßes einsetzt, an den großen Arterien (A) erst in der Mitte des Kurvenanstiegs, während der zweite Herzton (2) an allen Aufnahmestellen die gleiche Beziehung zur Herzstoßkurve besitzt. Nimmt man an,

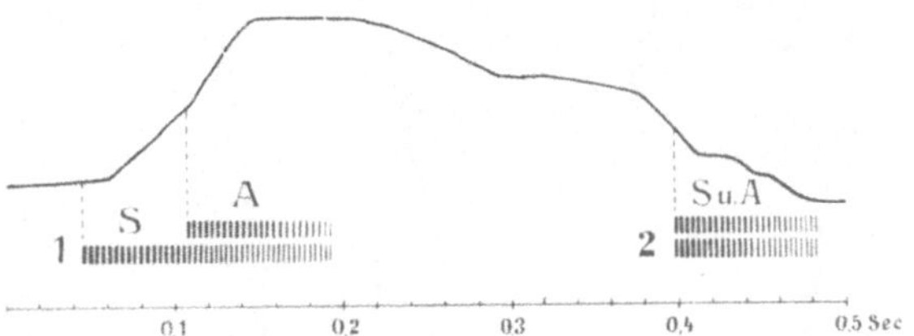

Abb. 25. 1 erste, 2 zweite Herztöne, S an der Spitze des Herzens, A über den großen Arterien. Die unterhalb gezeichneten Zeitmarken lassen die Beziehungen zum Herzstoß (oberste Kurve) erkennen. Nach EINTHOVEN.

daß der erste Ton in den Arterien mit der Öffnung der Klappen beginnt und berücksichtigt man, daß der zweite Ton den Klappenschluß anzeigt, so ist der Abstand zwischen erstem und zweitem Ton dort gleich der Austreibungszeit. Dieser Zeitraum schwankte in den Versuchen von EINTHOVEN und GELUK an einem gesunden Individuum zwischen 0,312 und 0,346 Sekunden, war also im Mittel $^{1}/_{3}$ Sekunden lang, was oben, S. 44, bei Berechnung der mittleren Stromgeschwindigkeit des Blutes angenommen wurde.

Die Herznerven.

Die Frage, ob der Herzmuskel als solcher Automatie besitzt, oder ob sie seinen nervösen Bestandteilen zukommt, kann zur Zeit nicht entschieden werden. Forscher wie GASKELL und ENGELMANN (a. a. O., vgl. auch HOFMANN in NAGELS Handb. 1, 223) haben sich für die erstere Auffassung ausgesprochen. Auf jeden Fall besitzt das Herz einen außerordentlichen Reichtum an Nervengewebe, das mit den extrakardialen Nerven in Verbindung steht bzw. sich von ihnen ableitet. Die Nerven innerhalb des Herzens bestehen fast durchweg aus blassen oder grauen (sogenannten marklosen) Fasern und sind daher ohne besondere Behandlung nicht sichtbar (WOOLDRIDGE, A. f. P. **1883**, 522). Die zum Herzen tretenden Nerven stammen aus zwei Quellen, aus dem Gehirn auf der Bahn des Nervus vagus und aus dem Brustteil des Rückenmarks auf dem Wege des Sympathikus. Die aus diesen beiden Nerven zum Herzen abgehenden Fasern bilden beiderseits ein Geflecht, dessen Anordnung aus der halbschematischen Abb. 26 zu ersehen ist. Sämtliche Herznerven, soweit sie zentrifugal sind, d. h. Erregungen zum Herzen hin leiten, gehören zu dem autonomen oder viszeralen System. Dasselbe unterscheidet sich von dem somatischen einmal dadurch, daß die Verbindung zwischen Gehirn bzw. Rückenmark und Erfolgsorgan, keine unmittelbare ist, sondern aus mindestens zwei Neuronen (Nerveneinheiten) besteht, die durch Vermittlung einer Ganglienzelle miteinander verknüpft sind. Eine weitere Eigentümlichkeit des autonomen Systems besteht darin, daß die Innervation der Erfolgsorgane anscheinend durchweg eine doppelte ist, wobei die beiden Bahnen gegensätzliche oder antagonistische Wirkungen ausüben. Dieses Innervationsschema gilt insbesondere auch für das Herz. Außerdem empfängt das Herz noch eine große Zahl zentripetal leitender Nerven (WOOLDRIDGE, a. a. O.).

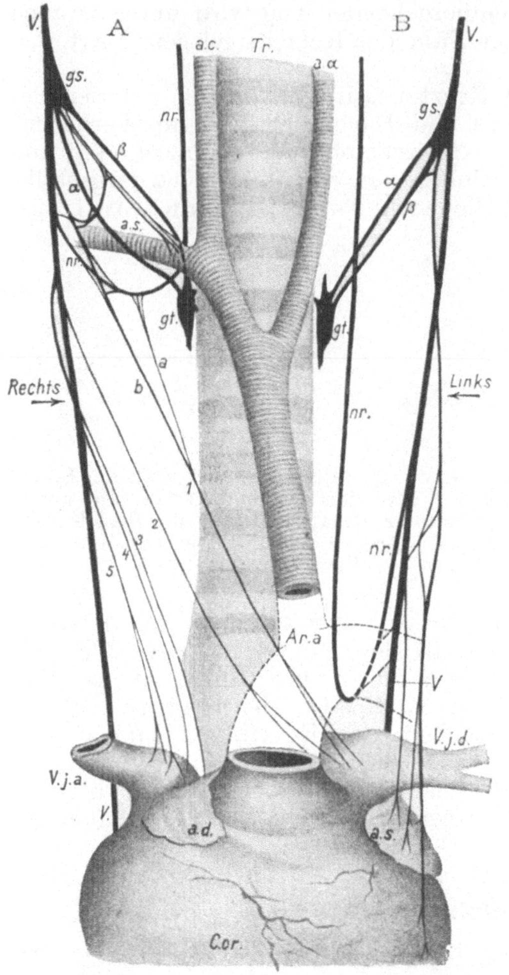

Sind die dem Vagus bzw. Sympathikus entstammenden Fasern in das Herzgewebe eingedrungen, so durchmischen sie sich so innig, daß eine Sonderung nicht mehr möglich ist. Die Art ihrer Endigung ist nicht bekannt. Man kann nur nachweisen, daß in allen Schichten des Herzens, in den oberflächlichen wie in den tiefen eine ungemein reiche Verästelung und Ausbreitung feinster Nervenfäden statthat, von denen die Muskeln, insbesondere auch die des Sinus- und Atrioventrikularknotens dicht umsponnen werden (HOFMANN,

Abb. 26. Die Herznerven beim Hunde, halbschematisch. V Vagosympathikus, gs Ganglion cerv. inf., gt Ganglion thorac. I., nr Nerv. recurrens, α β Ansa Vieussenii, 1—5 Nervenfäden zum Herzen auf der rechten Seite. Nach DOGIEL 1914, A. g. P. 155. Tafel V.

A. f. A. 1902, 101 und 1917, Z. f. B. 67, 375; OPPENHEIMER, 1912, J. of exp. Med. 16, 613; GLASER, 1914, Deutsches Arch. f. klin. Med. 117, 26). In das Nervengeflecht sind zahlreiche Ganglienzellen eingestreut.

Wird der Stamm des N. vagus am Halse rechts durchschnitten und der periphere Stumpf mit faradischen Strömen gereizt, so ist die auffälligste Folge die Schwächung oder zeitweilige Unterdrückung der automatischen Tätigkeit des Sinusknotens. Die Herzschläge werden daher seltener oder hören für einige Zeit auf (negativ-chronotrope Wirkung nach ENGELMANN). Hält die Reizung der Nerven an, so fängt das Herz gleichwohl wieder zu schlagen an, meist in der Weise, daß andere Ursprungsstellen für die Erregung in Tätigkeit treten, insbesondere der Atrioventrikularknoten, was zu gleichzeitigem Schlagen von Vorhof und Kammer führt. Ein häufiges Ergebnis ist ferner eine Erschwerung der Überleitung der Erregung vom Vorhof auf die Kammer, so daß den Vorhofpulsen keine Kammerpulse entsprechen (Herzblock) oder doch die Überleitungszeit verlängert wird. Es kann auch zu vollständig unabhängiger Tätigkeit der beiden Herzabteilungen kommen (Dissoziation). Es handelt sich also um Leitungserschwerung oder um negativ dromotrope Wirkungen nach ENGELMANN. Auch Herabsetzung der Erregbarkeit, d. h. Erhöhung der Reizschwelle kommt vor, negativ bathmotrope Wirkung (ENGELMANN, A. f. P. **1902**, 3). Zusammenfassend

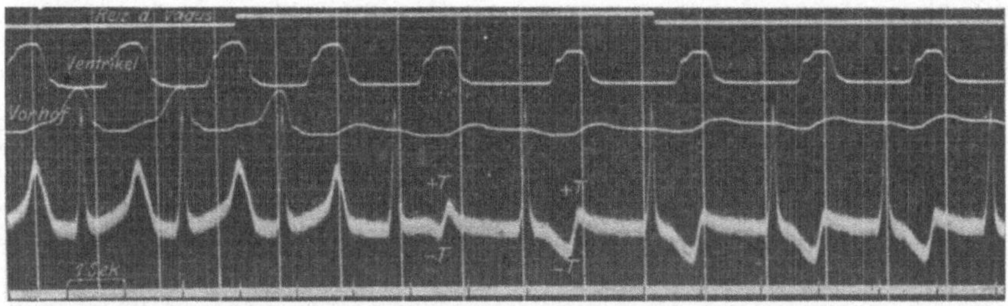

Abb. 27. Vagusreizung am Froschherzen. Die fünf Linien der Kurventafel bedeuten von oben nach unten: Reizsignal, Zusammenziehung der Kammer, Zusammenziehung des Vorhofs, Elektrokardiogramm, Sekundenmarken. Infolge der Vagusreizung schlägt der Vorhof nach oder gleichzeitig mit der Kammer und die T-Zacke des E. K. wird negativ. Nach SAMOJLOFF 1910, Arch. f. Phys. **135.** Tafel XXVIII.

läßt sich sagen, daß der Vagus alle Tätigkeitsäußerungen des Herzens herabdrückt oder hemmt. Da seine Fasern an vielen Punkten des Herzens angreifen und die faradische Reizung des Vagusstammes bald diese bald jene Fasergruppe überwiegend trifft, sind die Erfolge wechselnd. Dazu kommt, daß der rechte Vagus vorwiegend den Sinusknoten, der linke den Atrioventrikularknoten beeinflußt, was die Reizerfolge noch mannigfaltiger macht. Sie können zum Teil durch örtliche Abkühlung des Herzens nachgeahmt bzw. durch Erwärmung kompensiert werden (GANTER und ZAHN, 1913, A. g. P. **154**, 502). Untersucht man die Vaguswirkung am blutleeren Herzen (Frosch), indem man die Zusammenziehungen der Herzabteilungen registriert, so tritt die Schwächung derselben, die negativ inotrope Wirkung, in den Vordergrund.

Noch vielseitiger werden die Erscheinungen bei Beobachtung der Aktionsströme des Herzens. Hier fallen besonders die atypischen E. K. der Kammern auf, die auf erschwerter Leitung im linken oder rechten Schenkel des HISschen Bündels beruhen (EINTHOVEN und WIERINGA, 1912, A. g. P. **149**, 48; SAMOJLOFF, 1910, Ebenda, **135**, 417 und 1914, **155**, 471), vgl. Abb. 27.

Endlich verkürzt der Vagus das Refraktärstadium des Herzens unter Umständen in so hohem Grade, daß außerordentlich zahlreiche Erregungen vom Atrioventrikularknoten oder anderen Orten ausgehend einander folgen können, die nur auf kurze Strecken sich ausbreiten und zu keinem mechanischen Erfolg führen: das schon oben erwähnte Herzflattern bzw. Flimmern. Da Flimmern der Herzkammern einer Unterbrechung des Kreislaufs gleichkommt, erklären sich vielleicht die Fälle von plötzlichem Herztod durch Angst und Schreck aus der genannten Wirkung dieses Nerven (ROTHBERGER und WINTERBERG, 1911, A. g. P. **141**, 343 und 1915, **160**, 42).

Reizt man die Rami communicantes des zweiten oder dritten Brustnerven oder die vom ersten Brustganglion zum Geflecht der Herznerven ziehenden Zweige, so erhält man Wirkungen, die den beschriebenen in allen wesentlichen Stücken entgegengesetzt sind. Auch hierbei ist die Änderung der Schlagzahl, und zwar die Vermehrung, besonders auffällig, weshalb diese Nerven von ihren Entdeckern (v. BEZOLD, M. und E. CYON) den Namen N. accelerantes erhielten. Wie bei dem Vagus ist die chronotrope Wirkung nur eine unter mehreren. Der Akzelerans verstärkt gleichzeitig die Herztätigkeit, beschleunigt die Erregungsleitung, so daß die Herzperiode sich verkürzt, und erhöht die Erregbarkeit des Herzens so, daß es leicht zu Extrasystolen kommt, namentlich auch von seiten der Kammern (ROTHBERGER und WINTERBERG, 1911, A. g. P. **142**, 461). H. E. HERING hat die Hebung der Erregbarkeit durch diese Nerven dazu benützt, um anscheinend schlaglose Herzen wieder zu regelmäßiger Tätigkeit zu bringen. Entsprechend ihren Wirkungen werden sie gegenwärtig als **Förderungsnerven** bezeichnet. Wie bei den Hemmungsnerven ist die Durchmischung der von rechts und links in das Herz eintretenden Fasern keine vollständige, so daß einseitige Reizungen die beiden Herzhälften und ihre Abteilungen in ungleichem Maße beeinflussen.

Die durch künstliche Reizung der Herznerven erzeugten Wirkungen stimmen mit den bei natürlicher Erregung eintretenden ohne Zweifel in allen wesentlichen Stücken überein. Der einzige Unterschied besteht darin, daß der künstliche Reiz eine Beschränkung auf einzelne Fasern bzw. eine Auswahl derselben nicht zuläßt, was für den natürlichen angenommen werden muß. Die natürlichen Erregungen kommen, wie bei allen zentrifugalen Nerven aus den zugehörigen Nervenkernen, die für die Hemmungsnerven in dem viszeralen Vaguskern, Gegend der Ala cinerea der Rautengrube, für die Förderungsnerven im obersten Brustmark, Seitenhornkerne, zu suchen sind. Wahrscheinlich sind diese Nervenkerne durch ein übergeordnetes Zentrum in der Oblongata oder in einem noch höher liegenden Teil des Gehirns zusammengefaßt.

Die Erregung dieser Kerne ist eine dauernde oder tonische. Für den Vaguskern läßt sich dieselbe in der Form nachweisen, daß man die beiden Vagi am Halse durchschneidet, worauf entweder sofort oder nach einer kurzen Zeit unveränderter oder sogar verminderter Schlagzahl (Reizerscheinung) dieselbe sich um 50% und selbst mehr erhöht und zwar dauernd (H. E. HERING, 1895, A. g. P. **60**, 439).

Der Tonus der Förderungsnerven ist schwieriger nachzuweisen, weil er an sich nicht von so großem Einfluß ist und weil bei erhaltenen

Hemmungsnerven der wechselnde Tonus der letzteren die Aufstellung eines Vergleichswertes für die Schlagzahl unsicher macht. Es ist indessen festgestellt, daß nach vorhergegangener Vagotomie die erhöhte Schlagzahl sinkt, wenn die Förderungsnerven nachträglich durchtrennt werden (STRICKER und WAGNER, 1878, Wien. Sitzgsb. **77**, 3. Abt. 103). Ferner ist bei gleichzeitiger Durchtrennung der Hemmungs- und Förderungsnerven die Erhöhung der Schlagzahl geringer als bei Vagotomie allein (H. E. HERING, a. a. O. 480).

Die Veranlassung zur tonischen Erregung der erwähnten Nervenkerne ist gegeben einmal in der jeweiligen Beschaffenheit des sie umspülenden Blutes und dann in Erregungen, die ihnen von anderen Teilen des Nervensystems zufließen. Im chemischen Sinne als Reiz wirkt Erhöhung der Kohlensäurespannung im Blute, wie sie bei ungünstigen Atembedingungen im gesamten Kreislauf eintreten kann, oder rein örtlich durch behinderte Blutzirkulation im Gehirn, z. B. durch Hirndruck. Die von anderwärts zugeleiteten Erregungen sind entweder durch Gemütsbewegungen bedingt oder Reflexe, d. h. Erregungen, welche auf einer zentripetalen Bahn ins Gehirn gelangen und auf die Kerne der Herznerven übergreifen. Alle zentripetalen Nerven können mehr oder weniger die Herztätigkeit beeinflussen, insbesondere die des Vagus selbst sowie die des Trigeminus und die schmerzempfindlichen Nerven des gesamten Körpers.

Zu den wirksamen afferenten Bahnen des N. vagus gehören vor allem die des Herzens selbst. Sie geraten in Erregung, wenn der Herzmuskel unter starke Spannung gesetzt wird und vermitteln dann reflektorisch, d. h. auf dem Wege des viszeralen motorischen Vaguskernes und der aus ihm entspringenden zentrifugalen Fasern für das Herz die Herabsetzung (Hemmung) seiner Tätigkeit, womit ein Sinken des Blutdrucks und Abnahme der Spannung im Herzen einhergeht. In ähnlicher Weise wirken die afferenten Vagusfasern des Magens z. B. beim Erbrechen, die für die Lunge beim Einatmen reizender Dämpfe, die afferenten Fasern des Trigeminus in der Nasenschleimhaut unter denselben Bedingungen (z. B. Einblasen von Chloroformdampf in die Nase, HERING und KRATSCHMER, 1870, Wien. Ber. **62**, 147).

Eine reflektorische Erregung der Förderungsnerven liegt vor bei der Beschleunigung und Verstärkung der Herztätigkeit im Gefolge von Muskelanstrengungen. Als auslösende Bahnen kommen vermutlich die afferenten Muskelnerven in Betracht, doch dürfte auch die gesteigerte Atemtätigkeit und der erhöhte Lungendruck, vielleicht auch eine mit der Muskelinnervation parallel gehende Anregung von seiten des Großhirns eine Rolle spielen. Die Wirkung der Förderungsnerven wird unterstützt durch Abnahme des Tonus der Hemmungsnerven (H. E. HERING, 1895, A. g. P. **60**, 439; AULO, 1911, SK. A. **25**, 347).

Die Tätigkeit der Hemmungs- und Förderungsnerven und ihrer Kerne ist allem Anschein nach stets eine reziproke, worunter man versteht, daß einem erhöhten Tonus der Hemmungsnerven ein verminderter der Förderungsnerven entspricht und umgekehrt. In diesem Sinne ist eine Beobachtung v. BRÜCKES zu deuten (1917, Z. f. B. **67**, 520). Macht man den oben erwähnten Versuch von KRATSCHMER an vagotomierten Tieren (Kaninchen), so erhält man auf Chloroformeinblasung in die Nase immer noch ein Absinken der Schlagzahl um 8—9%. Dieselbe fällt aber fort (nicht bei allen Tieren), wenn noch die Förderungsnerven durchschnitten werden. Der Erfolg ist wohl nur so zu verstehen, daß damit die letzte Veranlassung zur Verminderung der Schlagzahl, das Nachlassen des Tonus dieser Nerven, hinweggeräumt ist.

Tiere, denen die sämtlichen extrakardialen Herznerven durchtrennt sind, zeigen, solange sie in Ruhe gelassen werden, völlig normales Verhalten. Sie sind aber nicht mehr imstande größere, namentlich anhaltende Arbeitsleistungen zu vollbringen. Die Versuche zeigen die Bedeutung der durch das Nervensystem geregelten Herztätigkeit für die Muskeltätigkeit (FRIEDENTHAL, A. f. P. 1902, 135).

Vierter Teil

Druck und Geschwindigkeit des Blutes in den Gefäßen.

Die Eigenschaften der Blutgefäße werden bestimmt durch die Gewebselemente, aus denen sie bestehen. Diese sind das Epithel, das Bindegewebe, besonders in Form des elastischen, die glatten Muskeln.

Es ist bei Besprechung der Gerinnungserscheinungen im zweiten Teil erwähnt worden, daß das Gefäßepithel wahrscheinlich einen die Gerinnung erschwerenden oder verhindernden (antithrombischen) Einfluß auf das Blut ausübt. Von dem Epithel, besonders der Kapillaren, hängt es ferner ab, inwieweit von einem blutdichten Abschluß der Gefäße gegen ihre Umgebung gesprochen werden kann. Nach den Untersuchungen von KOLOSSOW (1893, A. m. A. 42, 318) sind die durch Protoplasmabrücken verbundenen Epithelzellen nur lose aneinander gefügt, so daß zwischen ihnen Raum bleibt zum Durchtritt von Flüssigkeit und selbst von Zellen. Der eigentliche Abschluß des Gefäßraums geschieht durch die hyalinen Deckplatten der Epithelien, die in den bekannten, durch Silber schwärzbaren Kittleisten zusammenstoßen. Es hängt von dem mehr oder weniger dichten Schluß dieser Leisten ab, wie leicht der Stoffaustausch zwischen Blut und Gewebe vonstatten geht (siehe unten S. 85 die Ausführungen über die Bildung der Gewebsflüssigkeit oder Lymphe).

Das elastische Gewebe verleiht den Gefäßen die Fähigkeit, sich den wechselnden Drücken anzupassen. Jede Dehnung ruft Widerstände wach, die die Rückkehr des Gefäßes zur ursprünglichen Weite veranlassen, sobald der Druck nachläßt. Die vom Herzen während der Systole ausgetriebene Blutmenge schiebt daher die kreisende Blutsäule nicht einfach vor sich her, wie es in starren Röhren der Fall sein würde, sondern dehnt die dem Herzen zunächst liegenden Gefäßabschnitte, deren Spannungszuwachs dann die Weiterbeförderung auch während der Diastole des Herzens übernimmt. So entsteht trotz der diskontinuierlichen Herztätigkeit doch ein kontinuierlicher Strom in den Gefäßen.

Für das Verhalten von Druck und Geschwindigkeit in den verschiedenen Abschnitten des Gefäßsystems ist die Verästelung desselben und die damit einhergehende Veränderung des Gesamtquerschnittes von ausschlaggebender Bedeutung. Hält man sich zunächst an den oben S. 39 definierten Gesamtquerschnitt, so ist festzustellen, daß derselbe im Fortschreiten von den Arterien zu den Kapillaren beständig wächst, weil die Aufteilung der Gefäßstämme stets so stattfindet, daß die Summe der Querschnitte der Zweige größer ist als die des Stammes.

In den Venen nimmt dann der Gesamtquerschnitt in der Richtung gegen das Herz wieder ab. Man kann daher das oben gebrauchte Schema (Abb. 11, S. 40) den gegebenen Verhältnissen dadurch annähern, daß man das überall gleichweite Ausflußrohr ersetzt durch das in Abb. 28 dargestellte, das aus drei ungleichweiten Abschnitten besteht. Der erste und dritte Abschnitt haben gleichen Durchmesser, der mittlere Abschnitt einen 5 mal größeren; es verhalten sich somit die Querschnitte wie 1 : 25 : 1.

Es ist ohne weiteres klar, daß die Volumgeschwindigkeit auch hier für jeden Querschnitt die gleiche sein muß. Die mittlere Stromgeschwindigkeit ist dagegen in der zweiten Abteilung 25 mal kleiner, denn nur so ist die gleiche sekundliche Lieferung auch für den großen Querschnitt möglich. Betrachtet man das Verhalten des Drucks in den eingesetzten Steigröhren, so zeigt sich in dem ersten und dritten Abschnitt ein gleich steiler, gegen das offene Röhrenende gerichteter Druckabfall, dagegen keine Druckabnahme in dem Mittelstück. Bei genauerer Betrachtung findet man in dem Mittelstück folgenden Druck-

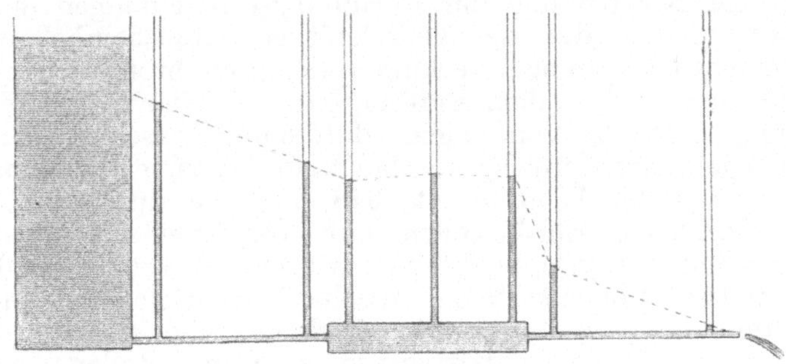

Abb. 28. Druckgefälle in einem Rohr von wechselnder Weite.

verlauf: Zuerst beim Übergang aus dem engen in das weite Rohr ein deutlicher, wenn auch nicht sehr beträchtlicher Druckabfall, dann ein Steigen des Drucks bis gegen die Mitte der weiten Röhre, darauf ein sehr geringes Sinken, endlich ein steiler Druckabfall beim Übergang aus dem weiten in das enge Rohr. Vgl. C. LUDWIG, 1861, Lehrbuch. 2. Aufl. 62.

Was zunächst den Druckabfall beim Eintritt der Flüssigkeit in das weite Rohr betrifft, so ist er durch die hier auftretenden Wirbel bedingt, die man bei durchsichtigen Röhren beobachten kann, wenn dem Wasser Bärlappsamen oder ein anderes leichtes Pulver beigemengt wird.

Auf den ersten Blick überraschend ist die weiterhin in der Richtung der Strömung stattfindende Druckzunahme. Man muß sich aber vergegenwärtigen, daß in Röhren von solcher Weite (über 2 cm Durchmesser) ein ausschließlich achsenparalleles Fließen nicht mehr stattfindet und daß insbesondere der beim Eintritt in die weite Röhre kontrahierte Flüssigkeitsstrahl sich ausbreitet bis zur Ausfüllung des vergrößerten Rohrquerschnittes. Damit geht eine Abnahme der Stromgeschwindigkeit und der Flüssigkeitsreibung einher sowie eine teilweise Rückverwandlung der lebendigen Kraft der Flüssigkeit in potentielle Energie.

Endlich findet beim Übergang aus dem weiten in das enge Rohr ein starker Druckfall statt, weil die frühere Geschwindigkeit wieder erzeugt werden muß.

Wie in dem eben benutzten Rohre muß auch im Gefäßsystem die mittlere Stromgeschwindigkeit in einem betrachteten Gesamtquerschnitte der Größe dieses Querschnitts verkehrt proportional sein, so daß aus der verschiedenen Geschwindigkeit des Blutes in den einzelnen Abschnitten seiner Bahn ein Schluß auf die Veränderung des Gesamtschnittes möglich ist. Nimmt man die mittlere Stromgeschwindigkeit in der menschlichen Aorta, wie oben S. 44, zu 130 mm/sec an und die in den Kapillaren zu 0,5 mm/sec, so würde daraus eine Verbreiterung des Querschnittes auf das 260fache folgen.

Genauere Angaben über die Konfiguration der Strombahn besitzt man beim Hunde für das Gebiet der Art. mesenterica superior (MALL, 1887, Leipziger Abh. 14, 162) und für das der Arteria pulmonalis (MILLER, 1893, J. of Morphology. 8, 180). Hierüber gibt die nachstehende Tabelle einen Überblick.

Name	Einzel-			Zahl	Gesamt-		
	Durchmesser	Querschnitt	Umfang		Durchmesser	Querschnitt	Umfang
Art. mes. sup.	3 mm	7 mm²	9,4 mm	1	3 mm	7 mm²	9,4 mm
Darmkapillaren	7 μ	38,5 μ^2	22 μ	71,5·10⁶	60 mm (1:20)	2800 mm² (1:400)	1600 m (1:170000)
Art. pulmonalis	15,5 mm	181 mm²	48,5 mm	1	15,5 mm	181 mm²	48,5 mm
Lungenkapillaren	7 μ	38,5 μ^2	22 μ	600·10⁶	171 mm (1:11)	23000 mm² (1:130)	13000 m (1:270000)

Man sieht, daß das Kapillargebiet der Pulmonalis einen etwa 130fach, das der Mesenterica einen etwa 400fach größeren Gesamtquerschnitt besitzt als die Stammarterie. Man sollte demnach im Kapillargebiet, ähnlich wie im Schema, eine Verringerung des Druckgefälles erwarten, wenn es sich eben um nichts anderes handelte, als um die Vergrößerung des Gesamtquerschnittes. Der grundlegende Unterschied gegenüber dem Schema besteht darin, daß diese Vergrößerung des Gesamtquerschnittes durch eine ungeheuer reiche Aufteilung erreicht wird, dergestalt, daß aus der einen Arterie 600, bzw. 71 Millionen Kapillaren hervorgehen mit einer Umfangssumme von 13 bzw. 1,6 km. Das Blut fließt in den Kapillaren gewissermaßen in äußerst dünner Schicht über einen Flächenstreifen, dessen Breite 13 bzw. 1,6 km beträgt. Dabei ist seine mittlere Geschwindigkeit, nicht etwa im gleichen Verhältnis verringert, sondern nur etwa 130—400mal kleiner als in der Stammarterie. Hieraus folgt notwendig eine bedeutende Zunahme der Reibung. Im Sinne einer Vergrößerung der Reibung wirkt ferner der Umstand, daß das Blut keine homogene Flüssigkeit ist, sondern Körperchen enthält, deren Durchmesser dem der Kapillaren gleichkommt. Es muß daher in dem Kapillargebiet die wachsende Reibung in viel höherem Maße das Druckgefälle beherrschen als die drucksparende Wirkung der Vergrößerung des Gesamtquerschnittes, mit anderen Worten, es ist im Kapillargebiet ein ansehnlicher Druckverlust zu gewärtigen.

Dies wird durch den Versuch durchaus bestätigt. LOMBARD hat auf Hautflächen, die eine Beobachtung der oberflächlichsten Gefäße mit dem Mikroskop gestatten, eine kleine, durchsichtige Druckkammer aufgesetzt und in ihr den Druck solange gesteigert bis die beobachteten Gefäße zusammenfielen. Dies trat je nach der Art des Gefäßes bei verschiedenem Druck ein, und zwar wurden im Mittel folgende Werte bestimmt (1912, Am. J. of P. **29**, 335):

Arteriolen und widerständigste Kapillaren . . . 60—70 mm Hg
Kapillaren . . . . 35—45
Leicht zusammenfallende Kapillaren . . . . . 15—25
Kleinste Venen . . . . 15—20
Subpapillarer Venenplexus . . . . 10—15

Der Druck fällt hier innerhalb eines Bahnabschnittes von mikroskopischer Kürze auf $^1/_4$ des Anfangswertes, dagegen von der Aorta bis zu den Arteriolen um wenig mehr als die Hälfte. Die verhältnismäßig geringe Druckabnahme im Verlauf der arteriellen Gefäßbahn ist auch durch zahlreiche manometrische Messungen bestätigt. Freilich kann der Ort größten Reibungswiderstandes nicht ein für allemal festgelegt sein, er rückt stromauf- oder abwärts, je nach der Wegsamkeit der Gefäße, die von der Zusammenziehung der in ihrer Wand enthaltenen Muskeln abhängt. Daß in den Venen das Druckgefälle stets gering ist, geht hervor aus der Leichtigkeit mit der der venöse Blutstrom gestaut werden kann. (Man vergl. hiezu SCHLEIER 1919, A. g. P. **173**, 172.)

Die innere Reibung des Blutes ist an sich eine erhebliche. Nach den Versuchen von HIRSCH und BECK (1901, Arch. f. kl. Med. **69**, 503) ist die Reibung des menschlichen Blutes 5 mal größer als die des Wassers von Körpertemperatur. HÜRTHLE (1900, A. g. P. **82**, 415) fand die Reibung des Hundeblutes 4,7, des Katzenblutes 4,2, des Kaninchenblutes 3,3 mal größer als Wasser. Merkwürdigerweise hat die Art der Ernährung einen sehr deutlichen Einfluß auf diese Werte. Die Reibung des Blutes ist hauptsächlich bedingt durch die Körperchen; die Reibung des Serums ist nur 50% größer als die des Wassers (HIRSCH und BECK a. a. O.). Daher die Abnahme der Viskosität des Blutes nach einem Aderlaß (BURTON-OPITZ, 1900, A. g. P. **82**, 450), weil es durch die eindringende Gewebsflüssigkeit verdünnt wird. Viskosität und Hämoglobingehalt stehen in einem nahezu konstanten Verhältnis (W. HESS 1908, Deutsches Arch. f. klin. Med. **94**, 404). Das venöse Blut, dessen Körperchen vergrößert sind, hat eine größere Viskosität als das arterielle (TISSOT, 1907, Fol. haematol. **4**, Nr. 4).

Die Bestimmung der Viskosität des Blutes geschieht in der Regel durch Messung der Strömungszeit einer gegebenen Menge durch eine Kapillare von einigen Zehntel-Millimeter Durchmesser. Im Vergleich hierzu kann der Durchmesser der Blutkörper vernachlässigt und das Blut als eine homogene Flüssigkeit betrachtet werden. Bei Durchströmung engerer Röhren ist dies aber nicht mehr zulässig, so daß die oben mitgeteilten experimentellen Daten auf den Kapillarkreislauf nicht mehr Anwendung finden können. Hier muß das Reibungsverhältnis Blut : Serum größer sein als aus den oben mitgeteilten Bestimmungen hervorgeht.

Der Puls.

Es ist bereits oben darauf hingewiesen worden, daß das vom Herzen ausgeworfene Schlagvolum nicht zu einer Verschiebung der ganzen das Gefäßsystem erfüllenden Blutmasse führt, sondern zu einer Ausweitung der Arterien, die dadurch in Spannung versetzt die Überleitung ihres Inhalts in die Venen auch während der Diastole der Kammern übernehmen. Die Arterien wirken also wie der Windkessel einer Spritze, indem sie einen Teil der Herzarbeit speichern. Die plötzliche Ausweitung, welche die dem Herzen zunächstliegenden Abschnitte des arteriellen Systems erleiden, pflanzt sich aber mit großer Geschwindigkeit nach der Peripherie fort, wobei jeder Gefäßabschnitt die Bewegung in ähnlicher Weise doch um so später ausführt, je weiter er vom Anfangsteil entfernt ist. Es entsteht eine sogenannte Schlauchwelle, insonderheit jene Form derselben, die man nach E. H. WEBER als Bergwelle bezeichnet (siehe OSTWALDs Klassiker d. exakt. Wiss. Nr. 6). Eine solche Welle fördert den Inhalt jedes Schlauchstückes, das sie durcheilt, um eine gewisse Strecke im Sinne ihrer Fortpflanzung weiter. Auf ihrem Wege durch die Arterien macht sie sich durch eine rasch vorübergehende Ausweitung des Gefäßes bemerklich, die von dem aufgelegten Finger als Puls gefühlt wird.

Da der Puls über gewisse Seiten der Herztätigkeit Auskunft zu geben vermag, spielt seine Beobachtung bei der ärztlichen Untersuchung eine wichtige Rolle. Die Aufmerksamkeit richtet sich dabei auf folgende Eigenschaften desselben.

1. Die Schlagzahl oder Frequenz (rascher, langsamer Puls).
2. Die Größe (großer, kleiner Puls).
3. Die Spannung oder Härte (harter oder gespannter, weicher Puls).
4. Der zeitliche Ablauf.
5. Die Regelmäßigkeit.

In bezug auf Punkt 4 spricht man von einem Pulsus celer, wenn die Arterie rasch anschwillt und sofort wieder zusammenfällt, während dies beim Pulsus tardus träge von statten geht. Als besondere Form des zeitlichen Ablaufes ist der Pulsus dicrotus zu erwähnen, der, wie der Name sagt, sich durch zwei Schläge innerhalb einer Pulsperiode auszeichnet, einem stärkerem oder Hauptschlag und einem schwächeren oder Nebenschlag.

In bezug auf Punkt 5 ist zu sagen, daß es einen vollkommen regelmäßigen Puls nicht gibt, weil schon die Atmung einen leichten Wechsel der Schlagzahl bedingt. Derselbe ist allerdings bei ruhiger Atmung zumeist nur andeutungsweise vorhanden, tritt aber bei tiefer Atmung deutlich hervor. Bei vielen Menschen, namentlich Jugendlichen, ist er aber stets nachweisbar. Die Pulse werden während der Einatmung häufiger, und gehen, sobald die Ausatmung einsetzt, ziemlich unvermittelt wieder in die seltenere Schlagfolge zurück. Änderungen der Pulsgröße (Kleinerwerden während der Einatmung) gehen damit Hand in Hand. Eine andere, in gewissem Sinne noch als physiologisch anzusprechende Form unregelmäßigen Pulses ist das zeitweise Auftreten von Extrasystolen, also überzähliger in die regelmäßige Folge eingestreuter Schläge. Sie sind ein Zeichen erhöhter Erregbarkeit des Herzens (siehe

oben S. 50). Vgl. hierzu H. E. HERING, 1906, Verhandl. 23. Kongr.
f. inn. Med. München. 138.)

Die Schlagzahl des Pulses ist beim Erwachsenen, bei körperlicher
Ruhe, 60—70 in der Minute, beim weiblichen Geschlecht höher als beim
männlichen. Bei Kindern ist sie hoch, 130—140 beim Neugeborenen,
sinkt bis etwa zum 5. Jahr auf 100, um dann weiter zu den vorgenannten
Werten abzunehmen. Sie wird beeinflußt von der Körpertemperatur,
von Gemütsbewegungen, namentlich aber durch Muskeltätigkeit.
Bei anstrengenden Arbeiten kann die Pulszahl auf das 3fache der Norm
steigen. Mit Eintritt der Ruhe sinkt sie sofort ab, jedoch nicht auf den
Ausgangswert, der erst nach längerer Zeit wieder erreicht wird (BENEDICT,
1914, Muscular Work, Publ. Carnegie Inst. No. 187. 153).

Die Pulsschreibung.

Viele Verfahrungsweisen sind ausgedacht worden, um die subjektive Beobachtung des Pulses durch objektive Feststellungen zu ergänzen. Über die unter 1., 4. und 5. aufgezählten Eigenschaften unter-

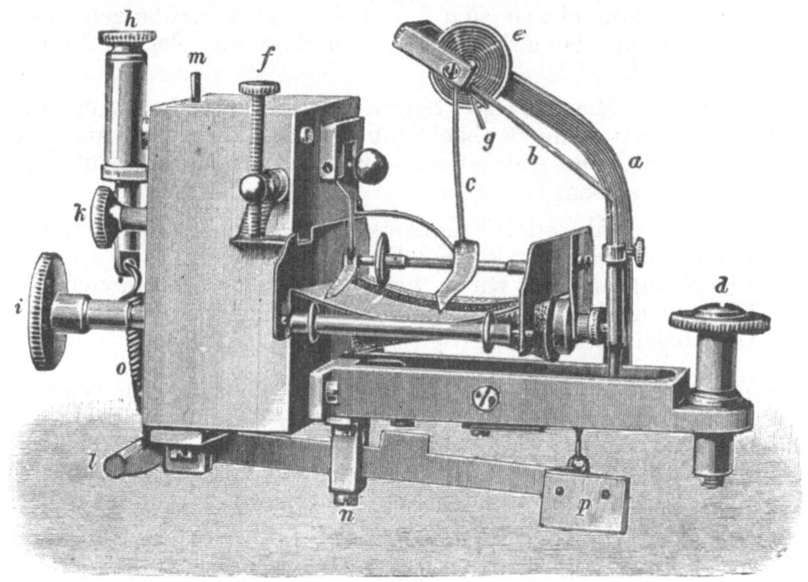

Abb. 29. Sphygmograph FRANK-PETTER.

richtet die Pulsschreibung, Sphygmographie. Ein auf der Haut
festgebundener Rahmen trägt eine Flachfeder, deren freies, in einen
Knopf auslaufendes Ende gegen die Arterie drückt und ihre Bewegung
mitmacht. Die Bewegung wird stark vergrößert auf einen Schreibhebel
übertragen, entweder unmittelbar oder auf dem Wege der Luftübersetzung.
Die näheren Bedingungen, die von der Konstruktion erfüllt sein müssen,
wenn zuverlässige Aufschreibungen, Sphygmogramme erhalten werden
sollen, sind von O. FRANK und PETTER untersucht worden (1907, Z. f. B.
49, 70; 1908, Ebenda. 51, 354). Eine perspektivische Ansicht des von
ihnen konstruierten Sphygmographen gibt Abb. 29. In neuester Zeit

hat C. TIGERSTEDT an Tieren die Arterie freigelegt und ihre Ausweitung optisch in mehrhundertfacher Vergrößerung photographisch registriert mit Hilfe eines winzigen Glasfadens, den er an ihr festklebt (1916, Sk. A. 36, 103).

Verbunden mit einer Zeitschreibung gibt die Pulsschreibung Auskunft über die oben unter 1., 4. und 5. aufgezählten Eigenschaften des Pulses also über Frequenz, zeitlichen Verlauf und Regelmäßigkeit.

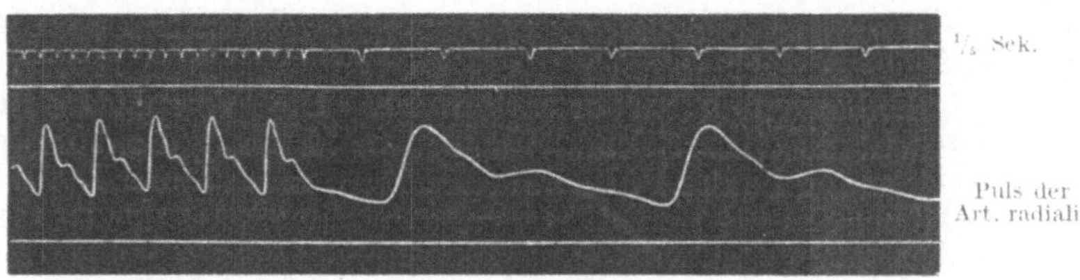

Abb. 30.

Vgl. die mit dem FRANK-PETTERschen Apparat aufgenommene Kurve Abb. 30. Das Pulsbild liefert eine auf die Zeit bezogene Darstellung des Blutdruckes; Steigen der Kurve bedeutet Steigen des Druckes und umgekehrt. Der absolute Wert des Druckes ist aber nicht angebbar, weil geringfügige Änderungen in der Stellung des Apparates und in dem Widerstande der die Arterie umgebenden Weichteile, die einen Teil des Druckes aufwiegen, einen unberechenbaren Einfluß auf die Höhe der Kurve ausüben. Aus denselben Gründen ist es auch ausgeschlossen, auf diesem Wege ein objektives Maß für die Größe des Pulses zu gewinnen, wenn auch im allgemeinen große Pulse große Kurven geben werden.

Als Ergebnis der Pulsschreibung ist hervorzuheben, daß die Form des Pulses von Person zu Person und an einem Individuum von Ort zu Ort (in den einzelnen Arterien) verschieden ist und daß sie am selben Orte in der Zeit sich ändert in Abhängigkeit von einer großen Zahl von Bedingungen wie Tätigkeit des Herzens, Blutdruck, Verteilung des Blutes auf die einzelnen Gefäßgebiete, Lage

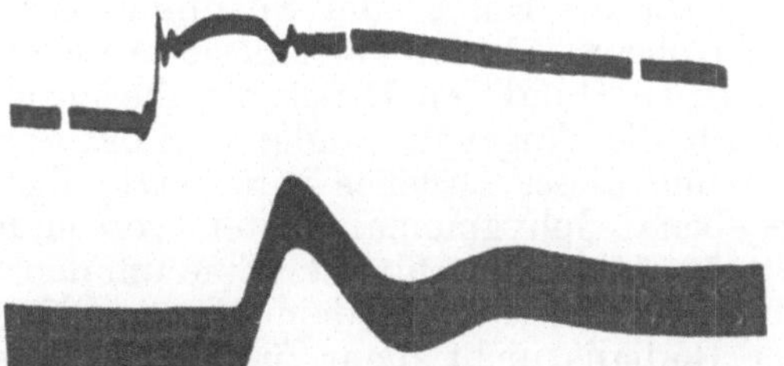

Abb. 31. Druckpulse der Aorta und Femoralis des Hundes. Die Unterbrechungen der oberen Kurve folgen einander in 0,3 Sek. (1905, Z. f. B. 46, 499).

der Körperteile in bezug auf die Lotrichtung und anderes mehr. Für die örtlich verschiedene Form des Pulses gibt Abb. 31 ein Beispiel vom Hunde, das allerdings durch manometrische Druckschreibung an geöffneten Arterien gewonnen ist. Die dem Herzen nahen Arterien zeigen in ihrem Pulse die oben S. 57 bei Beschreibung des Druckverlaufs in der Aorta angeführten Besonderheiten, die beiden Vorschwingungen, die Anfangsschwingungen, die Inzisur und die sich an diese anschließenden Schwingungen, die entfernteren Arterien aber nur noch den Haupt- und Nebenschlag, unter Umständen zwischen beiden noch Zwischenschläge.

Lage und Höhe des Nebenschlages in bezug auf den Hauptschlag sind, wie die Abb. 31 erkennen läßt, örtlich verschieden. Alle Pulskurven haben einen steilen Anstieg und sanften Abfall. Ersterer ist bedingt durch die rasche Einpressung des Blutes während der Systole der Kammer, letzterer durch den langsamen Abfluß in die Venen.

Die Pulsschreibung kann benützt werden zur Bestimmung der Geschwindigkeit, mit der sich die Pulswelle in den Arterien ausbreitet. Fühlt man die Pulse an zwei Arterien, so bemerkt man, daß sie im allgemeinen zeitlich nicht zusammenfallen. Die vom Herzen entferntere Arterie pulsiert später, wie es von einer vom Herzen kommenden Wellenbewegung zu erwarten ist. Die Verspätung beträgt stets nur Bruchteile einer Sekunde. Zu ihrer Messung dient die gleichzeitige Verzeichnung beider Pulse auf derselben, rasch laufenden Schreibfläche, wozu man meist Luftübertragung benützt. Ist der Unterschied der Wege bekannt, die die Pulswelle vom Herzen zu den beiden Arterien zurückzulegen hat, so ergibt die Division desselben durch die Verspätung die mittlere Geschwindigkeit der Pulswelle in dem fraglichen Abschnitt des Gefäßsystems. Für den Menschen sind Werte von 6—8 m/sec zwischen Karotis und Radialis normal. In pathologischen Fällen (Arteriosklerose) sind Werte bis zu 14 m/sec beobachtet (TIGERSTEDT, 1893, Physiol. des Kreislaufs. 384). Als Stromgeschwindigkeit des Blutes in der Aorta ist oben S. 44 ein Wert von 13 cm/sec als Mittel über die Zeit und den Querschnitt angenommen worden, d. h. ein mindestens 50mal kleinerer. Auch hieraus geht hervor, daß es sich bei dem Pulse um eine über die Strömung hinweglaufende, immer neue Teilchen ergreifende Bewegung handelt.

Die Sphygmomanometrie.

Die als Härte oder Spannung bezeichnete Eigenschaft des Pulses (siehe oben S. 71 Punkt 3.) läßt sich abschätzen, indem man mit den Fingern der einen Hand den Druck auf die untersuchte Arterie solange steigert, bis für die Finger der anderen Hand der Puls distal verschwindet. Zur Messung dieses Druckes wird jetzt allgemein das von RIVA-ROCCI angegebene Sphygmomanometer verwendet (1896, Gaz. med. Torino. No. 50, 51). Vgl. Abb. 32. Eine um den Oberarm gelegte doppelwandige Manschette wird mit dem Handgebläse aufgeblasen, bis der Puls in der Radialis nicht mehr fühlbar ist. Der hierbei an dem Quecksilbermanometer abgelesene Druck gilt als der maximale oder systolische Druck des Pulses. Statt diesen Druck aufsteigend zu bestimmen, kann man dies auch absteigend tun, d. h. zunächst die Arterie zusammendrücken und dann bei fallendem Druck beobachten, wann der Puls wieder erscheint. Letztere Form der Bestimmung ist wohl die empfindlichere. Endlich kann auch der Druck bestimmt werden, bei welchem der Puls die erste Abschwächung erkennen läßt, womit der minimale oder diastolische Pulsdruck gewonnen wird. Der Unterschied der beiden Drucke stellt die pulsatorische Druckschwankung dar. Statt der palpatorischen Beobachtung des Pulses bzw. des Verschwindens desselben kann sie auch akustisch erfolgen, indem man mit dem Stethoskop die Art. cubitalis behorcht (FELLNER, 1907, Verhandl. Kongr. f. inn. Med. 24, 404; KOROTKOW, Ebenda. 415). Läßt man den Druck in der Manschette wachsen, so entstehen Geräusche, sobald der Minimaldruck erreicht ist und dieselben dauern an bis zum Verschwinden des Pulses. Über die verschiedenen Modifikationen des Apparates und über die theoretischen Grundlagen des Verfahrens überhaupt vgl. O. FRANK in TIGERSTEDTS Handb. der Method. 2, Abt. 4, S. 216ff.

Nach den zahlreich vorliegenden Beobachtungen kann in der Brachialis des Gesunden der systolische Druck zu 100—140 mm Hg, der

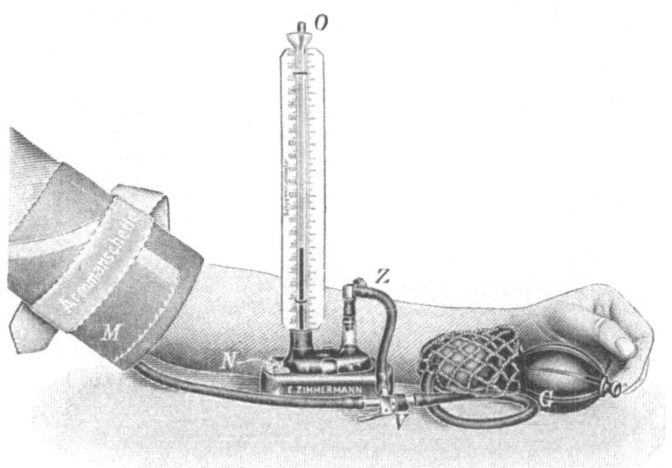

Abb. 32. Sphygmomanometer nach RIVA - ROCCI in der von E. ZIMMERMANN, Berlin W 15, ausgeführten Form.

diastolische zu 60—80 und die pulsatorische Druckschwankung zu 50 bis 60 mm angenommen werden. Liefert die Sphygmomanometrie auch keine ganz genauen Werte, so ist sie doch eine wertvolle und mit Recht viel gebrauchte klinische Untersuchungsmethode.

Die Strompulse.

Eine ganz andere Seite der Pulserscheinung wird durch die Tachographie der Messung zugänglich. Das von v. KRIES er-

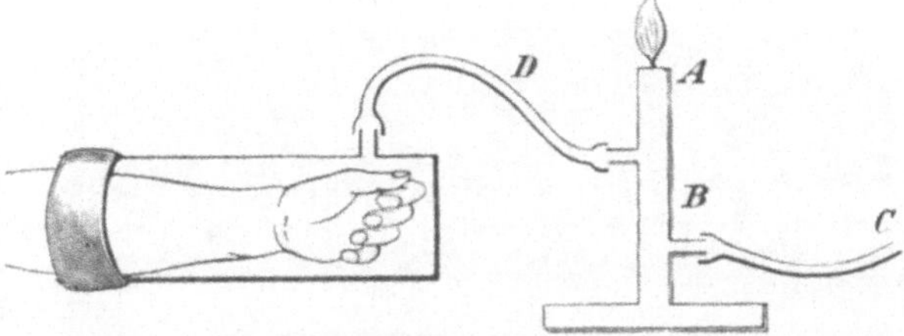

Abb. 33. Schema des v. KRIESschen Flammentachographen.

dachte Verfahren (A. f. P. 1887, 254) besteht in der Einführung eines Gliederabschnittes in ein passendes starrwandiges Gefäß, wobei durch eine Kautschukmanschette für luftdichten, die Blutzirkulation aber nicht hindernden Abschluß gesorgt werden muß. Der noch übrig bleibende Luftraum des Gefäßes wird verbunden mit der Rohrleitung zu einem kleinen Gasbrenner. Vgl. die schematische Darstellung Abb. 33. Der eingeschlossene Gliederabschnitt verdrängt bei Volumzunahme Gas und läßt die Flamme höher brennen, bei Volumabnahme saugt er Gas an, die Flamme wird klein. Die Änderungen der Flammenhöhe sind um so bedeutender, je größer die Geschwindigkeit der Volumänderung. Das

Volum als solches, ob groß oder klein, ist ohne Einfluß auf die Flamme. Der Apparat vervollständigt durch eine Einrichtung zur photographischen Registrierung der Flammenbewegung, ist in Abb. 34 dargestellt. Eine damit gewonnene Aufnahme zeigt Abb. 35.

Macht man die wohl berechtigte Annahme, daß der Blutstrom in den Venen ein gleichförmiger sei, so kann das Volum des Gliedes

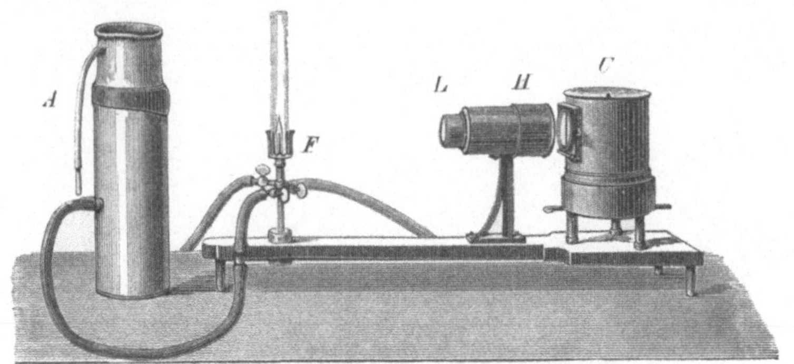

Abb. 34. Tachograph nach v. Kries.

nur wachsen, wenn durch die Arterien mehr Blut ein- als durch die Venen abströmt; umgekehrt muß es sich bei abnehmendem Volum verhalten. Die Flammenhöhe gibt also Auskunft darüber, wie die arterielle Stromgeschwindigkeit sich zu der konstanten venösen verhält, ob sie größer, gleich oder kleiner ist als diese. Letztere bleibt dabei unbekannt. Der Betrag in ccm pro sec, um den der arterielle Strom den venösen übertrifft oder hinter ihm zurückbleibt, ist aber bestimmbar, da sich festsetzen läßt, welche Beziehungen zwischen der Geschwindigkeit des Gasstromes und der Flammenhöhe bestehen. v. Kries hat namentlich empfohlen zu messen, wie hoch das Maximum der arteriellen Stromstärke über dem Mittelwerte liegt, oder, wie man kurz sagen kann, die Höhe des Strompulses (Tachometrie des Pulses).

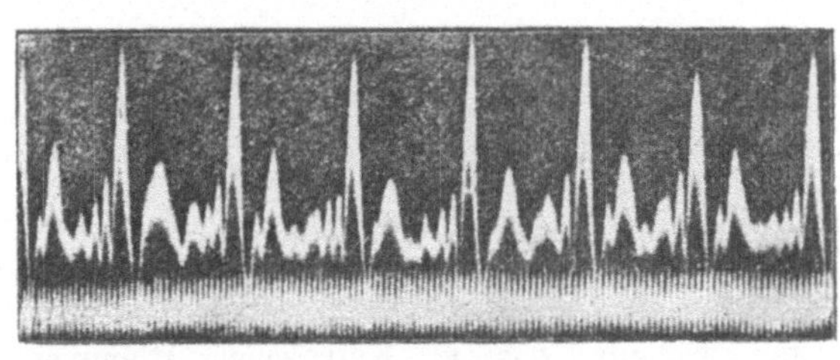

Abb. 35. Tachogramm der Art. brachialis nach v. Kries.

Dies kann durch Beobachtung mit bloßem Auge geschehen, wenn man die Flamme in einem in cm geteilten Glaszylinder brennen läßt (Berl. klin. Wochenschr. 1887, 589). Die Theorie des Apparates ist von O. Frank weiter ausgeführt worden (in Tigerstedts Handb. 2, 282. 4. Abt.), der auch eine verbesserte Konstruktion mitgeteilt hat (1907, Z. f. B. 50, 303).

v. Kries hat darauf hingewiesen, daß das Tachogramm in Verbindung mit dem Sphygmogramm Aufschluß geben kann über die Richtung, in der die Pulswellen ablaufen. Eine in der Richtung vom Herzen nach den Kapillaren verlaufende (stromläufige) Bergwelle wird an dem

Orte, an dem sie sich gerade befindet, eine Steigerung des Drucks zugleich aber auch eine solche der Stromgeschwindigkeit hervorrufen, während eine in entgegengesetzter Richtung laufende (gegenläufige) zwar auch eine Steigerung des Drucks, aber eine Verminderung der Geschwindigkeit bedingen wird. Vergleicht man, wie das in Abb. 36 geschehen ist, Sphygmogramm und Tachogramm derselben Arterie, so sieht man die Hauptschläge in beiden Kurven zeitlich übereinstimmen, ebenso die Nebenschläge. Eine Verschiedenheit zeigt sich jedoch für die Zeit unmittelbar nach diesen Schlägen, insbesondere nach dem Hauptschlag, indem die Geschwindigkeitskurve sofort wieder abfällt, ja sogar den tiefsten Stand in der ganzen Pulsperiode erreicht, während die Druckkurve hoch bleibt. Dieser hohe Druck bei gleichzeitiger minimaler Geschwindigkeit weist auf eine gegenläufige Welle hin, die der ersten stromläufigen unmittelbar folgt und wohl nur von einer Zurückwerfung in der Peripherie herrühren kann.

Durch den Nachweis einer Zurückwerfung erklärt sich auch die Verschiedenheit der Druckkurven in den einzelnen Arterien, die nicht nur auf Rechnung der Reibung gesetzt werden kann. Die verschiedene zeitliche Lage und Höhe des Nebenschlages im Verhältnis zum Hauptschlag, sowie der verschiedene Reichtum der einzelnen Arterien an Zwischenschlägen weist darauf hin, daß die reflektierten Wellen je nach der Länge

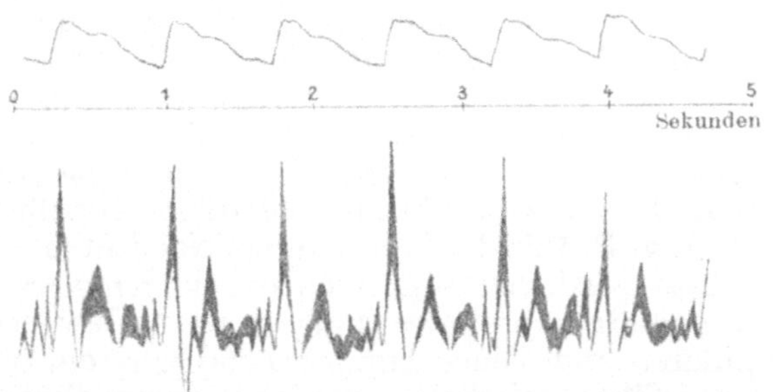

Abb. 36. Sphygmogramm (oben) und Tachogramm (unten) der Arteria brachialis. Nach v. KRIES.

der Arterienstrecke zu verschiedener Zeit am Herzen anlangen und, dort neuerdings zurückgeworfen, wieder in die Peripherie hinausgehen, wobei eine der Konfiguration des Arteriensystems entsprechende äußerst verwickelte Interferenz stattfinden muß.

Die Veranlassungen für das Auftreten von Reflexionen in den Blutgefäßen sind von v. KRIES erörtert worden (Studien zur Pulslehre. Freiburg 1892, S. 17 ff), wobei er findet, daß allein schon durch die Verästelung und der damit verbundenen Änderung der Wandbeschaffenheit Verhältnisse gegeben sind, die das Auftreten von Reflexionen begünstigen, und im gleichen Sinne wirkt auch die Reibung, wenn sie sprungweise oder doch auf einer im Verhältnis zur Wellenlänge kurzen Strecke sich erheblich ändert. Auf die besondere Bedeutung der Reibung weist ferner die Tatsache hin, daß der Puls tatsächlich in die Venen übertreten kann, nämlich dann, wenn in einem Gefäßgebiet Erweiterung eintritt (CL. BERNARD. 1858, J. de l. P. 1, 237). Hiermit ist eine Verminderung der Reibung verknüpft, die in einer größeren Lebhaftigkeit des Blutstroms zum Ausdruck kommt.

Während der stromläufige Venenpuls nur unter gewissen Umständen auftritt, gibt es stets einen gegenläufigen, der aber auf die großen Venen beschränkt bleibt. Die Veranlassung zu demselben ist gegeben durch die periodischen Druckschwankungen, die sich in den

Vorhöfen des Herzens abspielen und auf die Venen zurückgreifen. Die weitere Ausbreitung nach der Peripherie wird durch die Venenklappen verhindert. Der Puls der großen Veuen am Halse ist mit Hilfe von Luftkapseln der Aufschreibung zugänglich und gibt wichtige Aufschlüsse über die Tätigkeit des rechten Vorhofs (vgl. PIPER A. f. P. **1913**, 385).

Die Muskeln und Nerven der Gefäße.

Als das dritte für die Eigenschaften der Gefäße wesentliche Gewebselement sind oben die glatten Muskelzellen erwähnt worden, die sich in der Wand derselben hauptsächlich in querer, d. h. ringförmiger Anordnung finden. Dieselben besitzen einen veränderlichen „Tonus“, d. h. sie setzen dehnenden Kräften einen Widerstand entgegen, der nicht nur von dem Grade der Dehnung abhängt, sondern auch mit der Zeit sich ändert. Es ist eine noch nicht geklärte Frage, ob es sich hierbei um einen Wechsel des Quellungszustandes handelt, hervorgerufen durch die äußeren Kräfte, also ohne Arbeitsleistung von seiten der Muskeln, oder um andauernde in ihrer Intensität schwankende Erregungszustände. Der Tonus wird beeinflußt durch mechanische Beanspruchung, durch die Temperatur und durch chemische Mittel. Bekannt ist die Rötung der Haut nach Streichen und Reiben und das Nachblassen nach stärkeren Reizen. Letzteres scheint die eigentliche Gefäßreaktion zu sein (EBBECKE, 1917, A. g. P. **169**, 1), während das Nachröten als funktionelle Hyperämie aufgefaßt wird, hervorgerufen durch den verstärkten oder auch veränderten Stoffwechsel des umgebenden Gewebes. Dabei sind Arterien, Kapillaren und Venen entsprechend der rein örtlichen Angriffsweise des Reizes in ihrem Verhalten von einander unabhängig, so daß sehr mannigfaltige Erscheinungen entstehen können.

Kälte verengt die Gefäße, Wärme erweitert sie, und zwar nicht nur innerhalb des lebenden Körpers, sondern auch nach dem Ausschneiden (MAC WILLIAM, 1902, Proc. R. S. **70**, 109). Von den chemischen Einwirkungen ist besonders zu nennen die der Kohlensäure, welche die Gefäße erschlafft (BAYLISS, 1901, J. of P. **26**, XXXII), aber nur bei niederer Konzentration (3—6 Vol.-Prozent, FLEISCH 1918, A. g. P. **171**, 86). In gleicher Weise wirken auch andere Säuren, ferner die indifferenten Narkotika, Amylnitrit, Histamin, Nitroglyzerin und andere. Verengend wirken Sauerstoff, Kokain, Baryumchlorid, die Digitaliskörper und vor allem das Adrenalin. An ausgeschnittenen Stücken von Arterien ist die Zusammenziehung noch bei einer Verdünnung von einem Teil Adrenalin auf 10^9 der Lösung merklich (MEYER, 1906, Z. f. B. **48**, 352). Die Koronararterien werden dagegen durch Adrenalin erschlafft (LANGENDORFF, 1907, Zb. f. P. **21**, 551). Die verengende Wirkung des Kokains wandelt sich bei höheren Konzentrationen in die erschlaffende (MEYER, 1907, Z. f. B. **50**, 93).

Die Wirkung der Kohlensäure wie auch anderer Säuren dürfte für die Blutversorgung tätiger Organe von Bedeutung sein. Tätige Organe erhöhen die Kohlensäurespannung in der Gewebsflüßigkeit wodurch Erweiterung der Gefäße und reichlichere Durchblutung veranlaßt wird. Die Leichtigkeit, mit der nach Anämisierung eines Gefäßgebietes der Blutstrom über kollaterale Bahnen wieder in Gang kommt

(BIER, 1897/98, A. p. A. **147**, 256; **153**, 306, 434), läßt sich ebenfalls aus der Säuerung des Gewebes und aus der damit verbundenen Gefäßerschlaffung erklären.

Gleich den Arterien und Venen sind auch die Kapillaren kontraktil (STRICKER, 1876, Wien. Ber. **74**, III. 313; ROY, 1879, J. of P. **2**, 328; STEINACH und KAHN, 1903, A. g. P. **97**, 105). Diese Fähigkeit beruht nach ROUGET und S. MAYER (1902, A. A. **21**, 442) auf der Anwesenheit von verästelten (Muskel-?) Zellen, deren Fortsätze das Epithelrohr umgreifen und unter Umständen bis zum Verschluß zusammenschnüren.

Ausgeschnittene Arterien und Stücke derselben zeigen bei Körpertemperatur und einer der normalen entsprechenden Spannung rhythmische Zusammenziehungen, also eine Automatie, ähnlich dem Herzen, aber viel langsamer und weniger regelmäßig (MEYER, 1913, Z. f. B. **61**, 275; FULL, Ebenda. 187; GÜNTHER, 1915, Ebenda. **65**, 401; **66**, 280). Eine einzige zuckungsartige Kontraktion kann die Zeit von einer Minute und mehr beanspruchen. Vgl. Abb. 37. Sauerstoffmangel begünstigt das Auftreten der Kontraktionen. Ob die Automatie als eine den Gefäß-

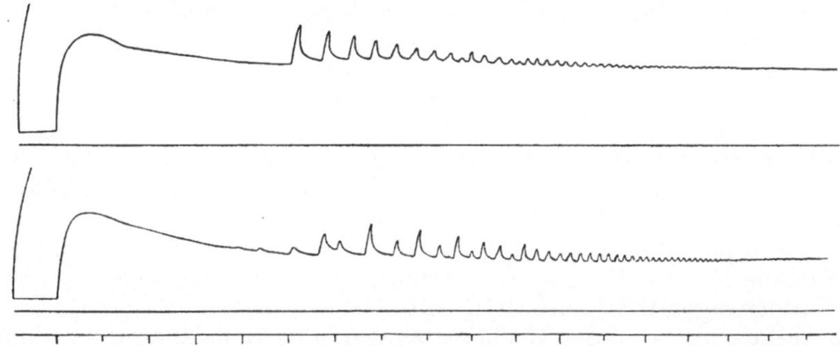

Abb. 37. Zwei Streifen einer Rinder-Karotis in Rinder-Serum, Pulsationen zeigend. $^1/_3$ des Originals. Unten Zeitmarken im Abstand von 10 Minuten.

muskeln selbst innewohnende Eigenschaft anzusehen ist oder ob sie den nervösen Bestandteilen zukommt, die sich allerwärts an den Gefäßen finden, läßt sich hier so wenig wie am Herzen entscheiden.

Auch am lebenden Tier sind rhythmische Kontraktionen der Gefäße oft beobachtet worden. Erstrecken sich dieselben über größere Gefäßgebiete so kommen sie im Blutdruck zum Ausdruck in Gestalt der sogen. TRAUBE-HERINGschen Wellen. (Man vergl. hiezu STÜBEL 1910 A. g. P. **135**, 321; FOÀ 1914, Ebenda **157**, 561).

Die Weite der Gefäße wird ferner von efferenten Nerven bestimmt, die dem autonomen System angehören und daher wie die Herznerven Leitungsbahnen darstellen, die aus mindestens zwei hintereinandergeschalteten Nerveneinheiten bestehen. Mit einziger Ausnahme der Skelettmuskeln kann wohl jetzt für alle Organe die Versorgung mit Gefäßnerven als nachgewiesen gelten. Die Innervation ist eine doppelte und antagonistische, d. h. sie besteht aus Nerven, die den Tonus der Gefäßmuskeln erhöhen (verengernde Nerven, Konstriktoren, Pressoren, Vasomotoren) und anderen, die ihn herabsetzen (erweiternde Nerven, Dilatatoren, Depressoren). Außerdem besitzen die Gefäße afferente Nerven insbesondere schmerzempfindliche, wie die Schmerzhaftigkeit der Arterien bei Unterbindungen, sowie bei Injektionen in dieselben beweist (HOTZ, 1911, Beitr. z. klin. Chir. **76**, 812; ÖHRWALL, 1915, Skand. A. **32**, 225). Der Nachweis besonderer Endapparate ist für die Gefäßnerven bisher nicht erbracht.

Die Gefäßnerven entspringen aus dem Brust-, Lenden- und Sakralteil des Rückenmarks, in spärlicherer Zahl aus dem Gehirn, das anscheinend nur Depressoren liefert. Die pressorischen Fasern haben ihre Ursprungszellen im Seitenhorn der grauen Substanz des Rückenmarks, deren Axonen mit den ventralen Wurzeln austreten, um sich von den Spinalnerven sehr bald wieder zu trennen und als Rami communicantes albi in den Grenzstrang des Sympathikus bzw. zu dessen Geflechten zu begeben. Die aus dem Rückenmark stammenden Depressoren scheinen zum Teil sich in gleicher Weise zu verhalten, zu einem anderen Teil entspringen sie aber, insbesondere die Fasern für die Glieder, in den Spinalganglien und zeigen eine den afferenten Fasern des Rückenmarks gleiche Verlaufsweise (BAYLISS, 1901, J. of P. **26**, 173 und 1902, **28**, 276). Wie diese Abweichung von der BELLschen Regel (siehe darüber unten in Teil 13) aufzufassen ist, bleibt, vorläufig ungeklärt.

Im allgemeinen verlaufen die pressorischen und depressorischen Nerven untereinander und mit anderen Fasergattungen vermengt in den gemischten Nerven nach der Peripherie, an gewissen Stellen sind sie aber gesondert oder doch die eine Art ganz überwiegend vorhanden, wodurch ihre Entdeckung möglich geworden ist. (Vgl. hierzu TIGERSTEDT, Physiologie des Kreislaufs, Leipzig 1893, 469 und HOFMANN in NAGELS Handb. **1**, 287.) So schlagen die aus dem Brustteil des Rückenmarks stammenden pressorischen Fasern für die Gefäße des Kopfes den Weg des Halssympathikus ein, während die depressorischen im Trigeminus und Fazialis (Portio Wrisbergii) verlaufen. Die Gefäße der Unterkiefer- und Unterzungendrüse erhalten ihre pressorischen Fasern aus dem Sympathikus, die depressorischen dagegen aus dem Lingualis, dem sie durch die Chorda tympani aus dem Fazialis zugeführt werden (CL. BERNARD, 1858, J. de P. **1**, 237). An anderen Orten ist der Nachweis der doppelten Innervation schwerer zu führen wie z. B. für die Haut der Glieder, wo die beiden Fasergattungen vermengt in den großen Nervenstämmen verlaufen. Wird ein solcher Nerv durchtrennt und der distale Stumpf gereizt, so tritt nur die pressorische Wirkung zutage, weil diese Fasern für die gewöhnlich angewandte Form von Dauerreizen empfindlicher sind. Die depressorische Wirkung stellt sich dagegen ein, wenn die Reizung erst einige Tage nach der Durchtrennung folgt (GOLTZ, 1874, A. g. P. **9**, 184) oder, auch am frisch durchtrennten Nerv, wenn der Rhythmus des faradischen Reizes ein langsamer ist (HEIDENHAIN und OSTRUMOFF, 1876, A. g. P. **12**, 228) bzw. schwache Reize gewählt werden. Übrigens können sehr wohl bei geeigneter Form der Reizgebung beide Fasergattungen gleichzeitig erregt werden, was sich daran zu erkennen gibt, daß zunächst die Wirkung der Pressoren zum Vorschein kommt, die eine kürzere Latenzzeit haben, später aber, besonders auch nach Aufhören des Reizes, die der Depressoren (v. FREY, Leipz. Arb. **1876**, 89; ASHER, 1909, Z. f. B. **52**, 298). Eine algebraische Addition der Wirkungen beider Nerven findet also nicht statt, was auf eine Verschiedenheit ihrer Angriffspunkte an den Gefäßmuskeln hinweist.

Reizung der Gefäßnerven eines kleineren Gefäßbezirkes führt nur zu örtlichen Änderungen des Blutstroms. und zwar bei Reizung der Pressoren zur Verringerung desselben verbunden mit Erblassen, Erkühlen und Schrumpfen des Gewebes, bei Reizung der Depressoren zur Beschleunigung des Stromes mit Erröten, Erwärmen und Schwellen des Gewebes. Werden die Nerven eines größeren Gefäßgebietes gereizt, so macht sich die Veränderung im gesamten Kreislauf bemerklich. Verminderung des Blutstroms in dem gereizten Gefäßgebiete führt dann zur passiven Drucksteigerung und stärkerer Durchblutung in den übrigen und umgekehrt. Die Vermeidung solcher Störungen und die Verteilung des Blutes auf die verschiedenen Gefäßgebiete unter Erhaltung des mittleren Aortendruckes wird durch das Gehirn besorgt, das einen zusammenfassenden und ordnenden Einfluß auf die gesamten Ursprungszellen der Gefäßnerven ausübt. Die beherrschende Stellung des Gehirns ergibt sich aus der Erfahrung, daß nach Abtrennung des Gehirns vom Rückenmark die Gefäße des ganzen Körpers erschlaffen und der Druck sehr tief, auf etwa $1/_3$ der Norm, herabsinkt. Am beweisendsten ist der Versuch in der Form, die W. TRENDELENBURG ihm gegeben hat (1911, A. g. P. **135**, 495; vgl. Abb. 38) und darin besteht, daß das oberste Halsmark gekühlt wird, bis die im weißen Markmantel verlaufenden, die Erregungen des Gehirns auf das Rückenmark übertragenden Fasern ihre Leitfähigkeit verlieren. Es tritt Sinken des Blutdrucks ein, der sich nach Erwärmen des Markes wieder auf die ursprüngliche Höhe einstellt. Zugleich lehrt der Versuch, daß vom Gehirn ständig Erregungen zu den Ursprüngen der Gefäßnerven fließen, daß also ein Tonus derselben besteht. Aus demselben Grunde werden auch die Gefäße eines Körperteils schlaff, dessen Gefäßnerven durchschnitten sind. Der Tonus der pressorischen Nerven ist somit stärker als der der depressorischen.

Durch OWSJANNIKOW und DITTMAR (Leipz. Ber. **1873**, 460) ist dann der als Gefäßzentrum bezeichnete Ort im Gehirn, von dem die Erregungen ausgehen, genauer umgrenzt worden. Er liegt im verlängerten Mark in der Gegend des Fazialisursprungs beiderseits der Mittellinie und entspricht wahrscheinlich der Stelle, wo die Seitenstrangreste die Formatio reticularis durchsetzen. Diese Angabe wird anatomisch gestützt durch die Erfahrung, daß die Ganglienzellen der dort vorhandenen grauen Massen zahlreiche, bis ins Rückenmark verfolgbare, Achsenfortsätze aussenden.

Es ist in Rücksicht auf die reziproke Innervation (siehe S. 83) der antagonistisch wirkenden Gefäßnerven wahrscheinlich, daß das Gefäßzentrum neben den pressorischen Nerven auch die depressorischen tonisch und regulierend beherrscht, doch ist letzteres noch nicht nachgewiesen.

Die ständige Tätigkeit des Gefäßzentrums wird bestimmt durch die chemische Beschaffenheit seiner Substanz und dann von Erregungen, die aus anderen Teilen des Nervensystems zufließen. Erregung auf chemischem Wege mit Steigerung des Tonus findet statt, wenn zu wenig Blut oder nicht genügend arterialisiertes in das Gehirn gelangt. Daher das starke Steigen des Blutdrucks im Beginn der Erstickung. Auch Gifte wie Strychnin und Koffein wirken in dieser Richtung. Herabgesetzt ist der Tonus des Gefäßzentrums in der Narkose und bei körperlicher Erschöpfung nach schwerer Krankheit.

Die nervösen Einflüsse auf das Gefäßzentrum kommen zum Teil aus dem Großhirn. Veränderungen des Gefäßtonus sind eine regelmäßige

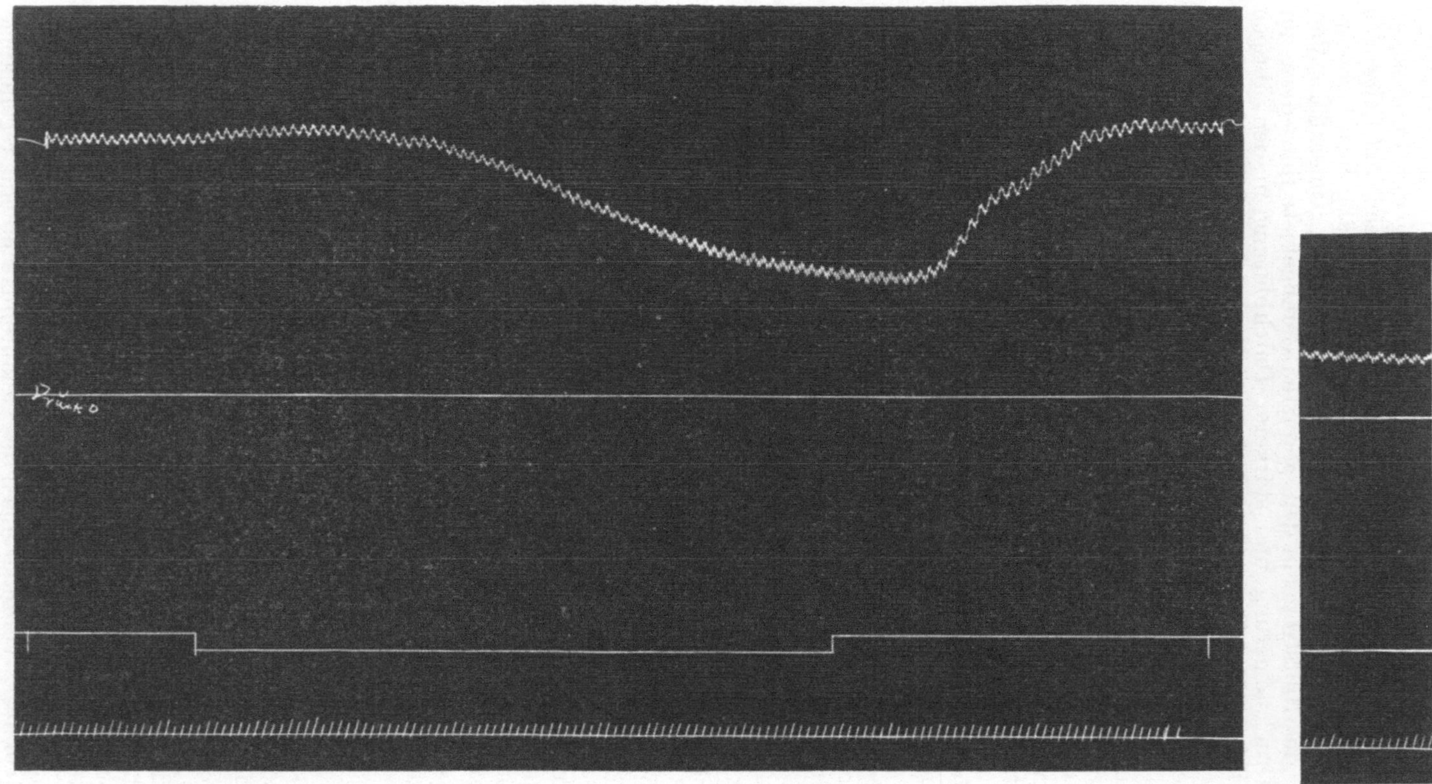

Abb. 38. Kühlung des Halsmarks am kuraresierten, künstlich geatmeten Kaninchen. Die Dauer der Kühlung ist aus den Stufen der dritten Linie (Signallinie) zu erkennen. Oberste Kurve Blutdruck, zweite Linie Nulllinie des Drucks, zu unterst Sekunden. Das rechts angefügte Kurvenstück gibt den Blutdruck nach hoher Durchschneidung des Halsmarks. ³/₄ des Originals. Nach W. Trendelenburg, a. a. O.

Begleiterscheinung aller Gemütsbewegungen; ferner ist anzunehmen, daß das in der Regio subthalamica vermutete, die Körpertemperatur aufrecht erhaltende Wärmezentrum dem Gefäßzentrum Erregungen und wohl auch Hemmungen zugehen läßt. Andere Anregungen für das Gefäßzentrum kommen aus der Peripherie auf dem Wege der afferenten Nerven. Vor allem sind in dieser Richtung die schmerzempfindlichen Nerven wirksam, aber auch leichte Berührungen, sowie thermische Reizungen der Haut können erhebliche Änderungen des Blutdrucks und der Blutverteilung hervorrufen. Neben den eigentlichen Sinnesnerven sind ferner die afferenten Nerven der inneren Organe, der Eingeweide und der Gefäße selbst von Einfluß.

Der Erfolg ist in der Regel eine Gefäßerweiterung in dem Gebiete, dem der gereizte Nerv angehört (vielfach als Lovén-Reflex bezeichnet, vgl. LOVÉN 1866, Gesellsch. d. Wiss. Leipz. **18**, 92) und eine Verengerung in den anderen, insbesondere in dem Gebiete der Nn. splanchnici, was mit einem Steigen des Blutdrucks einhergeht. Doch ist der Erfolg von verschiedenen, meist nicht genauer bekannten Bedingungen abhängig. Ein Sinken des Blutdrucks findet stets statt, wenn jener Ast des Nervus vagus gereizt wird, der sich zur Aorta begibt und in deren Wand aufteilt. Er hat daher den Namen Nervus depressor erhalten (LUDWIG und CYON, 1866, Leipz. Ber. **18**, 307). Er ist ein afferenter Nerv, der in Erregung gerät, wenn die Aorta gespannt wird (KÖSTER und TSCHERMAK, 1902, A. g. P. **93**, 24).

Für die vom Nervus depressor hervorgerufene Blutdrucksenkung hat sich nachweisen lassen, daß sie zustandekommt durch die Aufhebung oder Hemmung des Tonus der pressorischen Nerven, verbunden mit einer gleichzeitigen Erregung der depressorischen (BAYLISS, 1908, Proc. R. S. **80**, 339 und J. of P. **37**, 264; ASHER, 1909, Z. f. B. **52**, 322). Ein solches Zusammenwirken antagonistischer Nerven wird nach einem von SHERRINGTON eingeführten Ausdruck als reziproke Innervation bezeichnet.

Neben dem Gefäßzentrum haben auch die Ursprungskerne der Gefäßnerven im Rückenmark einen gewissen Einfluß auf die Verteilung und den Druck des Blutes. Nach hoher Markdurchschneidung geht der stark gesunkene Blutdruck noch weiter herab, wenn nachträglich die Nn. splanchnici durchtrennt werden (HILL, 1900, in Textb. of P. **2**, 137). Das Brustmark bringt demnach nach seiner Abtrennung vom Gehirn immer noch einen gewissen Grad von Tonus auf. Wird ein Tier nach einer Markdurchschneidung am Leben erhalten, so bildet sich der anfangs fast verschwundene Tonus in den Gefäßen, die aus den distal von dem Schnitte gelegenen Teil des Rückenmarks ihre Nerven erhalten, im Verlauf von Wochen wieder zurück, um nach Zerstörung des Rückenmarks neuerdings verloren zu gehen (GOLTZ, 1874, A. g. P. **8**, 485; SHERRINGTON, 1900, Proc. R. S. **66**, 394). Endlich wird die Gefäßweite auch noch bestimmt durch die Ganglienzellen und Nerven, die sich an den Gefäßen selbst befinden. So ist z. B. die Zusammenziehung der Gefäße auf Adrenalin nicht durch Reizung der Muskeln, sondern der Nervenenden in ihnen hervorgerufen.

Auf die Bedeutung des Systems der Gefäßnerven ist schon oben mehrfach hingewiesen worden. Sie besteht in der Zuteilung ausreichender Blutmengen an die arbeitenden Organe unter Erhaltung des normalen Blutdrucks in der Aorta, in der Korrektur abnormer Blutverteilung, wie sie namentlich durch äußere Kräfte (Schwere) zustande kommt und endlich in der Steuerung des Blutstroms im Dienste der ständig wechselnden Aufgaben des Organismus.

Unter dem Einfluß der Schwerkraft wird das Blut nach den abhängigen Körperteilen hingedrängt, und würde sich in denselben mehr und mehr stauen. Durch Zusammenziehung der hydrostatisch belasteten Gefäße wird das Blut dem Herzen wieder zugeführt, so daß es für den Kreislauf nicht verloren geht. Es ist wahrscheinlich, aber noch nicht erwiesen, daß es sich dabei um einen Reflex auf das Gefäßzentrum handelt, der durch afferente, durch die Dehnung in Erregung versetzte Nerven der Gefäße vermittelt wird. Ist das Gefäßzentrum durch tiefe Narkose oder allgemeine körperliche Erschöpfung, z. B. nach schwerer Krankheit geschwächt, so führt der Übergang von Liegen zum Sitzen oder Stehen zur Anhäufung des Blutes in den Gefäßen des Unterleibes, zur Anämie des Gehirns und zur Ohnmacht (HILL, 1895, J. of P. 18, 37).

Alle Lebensäußerungen des Menschen sind mit einer Umsteuerung des Blutes verbunden. Die Wirkung der Gemütsbewegungen auf den Kreislauf ist bereits erwähnt, ebenso die Zuleitung von Blut zu den arbeitenden Organen, insbesondere zu den Muskeln. Über die Beteiligung des Blutstroms an der Regulierung der Körpertemperatur siehe Teil 10.

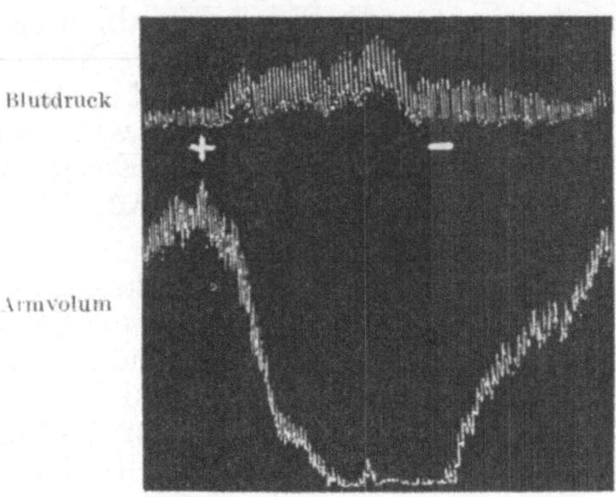

Abb. 39. Bei + erhält die Versuchsperson Kochsalz, bei — Wasser.

Auch die geistige Tätigkeit, wie ihre Ausschaltung im Schlafe, ist mit typischen Veränderungen des Kreislaufs verbunden. Dieselben sind namentlich von E. WEBER (Der Einfluß psychischer Vorgänge auf den Körper. Berlin 1910) in umfassender Weise untersucht worden. Dabei hat sich im allgemeinen ein gegensätzliches Verhalten zwischen den äußeren Körperteilen und den Baucheingeweiden herausgestellt in dem Sinne, daß reichliche Zufuhr von Blut zu den einen mit einer verminderten zu den anderen verbunden zu sein pflegt. Die Regel ist aber nicht ohne Ausnahmen. Unter allen Umständen stellen aber die Organe des Bauches mit ihrem großen Reichtum an Blutgefäßen ein Gebiet dar, das wie ein Reservoir wirkt, in dem große Blutmengen gespeichert und aus dem sie wieder in den Kreislauf geworfen werden können. Außerdem haben die Versuche eine weitgehende Unabhängigkeit der Hirngefäße von denen des übrigen Körpers ergeben.

Ein Beispiel für die Wirkung von Sinnesempfindungen auf den Kreislauf gibt Abb. 39. Sie stellt dar die Verkleinerung des Fingervolumens (Zusammenziehung der Gefäße) auf Reizung der Geschmacksnerven mit Kochsalz (GELLHORN und LEVIN, A. f. P. **1913**, 225). Die nachstehend abgedruckte Übersichtstafel ist ein von WEBER aufgestelltes Schema, das die hautpsächlichsten Änderungen der Gefäßweite erkennen läßt, die im Gefolge gewisser geistiger Zustände auftreten (A. f. P. **1909**, 368; **1910**, 471). Indem WEBER den Erscheinungen eine teleologische Auffassung zugrunde legt, deutet er die mit geistiger Arbeit verbundene Ablenkung des Blutes aus den äußeren Körperteilen nach den Bauchorganen und dem Gehirn dahin, daß die Empfindlichkeit des Sinnesapparates der Haut durch die Blutleere herabgesetzt wird, um eine Ablenkung der Aufmerksamkeit zu vermeiden, während das Gehirn entsprechend seiner Arbeitsleistung stärker durchblutet wird.

+ bedeutet Zunahme, — Abnahme der Blutfülle des betreffenden Körperteils.

	Gehirn	äußere Kopfteile	Bauch-organe	Glieder u. äußere Teile des Rumpfes
Bei Bewegungsvorstellungen (mit oder ohne Ausführung der Bewegung)	+	−	−	+
Bei geistiger Arbeit	+	−	±	−
Bei Schreck	+	−	+	−
Bei Lustgefühlen		+	−	+
Bei Unlustgefühlen	−	−	±	−
Im Schlaf	+		−	+
Bei peripherer sensibler Reizung	±	+	−	−

Der Gewebssaft und die Lymphe.

Es ist bereits oben erwähnt worden, daß die Blutgefäße, besonders die dünnwandigen Kapillaren, nicht völlig blutdicht sind, so daß ein gewisser Austausch von Wasser und gelösten Stoffen zwischen Blut und den Geweben stattfinden kann. Auch Blutkörper, Leukozyten, unter Umständen selbst Erythrozyten, können austreten, worauf erstere ins Gewebe wandern, letztere entweder in die Lymphe übertreten und mit ihr fortgeführt werden oder aber zerfallen. Die durchgetretene Flüssigkeit heißt Gewebsflüssigkeit oder Gewebssaft. Das Vorhandensein des Gewebssaftes verrät sich an oberflächlichen Hautwunden durch den Austritt von Tröpfchen einer wasserklaren Flüssigkeit, die an der Luft zu gelblichen Borken eintrocknen. Eine größere Ansammlung dieser Flüssigkeit stellt der Liquor cerebrospinalis dar. In krankhafter Weise gesteigert ist die Ausscheidung des Gewebssaftes bei Ödem (Wassersucht).

Der Gewebssaft erfüllt die Gewebsspalten, d. h. die Räume, die zwischen den Gewebszellen und dem dieselben stützenden und zusammenhaltenden Bindegewebe vorhanden sind. Diese Räume sind nicht mit Epithel ausgekleidet. Aus ihnen tritt die Flüssigkeit in die Lymphgefäße über, und heißt dann Lymphe. Die Lymphgefäße sind ein mit Epithel ausgekleidetes Kanalsystem, das zur Zeit der embryonalen Entwicklung sich aus dem Venensystem durch Sprossung

bildet, in die Körperperipherie hinauswächst und schließlich dort blind
endigt (Sabin, 1911 in Keibel und Malls Handb. d. Entwicklungsgesch.
2, 688). Der zentrale Lymphraum der Darmzotten ist z. B. als ein solches
blindes Ende anzusehen. So entsteht also neben dem Blutstrom ein
zweiter Strom von Flüssigkeit, der in den Kapillaren aus dem Kreislauf
abzweigt und an den großen Halsvenen wieder in ihn zurückmündet.

Wie groß die Menge von Gewebssaft und Lymphe ist, die sich
zu einer gegebenen Zeit im Körper vorfindet, läßt sich nicht angeben.
Nach den Bestimmungen von v. Bischoff, Volkmann u. a. (vgl. Vierordt, Tabellen. Jena 1893. 249) besteht der menschliche Körper zu
etwa $^2/_3$ aus Wasser. Auf ein Individuum von 66 kg Gewicht kommen
demnach 44 kg Wasser. Ein relativ geringer Teil dieses Wassers befindet
sich im Blute, das bei einem Gesamtgewicht von etwa 5 kg rund 4 kg
Wasser enthält. Über den Verbleib des Restes (annähernd $^{10}/_{11}$ der
ganzen Wassermenge, dem Gewichte nach rund 40 kg) läßt sich folgendes
aussagen: Die vermutlich größere Hälfte desselben befindet sich innerhalb
der Zellen und den von letzteren gebildeten Stützsubstanzen teils als
Lösungs-, teils als Quellungswasser (vgl. Overton, 1902, A. g. P. 92, 139).
Die kleinere Hälfte wäre dann dem Gewebssaft und der Lymphe zuzu-
sprechen.

Es ist in einer früheren Vorlesung besprochen worden, daß jede
Verschiedenheit des osmotischen Druckes in den Blutkörperchen und
außerhalb derselben zu einer Wanderung von Wasser in der einen oder
anderen Richtung führt; es ist ferner darauf hingewiesen worden, daß
für eine große Zahl wasserlöslicher, namentlich organischer Stoffe ein
Ausgleich der Konzentration auf dem Wege der Diffusion in die Zelle
oder aus derselben heraus möglich ist. Alle die dort aufgestellten Regeln
gelten ebenso für den Verkehr zwischen den Gewebszellen und dem
Gewebssaft, wie von Overton durch zahlreiche Versuche an verschiedenen
Zellenarten sichergestellt ist.

Im Gegensatz hiezu ist der Austausch von Wasser und gelösten
Substanzen zwischen Blut und Gewebssaft im Wesentlichen ein diffu-
sorischer und filtratorischer, wie noch genauer auszuführen sein wird.
Es verschwinden daher nicht nur große, in das Blut eingeführte Flüssigkeitsmengen in kurzer Zeit aus dem Kreislauf, bevor eine nennenswerte Ausscheidung durch die Nieren stattgefunden hat, sondern es
ergänzt sich auch das Blut nach jedem Aderlaß aus den in den Geweben
vorrätigen Flüssigkeitsmengen, wie schon S. 37 erwähnt worden ist.

Bei der mikroskopischen Enge der Gewebsspalten ist die Gewinnung von Gewebssaft am Orte seiner Entstehung nicht möglich.
Man kann sich über seine Zusammensetzung unter gewöhnlichen Verhältnissen, wie unter besonderen Versuchsbedingungen nur unterrichten,
indem man ein Lymphgefäß öffnet und die ausfließende Lymphe sammelt.
Zur Gewinnung größerer Lymphmengen legt man eine Kanüle in den
Milchbrustgang, indem man ihn an der linken Halsseite in dem von
der Vena subclavia und jugularis gebildeten Winkel aufsucht. Die Operation
muß wegen der Kleinheit und Zartheit des Ganges sehr sorgfältig ausgeführt werden. Man erhält aus der Fistel eine farblose oder wenig
(rötlich) gefärbte Flüssigkeit, deren Beschaffenheit und Menge je nach
der Ernährungsweise des Tieres sich ändert. Sie ist, im Gegensatz zur
Gliederlymphe, stets trübe, opalisierend. Am nüchternen Tier fließt
sie spärlich, am verdauenden Tier reichlicher. Bei sehr fetter Kost fließt

sie am reichlichsten, schneeweiß und undurchsichtig. Die Lymphe gerinnt, wie Blut, spontan aber langsamer als dieses zu einer lockeren gelatinösen Masse; die geringe dabei gebildete Fibrinmenge kann durch Abpressen des Gerinnsels oder durch Schlagen der Lymphe isoliert werden und zeigt die Eigenschaften des Blutfibrins. Die zurückbleibende Flüssigkeit wird als Lymphserum bezeichnet. Die Trübung der Verdauungslymphe rührt von Fett her. Dies wird bewiesen durch Ausschütteln des Lymphserums mit Äther, wobei das Fett von dem Äther aufgenommen wird und das Lymphserum als klare Flüssigkeit zurückbleibt.

Das Lymphserum stellt eine gegen Lackmus schwach alkalische Lösung derselben Stoffe dar, die oben als Bestandteile des Blutserums aufgezählt worden sind. Die Konzentration der Salze, des Zuckers und der anderen in geringer Menge vorhandenen, leicht diffundierenden, organischen Stoffe ist ungefähr die gleiche wie im Blutserum. Doch finden CARLSON, GREER und LUCKHARDT (1908, Am. J. of P. **22**, 91), daß die Lymphe des Halses stets reicher ist an Chloriden als das Serum. Dieses Verhalten findet vielleicht seine Erklärung in dem Umstande, daß die Halslymphe zum Teil aus Speicheldrüsen stammt, die ein salzarmes Sekret abscheiden. Die Eiweißkonzentration ist in der Lymphe stets niedriger als im Serum. An morphologischen Bestandteilen enthält die Lymphe sogenannte Lymphkörperchen, die mit der oben als Lymphozyten beschriebenen Form von weißen Blutkörperchen identisch sind. Bei rötlicher Färbung finden sich in der Lymphe spärliche Erythrozyten.

Die aus dem Milchbrustgang gewinnbare Lymphmenge beträgt bei Hunden im Mittel 2,5—3 ccm pro Kilo und Stunde (HEIDENHAIN, 1891, A. g. P. **49**, 216). Für den Menschen liegen Beobachtungen von MUNK und ROSENSTEIN (A. f. P. **1890**, 376 u. 581. A. f. p. A. **123**) an einer Patientin mit Lymphfistel vor, nach welchen die 24 stündige Menge etwa 2 l betragen dürfte.

In dem Milchbrustgang ist die Lymphe aus den unteren Extremitäten, aus den Baucheingeweiden und der linken Hälfte des Brustraumes vereinigt. Um zu erfahren, ob die Zusammensetzung der Lymphe an all diesen Orten die gleiche ist, muß man sie aus den einzelnen Gebieten gesondert auffangen. Setzt man Kanülen in die Lymphgefäße der Extremitäten, so beobachtet man für gewöhnlich eine Absonderung nur solange, als das Glied aktiv oder passiv in Bewegung ist; die Lymphmenge ist stets gering, die Lymphe am verdauenden wie am nüchternen Tier klar, d. h. fettfrei. Bei völliger Muskelruhe, z. B. in tiefer Narkose stammt somit die aus dem Milchbrustgang gesammelte Lymphe im wesentlichen nur aus den Baucheingeweiden, denn, wie STARLING gezeigt hat (LANCET, May, 1896), ist die von den Organen der Brusthöhle gebildete Lymphmenge sehr gering. Die Lymphe der Bauchhöhle ist aber selbst wieder zusammengesetzt aus der eiweißreichen, fettfreien Leberlymphe und der eiweißärmeren, mehr oder weniger fetthaltigen Darmlymphe; letztere wird als Chylus bezeichnet.

Durch eine große Zahl von operativen und experimentellen Eingriffen kann die Lymphabsonderung vergrößert oder vermindert werden:

1. Erhöhung des Kapillardruckes vermehrt in der Regel die Lymphabsonderung. In diesem Sinne wirkt lokale Gefäßerweiterung, namentlich aber venöse Stauung. Der Zusammenhang zwischen venöser Stauung und Ödem deutet in derselben Richtung. Die Wirkung venöser Stauung ist in den einzelnen Lymphgebieten sehr verschieden. An den Extremi-

täten bleibt die Unterbindung einzelner Venen wirkungslos; erst nach Verschluß aller venöser Gefäße kommt es zu Ödem. Die Vermehrung des Lymphstroms ist dabei gering in den Extremitäten, größer im Darm, am größten in der Leber, deren Lymphabsonderung nach Verschluß der Vena cava inferior auf das 10- bis 20fache steigt. Starke Steigerungen des Blutdrucks, wie sie durch Adrenalin hervorgerufen werden können, führen infolge reichlicher Lymphbildung zu einer vorübergehenden Eindickung des Blutes (O. Hess, 1903, Deutsches Arch. f. klin. Med. 79, 128; Erb, 1906, Ebenda. 88, 36; Donath, 1914, A. e. P. 77, 1).

Eine sehr starke Vermehrung der Lymphabsonderung erhält man nach Einführungen von indifferenten und isotonischen Lösungen in das Blut; sie kann auf das 50- und selbst 100fache emporgetrieben werden. Fremde in das Blut eingeführte Substanzen, Salze, Farbstoffe u. dgl. erscheinen in kurzer Zeit in der Lymphe. Das Blut gibt also seinen Überschuß an Flüssigkeit an die Gewebe ab, wobei die Erhöhung des Kapillardruckes und die Verminderung der osmotischen Druckdifferenz eine Rolle spielen. Anderseits wird nach einem Aderlaß das fehlende Blutvolum sehr bald durch die in die Blutgefäße zurücktretende Lymphe ersetzt und dadurch der normale Blutdruck wieder hergestellt.

2. Alle Eingriffe, welche die Durchlässigkeit der Gefäße steigern, vermehren die Lymphabsonderung. Hierher gehören zahlreiche Gewebsextrakte, die unter dem Namen Pepton käuflichen Produkte der Eiweißverdauung, Kurare, Schlangengift und viele andere Substanzen, die von Heidenhain als Lymphagoga erster Klasse bezeichnet worden sind (1891, A. g. P. 49, 239). Dieselben schädigen, in das Blut gebracht, die Gefäßwand, machen sie durchlässiger und führen zu vermehrter Lymphbildung. Als Beispiel im kleinen kann die Schwellung dienen, welche in der Umgebung eines Mückenstiches auftritt. Die gleiche Wirkung kann durch thermische Schädigung der Gewebe erzielt werden (E. H. Starling, Lancet, May, 1896). Bei manchen Menschen genügen leichte mechanische Insulte der Haut, um die Bildung von Quaddeln zu veranlassen (Dermographie).

3. Der mit der Tätigkeit der Organe einhergehende erhöhte Stoffwechsel ist mit einer vermehrten Lymphbildung verknüpft (Asher mit Barbèra und Busch, 1898, Z. f. B. 36, 154 und 1900, Ebenda. 40, 333); dieselbe ist nachweislich unabhängig von der gleichzeitig auftretenden Gefäßerweiterung (Bainbridge, 1900, J. of P. 26, 79 u. 1902, 28, 203). Vermutlich sind es die bei der Zelltätigkeit auftretenden Stoffwechselprodukte, die den osmotischen Druck des Gewebssaftes steigern und Austritt von Wasser aus den Kapillaren hervorrufen.

Sehr merkwürdig ist die Zunahme des Lymphstroms am eben getöteten Tier auf Injektion konzentrierter Lösungen von Traubenzucker in die Blutgefäße (Asher und Gies, 1900, Z. f. B. 40, 180). Wie es scheint, wird hier von der hypertonischen in die Gewebsspalten übertretenden Lösung den Zellen Wasser entzogen.

Die erwähnten Erfahrungen machen folgende Vorstellung über die Entstehung des Gewebssaftes bzw. der Lymphe wahrscheinlich: Unter dem in den Kapillaren herrschenden Drucke filtriert ein Teil des Blutes durch die Gefäßwände. Das Filtrat ist unter normalen Umständen frei von Erythrozyten und ärmer an Eiweiß als das Plasma, enthält aber die übrigen im Plasma gelösten Stoffe in annähernd gleicher

Konzentration und daneben Stoffwechselprodukte der Gewebszellen. Ähnliche Erscheinungen sind bei der Filtration von Eiweißlösungen durch künstliche Filter zu beobachten. Der Eiweißgehalt der Lymphe hängt demnach von der Durchlässigkeit der Gefäße ab. Nach den anatomischen Erfahrungen sind die Kapillaren der Leber durchlässiger als die irgend eines anderen Organs (MALL, ̦Proc. Assoc. Amer. Anatom. 1900, 185), und damit steht in bester Übereinstimmung, daß die Leberlymphe fast so eiweißreich ist wie das Blut. Werden die Kapillaren eines Gewebes durch Vergiftung oder Überhitzung durchgängiger, so wird die Lymphe reichlicher und mit größerem Eiweißgehalt gebildet. Dabei steigt der Flüssigkeitsdruck in dem Gewebe zuweilen bis zur Entstehung von Ödem. Unter solchen Umständen kann auch in den Extremitäten ein Lymphstrom ohne Muskelbewegung sich einstellen, das Druckgefälle in den Lymphbahnen somit groß genug werden, um die Reibungswiderstände zu überwinden.

In der Norm steigt dagegen der Druck des Gewebssaftes in den Geweben, der sogenannte Gewebsdruck oder Turgor, nicht bis zur Höhe des Kapillardruckes, sondern auf nur $^1/_2$ bis $^3/_4$ dieses Wertes (vgl. LANDERER, 1884, die Gewebsspannung. Leipzig); es muß demnach eine dem Filtrationsdruck entgegenwirkende Kraft vorhanden sein, die das Ansteigen des Gewebsdruckes über die genannten Werte verhindert und diese Kraft ist, wie STARLING (1896, J. of P. 19, 321) wahrscheinlich gemacht hat, in einer osmotischen Druckdifferenz zu suchen. Dieselbe kann allerdings nicht auf Rechnung der Salze des Blutes bzw. des Gewebssaftes gesetzt werden, weil diese in beiden Flüssigkeiten in annähernd gleicher Konzentration vorhanden sind oder doch durch Diffusion sehr bald ihre Ausgleichung finden. Dagegen besitzt das Blut entsprechend seinem größeren Eiweißgehalt einen höheren osmotischen Druck als der Gewebssaft, der für sich allein wirkend einen Rücktritt desselben in das Blut zur Folge haben würde. Der osmotische Druck des gesamten Serumeiweißes beträgt nach STARLING etwa 40 mm Quecksilber = $^1/_{20}$ Atm. (nach ELLINGER, 1902, E. d. P. 1, I. 376, ist er etwa doppelt so hoch), ist also ungefähr von derselben Größe wie der Kapillardruck. Daraus folgt, daß der Austritt eines Gewebssaftes von dem halben Eiweißgehalt des Plasmas aufhören muß, sobald der Gewebsdruck die halbe Höhe des Kapillardruckes erreicht hat. In diesem Augenblick halten sich die hydrostatische Druckdifferenz, durch welche die Flüssigkeit aus dem Blut filtriert und die osmotische Druckdifferenz, durch die das Filtrat wieder resorbiert wird, das Gleichgewicht. Es versteht sich nun von selbst, daß Steigen des Kapillardruckes zur Filtration, Sinken desselben zum Rücktritt von Gewebssaft führen muß. Für jede Höhe des Kapillardruckes wird sich ein Gleichgewicht zwischen Saftbildung und Resorption einstellen, das so lange erhalten bleibt, als die Kapillarwände ihre Durchlässigkeit nicht ändern.

Für den Verkehr zwischen Gewebssaft und Gewebszellen kommen dagegen nicht hydrostatische, sondern nur osmotische Druckdifferenzen in Frage, sofern es sich nicht etwa um Stoffe handelt, die in das Protoplasma eindringen können; in letzterem Falle wird durch Diffusion allmählich ein Ausgleich der Konzentrationen bewirkt, der allerdings dadurch wesentlich modifiziert werden kann, daß die einzelnen Bestandteile der Zelle ein verschiedenes Lösungsvermögen für die betreffenden Stoffe besitzen.

Aus den vorstehenden Erörterungen folgt, daß die Fähigkeit des Wassers und vieler in demselben gelösten Stoffe die tierischen Membranen zu durchsetzen und in die Zellen einzudringen, dahin wirkt, irgendwelche im Körper auftretenden Konzentrationsunterschiede auszugleichen. Der Ausgleich wird durch die Bewegung der Lymphe und die ungleich raschere des Blutes mächtig gefördert.

Die Bewegung der Lymphe geschieht hauptsächlich durch akzessorische Kräfte, d. h. durch solche, die nicht in den Wänden der Lymphgefäße entstehen. Ob die in ihnen vorhandenen glatten Muskelfasern, die unter dem Einfluß von Nerven stehen (CAMUS und GLEY, Arch. de physiol. 1894, 454), durch rhythmische Kontraktionen an der Fortbewegung des Inhaltes Anteil nehmen, ist noch nicht sichergestellt. In den Extremitäten sind es, wie schon besprochen wurde, die Skelettmuskeln, die bei ihrer Kontraktion die Lymphe vorwärts treiben; ferner sind in den Faszien, Gelenkbändern, Sehnen und anderen bindegewebigen Strukturen die Faserbündel so geordnet, daß sie bei aktiver wie passiver Bewegung bald eine drückende bald saugende Wirkung auf die Lymphgefäße entfalten. Daß alle diese Kräfte die Lymphe stets nur in einer Richtung bewegen, ist den Klappen zuzuschreiben, die sich in den Lymphgefäßen sehr zahlreich vorfinden. Bei den niederen Wirbeltieren wird die Bewegung der Lymphe durch automatisch schlagende Lymphherzen gefördert, deren Wände quergestreifte Muskelfasern enthalten. Rhythmische Bewegungsimpulse auf die Lymphe erfolgen ferner durch die Atem- und Pulsbewegungen. Letzteres namentlich dort, wo Lymphgefäße dicht an Arterien entlang ziehen, wie z. B. der Milchbrustgang an der Aorta u. dgl. m.

In den Weg der Lymphbahnen sind zahlreiche Lymphknoten eingeschaltet, kleine bohnenförmige Gebilde, die als Entwicklungsstätten von Lymphozyten betrachtet werden. Nach Unterbindung der zuführenden Lymphgefäße zeigen sie Erscheinungen der Degeneration (KOEPPE, A. f. P. 1890, Suppl. 174). Eine sehr wichtige Funktion der Lymphknoten besteht darin, daß sie durch die Lymphe ihnen zugeführte unlösliche Stoffe und vielleicht auch lösliche zurückhalten. Erfahrungsgemäß findet die Ausbreitung einer Infektion vielfach an den Lymphknoten eine Schranke.

Fünfter Teil.

Die Atmung und der Respirationsversuch.

Auf seinem Wege durch die Bahn des Kreislaufs erleidet das Blut beständig Änderungen in seiner Zusammensetzung. Der Austritt eines Teils der Blutflüssigkeit durch die Kapillarwände in das umgebende Gewebe (Lymphbildung) muß eine relative Anreicherung an Blutkörpern bewirken, die allerdings dort, wo die Lymphe in die Venen einmündet, wieder ausgeglichen wird. Dafür enthält aber die Lymphe aus dem Stoffwechsel der Zellen stammende Stoffe, auch solche, die toxisch wirken können (ASHER und BARBERA, 1897, Z. f. B. **36**, 154). Das Blut enthält dieselben offenbar nicht oder doch in geringerer Konzentration wie denn überhaupt vielfach zwischen Lymphe und Blut, trotz des entstehungsgeschichtlichen Zusammenhangs Konzentrationsunterschiede festgestellt worden sind. Des weiteren erfährt das Blut in den tätigen Drüsen Veränderungen dadurch, daß ihm Stoffe entzogen oder zugefügt werden, wie des näheren noch zu erörtern sein wird. Die auffälligste Veränderung ist aber jedenfalls die, daß das Blut beim Durchgang durch die Kapillaren des großen Kreislaufs dunkel, d. h. venös wird, und wieder hellrot (arteriell) im kleinen Kreislauf. Im zweiten Teil ist auseinandergesetzt worden, daß der Blutfarbstoff dort von seinem locker gebundenen Sauerstoff abgibt, hier sich wieder mit solchem belädt.

Infolge des beständigen Übergangs von Sauerstoff aus der Lungenluft in das Blut, zeigt die Lungenluft, die beim Atmen niemals vollständig erneuert wird, stets einen im Verhältnis zur atmosphärischen Luft verminderten Sauerstoffgehalt. Sie unterscheidet sich ferner von der letzteren dadurch, daß sie erheblich reicher an Kohlensäure ist. Diese stammt aus dem die Lungen durchsetzenden Blute.

Während die Änderung im Sauerstoffgehalt des Blutes sich sofort durch den Umschlag des Farbtones verrät, ist der wechselnde Gehalt an Kohlensäure nicht ohne weiteres ersichtlich. Die ununterbrochene Abgabe von Kohlensäure aus dem Blute an die Lungenluft ist dagegen leicht nachzuweisen. Man braucht nur durch ein Rohr, das unter Barytlauge mündet, auszuatmen, so entsteht in der anfänglich klaren Flüssigkeit eine Trübung durch die Bildung von Baryumkarbonat, das sich bei längerer Dauer des Versuchs als voluminöser Niederschlag absetzt.

Der sehr anschauliche Versuch kann zu einem quantitativen ausgestaltet werden, wenn die gesamte bei der Atmung bewegte Luftmasse durch Barytlauge geführt wird, am besten mit Hilfe eines Mundstückes, das durch eingebaute Klappen oder Ventile dem ein- und austretenden Luftstrom verschiedene Wege weist und beide durch eingesetzte Waschflaschen oder Absorptionsröhren von Kohlensäure befreit. Durch Titration oder Wägung wird hinterher bestimmt, wieviel Kohlensäure von der Versuchsperson während der Versuchszeit abgegeben worden ist.

Das gleiche Ziel kann in der Weise erreicht werden, daß man die ausgeatmete Luft in einem geeigneten Behälter (Spirometer oder Gummisack) aufsammelt und nach dem Versuche analysiert. Hier ist es auch möglich, den Verbrauch an Sauerstoff festzustellen, weil der Gehalt der Einatmungsluft an diesem Gase konstant und bekannt ist. Soll die Versuchsperson nicht an voluminöse Apparate gebunden sein, wie es namentlich in Versuchen über die Atmung bei körperlicher Tätigkeit erforderlich ist, so begnügt man sich damit der Ausatmungsluft einen kleinen Bruchteil in stetiger Weise zu entnehmen. Dieses Verfahren ist von Zuntz und dessen Schülern namentlich zu Untersuchungen über die Atmung beim Marschieren, Bergsteigen und Schwimmen ausgebildet worden (Magnus-Levy, 1894, A. g. P. **55**, 1; Zuntz, Löwy, Müller und Caspari, Höhenklima und Bergwanderungen. Berlin 1906). Man kann endlich die Bestimmung des Sauerstoffverbrauches auf indirekte Weise erreichen, indem man dem Gewichtsverlust der Versuchsperson gegenüberstellt

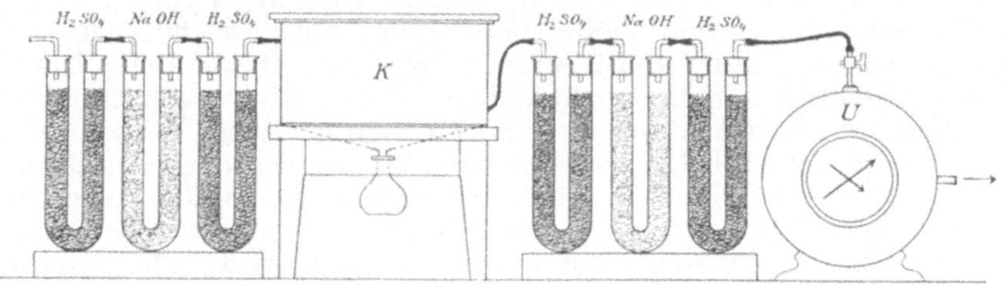

Abb. 40. Respirationsapparat nach Haldane und Grüber, 1893, J. of P. **15**, 449.

das Gesamtgewicht der Ausscheidungen. Ersterer wird immer geringer gefunden als letzteres, weil der zur Oxydation verwendete Sauerstoff mit den Ausscheidungen (Kohlensäure und Wasser) gewogen wird. Die Differenz der beiden Werte ist also das gesuchte Gewicht des Sauerstoffs. Dieses von Pettenkofer erdachte Verfahren (1862, Ann. d. Chem. u. Pharm. II. Suppl.-Bd., S. 1) hat zu den klassischen Untersuchungen von Pettenkofer und Voit gedient (Ebenda, S. 52 und Z. f. B.), durch welche der Gaswechsel des Menschen und der Tiere in seiner Abhängigkeit von der Ernährung zuerst in grundlegender Weise ermittelt worden ist.

Abb. 40 stellt eine von Haldane und Gürber benutzte, für kleinere Tiere bequeme Modifikation des Apparates von Pettenkofer dar.

Das Tier, ein Kaninchen, befindet sich in einem luftdicht schließenden Kasten K, durch welchen mittelst einer Wasserstrahlpumpe ein ventilierender Luftstrom gesogen wird. Das Tier gibt an den Luftstrom Wasser und Kohlensäure ab, deren Messung dadurch ermöglicht wird, daß die Luft vor ihrem Eintritt in den Kasten von diesen beiden Gasen befreit wird. Zu diesem Ende wird sie zuerst durch ein Rohr geleitet, in dem sich mit Schwefelsäure getränkte Bimssteinstückchen befinden. Hier wird der Wasserdampf absorbiert. Die Luft geht sodann durch ein zweites, mit Natronkalk beschicktes Rohr, wobei sie ihre Kohlensäure abgibt, dagegen Wasser aufnimmt, das bei der Bildung des Kalziumkarbonats aus Kalziumhydroxyd entsteht. Um auch dieses Wasser zu entfernen, passiert sie schließlich noch eine dritte Röhre, wie die erste mit Bimsstein und Schwefelsäure gefüllt. Die Luft tritt also trocken und kohlensäurefrei in den Kasten ein und verläßt denselben angewärmt, feucht und kohlensäurehaltig. Sie tritt dann durch eine der ebenbeschriebenen völlig gleiche wiederum aus 3 U-Röhren bestehende Absorptionsvorrichtung, in der ihr der Wasserdampf und die Kohlensäure entzogen werden. Aus der Gewichtszunahme der Absorptionsröhren erfährt man die abgegebenen Mengen der beiden Gase.

Mit diesem Apparat ist schon vor Beginn der Vorlesung ein Versuch an einem Kaninchen in Gang gesetzt worden. Er wird nach einer Stunde unterbrochen und die Wägungen ergeben:

$$\begin{array}{lr}
\text{Abgegebener Wasserdampf} & 1{,}83 \text{ g} \\
\text{Abgegebene Kohlensäure} & 1{,}78 \text{ „} \\
\hline
\text{Summe der Ausgaben} & 3{,}61 \text{ g} \\
\text{Gewichtsverlust des Tieres} & 2{,}30 \text{ „} \\
\hline
\text{Sauerstoffaufnahme} & 1{,}31 \text{ g}
\end{array}$$

Um von der zufälligen Größe des Versuchstieres unabhängig zu sein, dividiert man die Zahlen durch das Gewicht des Tieres (1,6 Kg) und erhält:

$$\begin{array}{ll}
\text{Kohlensäurebildung pro Kilo und Stunde} & 1{,}11 \text{ g} \\
\text{Sauerstoffzehrung } \quad „ \ „ \qquad „ \ „ & 0{,}81 \text{ „}
\end{array}$$

Das Ergebnis entspricht den Zahlen, die von anderen Untersuchern gefunden worden sind.

So finden sich z. B. in den Versuchen von REGNAULT und REISET für Kaninchen die Werte

$$\begin{array}{ll}
\text{Kohlensäurebildung pro Kilo und Stunde} & 0{,}68\text{—}1{,}4 \text{ g} \\
\text{Sauerstoffzehrung } \quad „ \ „ \quad „ \qquad „ & 0{,}73\text{—}1{,}1 \text{ g}
\end{array}$$

Diese Zahlen weisen, trotz der Berechnung auf die Einheit der Körpermasse noch recht erhebliche Unterschiede auf, namentlich in bezug auf die Ausscheidung der Kohlensäure. Es liegt dies darin begründet, daß der Gaswechsel von einer Anzahl von Bedingungen abhängig ist, wie die Oberflächenenentwicklung des Tieres (siehe Teil 1), die Muskeltätigkeit, die Temperatur, die Nahrungszufuhr, Bedingungen, die erst in späteren Vorlesungen ausführlicher besprochen werden können.

Die Nahrungszufuhr beeinflußt nicht nur die Größe des Gaswechsels, sondern auch das Verhältnis, in welchem Kohlensäure und Sauerstoff daran beteiligt sind.

Das Verhältnis $\dfrac{\text{Volum der gebildeten Kohlensäure}}{\text{Volum des verbrauchten Sauerstoffs}}$ heißt respiratorischer Quotient oder kurz R. Q. Jede der drei Gruppen von Nahrungsstoffen, in die man die Nahrungsmittel zu zerlegen pflegt, besitzt einen ihr eigentümlichen, für die einzelnen Glieder der Gruppe nahezu konstanten R. Q. so daß die Kenntnis des R. Q. Auskunft gibt über die Natur der Stoffe aus denen die Kohlensäure stammt und zu deren Oxydation der Sauerstoff verbraucht worden ist.

Zur Umrechnung der gefundenen Gasgewichte in Volumina dient, daß 1 g Kohlensäure bei Normaldruck und Normaltemperatur das Volum 508,5 ccm besitzt und 1 g Sauerstoff das Volum 700 ccm.

Die Zahlen des ausgeführten Versuches ergeben demnach einen

$$\text{R. Q.} = \frac{1,78 \cdot 508,5\ CO_2}{1,31 \cdot 700\ O_2} = \frac{905\ CO_2}{917\ O_2} = 0,987.$$

Dieser Wert, der nur wenig von 1 verschieden ist, läßt erkennen, daß das Tier vorwiegend Kohlehydrate zersetzt hat, für welche der R. Q. den Wert 1 hat. Kohlehydrate enthalten nämlich im Molekül bereits soviel Sauerstoff als zur vollständigen Oxydation ihres Wasserstoffes nötig ist; der aufgenommene Sauerstoff dient nur zur Bildung von Kohlensäure. So lautet z. B. für Stärke, deren empirische Formel $C_6H_{10}O_5$, bzw. ein Vielfaches davon, ist, die Gleichung der vollständigen Oxydation

$$C_6H_{10}O_5 + 6\ O_2 = 6\ CO_2 + 5\ H_2O.$$

Dem Verbrauch von 6 Molekülen Sauerstoff steht die Bildung von 6 Molekülen Kohlensäure gegenüber. Nach der AVOGADROschen Regel nimmt eine gleiche Zahl von Molekülen bei gleichem Druck und gleicher Temperatur denselben Raum ein; es ist also das Volum der gebildeten Kohlensäure gleich dem des verbrauchten Sauerstoffes oder der R. Q. = 1.

Würde der R. Q. den Wert 0,7 oder einen nahe stehenden Wert ergeben haben, so würde der Schluß berechtigt sein, daß ausschließlich oder vorwiegend Fett verbrannt worden ist, denn der R. Q. der Fette entspricht dieser Zahl. Liegt dagegen der Wert des R. Q. zwischen den genannten Grenzen, so läßt sich eine Aussage über die Natur der zersetzten Stoffe nicht machen, weil es unzählig viele Kombinationen von Kohlehydrat, Fett und Eiweiß gibt, welche bei ihrer Zersetzung alle denselben R. Q. liefern. Hier müssen weitere Bestimmungen herangezogen werden, die in Teil 9 zu besprechen sein werden.

Für den nicht arbeitenden Menschen kann die Kohlensäureabgabe auf Grund von Versuchen, die sich über 24 Stunden erstrecken, auf rund 0,5 g pro kg und Stunde angesetzt werden, die Sauerstoffaufnahme, unter Voraussetzung eines respiratorischen Quotienten von 0,8 zu 0,45 g pro kg und Stunde. Diese im Verhältnis zum Kaninchen kleinen Werte entsprechen den Zahlen, die an großen Säugetieren gefunden worden sind. Sie sind zweifellos bedingt durch die verhältnismäßig geringe Oberflächenentwicklung (vgl. Teil 1).

Der Umfang des Gaswechsels, wie er sich ohne Nahrungszufuhr und bei Vermeidung jeglicher besonderen Muskeltätigkeit einstellt, somit nur zur Bestreitung der dauernd ablaufenden lebenswichtigen Funktionen dient, ist als Erhaltungsumsatz bezeichnet worden. Er ist bei erwachsenen Männern im Mittel zu 240 ccm O_2 und 190 ccm CO_2 pro Minute gefunden worden (LOEWY im Handb. f. Biochem. 4, I. 180). Der sekundliche Sauerstoffbedarf stellt sich sonach auf 4 ccm oder auf 3,3 ccm für jeden Pulsschlag, wenn man 72 Pulse auf die Minute rechnet. Letztere Zahl nennt HENDERSON den Sauerstoffpuls (1914, Am. J. of P. **35**, 106) und findet ihn bei körperlicher Ruhe oder nur leichter Bewegung zwischen 2,5 bis 6,5 ccm.

Bei einem sekundlichen Sauerstoffverbrauch von 4 ccm und einem Sekundenvolum des Kreislaufs von 70 ccm Blut, entsprechend einem

Körpergewicht von 70 kg (vgl. oben S. 44), müssen von je 100 ccm
Blut $4 \cdot \dfrac{100}{70} = 5,7$ ccm Sauerstoff in der Lunge aufgenommen und an
die Gewebe herangeführt werden.

Der Gasgehalt des Blutes.

Die Löslichkeit der permanenten Gase in Wasser und wäßrigen
Lösungen von Salzen, wie das Blut eine darstellt, ist im allgemeinen
gering. Sie wird bestimmt durch den Absorptionskoeffizienten
(Bunsen). Er ist das auf 0^0 und 76 cm Quecksilber reduzierte Gasvolum,
das von der Volumeinheit Flüssigkeit unter dem Quecksilberdruck von
76 cm gelöst wird. Der Koeffizient ist also außer von der Natur des
Gases und der Flüssigkeit auch von der Temperatur und dem Druck
abhängig. Letztere Abhängigkeit ist sehr einfach: Die gelöste Menge
steigt proportional dem Druck (HENRYsches Gesetz). Die Abhängigkeit
von der Temperatur ist keine so durchsichtige und muß für die einzelnen
Temperaturen empirisch bestimmt werden.

Für die Lehre von der Atmung sind die Absorptionskoeffizienten
bei 38^0 am wichtigsten. Sie betragen für

Stickstoff	0,012
Sauerstoff	0,024
Kohlensäure	0,557
Kohlenoxyd	0,018

in reinem Wasser. Sind im Wasser Salze oder andere Stoffe gelöst, so
werden die Absorptionskoeffizienten mit steigender Konzentration der
Lösung kleiner. Nach BOHR (1905, Skand. Arch. 17, 112) haben die
Absorptionskoeffizienten für Blutplasma bzw. für Blut folgende Werte:

	Blutplasma	Blut
Stickstoff	0,012	0,011
Sauerstoff	0,023	0,022
Kohlensäure	0,541	0,511.

Es erhebt sich nun die Frage, wieviel von den drei Gasen im kreisenden Blute gelöst sein kann, das ja nicht mit reinem Stickstoff,
Sauerstoff oder reiner Kohlensäure in Druckausgleich tritt, sondern mit
dem in der Lunge vorhandenen Gemenge der drei Gase. Ihr Mengenverhältnis ist, aus weiter unten zu besprechenden Gründen, verschieden
von dem in der Atmosphäre vorliegenden und kann zu rund $6^0/_0$ Wasserdampf, $75^0/_0$ Stickstoff, $15^0/_0$ Sauerstoff und $4^0/_0$ Kohlensäure angenommen
werden. Gesetzt, der Druck der Lungenluft sei 76 cm Hg, so entfallen
auf Stickstoff, Sauerstoff und Kohlensäure bzw. $^3/_4$, $^1/_7$ und $^1/_{25}$ Atmosphäre.
100 cm³ Blut von 38^0 werden daher, wenn sie sich mit diesen Teildrücken
ins Gleichgewicht gesetzt haben, gelöst enthalten:

Stickstoff	$1,1 \times {}^3/_4 = 0,8$	cm³
Sauerstoff	$2,2 \times {}^1/_7 = 0,3$	,,
Kohlensäure	$51,1 \times {}^1/_{25} = 2,0$	,,

Zusammen 3,1 cm³.

Der auf Grund der Absorptionskoeffizienten berechnete Gasgehalt des Blutes soll nun mit dem wirklich vorhandenen verglichen werden. Die Versuchsaufgabe besteht darin, dem Blute die Gase mit Hilfe der Quecksilberluftpumpe zu entziehen und das dabei erhaltene Gasgemenge zu analysieren.

Die Quecksilberpumpe, wie sie für physiologische Zwecke gebraucht wird, besteht im wesentlichen aus drei durch Schlauch und Röhren verbundenen kugligen Glasgefäßen, die man als Füll-, Vakuum- und Blutkugel unterscheiden kann. Man vergleiche hierzu Abb. 41 und Bohr 1909, in H. d. P. I, 221. Wird die Füllkugel F gehoben, so steigt das Quecksilber derselben in die Vakuumkugel V hinauf, wobei die in derselben enthaltene Luft durch das Kapillarrohr Ka und das Quecksilber der kleinen Wanne W entweicht. Gleichzeitig dringt das Quecksilber der Füllkugel gegen S empor, wird aber durch den dort befindlichen Schwimmer S an weiterem Emporsteigen gehindert. Wird hierauf die Füllkugel F wieder genügend tief gesenkt, so steigt das Quecksilber der Wanne W in dem Kapillarrohr empor ohne in die Vakuumkugel V überzufließen, weil die Länge des Rohres größer ist als die Barometerhöhe. Es entsteht in V ein luftleerer oder doch luftverdünnter Raum, in den sich die Luft der rechts anschließenden Räume ergießt, sobald das Quecksilber unter die Mündung der Verbindungsröhre gelangt. Durch einen zweiten Pumpenschlag wird V neuerdings entleert und die Luftverdünnung in der Pumpe weiter gesteigert bis ein genügendes Vakuum erreicht ist. Nun erst läßt man mit Hilfe des Schwanzhahnes die auszupumpende Blutmenge in die Kugel B eintreten, nachdem man vorher den Hahn H geschlossen hat. Das Blut läßt unter starkem Aufschäumen einen Teil seiner Gase entweichen, die unter zeit-

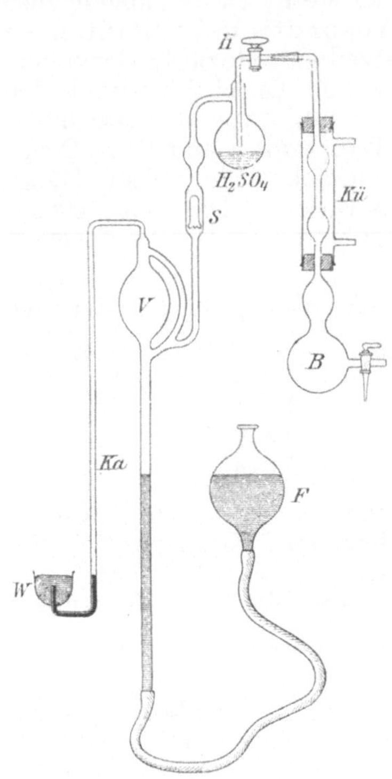

Abb. 41. Blutgaspumpe nach Chr. Bohr.

weiliger Öffnung des Hahnes H nach V übergeleitet werden. Hierbei passieren sie das mit Schwefelsäure beschickte Kölbchen, in welchem die Wasserdämpfe zurückgehalten werden. Stülpt man über das untere Ende der Kapillarröhre Ka ein mit Quecksilber gefülltes Sammelrohr, so können die Gase des Blutes in letzteres übergeleitet werden. Zur vollständigen Entgasung müssen die entbundenen Gase wiederholt aus B entfernt und das Blut gut durchgeschüttelt oder aber zum Aufkochen gebracht werden, wozu bei dem niedrigen Drucke schon die Temperatur von 40° genügt. Durch die oberhalb B angebrachte Kühlvorrichtung Kü werden die Wasserdämpfe zum größten Teil kondensiert.

Die Auspumpung von 50 cm³ defibrinierten Rinderblutes ergibt ein Gasvolum von 34 cm³, gemessen bei 18° C und 60 cm Hg. Zur Gewinnung des Normalvolums multipliziert man mit den beiden echten Brüchen[1]) $^{60}/_{76}$ und $^{273}/_{291}$ und erhält den Wert 25,3 cm³ oder 50,6 cm³ in 100 Blut. Die Gasmenge, welche unter den gegebenen Verhältnissen bei Körpertemperatur von 100 cm³ Blut gelöst werden kann, wurde oben zu 3,1 cm³ berechnet. In Wirklichkeit finden sich aber 50,6 cm³; es müssen demnach 47,5 cm³ in anderer Weise im Blute enthalten sein, wofür nur die chemische Bindung in Betracht kommt.

Ein näherer Einblick in die Art wie diese Gasmengen gebunden sind, kann erst gewonnen werden, wenn die Zusammensetzung des Gemisches bekannt ist. Hierzu dient die Analyse. Man entfernt zunächst die Kohlensäure, indem man in das Rohr eine kleine Menge Kalilauge einführt. Sofort steigt das Niveau des Quecksilbers in der Röhre zum Zeichen, daß ein Teil des Gases von der Lauge gebunden wird. Nachdem der Prozeß — durch Schütteln beschleunigt — abgelaufen ist, findet man, daß das Volum der Blutgase (nach Reduktion auf den Normalwert) nur noch 8 cm³ beträgt. Es sind also 17,3 cm³ CO_2 vorhanden gewesen oder 34,6 in 100 cm³ Blut.

Man geht nun an die Entfernung des Sauerstoffes, zu welchem Zwecke man eine Lösung von Pyrogallussäure in die Röhre einbringt, die sich in der alkalischen Flüssigkeit unter Bildung brauner Oxydationsprodukte zersetzt und dabei den Sauerstoff verbraucht. Sobald dieser Prozeß beendigt ist, ergibt eine neue Ablesung eine weitere Reduktion des Gasvolums um 7 cm³, welche auf Rechnung des Sauerstoffs zu setzen ist. Es bleibt an der Spitze der Röhre nur noch eine kleine Gasmenge von 1 cm³ zurück, die im wesentlichen aus Stickstoff besteht. Die Analyse ergibt demnach für 100 Blut einen Gehalt von

CO_2 34,6 cm² oder Volumprozent
O_2 14,0 ,, ,, ,,
N_2 2,0 ,, ,, ,,

Von größerem Interesse ist der Gasgehalt von Blutproben, die ungeronnen und ohne Berührung mit Luft zur Auspumpung gelangen. Auf solche Versuche beziehen sich die Zahlen der nachstehenden Tabelle, die von Bohr und Henriques mitgeteilt worden sind. Sie stammen von drei Versuchen (I, II, III) an Hunden unter möglichst normalen Verhältnissen. Die Blutentnahme geschah allmählich, stetig und gleichzeitig aus Arterie und r. Herz. Die Gerinnung war durch Blutegelextrakt aufgehoben (Arch. de P. **1897**, 23; 1909, Nagels H. d. P. I. 82).

	Sauerstoff		Kohlensäure		Stickstoff	
	Art.	r. Herz	Art.	r. Herz	Art.	r. Herz
I	25,6	17,3	44,0	51,5	1,23	1,31
II	21,3	11,9	42,6	48,5	1,19	1,06
III	20,3	14,4	45,9	50,3	1,18	1,40
Mittel	22,4	14,5	44,2	50,1	1.20	1,26

[1]) Die Korrektur erfolgt an Hand der Formel: Normalvolum $=$ Rohvolum $\times \dfrac{p}{760} \times \dfrac{273}{273 + t}$, in der p den Druck, und t die Temperatur bedeutet, unter welchen das Gas gemessen worden ist (vgl. Kohlrausch, Lehrb. d. prakt. Physik, 10. Aufl. S. 79 Leipzig 1905.

Die Differenz des mittleren Sauerstoffgehaltes zwischen arteriellem und venösem Blute entspricht der Sauerstoffmenge, die pro 100 Blut in der Lunge aufgenommen wird, die Differenz des Kohlensäuregehaltes der dort abgegebenen Kohlensäure. Dividiert man die Differenz des Kohlensäuregehaltes durch die Differenz des Sauerstoffgehaltes, welcher Quotient oben als respiratorischer (R. Q.) bezeichnet worden ist, so erhält man den

$$\text{R. Q. des Blutes zu } \frac{5.9}{7.9} = 0{,}76.$$

Es zeigt sich also auch hierin, wie oben S. 94, daß im allgemeinen dem Volum nach mehr Sauerstoff verbraucht wird, als Kohlensäure entsteht, oder anders ausgedrückt, daß der Sauerstoff nicht nur zur Bildung von Kohlensäure Verwendung findet.

Der Stickstoffgehalt ist im arteriellen und venösen Blut innerhalb der Fehlergrenzen identisch, stets aber größer, als nach Löslichkeit des Gases zu erwarten ist. Nach BOHR (1897, C. R. **124**, 414) enthält das Plasma nur gelösten Stickstoff, dagegen bindet das Hämoglobin in noch nicht näher bekannter Weise bei Anwesenheit von Sauerstoff kleine Mengen von Stickstoff. Der Stickstoffgehalt von zwei Volumprozent, der oben im Rinderblut gefunden wurde, muß zum Teil auf Versuchsfehlern beruhen (Eindringen von Luft in die Pumpe).

Der Sauerstoffgehalt des menschlichen arteriellen Blutes kann nach den Untersuchungen von LOEWY (A. f. P. **1904**, 231 u. 565) und OPPENHEIMERS Handb. d. Biochem. Jena 1911, **4**, I. 27 zu 18 Vol.-Proz., der Kohlensäuregehalt zu 38 Vol.-Proz. angesetzt werden. Das Venenblut ist in bezug auf seinen Gasgehalt sehr verschieden, je nach den Organen, aus denen es kommt und je nach dem Zustand der Ruhe oder Arbeit, in dem sie sich befinden. Nach indirekten Bestimmungen von LOEWY und v. SCHRÖTTER ist der mittlere Sauerstoffgehalt des Venenblutes beim Menschen 12 Vol.-Proz. mit Schwankungen bis 15,5 nach oben (Handb. d. Biochem. **4**, I. 36). Noch größer sind die Schwankungen im Kohlensäuregehalt.

Die Bindung des Sauerstoffs.

Der Sauerstoffgehalt des arteriellen Blutes des Hundes beträgt nach obiger Tabelle im Mittel 22,4 Volumprozent, etwa das 70fache der löslichen Menge. Teilt man das Blut in Plasma und Körperchen und pumpt beide gesondert aus, so findet man in ersterem nur soviel Sauerstoff als seiner Löslichkeit im Plasma entspricht, also bei Körpertemperatur und dem in der Lunge herrschenden Sauerstoffdruck 0,3 Volumprozent, wie oben S. 95 angegeben. Der Rest des Sauerstoffs, d. h, der weitaus größte Teil desselben ist an die Blutkörper gebunden. Wird es schon hierdurch wahrscheinlich, daß die Bindung durch das Hämoglobin geschieht, so wird dies sichergestellt durch die Erfahrung, daß auch das Plasma die Fähigkeit gewinnt, große Mengen von Sauerstoff zu binden, sobald das Hämoglobin durch Lackfarbigmachen des Blutes in Lösung geht.

Wird eine Hämoglobinlösung mit Sauerstoff von Atmosphärendruck in Berührung gebracht, so bindet sie pro Gramm Hb 1,3 ccm Sauerstoff. Bezieht man die Sauerstoffaufnahme auf das im Hb bzw. im Hämatin

vorhandene Eisen, so kommen auf 56 Gewichtsteile Eisen 32 Gewichtsteile
Sauerstoff oder auf 1 Atom Eisen 1 Molekül Sauerstoff. Dieses feste
Mengenverhältnis gilt aber nur bei hohem Sauerstoffdruck; bei niederem
Druck ist neben Oxy-Hb stets auch noch Hb in merklicher Menge
vorhanden, weil nicht nur Bildung von Oxy-Hb-Molekülen, sondern
gleichzeitig auch Spaltung von solchen stattfindet, wobei sich das Gleich-
gewicht zwischen den beiden entgegengesetzten Prozessen je nach der
Menge der beiden Verbindungen und des Sauerstoffs verschieden einstellt
(Massenwirkungsgesetz von GULDBERG und WAAGE).

Zur näheren Untersuchung dieses Verhaltens benützt man am besten
eine wäßrige, salzfreie Hämoglobinlösung. Sättigt man Proben einer
solchen Lösung bei 38⁰ mit Sauerstoff unter dem Drucke von bzw. 0, 10,
20, 40 und 100 mm Hg, so findet man, daß bzw. 0, 55, 72, 84 und 92$^0/_0$
des Farbstoffes in Oxyhämoglobin umgewandelt, also bzw. 100, 45, 28,
16 und 8$^0/_0$ noch als Hämoglobin vorhanden sind. Trägt man die erhaltenen
Werte in ein Koordinationssystem ein, dessen Abszissen den Sauerstoff-

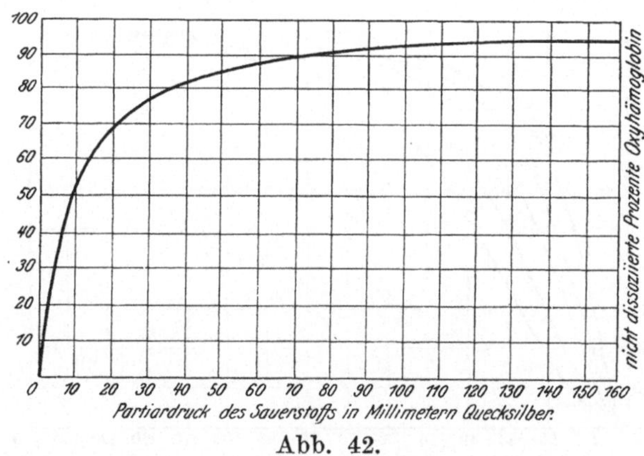

Abb. 42.

drücken und dessen Ordinaten dem Prozentgehalt der Lösung an Oxyhämoglobin proportional sind, so fallen die Punkte innerhalb der Fehlergrenzen der Messungen in eine Kurve, die der Gleichung genügt

$$\frac{100 - y}{y\, p_0} = K,$$

worin y den Prozentsatz an Hämoglobin (die dissozierten Prozente),
p_0 den Sauerstoffdruck und K eine Konstante bedeutet (HÜFNER, A. f. P.
1890, 1 und **1901**, Suppl. 187). Bringt man die Gleichung in die Form

$$\left(p_0 + \frac{1}{K} \right) y = \frac{100}{K}$$

oder

$$x\,y = \frac{100}{K},$$

wo

$$x = p_0 + \frac{1}{K},$$

so erkennt man, daß sie einer gleichseitigen Hyperbel angehört und bezogen ist auf ein Koordinationssystem, dessen Achsen in den Abständen
$\frac{1}{K}$ und 0 von den Asymptoten verlaufen. In Abb. 42 ist die Darstellung

7*

der Kurve nur insofern eine abweichende, als die Abszissenachse um 100 Einheiten der Ordinate nach abwärts verlegt ist. Die Ordinaten der gezeichneten Kurven stellen daher den Prozentsatz an Oxyhämoglobin dar. Der Wert der Konstante K ist von der Temperatur abhängig.

Führt man den Versuch statt mit einer salzfreien Lösung von Hämoglobin mit einer salzhaltigen oder mit Blut aus, so erhält man eine Kurve von etwas abweichender, aus der nachstehenden Abb. 43 ersichtlichen Form, wie sie von KROGH (1904, Skand. A. **16**, 390) für Blut, von BARCROFT und ROBERTS für salzhaltige Hämoglobinlösungen (1909, J. of P. **39**, 143) gefunden worden ist. Der Einfluß der Salze beruht wahrscheinlich auf einer Veränderung des kolloidalen Zustandes des Hämoglobins (vgl. BARCROFT, Respiratory Function of the Blood, Cambridge 1914).

In ähnlicher Weise ist zu erklären die Wirkung von Säuren auf die Sauerstoffbindung des Hämoglobins. BOHR und dessen Schüler

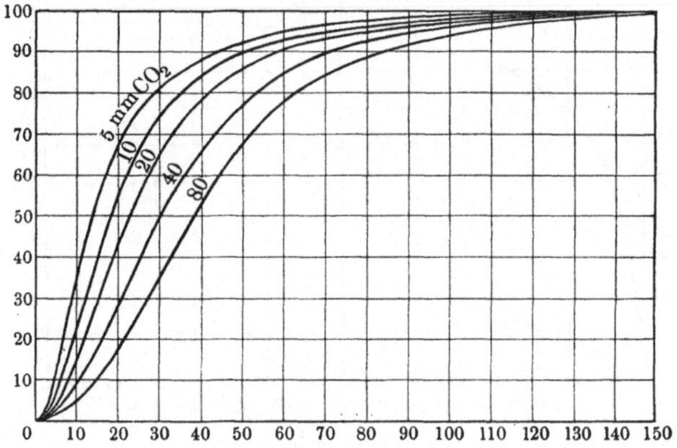

Abb. 43. Kurven der Sauerstoffspannung in Hundeblut bei 38° und verschiedenem Kohlensäuredruck.

haben nachgewiesen (1904, Skand. A. **16**, 402), daß die Kurve der Sauerstoffspannung um so flacher verläuft, je höher der Kohlensäuredruck. Vgl. Abb. 43. Die Folge ist, daß die einem bestimmten Sauerstoffgehalt des Blutes entsprechende Sauerstoffspannung um so höher wird, je größer die Kohlensäurespannung. Man kann die Tatsache auch so ausdrücken, daß man sagt, die in das Blut eindringende Kohlensäure begünstigt die Abgabe von Sauerstoff aus dem Blute.

Alle in der Abb. 43 dargestellten Kurven streben derselben Asymptote zu, so daß bei genügend hohem Sauerstoffdruck die gleiche Menge Sauerstoff aufgenommen wird, unabhängig von dem herrschenden Kohlensäuredruck. Die Annahme von Hämoglobinen verschiedener Modifikation oder von verschiedener spezifischer Sauerstoffkapazität, die in dem Blute eines Individuums gleichzeitig aber in zeitlich wechselnden Mengenverhältnissen anwesend sein sollten (BOHR in NAGELS Handb. **1**, 93), hat sich hingegen nicht bestätigen lassen.

Die Bindung des Kohlenoxyds.

Wie der Sauerstoff, werden auch Kohlenoxyd und Stickoxyd von dem Hämoglobin bzw. seiner farbigen Komponente, dem Hämochromogen, gebunden. Die Bildung des Kohlenoxydhämoglobins ist von großer praktischer Wichtigkeit, da sie bei dem häufigen Vorkommen dieses Gases in menschlichen Wohnräumen leicht zu Vergiftungen führen kann.

Sättigt man Blut mit Kohlenoxyd bei Atmosphärendruck, so nimmt es von diesem gerade soviel auf wie unter gleichen Bedingungen vom Sauerstoff. Dasselbe gilt für Hämoglobinlösungen (LOTHAR MEYER, 1859, Zeitschr. f. rat. Med. 5, 83; BOCK, 1895, die Kohlenoxydintoxikation, Kopenh.). Aus beiden kann das Kohlenoxyd wieder ausgepumpt werden (ZUNTZ, 1872, A. g. P. 5, 584). Das Hämochromogen bindet dagegen das Kohlenoxyd fest. Die Farbe des Hb-CO geht mehr in das Kirschrote. Eine $1^0/_0$-Lösung menschlichen Blutes in 1 cm Schichtdicke vor den Spalt des Spektroskops gebracht, zeigt neben einer Verdunklung des violetten Endes des Spektrums zwei Absorptionsbänder zwischen den Linien D und E, die den Bändern des $Hb\text{-}O_2$-Spektrum zum Verwechseln ähnlich sehen, bei genauerer Untersuchung sich aber etwas gegen das Grün verschoben erweisen.

Aus dem ganzen Verhalten ist zu schließen, daß das Kohlenoxyd an dieselbe Stelle des Hämoglobinmoleküls tritt, wie sonst der Sauerstoff. Die Bindung des Kohlenoxyds ist indessen eine festere, was sich darin äußert, daß sich die Spannungskurve rascher dem Grenzwert nähert,

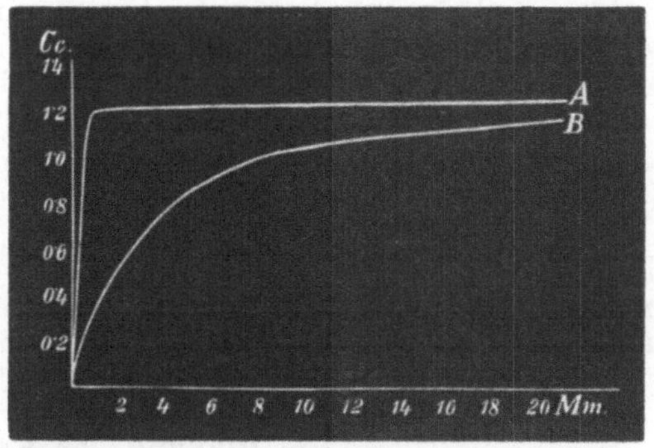

Abb. 44. Die pro g Hämoglobin aufgenommenen Mengen von Kohlenoxyd (Kurve A) und von Sauerstoff (Kurve B). Die Drücke sind in mm Quecksilber nach rechts die Gasmengen nach oben eingetragen (BOCK 1894, Zentralbl. f. Physiol. 8. 386).

derart, daß bei 20 mm Hg Kohlenoxydspannung die Sättigung schon nahezu erreicht ist (zu $99^0/_0$). Vgl. Abb. 44.

Sind CO und O_2 gleichzeitig und mit gleichem Partialdruck vorhanden, so verdrängt das CO den O_2 aus dem Blutfarbstoff und selbst bei sehr niederem Partialdruck nimmt das Kohlenoxyd einen erheblichen Teil des Blutfarbstoffes für sich in Anspruch. Den vollständigsten Aufschluß hierüber geben die Versuche von HALDANE und SMITH (1898, J. of P. 22, 231). Durch ein von ihnen ausgebildetes kolorimetrisches Verfahren bestimmten sie den Sättigungsgrad einer $1^0/_0$igen Blutlösung mit Kohlenoxyd, nachdem diese bei Zimmertemperatur mit Luft geschüttelt worden war, die wechselnde, aber stets sehr kleine Zusätze von Kohlenoxyd enthielt. Nachstehende Tabelle gibt über die Ergebnisse Auskunft.

Prozent CO in der Luft	Prozentische Sättigung des Hämoglobins mit CO
0,025	27
0,05	42
0,10	59
0,20	74
0,30	81
0,40	85
0,50	88

Wie man sieht, ist bei einem Gehalt der Luft an Kohlenoxyd von nur $1/4$ pro Mille ($0,025^0/_0$) über ein Viertel des Blutfarbstoffes an das Gas gebunden, bei einem Gehalt von $0,5^0/_0$ nahezu $9/10$. Es ist daher begreiflich, daß schon kleine Beimengungen dieses Gases zur Atmungsluft erhebliche Störungen der Atmungstätigkeit hervorrufen können, weil ein beträchtlicher Teil des Blutfarbstoffes mit dem Gase in relativ feste Verbindung eintritt und dadurch für den Sauerstofftransport nicht mehr verwendbar ist. Der Gleichgewichtszustand zwischen Sauerstoff und Kohlenoxyd wird bei der großen Verdünnung des letzteren Gases natürlich sehr langsam erreicht, so daß die Vergiftung in schleichender Weise eintritt. Dem Tode pflegen Erstickungskrämpfe vorauszugehen.

Öffnet man ein Tier, das durch Kohlenoxyd erstickt worden ist, so findet man Arterien und Venen von demselben kirschroten Blute gefüllt, das sich durch Schwefelammonium nicht reduzieren läßt. Der Unterschied der Farbe gegen normales Blut tritt namentlich in Verdünnung deutlich hervor, und darauf beruht die Sättigungsbestimmung mit Hilfe einer Karminlösung von bekanntem Titer, wie sie von HALDANE und SMITH ausgebildet worden ist (1896, J. of P. **20**, 502).

Die Bindung der Kohlensäure

Die Menge der Kohlensäure im Blute ist bedeutend größer als ihrer Löslichkeit unter dem herrschenden Kohlensäuredruck entspricht (vgl. S. 95). Trennt man das Plasma oder Serum von den Körperchen, so findet man im ersteren etwa $2/3$, in letzterem $1/3$ der Kohlensäure; in beiden müssen daher kohlensäurebindende Stoffe vorhanden sein.

Bei Besprechung der Salze des Serums S. 34 wurde bereits darauf hingewiesen, daß die Mengen des Chlors und der Schwefelsäure nicht ausreichen um die basischen Affinitäten abzusättigen. Es ist also überschüssiges Alkali zur Bindung der Kohlensäure vorhanden, soweit dasselbe nicht durch die sauren Affinitäten des Serumeiweiß (Serumglobulin, siehe oben S. 32) besetzt ist. Die Menge der im Plasma des Blutes als Bikarbonat gebundenen Kohlensäure schätzt LOEWY (Handb. d. Biochem. **4**, I. 65) auf 12 Volumprozent. Der Rest der Kohlensäure, abzüglich der einfach gelösten, ist an Eiweiß gebunden. Das Gegebensein einer solchen Bindung ist zuerst von SETSCHENOW dargelegt worden (1897, Mem. Acad. St. Petersb. **26**). Den chemischen Vorgang hierbei hat SIEGFRIED aufgeklärt, welcher fand, daß die Aminosäuren, Peptide und Eiweißkörper durch Anlagerung von CO_2 an ihre Aminogruppen sich in Karbaminoverbindungen umwandeln (1910, E. d. P. **9**, 334), wobei die Kohlensäure entionisiert wird.

Die Bindung der Kohlensäure in den Blutkörpern hat man sich in ähnlicher Weise vorzustellen. Neben der Lösung ist die Bindung an Alkali, hier insbesondere als Kaliumbikarbonat, anzunehmen und endlich die Bindung an Eiweiß. Die Bindung der Kohlensäure an Hämoglobin, das sogenannte Karbohämoglobin ist in ihrer Abhängigkeit von dem Kohlensäuredruck von Bohr und Torup genauer untersucht worden (1890, Zentralbl. f. P. **4**, 253; 1891, Skand. A. **3**, 55), wobei festgestellt werden konnte, daß unter dem im arteriellen Blute durchschnittlich herrschenden Kohlensäuredruck (35 mm Hg) etwa 8 Volumprozent von dem Hämoglobin gebunden werden. Rechnet man hierzu noch die physikalisch gelöste Menge von 0,6 Volumprozent, so bleibt für die Bindung an die Alkalien der Blutzellen, an das Eiweiß und vielleicht auch an das Lezithin des Stromas ein Restbetrag von 6—7 Volumprozent.

Da die Kohlensäure nicht an die farbige Komponente des Hämoglobins gebunden wird (wie dies beim Kohlenoxyd geschieht), so zeigt das Karbohämoglobin bei der spektroskopischen Untersuchung nicht die beiden Absorptionsstreifen des Oxyhämoglobins bzw. des Kohlenoxydhämoglobins, sondern den einfachen des Hämoglobins, der indessen bei dem Karbohämoglobin etwas gegen das Grün verschoben ist (Jahresb. f. T. **1887**, 115).

An der Aufnahme der Kohlensäure ins Blut ist eine so große Zahl von Stoffen teils im Plasma, teils in den Blutzellen, beteiligt, daß eine Theorie der Gleichgewichtsbedingungen ausgeschlossen ist. Wenn trotzdem die experimentell ermittelte Spannungskurve

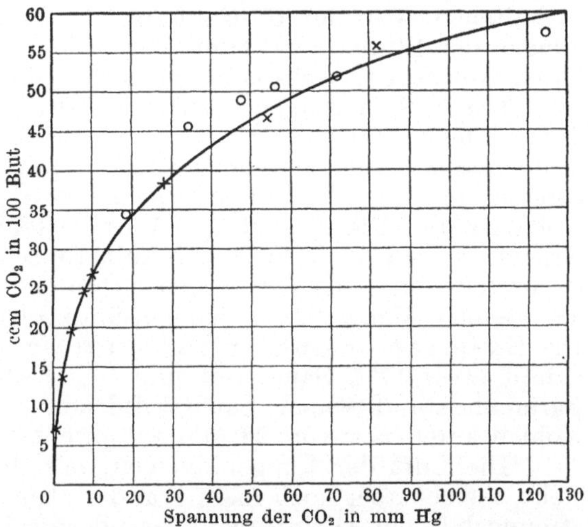

Abb. 45. CO_2-Spannungskurve im Blute des Hundes, 38°. ○ nach Jaquet, × nach Bohr.

anscheinend einen glatten Verlauf aufweist (Bohr in Nagels Handb. **1**, 106), vgl. Abb. 45, so muß ein beständiger Spannungsausgleich zwischen den verschiedenen an der lockeren Bindung der Kohlensäure beteiligten Stoffen stattfinden. Am leichtesten scheint sich, abgesehen von den physikalisch gelösten, die in Karbaminobindung eingetretene Kohlensäure abzuspalten, während die Abspaltung aus den Bikarbonaten erst bei sehr niedrigen Kohlensäuredrücken erfolgt (Bohr, 1891, Skand. A. **3**, 66). Der letztere Vorgang wird indessen gefördert durch die sauren Affinitäten (Karboxyle) des Eiweißes bzw. der Karbaminoverbindungen desselben, die um die Alkalien des Blutes mit der Kohlensäure in Konkurrenz treten.

Eine weitere Verwicklung erfährt das Problem dadurch, daß in bezug auf die Verteilung der Kohlensäure ein Gleichgewicht zwischen Plasma und Zellen besteht. Tritt Kohlensäure ins Blut, so werden in beiden Bestandteilen Alkalieiweißverbindungen aufgespalten, anscheinend aber in den Zellen mehr als im Plasma. Dadurch steigt der osmotische Druck in den Zellen, sie nehmen Wasser aus dem Plasma auf (HAMBURGER, 1891, Z. f. B. **28**, 405) und tauschen gleichzeitig Kohlensäureionen gegen Chlorionen aus (KOEPPE, 1897, A. g. P. **67**, 189). Die genannten Umsetzungen sichern dem Blute sozusagen einen Vorrat von Alkali, aus dem es bei reichlichem Zustrom von Kohlensäure schöpfen kann, ohne daß damit eine wesentliche Änderung seiner Reaktion verknüpft ist.

Die Lungenatmung.

Der Gasaustausch zwischen dem Blut und seiner Umgebung kann nur in den dünnwandigen Abschnitten des Gefäßsystems stattfinden, d. h. in den Kapillarsystemen des kleinen und des großen Kreislaufes. Am meisten ist über den Gasaustausch in den Lungen bekannt, weil die Zusammensetzung der Lungenluft und damit die Spannung der in ihr enthaltenen Gase der Bestimmung zugänglich ist. Sind auch die Spannungen der Blutgase bekannt, so erhält man Aufschluß über die Kräfte, durch welche der Gasaustausch bewerkstelligt wird.

Die Veränderungen, welche die atmosphärische Luft beim Eintritt in die Lunge erfährt, bestehen in der Erwärmung auf Körpertemperatur, in der nahezu vollständigen Sättigung mit Wasserdampf für diese Temperatur, in einer Minderung des Sauerstoffs und einer Vermehrung der Kohlensäure. Die eingeatmete Luft besteht in runden Zahlen aus $21^0/_0$ Sauerstoff und $79^0/_0$ Stickstoff mit Einschluß der Edelgase. Der sehr wechselnde, im allgemeinen aber geringe Gehalt an Wasserdampf und die kleinen Mengen von Kohlensäure bleiben dabei unberücksichtigt. Die Exspirationsluft enthält bei ruhiger Atmung neben $6^0/_0$ Wasserdampf etwa $17^0/_0$ Sauerstoff und $3^0/_0$ Kohlensäure, was bei normalem Barometerstand einem Sauerstoffdruck von 129 mm Hg und einem Kohlensäuredruck von 23 mm entspricht.

Die Luft der Lungenalveolen, mit der das Blut in Gasaustausch steht, weicht aber noch mehr von der atmosphärischen ab, weil der Ausatmungsluft ein Quantum unveränderter Luft beigemischt ist, das aus den oberen Luftwegen (Bronchien, Luftröhre, Rachen- und Nasenraum) stammt und sich an dem Gasaustausch mit dem Blute nicht beteiligt. Nimmt man die Größe dieses ,,schädlichen Raumes" zu 140 ccm an (LOEWY, 1894, A. g. P. **58**, 416) und die Größe des Atemzuges zu 500 ccm, so berechnet sich die prozentische Zusammensetzung der Alveolenluft zu 15,4 Sauerstoff und 4,2 Kohlensäure, welcher Spannungen von 117 bzw. 32 mm Hg entsprechen. In der Lungenoberfläche muß die Sauerstoffspannung noch etwas niedriger sein. Würde nämlich in der, zweifellos sehr dünnen, Flüssigkeitsschicht, welche die Lungenfläche überkleidet, der Sauerstoffdruck der Alveolenluft herrschen (117 mm Hg), so würde sich der Sauerstoff im Gleichgewicht befinden und ein Eindringen desselben unmöglich sein. Damit ein beständiger Strom von Sauerstoff von der Stärke, wie er zum Leben nötig ist, in die feuchte Lungenfläche eindringt, bedarf es einer Druckdifferenz, die sich berechnen läßt, wenn die Größe des Minutenvolums, die Lungenoberfläche und außerdem noch eine Konstante bekannt ist, die von BOHR als Invasionskoeffizient bezeichnet worden ist. Sie gibt an, wieviel Sauerstoff bei der gegebenen Temperatur während einer Minute durch den cm^2 der Oberfläche in die

Flüssigkeit eindringt, wenn der Druck des Gases 760 mm beträgt (H. d. P.
1, 61 u. 141). Legt man eine Sauerstoffaufnahme von 300 ccm pro Minute,
eine Lungenfläche von 90 m² und einen Invasionskoeffizienten von
0,08 (Krogh, 1910, Skand. A. **23**, 233) zugrunde, so findet man eine
Druckdifferenz von 3 mm. Dadurch sinkt der Druck in der dünnen
Flüssigkeitsschicht der Lungenoberfläche von 117 auf 114 mm Hg. Noch
kleiner ist die Druckdifferenz, die zum Übertritt der Kohlensäure aus
der Lunge in die Alveolarluft erforderlich ist, so daß sie in den meisten
Fällen außer Betracht bleiben kann.

Mit den Gasspannungen, wie sie in der Alveolenluft bzw. in der
Lungenoberfläche gegeben sind, müssen nun die im Blute verglichen
werden, wenn in den Mechanismus des Gasaustausches Einsicht gewonnen
werden soll. Man könnte daran denken, aus dem durch Auspumpung
ermittelten Gasgehalt des Blutes die zugehörigen Spannungen zu
berechnen, wobei die Spannungs- oder Dissoziationskurven des Sauerstoffs

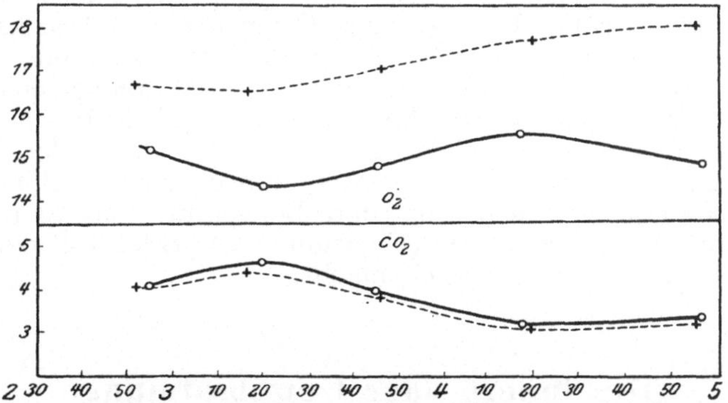

Abb. 46. Spannung des Sauerstoffs (oben) und der Kohlensäure (unten) in der
Lungenluft - - - - - bzw. im Blut ———— im Verlauf einer zweistündigen Beobachtung.
Abszissen Zeiten, Ordinaten Drücke in Prozenten einer Atmosphäre, nach A. & M.
Krogh, 1910, Sk. A. **23**. 184.

und der Kohlensäure als Grundlage dienen müßten. Der Verlauf dieser
Kurven ist aber, wie gezeigt, in so hohem Grade von der Konzentration
des Hämoglobins wie überhaupt der Blutbestandteile, von Reaktion,
Temperatur, Kohlensäurespannung und dergleichen abhängig, daß das
Ergebnis ein ganz unsicheres sein würde. Es bleibt also nur die Ermittlung
der Gasspannungen durch den Versuch.

Diese Aufgabe hat sich als eine außerordentlich schwierige herausgestellt. Alle hierzu verwendeten Verfahrungsweisen gehen darauf hinaus,
eine abgegrenzte Luftmenge mit dem aus der Lunge kommenden, arteriellen
Blute in möglichst innige Berührung zu bringen, bis der Ausgleich der
Gasspannungen erfolgt ist, diese Luftmenge sodann auf ihre Zusammensetzung zu untersuchen, womit, bei dem gegebenen Drucke, auch der
Anteil der einzelnen Bestandteile an demselben bekannt ist. Der Grund,
warum es jahrzehntelanger Bemühungen bedurft hat, zu einem befriedigenden Ergebnis zu gelangen, liegt in der Langsamkeit der Gasdiffusion
im Innern des Blutes, wie überhaupt in Flüssigkeiten. Die Schwierigkeiten, die in der zeitlichen Ausdehnung der Versuche gelegen waren,
sind erst überwunden worden durch die von Krogh eingeführten mikro-

tonometrischen Methoden (1908—10, Skand. A. **20**, 259 u. **23**, 179). Hierbei wird ein Luftbläschen von wenigen Kubikmillimetern Rauminhalt in das strömende Blut gebracht, wo es in längstens 5 Minuten seine Gasspannungen mit denen des Blutes ausgleicht, über die die unmittelbar anschließende Analyse Auskunft gibt.

Die mit diesem Verfahren durchgeführten Versuche haben ausnahmslos ergeben, daß die Sauerstoffspannung des arteriellen Blutes stets um einige mm Hg niedriger ist, wie die gleichzeitig bestimmte der Alveolenluft, die Kohlensäurespannung im Blute dagegen etwas höher als in letzterer. Die Kurven der Abb. 46 veranschaulichen eine derartige Versuchsreihe an einem Kaninchen, wobei die Zeiten als Abszissen, die Sauerstoff- bzw. Kohlensäure-Spannungen als Ordinaten aufgetragen sind, und zwar sind die für das Blut bestimmten Punkte durch ausgezogene Linien verbunden, die für die Alveolenluft durch gestrichelte.

Nach diesen Erfahrungen erscheint die Annahme, daß der Gasaustausch in der Lunge ein Diffusionsvorgang ist, d. h. daß die Gase sich von Orten höheren Druckes nach Orten niederen Drucks bewegen, gerechtfertigt und die früher für nötig erachtete Annahme einer Gassekretion wird hinfällig. Nach letzterer sollte die Lunge befähigt sein, den Sauerstoff auch entgegen dem Spannungsgefälle in das Blut, die Kohlensäure in die Alveolenluft zu treiben. Im Sinne der Diffusionshypothese spricht weiter der Umstand, daß es sehr wohl möglich ist, den Gasaustausch zwischen Blut und Lungenluft umzukehren, indem man letztere sehr sauerstoffarm (Einatmung von Stickstoff oder Wasserstoff) bzw. sehr kohlensäurereich macht.

Die innere oder Gewebsatmung.

Da das arterielle Blut auf dem Wege vom linken Herzen zu den Kapillaren des großen Kreislaufes keine merkliche Änderung seiner chemischen Beschaffenheit erleidet, tritt es mit den in der Lunge erworbenen Gasspannungen an die Gewebe heran, wobei es neuerdings zu einem Gasaustausch kommt, der als innere oder Gewebsatmung bezeichnet wird. Wie groß die Gasspannungen im Gewebe im allgemeinen sind, ist zur Zeit nicht angebbar, weil die in den Gewebsspalten befindliche, mit den Zellen in Stoffaustausch stehende Flüssigkeit infolge ihrer äußerst geringen Menge einer Analyse nicht zugänglich ist. Eine Analyse der Lymphe ist aber kein Ersatz dafür, weil letztere Flüssigkeit auf ihrem Wege durch die Lymphgefäße und Lymphknoten reichlich Gelegenheit findet, ihre Gasspannungen mit denen des Blutes mehr oder weniger auszugleichen.

Verschiedene Erfahrungen deuten jedoch darauf hin, daß in den Geweben die Kohlensäurespannung im allgemeinen hoch, die Sauerstoffspannung sehr niedrig ist. So hat STRASSBURG (1872, A. g. P. **6**, 65) in einer abgeschlossenen Darmschlinge, in die er Luft einpumpte, die Kohlensäurespannung allmählich bis nahe an 60 mm Hg ansteigen sehen. In ähnlicher Weise hat SCHIERBECK im nüchternen Magen eine Kohlensäurespannung von 30—40 mm, im verdauenden von 130—140 mm als regelmäßige Erscheinung nachgewiesen. Ein besonders starkes Steigen der Kohlensäurespannung ist stets dann zu erwarten, wenn der Stoffwechsel zur

Bildung fixer Säuren führt, deren Auftreten (Milchsäure, Phosphorfleischsäure etc.) vielfach nachgewiesen worden ist. In bezug auf den Sauerstoff ist eine Beobachtung VIERORDTS bemerkenswert. Er untersuchte mit dem Spektroskop das rote Licht, das durch die Berührungsfläche zweier eng aneinander geschmiegter Finger fällt, wenn sie von rückwärts stark beleuchtet werden und stellte in demselben die bekannten beiden Absorptionsstreifen des Oxyhämoglobins fest. Umschnürte er die Finger an ihrer Wurzel, so verschwanden in kurzer Zeit diese Streifen und an ihre Stelle trat der einfache des Hämoglobins (1878, Z. f. B. **14**, 422). Da nach SIEGFRIED (A. f. P. **1890**, 387) die Streifen des HbO_2 erst verschwinden, wenn $99,5\%$ des Farbstoffes reduziert sind, kann auf Grund der Dissoziationskurve des Oxyhämoglobins dem Versuche entnommen werden, daß das Gewebe imstande ist, dem Blute den Sauerstoff bis zum Absinken der Spannung auf wenige Millimeter Hg zu entziehen. Die Beobachtung VIERORDTS ist in neuerer Zeit von HARRIS und CREIGHTON am gleichen Objekt, sowie am Kaninchenohr bestätigt worden (1915, J. Biol. Chem. **23**, 469).

Nach diesen Erfahrungen darf angenommen werden, daß regelmäßig die Kohlensäurespannung in den Geweben höher ist wie im Blut, die Sauerstoffspannung aber niedriger, so daß die Bedingungen für die Diffusion der beiden Gase in der der Lungenatmung entgegengesetzten Richtung gegeben sind.

Indem das Blut durch die Kapillaren des großen Kreislaufes hindurchtritt, was bekanntlich bei der großen Breite des gesamten Strombettes an dieser Stelle mit sehr geringer Geschwindigkeit geschieht, vermindert sich sein Sauerstoffgehalt durchschnittlich um $6\text{—}8\%$, während sich sein Kohlensäuregehalt um einen etwas kleineren oder den gleichen Betrag erhöht. Ein Absinken des Sauerstoffgehaltes auf $^2/_3$ des arteriellen Wertes hat, wie die Spannungskurve lehrt, bereits ein Sinken der Sauerstoffspannung auf einen sehr niedrigen Wert, $^1/_5$ und weniger des arteriellen, zur Folge, so daß namentlich bei Steigerung des Stoffwechsels die Gefahr besteht, daß das Blut seinen Vorrat an hochgespanntem Sauerstoff erschöpft, bevor es den Weg durch den Kapillarbezirk vollendet hat.

Es lassen sich aber mehrere Einrichtungen nachweisen, wodurch der Organismus diesem Spannungsabfall vorbeugt oder ihn doch sehr einschränkt. Zunächst übt die gleichzeitig in das Blut eindringende Kohlensäure ihren die Sauerstoffspannung steigernden Einfluß auf das Oxyhämoglobin aus, wie dies oben, S. 100, bereits ausgeführt worden ist. Sodann kann durch Erhöhung der Geschwindigkeit und Konzentration des Blutes eine ähnliche Wirkung erzielt werden. Wird die ein Gewebe durchströmende Blutmenge vermehrt, so verteilt sich der Sauerstoffverbrauch auf ein größeres Blutquantum. Sauerstoffgehalt und Sauerstoffspannung des Blutes erleiden demgemäß eine geringere Abnahme. Im Sinne einer Erhöhung der Konzentration des Blutfarbstoffes und damit des Sauerstoffes wirkt die bei allen arbeitenden Organen beobachtete Vermehrung der Lymphbildung, in den Drüsen die Abscheidung der Sekrete und bei der Muskelarbeit die Schweißsekretion.

Die Spirometrie.

Zur Messung der Gasmenge, die durch einen einzigen Atemzug aufgenommen bzw. ausgestoßen wird, benützt man das Spirometer (Abb. 47). Es besteht aus einer auf Wasser schwimmenden Glocke B, deren Gewicht teils durch den Auftrieb, teils durch einen Schnurlauf mit Gegengewicht D, C aufgehoben ist. Ein durch das Wasser hindurchgeführtes und im Innern der Glocke mündendes Rohr gestattet Luft in die Glocke einzuführen oder aus ihr abzusaugen. Die in der Glocke enthaltenen Luftmengen können an einem Maßstab mit Zeiger abgelesen werden.

Nimmt man das äußere Ende des Spirometerrohres in den Mund und atmet bei geschlossener Nase gegen das Spirometer aus und ein, so schwankt die Glocke auf und ab, indem die der gewöhnlichen Atmung entsprechenden Luftvolumina der Spirometerluft abwechselnd zugefügt und wieder entnommen werden. Die Größe der Atemzüge kann an der Skala abgelesen, oder wenn das Spirometer mit einer Schreibvorrichtung versehen ist, der Kurve entnommen werden. Eine Bewegung der Glocke nach oben entspricht einer Exspiration, Bewegung der Glocke nach unten der Inspiration.

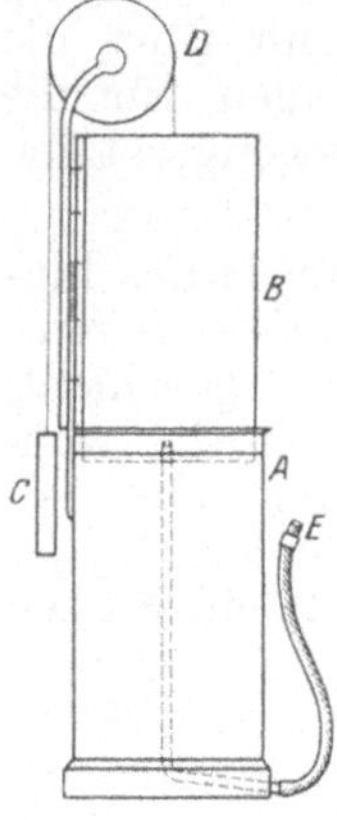

Abb. 47.

Geht man zu tieferen Atemzügen über, so kann eine das gewöhnliche Atemvolum weit übersteigende Luftmenge in das Spirometer exspiriert oder auch aus ihm inspiriert werden. Die gewöhnliche Atmung findet also in einer Mittellage der Lunge statt. Die Luftmenge, die von dieser Mittellage ausgehend ausgestoßen werden kann, heißt die Vorratsluft, die bei möglichst tiefer Einatmung noch aufnehmbare Ergänzungsluft. Beide betragen rund je 2 l. Die gewöhnliche Atmung umfaßt nur etwa 0,5 l. Sie ist also recht klein im Verhältnis zu den Luftmengen, die aufgenommen werden können, wenn man von der äußersten Exspirationsstellung ausgehend eine möglichst tiefe Inspiration ausführt. Dieses Luftvolumen von etwa 4 l wird als Vitalkapazität bezeichnet.

Ist die Lunge, soweit möglich, exspiratorisch entleert, so ist sie noch immer lufthaltig, wie aus dem lauten Lungenschall beim Beklopfen hervorgeht. Die dann noch vorhandene rückständige oder Restluft läßt sich nach dem von Davy eingeführten Verfahren durch Mischung mit einem bekannten Volum eines indifferenten fremden Gases bestimmen aus der Abnahme der Konzentration dieses Gases. (Vgl. KROGH in ABDERHALDENS Handb. d. biochem. Arbeitsmeth. 8, 536.) Die Menge der Restluft ergibt sich dabei zu etwa 1 l. Die größte Luftmenge, welche die Lunge nach tiefster Einatmung enthält, die Totalkapazität, beziffert sich demnach auf 5 l. In der Mittellage ist ihr Luftgehalt, die Mittelkapazität, etwa 3 l.

Die individuellen Schwankungen sind bei allen diesen Werten recht groß, namentlich wenn man auch noch pathologische Abweichungen in Betracht zieht. Physiologisch wichtig sind die Änderungen, welche die einzelnen Volumina unter bestimmten Umständen erleiden. Die Körperlage hat insofern Einfluß, als im Liegen sowohl die Vitalkapazität wie die Mittelkapazität abnimmt. Erstere Änderung tritt sofort ein und hängt wohl mit der beim Liegen stattfindenden Erschwerung ausgiebiger Atembewegungen zusammen. Die Änderung der Mittelkapazität erfolgt dagegen allmählich, vielleicht veranlaßt durch, wenn auch zeitlich nicht zusammenfallend mit dem Sinken des Gaswechsels im Liegen. Intensive Muskelarbeit vergrößert die Totalkapazität und die Mittelkapazität, während die Vitalkapazität konstant bleibt oder sogar abnehmen kann (BOHR a. a. O.; HASSELBALCH, 1908, Ebenda. **93**, 64). Letzteres ist durch die Beschränkung der Exspiration bedingt, die man auch ohne Apparate leicht an sich konstatieren kann. Im ganzen geschieht also die Atmung bei Anstrengung, von ihrer Vertiefung abgesehen, bei einer größeren mittleren Entfaltung der Lunge, d. h. unter Vergrößerung der respiratorischen Lungenoberfläche. Ähnlich geschieht die Atmung in sauerstoffarmer Luft (BOHR a. a. O.). Es liegen hier unwillkürliche Modifikationen der Atembewegung vor, die auf nervöse Regulationen hindeuten.

Die Tiefe der Atemzüge hat sehr großen Einfluß auf den Grad der Ventilation oder der Lufterneuerung in der Lunge. Bei gewöhnlicher ruhiger Atmung und einer Mittelkapazität von 3 l stellt die inspiratorisch aufgenommene Luftmenge von 0,5 l nur etwa $^1/_6$ des vorhandenen Luftraumes dar. Berücksichtigt man, daß die Luftmenge von ungefähr 140 ccm, welche die oberen Luftwege (Nase, Rachen, Kehlkopf, Bronchien) erfüllt, für den Gasaustausch nicht in Frage kommt, vielmehr von Erwärmung und Befeuchtung abgesehen, unverändert wieder ausgestoßen wird, so dienen nur 360 ccm oder etwa $^1/_8$ zur Erneuerung. Wird dagegen die ganze Vitalkapazität ausgenützt (wobei der schädliche Raum vernachlässigt werden darf), so sind am Ende der Inspiration 5 l Luft in der Lunge, wovon 4 neu aufgenommen sind.

Mit Hilfe des Spirometers und der gasanalytischen Methoden lassen sich am Lebenden eine Anzahl Konstanten bestimmen, die für die Lehre von der Atmung von Wichtigkeit sind. Die Bestimmung der Restluft (Residualluft) ist schon oben erwähnt worden. Ein anderes von SIEBECK (1911, Skand. A. **25**, 87) angegebenes Verfahren bezweckt die Bestimmung des „schädlichen Raumes“. Man atmet Wasserstoff ein und in ein Spirometer aus. Bestimmt wird die gesamte ausgeatmete Wasserstoffmenge und das Wasserstoffprozent der zuletzt ausgeatmeten Luft (Alveolarluft). Daraus berechnet sich der schädliche Raum (KROGH, a. a. O. 539). Zur Schätzung desselben hat LINDHARD (Proc. Physiol. Soc. June 1914, J. of P. **48**, XLIV) eine Formel angegeben, die sich gründet auf der Messung der Körperlänge des sitzenden Individuums vom Gesäß bis zum Kieferwinkel. Zur Bestimmung der Gasdiffusionskonstante der Lunge eignet sich das Kohlenoxyd, das in einprozentiger Verdünnung aus dem Spirometer ein- und in einer durch eine Pause von einigen Sekunden in zwei Hälften geteilten Exspiration dorthin wieder ausgeatmet wird. Während dieser Ausatmungen werden Luftproben (Alveolenluft) entnommen. Aus den Analysen erfährt man die während der Versuchszeit aus der Lunge verschwundene Menge von Kohlenoxyd und den mittleren Druck desselben. Nach Anbringung einiger Korrekturen ergibt sich daraus der gesuchte Wert (KROGH, a. a. O. 543). Derselbe kann zur Berechnung der Diffusionskonstanten anderer Gase dienen (ebendort. 547).

Endlich läßt sich mit Hilfe der Gasdiffusion in den Lungen die Blutmenge bestimmen, die pro Minute durch die Lunge strömt. Das Verfahren ist von BORNSTEIN angegeben (1910, A. g. P. **132**, 307) und von Krogh und Lindhard verbessert worden (1912, Skand. A. 27, 100; Lindhard, 1915, A. g. P. **161**, 233). Man verwendet Stickoxydul (N_2O) in mäßiger Verdünnung, mischt dasselbe gleichmäßig mit der Lungenluft und entnimmt dann zu Beginn und am Ende einer Pause von etwa 10 Sekunden, die in eine maximale Exspiration eingeschaltet wird, je eine Probe Alveolenluft, so daß die verschwundene (ins Blut diffundierte) Menge des Gases und der mittlere Druck desselben bestimmt werden kann (Krogh, a. a. O. 550). Ist der Absorptionskoeffizient des Gases in Blut für Körpertemperatur bekannt, so sind alle Daten zur Berechnung des Minutenvolums gegeben. Der erhaltene Wert bedarf jedoch einer Korrektur, weil der erhöhte Sauerstoffverbrauch während des Versuchs auf eine gesteigerte Durchblutung der Lunge hinweist. Zur Reduktion dient der Ruhewert des Sauerstoffverbrauchs, der in einem besonderen kurzen Respirationsversuch ermittelt wird (Krogh und Lindhard, a. a. O. 116).

Die auf diese Weise an 4 Versuchspersonen bestimmten Minutenvolumina schwanken zwischen 3 und 5 Liter in der Ruhe und steigen bei Arbeitsleistung bis nahezu 18 Liter empor. Aus den Ruhewerten leitet sich ein Sekundenvolum ab, das mit dem auf S. 44 schätzungsweise angenommenen Werte in sehr befriedigendem Einklang steht.

Der Druck in der Lunge und in ihrer Umgebung.

Die Lunge kann ihre Räumigkeit nicht aus eigenen Kräften ändern. Sie hat zwar ringförmig angeordnete glatte Muskelzellen in den Bronchien, die, je nach ihrem Tonus, die Luftbewegung mehr oder weniger leicht vonstatten gehen lassen. Die dadurch herbeigeführten Volumänderungen sind aber zu geringfügig und zu langsam, um für den Gaswechsel von Bedeutung zu sein. Die Räumigkeit der Lunge ist vielmehr abhängig von der Räumigkeit der Organe, zwischen denen sie liegt: Brustkorb, Herz, Baucheingeweide. Durch die Atembewegungen wird der Raum der Brusthöhle rhythmisch vergrößert und verkleinert, in der Richtung der Körperachse durch die Bewegung des Zwerchfells, in frontaler und sagittaler Richtung durch die Bewegung der Rippen und des damit verbundenen Brustbeines. Diese Bewegungen muß die Lunge mitmachen, da das sie überziehende viszerale Blatt der Pleura mit dem parietalen Blatt auf der Innenfläche der Brusthöhle, auf Zwerchfell und Herz überall in Berührung steht bzw. nur durch eine kapillare Flüssigkeitsschicht zwischen der beiderseitigen Epithellage von ihm getrennt ist.

Die Formänderungen der Lunge erwecken in ihrem an elastischen Fasern reichen Gewebe Spannungen, die bei Verkleinerung des Brustraumes die Rückkehr der Lunge in die Ausgangsstellung fördern. Die Lunge ist aber nicht nur gespannt, wenn der Brustraum inspiratorisch vergrößert ist, sondern auch bei äußerster Verkleinerung desselben. Denn wie an der Leiche, löst sich auch am Lebenden die Lunge von der Brustwand ab und fällt zusammen (ohne dadurch luftleer zu werden), wenn zwischen die beiden Blätter der Pleura Luft oder Flüssigkeit eindringt.

Infolge der Spannung, in der sich die Lunge beständig befindet, übt sie auf ihre Umgebung einen Zug aus, der als Saugdruck oder Unterdruck (auch als negativer Druck bezeichnet) zur Geltung kommt und mit der Ausweitung der Lunge wächst. Man mißt ihn am Tier, indem man ein Manometer zwischen die beiden Blätter der Pleura einführt oder an der Leiche die verschlossene Luftröhre mit einem Manometer verbindet und dann die Brusthöhle öffnet (DONDERS, 1853, Z. rat. Med. N. F. 3, 287). Er beträgt bei äußerster Exspirationsstellung etwa 5 mm Hg, bei äußerster Inspiration 30—35.

Der im Brustraum herrschende Unterdruck macht sich im Kreislauf des Blutes deutlich fühlbar. In den großen Venen wird die Bewegung des Blutes nach dem rechten Herzen begünstigt, und die Begünstigung nimmt im Laufe der Einatmung zu. Der reichlichere Zustrom des Blutes muß bald auch im linken Herzen zur Geltung kommen und da gleichzeitig der Vagustonus abnimmt, und das Herz rascher schlägt (siehe oben S. 71), steigt während der Inspiration der Blutdruck. Die entgegengesetzten Änderungen gelten für die Zeit der Exspiration. So kommt das mit der Atmung einhergehende Steigen und Sinken der Blutdruckkurve zustande, von dem schon früher die Rede war (S. 42 und Abb. 13).

Von dem Druck außerhalb der Lunge muß der Druck der Lungenluft unterschieden werden. Er ist im allgemeinen gleich dem atmosphärischen, doch sinkt er während der Einatmung um einige Millimeter Hg unter denselben und übersteigt ihn um ebensoviel bei der Ausatmung entsprechend den Reibungshindernissen, die dem Atmungsstrom in den Luftwegen entgegentreten. Durch eine Einatmung bei verengten Atemwegen (Trinken, Aufnehmen von Flüssigkeit in eine Pipette oder mit einem Strohhalm) können kräftige Saugwirkungen (bis zu einem Unterdruck von $^1/_{10}$ Atmosphäre), durch Ausatmung bei verengten oder verschlossenen Luftwegen (Pressen, Husten) Überdrucke bis nahe $^1/_3$ Atmosphäre erzeugt werden. An diesen außergewöhnlichen Druckzuständen in der Lungenluft nimmt auch der pleurale oder intrathorakale Druck teil, doch ist er stets um einen der jeweiligen Spannung des Lungengewebes entsprechenden Betrag niedriger als jene.

Die Atembewegungen.

Als Ruhestellung der Brust muß bei schlaffer Muskulatur jene gelten, in der das exspiratorisch gerichtete Verkleinerungsstreben der Lunge und der inspiratorisch gerichtete Gegenzug des Brustkorbes sich das Gleichgewicht halten. Sie entspricht wahrscheinlich der sogenannten Mittellage der Brust (siehe oben S. 108). Die Änderungen in der Räumigkeit der Brust und damit der Lungen geschehen durch Muskeln, welche nach ihrer Wirkung in Einatmungsmuskeln, Inspiratoren, und Ausatmungsmuskeln, Exspiratoren unterschieden werden. Ein Inspirator, das Zwerchfell, bildet die untere Begrenzung des Brustraumes. Er stellt ein gegen den Kopf konvexes Gewölbe dar, auf dessen sehniger Kuppel (Centrum tendineum) das Herz ruht. Bei schwachen Kontraktionen des Zwerchfells nimmt nur die Krümmung der vom Centrum tendineum ausstrahlenden Muskelbündel ab, wobei sich die Schenkel des Gewölbes von der Wirbelsäule und den Rippen ablösen, denen sie in der Ruhe in weitem Umfange anliegen. Dadurch entstehen an der unteren Begrenzung der Brusthöhle keilförmige Räume, in welche die Lunge einrückt. Bei starken Kontraktionen des Zwerchfells steigt aber auch dessen Kuppel herab, wie bei der Durchleuchtung mit Röntgenstrahlen beobachtet werden kann. Eine weitere Folge der Bewegung des Zwerchfells ist eine

Verdrängung der Baucheingeweide nach abwärts und eine Drucksteigerung im Abdomen. Bei starken Zusammenziehungen des Zwerchfells findet ferner eine Einziehung der Rippenränder statt.

Die Vergrößerung des Brustraumes nach der sagittalen und transversalen Richtung kann nur unter gegenseitiger Verlagerung der knöchernen und knorpeligen Teile des Brustkorbes stattfinden, wobei diese Teile und die sie verbindenden Bänder Deformationen und Spannungen erfahren. Hierdurch, je nach der Körperstellung auch durch die Schwere, wird die Rückkehr des Brustkorbes in die Ruhestellung begünstigt.

Die Formänderung des Brustkorbes bei der Inspiration besteht im wesentlichen aus einer Hebung der Rippen und des Brustbeins, derart, daß die ersteren mit der Wirbelsäule weniger spitze Winkel einschließen. Die Exkursionen können, infolge der geringen Beweglichkeit der Wirbelrippengelenke, in Winkelgraden gemessen, nur gering sein; dagegen sind die Bogenlängen, welche von den vorderen Enden, namentlich der langen Rippen, durchlaufen werden, gar nicht unbeträchtlich.

Denkt man sich bei aufrechter Körperstellung eine Reihe von Horizontalschnitten durch die Brusthöhle gelegt, so werden dieselben bei der inspiratorischen Rippenhebung sämtlich größer, und zwar sowohl im Tiefen-, wie im Breitendurchmesser. Letzteres gilt namentlich für die Schnitte durch die untere Hälfte des Brustkorbes. Es hängt dies damit zusammen, daß die vom Köpfchen zum Höcker der Rippe gezogene Drehungsachse nicht quer, sondern schräg gerichtet ist und die Achsen zweier symmetrischer Rippen aufeinander nahezu senkrecht stehen. Abb. 48 zeigt die Projektionen eines Rippenpaares in Exspirations- und Inspirationsstellung auf eine Horizontalebene.

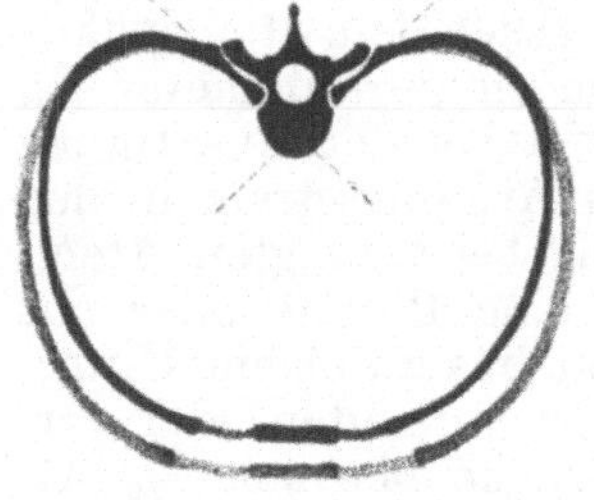

Abb. 48. Projektion eines Rippenpaares nebst Verbindungsstücken auf eine Horizontalebene. Die Exspirationsstellung ist schwarz. Die Drehungsachsen der Rippen sind gestrichelt.

Die Inspirationsbewegung der Rippen wird bei gewöhnlicher Atmung hauptsächlich hervorgebracht durch die MM. intercostales externi, ferner durch die Scaleni und Serrati posteriores superiores. Bei angestrengter Einatmung treten außerdem Muskeln in Tätigkeit, die von dem Kopf und Schultergürtel nach dem Brustbein und Rippen ziehen, wobei natürlich die Feststellung ihrer Ursprungsorte in bezug auf die Wirbelsäule vorausgesetzt werden muß. Nach JANSEN (1910. Z. f. orthop. Chir. 25, 734) sind die Rückenstrecker. besonders der M. spinalis, an jeder Inspiration beteiligt.

Es ist oben angegeben worden, daß Exspiration in rein passiver Weise möglich ist. Treten Exspirationsmuskeln in Tätigkeit, so liegt ihre Wirkung darin, daß sie den Umfang und die Geschwindigkeit der Exspiration verändern, überhaupt deren Ablauf in mannigfaltiger Weise modifizieren. Ob es rein passive Exspirationen gibt, ist nicht sicher bekannt; bei Tieren scheinen die MM. intercostales interni bei der Exspiration stets tätig zu sein (R. FICK, A. f. A. 1897, 75; BERGENDAL und BERGMANN, 1897, Sk. Arch. 7. 178). Daß bei der Exspiration gegen Widerstände, wie beim Sprechen, Rufen, Singen, beim Blasen von Instrumenten usw. die Bauchmuskeln den zeitlichen Verlauf der Exspiration und ihre Stärke bestimmen, indem sie die Baucheingeweide und mit ihnen das Zwerchfell gegen die Brusthöhle emportreiben, lehrt die tägliche Erfahrung.

Die Wirkung der Interkostalmuskeln ergibt sich aus dem zum Rippenkörper schrägen Verlauf der Fasern. Die auf zwei benachbarten Rippen wirkenden Kräfte einer Faser sind gleich in ihrer Größe aber ungleich in ihren Hebelarmen. Die Faser hat daher für die beiden Rippen verschiedene Drehungsmomente. So ist z. B. das nach oben gerichtete Drehungsmoment, welches eine Faser des Intercostalis externus auf die untere Rippe eines Paares ausübt, größer als das nach unten gerichtete ihres Ansatzes an der oberen Rippe. Entgegengesetzte Bewegungen der beiden Rippen sind durch ihre Verbindung ausgeschlossen. Also kann nur eine Bewegung der sternalen Enden nach oben folgen, wenn man die Wirbelsäule festgestellt denkt.

Die Aufteilung der am Brustkorb angreifenden Muskeln in Inspiratoren und Exspiratoren geschieht hauptsächlich auf Grund der anatomischen Kenntnis von Ursprung und Ansatz derselben. In einzelnen Fällen ist auf dem Wege der Befühlung durch die Haut hindurch festgestellt worden, daß die Spannung des Muskels bei Ein- oder Ausatmung wächst, oder man hat den Muskel freigelegt und Beginn und Ende seiner Verkürzung mit dem Auge verfolgt. Das sicherste und lehrreichste Verfahren, die Registrierung der Aktionsströme der tätigen Muskeln ist bisher nur bei einem Atemmuskel, dem Zwerchfell, zur Anwendung gekommen und hat ergeben, daß der Muskel bei jeder Einatmung in einen kurzen Tetanus gerät, der aus zahlreichen, oft sehr regelmäßig aufeinander folgenden Erregungsstößen besteht (DITTLER, 1909, A. g. P. **130**, 3). Weiter hat sich gezeigt, daß der Rhythmus der Erregungsstöße im Muskel und Nerv im allgemeinen übereinstimmt, ersterer also den Erregungsrhythmus vom Nerven übernimmt. Die Zahl dieser Stöße ist bei normaler Körpertemperatur (Kaninchen, Hund) 110—140 in der Sekunde und sinkt mit der Temperatur stark ab, bei 28° auf nahezu 50. Dabei kommt es nur auf die Temperatur des Zentralnervensystems an, nicht auf die des Muskels oder des Nerven. Es ist also jenes, welches über den Erregungsrhythmus entscheidet (DITTLER und GARTEN, 1912, Z. f. B. **58**, 420).

Die Nerven der Atemmuskeln und das Atemzentrum.

Die an der Atmung beteiligten Muskeln erhalten ihre zentrifugalen oder motorischen Nerven aus dem Hals- und Brustmark, einige derselben auch aus der Oblongata. So zeigt z. B. die Beobachtung des Kehlkopfes an manchen Menschen eine im Rhythmus der Atmung stattfindende abwechselnde Erweiterung und Verengerung der Glottis. Da ein gelähmtes Stimmband diese Bewegungen nicht mehr ausführt, so handelt es sich hier nicht um eine passive, sondern um eine aktive Bewegung, d. h. um die Teilnahme des Nervus laryngeus inferior, eines Astes des Vagus, an der Atmungsinnervation. Bei Atemnot treten Gesichtsmuskeln in die rhythmische Atemtätigkeit ein, also Muskeln aus dem Innervationsgebiet des N. facialis. Beim Kaninchen, dessen Schnauze regelmäßig mitatmet, ist der N. facialis stets an der Atmung beteiligt.

Es muß demnach bei jeder Inspiration und ebenso bei der Exspiration eine Anzahl von efferenten, über eine beträchtliche Strecke des Rückenmarks ja selbst des Gehirns verteilten Wurzelfasern mit den zugehörigen Vorderhornzellen in Erregung geraten und diese Tätigkeit muß eine streng geregelte sein, damit die antagonistischen Muskeln sich nicht gegenseitig stören. Es entsteht somit die Frage, auf welche Weise und von welchem Orte aus die Regelung erfolgt.

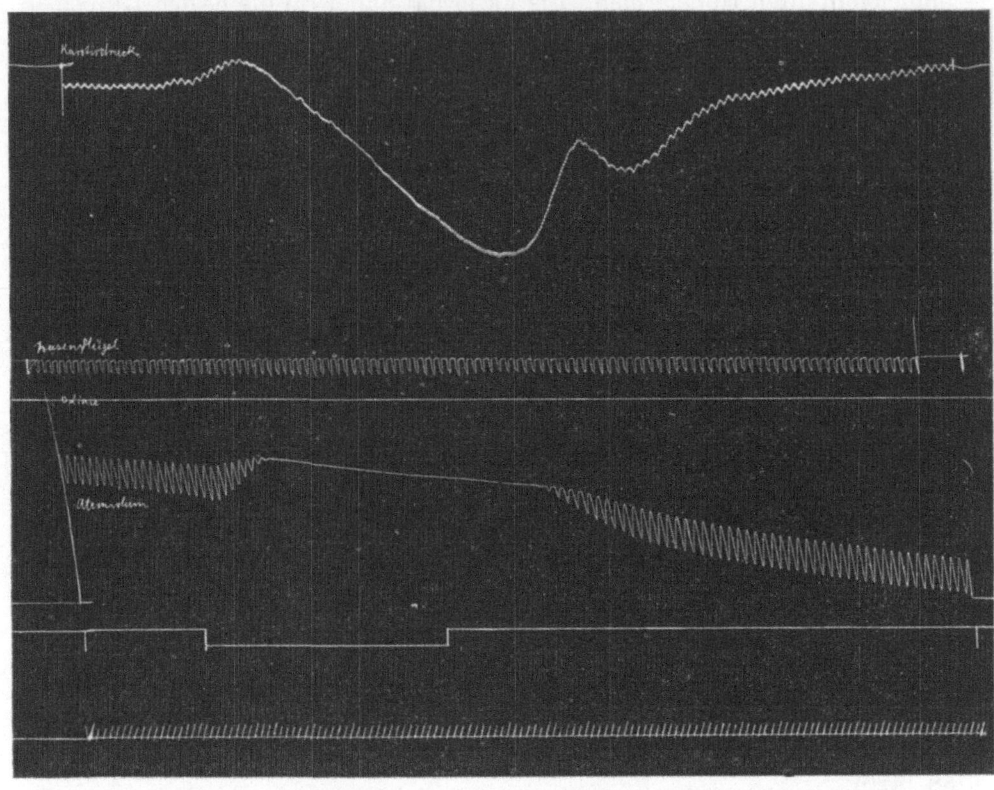

Abb. 49. Verhalten von Blutdruck, Nasenflügelbewegung und Lungenventilation bei Ringskühlung des Marks am Epistropheus nach TRENDELENBURG. (1910, A. g. P. **135**, 479). Von oben nach unten: Kurve des Blutdrucks in der Karotis, Nasenflügelbewegung, Nulllinie des Blutdrucks, Atemvolumina, Signallinie für die Dauer der Kühlung, Sekundenmarken.

Die bündigste Antwort hierauf geben die Versuche von W. TRENDELENBURG, der durch Kühlung der Vorder- und Seitenstränge des obersten Halsmarkes die Überleitung von Erregungen aus dem Gehirn in das Rückenmark vorübergehend aufhob, wobei alle vom Rückenmark innervierten Muskeln ihre Atembewegungen einstellen. Vgl. Abb. 49. Bei Erwärmung des Markes nehmen sie dieselben in unveränderter Weise wieder auf. Die Atembewegungen der Nasenflügel (Kaninchen) bleiben dagegen während der Kühlung des Markes bestehen. Der Versuch lehrt, daß die Anregung zur Atemtätigkeit vom Gehirn ausgeht und daß das Rückenmark von sich aus nicht imstande ist sie zu unterhalten.

Die führende, als **Atemzentrum** bezeichnete Stelle ist im Kopfmark gelegen, in der Höhe des Hypoglossuskerns aber nicht im Grau des vierten Ventrikels, sondern in tieferen Teilen des Querschnittes, vermutlich in der Formatio reticularis (GAD und MARINESCO, A. f. P. **1893**, 175). Durchschneidung des Gehirns in der Höhe der Vierhügel, wobei das Großhirn vollständig abgetrennt wird vom Rautenhirn, hebt daher die Atmung nicht auf.

Durch Zerstörung des Atemzentrums werden die Atembewegungen dauernd aufgehoben; der Warmblüter kann dann nur noch durch künstliche Respiration am Leben erhalten werden. Wird dieselbe unterbrochen, so treten Muskelkrämpfe, sogenannte Erstickungskrämpfe auf, die den Anschein von Atembewegungen erwecken können. Es ist daher von manchen Forschern die Möglichkeit einer spinalen Regulation der Atembewegungen offen gelassen worden. Doch wird man zugeben müssen, daß sichere Beweise hierfür fehlen. Vgl. PORTER, 1895, J. of P. **17**, 455.

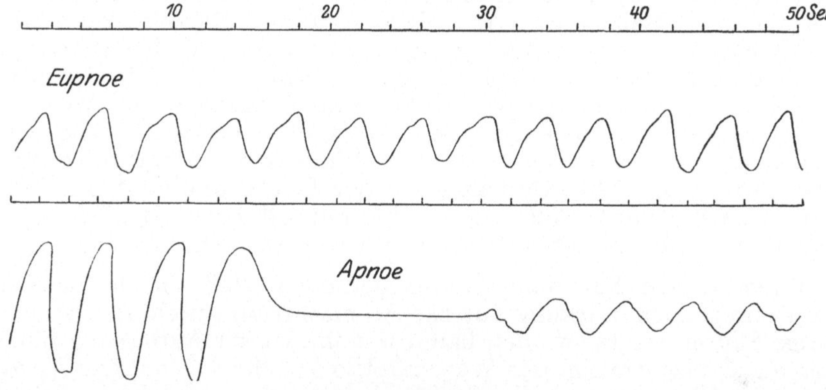

Abb. 50. Atemkurven, Inspiration nach unten. Erste Kurve ruhige Atmung. Zweite Kurve die letzten vier von 30 tiefen Atmungen gefolgt von Apnoe (14 Sek.). sodann von verflachter Atmung. Über jeder Atemkurve Zeitmarken in Abständen von je 2 Sekunden.

Das Atemzentrum muß als ein Organ mit selbständiger rhythmischer Automatie gelten, wie das Herz, die Blutgefäße, der Darm und andere. Dies ist zu folgern aus der Fortdauer der Atembewegungen bei tiefster, die Reflexe unterdrückender Narkose und aus ihrem Wiederauftreten nach lähmender Gehirnanämie zu einer Zeit, in der die Reizung afferenter Nerven noch ohne Wirkung ist (STEWART und PIKE, 1907, Am. J. of P. **19**, 328). Die Fortdauer der Automatie, die Art und Stärke ihrer Erscheinung ist abhängig von thermischen und namentlich chemischen Bedingungen, die am Orte des Zentrums obwalten. So wird durch Kühlung des Karotidenblutes oder der freigelegten Rautengrube die Atmung, gegebenenfalls bis zum Stillstand, verlangsamt (W. TRENDELENBURG, 1910, A. g. P. **135**, 480) durch Erwärmung beschleunigt und verflacht (Tachypnoe) (MOORHOUSE, 1911, Am. J. of P. **28**, 223). Durch einige Tropfen einer $2^0/_0$ Eukainlösung, die auf die Rautengrube gebracht werden, kann die Atmung für längere Zeit unterdrückt werden (ASHER, 1902, E. d. P. **1**, II. 366).

In besonders empfindlicher Weise reagiert das Atemzentrum auf die Kohlensäurespannung des Blutes. Diesem Umstande ist es zuzuschreiben, daß die Kohlensäurespannung in der Alveolarluft und im arteriellen Blute im allgemeinen recht konstant bleibt. Bei Untersuchung der Alveolarluft fand HALDANE im Verein mit PRIESTLEY und POULTON (1905 und 1908, J. of P. **32**, 225; **37**, 390), daß bei ruhiger Atmung (Eupnoe) die Kohlensäurespannung trotz wechselnder Versuchsbedingungen auf einem Wert eingestellt bleibt, der für jede Versuchsperson annähernd konstant, für verschiedene Personen in nicht unerheblichem Maße schwankend ist. Schon eine geringe Erhöhung der Kohlensäurespannung (um 1,5 mm Hg oder $0,2^0/_0$ einer Atmosphäre) genügt, um vertiefte Atmung (Dyspnoe, Hyperpnoe) herbeizuführen. Wird umgekehrt der Kohlensäuredruck in der Lunge dadurch herabgesetzt, daß man etwa für die Dauer von zwei Minuten möglichst tief atmet, so treten größere Mengen von Kohlensäure aus dem Blute in die Lungenluft über, die Kohlensäurespannung im Blute sinkt und es kommt zur Verflachung der Atmung oder sogar zu einen vorübergehenden Aufhören derselben (Apnoe), siehe Abb. 50. Dieselbe kann nicht einer erhöhten Sauerstoffspannung zugeschrieben werden, da das arterielle Blut schon unter gewöhnlichen Umständen mit diesem Gase fast gesättigt ist. Es hat sich ferner gezeigt, daß bei sehr weitgetriebener Apnoe die Atmung für Minuten aussetzen kann, wobei der Sauerstoffdruck in der Alveolenluft und entsprechend auch im Blute so niedrig wird, daß die Versuchsperson die fahle Gesichtsfarbe der Leiche annimmt und einen höchst beängstigenden Eindruck macht, ohne daß ein Bedürfnis zum Atmen besteht (HALDANE und POULTON, a. a. O. 399).

WINTERSTEIN hat dann weiter gefunden, daß die Kohlensäure in ihrer anregenden Wirkung auf das Atemzentrum durch andere, nicht flüchtige Säuren ersetzt werden kann, was ihn zu der Auffassung führte, daß es die Konzentration der Wasserstoffionen, die sogenannte Wasserstoffzahl des Blutes ist, von der die Tätigkeit des Atemzentrums bestimmt wird. Ungenügende Zufuhr von Sauerstoff könnte dann indirekt dadurch wirken, daß die Verbrennung unvollständig wird und saure Produkte des Stoffwechsels entstehen, die die Kohlensäurespannung im Blute erhöhen (1911, A. g. P. **138**, 167 und 1915, Bioch. Z. **70**, 45). Außer dieser mittelbaren Wirkung hat der Sauerstoff anscheinend auch noch eine unmittelbare, indem er die Empfindlichkeit des Atemzentrums für eine bestimmte Kohlensäurespannung herabsetzt (LINDHARD, 1911, J. of P. **42**, 337). Bei vermindertem Sauerstoffdruck, wie er im Hochgebirge herrscht, ist demnach die Empfindlichkeit des Atemzentrums für die Kohlensäurespannung des Blutes erhöht, was denn auch in einer gesteigerten Ventilation der Lunge und in Herabsetzung der Kohlensäurespannung in der Alveolenluft zum Ausdruck kommt. Im gleichen Sinne wirkt auch intensive Belichtung, namentlich mit kurzwelligen Strahlen (HASSELBALCH und LINDHARD, 1912, Skand. A. **25**, 361).

Als ausgelöst durch chemische Reizung des Atemzentrums muß auch der erste Atemzug des Neugeborenen gelten. Derselbe tritt nicht ein, solange durch den Plazentarkreislauf die Wasserstoffzahl des kindlichen Blutes genügend niedrig gehalten wird. Im anderen Falle kommt es schon innerhalb der mütterlichen Geburtswege zu Atembewegungen der Frucht.

Unbeschadet seiner Fähigkeit zu automatischer Tätigkeit steht das Atemzentrum doch auch unter dem Einfluß anderer Teile des Nervensystems. Der Einfluß des Großhirns äußert sich in der Möglichkeit, die Atembewegungen weitgehend willkürlich umzugestalten, besonders auch, sie für eine gewisse, immer nur nach Bruchteilen einer Minute zählenden Zeit zu unterdrücken; ferner in den äußerst vielgestaltigen aber für jede Gefühlslage typischen Formen, die die Atmung unter der Herrschaft der Gemütsbewegungen annimmt, wie Lachen, Weinen, Seufzen, Gähnen. Der Einfluß der Sinnesnerven verrät sich in dem Schnüffeln bei Geruchsempfindungen, der beschleunigten und flachen Atmung bei angestrengtem Horchen, die Atemstillstände bei plötzlichen Kälte- und Schmerzreizen und dergleichen mehr.

Soweit es möglich ist, durch Nervenreizungen am Tier in diese mannigfaltigen reflektorischen Einwirkungen auf das Atemzentrum Einblick zu gewinnen, hat SJÖBLOM das vorliegende reiche Beobachtungsmaterial einer Nachprüfung und Sichtung unterworfen (1915, Skand. A. **32**, 1). Die elektrische Reizung eines Nerven, und zwar zweckmäßig des proximalen Stumpfes des durchschnittenen Nerven, ergreift ja alle Fasergattungen desselben. Nur durch vorsichtige Abstufung der Reizstärke kann es gelingen, eine Beschränkung auf einzelne Gattungen zu erreichen. Welche das sind, ist nicht ohne weiteres ersichtlich und muß aus anderen Beobachtungen erschlossen werden. Nach Erfahrungen am Menschen sprechen bei Reizung eines gemischten rezeptorischen Nerven die Bahnen des Drucksinns leichter an als die des Schmerzsinns. Diesem Verhalten entspricht es vielleicht, wenn die geprüften Nerven, abgesehen vom Splanchnikus und Vagus, bei schwachen Reizen eine Begünstigung der Inspiration bei starken eine solche der Exspiration bewirken. Die Begünstigung kann sich in einem größeren Umfang der fraglichen Bewegung, in einer längeren Dauer derselben, oder in einem vorzeitigen Eintritt äußern, womit dann eine Häufung von Atembewegungen einhergeht. Mit der Förderung der einen Bewegungsrichtung ist mehr oder weniger deutlich die Erschwerung oder Hemmung der entgegengesetzten verbunden, was sehr dafür spricht, daß die Innervation der Atemmuskeln eine reziproke ist (siehe oben S. 83). Der N. splanchnicus entfaltet nach SJÖBLOM bei jeder Reizstärke ausschließlich hemmende Wirkungen auf die Inspirationsbewegung, was so aufgefaßt werden kann, daß eine allzustarke Ausdehnung der Lungen, die auf die Bauchorgane störend wirken könnte, vermieden wird.

Äußerst verschiedenartig sind die vom N. vagus vermittelten Atemreflexe. Es braucht nur erinnert zu werden an die Auslösung des Hustens vom Kehlkopf und der Luftröhre, an die des Schluckens vom Schlunde aus, an das Erbrechen bei Reizung der Magenäste dieses Nerven und andere. Die Lungenäste des Nerven entwickeln hauptsächlich hemmende Wirkungen, und zwar solche auf die Inspiration bei schwachen, auf die Exspiration bei starken Reizen. Die einfachste Erklärung dieses Befundes liegt in der Annahme von zwei Arten afferenter Fasern. Die natürlichen Reize für dieselben scheinen gegeben zu sein in der Ausdehnung der Lunge für die eine, in ihrer Verkleinerung für die andere Faserart. HERING und BREUER (1868, Wiener Ber. **57**, 672 und **58**, 909) fanden nämlich, daß Entfaltung (Aufblasen) der Lunge die Inspiration hemmt und Exspirationsbewegung hervorruft, Zusammenfallen der Lunge den entgegengesetzten Erfolg. Hierdurch wird bewirkt, daß jede vom Atemzentrum eingeleitete Einatmung vor vollständiger Entfaltung der Lunge durch die aus ihr kommenden Erregungen unterbrochen und in Ausatmung verkehrt wird, und das Entsprechende gilt für die Ausatmung. Es handelt sich also um eine Einrichtung, durch die übermäßige Änderungen des Lungenvolums und damit einhergehende starke Schwankungen der Gasspannungen in der Lungenluft in der Regel verhindert werden. Da die Umschaltung durch die atmende Lunge geschieht, sprechen HERING und BREUER von einer „Selbststeuerung der Atmung".

Die Erregungen, die in den Fasern des Lungenvagus ständig nach dem Gehirn laufen, lassen sich auch in der Weise aufzeigen, daß man den Vagusstamm am Halse durchschneidet und den distalen Stumpf zu einem Saitengalvanometer ableitet. Jede am Stumpf ankommende Erregung verursacht dann eine kurze Schwächung des Demarkationsstromes, eine sogenannte negative Schwankung. Die photographisch registrierten Ausschläge des Instrumentes zeigen einen doppelten Rhythmus, einen den Herzschlägen und einen zweiten der Atmung entsprechenden. Ersterer stammt von afferenten Fasern des Herzens und der Aorta (Depressor), die durch die dort auftretenden Spannungen erregt werden (siehe oben S. 83). Der zweite Rhythmus stammt von den Lungenästen des Vagus. EINTHOVEN hat gezeigt (1908, A. g. P. **124**, 246), daß es nicht der Luftdruck in der Lunge ist, der diese Fasern erregt, sondern daß das Lungenvolum dafür entscheidend ist. Bei künstlicher Atmung lassen sich sowohl durch Aufblasen der Lunge wie durch Aussaugen von Luft aus derselben Erregungen erzielen, eine Beobachtung, die für das Vorhandensein von zwei Arten von Fasern im Sinne von HERING und BREUER spricht.

Werden die Vagi durchschnitten oder besser durch Kälte leitungsunfähig gemacht, so fallen die von seinen Lungenästen auf das Atmungszentrum ausgeübten Wirkungen fort und es kommt zu einer plötzlichen und durchgreifenden Änderung der Atmung. Sie wird seltener, die Inspirationen werden vertieft und in die Länge gezogen, gleichsam mühsamer. Der Versuch beweist unter anderem, daß die Tätigkeit des Atmungszentrums durch die von der Lunge kommenden Erregungen nicht bedingt, wohl aber modifiziert wird. Bleiben die Tiere am Leben, was unter besonderer Vorsicht bei Ausführung der Operation und sorglicher Pflege gelingt, so stellt sich die normale Atmung selbst nach Monaten nicht wieder ein (KATSCHKOWSKY, 1901, A. g. P. **84**, 6).

Durchschneidung der Vagi am Halse lähmt natürlich auch die Nn. recurrentes und damit die Kehlkopfmuskeln mit Ausnahme des Cricothyreoideus, was zur Folge hat, daß der Verschluß des Kehlkopfes während des Schluckens versagt, die Tiere sich verschlucken und bald an Fremdkörperpneumonie eingehen.

Endlich führt der N. vagus für die Lungen neben Gefäßnerven auch Fasern für die glatten Muskeln der Bronchien und der Trachea, und zwar verengende, den Tonus erhöhende, während der Sympathikus diese Muskeln erschlafft. Letztere Fasern entspringen aus den drei ersten Brustnerven (DIXON und RANSOM, 1912, J. of P. **45**, 413). Durch Krampf der Bronchialmuskeln, wie er zuweilen reflektorisch von anderen Orten z. B. von der Nase ausgelöst wird, kann die Atmung sehr erschwert werden (Asthma bronchiale s. verum). Die Bedeutung der Bronchialmuskeln dürfte u. a. wohl in einer Erhöhung der Widerstandsfähigkeit der zarten Luftwege gegen Drucksteigerungen in der Lunge (Blasen, Schreien usw.) zu suchen sein.

Versagt die natürliche Atmung (zu tiefe Narkose, Erstickung, Ertrinken, Erhängen usw.) so schreitet man zur künstlichen Atmung. Bei Tieren legt man eine Trachealfistel an und bläst durch dieselbe Luft ein, wobei man durch eine Seitenöffnung dafür sorgt, daß in den Pausen zwischen den Einblasungen die Lunge die überschüssige Luft entleeren kann. Hier herrscht also beständig Überdruck in der Lunge, was eine gewisse Erschwerung des Kreislaufs in ihr bedeutet. Besser ist es daher, zwischen Drücken und Saugen zu wechseln, wozu besondere Apparate angegeben worden sind. Beim Menschen wird die natürliche Atmung nachgeahmt, indem man bei Rückenlage des Verunglückten die Arme desselben abwechselnd hoch führt und dann wieder auf den Rumpf oder neben denselben herabläßt. Dadurch wird der Schultergürtel bald gehoben, bald gesenkt, an welchen Bewegungen auch der Brustkorb teilnimmt. Zu achten ist dabei darauf, daß der Kehlkopfeingang frei und nicht durch die Zunge oder Fremdkörper verschlossen ist. Ein anderes weniger ausgiebiges aber auch weniger ermüdendes Verfahren besteht darin, daß man auf die Rippenränder und den Bauch mit den aufgelegten Händen drückt, das Zwerchfell dadurch empor- und Luft aus der Lunge treibt. Beim Freigeben des Rumpfes wird durch das Zurückgleiten der Baucheingeweide und durch die Elastizität des Brustkorbs eine Einatmung bewirkt. Die letztere Form des Vorgehens läßt sich dadurch wirksamer gestalten, daß man den Verunglückten mit seitwärts geneigtem Kopf auf den Bauch legt und den Druck auf die Lendengegend ausübt. Dabei gewinnt man den Vorteil, daß die gelähmte Zunge von selbst nach vorne fällt und den Kehlkopfeingang frei gibt.

Die Vorgänge in den Luftwegen.

Die in die Lunge eindringende Luft erfährt nicht nur eine Änderung ihres Gehalts an Sauerstoff und Kohlensäure, sie wird auch erwärmt, angefeuchtet und von Staub befreit. Dabei erreicht sie, wie LOEWY und GERHARTZ, entgegen früheren Angaben, gezeigt haben (1914, A. g. P. **155**, 231), weder die volle Bluttemperatur noch die Sättigung mit Wasserdampf. Wird durch den Mund geatmet, so stellt sich die Temperatur der Ausatmungsluft auf 32—35⁰, bei Atmung durch die Nase auf 31—33⁰. Die Lungenluft wird also auf dem Wege durch die Nase etwas abgekühlt. Mit der Atemtiefe steigt die Temperatur der ausgeatmeten Luft, weil der eingeatmeten Luft mehr warme Lungenluft beigemengt wird bzw. der zur Erwärmung wenig beitragende schädliche Raum an Bedeutung einbüßt. Die Befeuchtung geschieht durch das Sekret der zahlreichen Drüsen, die sich in den Schleimhäuten der Luftwege finden.

Der in der Luft enthaltene Staub fällt zum großen Teil in den zuführenden Luftwegen nieder, wird von dem dort abgesonderten Schleim festgehalten und mit diesem nach außen befördert. Die Unterhaltung des ständig aber sehr langsam fließenden Schleimstromes ist eine Leistung der Flimmerzellen, in der obersten Schicht des mehrreihigen Epithels, das die Luftwege auskleidet. In ähnlicher Weise entsteht in der Nasenhöhle ein gegen die äußere Nasenöffnung gerichteter Schleimstrom. Der Schlag der Flimmerhaare schreitet von Zelle zu Zelle vorwärts nach

Art einer über die Schleimhautfläche ablaufenden Welle. Die Richtung des Schlages ist unabänderlich, erfährt also keine Umkehrung, wenn ein Stück Schleimhaut abgehoben und verkehrt wieder eingeheilt wird (v. BRÜCKE, 1916, A. g. P. **166**, 45).

Die Herausbeförderung des Staubes in der beschriebenen Weise ist ausgeschlossen, wenn er bis in die Alveolen vordringt, also über die Grenzen des Flimmerepithels. In diesem Fall wird er in die Lymphbahnen abgeführt, wobei wahrscheinlich die Lymphzellen den Transport übernehmen. Auf diese Weise gelangt er schließlich in die Lymphknoten der Lungenwurzel, wo er sich, wenn in größerer Menge vorhanden, schon durch die eigentümliche Färbung dieser Drüsen verrät (vgl. die sog. Kohlen-, Eisen-, Steinlungen etc.).

Sechster Teil.

Verdauung.

Kauen, Einspeicheln und Schlucken.

Der Sauerstoff, der in den Lungen ins Blut aufgenommen und von
diesem den Zellen zugeführt wird, ist ein zum Leben derselben unentbehrlicher, ein wirklicher Nahrungsstoff. Er ist der einzige auf diesem
Wege aufgenommene, weil er in der Form, in der er sich in der Natur
findet, ohne weiteres verwertbar ist. Alle anderen Nahrungsstoffe bedürfen, um aufnahmefähig zu sein, einer Vorbereitung, der Verdauung,
der sie auf dem Wege durch den Darm unterzogen werden: Sie finden
sich auch, von wenigen künstlich hergestellten Stoffen abgesehen, nicht
im reinen Zustand in der Natur vor, sondern gemischt mit anderen teils
verwertbaren, teils nicht verwertbaren Stoffen in den Nahrungsmitteln. Dadurch entsteht für die Verdauung die weitere Aufgabe der
Aufteilung oder Analyse.

Die Verdauung beginnt mit der Einführung der Nahrung in den
Mund, die bei Flüssigkeiten durch Saugen oder Trinken, gegebenenfalls
durch Eingießen, bei fester Nahrung durch Einführen mit der Hand oder
mit Eßwerkzeugen geschieht.

Im ersten Lebensjahr ist der Mensch auf flüssige Kost angewiesen,
die er durch Saugen gewinnt. Die Lippen und zahnlosen Kieferränder
des Säuglings umschließen die mütterliche Brustwarze oder den Ersatz
derselben und durch die Bewegung der Zunge, die nach Art eines Spritzen-
stempels zurückgezogen und zugleich löffelartig ausgehöhlt wird, entsteht
Raum für die einströmende Milch. Die treibende Kraft ist gegeben durch
die Druckdifferenz zwischen Brustdrüse und Mundhöhle. Während des
Saugens geht die Atmung durch die Nase ungestört fort; sie wird nur
für den Augenblick des Schluckens unterbrochen.

Beim Trinken findet eine andere Form des Saugens, das sogenannte
Schlürfen statt. Hierbei ist die Nase durch das Gaumensegel geschlossen,
die Lippen tauchen unter den Flüssigkeitsspiegel und durch eine kurze
Inspirationsbewegung wird die Mundhöhle gefüllt. Es folgt Abschluß
der Mundhöhle nach vorne und Schlucken.

Das Kauen.

Feste Nahrung unterliegt zunächst einem Zerkleinerungsprozeß
durch die Zähne, die je nach ihrer Form und dem Zusammenwirken
der beiden Zahnreihen bald zerschneidend nach Art von Zangen oder
Scheren, bald mahlend, wirken. Erstere Art der Zerkleinerung ist

charakteristisch für den Fleischfresser. Sie prägt sich aus nicht nur in der Form und Stellung der Zähne, sondern auch in der Beschaffenheit der Kiefergelenke, die sich der Gestalt reiner Scharniergelenke nähern. Im Gegensatz dazu ist das Gebiß des Pflanzenfressers, und besonders das des Wiederkäuers ein vorwiegend mahlendes, die Zähne haben breite aufeinander schleifende Flächen und die Kiefergelenke gestatten nicht nur Drehungen, sondern auch Parallelverschiebung in verschiedenen Richtungen. Beim Menschen stehen Gebiß und Form des Kiefergelenks ungefähr in der Mitte zwischen den genannten beiden Extremen.

Die Bewegung der Kiefer erfolgt durch die Kaumuskeln, doch spielen bei dem Kaugeschäft auch die Muskeln der Zunge, der Lippen und Wangen eine wichtige Rolle, da sie die zu zerkleinernden Substanzen zwischen die Zähne schieben. Von den Kaumuskeln haben der Masseter und der innere Flügelmuskel, sowie die vorderen Faserursprünge des Temporalis eine mehr oder weniger rein anziehende Wirkung. Der äußere Flügelmuskel zieht dagegen seinen Kieferast nach innen und vorne, die hinteren Fasern des Temporalis ziehen nach rückwärts. Bei einseitiger Innervation der letztgenannten Muskeln wird also der Gelenkkopf des Unterkiefers dieser Seite nach vorne bzw. hinten geschoben, wobei der Unterkiefer Drehungen annähernd um eine lotrechte durch den Gelenkkopf der anderen Seite gehende Achse ausführt. Dies ist die Hauptform der Mahlbewegung (vgl. R. FICK, Handb. d. Gelenke. 3, 18). Die an dem Kaugeschäft beteiligten zentrifugalen Nerven sind der Trigeminus für die eigentlichen Kaumuskeln, Fazialis und Hypoglossus für die Hilfsmuskeln.

Die Kaumuskeln sind zu großer Kraftentfaltung befähigt, wie ihre Leistungen beim Kauen und vielleicht noch anschaulicher die Kunststücke mancher Artisten und Athleten dartun. Nach ED. WEBER haben Temporalis, Masseter und innerer Flügelmuskel beider Seiten zusammengenommen einen physiologischen Querschnitt von 40 qcm, was einer absoluten Kraft von 400 kg entsprechen würde. Die genannte Querschnittszahl, insbesondere die für die Temporalis ist wahrscheinlich noch zu klein. Jedenfalls versteht man, daß ein Mensch mittelst der Kaumuskeln sich selbst oder einen anderen schwebend halten kann.

Bei geschlossenem Munde stehen die Schleimhautflächen der Lippen, Wangen und Kiefer, des Gaumens und der Zunge unter sich und mit den Zahnreihen in Berührung, so daß nur ein mit Speichel erfüllter Raum zwischen ihnen bleibt. Diese kapillare Flüssigkeitsschicht ist imstande, bei aufrechter Haltung des Kopfes den Unterkiefer zu tragen, so daß hierzu eine Tätigkeit der Kaumuskeln nicht erforderlich ist.

Die Speichelabsonderung.

Während des Kauens wird die Nahrung durchtränkt mit dem Speichel, einer Absonderung der zahlreichen Drüsen, die sich in die Mundhöhle öffnen. Der Speichel ist die wäßrigste, d. h. stoffärmste Abscheidung des Körpers. Er enthält 0,5 bis 1,0 % Trockensubstanz, von welcher ungefähr die Hälfte aus organischen Bestandteilen, die andere Hälfte aus Salzen besteht. Trotz der geringen Konzentration ist der gemischte Mundspeichel weit weniger beweglich als reines Wasser, ist fadenziehend und klumpig und schäumt stark beim Schütteln; eingedickt

wird er klebrig. Läßt man einen Tropfen einer wäßrigen Farbstofflösung
in Speichel fallen, so breitet sich die Farbe durch Diffusion nur äußerst
langsam aus, im Gegensatz zu ihrem Verhalten in Wasser. Diese Eigenschaften verdankt der Speichel seinem Gehalt an Muzin oder Schleimstoff,
einem Glykoproteid, das beim Kochen mit Mineralsäuren einen reduzierenden Körper, Glukosamin, abspaltet. Das Muzin hat selbst die Eigenschaften einer schwachen Säure, die mit Alkalien in Wasser lösliche oder
doch stark quellende, beim Erhitzen nicht koagulierende Salze bildet.
Durch Essigsäure wird das Muzin gefällt und der Niederschlag löst sich
nicht in überschüssiger Essigsäure. Ferner enthält der Speichel stets
kleine Mengen von koagulierbarem Eiweiß, an anorganischen Bestandteilen hauptsächlich Kalium neben kleineren Mengen von Natrium und
Kalzium gebunden an Chlor, Phosphorsäure, Kohlensäure und Schwefel-
zyanwasserstoffsäure. In Berührung mit der Luft, wobei Kohlensäure
abdunstet, pflegt der Speichel neu-
trales Kalziumkarbonat (Zahnstein)
ausfallen zu lassen.

Untersucht man die Absonderung einzelner Speicheldrüsen, was
natürlich nur an den großen Drüsen
mit sondierbarem Ausführungsgang
geschehen kann, so findet man sie
nicht gleichartig. Es gibt Drüsen
mit schleimigem, andere mit dünn-
flüssigem sog. serösen d. h. schleim-
freien Sekret und endlich solche
mit gemischtem Sekret. Die Unterschiede sind auch bei der mikroskopischen Untersuchung der
Drüsen aus der Bauart zu erkennen. Die Schleimdrüsen besitzen
ein sezernierendes Epithel aus
großen durchsichtigen Zellen mit
kleinen abgeplatteten Kernen, die
ganz an die Peripherie des Läpp-
chens oder Röhrchens gedrängt sind,
während in den serösen oder Eiweiß-

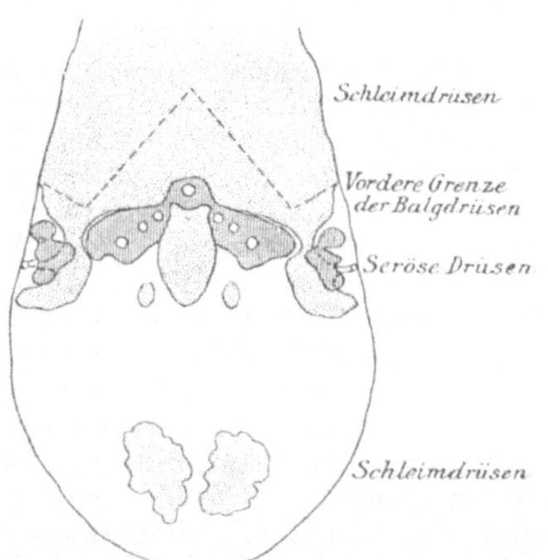

Abb. 50a. Verteilung der serösen Drüsen
(schraffierte Felder) und der Schleim-
drüsen (punktierte Felder) über die
Oberfläche der menschlichen Zunge.
Nach OPPEL, Lehrbuch der vgl. mikr.
Anat. 1900, III, Taf. II. Fig. 19.

drüsen das Protoplasma stark gekörnt und daher wenig durchsichtig ist.
Außerdem sind die Lumina der Schleimdrüsen weit, die der Eiweißdrüsen
sehr eng. Über den Bau der Schaltstücke, Sekretröhren und Ausführungsgänge, der ebenfalls Unterschiede zeigt, vgl. man STÖHR-SCHULTZE, 1915,
Lehrb. d. Histol. 16. Aufl. 239 und METZNER, 1907, Handb. d. Phys. II. 993.

Von den großen Speicheldrüsen ist die Parotis des Menschen und
die fast aller Säugetiere eine rein seröse Drüse. Submaxillaris und Sub-
lingualis sind beim Menschen gemischte Drüsen; bei den Karnivoren
sind sie vorwiegend schleimig, bei den Nagern serös (LANGLEY, 1898,
Textb. of Physiol. I. 478). Die Verteilung der kleineren Drüsen ist von
OPPEL untersucht worden (Lehrb. d. vergl. mikr. Anat. 1900, III. 486). Die
Drüsen des Gaumens und der Zungenwurzel (d. h. im Anfangsteil des
Schluckweges) sind Schleimdrüsen; die serösen Drüsen sind auf die
Umgebung der wichtigeren Geschmacksorgane am Grunde und an den
Rändern der Zunge beschränkt; vgl. Abb. 50a.

Die Drüsenzellen, und zwar sowohl die Eiweißzellen wie die Schleimzellen enthalten in ihrem Protoplasma dicht gelagerte Granula oder Sekrettropfen. Diese sind das Material, aus dem die spezifischen Sekretbestandteile stammen, denn ihre Zahl und Größe nimmt bei der Tätigkeit der Zelle ab und sie können sogar ganz verschwinden. Sie lösen sich auf und die Zelle wird kleiner. In der Ruhe werden sie neu gebildet (NOLL, 1905, E. d. P. 4, 84, METZNER a. a. O.).

Die Speicheldrüsen bedürfen zur Absonderung der Anregung von seiten ihrer Nerven. Durchschneidung der Nerven hebt die Absonderung auf; sie kann durch künstliche Reizung der distalen Stümpfe wieder in Gang gebracht werden. Als eine Reizung der Absonderungsnerven bzw. ihrer Enden muß auch die profuse Speichelabsonderung auf Vergiftung mit Pilokarpin gelten. Atropin lähmt die Absonderung. Chronische Atropinvergiftung bringt dagegen einen Zustand erhöhter reflektorischer Erregbarkeit der Speicheldrüsen hervor (METZNER und ARIMA, 1918, A. e. P. 83, 1 u. 157).

Die Absonderung des Speichels geschieht unwillkürlich und wird ausgelöst durch die Nahrung oder andere in die Mundhöhle eingeführte Substanzen, welche die Enden des Trigeminus und Glossopharyngeus reizen. Es liegt also ein Reflex vor. Die Erregung gelangt ins Gehirn und geht dort über auf die Kerne der Absonderungsnerven. Dieselben sind in der Formatio reticularis des verlängerten Markes zwischen dem Kern des N. facialis und dem DEITERSschen Kern gelegen (KOHNSTAMM, 1907, Journ. f. Psychol. u. Neurol. 8, 190; YAGITA, 1910, A. A. 35, 70). Die dort entspringenden Nerven ziehen teils in der Bahn des N. facialis, teils in der des Glossopharyngeus nach außen und gelangen auf ziemlich verwickelten Wegen, erstere durch die Chorda tympani zur Unterkiefer- und Unterzungendrüse, letztere über N. tympanicus, petrosus sup. min. und N. auriculo-temp. zur Ohrspeicheldrüse. Sie durchsetzen dabei das Ganglion submaxillare bzw. oticum, wo die Leitungen entsprechend dem allgemeinen Verhalten der autonomen Nerven eine Unterbrechung durch Einschaltung von Ganglienzellen erfahren. Neben den genannten aus dem Hirn stammenden „parasympathischen" Absonderungsnerven erhalten sämtliche Speicheldrüsen auch noch solche aus dem Halssympathikus. Ihr Prävertebralganglion ist das oberste Halsganglion.

Die rezeptorischen Nerven der Mundhöhle sind nicht die einzigen, durch die die Absonderung von Speichel bewirkt werden kann. Dies gelingt auch durch den Optikus oder Olfaktorius (Anblick oder Geruch von Speisen), kurz durch jede Anregung, die den Appetit erweckt. Durch Dressur kann die Erregung beliebiger Sinnesnerven mit dem Speichelreflex verkoppelt werden: Bedingter Reflex (vgl. BABKIN, Die äußere Sekretion der Verdauungsdrüsen. Berlin 1914, S. 71).

Reizt man die zu den Drüsen gehenden Nerven, so erhält man einen verschiedenen Erfolg, je nachdem man die vom Hirn oder die vom Sympathikus kommenden Fasern wählt. Erstere geben ein reichliches, an organischen Bestandteilen armes Sekret, letztere ein spärliches und konzentriertes. HEIDENHAIN, der diese Verhältnisse besonders eingehend untersucht hat (1883, HERMANNS Handb. d. Physiol. 5, I. 14), kommt zu dem Schlusse, daß zu jeder Drüse zweierlei Nervenfasern gehen, sekretorische, für die Absonderung des Wassers und der Salze und trophische, für die Absonderung der organischen Bestandteile.

Nun sind aber die Absonderungsvorgänge nicht der einzige von den genannten Nerven herbeigeführte Erfolg. Es treten gleichzeitig auch Veränderungen in dem die Drüse durchsetzenden Blutstrom auf, und zwar bewirkt Reizung der Hirnnerven Gefäßerweiterung mit Beschleunigung des Blutstroms, Reizung des Sympathikus das Gegenteil (siehe oben S. 80). Man kann daher annehmen, daß die Verschiedenheit des dabei abgesonderten Speichels mit der Verschiedenheit des Blutstroms im Zusammenhang steht. Dies wurde bewiesen durch die Versuche von LANGLEY und FLETCHER (1888, Proc. R. Soc. **45**, 16), sowie von CARLSON u. a. (1907—1908, Amer. Journ. of P. **20**, 180, 457), nach welchen jede während einer reichlichen Absonderung herbeigeführte Verminderung des Blutstroms dieselben Veränderungen in der Menge und Beschaffenheit des Speichels herbeiführt, wie eine Reizung des Sympathikus.

Verschiedenheiten in der Beschaffenheit des Sekretes treten indessen nicht nur bei künstlicher Reizung, sondern auch bei der natürlichen Absonderung auf. Legt man bei einem Hunde eine Speichelfistel an, durch die man das Verhalten einer der großen Drüsen dauernd beobachten kann, so zeigt sich, daß je nach der Art der in die Mundhöhle eingeführten Substanzen der Gehalt des Speichels an organischen Stoffen sich sehr ungleich gestaltet, während der Aschengehalt nur wenig wechselt. So führt die Einbringung von Fleischpulver in das Maul des Hundes zur Absonderung eines schleimreichen Speichels, die von verdünnter Salzsäure zur Absonderung eines dünnen Speichels (BABKIN, 1913, A. g. P. **149**, 497), wobei die Speichelmenge und die Durchblutung der Drüse in beiden Fällen gleich sein kann.

Zu einer befriedigenden Erklärung der Erscheinungen ist man zur Zeit nicht gelangt. Man nimmt zwar an, daß die Unterschiede in der Beschaffenheit des Speichels oder, wie man auch sagen kann, die Anpassung der Drüsenarbeit an die reizenden Substanzen mit der Erregung verschiedener afferenter Nerven in der Mundhöhle zusammenhängt; ob die Erregung aber auf verschiedene oder nur auf eine Art sekretorischer Nerven übertragen wird, ob der substanzarme bzw. -reiche Speichel von denselben Drüsenzellen oder verschiedenen geliefert wird, sind noch offene und umstrittene Fragen (vgl. hierzu BABKIN, Die äußere Sekretion der Verdauungsdrüsen. Berlin 1914, S. 76ff.).

Die Absonderung des Speichels geschieht unter hohem Druck. Der Wert desselben kann annähernd gemessen werden, wenn man den Speichelgang einer Drüse durch ein Manometer verschließt und dann durch Reizung des Nerven die Sekretion einleitet. Man gelangt so leicht auf Werte von 15 cm Hg und darüber. Ein weiteres Steigen des Manometers wird dadurch vereitelt, daß für diese Drücke die Drüse nicht mehr dicht ist. Die Absonderung geht aber weiter zum Beweise, daß der Absonderungsdruck noch höher sein muß. Da der Druck in den Kapillaren der Drüse im höchsten Falle auf 50 mm Hg anzuschlagen ist, so ist der Absonderungsdruck mindestens dreimal größer.

Die Absonderung des Speichels stellt somit eine Arbeitsleistung der Drüse dar, was auch aus der Beschaffenheit des Sekretes hervorgeht, das nach seiner Zusammensetzung wie nach seiner Konzentration ganz verschieden ist von dem Blutplasma. Weitere Zeichen der Drüsentätigkeit sind die morphologischen Veränderungen in den Zellen (siehe oben S. 124), die elektrischen Spannungen zwischen Oberfläche und

Hilus der Drüse, die während der Tätigkeit auftreten (BAYLISS und BRADFORD, 1887, Journ. of P. 8, 86), endlich die bereits erwähnte Gefäßerweiterung. Infolge derselben nimmt die Volumgeschwindigkeit des Blutes auf das Mehrfache zu und das Blut tritt hellrot und pulsierend aus der Vene (CL. BERNARD, 1858, Compt. rend.). Gleichzeitig ist der Gaswechsel in der Drüse auf das Drei- bis Vierfache gesteigert, während das Blut durch die Wasserabgabe an Speichel und Lymphe sich an Hämoglobin so anreichert, daß der prozentische Sauerstoffgehalt des Venenblutes gleich oder größer sein kann wie im arteriellen (BARCROFT, 1900 und 1902, Journ. of P. 25, 479; 27, 31).

Die Menge des täglich abgesonderten Speichels wird beim Menschen auf 1—1,5 Liter geschätzt.

Die physiologische Bedeutung des Speichels

ist eine vielseitige. Durch den Schleim wirkt er als Schmiermittel für die Bewegung der Nahrung im Munde, für das Einschieben derselben zwischen die Zähne und für den Schluckakt. Bei trockenem Munde (z. B. bei sommerlichen Wanderungen) kann Kauen und Schlucken nahezu unmöglich werden. Für lösliche feste Stoffe wirkt er als Lösungsmittel, für konzentrierte Lösungen als Verdünnungsmittel. Er dient als Wasch- und Verdünnungsmittel für die Mundhöhle beim Einbringen schlecht schmeckender Stoffe in dieselbe. Bei Tieren dient er vielfach auch als Wasch- und Reinigungsmittel für die äußere Haut und für Wunden. Über den Schutz, den der Schleim den Schleimhäuten gewährt gegen chemische, thermische und mechanische Insulte, liegen Versuche vor von PAWLOW und dessen Schülern (Die Arbeit der Verdauungsdrüsen. Wiesbaden 1898, S. 38 und 1907, NAGELS Handb. d. P. 2, 673) und von ZWEIG (1907. Arch. f. Verdauungskrankh. 12, 364). Zu einem wirklichen Verdauungssaft wird der Speichel durch seine fermentativen Wirkungen, die auf einen hypothetischen Stoff, Speicheldiastase oder Ptyalin, bezogen werden.

Die Diastase des Speichels ist eingestellt auf zwei zur Gruppe der Polysaccharide gehörige Kohlehydrate, die in fast allen pflanzlichen Nahrungsmitteln vorhandene Stärke und das den tierischen Geweben eigentümliche Glykogen. Diese beiden Kohlehydrate sind auch insofern einander ähnlich, als sie beide als Kondensationsprodukte des Traubenzuckers angesprochen werden müssen.

Läßt man Speichel auf rohe Stärke wirken, so werden die Körner durch Lösung eines Teils der Substanz in ihrem Gefüge gelockert, wie angefressen. Diese Veränderung geht nur sehr langsam vor sich. Benützt man dagegen zu Kleister verkochte Stärke, so treten in wenigen Minuten deutliche Veränderungen auf. Der anfänglich gleichmäßig getrübte Kleister scheidet sich in eine klare Flüssigkeit und einen wolkigen Niederschlag, der schließlich verschwindet, der osmotische Druck und das optische Drehungsvermögen nehmen zu. Gleichzeitig ändert sich das Verhalten zu Jod, indem die zunächst rein blaue Färbung in violett, rot und gelb übergeht und schließlich ganz verschwindet. Anderseits gewinnt die Lösung die Fähigkeit, die Oxyde von Schwermetallen in alkalischer Lösung zu reduzieren, was gewöhnlich mit Hilfe der TROMMERschen Probe (Natronlauge und Kuprisulfat) oder der FEHLINGschen Lösung (Kuprisulfat, Natronlauge und Seignettesalz) nachgewiesen wird.

Die Umwandlung, die die Stärke hierbei erfährt, besteht in einer Spaltung unter Aufnahme von Wasser, sog. hydrolytische Spaltung, wobei ihre prozentische Zusammensetzung nicht wesentlich verändert wird, also wiederum Verbindungen vom Typus der Kohlehydrate entstehen. Man unterscheidet lösliche Stärke, Dextrine, Isomaltose und Maltose. Die meisten dieser Spaltstücke lassen sich chemisch nicht genauer definieren; sie werden nach gewissen Unterschieden in der Löslichkeit hauptsächlich aber nach ihrer Färbbarkeit mit Jod unterschieden. Gut charakterisiert sind dagegen die beiden kristallisierenden, Kupferoxyd reduzierenden Disaccharide, Isomaltose und Maltose, mit denen der Prozeß der Speichelwirkung im wesentlichen abschließt. Die weitere Aufspaltung zu Glukose oder Traubenzucker findet nur in sehr geringem Umfange statt und ist vielleicht auf bakterielle Mitwirkung zu beziehen, die im Speichel niemals ausgeschlossen werden kann. Sie wird einem besonderen Ferment, der Maltase zugeschrieben. Ähnlich wie bei der Stärke verläuft der Prozeß der Speichelwirkung auf Glykogen.

Die Aufspaltung der beiden Polysaccharide durch Speichel zeigt verschiedene Eigentümlichkeiten, die sie als eine fermentative kennzeichnen. Dahin gehört, daß 1 ccm Speichel, der sicher nur Spuren von Diastase enthält eine tausendfach größere Menge von 1%iger Stärkelösung in einer Stunde umzuwandeln vermag (BIEDERMANN, 1916, Fermentforschung. 1, 385). Dies ist nur verständlich unter der Voraussetzung, daß die Diastase nicht in den Spaltungsprodukten enthalten ist, sondern, wenn sie vorübergehend in eine Bindung eintritt, aus dieser schließlich wieder frei wird. Im gleichen Sinne spricht auch die Erfahrung, daß die umgewandelten Mengen der Zeit proportional wachsen, was nur möglich ist, wenn der die Reaktion veranlassende Stoff an Menge nicht abnimmt. Typisch für Fermentwirkung ist ferner die Einwirkung auf ganz bestimmte Verbindungen, die sog. Spezifität der Wirkung, und das Aufhören derselben, wenn ein gewisser Abbau erreicht ist. Endlich hat die Speicheldiastase wie jedes Ferment ein Optimum der Temperatur und der Reaktion (Körpertemperatur, neutrale Reaktion). Daß sich über die Beschaffenheit der Diastase, wie die der anderen Fermente nicht mehr aussagen läßt, beruht darauf, daß eine Reindarstellung derselben bisher nicht gelungen ist.

Die fermentative Spaltung der Stärke verläuft nicht so, daß das ungeheure Molekül derselben (Molekulargewicht nach LINTNER und DÜLL, 1893, B. D. C. G. 26, 2544 zwischen 17000 und 18000) in gleich große Stücke auseinander bricht, vielmehr wird das Kohlenstoffskelett von außen her abgebaut, so daß neben kleinen Spaltstücken noch zahlreiche große, dem Ausgangsmaterial nahestehende (Dextrine) gleichzeitig vorhanden sind. Die im Verhältnis zum spaltbaren Substrat stets kleine Fermentmenge bringt es ferner mit sich, daß in jedem Augenblick nur ein Teil der Stärke angegriffen wird, so daß bis in weit fortgeschrittene Stadien der Verdauung hinein immer auch noch unverändertes Ausgangsmaterial nachweisbar bleibt.

Der Grund, warum die Speicheldiastase gleich den anderen Fermenten bisher nicht hat isoliert werden können, liegt hauptsächlich in der Hartnäckigkeit, mit der sich die Fermente an andere in Lösung befindliche Körper anheften, so daß sie bei Ausfällung derselben mitgerissen werden. Es handelt sich dabei allem Anschein nach nicht um chemische Bindungen, sondern um Oberflächenwirkungen, die als

Adsorption bezeichnet werden. Dieses Verhalten sowie die Empfindlichkeit der Fermente gegen die Reaktion und die Salzkonzentration der
Lösung, in der sie sich befinden, die Aufhebung ihrer Wirkung durch
höhere Temperaturen u. a. machen es wahrscheinlich, daß die Fermente
in kolloider Lösung in den wirksamen Flüssigkeiten vorhanden sind.

Schlucken und Brechen.

Die gekaute und eingespeichelte Nahrung wird durch Zunge,
Kiefer und Wangen zum Bissen geformt und durch die Schluckbewegung
in den Magen befördert. Schlucken kann willkürlich ausgelöst werden,
läuft aber dann als Reflex selbständig und ohne weiteres Zutun des
Willens ab. Nur in dem Falle, daß auf den ersten Schluckakt unmittelbar ein zweiter oder mehrere folgen, kann der Ablauf der Bewegung
in gewisser, sogleich zu besprechender Weise geändert werden. Aber
auch die willkürliche Auslösung des Schluckens ist daran gebunden,
daß etwas Schluckbares und sei es auch nur Speichel da ist. Fehlt eine
schluckbare Masse, so fällt auch die Möglichkeit zu schlucken hinweg.

Das Schlucken wird ausgelöst dadurch, daß die zu schluckende
Masse gegen die Gaumenbögen und den Rachen gedrängt wird. Die
hierdurch erregten rezeptorischen Nerven der Schleimhaut (Trigeminus,
Glossopharyngeus, Laryngeus superior) lösen dann den Bewegungs-
vorgang aus (KAHN, A. f. P. **1903,** Suppl. 386). Die Bewegung, die mit
einer Zusammenziehung des Schlundkopfes und der Zungenwurzel beginnt, schreitet dann wellenartig gegen den Magenmund vorwärts, wobei
die Geschwindigkeit von oben nach unten abnimmt in dem Maße, als
die quergestreiften Muskeln der Speiseröhre durch glatte verdrängt
werden. Die Bewegung erfordert beim Menschen im Halsteil 3—4 Sek.,
im Brustteil 5—9 Sek. (SCHREIBER, 1901, A. e. P. **46,** 414). Der
Kontraktionswelle geht Erschlaffung voraus (MELTZER, A. f. P. **1883,**
215; SCHREIBER, 1911, A. e. P. **67,** 72; CANNON, 1911, Amer. Journ.
of P. **29,** 267). Außerdem wird auch der Tonus des kardialen Sphinkters
des Magens (der Magenmund) und der Muskulatur im Fundusteil des
Magens aufgehoben, so daß der Aufnahme der Nahrung kein Hindernis
entgegensteht. Die Hemmung geschieht durch den N. vagus (MAY,
1904, Journ. of P. **31,** 262; CANNON, 1911, a. a. O.). Mit dem Schlucken
ist eine Unterbrechung der Atmung und der Verschluß der Luftwege
verbunden, gegen die Nasenhöhle mittelst Gaumensegels und hinterer
Rachenwand, gegen die Lunge durch die sphinkterartig, die Glottis
umgreifenden Muskeln des Kehlkopfes, der außerdem noch unter den
Zungengrund emporgezogen und vom Kehlkopfdeckel überdeckt wird.

Durch die kräftige Hebung von Kehlkopf und Zungenbein an der
namentlich die Mm. mylohyoideus und biventer beteiligt sind und durch
die Zusammenziehung des M. hyoglossus, der die Zunge nach unten
und hinten zieht, entsteht dann im Schlundkopf ein Druck von etwa
20 cm Wasser, durch den die Fortschaffung des Bissens gegen die er-
schlaffte Speiseröhre gefördert wird. Flüssigkeiten legen den oberen
Teil des Weges etwas rascher zurück als feste Massen (CANNON und MOSER,
1898, Amer. Journ. of P. **1,** 435).

Das Fortschreiten der Erregung von den oralen zu den kardialen
Teilen der Speiseröhre geschieht nicht von Muskel zu Muskel, sondern
durch nervöse Erregungsleitung. Sie wird daher bei Durchtrennung

der Speiseröhre nicht aufgehalten (MOSSO, 1876, MOLESCHOTTS Unters. **11**, 331). Neben den erregenden Fasern führt der Vagus auch hemmende für die Speiseröhre. Sie vermitteln die der Kontraktionswelle vorausgehende Erschlaffung und sind auch imstande, den Ablauf der Erregungswelle im Ösophagus zu unterdrücken, wenn auf den ersten Schluckakt weitere unmittelbar folgen, wie dies z. B. beim Leeren eines Glases Wasser geschieht. Erst nach dem letzten Schluck läuft dann die Erregungswelle bis zum Magenmund hinab.

In neuerer Zeit ist es gelungen, durch kinematographisch sich folgende Röntgenaufnahmen den Schluckakt in eine Reihe von Phasen zu zerlegen und so die Bewegungsvorgänge im oberen Teil des Schluckweges auch beim Menschen einer genaueren Darstellung zugänglich zu machen (vgl. KÜPFERLE, 1913, A. g. P. **152**, 579). Hierbei hat sich u. a. gezeigt, daß Flüssigkeiten und breiige Massen nicht über den in den Schlund vorspringenden Kehlkopf hinweg, sondern zu beiden Seiten desselben, also durch die Recessus pyriformes, ihren Weg in den Eingang der Speiseröhre nehmen.

Der Aktionsstrom eines erregten Abschnittes der Speiseröhre zeigt eine große Zahl ziemlich unregelmäßig einander folgender Schwankungen, so daß vermutlich tetanische Erregung vorliegt (v. BRÜCKE und SATAKE, 1913, A. g. P. **150**, 208).

Die Schluckbewegung hat, abgesehen von ihrer viel größeren Geschwindigkeit, Ähnlichkeit mit der peristaltischen oder diastaltischen (CANNON, 1912, Amer. Journ. of P. **30**, 127) Bewegung des Dünndarms insofern, als jede Erregungswelle einer besonderen Auslösung auf mechanischem Wege bedarf, als die Bewegung nur in einer Richtung fortschreitet und von einer Hemmung oder Erschlaffung eingeleitet wird.

Eine Umkehrung der Schluckbewegung findet auch beim Erbrechen nicht statt. Dasselbe wird zwar durch eine Erschlaffung der Magenwand, des Magenmundes und der Speiseröhre vorbereitet, die Austreibung des Mageninhaltes geschieht aber dann durch die Bauchpresse. Dabei ist im Röntgenbilde zu verfolgen, daß die nicht nach außen entleerten in der Speiseröhre liegenbleibenden Massen zwischen zwei Brechstößen durch Schluckbewegungen wieder gegen den Magen zurückbefördert werden. Während des Brechstoßes sind Magen und Speiseröhre völlig erschlafft und ohne eigene Bewegung (O. HESSE, 1913, A. g. P. **152**, 1). Die Brechbewegung kann sowohl durch chemische Erregung des Magens, wie durch elektrische Reizung der proximalen Stümpfe der Magenäste des N. vagus ausgelöst werden (MILLER, 1910, Journ. of P. **41**, 409; 1911, A. g. P. **143**, 1 und 21; 1915, Amer. Journ. of P. **37**, 240).

Die Magenverdauung.

Die geschluckte Nahrung verweilt im allgemeinen lange Zeit im Magen und unterliegt hier der Einwirkung des Magensaftes.

Größe und Form des Magens sowie seine Lagerung zwischen den benachbarten Eingeweiden sind von seiner Füllung abhängig. Auf Grund des Schattens, den der mit undurchsichtigen Massen gefüllte Magen auf dem Röntgenschirm entwirft, unterscheidet man eine größere linke, parallel der Wirbelsäule verlaufende Hälfte als Pars descendens und

eine kurze, schräg nach rechts und oben gerichtete Pars ascendens.
Die beiden stoßen im Magensack oder Sinus, dem tiefststehenden Teil
des Magens, zusammen. Diese Zweiteilung entspricht auch gut den
vorhandenen Unterschieden in sekretorischer und motorischer Beziehung.
Der oberste dem Magenmund zugekehrte Teil heißt Fundus, der an den
Pförtner grenzende Antrum (pylori) oder Pars pylorica, das Mittelstück
Magenkörper. Die Schleimhaut, in der linken Magenhälfte graurötlich
und etwa 1 mm dick, rechts blaß und 2 mm dick, ist mit zahlreichen
Grübchen bedeckt, in deren jedes mehrere der schlauchförmigen Drüsen
münden. Von diesen führen die „Fundusdrüsen", wie bekannt, zwei
verschiedene als Haupt- und Belegzellen beschriebene Zellformen, während
die Pylorusdrüsen nur einerlei Art von Zellen haben. Verschieden von

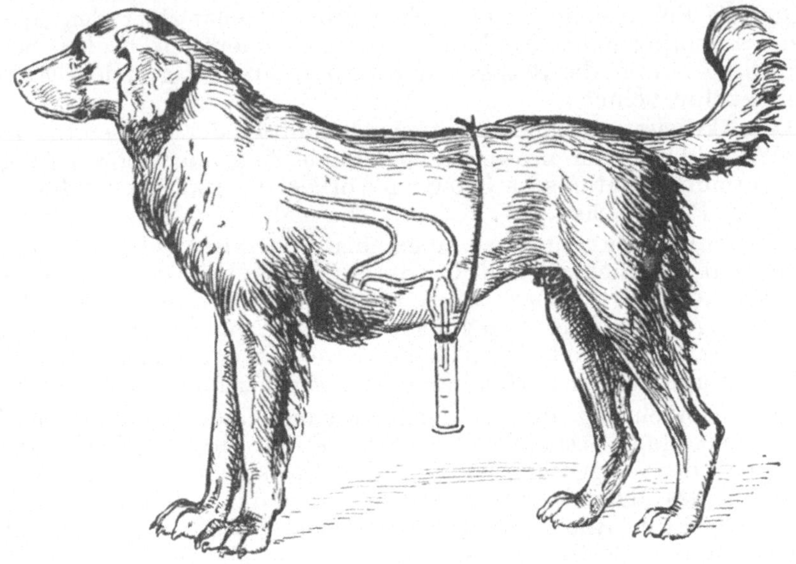

Abb. 51. Sammlung des Magensaftes aus einem „kleinen Magen" nach
HEIDENHAIN - PAWLOW.

den Drüsenzellen ist das zylindrische, schleimbereitende Oberflächen-
epithel. Am Magenmund findet sich noch eine schmale Zone besonderer
Drüsen unbekannter Bedeutung (Kardiadrüsen, OPPEL, Lehrb. vergl.
mikr. Anat. 1, 465).

Um die Absonderung dieser Drüsen, den Magensaft, zu gewinnen,
dient beim Menschen die Schlundsonde. Da indessen der nüchterne
Magen leer, ohne Inhalt und Lumen ist, also die mit einer neutral reagierenden kapillaren Schleimschicht überzogenen Schleimhautflächen sich berühren, bedarf es erst einer Anregung zur Absonderung in Gestalt des
sog. Probefrühstücks oder der Probemahlzeit (vgl. hierzu COHNHEIM,
NAGELS Handb. d. P. 2, 546), die nach 1 bzw. 3 Stunden ausgehebert
werden. Es ist einleuchtend, daß auf diesem Wege nur ein mit Speichel
und Verdauungsprodukten vermischter Saft zu gewinnen ist.

Reiner Magensaft kann nur aus Fisteln gewonnen werden. Die
vorteilhaftesten Formen der Anlegung einer solchen sind von HEIDEN-

HAIN (HERMANNS Handb. d. P. 5, I. 109) und PAWLOW (Arbeit der Verdauungsdrüsen, Wiesbaden 1898, S. 16; BABKIN, Äußere Sekretion d. Verd.-Drüsen. Berlin 1914, S. 90) ausgearbeitet. Es sind hauptsächlich zwei in Verwendung: Der sog. kleine oder Nebenmagen und die Kombination von Magen- und Speiseröhrenfistel. Der Nebenmagen stellt einen Blindsack dar, der aus einem Stück Magenschleimhaut gebildet ist, dessen Muskelhaut und Serosa mit der des übrigen Magens noch in natürlicher Verbindung steht, dessen Innenraum aber nicht in den Hauptmagen, sondern nach außen mündet (Abb. 51). Bei der Ausführung der Operation ist die Erhaltung der zur Drüsenschicht gehenden Nerven von entscheidender Bedeutung. Das Verfahren bietet den Vorteil, daß die Verdauung des Tieres auf dem Wege des Hauptmagens ungestört von statten geht, liefert aber nur einen kleinen, von dem Umfange des Nebenmagens abhängigen Teil der gesamten Absonderung.

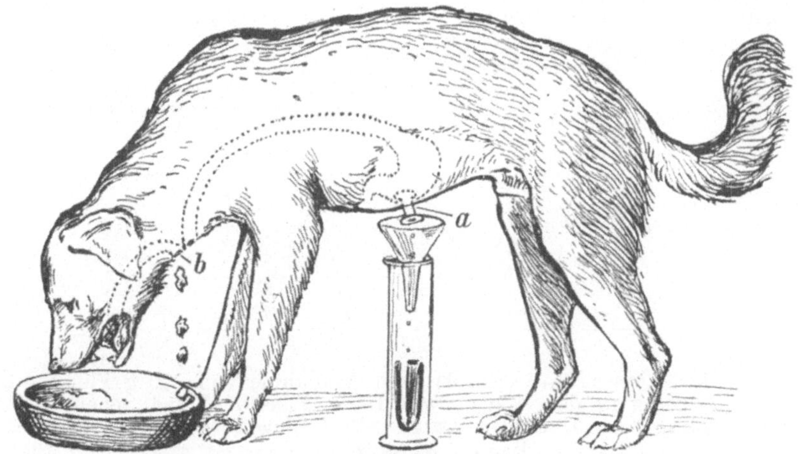

Abb. 52. Scheinfütterung eines Hundes mit Magen- und Speiseröhrenfistel nach PAWLOW.

Bei dem zweiten durch Abb. 52 veranschaulichten Verfahren wird der ungeteilte Magen mit einer Fistel versehen, außerdem aber die Speiseröhre am Halse durchschnitten und ihre beiden Stümpfe in die Wunde genäht. Die Folge ist, daß, wie die Abbildung zeigt, die vom Tier gefressene Nahrung durch die obere Speiseröhrenfistel wieder herausfällt und nicht in den Magen gelangt — Scheinfütterung. Trotzdem tritt dort eine Absonderung ein, die durch die Fistel nach außen abgeleitet werden kann.

Die hier in Gestalt einer Fernwirkung auftretende Absonderung wird durch einen Reflex bewirkt, dessen afferente Bahn ganz wie bei dem Speichelreflex von den rezeptorischen Nerven der Mundhöhle (Trigeminus, Glossopharyngeus, Vagus) gebildet wird, während die efferente Bahn im Stamm des Vagus verläuft. Die Umschaltung findet statt in einem bezüglich seiner Lage noch nicht näher bekannten Teil der motorischen Vaguskerne. Die safttreibende Wirkung des Vagus ist sichergestellt durch künstliche Reizung des distalen Stumpfes des durchschnittenen Nerven und durch das Ausbleiben der Fernwirkung nach

Durchschneidung der Vagi (PAWLOW, 1889, Zentralbl. f. P. **3**, 113; A. d. P. **1895**, 53). .

Die genannten afferenten Nerven sind nicht die einzigen, von denen aus die Sekretionsnerven in Erregung gesetzt werden können. Versuche an Tieren wie an Menschen haben gezeigt, daß auch durch den Anblick und den Geruch von Speisen, kurz durch alle Sinneseindrücke, die das Verlangen wachrufen, wie Speichel so auch Magensaft zur Absonderung gebracht werden kann. Diese Form der Absonderung heißt die psychische (BABKIN a. a. O. S. 104).

Das Vorhandensein von sekretionshemmenden Fasern im Stamme des Vagus (BABKIN a. a. O. S. 181) ist zweifelhaft. Wenn Gemütsbewegungen, insbesondere Schmerz, die Absonderung schwächen oder aufheben, so könnte vielleicht eine zentrale Unterdrückung des Reflexes vorliegen.

Die reflektorisch ausgelöste Absonderung des Magens hat eine Latenzzeit von etwa 5 Minuten, und liefert reichlich Saft, läßt aber

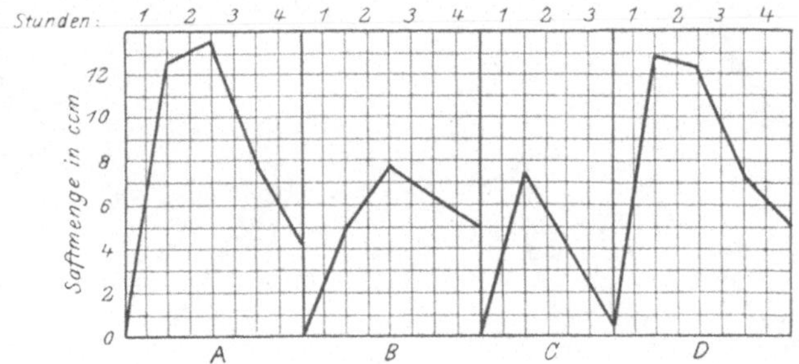

Abb. 53. A Sekretionsverlauf (Hund) nach Aufnahme von 200 g Fleisch, B bei direkter Einführung in den Magen von 150 g Fleisch, C bei Scheinfütterung, D Summationskurve von B und C (PAWLOW, Vorlesungen. Wiesbaden 1898, S. 106; BABKIN a. a. O. 171).

bald nach und erlischt nach längstens 4 Stunden. Füttert man dagegen ein Tier mit Magenfistel oder mit einem Nebenmagen in der gewöhnlichen Weise, so findet man, daß die Absonderung solange dauert, als Nahrung im Magen vorhanden ist, daß die gesamte Saftmenge größer, und daß das Maximum der Absonderung später erreicht wird, als bei der Scheinfütterung. Die Anwesenheit der Nahrung im Magen führt demnach zu einer verlängerten und verstärkten Tätigkeit seiner Drüsen oder wie das ausgedrückt worden ist, es schließt sich an die reflektorische erste Phase der Absonderung eine zweite chemische an.

Das Bestehen einer zweiten Phase wurde weiterhin dadurch sichergestellt, daß Tieren mit einem Nebenmagen und einer Fistel in dem Hauptmagen durch letztere Nahrungsmittel und Lösungen verschiedener Stoffe unmittelbar in den Magen eingeführt und ihre Wirksamkeit aus dem Verhalten des Nebenmagens beurteilt wurde. Daß dabei alle Vorsichtsmaßregeln getroffen werden müssen, um eine reflektorische bzw. psychische Erregung auszuschließen, ist selbstverständlich. Es zeigte sich dabei, daß eine große Zahl von Substanzen, vor allem Fleisch, Milch und die Verdauungsprodukte von tierischem wie pflanzlichem Eiweiß, eine safttreibende Wirkung besitzen. Die Absonderung tritt spät auf, etwa nach einer halben Stunde, erreicht erst nach 2 Stunden ihren höchsten Wert und sinkt dann langsam ab.

Prüft man an demselben Tiere hintereinander den Erfolg einer Fütterung mit Fleisch
        A. auf gewöhnliche Weise,
        B. durch unmittelbare Einführung in den Magen,
        C. durch Scheinfütterung
und addiert dann die nach B und C stündlich gewonnenen Saftmengen, so erhält man Werte, die den in A erzielten sehr nahe entsprechen. Abb. 53 gibt die Darstellung einer solchen Versuchsreihe in 4 Kurven.

Die chemische Phase der Absonderung wird nicht durch Nerven vermittelt, wenigstens nicht durch solche, die außerhalb des Magens verlaufen. Denn sie findet noch statt, nachdem alle zum Magen gehenden Nerven durchschnitten sind (POPIELSKI, 1902, Zentralbl. f. P. **16**, 121; BABKIN a. a. O. 189). Man muß daher die Vermittlung von nervösen Einrichtungen in der Magenwand selbst in Anspruch nehmen oder annehmen, daß nicht eine nervöse, sondern eine chemische Erregung der Drüsen erfolgt, sei es unmittelbar durch die in den Magen eingeführten Substanzen oder mittelbar durch das Blut. Letztere Auffassung wird namentlich durch die Versuche von EDKINS gestützt (1906, Journ. of P. **34**, 133). Derselbe digerierte Schleimhaut aus dem Magen mit kochendem Wasser oder Salzsäure und injizierte die Extrakte Tieren ins Blut. Er fand, daß diese Extrakte Absonderung hervorriefen, aber nur dann, wenn sie von Schleimhaut aus dem pylorischen Teil des Magens stammten, nicht, wenn sie dem Fundus oder der Kardia entnommen waren. Demgemäß zeigte sich weiterhin, daß Wasser und wässerige Lösungen eine safttreibende Wirkung besitzen, wenn sie in die pylorische Hälfte des Magens eingeführt werden (EDKINS und TWEEDY, 1909, ebenda **38**, 263; SAWITSCH und ZELIONY, 1913, A. g. P. **150**, 128), während sie im Fundusteil unwirksam sind. Atropin, das die reflektorische Absonderung durch Lähmung der Vagusenden im Magen aufhebt, hat auf diese Absonderung keinen Einfluß. EDKINS nimmt an, daß in der Schleimhaut des Pylorus ein Stoff „Prosekretin" enthalten ist, der durch die genannten Lösungen aktiviert, d. h. in „Sekretin oder Gastrin" übergeführt wird, das dann auf dem Wege des Blutes zu den Drüsen gelangt und ihre Arbeit hervorruft.

Der Magensaft und seine Wirkungen.

Reiner Magensaft stellt eine farblose, wasserklare oder schwach opalisierende Flüssigkeit dar von niederem spezifischen Gewicht und einer dem Blutserum ungefähr gleichen oder etwas höheren Gefrierpunktserniedrigung. An organischen Substanzen enthält er kleine Mengen von Eiweiß, z. T. in Gestalt von Nukleoproteiden, an anorganischen freie Salzsäure neben kleinen Mengen von Schwefelsäure und Phosphorsäure, z. T. gebunden an Na, K und NH_4. Die Wasserstoffzahl (H.) ist beim erwachsenen Menschen (Probefrühstück!) ziemlich konstant $= 1{,}7 \cdot 10^{-2}$ oder 17 mg Wasserstoffionen im Liter. Der Gehalt an Salzsäure im reinen Magensaft entspricht beim Menschen einer Konzentration von 0,4—0,5%, beim Hunde 0,5—0,6%. Außerdem enthält der Saft drei fermentativ wirkende Stoffe unbekannter Konstitution (Pepsin,

Lab und Lipase) in jedenfalls nur sehr geringer Menge. Sie werden meist nicht im offenen oder aktiven Zustande in der Schleimhaut gebildet, sondern als Vorstufen „Zymogene", aus denen das wirksame Ferment erst durch Säure freigemacht werden muß (LANGLEY und EDKINS, 1886, Journ. of P. 7, 371; HAMMARSTEN, 1872, Upsala Läkareför. Förh. 8, 63; FULD, 1902, E. d. P. 1. I. 473).

Die Bildung freier Salzsäure durch die lebenden Zellen der Magendrüsen ist eine der überraschendsten Leistungen des tierischen Stoffwechsels. Erinnert man sich indessen, daß die ins Blut eindringende Kohlensäure durch ihre Massenwirkung imstande ist Chlor aus dem Plasma in die Erythrozyten überzutreiben, also mit demselben erfolgreich in Konkurrenz zu treten um das Natrium, so verliert der Vorgang seine anscheinende Paradoxie. OSBORNE hat durch einen einfachen Versuch gezeigt (1901, Amer. Journ. of P. 5, 180), daß Eiweißkörper von ausgesprochen basischer Natur, wenn sie in Kochsalzlösungen gelöst werden, beim Einleiten von Kohlensäure in Chlorhydrate übergehen, während gleichzeitig Natriumbikarbonat entsteht. Es bedarf daher nur der Annahme, daß die Salzsäure bildenden Zellen solche basische Eiweißkörper enthalten, um die Bildung von Chlorhydraten mit nachfolgendem Abdissoziieren der Salzsäure verständlich erscheinen zu lassen.

Die Salzsäure bildenden Zellen sind die Belegzellen der Fundusdrüsen. MACALLUM und FITZ GERALD haben gefunden, daß auf Injektion von Ferriammoniumzitrat und Ferrozyankalium in den Kreislauf von Tieren die Berlinerblaureaktion nur im Magen und hier in den Sekretkapillaren der Belegzellen auftritt (1910, Proc. R. Soc. London. Ser. B. 83, 56). Dementsprechend liefert ein aus dem Pylorus gebildeter kleiner Magen, wie schon HEIDENHAIN fand (a. a. O. S. 130), einen fermenthaltigen aber salzsäurefreien Saft.

Die zur Absonderung gelangenden Mengen sind sehr beträchtlich. ROSEMANN (1907, A. g. P. 118, 467) konnte durch Scheinfütterung eines Hundes von 24 kg in $3\frac{1}{2}$ Stunden 917 ccm Magensaft gewinnen, ungefähr soviel wie die halbe Blutmenge des Tieres.

Da Tiere mit Magenfisteln nicht immer zur Hand sind, ist es sehr wertvoll, daß man sich Magensaft auch künstlich herstellen kann. Man digeriert zu dem Zwecke die gereinigte und zerkleinerte Magenschleimhaut am besten eines Schweines mit Wasser, trennt die Flüssigkeit von dem Ungelösten und verdunstet sie bei einer 40^0 nicht übersteigenden Temperatur zur Trockne. Der Rückstand, der noch weiter gereinigt werden kann, löst sich leicht in Wasser zu einer klaren, bei Gegenwart von Salzsäure kräftig verdauenden Flüssigkeit. Derartige Präparate sind unter dem Namen Pepsin im Handel zu haben.

Wird natürlicher oder künstlicher Magensaft mit geronnenem Eiweiß zusammengebracht, so wird dasselbe gelöst. Am raschesten löst sich Fibrin, wobei sein feinfädiger Bau, d. h. die große Oberfläche jedenfalls eine wichtige Rolle spielt. Eine Pepsinlösung in Wasser läßt das Fibrin unverändert, Salzsäure von $\frac{1}{2}\%$ macht es nur aufquellen; zur Lösung sind also beide, Pepsin und Salzsäure, nötig. Körpertemperatur fördert die Lösung ganz wesentlich. Gekochter Magensaft verliert fast vollkommen seine Wirksamkeit.

Da Pepsin nicht isoliert, gewogen oder titriert werden kann, muß man sich mit vergleichenden Verfahrungsweisen begnügen, wenn man den Gehalt einer Verdauungsflüssigkeit an diesem Ferment erfahren will. Grützner (1874, A. g. P. 8, 452) hat hierzu mit Karmin gefärbtes Fibrin verwendet. Der Farbstoff geht in dem Maße, als das Fibrin sich löst, in die Verdauungsflüssigkeit über, so daß der Fermentgehalt kolorimetrisch geschätzt werden kann. Bei dem Verfahren von Mett (A. f. P. **1894,** 58) wird Hühnereiweiß in engen Glasröhren koaguliert und die Röhrenstückchen 10 Stunden lang der Verdauung unterworfen. Die Fermentmenge wird aus der Länge der verdauten Eiweißsäule erschlossen. Die aus solchen Versuchen bisher abgeleiteten „Fermentgesetze" be-

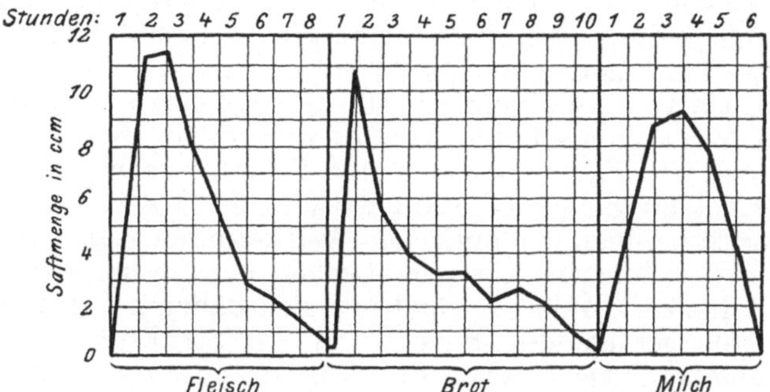

Abb. 54. Abgesonderte Mengen des Magensaftes nach Aufnahme von Fleisch, Brot und Milch (Pawlow, Arbeit d. Verdauungsdr. S. 44).

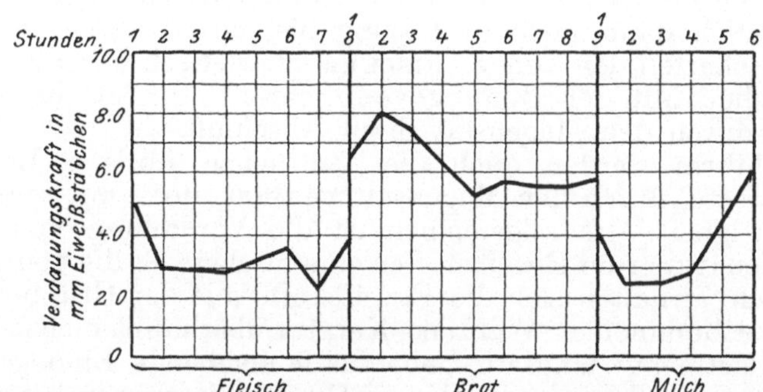

Abb. 55. Verdauungskraft des Magensaftes nach Aufnahme von Fleisch, Brot und Milch (Pawlow, Ebda. S. 45).

rücksichtigen nur einen Teil der maßgebenden Variablen und sind daher lediglich innerhalb gewisser Grenzen gültig (Grützner, 1911, A. g. P. **141,** 73; Biedermann, 1917, Fermentforschg. 2, 1).

Menge und Beschaffenheit des Magensaftes ist abhängig von Menge und Beschaffenheit der zugeführten Nahrung. Da bei reichlicher Nahrungszufuhr die Verdauungszeit wächst, ist die Absonderung größerer Mengen des Saftes verständlich. Sehr bemerkenswert ist der Einfluß der Art der Nahrung auf Menge und Fermentgehalt des Saftes, sowie auf den zeitlichen Verlauf seiner Absonderung. Hierüber geben die Abb. 54 und 55 nach Versuchen aus dem Laboratorium Pawlow in Petersburg Auskunft. Die Saftmenge ist bei Fleischnahrung, die Verdauungskraft bei Brot am größten, bei Milch ist sie anfangs gering und steigt später an. Man wird annehmen dürfen, daß hierin der Einfluß der Nahrung auf die zweite oder chemische Phase der Absonderung zum Ausdruck kommt.

Bei der Verflüssigung des geronnenen Eiweiß durch Pepsin-Salzsäure geht zunächst ein durch die Säure verändertes Eiweiß, sog. Azidalbumin, in Lösung, das durch Neutralisation gefällt wird. Selbst eine teilweise Koagulation durch Erhitzen läßt sich bei noch nicht weit fortgeschrittener Verdauung beobachten. Bald treten aber Produkte auf, die sich durch geringe Empfindlichkeit gegen eiweißfällende Mittel, wie konzentrierte Lösungen von Neutralsalzen, Salpetersäure, Ferrozyanwasserstoffsäure von genuinem Eiweiß unterscheiden, obwohl sie in der elementaren Zusammensetzung von diesem nicht merklich abweichen und auch noch die Farbreaktionen der Eiweißkörper geben.

Daß es sich hierbei um eine Aufspaltung des Eiweißmoleküls handelt, geht aus der zunehmenden optischen Wirksamkeit der Lösung (Linksdrehung), aus der Zunahme des osmotischen Drucks und der elektrischen Leitfähigkeit hervor. Wie die Spaltung des näheren verläuft, läßt sich jedoch mangels genügender Einsicht in die Struktur des Eiweiß zur Zeit nicht angeben. Da Kochen des Ausgangsmaterials mit verdünnter Schwefel- oder Salzsäure zu den gleichen Produkten führt, ist hydrolytische Spaltung anzunehmen. Eine Reindarstellung der Verdauungsprodukte ist bisher nicht gelungen. Man unterscheidet Albumosen, die durch Sättigen der Lösung mit Ammonsulfat aussalzbar sind, von Peptonen, die auch dann noch in Lösung bleiben. Letztere stehen nach ihren Eigenschaften den von E. FISCHER synthetisch dargestellten Polypeptiden nahe. Mit der Bildung von Peptonen findet die Verdauung des Eiweiß durch den Magensaft ihren Abschluß.

Wie Fibrin werden auch die sämtlichen übrigen Eiweißstoffe, gelöste wie feste, durch den Magensaft verdaut, doch mit sehr verschiedener Leichtigkeit. Im allgemeinen ist die Verdauung von genuinen, d. h. nicht denaturierten Eiweißstoffen eine raschere als die von gekochten. Sehr ungleich verhalten sich die Eiweißstoffe aus der Gruppe der Albumoide oder Albuminoide. Während Keratin überhaupt nicht angegriffen wird und Elastin nur langsam, geht das leimgebende Bindegewebe sehr rasch in Lösung und wird zunächst in Leim, weiterhin in beim Erkalten nicht mehr gelatinierende Gelatosen und Leimpeptone umgewandelt. Hiervon macht auch die Grundsubstanz der Knochen keine Ausnahme, nachdem einmal die Kalksalze durch die Salzsäure herausgelöst sind.

Die rasche Lösung des fibrillären und retikulierten Bindegewebes ist insofern eine wichtige Teilerscheinung, als dadurch der weiteren Verdauung strukturierter animalischer Nahrung, wie Muskel- und Drüsengewebe, wirksam vorgearbeitet wird. Ist das Perimysium externum und internum gelöst, so zerfällt der Muskel in seine Fasern und bietet dem Magensaft eine ungleich größere Angriffsfläche. Fettgewebe wird auf gleiche Weise gelockert, die einzelnen Fettzellen isoliert und nach Verdauung ihres Protoplasmas die darin enthaltenen Fetttröpfchen in Freiheit gesetzt, was der Bildung einer Fettemulsion gleichkommt.

Eine weitere Leistung des Magensaftes besteht darin, daß er durch sein Labferment (Chymosin) den Käsestoff der Milch ausfällt. Der

Vorgang darf nicht als eine Wirkung der Salzsäure aufgefaßt werden, denn er findet, wie man sich an Säuglingen überzeugen kann, statt, bevor die Milch eine Änderung ihrer (amphoteren) Reaktion erfahren hat. Auch ist der Vorgang nicht reversibel, während der durch Säure ausgefällte Käsestoff auf Zusatz von Alkali wieder in Lösung geht. Nach der gegenwärtig herrschenden Auffassung erblickt man in der Gerinnung der Milch einen zweistufigen Vorgang, bei dem in erster Linie der Käsestoff oder das Kasein (Kaseinogen) unter Abspaltung einer kleinen Menge von sog. Molkeneiweiß in Parakasein (Kasein) umgewandelt wird,

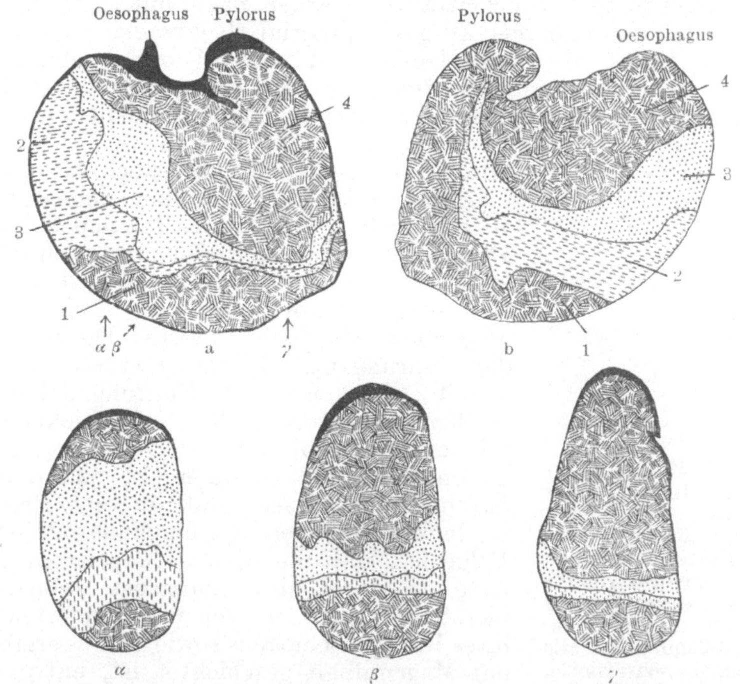

Abb. 56. a Längsschnitt durch den gefrorenen Magen eines Pferdes, das 1 Heu, 2 gewöhnlichen Hafer, 3 blaugefärbten Hafer, 4 Heu erhalten hatte und gleich getötet wurde. b Oberflächenansicht des Inhaltes desselben Magens nach dem Abziehen der zwerchfellseitigen Magenwand. α, β, γ Querschnitte durch denselben Magen in der Richtung der Pfeile (in a). Nach ELLENBERGER u. SCHEUNERT.

welch letzteres dann mit dem in der Milch gelösten Kalk zum unlöslichen Käse zusammentritt. Kalkfreie Kaseinlösungen gerinnen nicht durch Lab, obwohl die Umwandlung des Kaseins in Parakasein von statten geht (HAMMARSTEN in MALYS Jahresber. 1872, 118. 1874, 135).

Das fettspaltende Ferment des Magensaftes, die Lipase, für dessen Vorhandensein VOLHARD zuerst vollgültige Beweise beigebracht hat (1901, Zschr. f. klin. Med. 42, 414; 43, 397), ist später dennoch vielfach angezweifelt worden, als sich herausstellte, daß sowohl bei nüchternem Magen wie während der Fettverdauung der Pförtner den Rücktritt von Darmsaft in den Magen gestattet. Der Nachweis, daß auch das Sekret des Nebenmagens Fettspaltung bewirkt (LAQUEUR, 1906, HOFMEISTERS Beitr. 8, 281), und daß sich aus der Magenschleimhaut fettspaltende Extrakte gewinnen lassen (IBRAHIM und KOPÉC, 1910, Z. f. B. **53**, 201), lassen indes den Zweifel nicht mehr berechtigt erscheinen. Die Wirkung ist nur bei fein emulgiertem Fett eine ausgiebige.

Endlich ist der Magensaft durch seinen Gehalt an Salzsäure imstande Kohlehydrate, insbesondere Rohrzucker hydrolytisch aufzuspalten, letzteren in je ein Molekül Dextrose oder Traubenzucker und Lävulose oder Fruchtzucker. Dieser Vorgang heißt Inversion, weil die Resultante der optischen Wirksamkeit beider Spaltungsprodukte eine Drehung der Polarisationsebene nach links ist (Lävulose dreht bei gleicher molekularen Konzentration stärker nach links, als Dextrose nach rechts), während das Ausgangsmaterial (Rohrzucker) nach rechts dreht. Es findet also eine Umkehr (Inversion) der Drehung statt. Chemisch ist die Inversion an dem Auftreten der reduzierenden Zucker zu erkennen. Der Rohrzucker reduziert bekanntlich nicht.

Neben den vorgenannten Prozessen läuft aber auch die Speichelwirkung auf Stärke bzw. Glykogen im Magen weiter, ungeachtet der bereits früher erwähnten Tatsache, daß die Diastase nur bei neutraler bzw. schwach alkalischer Reaktion wirkt, durch den Magensaft sogar zerstört wird. Es findet eben im Magen keineswegs eine sofortige Durchmischung der Nahrung mit Magensaft statt, wenigstens soweit es 'sich um feste Nahrung handelt. Es ist oben gesagt worden, daß die Schluckbewegung mit einer Erschlaffung der Kardia und der oralen Magenhälfte einhergeht und daß diese Erschlaffung im Anschluß an eine Reihe von Schluckbewegungen eine langdauernde ist. Die Folge ist, daß die in den Magen eingeführte feste Nahrung dort zunächst ruhig liegen bleibt, wie sich aus der unveränderten Form ihres Röntgenschattens sowie daraus ergibt, daß der Mageninhalt geschichtet ist, entsprechend der Reihenfolge der aufgenommenen Nahrungsmittel. Die Schichtung ist bald, wie in Abb. 56, eine mehr oder weniger ebene derart, daß die zuletzt genossene Nahrung dem Magenmund am nächsten liegt (ELLENBERGER, Lehrb. vergl. Physiol. d. Haussäugetiere. Berlin 1890, **1**, 732;

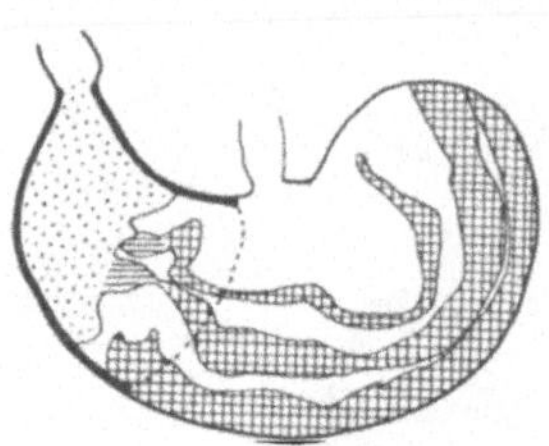

Abb. 57. Magen einer Ratte, die hintereinander im Wechsel blaues (gekreuzt schraffiertes) und weißes Futter gefressen hatte. Im Pylorustrichter altes, stark saures Futter (punktiert). Das an dasselbe anstoßende, ebenfalls sauer (längs schraffiert), erkennbar an der Rötung des durch Lakmus blauen Futters. Nach Tötung des Tieres wird der gefrorene Magen durchschnitten. (GRÜTZNER a. a. O. S. 493).

SCHEUNERT, 1906, A. g. P. **114**, 64 und 1917, ebenda, **169**, 201), bald eine konzentrische, indem die zuletzt genossene Nahrung die voraufgegangene gegen die Oberfläche drängt, wie in Abb. 57 (GRÜTZNER, 1905, A. g. P. **106**, 463). Auf alle Fälle kommt der Inhalt des Magens nur in seiner äußersten Schicht mit der Schleimhaut und dem von ihr abgesonderten sauren Saft in Berührung, so daß für die Fortsetzung der Speichelwirkung die Bedingungen günstig sind.

Die Bewegungen des Magens.

Die Ruhe des verdauenden Magens gilt nur für die kardiale Hälfte desselben und ist auch hier keine absolute, indem seine Muskelhaut unter leichten Schwankungen des Tonus sich in dem Maße um den Inhalt zusammenzieht, als letzterer durch Lösung und Abpressung schwindet. In der pylorischen Hälfte treten wenige Minuten nach Aufnahme der Nahrung lebhafte Bewegungen auf. Dieselben lassen sich am besten beobachten, wenn man dressierte Tiere unverletzt und nur lose gefesselt mit Röntgenstrahlen durchleuchtet, nachdem man ihnen vorher ein für diese Strahlen schwer durchdringbares Futter gereicht hat (durch Mischung mit basischem Wismutnitrat od. Baryumsulfat). Über solche Versuche an Katzen hat zuerst CANNON berichtet (1898, Amer. J. of P. 1, 359). Sehr bald nach der Fütterung sah er nahe dem duodenalen Ende des Magens eine leichte Einschnürung auftreten, die sich gegen den Pförtner bewegte und dort verschwand, während neue wandernde Einschnürungen in regelmäßiger Folge hinter ihr herliefen. Der Beginn dieser Kontraktionswellen greift immer weiter gegen den Magenkörper über, aber alle Wellen laufen in der Richtung gegen das Duodenum und erreichen den Pförtner je nach der Länge des von ihnen zurückgelegten Weges früher oder später, im Mittel etwa in einer halben Minute. Diese Form der Bewegung des Verdauungskanales bezeichnet CANNON mit dem Namen Katastalsis (1912, Ebenda, 30, 120). Sie dauert ununterbrochen fort, solange der Magen einen Inhalt besitzt und führt in den unteren und rechten Teilen des Magens zu einer innigen Durchmischung von Magensaft und Nahrung sowie auch zu einer Zerkleinerung der letzteren, soweit sie durch die Verdauung bereits gelockert ist. Hier entsteht jener saure dünnflüssige, feinzerteilte Brei, der mit dem Namen Chymus bezeichnet wird.

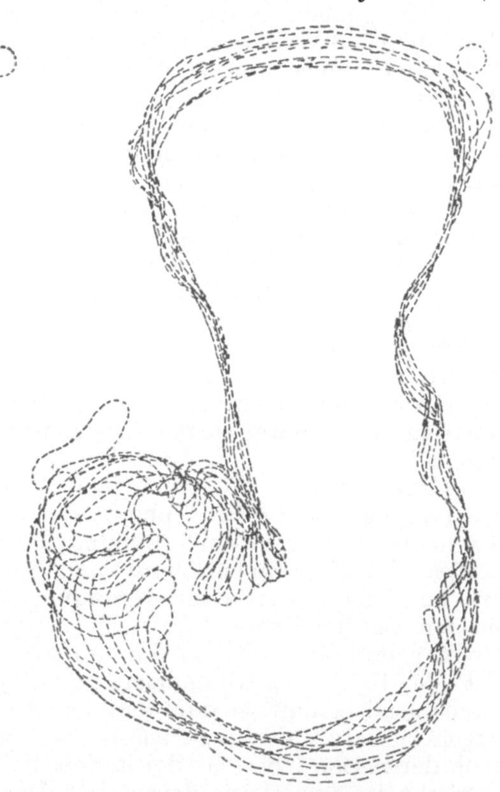

Abb. 58. Veränderungen des Schattens eines verdauenden Magens in zwölf aufeinanderfolgenden, die Zeit von 20 Sekunden umfassenden Aufnahmen. Sämtliche Umrisse sind bezogen auf die beiden als kleine Kreise oben angedeuteten Fixationsmarken. Nach KAESTLE, RIEDER und ROSENTHAL, vgl. DIETLEN, 1913, E. d. P. 13, 73.

Da ziemlich genau alle 10 Sekunden eine neue Welle auftritt, so findet man gewöhnlich auf der Strecke von der Magenmitte bis zum Pförtner mehrere Wellen unterwegs.

Die beschriebene Bewegungsform gilt ebenso für den menschlichen Magen, wie aus Abb. 58 zu erkennen ist, die die kinematographisch aufgenommenen und dann übereinander gezeichneten Schattenrisse eines verdauenden Magens über eine Zeit von 20 Sekunden zusammenfaßt.

Die verhältnismäßige Ruhe des kardialen Magens und die lebhaften Bewegungen des pylorischen kommen auch zum Ausdruck in dem an diesen Orten herrschenden Druck. MORITZ (1895, Z. f. B. **32**, 313) hat eine Sonde mit Gummiblase verschieden weit in den Magen eingeführt und den Druck mit Hilfe von Manometern aufgeschrieben. Der Druck im Fundus zeigt zunächst rhythmische, durch die Herz- und Atembewegungen bedingte Schwankungen, deren Umfang bei ruhiger Atmung 6—8 cm Wasser beträgt. Dazwischen laufen zuweilen kleine Druckänderungen von 2—5 cm Wasser, die offenbar von diesem Teil des Magens erzeugt sind und nur während einer Verdauungsperiode auftreten. Im Pylorusteil verzeichnet dagegen die Sonde weit größere Druckschwankungen, die in regelmäßigen Intervallen von 15—20 Sek. aufeinander folgen und bis zu 50 cm Wasser ansteigen.

Die Veranlassung zu den Bewegungen des Magens entsteht offenbar in dem Organe selbst, denn der ausgeschnittene Magen zeigt im wesentlichen die gleichen Bewegungen (HOFMEISTER und SCHÜTZ, 1885, A. e. P. **20**, 1). Das Nervensystem hat aber Einfluß auf dieselben, denn die Bewegungen werden unterbrochen (gehemmt), wenn das Tier in Erregung gerät (CANNON a. a. O.). Die Hemmung geschieht durch den N. splanchnicus, erstreckt sich aber nicht auf den Sphincter pylori, der geschlossen bleibt (KLEE, 1913, A. g. P. **154**, 552). Der Vagus ruft dagegen abnorm starke Bewegungen hervor (derselbe, 1912, Ebda. **145**, 557).

Eine gewisse Unabhängigkeit von den Bewegungen der Magenwand zeigen die beiden Sphinkteren des Magens. Der Sphinkter der Kardia befindet sich nach Füllung des Magens in einem Zustande abwechselnder Zusammenziehung und Erschlaffung, was zur Folge hat, daß zu Anfang der Magenverdauung periodisch Mageninhalt in den unteren Teil der Speiseröhre zurücksteigt. Der Vorgang hört auf, sobald der Mageninhalt genügend durchsäuert ist (CANNON, 1908, Am. Journ. of P. **23**, 105). Der Ringmuskel des Pförtners ist im nüchternen Magen anscheinend schlaff, so daß sehr leicht Galle und Bauchspeichel in den Magen zurücktreten können (vgl. ROSEMANN, 1907, A. g. P. **118**, 477). Auch der rasche Übertritt der in den nüchternen Magen aufgenommenen Getränke in den Darm deutet auf Erschlaffung des Pförtners. Nach der Nahrungsaufnahme wird er aber sehr bald geschlossen, wobei die Benetzung der Duodenalschleimhaut durch den sauren Mageninhalt als auslösender Vorgang wirkt. Der Pförtner bleibt dann solange geschlossen, bis die Säure durch die Sekrete des Darms und seiner großen Drüsen neutralisiert ist. Der Verschluß wird durch die Magenbewegungen nicht gesprengt und der gegen den Pförtner andrängende Chymus wird in das Antrum pylori zurückgetrieben. Es führt also durchaus nicht jede im Magen gegen den Pförtner wandernde Kontraktionswelle zu einem Übertritt von Mageninhalt in den Darm. Dies geschieht vielmehr erst dann, wenn der eben geschilderte vom Darm her reflektorisch unterhaltene Tonus des Pförtners nachläßt. (BABKIN, Die äußere Sekretion usw. Berlin 1914, S. 376). Die nervösen Bahnen für den Reflex scheinen in der Darmwand gelegen zu sein, denn ein Ringschnitt durch die beiden Muskelschichten des Duodenums, 1—2 cm anal vom Sphincter pylori hebt den Reflex auf (CANNON, 1907, Amer. Journ. of P. **20**, 305).

Außer der Säure hat auch Fett und fetthaltige Nahrung wie Milch oder Eigelb die Fähigkeit, vom Darm aus den Schluß des Pförtners anzuregen, woraus sich das lange Verweilen solcher Nahrung im Magen erklärt. Vor Schluß des Pförtners wird durch eine gegenläufige Bewegung des Darmes (Antiperistaltik oder Anastalsis) Duodenalsaft in den Magen getrieben und dadurch die Verdauung des Fettes gefördert bzw. die zu saure Reaktion des Mageninhalts in der Richtung gegen die Neutralität verschoben (BABKIN a. a. O. S. 383; BOLDYREFF, 1911, E. d. P. **11**, 121; CATHCART, 1911, Journ. of P. **42**, 433.

Der Tonus des Pförtners wird aber nicht nur vom Duodenum, sondern auch vom Magen aus geregelt. Hier scheint Säuerung öffnend, Neutralität schließend zu wirken (CANNON, 1907, Amer. Journ. of P. **20**, 283). Schwierigkeiten bereitet aber dieser Annahme die Tatsache, daß Wasser, also eine neutrale Flüssigkeit, sehr rasch in den Darm übertritt auch dann, wenn es während oder nach einer Mahlzeit getrunken wird (CANNON a. a. O. S. 312; SCHEUNERT, 1913, A. g. P. **151**, 396). Hierbei wird es nicht mit dem Mageninhalt gemischt, sondern zum größten Teil entlang der kleinen Kurvatur gegen den Pförtner geleitet und in den Darm übergeführt.

Die genannten Einrichtungen haben zur Folge, daß die aufgenommene Nahrung im allgemeinen sehr lange im Magen verweilt, wo sie einer eingreifenden chemischen, z. T. auch mechanischen Verarbeitung unterliegt und daß sie nur in kleinen, über viele Stunden verteilten Schüben oder Güssen in den Darm übertritt. Letzteres ist, wie sich sogleich zeigen wird, für die Weiterführung der Verdauung durch den Darm und für die sich daran schließende Resorption der Nahrungsstoffe von ausschlaggebender Bedeutung.

Bisher ist nur von Bewegungen des verdauenden Magens die Rede gewesen. Der nüchterne Magen ist aber nicht bewegungslos, vielmehr wechseln in ihm Zeiten der Ruhe mit solchen der Tätigkeit. BOLDYREFF beschreibt die Erscheinung beim Hunde als gruppenweise auftretende, heftige, die gesamte Magenmuskulatur ergreifende Zusammenziehungen. die in der Zahl 10—20 über 20—30 Minuten verteilt sind, worauf wieder für 1½—2½ Stunden Ruhe eintritt. Wird eine Fütterung eingeschoben, so verschwinden diese Bewegungen, d. h. sie werden ersetzt durch die viel schwächeren, regelmäßiger andauernden, auf die pylorische Hälfte des Magens beschränkten, katastaltischen, um einige Zeit nach Entleerung des Magens wieder zu erscheinen. Sie sind nicht von einer Absonderung von Magensaft begleitet; doch tritt nach 24stündigem oder noch längerem Hungern periodisch eine geringe Absonderung ein, während welcher die fraglichen Bewegungen ausfallen (1911, E. d. P. **11**, 186).

In allen wesentlichen Punkten übereinstimmende Beobachtungen sind dann auch am Menschen gemacht worden (CANNON und WASHBURN, 1912, Amer. Journ. of P. **29**, 441; CARLSON und Mitarbeiter, 1913—15, Amer. Journ. of P. **31**, **32**, **33**, **34**, **38**), wobei namentlich die vielfache Beeinflußbarkeit der Hungerkontraktionen auf psychischem Wege festgestellt werden konnte. Die Einflüsse sind ausschließlich hemmende und werden, wie Tierversuche gelehrt haben, durch den N. splanchnicus vermittelt. Die Hungerbewegungen an sich sind aber unabhängig vom Nervensystem insoferne, als sie auch nach Durchtrennung sämtlicher zum Magen gehenden Nerven fortbestehen.

Die Hungerbewegungen des Magens werden, wenn sie eine gewisse Stärke gewinnen, als Unbehagen, nagendes Gefühl im Epigastrium oder als dumpfer Schmerz wahrgenommen. Diese Empfindungen bilden einen wesentlichen Teil des Hungergefühls, dessen periodische Steigerungen nachweislich zeitlich zusammenfallen mit den krampfartigen Zusammenziehungen des Magens. Die sonstigen Begleiterscheinungen, wie leichte Ermüdbarkeit, Kopfschmerz, Schwindel u. dgl. sind allem Anschein nach zu beziehen auf die erhöhte Reflexerregbarkeit des gesamten Nervensystems in der Periode der Magenkrämpfe, die sich in Verstärkung des Kniereflexes, Beschleunigung des Herzschlages und in vasomotorischen Störungen äußert.

Die Hungerbewegungen des Magens sind schon am Neugeborenen nachweisbar, und zwar noch vor Aufnahme irgendwelcher Nahrung. Sie sind bei ihm, wie auch bei jungen Tieren, häufiger und verhältnismäßig auch kräftiger als beim Erwachsenen. Dies erklärt die sehr bald nach Abschluß einer Verdauungsperiode eintretende Unruhe der Kinder.

Die Verdauung im Dünndarm.

Der durch den Pförtner in den Zwölffingerdarm übertretende Chymus vermischt sich dort mit den Absonderungen der Drüsen, des Darms, dem Darmsaft, dem Bauchspeichel und der Galle. Diese drei Absonderungen haben das Gemeinsame, daß ihre anorganischen Bestandteile bei einer Gesamtkonzentration, die ungefähr dem Salzgehalt des Blutes entspricht, abgesehen vom Chlornatrium, aus Alkalisalzen schwacher Säuren, vor allem Kohlensäure, bestehen. Beim Zusammentreffen mit dem Chymus wird die Kohlensäure von der Salzsäure verdrängt, vom Blute aufgenommen und weggeführt, der saure Chymus neutralisiert. Das dabei entstehende Kochsalz unterliegt weiterhin im Darme der Resorption und damit ist der Überschuß an Karbonaten im Blute wieder beseitigt, der infolge der Abscheidung der Salzsäure aus ihm entstehen muß (siehe oben S. 134). Daß ein solcher Überschuß in der Zeit reichlicher Salzsäurebildung tatsächlich besteht, wird durch die mit der Magenverdauung regelmäßig einhergehende Abnahme der Azidität des Harnes bewiesen, die bis zum Umschlag der Reaktion gehen kann (GRUBER, 1887, Festschr. f. C. LUDWIG. Leipzig S. 68).

Mit der Neutralisierung des Chymus findet die Wirkung des Pepsins auf die Eiweißkörper im allgemeinen ihr Ende, wenn sie auch in den ungelösten, mit Magensaft durchtränkten Nahrungsbestandteilen noch eine Weile fortbestehen kann. Die Fortführung der Verdauung über die im Magen gebildeten Produkte hinaus ist Sache der Fermente, die im Bauchspeichel und Darmsaft enthalten sind. Dieselben wirken bei neutraler bzw. durch die Karbonate des Natriums alkalischer Reaktion. Von Pepsinchlorwasserstoffsäure werden sie zerstört. Es ist deshalb für die Darmverdauung von größter Wichtigkeit, daß die Entleerung des Magens so langsam vor sich geht, daß die alsbaldige Neutralisierung der Salzsäure gesichert ist, was eben durch die oben geschilderte reflektorische Abhängigkeit des Pförtnerschlusses von der Reaktion im Zwölffingerdarm erreicht wird. Allerdings tritt nicht die ganze im Magen abgesonderte Salzsäure als „freie" Säure in den Darm über, vielmehr ist stets ein Teil an Eiweiß bzw. dessen Verdauungsprodukte gebunden.

Diese Chloride sind aber als Salze schwacher Basen mit einer starken Säure in einem von den Konzentrationsverhältnissen bestimmten Umfange hydrolytisch gespalten (BUGARSZKY und LIEBERMANN, 1898, A. g. P. 72, 51), so daß Neutralität nicht eintreten kann und die Wirkung des Pepsins zwar beeinträchtigt, aber nicht aufgehoben ist.

Das Pankreas als Verdauungsdrüse.

An dem Drüsengewebe des Pankreas ist bekanntlich zu unterscheiden ein „exokriner" Teil, dessen Absonderung durch die Ausführungsgänge in den Darm und damit auf die Körperoberfläche mündet und ein „endokriner" Teil in Gestalt der sog. LANGERHANSschen Inseln oder intertubulären Zellhaufen, die sich hauptsächlich im milzwärts gelegenen Abschnitt des Pankreas finden und mit den Ausführungsgängen nicht in Beziehung treten. Sie sind durch ein besonders dichtes und weitlumiges Gefäßnetz ausgezeichnet. Von ihrer vermutlichen Bedeutung wird weiter unten S. 173 die Rede sein.

Zur Gewinnung des pankreatischen Saftes oder Bauchspeichels befestigt man eine Kanüle in einem Ausführungsgang (beim Hunde gewöhnlich in dem größeren aboralen) und setzt durch Fütterung oder eines der sogleich zu erwähnenden safttreibenden Verfahren die Absonderung in Gang. Auf diese Weise ist nur vorübergehende Beobachtung möglich, da die Kanüle bald aus dem Gange fällt. Das Studium der Absonderungsbedingungen ist daher vorwiegend an Dauerfisteln betrieben worden, die nach HEIDENHAIN (1883, HERMANNS Handb. d. P. 5. I. 179) oder PAWLOW (vgl. BABKIN, Äußere Sekretion usw. Berlin 1914, S. 238) angelegt werden. Hierbei wird die Mündung des Ganges mit einem Stück Darmwand in die Hautwunde eingeheilt. Das Verfahren ist aber insofern noch unvollkommen, als der nach außen fließende Saft die Haut des Tieres anätzt und außerdem die Tiere den Verlust des Saftes auf die Dauer nicht ertragen und nach einigen Wochen unter Krämpfen und Schwächeerscheinungen eingehen. Durch geeignete Fütterung und Darreichung von Natriumkarbonat läßt sich die Erkrankung hinausschieben. In neuerer Zeit haben PAWLOW und BABKIN diese Übelstände vermieden, indem sie nach Einheilung des Ganges in die Haut nach dem eben erwähnten Verfahren, nachträglich das mittransplantierte Stück des Darmes wieder ausschnitten. Der Gang endigt dann im Grunde einer narbig verengten Öffnung, aus der das Sekret nur ausfließt, wenn die Kanüle eingeschoben wird. Außerhalb der Beobachtungszeit geht der Saft für das Tier nicht verloren, weil er durch den zweiten Gang in den Darm gelangen kann (PAWLOW, 1908, in TIGERSTEDTS Handb. d. physiol. Methodik. 2. II. 174).

Das Pankreas ist eine Drüse mit intermittierender Tätigkeit. Die Anregung zur Absonderung wird ihm teils durch Nerven, teils durch das Blut zugeführt. PAWLOW und dessen Schüler haben nachgewiesen, daß 1—1,5 Minuten nach Beginn einer Scheinfütterung (siehe oben S. 131) Bauchspeichel aus der Fistel zu fließen beginnt, also früher als unter gleichen Bedingungen der Magensaft. Vielleicht liegt das nur daran, daß dort bei der Enge der ausführenden Wege der Erfolg früher sichtbar wird, während der Magensaft erst die ausgedehnte und vielfach gefaltete Fläche der Schleimhaut überfluten muß, bevor er durch die Fistel zutage treten kann. Die Anregung gelangt durch den Nervus vagus zur Drüse. Absonderung kann auch durch Reizung des peripheren Stumpfes des durchschnittenen Vagus, sowie vom Sympathikus aus eingeleitet werden (Pawlow, Arbeit der Verdauungsdrüsen. S. 73 und 1907, Handb. d. Physiol. 2, 734ff.).

Die Absonderung, welche auf dem eben beschriebenen Wege durch eine Art Fernwirkung eingeleitet wird, ist aber von kurzer Dauer; sie kann nur als ein die Verdauung vorbereitender Vorgang aufgefaßt werden. Die hauptsächliche Anregung und Regulierung seiner Tätigkeit empfängt das Pankreas durch die in das Duodenum eintretenden Nahrungsbestandteile. Wasser, Fett und Seifen bewirken in das Duodenum eingeführt eine Absonderung von Bauchspeichel. Weitaus am stärksten wirken jedoch saure Flüssigkeiten, während alkalische Lösungen unwirksam sind oder sogar die bereits eingeleitete Absonderung unterbrechen (Pawlow a. a. O. S. 147). Der Mechanismus dieser Wirkung besteht darin, daß die in das Duodenum gelangende Säure aus der Schleimhaut einen Stoff freimacht, der auf dem Wege des Blutes in das Pankreas gelangt und dort die Absonderung hervorruft (Bayliss und Starling, 1902, Proc. R. S. 69, 352; Journ. of P. 28, 325). Der Erfolg kann auch dadurch erreicht werden, daß man die Schleimhaut des Duodenum oder Jejunum abschabt, mit Säure extrahiert und das neutralisierte Extrakt in das Blut spritzt. Der fragliche Stoff, der als Sekretin bezeichnet wird, ist löslich in Alkohol von 90% und wird durch Kochen nicht zerstört; er ist nicht spezifisch insofern, als die Sekretine aus verschiedenen Wirbeltieren sich gegenseitig vertreten können (Bayliss und Starling, 1903, Journ. of P. 29, 174), dagegen spezifisch insofern als er nur aus der Schleimhaut des Darms, und zwar ausschließlich der höheren Abschnitte, gewonnen werden kann und abgesehen von einer geringen gallentreibenden Wirkung nur das Pankreas erregt. In Alkohol gehärtete und getrocknete Schleimhautstücke enthalten die Vorstufe des Sekretins, das Prosekretin; sie geben auf Behandlung mit Säure eine sehr wirksame Sekretinlösung.

Der normale Bauchspeichel ist eine farblose, klare Flüssigkeit mit wechselndem Gehalt an organischen Bestandteilen, hauptsächlich Eiweiß, und einem ziemlich konstanten Gehalt an Salzen, etwa 0,8%, unter welchen Natriumchlorid und -karbonat überwiegen. Zu dem organischen Bestand des Bauchspeichels gehören eine Anzahl Fermente, durch die er imstande ist, nahezu auf alle Nahrungsstoffe eine verdauende Wirkung auszuüben. Die Fett und Eiweiß angreifenden Fermente werden im unwirksamen oder latenten Zustande abgesondert und bedürfen der „Aktivierung", die übrigen im „offenen" Zustande. Das fettspaltende Ferment, die Lipase, wird durch die Galle aktiviert, die eiweißspaltenden durch den Darmsaft. Alle diese Fermente wirken in neutraler bzw. durch Natriumkarbonat alkalisch reagierender Lösung. Menge und Zusammensetzung des pankreatischen Saftes sind abhängig von der Beschaffenheit der im Darm befindlichen Nahrung, wie namentlich die Versuche aus Pawlows Laboratorium gezeigt haben (Pawlow, 1907, Handb. d. Physiol. 2, 732).

Die durchschnittliche tägliche Menge wird für den Hund zu 20 ccm pro Kilogramm angegeben (Babkin a. a. O. 242).

Die Absonderung des Pankreas geht einher mit morphologischen Änderungen in dessen Zellen, wie sie sich ähnlich auch in anderen Drüsen finden, hier aber besonders leicht nachweisbar sind und unter günstigen

Umständen sogar an der lebenden Drüse gesehen werden können (KÜHNE und LEA, 1882, Unters. a. d. physiol. Inst. Heidelb. 2, 448). Im ruhenden Zustande sind die Drüsenzellen groß, nicht deutlich voneinander gesondert, im basalen Teil undeutlich in axialer Richtung gestreift, im apikalen, dem Drüsenlumen zugekehrten Teil mit stark lichtbrechenden Körnern dicht erfüllt. Die Zahl dieser Körner vermindert sich im Laufe der Absonderung namentlich dann, wenn durch Reizung der Nn. vagi oder durch Infusion einer Seifenlösung in den Zwölffingerdarm ein fermentreiches Sekret zur Absonderung gelangt. Gleichzeitig tritt die Streifung im basalen Teil des Protoplasmas deutlicher hervor, die Zellen werden kleiner, ihre Kerne besser sichtbar. Das Verschwinden der Sekretkörner geschieht nicht durch Ausstoßung, sondern durch Lösung, so daß an ihren Stellen Lücken des Protoplasmas (Vakuolen) zurückbleiben (METZNER in NAGELS Handb. 1907, 2, 985; BABKIN, RUBASCHKIN und SSAWITSCH, 1909, Arch. f. mikr. Anat. 74, 68).

In Ermanglung des natürlichen Saftes kann die Wirkung des Drüsensekretes studiert werden an einem Extrakt der Drüse, das mit Wasser oder verdünnter Sodalösung hergestellt ist. Die Aktivierung muß hier durch chemische Mittel erfolgen, unter welchen die Behandlung der frischen Drüse mit verdünnter Essigsäure am wirksamsten ist (HEIDENHAIN, 1883, Handb. d. Physiol. 5, I. 188). Da Extrakte des Pankreas sehr leicht faulen, muß durch antiseptische Mittel das Bakterienwachstum verhindert werden.

Die Aufspaltung der Kohlehydrate geschieht wie im Munde durch ein auf Stärke und Glykogen eingestelltes Ferment, Pankreasdiastase oder Amylopsin, das die genannten Polysaccharide über Dextrine in Maltose überführt. Der Prozeß endigt aber, im Gegensatz zur Wirkung der Speicheldiastase, nicht auf dieser Stufe, sondern es wird auch die Maltose in zwei Moleküle Dextrose oder Glukose übergeführt. Da andere Disaccharide ebenfalls in Monosaccharide gespalten werden, Milchzucker (Laktose) zu Glukose und Galaktose, Rohrzucker (Saccharose) zu Glukose und Lävulose, so nimmt man die Anwesenheit besonderer Fermente, Maltase, Laktase, Saccharase bzw. Invertin an. Mit der Entstehung der Monosaccharide ist die Wirkung des Bauchspeichels auf die Kohlehydrate erschöpft.

Das fettspaltende Ferment des Saftes, die Pankreaslipase (Steapsin) wirkt kräftiger als die Magenlipase, die eine nennenswerte Wirkung nur auf fein emulgiertes Fett entfaltet (siehe oben S. 138). Hier ist jedoch zu beachten, daß flüssiges Fett, wenn es sauer oder ranzig ist, sich bei Anwesenheit von Natriumkarbonat, wie sie im Darm gegeben ist, unter Seifenbildung von selbst emulgiert (GAD, A. f. P. 1878, 181), wodurch die Wirkung der Pankreaslipase sehr gefördert werden muß. Das Ferment spaltet nicht nur die Fettsäureester des Glyzerins, sondern auch die der einatomigen Alkohole der Sumpfgasreihe, versagt aber gegenüber den Cholesterinestern. Von den Spaltprodukten des Fettes sind das Glyzerin ohne weiteres im Wasser löslich, die Seifen schwerlöslich, die Fettsäuren unlöslich. Im Darm wird ihre Lösung durch die Galle vermittelt (siehe unten S. 150). Die Aufspaltung des Fettes im Darm kann eine ganz vollständige sein, wie die Versuche von O. FRANK gelehrt haben (1898, Z. f. B. 36, 568; siehe auch unten S. 158).

Die eiweißverdauenden Fermente des Pankreas werden unter dem Sammelnamen Trypsin zusammengefaßt. Sie werden in inaktiver Form, als sog. Zymogene, hier im besonderen Trypsinogen genannt, von der Drüse abgesondert. Sie gewinnen ihre Wirksamkeit erst durch Vermischung mit dem Darmsaft, in welchem man einen hierfür bestimmten Stoff, die „Enterokinase" vermutet. Demselben wird die Natur eines Fermentes zugeschrieben, weil sehr kleine Mengen Darmsaft genügen, um große Mengen Bauchspeichel wirksam zu machen (PAWLOW, 1900, Das Experiment etc. Wiesbaden. S. 15; LINTWAREW, 1902, Jhb. f. T. **32**, 508; BAYLISS und STARLING, 1904, J. of P. **30**, 61).

Die Wirkung des Trypsins auf native Eiweißkörper ist zunächst, abgesehen von der Reaktion der Lösung, der Pepsinwirkung ähnlich. Es kommt auch hier zur Bildung von Albumosen und Peptonen, doch ist die Wirkung weniger energisch und gegenüber gewissen Proteinen (Serumproteine, Eierklar) so gut wie fehlend. Von den Albumoiden widerstehen die leimgebenden Fasern des frischen Bindegewebes der pankreatischen Verdauung (EWALD und KÜHNE, 1877, Verh. Naturhist.-med. Ver. Heidelb. N. F. **1**, 451; OGATA, A. f. P. **1883**, 94). Die Nukleoproteide der Zellkerne werden dagegen von dem Trypsin bzw. der Nuklease des Bauchspeichels weiter (bis zu Nukleinsäure) aufgespalten als durch das Pepsin. Ein weiterer wichtiger Unterschied zwischen Pepsin und Trypsin besteht darin, daß bei letzterem die Spaltung der Eiweißkörper nicht mit der Bildung von Peptonen abschließt, sondern weiterschreitet bis zu kristallinischen, durch Alkaloidreagentien nur noch teilweise fällbaren Verbindungen, den Aminosäuren. Der Vorgang verläuft hier wieder in der früher (S. 127) geschilderten Weise eines allmählichen und ungleichmäßigen Abbaues, d. h. es wird das Ausgangsmaterial nicht sofort in seine kleinsten Teilstücke zerlegt, vielmehr werden einzelne besonders leicht absprengbare Gruppen abgelöst und komplizierter gebaute Kerne zurückgelassen. Besonders frühzeitig treten auf Tyrosin, Leuzin und Asparaginsäure. Die widerständigen polypeptidartigen Reste sind von KÜHNE unter dem Namen Antipepton zusammengefaßt worden (NEUMEISTER, Physiolog. Chemie. Jena 1897, S. 247).

Besonders anschaulich tritt die ungleiche Geschwindigkeit, mit der die einzelnen Spaltprodukte abgelöst werden, hervor, in einer Versuchsreihe von ABDERHALDEN und VÖGTLIN. Sie setzten gleichzeitig acht Flaschen mit Pankreas- und Darmsaft an und gaben zu jeder 100 g Kasein. Jeden zweiten oder dritten Tag wurde eine Flasche auf Tyrosin und Glutaminsäure untersucht und gefunden, daß die ganze im Kasein vorhandene Tyrosinmenge schon am dritten Tage vollständig abgespalten war, die Glutaminsäure nach drei Wochen erst zu 90% (1907, Z. phl. C. **53**, 318).

Der Darmsaft.

Der Darmsaft ist das Produkt des Darmepithels, besonders in den Darmkrypten, deren Zahl im Dünndarm des Hundes von MALL (1887, Leipz. Abh. **14**, 163) auf 16 Millionen geschätzt worden ist. Zur Gewinnung von Darmsaft dienen Darmfisteln. Eine Darmschlinge wird unter Schonung ihres Gekröses vom übrigen Darm abgetrennt, die Stümpfe des letzteren vernäht, die Schlinge an dem einen Ende geschlossen, an dem anderen Ende in die Bauchwunde eingeheilt. Die Absonderung ist bei manchen Tieren intermittierend, bei anderen kontinuierlich (Pregl, 1895, A. g. P. **61**, 359), aber nach Nahrungsaufnahme verstärkt. Da die isolierte Schlinge selbst an der Verdauung nicht mehr teilnimmt, muß die Anregung von dem Rest des Darmes auf sie übertragen werden. Der Weg, auf dem dies geschieht, ist nicht bekannt. Außerdem kann die Schlinge auch direkt zur Absonderung gebracht werden, sowohl durch chemische wie durch mechanische Reizung. Die abgesonderten Mengen werden für den ganzen Dünndarm unter normalen Verhältnissen auf einige hundert cm³ in 24 Stunden geschätzt.

Der Darmsaft ist eine farblose oder gelbliche, auf Lackmus alkalisch reagierende Flüssigkeit, im oberen Teil des Darms schleimig und gallertig, im unteren Teil dünnflüssig und durch Flocken getrübt (Röhmann, 1884, A. g. P. **41**, 411; Kutscher und Seemann, 1902, Z. phl. C. **35**, 442). Er enthält 1—2% Eiweiß und etwa 1% Salze, vorwiegend Kochsalz und kohlensaures Natron. Es liegen auch Beobachtungen an menschlichen Darmfisteln vor von Tubby und Manning (1891, Guys Hosp. Rep. **48**, 271) und Nagano (1902, Mitt. a. d. Grenzgeb. **9**, 393).

Infolge seines Gehaltes an kohlensaurem Natron ist der Darmsaft imstande, Fettsäuren zu verseifen und dadurch saure Fette zu emulgieren. Eine spaltende Wirkung auf neutrale Fette ist beim Hunde von Boldyreff beobachtet (1907, Z. phl. C. **50**, 394). Koagulierte und native Eiweißkörper werden, wenn überhaupt, nur sehr wenig angegriffen, dagegen Peptone, darunter auch das Kühnesche Antipepton (siehe vorige Seite), rasch in Aminosäuren zerlegt (Babkin a. a. O. S. 354). Das hierbei wirksame Ferment ist von O. Cohnheim in der Darmschleimhaut aufgefunden und als Erepsin bezeichnet worden (1901, Z. phl. C. **33**, 451). Die Wirkung des Darmsaftes auf die Kohlehydrate besteht in einer Spaltung der Disaccharide, speziell des Rohrzuckers, der Maltose und des Milchzuckers in die einfachen Zucker, aus denen sie bestehen. Die Nukleinsäure wird ebenfalls angegriffen und in Nukleoside und Phosphorsäure zerlegt. Die Bedeutung des Darmsaftes für die Aktivierung des Trypsinogens ist bereits oben erwähnt worden.

Die Galle.

Im Gegensatz zu Bauchspeichel und Darmsaft führt die Galle dem Darm keine oder nur wenig wirksame Fermente zu. Hierdurch wie durch die in ihr enthaltenen Bestandteile wird es nahe gelegt, die Galle nicht als ein der Verdauung, sondern der Ausscheidung gewisser Stoffe dienendes Produkt aufzufassen, trotz der aktivierenden Wirkung, die sie auf das Zymogen der Pankreaslipase ausübt (siehe oben S. 144). Tatsächlich liegt ihre Bedeutung in beiden Richtungen.

Die Bildung der Galle in der Leber geschieht ununterbrochen, ist aber quantitativ abhängig von der Menge und Beschaffenheit des der Leber zuströmenden Blutes. Als gallentreibende Stoffe oder Cholagoga sind erwiesen die Galle selbst oder Bestandteile derselben, gleichgültig, ob sie in den Darm oder unmittelbar ins Blut eingeführt werden, ebenso die Produkte der Eiweißverdauung, insbesondere Peptone, ferner Fette, Seifen und Salzsäure, wenn sie ins Duodenum gelangen. Die gallebildende Tätigkeit der Leber scheint nach Versuchen von Eiger (1915, Z. f. B. **66**, 229) durch den N. vagus gefördert zu werden, unabhängig von der vermutlich gefäßerweiternden Wirkung dieses Nerven.

Der N. splanchnicus als gefäßverengender Nerv vermindert die Gallen-
bildung.

Bildung der Galle und Abscheidung derselben in den Darm gehen
keineswegs parallel, da durch den Ring glatter Muskeln, der die Mündung
des Gallenganges (auf der Plica longitudinalis duodeni) umgibt, der
Gang gegen den Darm verschlossen und die Galle in die Gallenblase
abgeleitet werden kann. Der Tonus dieses Muskelringes wie der Muskeln
der Gallenwege überhaupt stehen unter der Herrschaft fördernder (Vagus)
und hemmender Nerven (Sympathicus bzw. Splanchnicus). Der Übertritt der Galle in den Darm kann daher ein periodischer sein und ist
es auch bei den Fleischfressern und Omnivoren, während er bei den
Pflanzenfressern, deren Magen nie leer wird, ein ununterbrochener, wenn
auch nicht gleichmäßiger ist.

Aufspeicherung der Galle in der Blase findet im Hunger statt.
Sie reichert sich dort an an Schleim aus den zahlreichen Drüsen der
Blase und verliert Wasser, so daß ihr Trockenrückstand von 2 auf 14%
und darüber steigen kann. Die Konzentrationszunahme geht aber nur
auf Rechnung der organischen Bestandteile, der Gehalt an Salzen, insbesondere an Chlornatrium nimmt ab (BRAND, 1902, A. g. P. **90**, 508),
so daß der osmotische Druck der Blasen- und Lebergalle trotz des so sehr
verschiedenen Trockengehaltes der gleiche sein kann.

Versucht man durch ein in den Gallengang gesetztes Manometer
den Absonderungsdruck zu messen, so erhält man Werte, die kaum
$^1/_{50}$ Atmosphäre erreichen (vgl. BÜRKER, 1901, A. g. P. **83**, 241). Der
wirkliche Sekretionsdruck d. h. der Druck, der die Absonderung der
Galle aus den Leberzellen verhindern würde, ist nicht zu bestimmen,
weil die Galle schon bei dem genannten Drucke in die Lymphgefäße
und schließlich ins Blut übertritt, von wo sie in alle Gewebe und Säfte
des Körpers diffundiert und einen Zustand herbeiführt, der als Gelb-
sucht oder Ikterus bekannt ist. Unterbindet man außer dem Gallengang auch noch den Milchbrustgang, so läßt sich der Eintritt des Ikterus
um Tage oder Wochen verzögern (KUFFERATH, A. f. P. **1880,** 92; v. FREY
und HARLEY, 11. Kongr. f. inn. Med. Wiesbaden 1892; HARLEY, A. f. P.
1893, 291).

Die Farben frischer Gallen sind durch zwei Farbstoffe bedingt,
die als Bilirubin und Biliverdin bezeichnet werden und in sehr
variablen Mengenverhältnissen vorkommen. Beim Fleischfresser überwiegt das Bilirubin und die Gallen sind daher goldgelb bis bräunlich,
bei den Pflanzenfressern herrscht meistens das Biliverdin vor und verleiht den Gallen eine mehr oder weniger rein grüne Farbe. Biliverdin
entsteht aus Bilirubin durch Aufnahme von Sauerstoff, ein Vorgang,
der sich schon beim Stehen an der Luft vollzieht. Durch kräftig oxy-
dierende Mittel, wie z. B. Salpetersäure, die etwas salpetrige Säure
enthält, können noch weitere Oxydationsstufen von blauer, roter und
brauner Farbe erzeugt werden, die sich in Form farbiger Ringe übereinander ordnen, wenn die Säure vorsichtig mit der gallehaltigen Flüssigkeit überschichtet wird. Dies ist die GMELINsche Probe auf Gallenfarbstoffe.

Die Gallenfarbstoffe sind Abkömmlinge des Blutfarbstoffes. Hierfür
sprechen einmal biologische Gründe. Alle Veränderungen des Blutes,
die mit Zerstörung von Erythrozyten einhergehen, führen zur Bildung
einer besonders farbstoffreichen und dabei zähen Galle. Es kommt

dabei leicht zu Ikterus (vgl. KREHL, Pathol. Physiol. 9. Aufl. Leipzig 1918, S. 571). Dann ist auch auf chemischem Wege die nahe Verwandt-schaft von Hämin und Bilirubin auf Grund ihrer Abbauprodukte nach-gewiesen worden (HANS FISCHER, 1916, E. d. P. 15, 185). Ein wesent-licher Unterschied besteht aber darin, daß die Gallenfarbstoffe eisen-frei sind.

Das Bilirubin ist in Wasser nicht löslich, wohl aber in Alkalien. Setzt man zu Galle oder einer Lösung von Bilirubinalkali ein lösliches Kalksalz, so fällt unlöslicher Bilirubinkalk aus. Letzterer ist der wesent-liche Bestandteil der dunklen Gallensteine oder Pigmentsteine.

Während die Gallenfarbstoffe stets nur in geringer Menge (0,5—1 p. M.) in der Galle vorkommen, bilden die Alkalisalze der Gallen-säuren (die Cholate) den größten Teil des Trockenrückstandes. Der Gehalt an Cholaten ist in der Lebergalle 1—2%, in der Blasengalle kann er auf 10% und darüber steigen. Die Eigenschaften der Galle sind also im wesentlichen durch diesen Bestandteil bedingt.

Die in der Galle des Menschen und vieler Säugetiere hauptsächlich vorkommenden Gallensäuren sind die Glykochol- und Taurocholsäure, neben welchen sich in kleineren Mengen die Glykocholein- und die Taurocholeinsäure finden. Im freien Zustande ziemlich schwer löslich, sind ihre Alkalisalze in Wasser leicht löslich und als solche sind sie in der Galle vorhanden. Durch hydrolysierende Einwirkungen (Kochen mit Säuren oder Laugen, ebenso aber auch durch die fermentativen Prozesse im Darm) werden sie in Glykokoll und Taurin einerseits, in Cholsäure und Choleinsäure anderseits gespalten. Glykokoll und Taurin sind Aminosäuren und Abkömmlinge der Eiweißstoffe, Taurin ins-besondere ein Abbauprodukt des Zystins. Cholsäure und Choleinsäure sind einbasische Oxysäuren mit den empirischen Formeln $C_{24}H_{40}O_5$ und $C_{24}H_{40}O_4$. Die Struktur derselben ist zur Zeit noch nicht bekannt. Mancherlei Erfahrungen sprechen für eine Verwandtschaft mit Cholesterin (vgl. besonders WINDAUS und NEUKIRCHEN, 1919, Ber. Chem. Ges. 52, 1915) und diese Annahme wird biologisch gestützt durch die Beobachtung, daß Verfütterung von Cholesterin zu einer vermehrten Ausscheidung von Gallensäuren führt (v. FÜRTH und Mitarbeiter, 1913, Biochem. Zeitschr. 49, 128). Sollte sich diese Vermutung bestätigen, so würden auch diese Bestandteile der Galle als Abbauprodukte, und zwar nicht nur der Erythrozyten, sondern aller Zellen aufzufassen sein, da Cholesterin zu den Bausteinen derselben gehört.

Regelmäßig, wenn auch in kleineren Mengen, finden sich in der Galle Fette, Fettsäuren und Seifen, ferner Lezithin und Cholesterin, Bestandteile, die in Wasser schwer löslich bis unlöslich sind, aber durch die Cholate in Lösung erhalten werden. Lezithin und Cholesterin kommen im Pflanzen- wie Tierreich in weitester Verbreitung vor und es ist, wie S. 19 erörtert wurde, wahrscheinlich, daß die osmotischen Eigenschaften der Zellen im wesentlichen auf die Imprägnation des Protoplasmas, besonders in den oberflächlichen Schichten, mit diesen Stoffen zurück-zuführen sind. Da die Galle ein Lösungsmittel für diese Stoffe ist, so wird sie dieselben den Zellen entziehen, wo immer sie mit solchen in Berührung tritt. Es ist daher verständlich, daß die Galle sich schon an ihrem Entstehungsorte in der Leber mit diesen Stoffen belädt, mit Cholesterin oft geradezu gesättigt ist (MOORE und PARKER, 1901, Proc. R. S. 68, 64), so daß dasselbe leicht in Form von Konkrementen ausfällt (vgl. NAUNYN, Cholelithiasis. Leipzig 1891). Anderseits ist durch den Gehalt der Galle an Lezithin und Cholesterin die Gefahr einer Schädigung der Epithelien, mit denen die Galle weiterhin in Berührung tritt, vermindert.

Von besonderer Bedeutung für die Verdauung und die sich anschließende Resorption der Fette ist die Eigenschaft der gallensauren Alkalien, Seifen und Fettsäuren zu lösen. Die Lipasen des Verdauungskanales spalten, wie oben ausgeführt, das in der Nahrung enthaltene Neutralfett in Glyzerin und Fettsäuren, welch letztere sich mit dem im Darme stets vorhandenen sauren Natriumkarbonat zu Natronseifen umsetzen können. Die Bedingungen für die Seifenbildung sind jedoch bei der verhältnismäßig hohen Kohlensäurespannung des Darmes (siehe oben S. 106) nicht günstig, auch ist anzunehmen, daß die etwa gebildeten Seifen, entsprechend ihrer geringen Konzentration, größtenteils hydrolytisch gespalten sind, so daß die im Wasser nahezu unlöslichen Fettsäuren im günstigsten Falle als feine Emulsion vorhanden sein könnten. Durch den Zustrom der Galle gewinnt nun aber der Darminhalt die Fähigkeit, die Fettsäuren aufzunehmen, d. h. sie genau so wie die übrigen Produkte der Verdauung in wässerige Lösung überzuführen und sie mit dem resorbierenden Epithel des Darmes in Berührung zu bringen. MOORE und ROCKWOOD (1897, Journ. of P. 21, 58) fanden die von 100 cm³ Ochsengalle aufgenommenen Mengen von Ölsäure gleich 4—5%, von Fettsäuren des Schweineschmalzes 3,5% usf. Noch wesentlich höhere Werte fand PFLÜGER (1902, A. g. P. 88, 299 und 431), wenn er Galle mit Sodalösung von 1% versetzte. Die Fettsäuren sind hierbei einfach gelöst, da sie mit Äther wieder ausgeschüttelt werden können.

Die Bewegungen des Dünndarms.

Die chemischen Wirkungen der aufgezählten Verdauungssäfte auf den Chymus werden wesentlich gefördert durch die damit einhergehenden mechanischen Einwirkungen, die von der Darmmuskulatur ausgehen. Es sind hauptsächlich zwei Bewegungsformen genauer bekannt, die Misch- oder Pendelbewegung und die Schiebebewegung, die gewöhnlich unter dem Namen der „Peristaltik" geht.

Die Misch- oder Pendelbewegung setzt ein, sobald Nahrungsbrei in den Dünndarm eintritt, und dauert mit gelegentlichen kurzen Unterbrechungen an, solange der Darm vom Magen aus berieselt wird. Beobachtet man sie vor dem Röntgenschirm, so besteht sie darin, daß an zahlreichen in ungefähr gleichen Abständen über den Darm verteilten Stellen Einschnürungen auftreten, wodurch der Darminhalt in die zwischenliegenden erschlafften Abschnitte gedrängt wird. Indem nun aber die zusammengezogenen Abschnitte sofort wieder erschlaffen und dafür die erschlafften in die Kontraktion eintreten, muß der Inhalt der letzteren nach den Seiten ausweichen, d. h. in die zuvor kontrahierten Abschnitte. Der Wechsel von Zusammenziehung und Erschlaffung wiederholt sich regelmäßig, so daß der Darminhalt dauernd hin- und hergeschoben, eine äußerst gleichmäßige Mischung erreicht und etwa vorhandene Konzentrationsunterschiede ausgeglichen werden.

Stücke von einigen Zentimetern Länge aus dem Dünndarm geschnitten und in körperwarmer, sauerstoffhaltiger Ringerlösung versenkt, zeigen regelmäßige Pulsation, sowohl der Längs- wie der Ringmuskulatur (MAGNUS, 1904, A. g. P. **102**, 123; 1908, E. d. P. **7**, 27). Der Rhythmus ist am raschesten im Duodenum (17,5—21 in der Minute), am langsamsten im zökalen Ende des Ileums (5—15 in der Minute); er ist nicht konstant, sondern je nach der Verdauungstätigkeit wechselnd (CANNON und ALVAREZ, 1914, Amer. Journ. of P. **35**, 177). Es weist dies auf eine gewisse Unabhängigkeit der einzelnen Darmabschnitte voneinander hin, die schon von BAYLISS und STARLING bei ihren Studien über die Darmbewegungen am narkotisierten Tier beobachtet worden ist (1899, Journ. of P. **24**, 104). Die Größe der Pulsationen ist in hohem Maße abhängig von dem Tonus des betreffenden Darmstückes, der selbst wieder in einem gewissen sehr langsamen Rhythmus zu steigen und zu sinken pflegt. Die Pulsationen der Dünndarmmuskeln sind an die Erhaltung des Plexus myentericus (AUERBACH) gebunden. Reißt man die Längs- und Ringmuskelschicht voneinander, wobei der Plexus in der Regel an der Längsmuskelschicht haften bleibt, so zeigt nur noch diese die rhythmische Tätigkeit, während die ganglienfreie Schicht ruhig aber reizbar bleibt (MAGNUS, 1914, A. g. P. **102**, 349). Die Anregungen zur rhythmischen Tätigkeit scheinen chemischer Natur zu sein, wenigstens haben die mit Salzlösungen hergestellten Extrakte aus Darm oder Magen die Fähigkeit, die rhythmischen Bewegungen des Darms hervorzurufen oder wenn schon vorhanden, zu verstärken (WEILAND, 1912, A. g. P. **147**, 171). Als die vorwiegend oder allein wirksame Substanz ist Cholin erkannt worden (LE HEUX, 1918, A. g. P. **173**, 8).

Die Schiebebewegung oder Peristaltik des Dünndarms ist eine durch einen örtlichen Reiz bedingte und nur in der Gegend des Reizes auftretende Bewegungsform. Sie gelangt durch Dehnung des Darmes zur Auslösung und besteht zunächst in einer Erhöhung des Tonus der Muskulatur oral von der gereizten Stelle und in einer Erschlaffung anal von ihr. An diese vorbereitende Phase schließt sich dann die zweite austreibende an. Sie beginnt mit einer Zusammenziehung der Längs-muskeln, die sich aber sofort wieder löst, so daß die unmittelbar nach-folgende als Kontraktionswelle über die ganze Länge des gereizten Darm-stückes in analer Richtung ablaufende Zusammenziehung der Ring-muskeln die Längsmuskeln bereits wieder erschlafft vorfindet. Ist die erste Kontraktionswelle nicht imstande, den dehnenden Inhalt weiter zu schieben, so folgen in Abständen von mehreren Sekunden weitere nach (P. TRENDELENBURG, 1917, A. e. P. **81**, 55). Sobald die Fort-schiebung des Inhaltes in einen tieferen Darmabschnitt erfolgt ist, tritt Ruhe ein. Es bedarf dann wieder längerer Zeit, bis die Inhaltsmasse von der neuen Stelle aus denselben Bewegungszyklus in Gang setzt. Es ist daher begreiflich, daß es Stunden dauert, bis eine Dosis Speisebrei, welche durch den Pförtner des Magens in den Darm eintritt, an das Ende des Dünndarms gelangt und daß voluminöse, d. h. stark reizende Massen (z. B. Pflanzenkost) rascher befördert werden. Kommt es infolge eines Hindernisses nicht zur Leerung des gereizten Darmstückes, so werden die Kontraktionen schwächer und hören schließlich nach einigen Minuten auf (Ermüdung). Auch der Tonus verschwindet, kehrt aber nach längerer Ruhe wieder und damit auch die Fähigkeit zur erneuten Auslösung der Peristaltik (TRENDELENBURG a. a. O.).

Die beschriebene Bewegung läuft ausschließlich in analer Richtung. Dies ergibt sich besonders deutlich aus den Versuchen mit Gegenschaltung eines Darmstückes, wie sie zuerst von MALL (1893, Johns Hopkins Hosp.

Reports. **1**, 93), weiterhin namentlich von PRUTZ und ELLINGER (1902 und 1904, Arch. f. klin. Chir. **67**, 694; **72**, 415) ausgeführt worden sind. Hierbei wird eine Darmschlinge durch zwei gegen die Wurzel des Gekröses gerichtete Schnitte von dem übrigen Darm gesondert, jedoch nach Drehung um 180° sofort wieder eingenäht. Nach Verheilung zeigt sich, daß in der gegengeschalteten Schlinge die Peristaltik in der ursprünglichen Richtung vor sich geht, also entgegengesetzt der im übrigen Dünndarm. Dies führt bei kurzen Schlingen und namentlich bei gut verdaulichem Futter nicht zu Darmstörungen. Unverdauliches oder schwer verdauliches Futter (Stroh, Knochen u. dgl.) staut sich dagegen am zökalen, durch die Gegenschaltung oral gerichteten Ende der Schlinge, das ausgeweitet wird, verschwärt und schließlich durchbricht.

CANNON hat mit Recht darauf hingewiesen (1912, Amer. Journ. of P. **30**, 126), daß der Ausdruck Peristaltik, der zur Zeit auf alle im Verdauungskanal wie überhaupt in röhrenförmigen Gebilden fortschreitende Zusammenziehungen angewendet wird, die Eigentümlichkeit der Bewegung zu wenig bezeichnet. Er schlägt den Namen Diastalsis vor zur Hervorhebung der Besonderheit, daß der Zusammenziehung eine Erschlaffung vorausgeht.

Es gibt noch andere, wenig bekannte Formen von Bewegungen des Dünndarms, die wahrscheinlich nicht den beiden vorstehend beschriebenen zugerechnet werden können. Dahin gehören die Hungerbewegungen. Der leere Darm ist im allgemeinen ruhig, verfällt jedoch ab und zu in krampfartige Zusammenziehungen, gleichzeitig mit den oben S. 141 von dem Magen beschriebenen. Mit diesen Bewegungen geht die Absonderung von Darmsaft, Bauchspeichel und Galle einher, die zugleich in den Magen zurückgestaut zu werden pflegen (BOLDYREFF 1911, E. d. P. **11**, 189, 202). Als besondere Bewegungsformen sind wohl auch die beim Durchfall den Dünndarm rasch durchlaufenden Kontraktionen und vielleicht die antiperistaltischen (?) bei Ileus anzusprechen.

Die Muscularis mucosae und die zahlreichen Bündel glatter Muskelzellen, die von dem Stratum granulosum bzw. fibrosum (MALL, 1887, Abh. Ges. d. Wiss. Leipzig. **14**, 178) gegen die Oberfläche der Schleimhaut und insbesondere gegen die Zottenspitzen aufsteigen, stehen in Beziehung zur Lymphbewegung im Darme, wie weiter unten noch zu erwähnen sein wird. Sie bilden nach den Beobachtungen von A. EXNER (1902, A. g. P. **89**, 253) zugleich eine Vorrichtung, um die Schleimhaut gegen Verletzungen durch spitze Fremdkörper zu schützen und eine glatte Wanderung derselben durch den Darm zu erleichtern.

Wie die Mischbewegung ist auch die Schiebebewegung am ausgeschnittenen Darm oder an Stücken desselben zu beobachten; in diesem Sinne können beide als automatische bezeichnet werden. Die äußeren Nerven haben modifizierenden Einfluß, und zwar, gemäß der Regel, in zwei einander entgegengesetzten Richtungen. Der Vagus führt die den Tonus erhöhenden und die Bewegungen beschleunigenden Fasern, während der Sympathikus auf dem Wege des Splanchnikus der hemmende Nerv ist (KLEE, 1912/13, A. g. P. **145**, 557 und **154**, 552). Der Vagus wirkt hauptsächlich auf die oralen Abschnitte des Dünndarms.

Der Inhalt des Dünndarms.

Zur Feststellung der Veränderungen, welche die Nahrung im Dünndarm erfährt, dient die Untersuchung des Darminhaltes, den man entweder aus einer Fistel gewinnt, oder dem während der Verdauung getötetem Tiere entnimmt. Der erstere Weg ist zuweilen auch beim Menschen gangbar, in den Fällen nämlich, wo wegen Unwegsamkeit des Darmes (meist eingeklemmter Bruch) eine Fistel (sog. widernatürlicher After) angelegt werden muß. Solche Beobachtungen sind mitgeteilt von MACFADYEN, NENCKI und SIEBER (1891, A. e. P. **28**, 311), sowie von AD. SCHMIDT (1898, Arch. f. Verdauungskrankh. **4**, 137), die sich beide auf Darmfisteln beziehen, die ganz nahe am Dickdarm gelegen waren. Bei fünf Mahlzeiten am Tage war der Ausfluß aus der Fistel ununterbrochen und für die Patienten unbewußt, die tägliche Menge mit der Konsistenz wechselnd zwischen 550 g mit 4,9% festem Rückstand und 230 g mit 11,2% festem Rückstand gegenüber 2 kg zugeführter Nahrung. Von dem eingeführten Eiweiß (= Stickstoff $\times$ 6,25) wurde $^1/_4$ wieder gefunden. Die zu einer bestimmten Nahrung gehörigen Stoffe erschienen frühestens in zwei, spätestens in $5^1/_4$ Stunden in der Fistel, die letzten Reste erschienen nach 9—23 Stunden. Im allgemeinen durcheilt Nahrung mit schwer verdaulichen Bestandteilen schneller den Darm als leicht verdauliche. De Farbe war gelb bis gelbbraun, an der Luft in grün übergehend. Die Spaltungsprodukte des Eiweiß waren stets nur in geringen Mengen vorhanden, zuweilen fehlend. Unverdautes Eiweiß (wahrscheinlich aus den Sekreten stammend) und ungelöste Nahrungsbestandteile (Muskelfasern, Stärkekörner, Zellulose, Darmepithelien etc.) stets vorhanden, ebenso Fett. Zucker ist zuweilen gefunden, in anderen Fällen aber auch vermißt worden. Die Reaktion war stets sauer von organischen Säuren, von welchen u. a. Essigsäure, Buttersäure, Milchsäure nachgewiesen wurden. Die Säuerung betrug, auf Essigsäure bezogen, etwa 1 p. M. Die Existenz einer sauren Gärung wurde durch den Geruch des Fistelkotes, an frisches Brot erinnernd, durch Nachgärung und durch Kulturen sichergestellt. Fäulnisprozesse fehlten oder waren nur angedeutet.

Diese Beobachtungen an Menschen werden durch eine große Zahl von Versuchen an Tieren gestützt, welche von SCHMIDT-MÜLHEIM (A. f. P. **1879,** 39), KUTSCHER und SEEMANN (1902, Z. phl. C. **34**, 528; **35**, 432; 1906, ebenda **49**, 297), ABDERHALDEN (1905, ebenda **44**, 30) ausgeführt wurden und welche ergaben, daß die Spaltungsprodukte der Nahrungsstoffe nur in den oberen Darmabschnitten in größerer Menge, in den unteren spärlich oder gar nicht anzutreffen sind.

Diese Beobachtungen sind in mehrfacher Richtung bemerkenswert. Zunächst fällt auf die ununterbrochene und nahezu gleichmäßige Berieselung des Darmes von seiten des Magens und die starke Abnahme der Nahrungsmasse (auf rund $^1/_4$—$^1/_3$ der Zufuhr) als Ausdruck der Aufsaugung im Darm. Dieselbe würde sich noch größer herausstellen, wenn die in der Fistelflüssigkeit enthaltenen Verdauungssäfte in Abzug gebracht werden könnten. Die Auflösung der Nahrung, namentlich der vegetabilischen, ist trotz des vielstündigen Verweilens im Verdauungskanal keine vollständige, was der schützenden Wirkung der Zellulose zuzuschreiben ist. Hier ist indessen nicht nur die Form der gewählten Nahrung, sondern auch die Art der Zubereitung und ihre Menge von wesentlicher

Bedeutung. Typisch ist, daß die endgültigen Abbauprodukte, die einfachen Zucker (Hexosen) und die Spaltprodukte des Eiweiß im analen Teil des Dünndarms fehlen oder nur in sehr geringen Mengen nachweisbar sind, während sie in den oralen Abschnitten vorhanden sind. Sie unterliegen also sofort der Aufsaugung. Auch Fett in nicht zu großer Menge zugeführt, kann so gut wie vollständig verschwinden.

Die Fistelflüssigkeit enthält stets Abbauprodukte, die nicht auf Rechnung der Verdauungsfermente gesetzt werden können, wie die niederen Fettsäuren, Milchsäuren, Kohlensäure, Sumpfgas, Wasserstoff. Sie entstehen aus Kohlehydraten durch die Gärtätigkeit der Bakterien, die sich reichlich im Darme finden. Der Grund, warum es im Dünndarm in der Regel nicht zur Eiweißfäulnis kommt, sondern nur zur sauren Gärung, obwohl mit der Nahrung genug Keime eingeführt werden, dürfte in erster Linie darin zu suchen sein, daß die Fäulnisbakterien viel empfindlicher sind gegen die im Magen herrschende saure Reaktion als die Gärungsbakterien. Ebenso ist der von organischen Säuren schwach saure Dünndarminhalt kein günstiger Nährboden für Fäulnisbakterien, wozu kommt, daß das beständige Abfließen in den Dickdarm und das Nachrücken von frischem Chymus die Entwicklung erschwert.

Ohne Zweifel gehen durch die Gärung im Darme dem Organismus des Wirtes wertvolle Nahrungsbestandteile verloren; er gewinnt aber anderseits wieder dadurch, daß gewisse für die Verdauungssäfte unangreifbare Stoffe, wie namentlich die Zellulose, durch die Bakterienfermente gelöst und für den Organismus verwertbar gemacht werden.

Die Verdauung im Dickdarm.

Die Absonderung des Dickdarms, wie sie sich auf Grund von Fistelversuchen darstellt, ist spärlich und liefert eine neutrale, wasserhelle, geruchlose, schleimige Flüssigkeit, die keine verdauende Eigenschaften besitzt (KLUG und KORECK, A. f. P. **1883,** 463). Sie hat offenbar nur die Bedeutung eines Gleit- und Schmiermittels. Trotzdem ist die Umwandlung des Inhalts im Dickdarm noch eine sehr eingreifende, weil die aus dem Dünndarm und dessen Drüsen stammenden Fermente dort ihre Arbeit fortsetzen und die bakteriellen Zersetzungen stark hervortreten. Neben den Gärungen macht sich hier die Eiweißfäulnis geltend. Die ihr eigentümlichen Prozesse bestehen teils in hydrolytischen Spaltungen nach Art der durch die Verdauungsfermente bewirkten, teils in der Abbröckelung einzelner Atomgruppen, wie Ammoniak (Desamidierung), Kohlensäure u. dgl. mehr (ELLINGER, 1907, E. d. P. **6,** 29; ACKERMANN, Würzb. Sitzber. 1909; HIRSCH, Einwirkung von Mikroorganismen etc., Berlin 1918). Von den hierbei entstehenden Produkten sind besonders charakteristisch Indol und Skatol oder Methylindol, die sich vom Tryptophan ableiten, beide mit ausgesprochen fäkalem Geruch. Ferner die aromatischen Säuren, wie Phenol, Phenylpropionsäure, Paraoxyphenylpropionsäure, Indolpropionsäure u. a. m., und als Repräsentanten des Eiweißschwefels Methylmerkaptan und Schwefelwasserstoff. Gegenüber der annähernd stetigen Berieselung des Dünndarms durch die Nahrungsmassen, ist ihr Transport im Dickdarm ein stockender, zum Teil sogar ein rückläufiger, je nach der dort herrschenden Bewegungsform. Die Bewegungen sind nämlich örtlich verschieden und auch zeitlich wechselnd. Im absteigenden Kolon gibt es anscheinend nur eine anal gerichtete Peristaltik, wodurch die eingedickten Kotmassen in das Rektum und weiterhin unter Mitwirkung der quergestreiften Perinealmuskulatur nach außen gedrängt werden. In dem proximalen Teil des Dickdarms ist die vorherrschende Bewegung eine Folge von Kontraktionswellen, welche irgendwo im aufsteigenden oder Querkolon beginnen und gegen das Zökum fortschreiten (CANNON, 1902, Amer. Journ. of P. 6, 264). Die Bewegung wird gewöhnlich als Antiperistaltik bezeichnet, doch muß hervorgehoben werden, daß sie sich von der Peristaltik des Dünndarms unterscheidet durch die andauernde über lange Strecken des Kolons hinlaufende Folge von Kontraktionswellen, durch das Fehlen einer primären Erschlaffung und durch die oral gekehrte Bewegungsrichtung. CANNON hat für sie die Bezeichnung Anastaltik vorgeschlagen (1912, Amer. Journ. of P. 30, 126). Sie ähnelt, abgesehen von der Fortpflanzungsrichtung, am meisten der Bewegungsform der rechten Magenhälfte. Die Kontraktionen treten in regelmäßiger Folge, etwa 11 in 2 Minuten auf und ziehen hintereinander in oraler Richtung gegen die Ileozökalklappe. Von Zeit zu Zeit wird der Rhythmus unterbrochen durch eine Pause, die eine Viertelstunde und länger dauern kann, worauf wieder eine Bewegungsperiode von fünf Minuten erfolgt. Die Wirkung dieser Bewegungsform, die stundenlang dauern kann, besteht in einer innigen Durchmischung des Dickdarminhaltes und in einem Zusammendrängen desselben im Zökum; ein Rücktritt der Massen in den Dünndarm wird durch die Kontraktion des ileozökalen Sphinkters verhindert (ELLIOT und BARCLAY-SMITH, 1904, Journ. of P. 31, 272). Neben den gegenläufigen Wellen sind tonische, d. h. langdauernde, ihren Ort nicht wechselnde Kontraktionen des Zökums und aufsteigenden Kolons beobachtet, durch welche der Darminhalt in analer Richtung weitergedrängt wird. Ist endlich der proximale Teil des Kolons ganz erfüllt, so erscheinen am Ende des Querkolons Einschnürungen, wodurch Kotballen abgesetzt und in das absteigende Kolon weiterbefördert werden.

Der Abschluß des Dickdarms gegen den Dünndarm ist abhängig von der Muskulatur der Ileozökalklappe, welche die Rolle eines Pförtners spielt. Unter gewissen Umständen (z. B. bei voluminösen Einläufen in das Kolon) erschlafft der unter der Herrschaft des Splanchnikus stehende Sphinkter, so daß der Dickdarminhalt durch die gegenläufigen Kontraktionswellen ein Stück weit in den Dünndarm hinaufgetrieben werden kann. Durch diesen Vorgang sowie durch die Pendelbewegung des Dünndarms erklärt sich wahrscheinlich der von GRÜTZNER beobachtete Transport von Darminhalt in der Richtung gegen den Magen (1898, A. g. P. 71, 492; HEMMETER, 1902, Arch. f. Verdauungskr. 8, 59).

Die Kotbildung.

Neben der chemischen Einwirkung auf die Nahrungsbestandteile von seiten der den Verdauungssäften eigentümlichen und der bakteriellen Fermente, neben der anhaltenden Durchmischung und Durchknetung nimmt im Dickdarm auch die Resorption ihren Fortgang, wodurch Wasser und darin gelöste Produkte entzogen werden. So entsteht schließlich aus dem dünnbreiigen Chymus die steife, lehmartig bildsame Masse des Kotes. An ihm sind drei Bestandteile zu unterscheiden: Unverdauliche bzw. unverwertete Nahrungsbestandteile, Abscheidungen des Verdauungskanales und Bakterien. Die Menge des Unverdaulichen ist von der Art der gewählten Nahrung abhängig und erreicht bei vegetarischer Kost strengster Observanz ein Maximum (CASPARI, 1905, A. g. P. **109**, 473). Unverwertet, obwohl verdaulich, geht ein Teil der Kost ab bei reichlicher Ernährung. Daß ein Teil des Kotes aus dem Verdauungskanal stammt, ergibt sich aus der Tatsache des Hungerkotes (2—4 g pro Tag; FR. MÜLLER, 1893, A. p. A. **131**, Suppl. 17 und 64), als welcher auch das Mekonium des Neugeborenen zu gelten hat. Bei Nahrungszufuhr steigt der Anteil des Verdauungskanales an der Kotbildung entsprechend der gesteigerten Leistung. Ferner findet eine Anfüllung mit kotähnlichen Massen in geschlossenen Darmschlingen statt (HERMANN, 1890, A. g. P. **46**, 93; F. VOIT, 1893, Z. f. B. **29**, 325; R. BOEHM, 1911, Bioch. Z. **33**, 474). Sie bestehen vorwiegend aus abgestoßenem Epithel und aus Schleim und sind reich an Cholesterin bzw. Umwandlungsprodukten desselben, ferner an Kalk, Magnesia und Phosphorsäure (vgl. hierzu FR. MÜLLER, 1884, Z. f. B. **20**, 327 und F. VOIT, 1893, Ebenda. **29**, 325). Die Abscheidung des Eisens findet ebenfalls hauptsächlich durch den Darm statt (QUINCKE und HOCHHAUS, 1896, A. e. P. **37**, 159). Auffallend ist der geringe Gehalt des Kotes an Alkalisalzen.

Das Gewicht des Kotes kann bei gemischter Kost zu etwa 131 g pro Tag angesetzt werden mit 34 g Trockensubstanz = 5,5% der Trockensubstanz der Nahrung (RUBNER, 1879, Z. f. B. **15**, 181).

Siebenter Teil

Die Aufsaugung aus dem Darm, der Stoffverkehr auf dem Wege des Blutes und die innere Sekretion.

Durch die Verdauung werden die Bestandteile der Nahrung ganz oder zum größten Teil in leicht lösliche und dialysierende Verbindungen übergeführt. Verhielte sich der Darm wie ein Dialysierschlauch, d. h. stellte er eine die Diffusion gestattende Membran dar, die den flüssigen Inhalt des Darmes von Blut und Lymphe trennt, so wäre zu erwarten, daß sich die bestehenden Konzentrationsdifferenzen sowohl in der einen wie in der anderen Richtung ausgleichen, bei gleicher Konzentration aber jeder Austausch unterbleiben würde. Versuche mit in den Darm eingebrachten Lösungen bekannter Zusammensetzung haben aber gezeigt, daß das Verhalten ein ganz anderes ist (vgl. hierzu OVERTON in NAGELS Handb. d. P. 2, 894). So fand z. B. HEIDENHAIN (1894, A. g. P. 56, 591), daß nach Einführung von Hundeserum in die isolierte Darmschlinge eines Hundes eine rasche Resorption eines großen Teils der Flüssigkeit erfolgt, trotzdem die Partialkonzentrationen aller Bestandteile des Schlingeninhalts die gleichen sind wie im Blutplasma. Als derselbe Forscher 120 ccm einer 0,3%igen Kochsalzlösung in die Darmschlinge brachte, wurden innerhalb 15 Minuten 84 ccm der Flüssigkeit und 2 g Kochsalz resorbiert. Die am Schlusse des Versuches im Darme noch vorhandene Lösung war mit 0,46% Kochsalz immer noch verdünnter als das Blutplasma des Versuchstieres mit 0,69% Kochsalz (a. a. O. S. 602). Es war somit eine reichliche Menge Kochsalz entgegen der Richtung eines ziemlich steilen Diffusionsgefälles resorbiert worden. REID konnte ferner zeigen, daß ein frisch ausgeschnittenes überlebendes Darmstück, dessen Außen- und Innenwand von derselben Kochsalzlösung bespült wird, das Vermögen besitzt, die Lösung von innen nach außen zu befördern, trotz Gleichheit des hydrostatischen Druckes der Lösung zu beiden Seiten der Darmwand. Es ist also nicht zu zweifeln, daß der Darm, wenigstens in bezug auf gewisse Stoffe, Betriebskräfte entwickelt, wodurch sie, ohne Rücksicht auf das Konzentrationsgefälle in der Richtung gegen das Blut bewegt werden. In dem gleichen Sinne spricht die Beobachtung HÖBERS, daß Kochsalzlösungen schneller resorbiert werden als die damit isotonischen Lösungen von Bromnatrium und Jodnatrium (1898, A. g. P. 70, 639). Beruhte die Resorption auf einem reinen Diffusionsvorgang, so wäre das Umgekehrte zu erwarten. Denn die Konzentration des Brom- und Jodsalzes ist im Blute praktisch gleich null, das Diffusionsgefälle für dieselben also erheblich größer, während ihr Diffusionskoeffizient mit dem des Kochsalzes übereinstimmt. Die Oberfläche der Darmschleimhaut hat sonach gegenüber den sie benetzenden Lösungen dieselbe Fähigkeit der Auswahl und der Bewegung der Stoffe, auch entgegen dem Diffusionsgefälle, wie z. B. die Verdauungsdrüsen oder die Niere. Ein Unterschied besteht jedoch darin, daß bei den Drüsen die Bewegung aus dem Blute heraus, bei dem Darme in das Blut gerichtet ist. Wie in den Drüsen das spezifische Drüsenepithel für diese Leistung verantwortlich zu machen ist, so wird das gleiche für das Darmepithel zu gelten haben.

Wie diese Vorgänge in den Epithelien sich des näheren abspielen, ist nicht bekannt. Die Verfolgung der einzelnen Stoffe während ihres Durchtrittes durch das Epithel ist mit großen, zumeist noch unüberwindlichen Schwierigkeiten verknüpft. Am eingehendsten haben sich die Wandlungen verfolgen lassen, die das Fett auf seinem Wege vom Darmlumen bis in das Blut erfährt.

Die Aufsaugung des Fettes.

Wie oben S. 137 u. 145 ausgeführt worden ist, wirken Magensaft wie Bauchspeichel durch ihre Lipasen spaltend auf die Nahrungsfette. Die Spaltung scheint eine notwendige Bedingung für die Aufsaugung zu sein, denn CONNSTEIN (A. f. P. **1899,** 30) fand das den Triglyzeriden sonst sehr ähnliche Lanolin (Fettsäureester des Cholesterins) nicht resor-

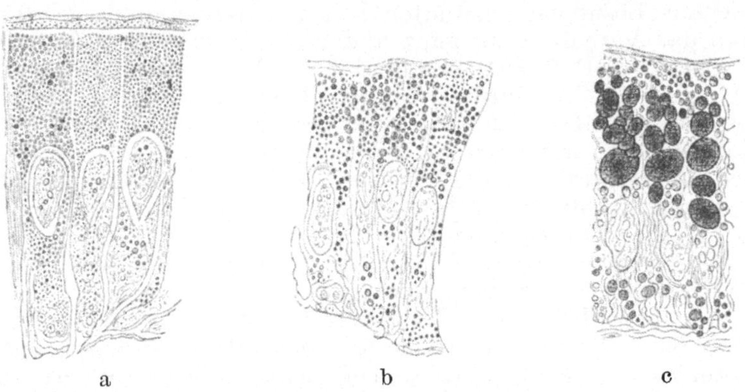

Abb. 59. Fettspeicherung in den Darmepithelien während der Resorption nach KREHL.

bierbar. Die Wirkung der Lipasen auf das Nahrungsfett ist eine sehr energische, die Aufspaltung kann eine vollständige sein, wie O. FRANK fand (1898, Z. f. B. **36,** 568), als er statt der Glyzeride die Äthylester der Fettsäuren verfütterte. Das bei der Spaltung des Nahrungsfettes frei werdende Glyzerin ist in den wässerigen Verdauungsflüssigkeiten löslich bzw. mit ihnen in jedem Verhältnis mischbar, während die Fettsäuren und deren Alkaliseifen von der Galle aufgenommen werden (vgl. oben S. 150).

Öffnet man einen Darm während der Fettverdauung, so zeigt die Schleimhaut, entsprechend ihrem Fettgehalt, ein weißliches gedunsenes Aussehen. Das hauptsächlich in der Überkernzone der Zottenepithelien, d. h. zwischen Bürstensaum und Kern in Form feiner Tropfen gespeicherte

Fett, läßt sich sowohl am frischen Präparat wie am gehärteten nachweisen, am letzteren namentlich durch Schwärzung mit Osmium oder
durch Rotfärbung mit Sudan. Es sind die hier auch am nüchternen
Darm nachweisbaren Körner oder Granula, die sich mit dem Fett beladen (KREHL, A. f. A. **1890,** 97) und im Laufe der Verdauung bedeutend
an Größe zunehmen (vgl. Abb. 59a—c). Die Tropfen zeigen stets die Lös-
lichkeitsverhältnisse des Neutralfettes, gleichgültig, ob dieses oder freie
Fettsäuren verfüttert worden sind (NOLL, A. f. P. **1908,** 145 und 1910,
A. g. P. **136,** 208). Die Aufnahme des Fettes in die Epithelien ist demnach unter allen Umständen eine Synthese unter Verwertung der von
der Verdauung gelieferten Spaltstücke, wenn Neutralfett verfüttert
worden ist, unter Neubildung von Glyzerin, wenn Fettsäuren oder Seifen
verfüttert worden sind.

Erst nachdem die Epithelien sich reichlich mit Fett beladen haben,
wobei die Tropfen an Größe erheblich zunehmen, wird dasselbe auch
in der Unterkernzone, in den Zwischenzellräumen (REUTER, 1903, Anat.
Hefte, **21,** 123) und in den Lymphräumen der Zotten nachweisbar.
Das Fett erscheint dann etwa von der fünften Verdauungsstunde ab
in den Chylusgefäßen des Darms in Form einer äußerst feinen und gleichmäßigen Emulsion (v. FREY, A. f. P. **1881,** 382), die der Darmlymphe
eine milchweiße Farbe verleiht. Die Fortbewegung des Chylus geschieht
teils durch die dem Lymphstrom allerwärts zur Verfügung stehenden
Kräfte (siehe oben S. 90), teils durch die Muskulatur des Darmes selbst.
Im besonderen stellen die zur Zottenspitze aufsteigenden Bündel glatter
Muskelfasern eine Einrichtung dar, durch die eine Entleerung der Lymphräume und eine Überführung ihres Inhaltes in die Lymphgefäße bewirkt
werden kann. Die neuerliche Füllung der Zotten geschieht dann durch
die resorbierende Kraft der Epithelien.

Die Untersuchung des sog. Chylus, d. h. der während der Verdauung aus dem Darm hervorsickernden Lymphe, die aus dem geöffneten
Milchbrustgang gesammelt werden kann, hat ergeben, daß die in ihm
enthaltenen Fette Triglyzeride sind, und zwar auch dann, wenn die
Äthylester der Fettsäuren oder die Monoglyzeride verfüttert werden
(FRANK, 1898, Z. f. B. **36,** 568; Derselbe und ARGYRIS, 1912, Ebenda,
59, 143). Freie Fettsäuren bzw. Seifen treten nur in geringer Menge
auf. Spaltung des verfütterten fremden Fettes und Synthese eines der
Individualität möglichst entsprechenden Fettes ist das Kennzeichen
des Vorganges. Wenn nötig, schafft der Organismus das hierzu erforderliche Glyzerin herbei. Körperfremde Fettsäuren können dagegen, als
Triglyzeride, sehr wohl aufgenommen und im Körper abgelagert werden.
Aber auch in diesem Falle nimmt der Körper mit dem Futterfette Veränderungen vor, wodurch bis zu einem gewissen Grade eine Angleichung
erreicht wird. In diesem Sinne wirkt die schlechtere Resorption von
Fetten hohen Schmelzpunktes und die leichte Verbrennlichkeit der
Glyzeride der niederen Fettsäuren (vgl. hierzu MAGNUS-LEVY und MEYER
in Handb. d. Biochem. **4.** I. 454).

Bei dem Vergleich der aus dem Darm aufgesaugten und der durch
den geöffneten Milchbrustgang zutage tretenden Fettmenge hat sich
herausgestellt, daß die Lymphbahn nicht den einzigen Abzugsweg aus
dem Darm für das Fett darstellt, ja daß nicht einmal der größte Teil
des Fettes diesen Weg geht (v. WALTHER, A. f. P. **1890,** 328; O. FRANK,
ebenda 1892, 497 und 1894, 297). Selbst nach Unterbindung des Milch-

brustganges findet noch eine erhebliche Resorption von Fett statt,
wenn auch die Ausnutzung nicht so gut ist als unter normalen Verhältnissen. Es kann wohl kaum bezweifelt werden, daß der im Chylus
nicht nachweisbare Teil des Fettes den Weg des Blutes einschlägt. In
welcher Form dies jedoch geschieht, ist unbekannt.

Die Aufsaugung der Kohlehydrate

wird wie die der Fette durch ihre Spaltung vorbereitet. Die Stärke
wird durch die Diastase des Mund- und Bauchspeichels in Maltose und
diese sowie der Milchzucker durch die Fermente des Pankreas und des
Darmsaftes in die entsprechenden Hexosen zerlegt. Die Inversion des
Rohrzuckers geschieht teils im Magen durch die Salzsäure, teils im Darm
durch Fermentwirkung. Die Spaltung muß eine vollständige oder fast
vollständige sein, denn Stärke kann nicht resorbiert werden und selbst
Disaccharide werden nur schwierig aufgenommen. Dies ist namentlich
für den Milchzucker durch die Versuche von WEINLAND nachgewiesen
(1899, Z. f. B. **38**, 16). Das Kind und ebenso junge Tiere, deren Darm
den Milchzucker zu spalten vermag, resorbieren ihn leicht und verwerten
ihn in sogleich zu erörternder Weise. Bei vielen erwachsenen Menschen
und ebenso bei Säugetieren entbehrt der Darm des Vermögens
den Milchzucker zu spalten und demgemäß wird er auch nicht aufgenommen. Die Spaltung ist aber nicht nur für die Resorption, sondern
auch für die Verwertung des Zuckers im Organismus von ausschlaggebender Bedeutung. Dies zeigte F. VOIT, indem er verschiedene Kohlehydrate subkutan einführte (1897, D. Arch. f. klin. Med. **58**, 523). Von
den Monosacchariden wurden Glukose, Fruktose und Galaktose selbst
in größeren Mengen leicht verwertet und nur in Spuren durch den Harn
ausgeschieden; von den Disacchariden wurde nur die Maltose vollständig
zurückgehalten, während Rohrzucker und Milchzucker fast quantitativ
in den Harn übergingen.

Der von dem Darm aufgenommene Zucker erscheint nur zum
kleinsten Teil im Chylus. v. MERING (A. f. P. **1877**, 379) konnte bei
Hunden während der Verdauungszeit überhaupt keine deutliche Zunahme der Zuckerkonzentration im Chylus finden. MUNK und ROSENSTEIN
(A. f. P. **1890**, 376), welche den Ausfluß aus einer menschlichen Lymphfistel untersuchten, gewannen nur etwa 1% der genossenen Kohlehydrate
als Zucker wieder. Dagegen fand v. MERING den Zuckergehalt des Pfortaderblutes während der Verdauung erhöht, so daß die Abfuhr des Zuckers
auf diesem Wege außerordentlich wahrscheinlich ist. Ob aller resorbierter
Zucker ins Blut übertritt, ist nicht bekannt. Wie der Respirationsversuch lehrt, wird wenigstens ein Teil des aufgenommenen Zuckers
sogleich verbrannt (siehe unten in der Lehre vom Stoffwechsel), ob
im Darm oder in anderen Geweben läßt sich zur Zeit nicht entscheiden.
Ein anderer Teil des Zuckers wird gespeichert teils als Kohlehydrat
(Glykogen), teils als Fett. Bereits beim Durchtritt durch die Leber
wird dem Pfortaderblute ein Teil des Zuckers wieder entzogen, so daß
in den übrigen Bezirken der Blutbahn eine Vermehrung des Zuckers
während der Verdauung nicht deutlich nachweisbar ist. Auf diese Vorgänge soll weiter unten (S. 165) näher eingegangen werden. Endlich
könnte daran gedacht werden, daß die resorbierten Monosaccharide noch
in der Darmschleimhaut zu komplizierten Verbindungen aufgebaut

werden. v. MERING glaubte dextrinartige Substanzen im Pfortaderblut nachgewiesen zu haben, doch können diese Angaben noch nicht
als gesicherte gelten.

Die Aufsaugung der Eiweißkörper

geschieht so wenig wie die der anderen Nahrungsstoffe im genuinen d. h.
unveränderten Zustande. Die Untersuchung des Darminhaltes hat ergeben,
daß die von dem Magensaft vorbereitete und von dem Bauchspeichel
kräftig fortgeführte Aufspaltung der Eiweißkörper schon frühzeitig zum
Auftreten von Aminosäuren führt (KUTSCHER und SEEMANN, 1902, Z. phl.
Ch. **35**, 432). Ihre jeweils anzutreffende Menge ist allerdings nur gering,
was sich offenbar aus der sofortigen Aufsaugung erklärt. Wichtig ist,
daß nicht nur die leicht abspaltbaren Aminosäuren, sondern auch Prolin-
und Phenylalanin nachgewiesen sind (ABDERHALDEN, 1912, ebenda
78, 382). Aber selbst wenn der eine oder andere polypeptidartige schwer
angreifbare Komplex (nach Art von KÜHNES Antipepton) der Verdauung
im Darmlumen entgehen sollte, besteht noch immer die Möglichkeit
seiner Spaltung durch das Erepsin, das wahrscheinlich erst im Innern
der Schleimhaut zur vollen Wirkung kommt.

Das Bedenken, daß weit abgebautes Eiweiß zur Ernährung nicht
mehr tauglich sein könnte, ist gegenstandslos. Es genügt darauf hin-
zuweisen, daß der Säugling im wesentlichen aus einem einzigen Eiweißkörper, dem Kasein der Milch, alle die verschiedenartigen Proteine
seiner wachsenden Gewebe bildet, um die Fähigkeit des Organismus
zur weitgehenden Umformung des aufgenommenen Materials zu erkennen,
die nicht ohne tiefgreifende Spaltung und nachfolgenden Wiederaufbau
vor sich gehen kann. Überdies haben Fütterungsversuche mit vollständig bis zu Aminosäuren abgebauten Proteinen ergeben, daß Tiere
damit ihren Eiweißbestand nicht nur erhalten, sondern auch vermehren
können, vorausgesetzt, daß alle zur Herstellung der arteigenen Substanz
erforderlichen Bausteine in der Nahrung vertreten sind (vgl. ABDER-
HALDEN, Lehrb. d. physiol. Chem. 1914. S. 499).

Die Aufsaugung von unverändertem oder wenig verändertem
Eiweiß ist auch noch aus dem weiteren Grunde unwahrscheinlich, weil
artfremdes Eiweiß, und solches stellt ja das Nahrungseiweiß fast ausnahmslos dar, wenn es ins Blut gelangt, als Fremdkörper wirkt und entweder unverändert ausgeschieden wird oder als Antigen Abwehrreaktionen
von seiten des Organismus hervorruft, in den es eingedrungen. Von
dieser Regel bilden auch die durch teilweise Hydrolyse aus dem Eiweiß
hervorgehenden Albumosen und Peptone keine Ausnahme (NEUMEISTER,
Physiol. Chem. Jena 1897, S. 307).

Es sprechen also viele Gründe dafür, eine sehr weitgehende, wenn
nicht vollständig bis zu Aminosäuren führende Spaltung des Nahrungseiweiß im Darm anzunehmen. Hieran würde sich dann die Aufsaugung
schließen. Als weiteres Schicksal des Aufgenommenen kommt der Ab-
transport aus dem Darm auf dem Wege des Lymph- oder Blutstroms
in Frage oder der sofortige Aufbau zu körpereigenem Eiweiß bzw. die
völlige Zerlegung zu den Endprodukten des Eiweißstoffwechsels. Solange es nicht gelingen wollte, die Anwesenheit der Spaltprodukte des
Eiweiß im Blute des verdauenden Tieres nachzuweisen, war man zu

der letzteren Annahme gezwungen, die zu der Folgerung führt, daß es dem Darm überlassen bleibt zu entscheiden, wieviel von den aufgenommenen Spaltprodukten zur Synthese dienen und wieviel dem völligen Abbau unterliegen soll.

Im Sinne dieser Annahme schien es zu sprechen, als eine Vermehrung des Ammoniaks im Pfortaderblut während der Verdauung gefunden wurde (HAHN, MASSEN, NENCKI und PAWLOW, 1896, A. e. P. 32, 161), dessen Abspaltung aus den Aminosäuren einen der ersten Schritte zur weiteren Verwertung derselben im Stoffwechsel darstellt. FOLIN und DENIS haben indessen gezeigt, daß dieses Ammoniak im wesentlichen aus dem Dickdarm stammt und daher wohl in erster Linie der bakteriellen Zersetzung des Eiweiß zugeschrieben werden muß (1912, Journ. of biol. Chem. 11, 161).

In neuerer Zeit ist es durch Dialyse großer Mengen von Blut gelungen, die Anwesenheit von Aminosäuren im Blute sicherzustellen und ihre Vermehrung während der Verdauung wahrscheinlich zu machen (ABDERHALDEN, Lehrb. 3. Aufl. S. 540). Dem widersprechen allerdings die Versuche von BANG (1916, Biochem. Zeitschr. 72, 119), der mit seiner Mikromethode keine Vermehrung der Aminosäuren im Blute in der Zeit der Eiweißverdauung nachweisen konnte. Sie trat jedoch prompt ein, wenn er Aminosäuren verfütterte. Vielleicht ist der Unterschied nur darin begründet, daß das gefütterte Eiweiß zu langsam verdaut und aufgesaugt wird, um eine Überschwemmung des Blutes mit Aminosäuren zu veranlassen, d. h. es kann die Weitergabe an die Gewebe gleichen Schritt halten mit der Aufsaugung aus dem Darm.

Hält man eine Vermehrung der Aminosäuren des Blutes während der Eiweißverdauung für gegeben, so rückt die bereits oben in Betracht gezogene Vorstellung in den Vordergrund, derzufolge die aufgesaugten Spaltprodukte des Eiweiß nur nach Maßgabe des Eigenstoffwechsels des Darmes von diesem verbraucht und verarbeitet, im übrigen aber unverändert in den Kreislauf geworfen und den verschiedenen Geweben zugeführt werden. Dabei ist daran festzuhalten, daß der Übergang ins Blut bereits in den Kapillaren der Darmzotten geschieht, nicht auf dem Umwege über die Chylusgefäße und den Milchbrustgang. Letzteres wird schon ausgeschlossen durch die explosionsartige Schnelligkeit, mit der beim Fleischfresser das aufgesaugte Eiweiß verarbeitet wird und sich im Stoffwechsel zur Geltung bringt. Der träge Lymphstrom wäre ganz außerstande, die hierzu nötigen Stoffmengen den Geweben zuzuführen, um so mehr als J. MUNK und ROSENSTEIN an einem Mädchen mit Lymphfistel (A. f. P. 1890, 379) während der Zeit der Eiweißverdauung weder die Menge noch den Eiweißgehalt des Chylus vermehrt fanden. Und schon früher hatte SCHMIDT-MÜHLHEIM nach Unterbindung des Milchbrustganges die Stauungserscheinungen nur bei Fettfütterung stark ausgeprägt gefunden, nicht bei fettfreier Kost. Es zeigte sich ferner, „daß nach völliger Absperrung des Chylus von der Blutbahn die Verdauung und die Aufsaugung der Eiweißkörper, sowie deren Umwandlung in Harnstoff in demselben Umfange wie bei offenen Chyluswegen stattfindet" (A. f. P. 1877, 549).

Der Stoffverkehr auf dem Wege des Blutes.

Die Verfolgung der Aufsaugetätigkeit des Darmes hat es wahrscheinlich gemacht, daß der Darm die durch die Verdauung entstandenen Spaltstücke der Nahrungsstoffe entweder unverändert an das Blut abgibt, wie die Zucker und die Aminosäuren, oder sie in einer der Eigenart des Organismus möglichst entsprechenden Weise wieder zusammenfügt, wie die Fettsäuren und das Glyzerin. Das dabei entstandene neutrale emulgierte Chylusfett gelangt auf dem Umwege über die Chylusgefäße und den Milchbrustgang schließlich ebenfalls in das Blut. Von einer quantitativen Überführung der Verdauungsprodukte in das Blut kann allerdings nicht die Rede sein. Abgesehen davon, daß kleine Mengen der Aufsaugung entgehen können oder von Bakterien weitgehend abgebaut werden, verbraucht auch der Darm selbst und die in ihm eingelagerten lymphoiden Organe einen gewissen Teil der ihn durchsetzenden Stoffe. In den meisten Fällen ist nicht bekannt ein wie großer Teil des aufgesaugten Materials in das Blut gelangt bzw. wie weit dies in der vermuteten Form geschieht. Nur für das Fett ist festgestellt, daß stets ein erheblicher Teil nicht im Chylus erscheint (siehe oben S. 159). Vermutlich schlägt dieser Teil des Fettes den Weg des Blutes ein.

Mit dem Eintritt in das Blut gewinnen die Nahrungsstoffe die Möglichkeit, mit allen Zellen des Körpers in Berührung zu treten und in den folgenden drei Richtungen verwertet zu werden:

1. Sie werden unter Zerlegung und Oxydation als Energiequellen benützt.
2. Sie werden als Ersatz für verbrauchte Bestandteile in die lebenden Zellen aufgenommen (assimiliert) oder beim Wachstum zu Neubildungen verwertet.
3. Sie werden in Form verhältnismäßig indifferenter Vorratsstoffe gespeichert.

Alle diese Umwandlungen sind Leistungen der Gewebszellen. Das Blut, dessen Zellen, wenigstens beim erwachsenen Menschen, einen äußerst geringen Sauerstoffverbrauch aufweisen (O. WARBURG, 1909, Z. phl. C. **59**, 112), kommt hierfür nicht wesentlich in Betracht. Es haben also auch die Gewebszellen darüber zu bestimmen, in welcher Weise die kreisenden Nahrungsstoffe verwertet werden sollen. Dem entspricht die Tatsache, daß die Größe des Sauerstoffverbrauches wie des Stoffwechsels überhaupt in erster Linie von dem Bedürfnis bzw. von den Leistungen der Gewebszellen abhängt, nicht von der Menge des dargebotenen Sauerstoffs oder Nahrungsmaterials.

An der Verarbeitung des Nahrungsmaterials im Innern der Zellen muß nach den gegenwärtigen Kenntnissen den intrazellulären Fermenten ein hervorragender Anteil zugemessen werden. Zu dieser Überzeugung hat namentlich die Verfolgung des Stoffwechsels in den Pflanzen geführt. Sie ist auch in bezug auf die Umsetzungen in den tierischen Zellen wohl begründet. Bezeichnend sind in dieser Richtung die autolytischen Vorgänge, die einsetzen, sobald die Zelle abgestorben ist und die Wirkung ihrer Fermente außerhalb der Zelle nachweisbar wird. Die intrazellulären Fermentreaktionen sind dabei nicht auf Spaltungen beschränkt, sie sind im allgemeinen als reversible Reaktionen aufzufassen und können daher bei geänderten Konzentrationsverhältnissen oder geänderter Tem-

11*

peratur auch zu Synthesen führen (vgl. HÖBER, Physikal. Chem. 4. Aufl. Leipzig 1914, S. 676ff.).

Die Verwertung der im Blute kreisenden Nahrungsstoffe von seiten der Gewebszellen scheint aber noch auf eine Schwierigkeit zu stoßen, die darin besteht, daß nicht recht zu ersehen ist, wie die fraglichen Stoffe in die Zellen gelangen. OVERTON (1902, A. g. P. **97**, 214 und 221) hat auf die bemerkenswerte Tatsache aufmerksam gemacht, daß die Aminosäuren nur äußerst schwer, d. h. sehr langsam in lebende Zellen eindringen und daß das Eindringen für den Traubenzucker überhaupt fraglich ist. (Eine Ausnahme bilden die Erythrozyten des Menschen, die für Traubenzucker und auch für andere Monosaccharide durchgängig sind. MASING, 1914, A. g. P. **159**, 476). Gelangen von diesen Stoffen während der Verdauungszeit größere Mengen ins Blut, so müßte es bei verzögerter Aufnahme in die Gewebszellen zu einer merklichen Anhäufung im Blute kommen, was durch die Versuche von BANG (s. o. S. 162) nicht bestätigt wird. Anderseits steht fest, daß die Verwertung der aufgesaugten Nährstoffe ohne Verzug einsetzt, wie aus dem Steigen des respiratorischen Quotienten bei Zufuhr von Kohlehydraten und dem Anwachsen der Harnstoffausscheidung bei Zufuhr von Eiweiß hervorgeht. Es müssen also wohl Einrichtungen bestehen, wodurch das Eindringen der Nährstoffe gefördert wird. OVERTON hat darauf hingewiesen, daß die Alkylester der Aminosäuren sehr leicht in die Zellen eindringen und daß der Traubenzucker durch analoge Substitutionen die gleiche Eigenschaft gewinnt (a. a. O. S. 220 und 228). Ob alle Gewebszellen imstande sind, die fraglichen Substitutionen an den an sie herangeführten Nährstoffen zu vollziehen und dadurch die rasche Aufnahme vorzubereiten, ob nur gewisse Gewebe hierzu befähigt sind oder ob der Erfolg auf anderem Wege erreicht wird, sind zur Zeit offene Fragen.

Daß mit der Aufnahme der Nährstoffe ins Blut der Mechanismus ihrer Verwertung noch nicht geklärt ist, zeigt sich sehr deutlich an dem resorbierten Fett. Dasselbe gelangt, wie oben ausgeführt, wenigstens zu einem Teil in emulgierter Form ins Blut, in dem es während der Verdauungszeit als ein an der Oberfläche der abgelassenen Blutprobe sich sammelnder Rahm nachweisbar ist. Es versteht sich, daß in dieser Form das Fett von den Geweben nicht aufgenommen werden kann und daß erst eine vielleicht mit erneuter Spaltung verknüpfte Änderung Platz greifen muß. Wie und wo diese geschieht, ob die Leukozyten als Fremdkörper fressende Zellen (Phagozyten) hierbei eine Rolle spielen, ist unbekannt.

Die Speicherung der Nährstoffe und die Bildung des Glygogens.

Dringen Nährstoffe in das Blut in solcher Menge, daß sie den augenblicklichen Bedarf des Organismus überschreiten, so speichert er sie. Dadurch wird einerseits eine unnütze Entfachung des Stoffwechsels, anderseits ein Verlust wertvollen Materials auf dem Wege der Ausscheidungen vermieden. Es entstehen Depots für magere Zeiten. Daß das in den Zellen des fibrillären Bindegewebes, insbesondere der Haut

(Unterhautzellgewebe), der Muskeln und des Mesenteriums abgelagerte Fett die Bedeutung eines Vorratsstoffes besitzt, ist seit langem bekannt und jedermann geläufig. Daß der tierische Körper auch Kohlehydrate speichern kann, ist viel später entdeckt worden.

Die Beobachtung, daß an nüchternen Tieren das Lebervenenblut mehr Zucker enthält, als das Pfordaderblut, und daß eine Leber, deren Gefäße mit Wasser ausgewaschen waren, nach 24 Stunden wieder Zucker enthielt, veranlaßte CL. BERNARD (1857, C. R. **44**, 578) und unabhängig davon HENSEN (1857, A. p. A. **11**, 395) nach der Zucker liefernden Substanz in der Leber zu fahnden. Es gelang ihnen durch Auskochen der zerkleinerten Leber mit Wasser und Fällung mit Alkohol eine stickstofffreie Substanz zu gewinnen, die durch Säuren, rascher durch Speichel oder Diastase in Zucker übergeführt wird. Sie erhielt den Namen Glykogen. Dasselbe läßt sich in den Leberzellen nach geeigneter Härtung und Färbung in Form scholliger Massen oder Körner nachweisen (vgl. Abb. 60).

Der Gehalt der Leber an diesem Stoff ist abhängig von der Ernährung. Tötet man zwei ursprünglich gleichschwere Kaninchen, von denen das eine während einer Woche gehungert hatte, das andere dagegen auf zuckerreiches Futter gesetzt war, so findet man die Leber des Hungertieres klein, dunkel gefärbt, schlaff und leicht, die des gefütterten dagegen groß und schwer, prall und brüchig und dabei von auffällig heller, graugelber Farbe. Diese Unterschiede beruhen zu einem Teil auf verschiedenem Wassergehalt, hauptsächlich aber auf der Anwesenheit reichlicher Mengen von Glykogen in der Leber des gefütterten Tieres.

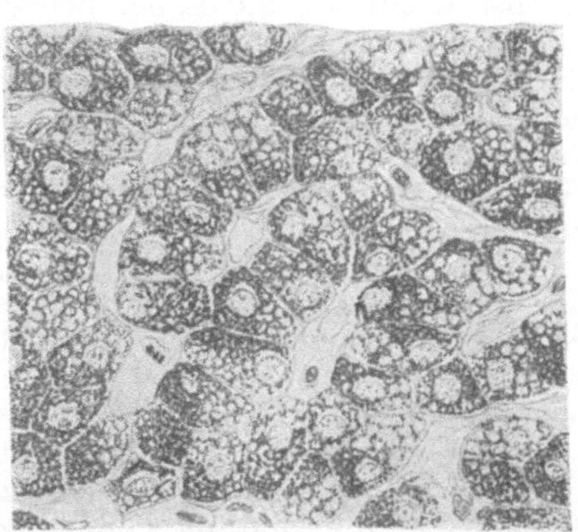

Abb. 60. Glykogen in der Leber eines gesunden Hingerichteten, nach GIERKE 1905, ZIEGLERs Beitr. **37**, 502. Karminfärbung nach BEST.

Möglichst gereinigt und getrocknet, stellt das Glykogen ein schneeweißes lockeres, amorphes Pulver dar, das die Zusammensetzung und Eigenschaften eines Kohlehydrates besitzt. Wegen seiner Ähnlichkeit mit der pflanzlichen Stärke wird es auch als tierische Stärke bezeichnet. Glykogen ist geruch- und geschmacklos, es löst sich in kaltem Wasser, aber nicht klar, sondern mit eigentümlicher milchiger Trübung. Die elementare Zusammensetzung entspricht der Formel $C_6H_{10}O_5$, welche indessen noch mit einem Faktor = 100 oder einem Vielfachen von 100 multipliziert werden muß, um dem Molekulargewicht der Verbindung Rechnung zu tragen (v. KNAFFL-LENZ, 1905, Z. phl. C. **46**, 293). Es handelt sich also um ein Riesenmolekül. Wie Stärke und manche Dextrine wird auch das Glykogen durch Jod gefärbt mit einer je nach Konzentration und Kochsalzgehalt der Lösung zwischen rot und braun liegenden Farbe. Durch Kochen mit verdünnten Säuren wird das Glykogen in Maltose und Dextrose übergeführt. Durch Einwirkung von Speichel entsteht aus ihm Maltose. Das Glykogen ist demnach ein durch Anhydrierung entstandenes Kondensationsprodukt des Traubenzuckers.

Zur Bildung von Glykogen aus Traubenzucker und zur Speicherung desselben sind alle tierischen Zellen, anscheinend ohne Ausnahme, befähigt. Namentlich sind embryonale und im Wachstum begriffene Zellen glykogenreich. Die Leber ist nur dadurch ausgezeichnet, daß sie den Vorgang in besonders großem Umfange vollzieht. Bei reichlicher Zuckerzufuhr kann es zu einer Speicherung von Glykogen bis zu 10 und mehr Prozent des Lebergewichts kommen. Durch diese Eigenschaft stellt die Leber sozusagen einen Wächter dar über den Zuckergehalt des Blutes, indem sie den Zuckerüberschuß des Pfortaderblutes, der von der Aufsaugung im Darm herrührt, an sich reißt und in eine weniger leicht lösliche, speicherbare Form überführt. Diesem Verhalten der Leber ist es zu danken, daß auch bei reichlicher Zuckerzufuhr von seiten des Darms der Zuckergehalt des Blutes, von dem Pfortaderblute abgesehen, nicht steigt und damit eine Ausscheidung von Zucker durch die Niere, eine alimentäre Glykosurie, in der Regel vermieden wird. Ebenso leicht wie die Leber überschüssigen Zucker aus dem Blute aufnimmt und speichert, gibt sie unter Aufspaltung ihres Glykogenvorrates Zucker an das Blut ab, sobald der Zuckergehalt desselben unter den normalen, um 1 p. M. liegenden Wert sinkt. Daher schwankt der Glykogenvorrat der Leber beständig je nach Zufuhr und Verbrauch. Nach längerem Hungern sowie nach erschöpfender Muskeltätigkeit schwindet er zum größten Teil.

Von den in der Nahrung enthaltenen Kohlehydraten sind nicht alle gleich tauglich zur Bildung von Glykogen. Am besten eignen sich Stärke, Maltose, Trauben- und Rohrzucker. Lävulose und Galaktose werden gleichfalls verwertet, obwohl hierzu ihre Umwandlung in Dextrose erforderlich ist. Der Verwertung des Milchzuckers steht seine meist schlechte Ausnutzung im Darm des Erwachsenen entgegen (siehe oben S. 160). Die Bedeutung der d-Mannose als Glykogenbildner ist zweifelhaft. Über die Bildung von Glykogen aus Eiweiß siehe unten Teil 9.

Nächst der Leber sind die Muskeln als glykogenbildendes und speicherndes Gewebe zu nennen, wenn auch ihr Gehalt an diesem Stoff, der selten 1% übersteigt, weit zurücksteht. Zieht man jedoch die Gesamtmasse der Körpermuskulatur in Betracht, so dürfte in ihr eine ungefähr ebenso große Menge Glykogen enthalten sein, wie in der Leber. (Zusammenfassende, kritische Darstellungen der außerordentlich umfangreichen Literatur über Glykogen haben gegeben CREMER, 1902, E. d. P. 1. I. 803; PFLÜGER, Das Glykogen. Bonn 1905; WEINLAND, 1907, in NAGELS Handb. 2, 427.)

Im Gegensatz zu den Fetten und Kohlehydraten, die als solche in großem Umfange gespeichert werden können, ist eine Speicherung von Eiweiß im Körper des ausgewachsenen Warmblüters nur in sehr beschränktem Maße, wenn überhaupt möglich. Weiteres hierüber im 9. Teil.

Die innere Sekretion.

Das Blut, das die im Darm aufgesaugten Nährstoffe den Geweben zuführt, nimmt zugleich die Produkte des Stoffwechsels derselben auf. Die meisten dieser Stoffe wie die Milchsäure, die Oxalsäure, die Kohlensäure, der Harnstoff, die entsprechend ihrer Äther- und Fettlöslichkeit durch die Plasmahaut der lebenden Zellen ohne weiteres hindurchtreten,

gelangen in das Blut nach Maßgabe des Konzentrationsgefälles. Andere
Stoffe, für welche die Voraussetzung nicht gilt, wie die Eiweißkörper
des Blutplasmas, müssen wohl durch eine der Drüsentätigkeit zu vergleichende Absonderung in das Blut übergehen, wenn man nicht annehmen will, daß sie aus abgestorbenen Zellen stammen, was übrigens
für die Auffassung des Vorganges keinen grundsätzlichen Unterschied
machen würde. Auch die ununterbrochen vor sich gehende Neubildung
der morphologischen Bestandteile des Blutes, an der die blutbildenden
Organe, Milz, Leber, Knochenmark, lymphoide Gewebe, beteiligt sind,
kann als eine innere Sekretion aufgefaßt werden. Zumeist bezeichnet
man damit aber jene Absonderungen, die auf dem Wege des Blutes
eine Fernwirkung oder chemischen Reflex auslösen. Beispiele hierfür
sind das Sekretin des pylorischen Magenteils, das die Tätigkeit der
Fundusdrüsen, das Sekretin des Duodenums, das die Tätigkeit des
Pankreas hervorruft. Organe, von denen sich nachweisen läßt, daß sie
an das Blut Stoffe mit Fernwirkung, sog. Hormone, abgeben, heißen
Drüsen mit innerer Sekretion oder endokrine Drüsen.

Es gibt Hormone nicht spezifischer Art, wie die Kohlensäure,
welche anregend auf das Atemzentrum wirkt. Sie kann allerorts entstehen, besonders reichlich aber in den Muskeln. Daher die enge Beziehung zwischen Muskeltätigkeit und Tiefe und Frequenz der Atmung.
Die meisten Hormone sind aber spezifischer Natur, d. h. sie entstehen
nur an einem Orte. Mit der Ausschaltung dieses Ortes kommt auch
das betreffende Hormon und seine Wirkung in Wegfall.

Die Nebennieren.

Von den spezifischen Hormonen ist bisher erst eines chemisch
genau definiert, nämlich das in der Marksubstanz der Nebenniere gebildete Suprarenin oder Adrenalin. Seine durch Synthese sichergestellte
Struktur (STOLZ, 1904, Ber. D. Ch. Ges. **37**, 4149) ergibt sich aus der
Formel:

$$OH \cdot C_6H_3(OH) \cdot CHOH \cdot CH_2 \cdot NH \cdot CH_3$$

3,4-Dioxyphenyl-Methylaminäthanol.

Physiologisch ist es ausgezeichnet durch seine erregende Wirkung
auf die Endigungen der sympathischen Nerven. Es verengt also die
Blutgefäße mit Ausnahme der Koronargefäße, die es erweitert, beschleunigt und verstärkt die Herztätigkeit gleich einer Reizung der
Nn. accelerantes, erweitert die Pupille, erregt Sekretion in Speichel- und
Tränendrüsen, hemmt die Darmbewegungen, ruft Kontraktionen des
Uterus hervor u. a. m. Die Wirkung tritt schon bei überraschend kleinen
Dosen ein. So genügt ein Millionstel eines g pro Kilo Tier zu einer deutlichen Steigerung des Blutdrucks. Ausgeschnittene Arterienstreifen
zeigen noch eine Verkürzung bei einer Verdünnung 1:1 Milliarde oder
auf 15 Milliontel eines g Suprarenin (O. MEYER, 1906, Z. f. B. **48**, 365).
Bei Injektion in das Blut ist die Wirkung eine ziemlich flüchtige, weil
das Suprarenin oxydiert wird. Die Vermutung, daß die Nebennieren

beständig soviel Suprarenin in das Blut entlassen, daß der Blutdruck
auf normaler Höhe gehalten wird, ist nach neueren Untersuchungen
nicht zutreffend (P. Trendelenburg, 1915, A. e. P. **79**, 153). Unter
dem Einfluß von Gemütsbewegungen findet dagegen nachweislich eine
Entladung von Suprarenin ins Blut statt, auf welche gewisse Ausdrucks-
bewegungen, wie Erweiterung der Pupillen, Sträuben der Haare, Beschleunigung des Herzschlages, Hebung des Blutdrucks, Hemmung der
Magen- und Darmbewegungen, zu beziehen sind (Cannon und de la Paz,
1911, Amer. Journ. of P. **28**, 64). Die Anregung der Sekretion geschieht
durch die Nn. splanchnici (Dreyer, 1899, Ibid. **2**, 203; Elliot, 1912,
J. of P. **44**, 374; Asher, 1912, Z. f. B. **58**, 264). Hiermit ist Glykosurie
verbunden (Cannon, Shohl und Wright, 1911, Amer. Journ. of P.
29, 280), deren Deutung noch unsicher ist (Bang, 1913, Biochem. Zeitschr.
49, 81; P. Trendelenburg und Fleischhauer, 1913, Z. ges. exp. Med.
1, 369).

Die gefäßverengernde Wirkung des Suprarenins hat zu einer aus-
gebreiteten therapeutischen Anwendung desselben geführt. Die wichtigste
Seite derselben ist die Kombination mit Kokain oder Novokain zur
Herstellung lokaler Anästhesie, wobei eine schwache Salz- oder Ringerlösung als Injektionsflüssigkeit dient (Schleich, Schmerzlose Operationen. 5. Aufl. Berlin 1906; Braun, Lokalanästhesie. 3. Aufl. Leipzig
1913). Die Bedeutung des Suprarenins liegt hierbei einmal in der Verminderung der Blutung und dann in der Verzögerung der Resorption
der injizierten Lösung, wodurch eine längere Dauer der Anästhesie
gesichert wird.

Die Bedeutung der Nebennieren ist mit der Bildung und Ab-
sonderung des Suprarenins nicht erschöpft. Sie sind lebenswichtige
Organe, wie daraus gefolgert werden muß, daß Tiere die vollständige
Entfernung nur sehr kurze Zeit (Kaninchen 9 Stunden bis 2 Tage,
Wacker, Hueck und Kosch, 1914, A. e. P. **77**, 432) überleben. Nach
Biedl ist es die (nicht Suprarenin bereitende) Rindensubstanz, die als
das unentbehrliche Gewebe zu gelten hat. (Innere Sekretion. Wien 1910,
S. 132ff.). Ein Achtel derselben im Körper zurückgelassen, kann zur
Erhaltung des Lebens genügen. Der Tod tritt unter Sinken der Tem-
peratur, Muskelschwäche, schließlich meist unter Krämpfen ein. Die
als Morbus Addisoni beschriebene Erkrankung, die mit starker Pigmentierung der Haut, Muskelschwäche und Ernährungsstörungen einhergeht, wird auf eine Funktionsstörung der Nebennieren bezogen.

Die Schilddrüse.

Verlust der Schilddrüse, komme sie auf operativem Wege, durch
Entwicklungshemmung oder Erkrankung (Kropf) zustande, führt beim
Fleischfresser in der Regel nach einer Reihe von Tagen zum Tode, während
Omnivoren und namentlich Pflanzenfresser ihn besser ertragen (Vincent,
1911, E. d. P. **11**, 258). Es kommt aber mit der Zeit stets zu schweren
Störungen, zur Verblödung und zu trophischen Veränderungen in der
Haut und den Schleimhäuten, die in trockener, abschilfernder Beschaffenheit der Epidermis und in einer ödemartigen teigigen Infiltration
oder Quellung der Kutis bestehen (sog. Myxödem). Der Stoffwechsel
ist abnorm niedrig, der Umsatz kann auf die Hälfte der normalen täglichen Kalorienzahl herabgehen. Bei jugendlichen Individuen kommt es

außerdem zu verzögertem Wachstum der Knochen und der Genital-
drüsen (Kretinismus). Die Beziehung dieser Störungen zur Schilddrüse
ist durch Schilddrüsenfütterung sichergestellt, durch die eine ganz auffällige Besserung der Symptome herbeigeführt werden kann. Auch die
Überpflanzung von Schilddrüsengewebe von Mensch auf Mensch wirkt
günstig, führt aber nicht zu dauernder Heilung, weil die Erhaltung des
Transplantates nicht gelingt (BORST und ENDERLEN, 1909, Zeitschr. f.
Chir. **99**, 114, 135).

Diese Erfolge machen es außerordentlich wahrscheinlich, daß die
Störungen nach teilweisem oder völligem Ausfall der Schilddrüsenfunktion
auf der ungenügenden Bildung oder dem Fehlen eines „Hormons" beruhen. Dasselbe ist vermutlich ein Bestandteil des kolloiden Inhalts
der Drüsenfollikel, der sich von Zeit zu Zeit in die Lymphgefäße der
Drüse entleert (HÜRTHLE, 1894, A. g. P. **56**, 1). Die Bemühungen, aus
der Schilddrüse den oder die wirksamen Stoffe zu isolieren, haben noch
nicht zu einem abschließenden Ergebnis geführt. Von BAUMANN (1896,
Z. phl. C. **22**, 1) ist eine jodreiche Verbindung, das Jodothyrin, aus der
Schilddrüse gewonnen worden, die als Spaltungsprodukt eines jodhaltigen
Eiweißkörpers, des Jodthyreoglobulins, anzusehen ist (OSWALD, 1899,
Z. phl. C. **27**, 14). Letzteres beeinflußt die Erscheinungen des Myxödems
im günstigen Sinne, während Jodothyrin unwirksam ist (PICK und
PINELES, 1909, Zeitschr. f. experim. P. u. T. **7**, 518). Von günstiger
Wirkung ist auch das Thyreoglandol, ein eiweißfreies und jodarmes
Präparat (ABELIN, 1917, Biochem. Zeitschr. **80**, 259). Die wirksamen
Präparate haben außerdem die Eigenschaft, die Anspruchsfähigkeit des
autonomen Nervensystems zu erhöhen (ASHER, Deutsche med. Wochenschr. 1916, Nr. 34; OSWALD, 1916, A. g. P. **164**, 506 und 1917, ebenda,
166, 169). Die erhöhte Anspruchsfähigkeit der Herznerven während
der Reizung des N. laryngeus sup. hat ASHER und FLACK veranlaßt,
in letzterem Nerven einen Anreger der Sekretion der Schilddrüse zu erblicken (1910, Z. f. B. **55**, 83).

Den Ausfallserscheinungen bei Unterwertigkeit oder Fehlen der
Schilddrüse steht die Überfunktion gegenüber, sog. Hyperthyreoidismus.
Als solche wird eine sehr charakteristische Erkrankung, der Morbus
Basedowii gedeutet, die mit Tachykardie, nervösen Erregungszuständen,
Vergrößerung der Schilddrüse und erhöhtem Stoffwechsel einhergeht.
Diese Symptome lassen sich auch durch reichliche Schilddrüsenfütterung
hervorrufen (NOTTHAFT, Zentralbl. f. inn. Med. 1898, 353).

Die Epithelkörperchen oder Beischilddrüsen.

Die Beischilddrüsen, Glandulae parathyreoideae, finden sich als
vier kaum linsengroße Körperchen an den dorsalen Flächen der Schild-
drüsenlappen (vgl. Abb. 61). Sie bestehen aus Strängen dicht gelagerter
Epithelzellen, die durch Bindegewebe von einander getrennt sind. Follikel-
bildung fehlt. Von der Schilddrüse unterscheiden sie sich nicht nur
strukturell, sondern auch entwicklungsgeschichtlich, da sie sich von
dem Epithel der Kiemenspalten ableiten. Der Name Nebenschilddrüse
wird besser vermieden, da er auch für die akzessorischen oder Ergänzungs-
schilddrüsen gebraucht wird, die als abgesprengte Teile der Schilddrüse
mit ihr im Bau übereinstimmen.

Nach BOLDYREFF (1913, A. g. P. **154**, 470) ist die verschiedene Gefährlichkeit der Entfernung der Schilddrüse bei Fleisch- und Pflanzenfressern nur darin begründet, daß bei ersteren die Beischilddrüsen mit entfernt werden, während sie bei den letzteren geschont werden können. Man sollte daher erwarten, daß die Entfernung der Beischilddrüsen allein schon genügt, um nach entsprechender Zeit den Tod des Tieres herbeizuführen. Dies wurde auch von einer Reihe von Forschern gefunden (vgl. die Literatur bei HIRSCH,

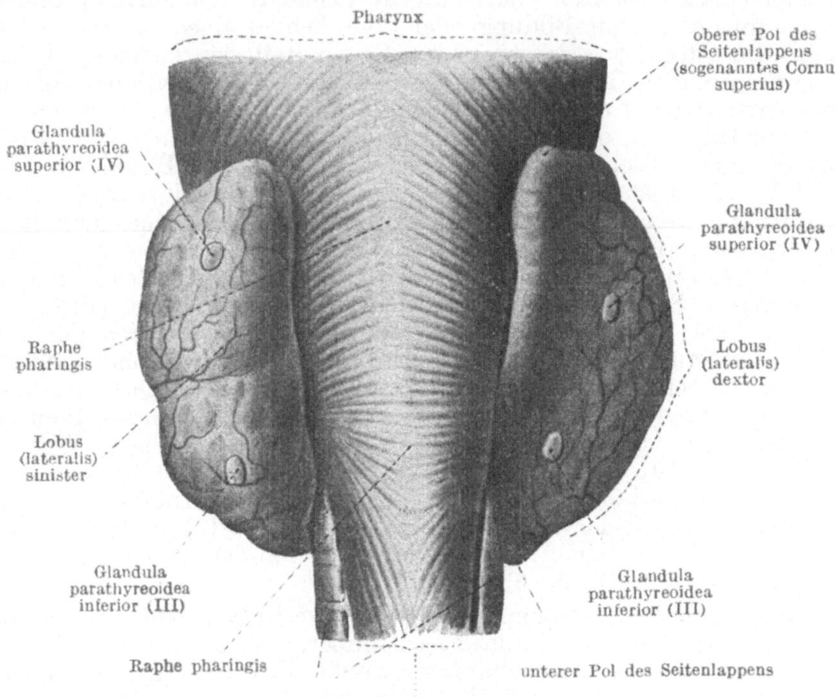

Abb. 61. Schilddrüse mit den beiden Paaren der Beischilddrüsen in der Ansicht von hinten. Die beigefügten Zahlen (IV und III) beziehen sich auf die entwicklungsgeschichtliche Ableitung von der 3. bzw. 4. Schlundtasche. Nach SOBOTTA, BARDELEBENS Handb. d. Anat. 6. Bd., 3. Abt., 4. Teil.

Handb. d. Bioch. **3.** I. 298). Dem Tode geht eine abnorme Erregbarkeit des ganzen Nervensystems voraus, die sich u. a. in tetanischen Anfällen äußert. Andere Untersucher vermißten dagegen die Tetanie oder sahen sie nur vorübergehend. Auch die heilende Wirkung von Präparaten aus Epithelkörperchen ist strittig.

Die Hypophyse.

An der Hypophyse oder dem Hirnanhang ist ein vorderer epithelialer, rötlichgelber und ein hinterer nervöser oder besser gliöser, weißlicher Lappen zu unterscheiden. Die Entfernung des hinteren Lappens ruft keine Ausfallserscheinungen hervor. Die des vorderen Lappens führt an erwachsenen Tieren zu geringen Störungen, die in einem mäßigen Grad von Fettsucht, leichter Schädigung der Keimdrüsen und Herabsetzung der allgemeinen Widerstandsfähigkeit bestehen. An jugendlichen Tieren entwickeln sich im Gegensatz zu gleichaltrigen Kontrolltieren sehr auffallende und charakteristische Störungen: Zurückbleiben im Wachstum (vgl. Abb. 62), Offenbleiben der Epiphysenfugen, Persistenz des Milchgebisses und des Thymus, späte und mangelhafte Entwicklung der Geschlechtsorgane und der Geschlechtsfunktionen, starker Fettansatz. Die Temperatur ist unternormal, der Stoffwechsel pro Einheit der Körpermasse stark herabgesetzt (Aschner, 1912, A. g. P. **146**, 1). Diese experimentellen Ergebnisse legen es nahe, die Erscheinungen der sog. Dysplasia daiposogenitalis, den Zwergwuchs und Infantilismus beim Menschen auf Störungen in der Funktion der Hypophyse zurückzuführen, wofür auch pathologisch-anatomische Erfahrungen sprechen. Demgegenüber erblickt man im Riesenwuchs, Gigantismus, Akromegalie den Ausfluß einer Überfunktion des Hirnanhangs. Einnahme von Hypophysensubstanz (Tabletten) steigert den Stoffwechsel ähnlich wie Schilddrüsenpräparate. Extrakte aus dem Hinterlappen (Pituitrinum infundibulare) haben eine suprareninartige Wirkung.

Abb. 62. Zwei Hunde von gleichem Wurf, 6 Monate alt. Dem kleinen Tier wurde vor $3^1/_2$ Monaten die Hypophyse entfernt.

Gleich der Hypophyse steht vermutlich auch die **Thymusdrüse** in Beziehung zur Entwicklung der Geschlechtsfunktionen. Darauf weist die Tatsache, daß die Drüse kurz vor Beginn der Geschlechtsreife ihre höchste Ausbildung erfährt und dann einer allmählichen Involution und Verfettung verfällt. Entfernung der Drüse bei sehr jugendlichen Tieren führt zu Störungen des Wachstums, insbesondere der Knochen, Kachexie und Idiotie und schließlich nach Monaten zum Tode (Klose, 1910, Arch. f. klin. Chir. **92**, 1125 und Beitr. z. klin. Chir. **69**, 1; Lampe, 1913, Fortschr. d. naturw. Forsch. **9**, 197).

Sowie die Entwicklung der Keimdrüsen nach den vorstehenden Ausführungen abhängig erscheint von dem Einfluß einer Anzahl anderer Organe (Hypophyse, Thyreoidea, Thymus), so wirken umgekehrt die Keimdrüsen nach bzw. während ihrer Ausreifung auf den übrigen Körper anregend und verändernd. Die Gesamtheit dieser Veränderungen wird zusammengefaßt unter dem Namen der sekundären Geschlechtsmerkmale. Dieselben können dauernd bestehen bleiben oder, wenn die Brunstperioden zeitlich weit auseinander liegen, nur für die Dauer derselben auftreten. Zu der letzteren Art von Merkmalen gehören der Umklammerungsreflex der männlichen Frösche, die Hypertrophie ihrer Vorderarmmuskeln und die schwielige Umwandlung der Daumenballen. Nach Kastration kommen dieselben nicht mehr zur Ausbildung. Bei ihrer Ausbildung am normalen Tier spielen chemische Stoffe, also eine Art innerer Sekretion, eine wichtige Rolle. Nussbaum (1909, A. g. P. **129**, 110) brachte Stückchen des Hodens in den Rückenlymphsack von Fröschen, wo sie allmählich aufgesaugt wurden, dabei aber die Atrophie der Brunstorgane nach Kastration verhinderten. Bei Kastraten kann der Umklammerungsreflex durch Injektion von Hodensubstanz brünstiger Männchen hervorgerufen werden (Steinach, 1910, Zb. f. P. **24**, 551). Einigermaßen wirksam ist auch die Substanz des Ovariums (Harms, 1910, A. g. P. **133**, 27).

Bekannt sind die Folgen der Frühkastration beim Menschen. Kleinbleiben des Kehlkopfes, verzögerte Verknöcherung der Epiphysenfugen, fehlende oder geringe Bartentwicklung, Neigung zum Fettansatz u. a. m. deuten bei männlichen Kastraten auf das Fortbestehen der kindlichen Entwicklungsstufe. Weibliche Kastraten zeigen dagegen vielfach eine Annäherung an den männlichen Typus, was mit der hermaphroditischen Anlage des Geschlechtsapparates in Zusammenhang stehen dürfte.

Auf eine weitgehende Bildsamkeit des Geschlechtscharakters weisen die höchst merkwürdigen Versuche Steinachs (1912, A. g. P. **144**, 71; 1913, Zb. f. P. **27**, 717), in denen es ihm gelang, durch Überpflanzung von Ovarialgewebe auf in frühester Jugend kastrierte Männchen (Ratten, Meerschweinchen) diese zu „feminieren", d. h. sie in ihrer äußeren Erscheinung und in ihren Instinkten den Weibchen anzugleichen und anderseits in analoger Weise Weibchen zu „maskulieren". Hierbei sind für die Ausprägung des einen oder anderen Geschlechtscharakters weder die Samen- noch die Eizellen maßgebend, sondern die im Bindegewebe liegenden sog. interstitiellen Zellen. Bei frühzeitiger Transplantation der Keimdrüsen von Männchen auf Weibchen und umgekehrt kommt es nämlich zur Degeneration der Geschlechtszellen, während das Zwischengewebe nicht nur erhalten bleibt, sondern sogar zu wuchern pflegt. Diesen nicht degenerierenden, die äußeren Geschlechtsmerkmale bedingenden Teil der Keimdrüsen nennt Steinach die „Pubertätsdrüse".

Als ein weiteres Beispiel für eine Fernwirkung durch innere Sekretion sei hier noch das mit der Schwangerschaft einsetzende Wachsen der Milchdrüsen und die schließlich eintretende Milchabsonderung erwähnt. Den anschaulichsten Beweis für die Annahme, daß der Drüse die Anregung zur Tätigkeit durch Stoffzufuhr auf dem Wege des Blutes mitgeteilt wird, liefert wohl der Versuch von Ribbert. Er transplantierte bei einem wenige Tage alten Meerschweinchen eine Mamma an die Außenseite des Ohres und konnte, nachdem das Tier später geworfen hatte, Milchabsonderung feststellen. Die Frage, ob der durch das Blut zugeführte Reizstoff (Hormon) von dem Fötus, der Plazenta oder von den inneren Genitalien des trächtigen Tieres abgegeben wird, ist sehr verschieden beantwortet worden. Neuere Untersuchungen machen es wahrscheinlich, daß es sich nicht um einen Stoff von besonderer Spezifität in bezug auf seine Herkunft handelt, da auch Ovarien jungfräulicher Tiere,

Hypophysenextrakte, selbst beliebige Lymphagoga milchtreibend befunden worden sind (ASCHNER und GRIGORIU, 1911, Arch. f. Gynäk. **94**, 766; SCHAEFER und MACKENZIE, 1911, Proc. R. Soc. Ser. B. Vol. **84**, 16).

Der Pankreasdiabetes.

Im Jahre 1889 entdeckten v. MERING und O. MINKOWSKI (Zentralbl. f. klin. Med. **10**, 393; 1890, A. e. P. **26**, 371), daß Hunde nach vollständiger Entfernung des Pankreas von der schwersten Form der Zuckerkrankheit oder Zuckerruhr, Diabetes mellitus, ergriffen werden, der die Tiere in längstens vier Wochen erliegen. Neben beständiger Ausscheidung von Zucker (Traubenzucker) durch den Harn, die bei jeder Art der Ernährung und auch im Hunger andauert und bis zu 10 g pro Kilo Körpergewicht und Tag ansteigen kann, zeigen die Tiere enorme Gefräßigkeit, großen Durst, reichliche Harnabsonderung, Abmagerung und Kräfteverfall. Im Harn treten außer Zucker Azeton, Azetessigsäure und β-Oxybuttersäure auf, die als Zeichen unvollständiger Fettverbrennung betrachtet werden. Der Zuckergehalt des Blutes und sein Gehalt an fixen Säuren ist erhöht (Azidosis), der Glykogenvorrat der Leber und Muskeln schwindet bis auf Spuren.

Die Ausrottung des Pankreas wirkt bei allen Wirbeltieren im wesentlichen in gleicher Weise, vorausgesetzt, daß sie vollständig ist. Bleibt ein Rest der Drüse stehen, so fehlt der Diabetes oder tritt nur in milder Form bzw. vorübergehend auf. Das Entscheidende ist nicht die Absperrung des Bauchspeichels von dem Darme, denn die Tiere bleiben gesund, wenn die Drüse oder ein Teil derselben unter Schonung der Gefäße unter die Haut verlagert wird. Sie erkranken erst, sobald die transplantierte Drüse entfernt wird.

Bei Besprechung der verdauenden Funktionen des Pankreas ist erwähnt worden (S. 143), daß eingesprengt in das Drüsengewebe (namentlich im Körper und Schwanz) sich Epithelkörper finden, die als intertubuläre Zellhaufen oder LANGERHANSsche Inseln in der Literatur bekannt sind. Die viel erörterte Annahme, daß diese es seien, die für das Auftreten des Diabetes verantwortlich zu machen sind, hat durch die neueren Untersuchungen WEICHSELBAUMS sehr an Wahrscheinlichkeit gewonnen (1910, Sitzungsber. Wien. Akad. **119**. III. 73). Er berichtet über 183 sorgfältig untersuchte Fälle von menschlichem Diabetes, in denen ohne Ausnahme auffällige degenerative Veränderungen in den LANGERHANSschen Inseln nachweisbar waren.

Trotz vieler Bemühungen ist eine befriedigende Aufklärung über das Wesen des Diabetes noch nicht gewonnen. Unzweifelhaft ist die Verwertung des Zuckers beim Diabetiker beeinträchtigt. Daher seine Vermehrung im Blute (bis zu 1%) und die Ausscheidung durch die Niere. Die schlechte Verwertung kann bedingt sein durch eine Veränderung des Zuckers oder aber der ihn zerstörenden Kräfte. Die meisten Forscher neigen sich der letzteren Annahme zu. Nach dieser Auffassung soll das Pankreas einen Stoff an das Blut abgeben, der die Gewebszellen zur Verwertung des Zuckers befähigt. Die Versuche, den fraglichen Stoff aus dem Pankreas zu gewinnen, sind aber bisher nicht geglückt (vgl. die Darstellung von MAGNUS-LEVY, 1911, im Handb. d. Bioch. **4**. I. 356). Über die beim Diabetes deutlich hervortretende Zuckerbildung aus Eiweiß vgl. Teil 9.

Achter Teil.

Der Harn und seine Absonderung.

Die Ausführungen des vorhergehenden Teiles haben gezeigt, daß durch die Aufsaugung der Nährstoffe aus dem Darm die Zusammensetzung des Blutes nicht wesentlich geändert wird, weil die über viele Stunden sich erstreckende Verdauung in jeder Zeiteinheit nur kleine Stoffmengen aufsaugungsfähig macht und die Gewebszellen sich des Aufgesaugten sofort bemächtigen. In viel höherem Grade besteht die Möglichkeit einer ausgiebigen Veränderung des Blutes durch die Endprodukte des Stoffwechsels. Soweit es sich um die Kohlensäure handelt, sorgt die Atmung dafür, daß die Spannung derselben innerhalb erträglicher Grenzen bleibt. Die nicht gasförmigen Abfallstoffe würden dagegen, namentlich bei gesteigertem Stoffwechsel, leicht schädliche Konzentrationen erreichen, wenn nicht für ihre Entfernung aus dem Blute gesorgt bliebe. In dieser Richtung ist namentlich die Niere wirksam, die durch jede Abweichung von der normalen Konzentration zur Tätigkeit angeregt wird. Die Absonderungen des Darms und der Haut kommen dagegen erst in zweiter Linie.

Die Besprechung der Erscheinungen und Bedingungen der Harnabsonderung geht zweckmäßig aus von der durchschnittlichen Beschaffenheit und Zusammensetzung des normalen Harns. Die täglich abgesonderte Menge schwankt zwischen 1200 und 1700 ccm, die Farbe, je nach Pigmentgehalt, Gesamtkonzentration und Schichtdicke zwischen hellgelb und dunkelrotbraun. Läßt man Harn gärungsfrei an der Luft stehen, so dunkelt er stark nach. Die Reaktion auf Lackmus ist in der Regel sauer, die Wasserstoffzahl ($H^{\cdot}$) schwankt zwischen etwa 10^{-5} und 10^{-7} (MICHAELIS, Die Wasserstoffionenkonzentration. Berlin 1914, S. 108). Ohne antiseptischen Zusatz geht Harn bald in ammoniakalische Gärung über. Er reagiert dann alkalisch, wird trübe und übelriechend. Frischer Harn besitzt einen schwachen, eigentümlichen, übrigens in hohem Maße von der Beschaffenheit der Nahrung abhängigen Geruch. Nach Fleischnahrung erinnert sein Geruch an Fleischbrühe.

Der osmotische Druck des Harns, welcher der molekularen Konzentration (undissoziierte Moleküle plus Ionen) proportional ist, wird gewöhnlich durch Bestimmung des Gefrierpunktes ermittelt. Die Gefrierpunktserniedrigung schwankt zwischen 0,08 und 3,50°; als Mittel kann 1,7° angenommen werden, was einem osmotischen Druck von 22 Atmosphären entspricht. Die Dichte oder das spezifische Gewicht des Harns steht nicht in so einfacher Beziehung zur Gesamtkonzentration. Ihre mit Hilfe des Aräometers (Urometer) sehr rasch ausführbare Bestimmung ist indessen nützlich, weil sie eine Vorstellung gibt von dem Gehalt des Harns an festen Teilen. Zieht man nämlich von der Dichte des Harns die des Wassers (= 1000) ab und multipliziert die Differenz mit der empirischen Konstante 2.33 (HAESERS Koeffizient), so erhält man annähernd die im Liter Harn enthaltene Menge Trockenrückstand in g. Bei einer durchschnittlichen Dichte von 1015—1020 würde demnach der Harn einer 3,5—4,7%igen Lösung entsprechen. Erhitzt man im Probierrohr den Trockenrückstand einer Harnprobe (trockene Destillation), so entsteht eine stark sich blähende Kohle, die reichlich Ammoniak entwickelt, wie durch die Bläuung von Lackmuspapier oder durch die Bildung von Salmiaknebel in Berührung mit Salzsäuregas nachgewiesen werden kann. Wird die Kohle geglüht, so hinterläßt sie eine erhebliche Menge Asche. Die quantitative Untersuchung lehrt, daß die größere Hälfte des Trockenrückstandes organischer Natur ist und daß die organischen Bestandteile mit wenigen Ausnahmen stickstoffhaltig sind. Die wichtigsten unter ihnen sind:

1. Der Harnstoff (NH_2 - CO - NH_2). Er ist der Hauptrepräsentant der stickstoffhaltigen Bestandteile des Harns; rund 90% des Harnstickstoffs sind Harnstoffstickstoff. Bei gewöhnlicher gemischter Kost übertrifft der Harnstoff der Menge nach alle anderen, organischen wie anorganischen Bestandteile. Man kann rechnen, daß 20—35 g Harnstoff täglich zur Ausscheidung gelangen, der Harn also eine ungefähr 2%ige Lösung dieses Stoffes darstellt. Es gelingt daher leicht, ihn in Kristallen aus dem Harn darzustellen. Man braucht nur eine kleine Menge Harn auf dem Wasserbade bis zur Sirupkonsistenz einzudampfen, den Rückstand mit Alkohol auszuziehen und den alkoholischen Extrakt zu verdunsten. Die zurückbleibenden prismatischen Kristalle können durch Benetzung mit Salpetersäure in die schuppenförmigen Kristalle des salpetersauren Harnstoffs übergeführt und dadurch identifiziert werden.

Die Menge des ausgeschiedenen Harnstoffs steigt und fällt mit der Menge des in der Nahrung aufgenommenen Eiweiß, doch stammt nicht aller Harnstoff aus Nahrungseiweiß. Ein kleiner Teil leitet sich ab aus dem Eiweißbestand des Körpers. Da nun nahezu der ganze im zersetzten Eiweiß enthaltene Stickstoff den Körper in Form von Harnstoff verläßt, gleichgültig, ob es sich um eigenes oder fremdes, tierisches oder pflanzliches Eiweiß handelt, so muß der Prozeß der Harnstoffbildung für alle die verschiedenen Spaltprodukte des Eiweiß irgendwo in einen gemeinsamen Weg zusammenmünden. Am meisten wahrscheinlich ist die zuerst von NENCKI (1872, B. D. C. Ges. 5, 890) und SCHMIEDEBERG (1879, A. e. P. 8, 1) vertretene Ansicht, nach der aus den Aminosäuren des Eiweiß die NH_2-Gruppe hydrolytisch abgespalten wird und das dabei entstehende Ammoniak mit der überall vorhandenen Kohlensäure zu Ammoniumkarbonat zusammentritt ($(NH_4)_2CO_3$). Durch Abspaltung von zwei Molekülen Wasser entsteht daraus Harnstoff mit karbaminsaurem Ammon als Zwischenstufe.

Diese Theorie der Harnstoffbildung kann sich auf folgende Befunde stützen. Verfüttertes Ammoniumkarbonat oder Ammoniumsalze der Fettsäuren werden im Körper in Harnstoff verwandelt und als solcher ausgeschieden (vgl. die nachstehend angeführte Abhandlung v. SCHRÖDERS). Wird Ammoniumkarbonat, in Blut gelöst, durch eine ausgeschnittene Leber geleitet, so entsteht Harnstoff (v. SCHRÖDER, 1882, A. e. P. 15,

364 und 1885, Ebda. **19**, 373). Der letztere Versuch weist zugleich auf den Ort hin, an welchem, beim Hunde anscheinend ausschließlich, die Bildung des Harnstoffes stattfindet.

2. **Ammoniak.** Die täglich ausgeschiedene Menge beträgt durchschnittlich 0,6—0,8 g. Da das Blut stets Ammoniak enthält, wenn auch nur in sehr kleinen Mengen, etwa $1:10^5$, so ist seine Ausscheidung durch die Nieren nicht überraschend. Man kann annehmen, daß es sich um Ammoniak handelt, das der Synthese zu Harnstoff entschlüpft.

3. **Kreatin, Kreatinin, Methylguanidin, Dimethylguanidin.** Diese vier Verbindungen sind nahe verwandt. Kreatin ist Methylguanidin, in dem ein Wasserstoff durch den Rest der Essigsäure ersetzt ist. Kreatinin ist das (innere) Anhydrid des Kreatins; die beiden Stoffe gehen leicht ineinander über. Die täglich ausgeschiedene Menge beträgt etwa 1,5—2 g. Ihrer Struktur nach sind Kreatin und Kreatinin Abkömmlinge des Eiweiß. Sie können von den Aminosäuren Arginin und Histidin abgeleitet werden, die beide die Atomgruppe N-C-N enthalten; es bestehen aber noch andere Möglichkeiten (vgl. ABDERHALDEN, Lehrb. 3. Aufl. 1914. **1**, 641). Man sollte daher erwarten, daß die Menge dieser beiden Ausscheidungsprodukte, wie die des Harnstoffs, steigt und sinkt mit dem Eiweiß der Nahrung. Dies ist jedoch nach den Untersuchungen FOLINS (1905, Amer. Journ. of P. **13**, 84) nicht der Fall. Wird kreatinfreie Nahrung gegeben, so ist die Kreatin- und Kreatininausscheidung konstant, wenn auch individuell verschieden und unabhängig von der Menge des zugeführten Eiweiß. Man nennt diesen Kreatinstoffwechsel den **endogenen**.

Daneben gibt es aber auch einen exogenen Kreatinstoffwechsel, d. h. Abhängigkeit von der Kreatinzufuhr in der Nahrung namentlich in der Form von Fleisch und Fleischextrakt. In den Muskeln findet es sich stets zu rund ½%. Es liegt daher nahe zu vermuten, daß die endogene Kreatinausscheidung zusammenhängt mit der Einschmelzung oder vielleicht auch nur mit besonderen Tätigkeitsformen der Körpermuskulatur (vgl. v. FÜRTH, Probleme. 1913, **2**, 121). Die Untersuchung dieser Fragen hat aber noch nicht zu eindeutigen Ergebnissen geführt und die Sonderstellung des Kreatins im Eiweißstoffwechsel ist noch ungeklärt.

4. Die **Harnpurine** darunter besonders die **Harnsäure** (= Trioxypurin) in einer durchschnittlichen täglichen Menge von einigen Dezigrammen und die als Muttersubstanzen derselben zu betrachtenden **Purinbasen** in einer Menge von einigen Zentigrammen. An der Ausscheidung dieser Stoffe ist, wie bei dem Kreatin, ein endogener und ein exogener Anteil zu unterscheiden (BURIAN und SCHUR, 1900, A. g. P. **80**, 241). Der exogene Anteil ist von der Nahrungszufuhr abhängig, speziell von dem Gehalt der Nahrung an Kernsubstanzen. Durch die Verdauung wird aus den Nukleoproteiden der Zellkerne die Nukleinsäure abgespalten, die dann teilweise vielleicht schon im Darm, jedenfalls aber nach der Resorption innerhalb des Körpers weiter zerlegt wird, wobei die Purinbasen frei werden und zum größten Teil zu Harnsäure oxydiert zur Ausscheidung gelangen. Kernreiche Gewebe wie Thymus, Pankreas, Milz, Leber sind daher besonders wirksam in der Vermehrung der exogenen Harnsäure.

Die endogene Purinausscheidung ist eine recht konstante, meist zwischen 0,1—0,2 g Harnpurinstickstoff im Tag schwankende. Sie ist von der Individualität abhängig und hat als Ausdruck der mit dem Leben unvermeidlich verknüpften Einschmelzung von Zellmaterial zu gelten (vgl. SCHITTENHELM, 1911, im Handb. d. Bioch. 4. I. 489).

Obwohl die Harnsäure im menschlichen Harn nur in geringen Mengen auftritt, sind die Fragen nach ihrer Herkunft und ihrer Beziehung zu den Stoffwechselvorgängen doch stets besonders eifrig verfolgt worden. Es ist dies teils in vergleichend physiologischen, teils in pathologisch-klinischen Gesichtspunkten begründet.

Die vergleichende Untersuchung hat gezeigt, daß bei den Wirbellosen, den Reptilien und Vögeln die in großer Menge ausgeschiedene Harnsäure aus zwei ganz verschieden zu beurteilenden Quellen stammt. Die eine Quelle ist wie beim Menschen und dem Säugetier gegeben durch die zerstörten Kernsubstanzen, mögen sie exogener oder endogener Herkunft sein. Die zweite weit reichlicher fließende Quelle wird gebildet durch das gesamte im Stoffwechsel umgesetzte Eiweiß. Seine Aufspaltung verläuft dabei nicht anders als bei der Harnstoffbildung des Säugers, d. h. es wird der Stickstoff unter Desamidierung der Aminosäuren als Ammoniak frei. Der sich daran schließende synthetische Prozeß führt aber nicht zu Harnstoff, sondern zu Harnsäure. Die Überführung von Aminosäuren, von Ammonsalzen und selbst von Harnstoff in Harnsäure hat sich für den Organismus des Vogels nachweisen lassen (v. KNIERIEM, 1877, Z. f. B. **13**, 36; v. SCHRÖDER, 1878, Z. phl. C. **2**, 228; H. H. MEYER, 1877, Inaug.-Diss. Königsberg). Die Synthese vollzieht sich in der Leber (MINKOWSKI, 1886, A. e. P. **21**, 41).

Die Harnsäure kann auf Grund ihrer Strukturformel

$$\mathrm{HN\cdot CO}$$
$$\mathrm{O\dot{C}\quad \dot{C}\cdot NH}$$
$$\mathrm{H\dot{N}\cdot \ddot{C}\cdot NH}\cdot \mathrm{CO}$$

aufgefaßt werden als hervorgegangen aus der Zusammenfügung von zwei Harnstoffmolekülen und einer dreigliedrigen Kohlenstoffkette. Diese Betrachtung hat mehr wie nur bildliche Bedeutung, denn es hat sich herausgestellt, daß auf Eingabe von Milchsäure oder noch besser von Malon-, Tartron- oder Mesoxalsäure, die sämtlich eine Kette von drei Kohlenstoffatomen besitzen, die Menge der gebildeten Harnsäure (beim Vogel) wächst (WIENER, 1902, HOFMEISTERS Beitr. **2**, 42). Wird beim Vogel die Leber ausgeschaltet, so hört die Ausscheidung von Harnsäure fast ganz auf und an ihrer Stelle erscheint milchsaures Ammoniak (MINKOWSKI a. a. O.). Damit ist in Analogie mit der Harnstoffbildung beim Säuger die Leber als Ort der Harnsäurebildung nachgewiesen, worauf schon oben Bezug genommen worden ist.

Das pathologisch-klinische Interesse an dem Harnsäurestoffwechsel knüpft sich an die eigentümlichen Lösungsbedingungen der Säure und ihre Neigung, in den Geweben auszufallen (Harnsäuregicht). Die Harnsäure, deren Salze als Urate bezeichnet werden, ist im Blute als Mononatriumurat vorhanden, von dem es zwei isomere Formen gibt, die zuerst entstehende unbeständige, leichter lösliche und die daraus sich bildende beständige, schwerer lösliche. Die Löslichkeit beider ist gering: 18,3 bzw. 8,3 mg in 100 ccm Blut (GUDZENT, 1909, Z. phl. C. **60**, 38 und **63**, 455). Beim Gichtiker kommt es aus hier nicht näher zu erörternden Gründen leicht zu einer Übersättigung des Blutes mit dem schwer löslichen Urat, die schließlich zur Ablagerung in den Geweben führt (vgl. SCHITTENHELM, 1911, im Handb. d. Biochem. 4. I. 529).

Mit der Schwerlöslichkeit der Urate und der noch geringeren Löslichkeit der Harnsäure hängt ihre Neigung zusammen, aus dem Harn auszufallen. Die Neigung ist um so größer, je saurer der Harn. In konzentrierten Harnen kann schon die Abkühlung auf Zimmertemperatur genügen, um einen amorphen, durch Harnfarbstoff gefärbten Niederschlag von Uraten hervorzurufen (Sedimentum lateritium). Die Harnsäure kristallisiert in rhombischen Tafeln, die aber vielfach veränderte Formen (z. B. Wetzsteinformen) annehmen können.

5. **Produkte der Eiweißfäulnis** im Dickdarm, die entweder wie Indol und Skatol selbst noch Stickstoff enthalten oder nach der Resorption mit stickstoffhaltigen Stoffwechselprodukten gepaart in den Harn übertreten. So treten die aus der Fäulnis des Tyrosins bzw. des Phenylalanins stammende Phenylessigsäure und die Benzoesäure mit Glykokoll gepaart als Phenazetursäure und als Hippursäure aus. Das bei der Fäulnis des Tryptophans entstehende Indol wird mit Schwefelsäure gepaart als Indoxylschwefelsäure ausgeschieden. Die Menge dieser Harnbestandteile ist meist äußerst gering.

6. **Rhodanwasserstoff** in einer täglichen Menge von wenigen Zentigramm. Diese Verbindung findet sich bekanntlich auch im Speichel, in der Milch und in anderen Absonderungen. Ihre Herkunft und Bedeutung ist noch nicht klargestellt.

Von den stickstofffreien, regelmäßig vorkommenden Harnbestandteilen seien erwähnt:

7. **Essigsäure** und andere flüchtige Fettsäuren etwa 5 cg p. Tag.

8. **Oxalsäure** etwa 2 cg pro Tag.

9. **Azeton** in ungefähr gleicher Menge.

Diese einfachen Verbindungen stellen uncharakteristische Produkte des Stoffwechsels dar, die sowohl aus Eiweiß wie aus Fett oder Kohlehydraten abgeleitet sein können.

10. **Traubenzucker**, nach BREUL (1897, A. e. P. **40**, 1) in einer Menge von durchschnittlich 0,7 g pro Tag und die durch Oxydation aus ihm entstehende **Glukuronsäure**. Letztere kommt nicht frei im Harn vor, sondern in glukosidartiger Bindung mit Alkoholen, insbesondere der aromatischen Reihe.

Das regelmäßige Vorkommen kleiner Mengen von Traubenzucker im Harn des Menschen ist sichergestellt und bei der ständigen Anwesenheit desselben im Blute nicht verwunderlich. Der Beweis für seine Gegenwart läßt sich aber nur durch die Darstellung, nicht durch die gewöhnlichen Reduktionsproben führen. Fallen letztere positiv aus, so spricht man von Glukosurie, die entweder eine zeitweilige oder eine dauernde sein kann (Diabetes). Der Harn wird dann reichlich und wenig gefärbt, aber von hohem spezifischen Gewicht abgeschieden. Zuckerkonzentrationen bis 10% und Ausscheidungen von 300 g im Tag sind beobachtet.

11. **Die anorganischen Bestandteile des Harns** sind die gleichen, die sich auch im Blute finden, doch in ganz anderen Mengenverhältnissen. Über dieselben geben die nachstehenden aus fünf Analysen von STADELMANN gewonnenen Mittelwerte (1885, A. e. P. **17**, 433) Auskunft.

Cl	SO_4	PO_4	K	Na	H_4N	Ca	Mg
9,8491	2,7788	4,0586	2,5830	5,4780	0,6329	0,0405	0,0880
0,2774	0,0579	0,0427	0,0661	0,2382	0,0354	0,0020	0,0073

Die Zahlen der 1. Reihe geben die täglichen Mengen in g, die der 2. Reihe das Äquivalentverhältnis (auf Wasserstoff bezogen), wobei die Schwefelsäure als normales, die Phosphorsäure als zweifach saures Salz angenommen wurde. Die Summe der Säureäquivalente ist 0,3780, die der Basenäquivalente 0,3488. Das Äquivalent der Schwefelsäure ist zu hoch angenommen, weil ein Teil der Schwefelsäure im Harn als einbasische Schwefelsäure (siehe oben unter Nr. 5) vorkommt, und das der Phosphorsäure zu hoch, da der Harn auch einfach saures Phosphat enthält. Es bleibt aber stets noch ein Säureüberschuß, besonders wenn noch die Äquivalente der organischen Säuren berücksichtigt werden. Das Natrium reicht nicht aus, um alles Chlor zu binden.

Alle im vorstehenden angegebenen Gewichte können nur als Durchschnittswerte gelten, da die ausgeschiedenen Mengen in hohem Maße von der Ernährungsweise, den Verdauungsvorgängen und anderen Veränderlichen abhängt. Für den Einfluß der Ernährungsweise geben die nachstehenden Tabellen Beispiele.

BUNGE teilt die Zusammensetzung zweier Harne mit, die von demselben jungen Manne stammen, der sich einmal ausschließlich mit Fleisch, das andere Mal mit Brot und Butter nährte (Lehrb. Leipzig 1901. 2, 430).

	Fleischharn	Brodharn
Volumen	1672 cm$_3$	1920 cm$_3$
Harnstoff	67,200 g	20,600 g
Harnsäure	1,398 ,,	0,253 ,,
Kreatinin	2,163 ,,	0,961 ,,
K$_2$O	3,308 ,,	1,314 ,,
Na$_2$O	3,991 ,,	3,923 ,,
CaO	0,328 ,,	0,339 ,,
MgO	0,294 ,,	0,139 ,,
Cl	3,817 ,,	4,996 ,,
SO$_3$	4,674 ,,	1,265 ,,
P$_2$O$_1$	3,437 ,,	1,658 ,,

Der Eiweiß- und Nukleinreichtum des Fleisches kommt in den hohen Werten für Harnstoff und Harnsäure, der Eiweißschwefel als Schwefelsäure, der Kreatingehalt des Fleisches als Kreatinin, Kali und Phosphorsäure als solche zum Vorschein. Demgegenüber zeichnet sich der Brotharn nur durch größeren Chlorgehalt aus.

FOLIN hat bei einer einheitlichen Kost bestehend aus

Vollmilch . . . . 500 cc
Rahm (18—22% Fett) . . . . . . 300 cc
Hühnereier . . . . 450 g
Horlicks Malted Milk . . . . 200 g
Zucker . . . . 20 g
Kochsalz . . . . 6 g
Wasser soviel als nötig, um das Ge-
    samtvolum auf 2 l zu bringen
Trinkwasser . . . . 900 cc

den Harn von vier Personen untersucht und fand nach drei oder vier Tagen eine recht gleichmäßige Zusammensetzung, für welche die Zahlen, die in der nachstehenden Tabelle unter 13. Juli aufgeführt sind, als Beispiel dienen mögen (1905, Amer. Journ. of P. **13**, 118). Hierauf wurde die obige 19 g N enthaltende Kost vertauscht gegen eine nur 1 g N enthaltende „Stärke und Rahmkost", welche 8—10 Tage genommen wurde. Die Harne der vier Versuchspersonen reagierten hierauf in übereinstimmender Weise, so daß die unter 20. Juli angegebenen Zahlen einer der Versuchspersonen als Beispiel für alle dienen können.

	13. Juli	20. Juli
Harnvolum	1170	385
Gesamt-Stickstoff	16,8	3,60
Harnstoff-Stickstoff	14,7	2,20
Ammoniak-Stickstoff	0,49	0,42
Harnsäure-Stickstoff	0,18	0,09
Kreatinin	0,58	0,60
Rest-Stickstoff	0,85	0,27
Gesamte Schwefelsäure	3,64	0,76
Anorganische Schwefelsäure	3,27	0,46
Äther-Schwefelsäure	0,19	0,10
Neutraler Schwefel	0,18	0,20

Die Zahlen lassen erkennen, in wie hohem Maße die Zusammensetzung des Harns von der Nahrung abhängt. Dies tritt besonders deutlich hervor beim Harnstoff, dessen Menge zwischen 67 g (bei BUNGE) und $(2,20 \times \frac{60}{28} =)$ 4,7 g[1]) schwankt und der Schwefelsäure, die in dem einen Fall 4,7, in dem anderen 0,76 g ausmacht. Dem stehen aber wieder Harnbestandteile gegenüber, deren Menge trotz wechselnder Kost wenig oder gar nicht schwankt, so in FOLINS Tabelle Ammoniak, Kreatinin und neutraler Schwefel (Sulfidschwefel und Rhodanwasserstoff). Diese Ausscheidungen sind nach FOLIN als solche des endogenen Stoffwechsels zu betrachten.

Die Absonderung des Harns.

Eine Untersuchung über die bei der Bildung des Harns wirksamen Kräfte geht am besten aus von einem Vergleich der Konzentrationen, mit welchen einige der wichtigeren Substanzen im Harn und Blutplasma vertreten sind. Hierüber gibt folgende Zusammenstellung Auskunft:

	Prozentgehalt		
	im Harn	im Blutplasma	Verhältniszahlen
Eiweiß	0,004	8	1 : 2000
Traubenzucker	0,05	0,1	1 : 2
Harnstoff	2	0,05	40 : 1
Hippursäure	0,05	?	
Kalium	0,16	0,03	5 : 1
Natrium	0,18	0,34	1 : 2
Chlor	0,22	0,35	2 : 3
Schwefelsäure	0,28	0,01	28 : 1
Phosphorsäure	0,16	0,02	8 : 1

---

[1]) Aus 2,20 g Harnstoff-Stickstoff (s. vorstehende Tabelle) berechnet mit Hilfe der Molekulargewichte von Harnstoff = 60 und Stickstoff = 28.

Normaler Harn gilt als eiweißfrei und tatsächlich läßt sich in ihm Eiweiß mit den gewöhnlichen Proben nicht nachweisen. Die Untersuchungen von Mörner (1895, Skand. A. **6**, 403) haben indessen ergeben, daß bei geeignetem Vorgehen eine geringe Menge Eiweiß stets nachweisbar ist. Die Niere verhält sich also gegenüber diesem Stoff, wie ein in beschränktem Maße durchlässiges Filter, oder um einen näherliegenden Vergleich zu wählen, wie die Blutkapillaren, die von dem Eiweiß des Plasmas einen Teil in die Lymphe übertreten lassen. Ähnlich liegen die Verhältnisse anscheinend bei dem Traubenzucker, der normalerweise im Harn nur halb so konzentriert ist wie im Blut. Ein wesentlicher Unterschied besteht jedoch darin, daß Traubenzucker nicht kolloid ist. Man kann Filter herstellen, die Traubenzucker nur teilweise durchlassen, sie erfordern aber Drücke, wie sie im Blutkreislauf nicht zur Verfügung stehen. Die ganze Betrachtungsweise wird aber gegenstandslos, sobald die Zuckerkonzentration im Blute, der sog. Zuckerspiegel, über den normalen Durchschnittswert von $1^0/_{00}$ wesentlich emporsteigt, wie es im Diabetes (siehe oben S. 173) der Fall ist. Dann wird umgekehrt der Harn reicher an Zucker als das Blut.

Was für den Traubenzucker die Ausnahme, ist für den Harnstoff die Regel: Er ist im Harn wohl immer höher, und zwar sehr viel höher konzentriert als im Blute.

Für die Hippursäure läßt sich das Verhältnis nicht angeben, weil ihre Konzentration im Blute unbekannt ist. Beim Hunde, wo die Hippursäuresynthese anscheinend nur in der Niere erfolgt (v. Bunge und Schmiedeberg, 1877, A. e. P. **6**, 233), ist die Konzentration im Blute null, die vollständige Ausscheidung in den Harn vorausgesetzt. Bei den Pflanzenfressern wird Hippursäure auch außerhalb der Niere gebildet und muß daher im Blute vorhanden sein (Salomon, 1879, Z. phl. C. **3**, 365).

Die anorganischen Bestandteile zeigen ein ähnliches, voneinander unabhängiges Verhalten in dem Sinne, daß ihre Konzentration im Harn teils höher, teils niedriger ist als im Blute. Die Verhältniszahlen sind auch nicht konstant, sondern in weiten Grenzen schwankend. So geht z. B. bei salzarmer Nahrung die Salzausscheidung durch die Niere auf ein Minimum herab und steigt bei reichlicher Salzzufuhr entsprechend an. Es ist also die Konzentration im Harn, welche Veränderlichkeit zeigt, die des Blutes wechselt nur wenig.

Überblickt man die Gesamtheit der Konzentrationsverschiebungen, welche die Niere an den Bestandteilen des Blutes vornimmt, so kann man sich dieselben kaum anders verständlich machen, als durch die Annahme, daß es Stoffe gibt, die auf die Niere anregend wirken, sobald ihre Konzentration im Blute einen gewissen Wert übersteigt. Infolge der Anregung schafft die Niere diese Stoffe aus dem Blute in den Harn. Als erregend haben hierbei nicht nur die im Blute gelösten, die sog. harnfähigen Stoffe zu gelten, sondern auch das Lösungsmittel selbst, das Wasser. Dies ist zu schließen aus der Tatsache, daß der Harn bei reichlicher Flüssigkeitsaufnahme eine weit geringere molekulare Konzentration gewinnen kann als das Blut (Gefrierpunktserniedrigung $0,08^0$ gegen $0,56^0$). Im allgemeinen ist sie aber höher (bis zum Sechsfachen) als die des Blutes, so daß zwischen den beiden Flüssigkeiten eine gewaltige Differenz der osmotischen Drücke besteht. Daß die zarten, gegen alle Eingriffe empfindlichen Epithelien der Niere gegenüber diesen großen Druck-

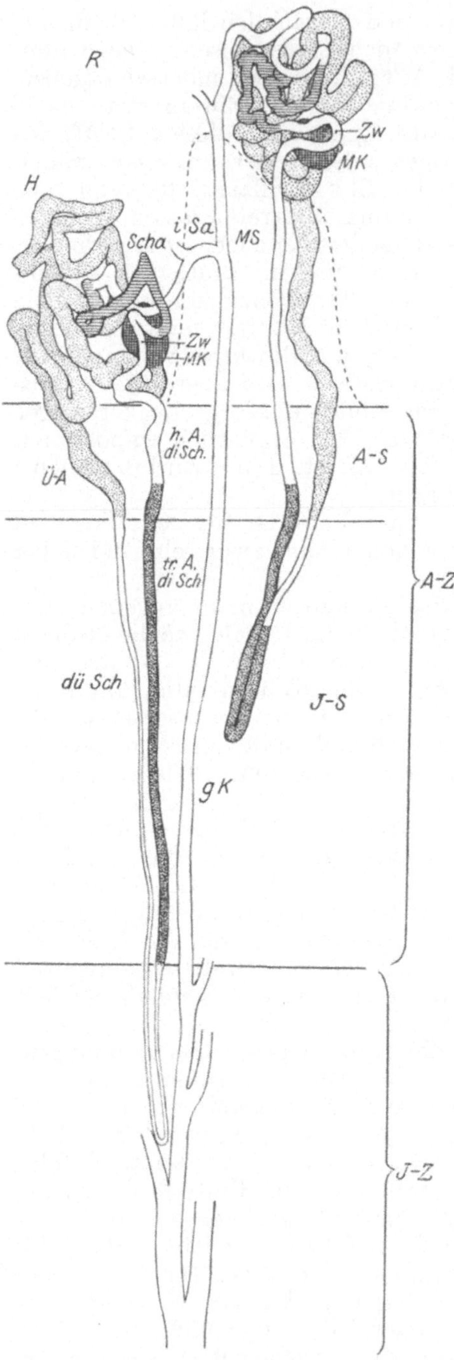

Abb. 63. Nierenkanälchen, Mensch. Die Breite der Kanälchen ist 45 fach, die Höhe der Schichten 15 fach vergrößert (C. Peter, Verh. Anat. Ges. 1907, 114).

differenzen dicht halten, ist eine erstaunliche konstruktive Leistung. Vielleicht ist aber die Dichtigkeit keine absolute, so daß kleine Mengen Blutwasser, teilweise auch die darin gelösten Stoffe in den Harn getrieben werden. Das regelmäßige Vorkommen kleiner Mengen von Eiweiß und Traubenzucker im Harn könnte damit in Beziehung stehen.

Bekanntlich sind die Harnkanälchen verglichen mit dem Bau anderer drüsiger Organe durch ihre außerordentliche Länge und durch die Auskleidung mit einer Reihe von verschiedenen Epithelformen ausgezeichnet. Eine weitere Eigentümlichkeit ist der arterielle Gefäßknäuel, der von dem blinden Ende des Harnkanälchens eingescheidet wird. Diese Einrichtungen legen die Vermutung nahe, daß mindestens ein Teil der Harnabsonderung in den Nierenkörperchen vor sich geht, daß aber die hier austretende Lösung auf dem langen Wege noch vielerlei Veränderungen, Gewinn wie Verlust, erfährt.

Dieser Gedankengang ist den beiden bekanntesten Deutungsversuchen gemeinsam. Nach Bowmann (Phil. Trans. 1842, 57) werden das Wasser des

A-S	Außenstreifen
A-Z	Außenzone
di Sch	dicker Schenkel ⎱ der
dü Sch	dünner „ ⎰ Schleife
g K	gerades Kanälchen
H	Hauptstück
h. A.	heller Abschnitt
i Sa	initiales Sammelrohr
I-S	Innenstreifen
I-Z	Innenzone
M K	Malpighi sche Kapsel
M-S	Markstrahl
R	Rinde
Scha	Schaltstück
tr A	trüber Abschnitt
Ü-A	Übergangsabschnitt
Zw	Zwischenstück

Harns in den Nierenkörperchen, die gelösten Substanzen in den Kanälchen abgeschieden, während nach Ludwig (1844, in Wagners Handwörterb. 2, 637) in den Nierenkörperchen ein verdünnter Harn durch Filtration entsteht, der dann auf dem Wege durch die Kanälchen eingeengt wird (man vgl. hierzu auch Starling, 1899, Journ. of P. 24, 317). Man hat sich bemüht, zu einer Entscheidung zwischen den beiden Deutungen zu kommen, indem man die Ausscheidung von Farbstoffen verfolgte. Neuere ausgedehnte Versuche dieser Art haben gezeigt, daß die Ergebnisse mit großer Vorsicht verwertet werden müssen (Suzuki, Zur Morphologie der Nierensekretion, Jena 1912; v. Möllendorff, Die Dispersität der Farbstoffe etc. Wiesbaden 1915), da Ausscheidung der Farbstoffe und ihre Speicherung in den Epithelien, die allein mikroskopisch festgestellt werden kann, zeitlich nicht zusammenfallen und daher aus der Färbung der Epithelien kein Schluß auf den Ausscheidungsvorgang gestattet ist (Aschoff, Verh. pathol. Ges. 1912, 199). Immerhin geht aus den Untersuchungen mit einer gewissen Wahrscheinlichkeit hervor, daß in den Hauptstücken (Pars contorta), wie übrigens auch in den Nierenkörperchen sich Absonderungsvorgänge abspielen, während in den weiter distal gelegenen Kanalabschnitten resorptive Prozesse eingreifen, so daß im gewissen Sinne die beiden oben erwähnten Deutungen gestützt werden. Der Formenreichtum der Epithelien ist vielleicht so zu verstehen, daß zur Ausscheidung gewisser harnfähiger Stoffe, wie Harnstoff, Purinkörper, Zucker, Salze, nur bestimmte Abschnitte des Kanals befähigt sind. In diesem Sinne spricht die Erfahrung, daß die das Epithel schädigenden Stoffe, wie Uran, Sublimat, Cantharidin, Chrom, nur an gewissen, für jeden Stoff verschiedenen Orten ihre Veränderungen hervorrufen (Suzuki a. a. O.). In der Abb. 63 sind die wichtigsten Abschnitte des Harnkanals durch verschiedene Schraffierung hervorgehoben.

Zugunsten einer vorwiegend osmotischen Arbeitsleistung (Wasserbewegung) der Nierenkörperchen sprechen die Versuche von de Bonis (A. f. P. 1906, 271). Er schädigte die Kanälchen einer Niere durch Injektion von Natriumfluorid vom Ureter aus und brachte dann die Harnabsonderung in Gang, indem er den Tieren verdünnte Milch gab. Die gesunde Niere lieferte einen mit dem Blute isotonischen Harn, die geschädigte einen stark hypotonischen in doppelter Menge.

Die osmotische Arbeit der Nieren.

Die Herstellung einer konzentrierten Lösung aus einer verdünnten ist eine Arbeitsleistung, die durch Ausfrieren, Verdampfen oder Abpressen verrichtet werden kann. In letzterer Form vollzieht sie sich in den Nieren. Die Arbeit berechnet sich hierbei als das Produkt aus dem abgepreßten Wasser und dem entgegenstehenden, beständig wachsenden Druck. Daß daneben noch Konzentrationsänderungen der einzelnen Bestandteile stattfinden, bleibe zunächst unbeachtet. Angenommen die Tagesmenge von 1,5 l Harn besäße eine dreifach größere Gesamtkonzentration als das Blut, so müssen aus 4,5 l Blut 3 l Wasser ab- d. h. ins Blut zurückgepreßt werden, wobei eine osmotische Druckdifferenz zu überwinden ist, die von 0 Atmosphären auf rund 14 ansteigt. Macht man der Einfachheit halber die unzutreffende Annahme, daß der osmotische Druck des Harns proportional der abgepreßten Wassermenge wächst, so erhält man die Arbeit

$$A = \frac{1}{2} \cdot 14 \text{ Atm.} \cdot 3 \text{ l} = 21 \text{ Literatm.} = 217 \text{ mkg.}$$

In Wirklichkeit ist der zu überwindende Druck nicht eine lineare, sondern eine hyperbolische Funktion des abgepreßten Wasservolums und die Arbeitsberechnung auf elementarem Wege nicht durchführbar. v. ROHRER, der die Aufgabe am ausführlichsten und klarsten behandelt hat (1905, A. g. P. **109**, 375), findet unter Annahme einer Tagesmenge von 1,5 l, einer Gefrierpunktserniedrigung von 1,85° für den Harn, von 0,56° für das Blut und unter Korrektur für den Arbeitsgewinn durch das ins Blut zurücktretende Wasser

$$A = 19 \text{ Literatm.} = 196 \text{ mkg.}$$

Wie gesagt, ist hierbei auf die Konzentrationsverschiebung der einzelnen Bestandteile keine Rücksicht genommen. v. ROHRER hat daher die Berechnung in der Weise ergänzt, daß er die Konzentrationsänderung für die beiden hauptsächlichsten Bestandteile gesondert berücksichtigt hat unter der Annahme, daß die Konzentration des Kochsalzes von 0,6 auf 1,2%, die des Harnstoffes von 0,06 auf 2,4% steigt. Die geleistete Arbeit stellt sich dann auf

$$A = 29,8 \text{ Literatm.} = 308 \text{ mkg.}$$

Alle diese Arbeitswerte sind minimale, d. h. sie gelten nur unter der Annahme, daß die Arbeit in umkehrbarer Weise geleistet wird. Findet Energieverlust durch Reibung oder dadurch statt, daß gelöste Bestandteile aus dem konzentrierten Harn ins Blut zurückdiffundieren, so muß die Arbeit größer werden. Es ist ferner bei der Berechnung nicht die Frage berührt, woher die zur osmotischen Arbeitsleistung erforderliche Energie stammt und ob sie ohne Abzug verwertet werden kann. Nimmt man in Analogie mit dem Energiehaushalt des Muskels an, daß nur ein Bruchteil der freigemachten Energie als osmotische Arbeit zutage tritt, der Rest in anderer Form, z. B. als Wärme, so würde die berechnete Arbeit mit einem Faktor gleich dem reziproken Werte des Wirkungsgrades zu multiplizieren sein. Der Faktor ist wahrscheinlich sehr groß, oder der Wirkungsgrad der Niere sehr klein im Vergleich zu dem des Muskels, denn BARCROFT und BRODIE berechnen aus ihren Versuchen über die Sauerstoffzehrung der sezernierenden Niere einen Energieverbrauch, der mehrere hundert- bis tausendmal größer ist als die (allerdings nur aus der Gefrierpunktserniedrigung berechnete) Konzentrationsarbeit (1905, Journ. of P. **33**, 52). Auch im Vergleich mit der Sauerstoffzehrung des ganzen Tieres ist die der Niere überraschend groß (bis zu 11%, BARCROFT und BRODIE, 1904, Ebda. **32**, 18), so daß die Niere zu den besonders stark arbeitenden Organen zu rechnen ist.

Die in der Zeiteinheit gebildete Harnmenge

oder die Absonderungsgeschwindigkeit ist nach dem S. 181 Gesagten abhängig zu denken einmal von der Konzentration der harnfähigen Stoffe im Blute derart, daß die Absonderung einsetzt, sobald ein gewisser Grenz- oder Schwellenwert der Konzentration überschritten wird und daß sie mit dem weiteren Wachsen der letzteren steigt. Die Hinüberschaffung der die Niere erregenden Stoffe in den Harn geschieht anscheinend stets so, daß sie dort in höherer Konzentration auftreten als im Blut. Sie entwickeln demgemäß osmotische Drücke, durch die entsprechende Wassermengen dem Blute entzogen werden. Von diesem Gesichtspunkt wäre verständlich, daß dichte Harne, wie der zuckerreiche diabetische, auch stets kopiös sind. Die Entfaltung einer besonderen wasserbewegenden Kraft von seiten der Niere braucht in diesem Falle nicht angenommen zu werden.

Eine solche muß aber wohl wirksam sein, wenn Harn abgesondert wird, der in bezug auf das Blut hypotonisch ist. Man wird der Niere oder doch gewissen Teilen derselben die Fähigkeit zusprechen müssen erregt zu werden, sobald der osmotische Druck des Blutes unter einen gewissen Wert herabgeht. Mit dem Sinken dieses Druckes wüchse die Erregung. Dies wäre eine zweite Veränderliche, von der die Geschwindigkeit der Harnabsonderung abhängt.

Eine dritte Veränderliche ist gegeben in dem Blutstrom. Wächst die Volumgeschwindigkeit desselben auf das Doppelte, so wird der Niere auch die doppelte Menge harnfähiger Stoffe pro Zeiteinheit zugeführt, was eine Zunahme der Absonderung bewirken muß. Vermehrte Durchblutung ist bei der Niere von besonderer Bedeutung, weil die kapillaren Abschnitte ihres Gefäßsystems ungewöhnlich lang sind. Es kann sehr wohl geschehen, daß die Konzentration der harnfähigen Substanzen im Blute unter dem Einfluß der Nierentätigkeit schon in den Anfangsstücken der Kapillaren unter die Schwelle sinkt, während bei vermehrtem Blutstrom die Konzentration auch weiterhin genügend hoch bleibt.

Die Gefäße der Niere stehen unter der Herrschaft verengernder und erweiternder Nerven, die teils im Splanchnikus verlaufen, teils vom Bauchsympathikus an den Plexus renalis herantreten (JOST, 1914, Zeitschr. f. Biol. **64**, 455). Durch dieselben werden die Nieren in die allgemeinen Gefäßreflexe einbezogen und ihre Absonderung wird abhängig von den vom Gefäßzentrum ausgehenden Erregungen. Es kann daher sehr wohl vorkommen, daß die harntreibende Wirkung eines Stoffes wie die des Koffeins durch die gleichzeitig von ihm bewirkte Erregung des Gefäßzentrums (Verengerung der Nierengefäße) geschmälert oder aufgehoben wird (v. SCHRÖDER, 1887, A. e. P. **22**, 39). Werden sämtliche zu einer Niere gehenden Nerven durchtrennt, so werden die Gefäße derselben gelähmt, und unter der damit einhergehenden Beschleunigung des Blutstroms nimmt die Harnabsonderung zu. Die Polyurie, die CLAUDE BERNARD auf einen medianen Einstich in das verlängerte Mark, etwas unterhalb des Ursprungsgebietes der Nn. acustici, eintreten sah, wird auf eine Gefäßerweiterung in der Niere bezogen (vgl. HEIDENHAIN, 1883, in HERMANNS Handb. d. P. **5**. I. 362 und das unten in Teil 13 über den Zuckerstich Gesagte).

Anscheinend nicht erklärlich durch die oben angedeutete Theorie der Harnabsonderung ist die Polyurie nach Infusion isotonischer Salzlösungen und die Oligurie oder Anurie nach starkem Wasserverlust, z. B. durch Schweiß oder Durchfall. Wird im ersten Fall die Konzentration keines Blutbestandteiles verändert, so wäre auch keine Zunahme der Absonderung zu gewärtigen, während im zweiten Falle die Eindickung des Blutes eine gesteigerte Diurese erwarten ließe. Man darf jedoch nicht außer acht lassen, daß jede Vermehrung der Blutmenge durch Infusion mit einer Zunahme der Blutgeschwindigkeit verbunden ist, und das Umgekehrte gilt für eine Verminderung der Blutmenge. Außerdem verliert der Körper durch den Schweiß oder den diarrhoischen Stuhl neben Wasser auch gelöste Bestandteile, besonders Salze, so daß die Verminderung der Blutmenge nicht zugleich eine Eindickung sein muß.

Nach den Untersuchungen von ASHER mit PEARCE und JOST (1913/14, Zeitschr. f. Biol. **63**, 83 und **64**, 441) empfängt indessen die Niere an efferenten Nerven nicht nur solche, die auf die Gefäße verengend oder erweiternd wirken, sondern auch Sekretionsnerven und zwar die Sekretion anregende durch den Vagus, hemmende durch den Splanchnikus. Die bereits erwähnten, vom Bauchsympathikus an die Niere tretenden Fasern enthalten u. a. ebenfalls Sekretionsnerven, und zwar nach den genannten Forschern solche, die hemmend auf die Wasserausscheidung, aber fördernd auf die Salzausscheidung wirken.

Füllung und Entleerung der Harnblase.

Der beständig, wenn auch in wechselnder Menge im Nierenbecken austretende Harn wird von dort in die Blase übergeführt durch Zusammenziehungen des Harnleiters, die vom Nierenende desselben zum Blasenende fortschreiten. Der Kontraktionswelle geht eine Erschlaffungswelle voraus, genau wie bei der peri- oder diastaltischen Bewegung des Dünndarms. Am körperwarmen Ureter laufen diese Wellen mit einer Geschwindigkeit von 20—30 mm in der Sekunde ab. Das Auftreten der Kontraktionen ist nicht an die Füllung des Nierenbeckens gebunden; es gibt auch „Leerkontraktionen", wie sie z. B. am ausgeschnittenen Ureter zu beobachten sind. Man kann also mit Recht von einer Automatie sprechen. Die Kontraktionen entstehen stets am Nierenende. Bei normaler Temperatur und gewöhnlicher Diurese wiederholen sie sich 3—6mal in der Minute, bei vermehrter Harnbildung werden sie aber häufiger. Entsprechend der stärkeren Füllung des proximalen Endes fördert dann jede Welle eine größere Menge Harn in die Blase. Die Bewegungen des Ureters werden durch das Nervensystem beeinflußt, und zwar wirkt der N. hypogastricus fördernd, der Splanchnikus teils fördernd, teils hemmend (vgl. die Darstellung METZNERS, 1907, in NAGELS Handb. **2**, 293).

Mit der zunehmenden Füllung der Harnblase muß die Spannung ihrer Wand (Schleimhaut, Muskelhaut, Faserhaut) wachsen; eine Zunahme des Füllungsdruckes braucht damit aber nicht verbunden zu sein, weil hier die oben S. 55 für das Herz abgeleitete Beziehung gilt, nach welcher der Druck im Innern einer mit Flüssigkeit gefüllten kugligen Blase proportional der Wandspannung ist und umgekehrt proportional dem Halbmesser. Wachsen Spannung und Halbmesser in gleichem Verhältnis, so bleibt der Druck konstant. Bei stark gefüllter Blase und aufrechter Körperstellung ist übrigens der auf den Blasengrund lastende hydrostatische Druck nicht unbeträchtlich.

Durch ihre Muskeln (Detrusor urinae) ist die Blase imstande, die Wandspannung und damit den Füllungsdruck von sich aus zu ändern. Man hat hier, wie überhaupt an den Organen mit glattmuskeliger Wand zweierlei Verhaltungsweisen gegenüber dehnenden Einwirkungen zu unterscheiden: den Tonus und die Automatie. Wie empfindlich der Tonus der Blasenmuskeln auf Änderungen des hydrostatischen Druckes reagiert, ist unlängst von ABELIN (1917, Zeitschr. f. Biol. **67**, 525) an der isolierten Blase gezeigt worden. Ist ein gewisser Tonus erreicht, so stellen sich in der Regel auch die rhythmischen automatischen Be-

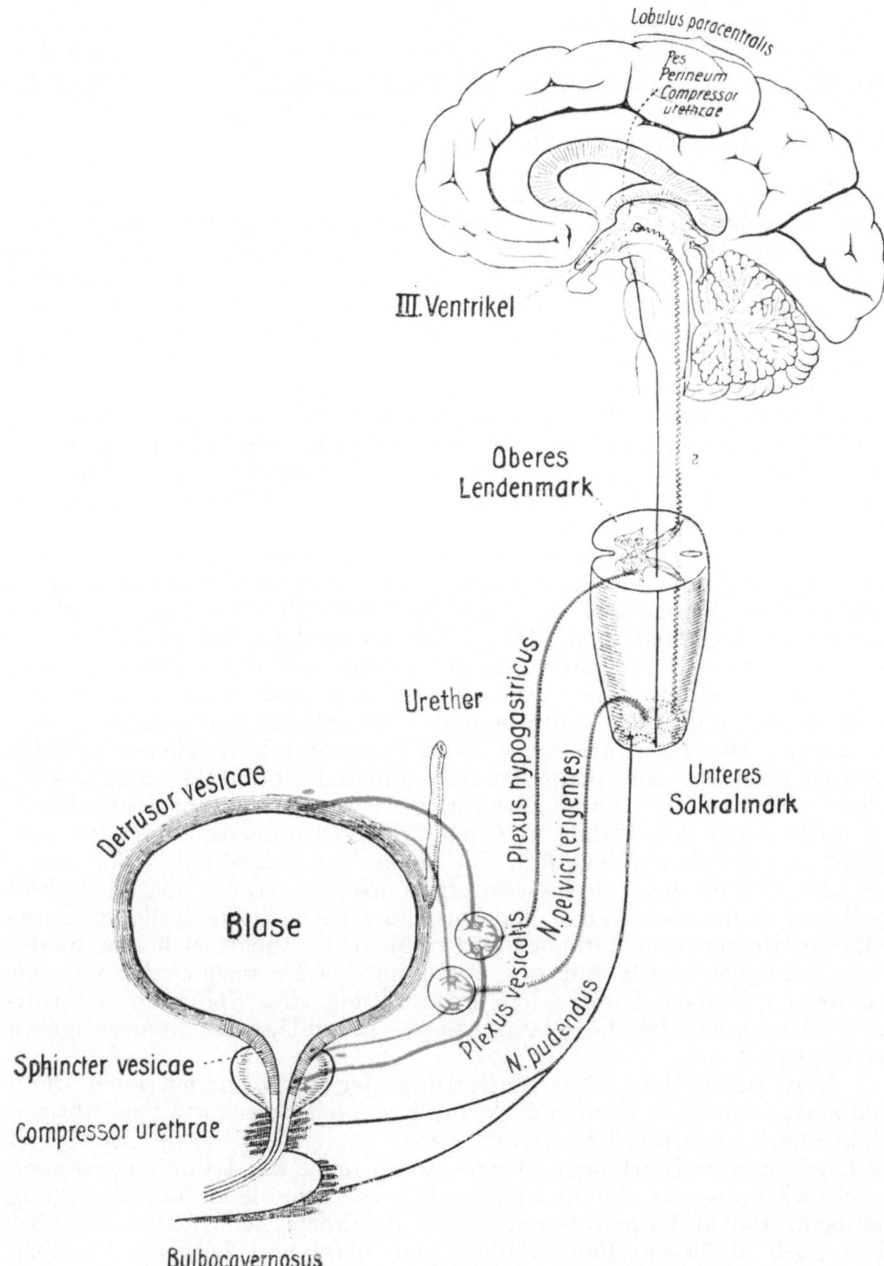

Abb. 63 a. Schema der Innervation der Harnblase und der Harnröhre nach
L. R. Müller. Erklärung im Text.

wegungen ein, die weniger regelmäßig sind als die des Ureters, aber sehr lang überleben. Sie können unter geeigneten Bedingungen zwei und mehr Tage nach Tötung des Tieres beobachtet werden. Inwieweit diese an der isolierten Blase nachgewiesenen Bewegungen den im Leben vorhandenen gleichen, muß vorläufig dahingestellt bleiben. Die Automatie ist vermutlich nervösen Ursprungs (vgl. ABELIN a. a. O. S. 540 und STREULI, 1916, Ebda. **66**, 167).

Die autonomen Nerven der Blase sind teils sympathische, teils parasympathische. Die sympathischen Fasern kommen aus dem Lendenmark und gelangen in der Bahn des Grenzstranges und des Plexus hypogastricus zur Blase (vgl. Abb. 63a). Sie führen erregende Fasern zum Sphincter vesicae internus (positives Zeichen in der Abb.) und vermutlich hemmende für den Detrusor (negatives Zeichen in der Abb.). Die parasympathischen Fasern kommen aus dem Sakralmark und erreichen die Blase auf dem Wege der Nn. pelvici (erigentes). Sie führen erregende Fasern für den Detrusor und wahrscheinlich hemmende für den Sphincter internus. Alle diese Bahnen sind durch Ganglien unterbrochen, wie in der Abbildung angedeutet. Die quergestreifte Muskulatur der Harnröhre erhält die Erregungen durch den N. pudendus (L. R. MÜLLER, 1918, Deutsches Arch. f. klin. Med. **128**, 81). Außerdem besitzt die Blase afferente Nervenfasern.

Erreicht die Füllung der Blase einen gewissen Wert, so entsteht eine eigentümliche, hinter die Symphyse lokalisierte Empfindung dumpfen Druckes oder Schmerzes, die nach der Harnröhre ausstrahlt und als Harndrang bezeichnet wird. Das damit verbundene Bedürfnis zur Entleerung der Blase kann zunächst noch willkürlich unterdrückt werden; die genannte Empfindung wird aber stärker und gewinnt mehr und mehr einen anfallsweise auftretenden kolikartigen, sehr schmerzhaften Charakter. Die Harnentleerung kann dann durch möglichst kräftige Zusammenziehung des quergestreiften äußeren Sphinkters und des M. bulbo-cavernosus noch kurze Zeit verzögert werden, kommt aber schließlich auch gegen den Willen in Gang. Die Zusammenziehung der willkürlich innervierbaren Schnürer der Harnröhre soll offenbar den nachlassenden Schluß des Sphincter internus ersetzen. Die schon wiederholt erwähnte, in der Betätigung der Muskeln eine wichtige Rolle spielende reziproke Innervation antagonistischer Muskeln äußert sich hier in der Weise, daß gleichzeitig mit der Erregung des Detrusors oder mit der Verstärkung seines Tonus eine Erschlaffung des Sphincter internus zustande kommt. Ist die Blase entleert, so schlägt die Innervation in das Gegenteil um.

Normale Füllung und Entleerung der Blase findet auch dann noch statt, wenn das Lendenmark durch einen Querschnitt vom übrigen Rückenmark abgetrennt ist (GOLTZ, 1873, A. g. P. **7**, 582). Zerstörung des Lendenmarks führt beim Hunde, wenn nicht zur Lähmung, so doch zur Schwächung des Sphinkters, so daß bei jeder lebhaften Bewegung und beim Bellen Urin verloren geht. Bei körperlicher Ruhe ist aber selbst noch in diesem Falle Füllung der Blase und Leerung derselben in kräftigem Strahle möglich (L. R. MÜLLER, 1902, Deutsche Zeitschr. f. Nervenheilk. **21**, 86). Daraus ist zu schließen, daß die peripheren nervösen Apparate, die im Ganglion mesent. inf., im Plexus hypogastricus und in der Blase selbst gelegen sind, bis zu einem gewissen Grade für die Leistungen des Rückenmarkes eintreten können.

Neunter Teil.

Stoffwechsel und Ernährung.

Die Methodik des Stoffwechselversuchs.

Die Untersuchung des Harns umfaßt zusammen mit der des Kotes
(7. Teil) und der Ausatmungsluft (4. Teil) die wichtigsten Ausscheidungen,
durch welche die Abfallsprodukte des Stoffwechsels den Körper verlassen. Die Ausscheidungen durch die Haut, die Geschlechtsorgane
und die Milchdrüsen sind entweder der Menge nach geringfügig oder
kommen nur unter besonderen Verhältnissen in Frage. Die Untersuchung der erstgenannten drei Ausscheidungen ist daher in den meisten
Fällen ausreichend, um innerhalb kürzerer Versuchszeiten ein im wesentlichen zutreffendes Bild der stofflichen Umsetzungen zu gewinnen, die
sich an den Bestandteilen des lebenden Körpers, im Falle der Zufuhr
von Nahrung auch an deren Bestandteilen, vollziehen.

Es ist bei den Erörterungen über den im 4. Teil geschilderten
Respirationsversuch bereits erwähnt worden, daß das Verhältnis des
ausgeatmeten Kohlensäurevolums zu dem Volum des verbrauchten
Sauerstoffs oder der respiratorische Quotient, sofern er mit gewissen
Grenzwerten zusammenfällt, Aufschluß geben kann über die Art des
verbrannten Materials. Da indessen die kohlensäureliefernden Bestandteile des Körpers mindestens in drei große Gruppe mit verschiedenen,
für jede Gruppe charakteristischen respiratorischen Quotienten aufgeteilt
werden müssen, so ist im allgemeinen eine Aussage über ihren Anteil
an dem Stoffwechsel nicht möglich, solange nur zwei Werte (Kohlensäurebildung und Sauerstoffverbrauch) bekannt sind. Die Aufgabe wird jedoch lösbar, wenn der Anteil einer der Gruppen durch ein besonderes
Verfahren bestimmt wird, so daß der übrigbleibende Teil des Gaswechsels
nur noch auf zwei Gruppen verteilt zu werden braucht. Dem Stoffwechselversuch, d. h. dem Versuche, die Menge und Art der abgebauten
Bestandteile festzustellen, ist daher in erster Linie die Aufgabe gesetzt
zu ermitteln, wieviel Eiweiß zerstört worden ist. Das übliche Verfahren
besteht darin, daß man ermittelt, wieviel Stickstoff im Harn und Kot
der Versuchszeit zutage tritt. Diese Stickstoffmenge, mit dem Faktor
6,25 multipliziert, wird dem zersetzten Eiweiß gleichgesetzt. Dabei sind
zwei Annahmen gemacht: 1. daß das zerstörte Eiweiß 16% Stickstoff

enthält, was natürlich nur als Mittelwert gelten kann, und 2. daß aller ausgeschiedener Stickstoff aus zerstörtem Eiweiß stammt, was bei Hunger und bei animalischer Kost im wesentlichen zutreffend ist, bei pflanzlicher Kost mit ihren Amiden, Alkaloiden und Phosphatiden aber unter Umständen einer Richtigstellung bedarf.

In Wirklichkeit wird nun nicht der Stickstoff, sondern das Ammoniak der Ausscheidungen bestimmt, indem alle stickstoffhaltigen organischen Verbindungen derselben durch Kochen mit konzentrierter Schwefelsäure in Ammoniak übergeführt werden (Verfahren von KJELDAHL). Das titrimetrisch bestimmte Ammoniak wird in Stickstoff bzw. in Eiweiß umgerechnet.

Die Eiweißkörper enthalten durchschnittlich neben 16% Stickstoff 53% Kohlenstoff oder auf 1 Teil Stickstoff 3,3 Teile Kohlenstoff. Das gleiche Gewichtsverhältnis müßte auch für die beiden Elemente im Harn gelten, wenn die Abbauprodukte des im Stoffwechsel zerstörten Eiweiß den Körper ausschließlich durch den Harn verließen. Dies ist nicht der Fall. Es erscheint im Harn stets weit weniger Kohlenstoff. Denkt man sich den Stickstoff ausschließlich in Form von Harnstoff austretend, so kämen auf 28 Teile Stickstoff 12 Teile Kohlenstoff, was einem Verhältnis 1:0,43 entspricht. Es entsteht daher die Aufgabe, den im Harn (und Kot) austretenden Kohlenstoff zu bestimmen, was vermittelst der Elementaranalyse geschieht. Der in Harn und Kot nicht zutage tretende Eiweiß-Kohlenstoff verläßt den Körper als Kohlensäure durch die Lunge. Wird diese Kohlensäure abgezogen von der gesamten im Respirationsversuch gefundenen Menge, so ist der Kohlenstoff der übrigen Kohlensäure nur noch auf Fett und Kohlehydrate zu verteilen. Hierzu können die nachstehenden beiden Gleichungen dienen:

$$0,76 \text{ Fett} + 0,40 \text{ Kohlehydrat} = \text{ausgeschiedener Kohlenstoff,}$$
$$2,887 \text{ Fett} + 1,067 \text{ Kohlehydrat} = \text{verbrauchter Sauerstoff.}$$

Die Voraussetzungen sind hierbei, daß durchschnittlich 1 Teil Fett 0,76 Teile Kohlenstoff enthält und 2,887 Teile Sauerstoff zur vollständigen Oxydation benötigt. Die entsprechenden Durchschnittszahlen für Kohlehydrate sind 0,4 und 1,067.

Der Hungerstoffwechsel.

Da jede Ernährung den Stoffwechsel und im allgemeinen auch die Energieentwicklung ändert, ist es notwendig gewesen, die grundlegenden Erscheinungen des stofflichen und energetischen Haushaltes zunächst am Hungerversuch kennen zu lernen. Von den zahlreichen am Menschen angestellten derartigen Versuchen mußte bis vor kurzem der fünftägige Hungerversuch als der zuverlässigste gelten, der 1895 von TIGERSTEDT und Mitarbeitern an einem 26jährigen Kandidaten der Medizin in Stockholm ausgeführt worden ist (JOHANSSON, LANDERGREN, SONDÉN und TIGERSTEDT, 1895, Skand. Arch. f. P. 7, 29). Die wichtigsten Ergebnisse sind in der nachstehenden Tabelle zusammengestellt.

1	2	3	4	5	6	7	8
Tag	Körper-gewicht	Stickstoff-ausscheidung	Kohlen-stoffaus-scheidung	Eiweiß zersetzt	Fett zersetzt	Gesamte Kalorienzahl in großen Kalorien	Kalorien pro kg und Stunde
	kg	g	g	g	g		
2.	67,63	25,81	303,4			27,05,3	1,666
3.	66,99	12,17	197,6	76,1	206,1	2220,4	1,388
4.	65,71	12,85	188,8	80,3	191,6	2102,4	1,338
5.	64,88	13,61	183,2	85,1	181,2	2024,1	1,304
6.	63,99	13,69	180,8	85,6	177,6	1992,3	1,304
7.	63,13	11,47	176,2	71,7	181,2	1970,8	1,308
8.	63,98	26,83	270,5			2436,9	1,587
9.	65,56	19,46	258,8			2410,1	1,533

Die Versuchszeit umfaßt im ganzen 9 Tage, nämlich 2 Tage, in denen analysierte Kost gereicht wurde, sodann 5 Tage Hunger, endlich wieder 2 Tage mit Zufuhr von analysierter Nahrung. Völlige Körperruhe wurde nicht eingehalten, doch waren die geleisteten Arbeiten nur leichter Art. Das in Stab 2 angegebene Körpergewicht sinkt in den fünf Hungertagen um 4½ kg (6²/₃%), um hinterher wieder zu steigen. Die Ausscheidung des Stickstoffs, Stab 3, und die des Kohlenstoffs, Stab 4, sind direkt bestimmt und daraus die zersetzte Eiweiß- und Fettmenge, Stäbe 5 und 6, berechnet. Die Eiweißmenge ergibt sich durch Multiplikation der Stickstoffausscheidung mit 6,25. Wird die dem Eiweiß zukommende Menge von Kohlenstoff von dem ausgeschiedenen Kohlenstoff in Abzug gebracht, so erhält man einen Rest von Kohlenstoff, welcher zwischen Fett und Kohlehydrate (Glykogen) nicht aufgeteilt werden kann, weil die Bestimmung des verbrauchten Sauerstoffs fehlt. Es ist angenommen, daß der Kohlenstoffrest nur aus abgebautem Fett stammt, was, wie sich sogleich ergeben wird, der Wirklichkeit ziemlich gut entsprechen dürfte. Durch Multiplikation der zersetzten Eiweißmenge mit 4,1, der zersetzten Fettmenge mit 9,3 erhält man die aus beiden Quellen stammenden Wärmemengen, deren Summe im 7. Stab angegeben ist, während der 8. Stab die Reduktion der Zahlen auf das Kilo Körpergewicht und eine Stunde enthält.

Wie man sieht, verhält sich die Ausscheidung von Stickstoff und Kohlenstoff verschieden. Während letztere im Laufe des Versuchs ständig abnimmt, steigt die Stickstoffausscheidung und somit die Eiweißzersetzung zunächst an und zeigt erst am 5. Tage einen niedrigeren Wert. Die Fettzersetzung nimmt langsam ab. Der Energieverbrauch pro Kilo und Stunde fällt zunächst ab und bleibt dann in den letzten drei Hungertagen fast konstant.

Die rasche Einstellung auf eine konstante, dem Hungerzustand entsprechende relative Wärmeausgabe, die nur 22% unter dem Werte des 2. Versuchstages liegt, ist auf den ersten Blick wohl das überraschendste Ergebnis. Es ist durch zahlreiche andere Beobachtungen gesichert, insbesondere durch eine von BENEDICT mitgeteilte umfassende Untersuchung über den Stoff- und Energiewechsel eines Mannes, der sich 31 Tage der Nahrung enthielt (1915, Public. Carnegie Inst. Washington Nr. 203). Hier ändert sich die relative Wärmeausgabe mit dem Eintritt in den Hungerstand nur um wenige Prozent und bleibt dann praktisch die ganze Zeit konstant. Die gleiche Tatsache kommt zum

Ausdruck in der Gleichmäßigkeit des auf die Einheit des Körpergewichts bezogenen Sauerstoffverbrauchs im Hunger. Wird gleichzeitig körperliche Ruhe beobachtet, so ist der betreffende Wert offenbar ein Maß für die Zersetzungen, die mit der Erhaltung des Lebens untrennbar verknüpft sind, auch wenn keine besonderen Leistungen verlangt werden. Dieser Mindestwert des Umsatzes ist als Grund- oder Erhaltungsumsatz bezeichnet worden (LOEWY, 1911, in Handb. d. Bioch. 4. I. 172). Er wird im wesentlichen schon 12—14 Stunden nach der letzten Nahrungsaufnahme erreicht. Die Größe desselben wird, wie die Vergleichung zahlreicher Individuen ergeben hat, nicht nur durch das Körpergewicht und die Oberflächenentwicklung bestimmt, sondern auch durch die Körperbeschaffenheit (Magerkeit, Fettleibigkeit), durch Alter, Temperament u. dgl. m. (BENEDICT, 1915, Journ. of biol. Chem. 20, 263).

Eine zweite Erscheinung, die den Stoffwechsel zu Beginn des Hungerzustandes auszeichnet, ist die Verschiebung des Anteils, mit dem die einzelnen Körperbestandteile herangezogen werden. Der Umfang und die Art, in der das geschieht, ist von der vorgängigen Ernährung und der Körperbeschaffenheit abhängig. In der oben mitgeteilten Tabelle äußert sie sich darin, daß die Eiweißzersetzung, die am 1. Hungertage stark abgefallen ist, bis zum 4. Hungertage ansteigt. Dies Verhalten scheint beim Menschen die Regel zu sein und höchstens dann auszubleiben, wenn dem Hunger eine sehr eiweißreiche Ernährung vorausgegangen ist (PRAUSNITZ, 1892, Zeitschr. f. Biol. 29, 162). Die Vermutung, daß das Eiweiß anfänglich durch reichlich vorhandenes Glykogen geschützt wird, hat sich als zutreffend erwiesen. In den Versuchen von BENEDICT (1907, Influence of Inanition. Publ. Carnegie Inst. Washington, Nr. 77, S. 463), deren analytische Daten zur Berechnung des Glykogenverbrauchs ausreichen, hat sich fast ausnahmslos in den ersten Hungertagen ein rasches Absinken der Glykogenzersetzung zu sehr niederen Werten herausgestellt. Zugleich hat aber auch das Bild der Fettzersetzung eine Änderung erfahren darin bestehend, daß sie gleich der des Eiweiß in den ersten Hungertagen ansteigt und weiterhin nur langsam sinkt. So sind sowohl in einem fünftägigen, wie in einem siebentägigen Fastenversuch die Fettzahlen am letzten Hungertage immer noch höher wie am ersten, während die Eiweißzahlen bereits unter den anfänglichen Wert herabgesunken sind.

In dem schon oben erwähnten 31tägigen Hungerversuch (BENEDICT, 1915 ebenda. Nr. 203.) ist ebenfalls der Abbau von Kohlehydraten nur in den ersten drei Hungertagen erheblich und geht dann auf sehr geringe Mengen herab. Demgemäß steigt die Eiweißzersetzung deutlich, die Fettzersetzung nur unbeträchtlich bis zum 4. Tage, um von da ab langsam abzunehmen. Die dann im wesentlichen auf Eiweiß und Fett beschränkte Zersetzung stellt sich so ein, daß rund $^4/_5$ der freiwerdenden Energie von Fett, $^1/_5$ von Eiweiß bestritten wird. Der respiratorische Quotient bewegt sich demgemäß zwischen den Werten 0,75 und 0,7.

Im wesentlichen gleiche Resultate haben die Tierversuche ergeben, doch mit dem Unterschied, daß die anfängliche Steigerung der Eiweißzersetzung nicht immer so deutlich hervortritt oder auch ganz fehlen kann, was sich aus dem wechselnden Glykogenvorrat leicht erklärt. Jedenfalls stellt sich auch hier der Umsatz nach wenigen Tagen auf einen Mindestwert ein, der im wesentlichen nur auf Kosten von Eiweiß und Fett bestritten wird. Der Umfang, in welchem Eiweiß zersetzt wird, hängt, wie E. Voit gezeigt hat, von dem vorhandenen Fettvorrat ab (1901, Zeitschr. f. Biol. **41**, 502). Ist dieser genügend groß, so tritt, wie in dem angezogenen 31tägigen Versuch eine 2. Periode des Hungerstoffwechsels in Erscheinung, dadurch gekennzeichnet, daß $^3/_4$ bis $^5/_6$ des Energiebedarfs durch die Verbrennung von Fett, der Rest durch Eiweiß gedeckt wird.

Wird Nahrung nicht zugeführt, so muß die ständige Zehrung von dem Körperbestand schließlich zum Hungertode führen. Der Eintritt desselben kündigt sich an durch Sinken der Körpertemperatur und in der Regel durch eine Änderung der Zersetzungsvorgänge, darin bestehend, daß die Fettzersetzung auf ein Minimum herabgeht, während die Eiweißzersetzung gleichzeitig stark emporgeht. Der gesamte Energieverbrauch bleibt konstant oder fällt um ein geringes entsprechend der sinkenden Körpertemperatur (vgl. Voit, 1881, Handb. d. P. **6**, 93; Rubner, Gesetze des Energieverbrauchs, Leipzig 1902, 269).

Der Eintritt dieser dritten Hungerperiode und damit die Dauer des Hungerzustandes überhaupt ist von dem Ernährungszustande des Tieres, von seinem Alter sowie von der Tierart abhängig. Ausgewachsene, fettreiche Tiere ertragen den Hungerzustand am längsten. Das gleiche gilt vom Menschen. Unter solchen Bedingungen sind 50 Tage Hunger beim Menschen (vgl. Luciani; Das Hungern, Hamburg 1890, 28), 60 Tage beim Hunde, 20 Tage beim Kaninchen beobachtet worden. Winterschlafende Säugetiere schützen sich vor dem Verhungern durch Ablagerung großer Vorräte von Fett und Glykogen, durch Erniedrigung der Körpertemperatur und durch Einschränkung aller Lebensfunktionen auf ein Minimum. Noch besser ausgerüstet für langdauernden Hunger sind die meisten Kaltblüter. Ein berühmtes Beispiel dieser Art ist der Lachs, der während seiner mehrmonatlichen Wanderungen in den Flußläufen keine Nahrung aufnimmt (vgl. Miescher, A. f. A. **1881**, 193).

Über die bei Nahrungsenthaltung auftretenden Empfindungen liegen zahlreiche Aufzeichnungen vor, aus denen hervorgeht, daß sie im allgemeinen gut ertragen wird und zu krankhaften Erscheinungen nicht Veranlassung gibt. Zuweilen wird in den ersten Tagen über Hungergefühl, besonders zu den Stunden der üblichen Mahlzeiten geklagt und Kopfweh und Schwindel sind wiederholt beobachtet worden (siehe oben S. 142). Nach Abschluß der Hungerzeit fehlt zunächst das Verlangen nach Speise. Erst allmählich kehrt die Eßlust zurück (1895, Skand. Arch. **7**, 31ff.). Diese Erfahrungen sind beachtenswert im Hinblick auf die bei Geisteskranken so häufige freiwillige Nahrungsenthaltung.

Aus der in den ersten Tagen des Hungerversuchs erfolgenden Umsteuerung der Zersetzungen muß gefolgert werden, daß für die Verwertung der Körperbestandteile ihr Energiegehalt nicht allein maßgebend ist und daß auch gewisse stoffliche Eigenschaften von Bedeutung sind. Das rasche Schwinden der Vorräte an Kohlehydraten weist hin auf eine besonders leichte Angreifbarkeit und Zersetzlichkeit derselben und ebenso ist im weiteren Verlauf des Hungerversuchs der Schutz aufzufassen, den das Fett dem Eiweiß gewährt. Man kann die Tatsache auch so ausdrücken, daß man das Eiweiß als den am schwersten angreifbaren oder am längsten geschonten Körperbestandteil bezeichnet, der erst dann in größeren Mengen in den Stoffwechsel gerissen wird, wenn Kohlehydrate und Fett nahezu erschöpft sind. Dieser Auffassung scheint allerdings die meist zu beobachtende vorübergehende Steigerung der Eiweißzersetzung in den ersten Hungertagen zu widersprechen. Die mögliche Bedeutung derselben soll weiter unten erörtert werden.

Die verschiedene Angreifbarkeit der Körperbestandteile kommt anatomisch zur Geltung, wenn man die Organe von normalen Tieren vergleicht mit solchen von verhungerten. Die Unterschiede sind so groß, daß sie durch die individuellen Verschiedenheiten nicht verwischt werden können. Am stärksten schwindet das Fettgewebe der Haut, der Muskeln, des Mesenteriums, von dem bei langem Hungern bis zu 97% eingeschmolzen werden können. Dies ist nach dem vorwiegend auf Fettzersetzung eingestellten Hungerstoffwechsel zu erwarten. Um mehr als die Hälfte ihres Gewichtes, bis fast zu ¾, nehmen ab Magen und Darm, Leber, Milz, die Muskeln. Letztere zeigen übrigens ein sehr verschiedenes Verhalten, indem die regelmäßig arbeitenden unter ihnen, wie Herz und Atemmuskeln, nur geringen Schwund zeigen. Zu den wenig abnehmenden Organen gehören die Lunge, die Knochen und vor allem das Nervensystem (SEDLMAIR, 1899, Zeitschr. f. Biol. **37**, 25; BRUGSCH, 1911, Handb. d. Biol. 4. I. 296).

Eine bemerkenswerte Besonderheit der Umsteuerung des Stoffwechsels in den ersten Hungertagen besteht darin, daß sie sich ohne Änderung des Gesamtumsatzes vollzieht, der ja, wie oben angegeben, schon am 1. Hungertage, spätestens am zweiten den konstanten relativen Wert erreicht, der für die weitere Hungerzeit kennzeichnend ist. Dies ist nur möglich, wenn für die Energie des einen aus der Zersetzung ausscheidenden Stoffes die eines anderen eintritt oder wenn die Körperbestandteile sich nach Maßgabe ihres Energiegehaltes gegenseitig vertreten. Beweise für das Stattfinden solcher Vertretungen haben sich weiterhin aus den Untersuchungen über den Stoffwechsel bei Nahrungszufuhr ergeben, auf die nunmehr eingegangen werden soll.

Der Stoffwechsel bei Nahrungszufuhr.

Zur Durchführung dieser Aufgabe bedarf es neben der Untersuchung der Ausscheidungen auch der Analyse der Nahrung. Der übliche Gang besteht darin, daß in Proben der Nahrung der Wasser- und Aschengehalt bestimmt wird, daß aus dem Stickstoffgehalt (KJELDAHL) das Eiweiß berechnet, und daß das mit Äther Extrahierbare als Fett in Rechnung gestellt wird. Der Gehalt der Nahrung an Kohlehydraten wird nicht besonders ermittelt, sondern aus der Gleichung abgeleitet

Kohlehydrate = Trockenrückstand — Asche — Eiweiß — Fett.

Der gleiche Analysengang pflegt ferner auf den Kot der Versuchszeit angewendet zu werden, wodurch derselbe schematisch in die gleichen Bestandteile wie die Nahrung aufgeteilt und von ihr in Abzug gebracht werden kann. Der Kot wird also lediglich als unausgenützter Rest der Nahrung betrachtet und eine Scheidung in seine Bestandteile (Nahrungsreste, Ausscheidungen des Verdauungskanales, Produkte des bakteriellen Stoffwechsels) für gewöhnlich nicht versucht.

Voraussetzung ist hierbei, daß es gelingt, den auf die Versuchszeit entfallenden Kot abzugrenzen. Dies wird erschwert durch die nicht vorausbestimmbare Verspätung der Defäkation und durch die Durchmischung der Kotmassen im Dickdarm. Beim Fleischfresser mit seinem kurzen Darm und seiner meist nur einmal im Tage erfolgenden Nahrungsaufnahme ist die Forderung meist unschwer zu·erfüllen. Manche Kostarten wie reine Fleischkost oder Milchnahrung geben an sich schon einen charakteristischen Kot. Durch Knochenfütterung oder Eingabe einer kleinen Menge Kieselsäure vor Beginn der Versuchsperiode kann die Abgrenzung erleichtert werden. Beim Pflanzenfresser ist die Aufgabe überhaupt noch nicht gelöst und beim Menschen und anderen Omnivoren ist sie schwierig. Hier müssen getrocknete Beeren, Schokolade, Karmin, Kohlepulver u. dgl. zur Abgrenzung dienen (vgl. CASPARI und ZUNTZ, 1911, in TIGERSTEDTS Handb. 1. 3. Abt. S. 39).

A. Die Vermehrung des Umsatzes durch Nahrungsaufnahme.

Mit jeder Nahrungsaufnahme ist eine Vermehrung des Umsatzes im Vergleich mit dem Hungerumsatz verbunden. Die Größe der Vermehrung, die bis 100% betragen kann, hängt ab von der Menge der aufgenommenen Nahrung und von ihrer Beschaffenheit. Die Vermehrung ist zu einem Teile bedingt durch die Arbeit, die von den Verdauungsorganen, Drüsen und Muskeln, geleistet werden muß. Sie fehlt daher oder ist merklich geringer, wenn die Nahrungsstoffe bzw. deren Verdauungsprodukte mit Umgehung des Darms ins Blut geführt werden (v. MERING und ZUNTZ, 1877 und 1883, A. g. P. 15, 634; 32, 173). Der Einfluß der Verdauungstätigkeit kann auch in der Form ersichtlich gemacht werden, daß man Stoffe einführt, die den Darm erregen, wie Glaubersatz oder Knochen (LOEWY, 1888, A. g. P. 43, 515; MAGNUS-LEVY, 1893, Ebda. 55, 81 und 123).

Zu einem anderen Teile ist die Vermehrung abhängig von der chemischen Natur der aufgenommenen Stoffe, indem Fett und Kohlehydrate eine geringe bis mäßige, Eiweiß dagegen eine erhebliche und langdauernde Steigerung des Umsatzes hervorruft (RUBNER, Gesetze des Energieverbr. 1902, S. 70; MAGNUS-LEVY a. a. O. 69 u. 89). RUBNER hat dafür den Ausdruck „spezifisch-dynamische" Wirkung der Nahrungsstoffe eingeführt. In neuerer Zeit ist diese Wirkung namentlich von LUSK (1915, Journ. of biol. Chem. 20, 556) genauer untersucht worden. Er verfütterte an Hunde statt Eiweiß die einzelnen Spaltstücke desselben und fand, daß Glykokoll und Alanin in hohem Grade, in geringerem Leuzin und Tyrosin, gar nicht Glutaminsäure die Fähigkeit besitzen, den Umsatz emporzutreiben. Es sind nicht die Aminosäuren als solche, von denen die Wirkung abhängt, denn sie tritt nur in Erscheinung, wenn diese Verbindungen ab- oder umgebaut, nicht wenn sie assimiliert werden. Sie tritt z. B. auch auf am diabetischen Tier, wo Glykokoll und Alanin in Glukose umgewandelt und als solche ausgeschieden werden. Bei der damit verbundenen Desaminierung müssen demnach Produkte auftreten (vielleicht Glykolsäure bzw. Milchsäure), die die Zellen zu verstärktem Stoffwechsel anregen.

Die spezifisch-dynamischen Wirkungen lassen erkennen, daß die Bestandteile der Nahrung den Stoffwechsel in sehr ungleicher Weise beeinflussen. Die Darstellung wird daher zunächst auf die Wirkung und Bedeutung der einzelnen Bestandteile einzugehen haben, bevor eine mehr zufammenfassende Übersicht versucht werden kann.

13*

B. Die Verwertung der Nahrungsbestandteile.

1. Kohlehydrate.

Unter diesen ist der wichtigste Vertreter die Glukose. Alle Stärke wird zu solcher abgebaut und als solche aufgesaugt. Fruktose ist in der Nahrung, ausgenommen im Rohrzucker, wohl immer nur in kleinen Mengen vorhanden und wird nach der Aufsaugung in Glukose verwandelt. Der Säugling erhält dagegen seine Kohlehydrate in der Form des Milchzuckers. Die Bedeutung der daraus abgespaltenen Galaktose ist nicht bekannt. Ihre Umwandlung in Glukose ist möglich aber wahrscheinlich nicht vollständig. Am besten bekannt ist der Verlauf des Stoffwechsels nach Darbietung von Glukose bzw. Stärke.

Tritt Zucker aus dem Darm ins Blut über, so verrät sich seine Zersetzung durch das Steigen des respiratorischen Quotienten. Während dieser im nüchternen Zustande in der Regel zwischen 0,7 und 0,8 liegt. müßte er bei ausschließlicher Verbrennung von Zucker auf 1,0 steigen. Bei reichlicher Zufuhr von Kohlehydraten wird dieser Wert tatsächlich oder doch sehr annähernd erreicht, wie namentlich aus den Versuchen von MAGNUS-LEVY hervorgeht (1893, A. g. P. **55**, 46). Allerdings setzt dieser Wert nicht plötzlich ein, sondern wird im Laufe der Verdauungsstunden allmählich erstiegen, was wohl so aufzufassen ist, daß der Zucker in dem Maße, als er ins Blut eintritt, von den Zellen erfaßt und verbrannt wird an Stelle der vorher zersetzten Körperbestandteile. Kann der eingeführte Zucker nicht verwertet werden, wie beim schweren Diabetes, so bleibt der respiratorische Quotient niedrig.

Das eben erwähnte Schicksal des Zuckers ist aber kaum jemals das ausschließliche, vielmehr wird er daneben als Anhydrid (Glykogen) gespeichert, wie das oben S. 165 geschildert worden ist. Auch dieser Vorgang setzt sofort mit der Aufsaugung ein, so daß eine Überladung des Blutes mit Zucker vermieden bleibt und Ausscheidung durch die Niere (Diabetes) nur ausnahmsweise erfolgt.

Eine dritte Form der Verwertung des Zuckers besteht in seiner Umwandlung in Fett, ein Vorgang, der als Mästung bekannt ist. Sie setzt eine reichliche, den Energiebedarf dauernd überschreitende Zufuhr von Kohlehydraten voraus. Wie diese Umwandlung sich des näheren vollzieht, ist nicht bekannt. Sie stellt eine ausgiebige Reduktion dar, da aus einem Molekül mit rund 53% Sauerstoff eines mit 11% entsteht. Ein unmittelbarer Austritt des Sauerstoffs ist nicht anzunehmen, wahrscheinlich aber eine Abspaltung von Kohlensäure und Wasser, was natürlich auf eine tiefgreifende Spaltung und nachfolgenden Wiederaufbau hinauskommt. Nach einer von MAGNUS-LEVY (1911, Handb. d. Biochem. 4. I. 473) aufgestellten beiläufigen Berechnung würden aus 3 Teilen Glukose 1 Teil Fett entstehen. Man sieht, daß die Fettgewinnung auf dem Wege der Mästung von Tieren nicht eben ein ökonomisches Verfahren darstellt.

Zufuhr von Kohlehydraten steigert, wie schon unter A erwähnt. den Umsatz, nicht so stark wie die von Eiweiß aber stärker als Fett. Entsprechend der raschen Verdauung, Aufsaugung und Verwertung der Kohlehydrate erstreckt sich die Steigerung, wenigstens bei mäßiger Zufuhr über eine nur kleine Zahl von Stunden, kann sich aber in dieser

Zeit auf 30 und mehr Prozent des Erhaltungsumsatzes beziffern (MAGNUS-LEVY, 1893, A. g. P. **55**, 46).

Über die Zuckerbildung aus Eiweiß siehe unten unter 3; die aus Fett kann noch nicht als bewiesen gelten.

2. Fett.

Wie in früheren Abschnitten gezeigt wurde, ist die Verdauung und Aufsaugung des Fettes eine langsame, über viele Stunden sich hinziehende. Trotzdem findet eine deutliche Häufung im Blute statt, wie aus der Rahmbildung beim Ausschleudern zu entnehmen ist. Die Aufnahme und Verwertung des Fettes von seiten der Gewebszellen ist demnach eine verhältnismäßig träge. Es ist daher bei Fettzufuhr nicht zu erwarten, daß der meist schon vorher niedrige respiratorische Quotient sich wesentlich verändere und etwa gar den Wert reiner Fettzersetzung $= 0,7$ annehme. Immerhin lassen die Versuche von MAGNUS-LEVY (a. a. O. S. 39) mit ausschließlicher Fettzufuhr beim Hunde wie beim Menschen eine Herabdrückung des Wertes des respiratorischen Quotienten während der Verdauungsstunden nicht verkennen. Es findet also das einströmende Nahrungsfett sofort Verwendung zur Deckung der energetischen Bedürfnisse des Körpers

Neben der Verbrennung spielt aber auch die Speicherung des Nahrungsfettes eine wichtige Rolle. Außer durch den quantitativen Nachweis, daß das angelagerte Fett unmöglich aus einer anderen Quelle als aus dem Nahrungsfett stammen konnte (FRANZ HOFMANN, 1872, Zeitschr. f. Biol. **8**, 153), hat man den Vorgang auch dadurch sicherzustellen gesucht, daß man körperfremde Fette verfütterte. Wie im 7. Teile, S. 159, mitgeteilt worden ist, haben diese Versuche zu einem positiven Ergebnis geführt, wenn sich auch herausgestellt hat, daß das abgelagerte Fett dem eingeführten körperfremden in seiner Zusammensetzung nicht genau entspricht.

Über die Fettbildung aus Kohlehydraten ist bereits unter 1 das Wesentliche gesagt worden.

Eine klinisch wichtige Erscheinung ist die unvollständige Verbrennung des Fettes, wobei die sog. Azetonkörper (Azeton, Azetessigsäure, β-Oxybuttersäure) im Blute auftreten und durch die Niere und die Lunge (ein Teil des Azetons) zur Ausscheidung gelangen (Azidosis). Eine kleine Menge derselben findet sich, wie in Teil 8 mitgeteilt, im normalen Harn. Große Mengen werden ausgeschieden, wenn die Kohlehydrate in der Nahrung fehlen (Fleisch-Fett-Diät), wenn der Organismus den Zucker nicht verwerten kann (Diabetes) oder im Hunger seinen Glykogenvorrat erschöpft hat. Die Herkunft der Azetonkörper aus dem Fett ist für den azidotischen Zustand von MAGNUS-LEVY erwiesen (1899, A. e. P. **42**, 149). Doch scheinen auch einzelne Spaltprodukte des Eiweiß als Quelle derselben dienen zu können (BORCHARDT und LANGE, 1907, HOFMEISTERS Beitr. **9**, 116).

3. Eiweiß.

Die Besonderheit, die den Eiweißstoffwechsel vor dem der anderen Nahrungsstoffe auszeichnet, ist die Erscheinung des Stickstoffgleichgewichts. Sie ist dadurch gekennzeichnet, daß beim Erwachsenen in seinen stickstoffhaltigen Ausscheidungen täglich soviel Stickstoff den Körper verläßt, als durch die Nahrung zugeführt wird. Das Gleichgewicht ist nicht immer vorhanden. Bedingung für das Eintreten desselben ist, daß die Zufuhr von Stickstoff durch eine Reihe von Tagen konstant bleibt. Wird sie verändert, so zeigt die Stickstoffausscheidung das Streben, sich ihr anzugleichen, was aber nur allmählich gelingt. Als Beispiel für die Einstellung bei plötzlicher Steigerung der Stickstoffzufuhr (auf das Dreifache) möge der in nachstehender Tabelle zusammengestellte Versuch dienen (C. Voit, 1867, Zeitschr. f. Biol. **3**, 79), der von einem mit Fleisch gefütterten Hunde stammt.

Tag	N-Zufuhr	Tägliche N-Abgabe	Differenz
31. Mai 1863	17,0	18,6	— 1,6
1. Juni	51,0	41,6	+ 9,4
2. ,,	51,0	44,5	6,5
3. ,,	51,0	47,3	3,7
4. ,,	51,0	47,9	3,1
5. ,,	51,0	49,0	2,0
6. ,,	51,0	49,3	1,7
7. ,,	51,0	51,0	0,0
Summe der positiven Differenzen			26,4

Hier erreicht die Stickstoffausscheidung erst am 7. Tage den Wert der Einfuhr. Wird umgekehrt die Stickstoffzufuhr verringert, so besteht durch einige Tage eine überschüssige, allmählich abnehmende Stickstoffausfuhr bis es auch hier wieder zum Gleichgewicht kommt.

Stickstoffgleichgewicht ist nicht bei jeder Stickstoffzufuhr möglich. Dieselbe darf die Aufnahmefähigkeit der Versuchsperson für Eiweiß nicht überschreiten, anderseits nicht unter ein gewisses unentbehrliches Minimum herabgehen, da sonst Körpereiweiß zu Verlust geht. Auf den Wert dieses Minimum wird unten noch einzugehen sein. Die Erreichung des Gleichgewichts ist auch an die Konstanz der Körperleistungen gebunden. Ändern sich dieselben aus physiologischen oder pathologischen Gründen, so kommt es in der Regel auch zu einer Änderung der Stickstoffausfuhr. Bei dem beständigen Wechsel der Lebensvorgänge kann daher Stickstoffgleichgewicht nur vorübergehend und annähernd bestehen. Wie weit sich dasselbe unter günstig gewählten Bedingungen verwirklichen läßt, erhellt am besten aus einer 17 tägigen Versuchsreihe von Gruber (1880, Zeitschr. f. Biol. **16**, 393), in der die Differenz zwischen Ein- und Ausfuhr im Mittel nur 0,2% des Umsatzes beträgt.

Das Stickstoffgleichgewicht, das nur am Erwachsenen besteht, kann betrachtet werden als Ausdruck des Unvermögens, des Organismus, seinen Eiweißbestand zu verändern. Daß diese Auffassung nur in beschränktem Sinne zutreffend ist, geht aus der Erfahrung hervor, daß Zerstörung und Einschmelzung von Zellen und entsprechende Verluste von Eiweiß mit dem Leben untrennbar verknüpft sind und daß der unter normalen Verhältnissen stattfindende Ersatz sich oft sehr verzögert. Auch fehlt dem Erwachsenen keineswegs die Möglichkeit, durch Steigerung der Leistung Eiweiß in den arbeitenden Organen zum Ansatz zu bringen (Hypertrophie). Man muß daher das in der Nahrung aufgenommene Eiweiß (bzw. die entsprechende Stickstoffmenge) in zwei

Summanden trennen, deren einer dem Ersatz dient (Abnutzungsquote nach RUBNER, 1908, A. f. H. **66**, 32), unter Umständen geradezu dem Wachstum der Organe, während der andere gleich den übrigen organischen Nahrungsstoffen unmittelbar oder nach Umwandlung zum Energiegewinn herangezogen wird (dynamogener Teil nach RUBNER a. a. O.).

Besondere Schwierigkeit haben dem Verständnis jene Stickstoffmengen geboten, die bei Störung des Gleichgewichtes während der Einstellungszeit bald im Körper zurückgehalten werden, bald zu Verlust gehen. So sind z. B. in dem oben S. 199 mitgeteilten Versuche VOITS innerhalb 6 Tagen 26,4 g Stickstoff im Körper des Tieres verblieben, was in Fleisch umgerechnet etwa 1½ Pfund entsprechen würde. Umgekehrt sind die ersten Tage des Hungerstoffwechsels, wie oben ausgeführt wurde, durch eine reichliche Ausscheidung stickstoffhaltiger Abbauprodukte ausgezeichnet. Man hat daher geglaubt, neben der Abnutzungsquote und dem dynamogenen Zwecken dienenden Nahrungseiweiß noch eine dritte Art von Eiweiß als Bestandteil des lebenden

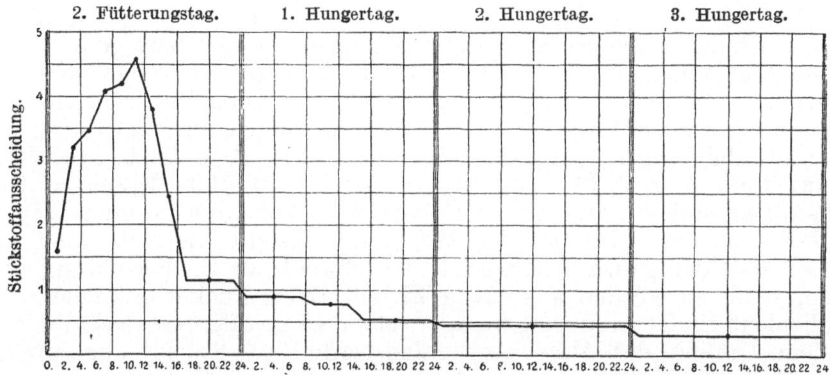

Abb. 64. Zweistündige Stickstoffausscheidung eines hungernden Hundes, der an zwei Tagen je 1000 g Fleisch erhielt (nach M. GRUBER).

Organismus annehmen zu müssen, die man als zirkulierendes, labiles oder auch totes Eiweiß dem organisierten, stabilen, lebenden gegenüber stellte. Durch die genauere Kenntnis der Struktur des Eiweiß und durch die Feststellung, daß dasselbe im Darmkanal praktisch vollständig zu Aminosäuren aufgespalten wird, die als solche aufgesaugt und ins Blut übergeführt werden, ist eine andere Auffassung näher gerückt, die zuerst von GRUBER vertreten und durch sehr überzeugende Versuche gestützt worden ist (1901, Zeitschr. f. Biol. **42**, 407). Er weist darauf hin, daß die einer reichlichen einmaligen Eiweißzufuhr entsprechende Stickstoffmenge den Körper niemals in den ersten 24 Stunden vollständig verläßt, sondern über mehrere Tage verzettelt wird (vgl. Abb. 64). Es liegt nahe anzunehmen, daß es sich hier um Bruchstücke des Eiweiß handelt, deren Stickstoff schwer abspaltbar ist, so daß er verspätet in den Ausscheidungen erscheint. Dies muß aber bei Erhöhung der Eiweißzufuhr notwendig zur Häufung solcher Bruchstücke führen, bis ihre Konzentration in den Körpersäften und Zellen so groß ist, daß sie in einem zur Herstellung des Stickstoffgleichgewichtes genügenden Maße zu dynamogenen Zwecken herangezogen werden können. Wird die Eiweißzufuhr verringert oder ganz unterbrochen, so werden diese stickstoffhaltigen Bruchstücke früher als das fertige Eiweiß dem vollständigen Abbau und der Ausscheidung unterliegen.

Ist nach dem Gesagten eine Speicherung von Eiweiß als solchem im Körper des erwachsenen Säugers im allgemeinen abzulehnen, so bedeutet die Tatsache des Stickstoffgleichgewichtes doch keineswegs, daß das aufgenommene Nahrungseiweiß sofort bis zu den Endprodukten abgebaut und sein ganzer nutzbarer Energiegehalt freigemacht werden muß. PETTENKOFER und VOIT haben bereits gefunden (VOIT, 1881, in HERMANNS Handb. **6**, I. 249), daß bei einem Hunde, der mit großen Mengen Fleisch gefüttert wurde, wohl aller Stickstoff zum Vorschein kam, daß aber ein Teil des Kohlenstoffs im Körper zurückblieb. Der Eiweißstoffwechsel besteht demnach, abgesehen von dem sofort vollständig abgebauten Anteil, darin, daß die aus dem Darm eindringenden Aminosäuren zunächst nur desaminiert werden, das Ammoniak in Form von Harnstoff ausgeschieden und der stickstofffreie Rest anderweitig verwertet wird. Während man früher hauptsächlich an die Bildung von Fett dachte, ein Vorgang, der wohl möglich, aber noch nicht sicher erwiesen ist, kann die Entstehung von Zucker als gesichert gelten. Besonders überzeugende Beweise sind durch Stoffwechselversuche an diabetischen Menschen und Tieren gewonnen worden, bei welchen sich stets eine der zugeführten Eiweißmenge entsprechende Steigerung der Zuckerausscheidung nachweisen ließ (KÜLZ, 1877, A. e. P. **6**, 140; MINKOWSKI, 1906, A. g. P. **111**, 13). Wieviel Zucker aus 100 g Eiweiß = 16 g Stickstoff entstehen kann, hängt ab von den noch unbekannten Wegen, auf denen sich der Umbau des Moleküls vollzieht. Könnte man annehmen, daß der ganze Kohlenstoff des Eiweiß zur Zuckerbildung verwendet wird, so würden aus 100 g Eiweiß 135 g Zucker entstehen. In Wirklichkeit findet man viel weniger, etwa 45 g, offenbar deshalb, weil bei dem Umbau des Moleküls kohlenstoffhaltige Stücke abgesprengt und verbrannt werden.

4. Die gegenseitige Vertretbarkeit der organischen Nahrungsstoffe.

Mit der Zufuhr von Nahrung ist eine Schonung der Körpersubstanz verknüpft, indem an Stelle der letzteren die Nahrung verbrannt wird. Das Steigen des respiratorischen Quotienten, das eintritt, wenn einem Hungernden Kohlehydrate verabfolgt werden, siehe oben unter 1, beweist im Zusammenhalte mit der bei mäßiger Nahrungszufuhr nur geringfügigen Steigerung des Gesamtumsatzes, daß an Stelle der vorwiegenden Fettzersetzung die der Kohlehydrate getreten ist. RUBNER hat diese Versuchsweise benützt, um festzustellen, in welchen Mengenverhältnissen eine Vertretung der Nahrungs- bzw. Körperstoffe möglich ist (1883, Zeitschr. f. Biol. **19**, 313). Indem er dann die Verbrennungswärmen der sich ersetzenden Stoffe feststellte, konnte er prüfen, ob die Vertretung nach Maßgabe gleichen Energiegehaltes erfolgt.

Ein Hund zersetzte

im Hunger	16,76 g Eiweiß und	78,31 g Fett
bei Fleischfütterung . .	109,77 „ „	„ 33,76 „ „
Differenz	+ 93,01 g Eiweiß u.	− 44,55 g Fett.

Es wurden also 44,55 g Fett durch 93,01 g Eiweiß ersetzt. Die Brennwerte dieser beiden Mengen verhalten sich nach Rubner (a. a. O. S. 348) wie

$$432,13:431,69.$$

In ähnlicher Weise benutzte Rubner an hungernden Kaninchen die gegen das Lebensende eintretende Umschaltung des Stoffwechsels, wo für das erschöpfte Körperfett Eiweiß eintritt, und findet, daß 137,6 Kal. aus Fett durch 134,6 aus Eiweiß ersetzt werden.

Wenn diese Zahlen und die der übrigen Versuche Rubners nach einer neueren von Tigerstedt durchgeführten Umrechnung (1910, Handb. d. Biochem. **4.** II. 33) nicht ganz so gut übereinstimmen, so kann doch nicht bezweifelt werden, daß die energieliefernden Stoffe sich im Stoffwechsel nach Maßgabe ihres Brennwertes ersetzen. Ein weiterer Beweis hierfür ist dann geliefert, wenn sich zeigen läßt, daß die gesamte tägliche Wärmeausgabe konstant bleibt, wenn in einer den Bedarf eben deckenden Nahrung Fett und Kohlehydrate nach Maßgabe ihrer Verbrennungswärmen gegeneinander vertauscht werden. Dies ist nach zahlreichen von Atwater und Benedict (1904, E. d. P. **3.** I. 588) am Menschen ausgeführten Versuchen tatsächlich der Fall. Die einander ersetzenden Stoffmengen werden nach Rubner als Vertretungswerte oder isodyname Werte bezeichnet.

Wie schon im ersten Teil ausgeführt wurde, wird der Energiegehalt der Kohlehydrate und Fette infolge ihrer vollständigen Verbrennung im Stoffwechsel voll ausgenützt. Als Normalwert für 1 g Kohlehydrat nahm Rubner (1885, Zeitschr. f. Biol. **21**, 377) nicht den durchschnittlichen Brennwert für Kohlehydrate, sondern **4,1 Kalorien** an, entsprechend den damals für Stärke vorliegenden Bestimmungen, ausgehend von der Tatsache, daß die Kohlehydrate der Nahrung zum ganz überwiegenden Teil aus Stärke bestehen.

Die Verbrennungswärmen der tierischen und pflanzlichen Fette schwanken nur wenig um 9,5 Kalorien pro g, dagegen steht Butter mit 9,2 Kalorien deutlich niedriger. Bei der Bedeutung, die das letztere Fett für die menschliche Ernährung besitzt, hat Rubner den Normalwert für Fett zu **9,3 Kalorien** pro g angesetzt.

In bezug auf die Eiweißkörper sind die experimentell ermittelten Verbrennungswärmen für den Stoffwechsel nicht maßgebend, weil eine vollständige Oxydation nicht stattfindet. Um hier zu brauchbaren Zahlen zu gelangen, verfuhr Rubner so, daß er Eiweißpräparate, deren Verbrennungswärme er direkt ermittelt hatte, Hunden verfütterte, den entsprechenden Harn und Kot auffing und deren Wärmewert in Abzug brachte. Er kommt so zu einem durchschnittlichen Nutzwert von **4,1 Kalorien** pro g.

1 g Kohlehydrat und 1 g Eiweiß liefern daher im Stoffwechsel gleichviel Energie und ebensoviel wie $\dfrac{4\cdot 1}{9\cdot 3} = 0{,}44$ g Fett, während 1 g Fett durch $\dfrac{9\cdot 3}{4\cdot 1} = 2{,}27$ g Kohlehydrat oder Eiweiß vertretbar ist.

Die nach Maßgabe vorstehender Zahlen mögliche gegenseitige Vertretung der organischen Nahrungsstoffe ist nur insofern beschränkt, als das zum Wiederaufbau zerstörter Strukturen erforderliche Eiweiß nicht durch Fett oder Kohlehydrat ersetzt werden kann. Es muß also dafür gesorgt werden, daß stets eine der Abnutzungsquote mindestens entsprechende Menge Eiweiß in der Nahrung enthalten ist.

5. Grundsätze für eine zweckmäßige Ernährung.

Die Aufgaben der Ernährung, den Körperbestand (des Erwachsenen) zu erhalten bzw. das Wachstum Jugendlicher zu ermöglichen, können niemals durch einen einzelnen Nahrungsstoff erfüllt werden. Die Nahrung stellt stets ein Gemenge von Nahrungsstoffen dar, deren Nährwert ein verschiedener ist. Die Frage nach der Menge der nötigen Nahrung läßt sich daher durch eine Gewichtsangabe nicht eindeutig beantworten; sie muß gemessen werden mit einer für alle Nahrungsstoffe gleichwertigen Maßeinheit: Die Kalorie. Es erscheint als eine der Aufgaben der Ernährung, die dem Energiebedürfnis entsprechende Kalorienzahl zuzuführen. Die Größe des Bedürfnisses hängt von mancherlei Bedingungen ab, wie Körpergewicht, Oberflächenentwicklung, Geschlecht und Alter, Temperament, Außentemperatur und vor allem von den körperlichen Leistungen. Auch die Ernährung selbst steigert in merklichem Maße den Energiebedarf (spezifisch-dynamische Wirkung siehe oben S. 196).

Nach den vorliegenden Erfahrungen können etwa folgende Durchschnittszahlen des Energiebedarfs für den Erwachsenen pro kg und Stunde angesetzt werden (vgl. TIGERSTEDT, 1910, in Handb. d. Bioch. 4. II. 51ff.):

Minimaler Bedarf (Hunger und vollständige Muskelruhe) . . . . 1,00 Kal.
Zunahme, wenn nicht vollständige Ruhe eingehalten wird . . . . 0,26 ,,
Zunahme durch Einwirkung der Kost . . . . . . 0,15 ,,
Bedarf bei gewöhnlicher Ruhe und Nahrung . . . 1,41 Kal.

Nach dieser Durchschnittszahl würde der Energiebedarf eines Erwachsenen von 70 kg, der keine besondere Arbeit verrichtet, durch rund 2400 Kalorien im Tage gedeckt sein. Die Zunahme gegenüber völliger Muskelruhe beträgt $0,26 \frac{\text{Kal.}}{\text{kg, Stunde}} \cdot 24 \text{ Stunden} \cdot 70 \text{ kg} = 437 \text{ Kal.}$ Nimmt man an, daß von dieser Energiesumme $^4/_5$ als Wärme und $^1/_5$ als mechanische Arbeit erscheint, was allerdings einen recht günstigen Wirkungsgrad bedeuten würde, so wäre die geleistete Arbeit rund 37000 mkg (= 87 Kalorien). Einer Arbeitsleistung von 100000 entspräche dann ein Energiebedarf von 1181 Kalorien oder rund 1200 Kalorien. Angenommen die Versuchsperson von 70 kg leistet eine Tagesarbeit von 600000 mkg, so würde hierfür ein Mehrbedarf von 7200 Kalorien entstehen, die zu dem Ruhewert von 2400 Kalorien addiert nahezu 10000 Kalorien ergeben. Eine Tagesleistung von dieser Größe ist in den Versuchen von ATWATER und BENEDICT nur einmal in 16stündiger Arbeit am Fahrradergometer beobachtet worden; sie stellt einen oberen Grenzwert dar und gibt somit eine ungefähre Vorstellung, innerhalb welcher Grenzen sich die Ansprüche an die Energielieferung beim Menschen bewegen. Die Kenntnis der bei gewerblicher Arbeit verschiedener Art geleisteten Arbeit ist noch recht dürftig, so daß man sich vorläufig mit der Einteilung in leichte (2600 Kalorien), mittlere (3100 Kalorien) und schwere Arbeit (3600 Kalorien und mehr) begnügen muß (Rubner, 1885, Zeitschr. f. Biol. **21**, 381).

Eine **zweite** für die Ernährung wichtige Frage ist das Mischungsverhältnis der Nahrungsstoffe. Mit einem einzigen Nahrungsstoff ist die Ernährung des Menschen schon aus technischen Gründen nicht möglich. Alle Nahrungs- oder Lebensmittel sind Gemenge von solchen. Immerhin gibt es eine große Zahl von Lebensmitteln, in denen ein Nahrungsstoff derart überwiegt, wie das Eiweiß im mageren Fleisch und im Käse, das Fett in der Butter, die Kohlehydrate in den Zerealien, daß eine sehr einseitige Zufuhr möglich erscheint. Die Untersuchung zahlreicher Kostformen hat ergeben, daß trotz aller klimatischen, völkischen und sozialen Verschiedenheiten stets eine gemischte Kost gewählt wird, in der alle drei Gruppen von Nahrungsstoffen vertreten sind, das Eiweiß sogar mit einem auffällig gleichmäßigen Anteil $= \frac{1}{6}$—$\frac{1}{5}$ des gesamten Energiegehaltes. Der Energiegehalt und die isodyname Vertretbarkeit der Nahrungsstoffe sind also nicht die einzigen Gesichtspunkte für die Aufstellung von Kostregeln, es sind auch die stofflichen Eigenschaften von Bedeutung. Die Zufuhr von Eiweiß ist unerläßlich, weil, wie wiederholt erwähnt worden ist, Eiweiß aus dem Körper stets zu Verlust geht und ein Aufbau aus elementarem Stickstoff oder aus stickstoffhaltigem anorganischen Material dem tierischen Körper im Gegensatz zur Pflanze versagt ist. Fett ist die konzentrierteste Energiequelle, es verzögert aber die Verdauung in hohem Maße und ist nicht leicht in eine den Geschmack ansprechende Form zu bringen. Kohlehydratreiche Nahrungsmittel stehen in großer Mannigfaltigkeit und zu billigen Preisen zur Verfügung, sie sind meist leicht verdaulich und schmackhaft. Allgemeine Regeln über die Aufteilung des nach Abzug des Eiweiß noch zu deckenden Energiebedarfs zwischen Fett und Kohlehydraten lassen sich nicht geben. Die gebräuchlichen Kostformen zeigen hier weitgehende Unterschiede, die den verschiedensten Beweggründen entspringen.

Die Eiweißmenge der Nahrung muß im allgemeinen größer sein als die im Hunger aus dem Körper zu Verlust gehende. Dies ergibt sich schon aus der unter 3 besprochenen spezifisch-dynamischen Wirkung des Eiweiß, die gewissermaßen als eine „Luxuskonsumption" aufgefaßt werden kann und eine überschüssige Zufuhr verlangt. Weiter ist zu beachten, daß Körpereiweiß durch eine gleiche Menge Nahrungseiweiß nicht vollwertig ersetzt werden kann. Nahrungseiweiß ist körperfremdes Eiweiß, d. h. es besteht aus anderen Bruchstücken (Aminosäuren) oder enthält diese doch in anderen Mengenverhältnissen. Bei der Synthese des körpereigenen Eiweiß bedarf es daher eines gewissen Überschusses, dessen Größe von der Art des Nahrungseiweiß abhängt. Die Angabe eines „Eiweißminimums" hat Bedeutung nur dann, wenn die besonderen Versuchsbedingungen und das gewählte Nahrungsmittel bekannt sind (E. Voit und Korkunoff, 1895, Zeitschr. f. Biol. **32**, 58; Thomas, A. f. P. **1909**, 219).

Anderseits besteht zweifellos die Möglichkeit, durch reichliche Zufuhr stickstofffreien Materials den Eiweißumsatz unter den des Hungerzustandes herabzudrücken und sogar Stickstoffgleichgewicht herzustellen, also wohl das zu erreichen, was Rubner die Abnutzungsquote nennt. Als zweckmäßig oder hygienisch kann aber ein solcher Kostsatz nicht

bezeichnet werden, da er den Körper außerstand setzt, besonderen an
ihn herantretenden Forderungen zu genügen bzw. da er dies nur unter
Einbuße an eigenem Material tun kann (vgl. hierzu CASPARI, 1911, in
Handb. d. Bioch. 4. I. 779ff.). Man wird daher womöglich an den von
C. VOIT geforderten Eiweißmengen festhalten (1870, Zeitschr. f. Biol.
12, 1).

Weitere wichtige Gesichtspunkte für die Wahl der Nahrungsmittel
ist ihre Ausnutzbarkeit und ihr Marktpreis. Die Ausnutzbarkeit ist je
nach Struktur und Zubereitung außerordentlich verschieden. Von der
Trockensubstanz können 4—21%, vom Eiweiß nahezu die Hälfte (Roggen-
brot aus ganzem Korn gemahlen) unresorbiert bleiben (RUBNER, 1903,
in LEYDENS Handb. d. Ernährungsther. 2. Aufl. 1, 119). Im allgemeinen
werden die animalischen Nahrungsmittel besser ausgenützt, doch stehen
ihnen unter den vegetabilischen die Mehlspeisen mindestens gleich. Im
Durchschnitt rechnet man bei gemischter Kost mit 10% Verlust und
setzt den Energiegehalt der Kost im gleichen Verhältnis höher an als
den Energiebedarf (TIGERSTEDT, 1910, in Handb. d. Bioch. 4. II. 76).
Der Marktpreis spricht zugunsten der vegetabilischen Nahrungsmittel und
demgemäß spielen diese in der Kost der Minderbemittelten eine große
Rolle (v. RECHENBERG, Die Ernährung der Handweber. Leipzig 1890).

Über die Zusammensetzung der wichtigsten Lebensmittel, Speisen
und Getränke und ihren Energiegehalt vergleiche man SCHWENKEN-
BECHER (1914, Nahrstoffgehalt und Nährwert von Speisen. 3. Aufl.
Leipzig, Thieme), KÖNIG (Chemie der menschlichen Nahrungs- und Genußmittel. 4. Aufl. Berlin 1903), GEPHART und LUSK (1915, Analysis
and Cost of Ready-to-Serve Foods, Chicago).

6. Die anorganischen Nahrungsstoffe.

Sauerstoff, Wasser, Salze.

Die grundlegende Bedeutung des Sauerstoffs für den im wesentlichen auf Oxydation beruhenden Energiewechsel der lebenden Organismen
ist bereits im 1. und 5. Teil so ausführlich erörtert worden, daß ein neuer-
liches Eingehen hierauf sich erübrigt. Der bei Sauerstoffmangel rasch
eintretende Tod, und die häufig gelingende Wiedererweckung von Schein-
toten nur durch Zufuhr von Luft, d. h. von Sauerstoff, sind weitere
Beweise hierfür.

Da ein erheblicher Teil des menschlichen und tierischen Körpers
aus Wasser besteht, im Durchschnitt 63%, können kleinere Wasser-
verluste ohne Beschwerden ertragen werden. Hungernde Tiere nehmen
häufig kein Wasser auf, obwohl sie solches durch die Atmung und den
Harn, gegebenenfalls auch durch den Schweiß verlieren. Der Grund
liegt wohl darin, daß bei der Einschmelzung von Körpergewebe Wasser
frei wird. Die Nahrung muß aber in gewissem Grade wasserhaltig sein,
wenn sie schluckbar und verdaulich sein soll. Verdauung ist im wesentlichen Hydrolyse, also Spaltung unter Wasseraufnahme. Hierzu sowie
zur Lösung der Verdauungsprodukte, vielfach auch zur Aufquellung
der Nahrung, ist Wasser erforderlich. Die großen Flüssigkeitsmengen
der Verdauungssäfte werden im Darm zwar zum größten Teil wieder
aufgesaugt, dafür erfährt die Harnabsonderung durch Nahrungsaufnahme
eine starke Vermehrung. Die Aufnahme trockener Nahrung wird ver-

weigert. Wird ihre Aufnahme erzwungen, so gehen die Tiere unter gesteigertem Eiweißzerfall rasch zugrunde. Der Dursttod tritt wesentlich früher ein als der Hungertod (NOTWANG, 1892, Arch. f. Hyg. **14**, 272; STRAUB, 1899, Zeitschr. f. Biol. **38**, 537). NOTWANGS Tauben starben, wenn sie 22% des in den Organen normal enthaltenen Wassers abgegeben hatten und Störungen des Wohlbefindens traten bereits nach Abgabe von 11% ein.

Die Salze sind ein ebenso unentbehrlicher Bestandteil der Nahrung wie die organischen Stoffe, weil sie ein strukturell und funktionell wichtiger Teil aller Zellen sind, der in den Stoffwechsel einbezogen wird und daher in gewissem Umfange auch zur Ausscheidung gelangt. Die Verluste müssen ersetzt werden. Die Salze sind in den Geweben entweder in fester Form eingelagert (Knochen) oder in ihnen gelöst, teils in wässeriger, teils in fester Lösung oder endlich mit den organischen Bestandteilen chemisch verbunden. Die Aschenanalyse gibt natürlich in diese Verhältnisse keinen Einblick, denn sie zerstört alle Strukturen. Sie fälscht auch das Bild der Zusammensetzung, weil sie den Sulfidschwefel in Sulfat überführt und Kohlensäure zu Verlust gehen läßt.

Die in Wasser gelösten Salze sind maßgebend für den osmotischen Druck der Körpersäfte, der mit dem im Innern der Zellen herrschenden in Ausgleich steht. Endlich sind sie für die Erhaltung der neutralen Reaktion der Körpersäfte von ausschlaggebender Bedeutung.

Die Verteilung der Salzbestandteile ist eine sehr ungleiche. Der Kalk findet sich hauptsächlich in den Knochen, die Phosphorsäure ebendort, ferner im Muskel und im Gehirn, das Eisen im Blutfarbstoff, das Jod in der Schilddrüse, das Kalium vorwiegend in den Zellen, das Natrium in den Säften des Körpers, Salzsäure nur im Magensaft usw.

Da die organischen Nahrungsmittel dem Tiere oder der Pflanze entnommen sind, enthalten sie wie alle Gewebe Salze, so daß eine besondere Zufuhr der letzteren im allgemeinen nicht nötig erscheint. Dies gilt jedoch nur für gemischte Kost. Bei einseitiger Ernährung können die Unterschiede in der Zusammensetzung der Asche zwischen der Nahrung und dem zu Ernährenden so groß werden, daß ein Zusatz von Salzen erforderlich wird. So ist, wie BUNGE wahrscheinlich gemacht hat, die Zugabe von Kochsalz zur Pflanzennahrung nicht nur eine Frage des Geschmacks, sondern bedingt durch den reichen Kaligehalt der Kost, die zu erhöhtem Chlorverlust durch den Harn führt (v. BUNGE, 1873/74, Zeitschr. f. Biol. **9**, 104 und **10**, 110 und 295). Der Eisengehalt der Milch als alleiniges Nahrungsmittel ist auf die Dauer zu gering, um den Bedürfnissen des wachsenden Organismus an diesem Bestandteil zu genügen (v. BUNGE, 1891/92, Zeitschr. phl. C. **16**, 177; **17**, 63).

Künstlich aschefrei gemachte Nahrung führt in kurzer Zeit zum Tode. Tauben gehen in 13—29, Hunde in 26—36 Tagen ein (FORSTER, 1873, Zeitschr. f. Biol. **9**, 297). Entziehung des Kalks führt zu schwerer Ernährungsstörung der Knochen, die bei wachsenden Tieren den Charakter der Rachitis, bei ausgewachsenen den der Osteoporose annimmt (E. VOIT, 1880, Zeitschr. f. Biol. **16**, 62).

7. Genußmittel und Würzstoffe.

Mit einfachen Nahrungsstoffen, ja selbst mit Gemengen solcher, wie sie in den Lebensmitteln vorliegen, ist die Ernährung des Menschen

auf die Dauer nicht durchzuführen. Sie verlangt noch gewisse Reiz-
stoffe, die den Lebensmitteln im natürlichen Zustande meist fehlen
und ihnen daher zugesetzt werden oder bei der Zubereitung entstehen.
Es handelt sich um Stoffe, die Geschmack und Geruch sowie die Tast-
nerven der Mundhöhle erregen und dabei reflektorisch die Absonderung
der Verdauungsdrüsen (Speicheldrüsen, Magendrüsen, Pankreas) hervorrufen (siehe S. 124, 131, 143). Die eingeführten Speisen treffen somit
sofort mit den betreffenden Absonderungen zusammen und unterliegen
deren Einwirkung, was sonst nicht oder nur in sehr verzögerter Weise
geschehen würde. Die Genußmittel dienen auch vielfach dazu, weniger
begehrenswerte Nahrung schmackhaft zu machen. Eine allgemeine
chemische Charakterisierung der Genußmittel ist nicht möglich, weil
sie zu einem großen Teile chemisch noch nicht definiert und soweit
bekannt, äußerst verschieden sind. Dazu kommt, daß ihre Wahl je nach
persönlichem Geschmack, Volkssitte und Gelegenheit sehr wechselt. Es
handelt sich in der Regel um sehr kleine Mengen. Manche Genußmittel,
wie der Alkohol oder das Koffein, wirken nicht nur äußerlich, sondern
entfalten nach der Aufsaugung Wirkungen auf das Nervensystem und
andere Organe. Alkohol, Zucker, Kochsalz sind zugleich Nahrungsstoffe. Bei Kranken ist die Hebung des darniederliegenden Appetits
durch Genußmittel von der größten Bedeutung.

8. Die akzessorischen Nährstoffe (Vitamine).

Die in der Überschrift gebrauchte Bezeichnung ist ein Verlegen-
heitsausdruck. Es handelt sich um Nahrungsstoffe von wesentlicher
Bedeutung, die auf die Dauer nicht entbehrt werden können, aber ihrer
chemischen Natur nach zur Zeit noch unbekannt sind, hauptsächlich
wohl deshalb, weil sie in den gebräuchlichen Lebensmitteln nur in sehr
kleinen Mengen enthalten sind. Da ihre Darstellung bisher nicht gelungen, ist auch nicht bekannt, welche Wirkungen ihnen zukommen.
Man weiß nur, daß ihr Fehlen zu mehr oder weniger schweren Störungen
führt, die von HOFMEISTER als Insuffizienzerscheinungen bezeichnet
worden sind (1918, E. d. P. **16**, 11).

Die Annahme, daß es solche Störungen gibt, ist namentlich durch
die Erfahrungen über Skorbut und Beriberi nahegelegt worden. Die
erstere Erkrankung tritt mit den Erscheinungen der hämorrhagischen
Diathese (Blutungen hauptsächlich in der Haut und den Schleimhäuten)
und Störungen des Knochenstoffwechsels auf, während bei Beriberi
die nervösen Erscheinungen in den Vordergrund treten. Beide Erkrankungen hängen nachweislich mit einseitiger Ernährung zusammen.
Beriberi wird hervorgerufen durch Ernährung mit geschliffenem Reis,
Skorbut ist eine von Seefahrern gefürchtete Krankheit und wird mit
der Ernährung mit Pökelfleisch und (verdorbenem?) Schiffszwieback
in Zusammenhang gebracht. Beide Erkrankungen sind durch Kost-
wechsel heilbar; beide können durch insuffiziente Kost auch bei Tieren
hervorgerufen werden.

Durch zahlreiche Tierversuche ist ferner festgestellt, daß eine aus
möglichst reinen Nahrungsstoffen, etwa Kasein, Schweineschmalz, Stärke
und Salze, zusammengesetzte, energetisch und quantitativ völlig ausreichende Kost dennoch mit der Zeit zum Verfall und zum Tode der
Tiere führt, wenn ihr nicht kleine Mengen Milch, Hefeextrakt, Getreide-

kleie oder dgl. zugefügt wird (HOPKINS, 1912, Journ. of P. **44**, 425; vgl. hierzu auch HOFMEISTER, 1918, E. d. P. **16**, 510). Versuche zur Isolierung der wirksamen Stoffe haben gezeigt, daß die Heilung von Beriberi möglich ist mit Extrakten aus Getreidekleie usw., die mit Wasser oder wasserhaltigem Alkohol hergestellt sind, und daß der fragliche Stoff (Antineuritin, Eutonin) Alkaloidcharakter besitzt. Die Ausbeute ist bisher immer zu gering gewesen zur Ermittlung der Konstitution. Die gewonnenen Produkte sind stickstoffhaltig und scheinen dem Pyridin (HOFMEISTER a. a. O. S. 572) bzw. dem Betain (ADERHALDEN und SCHAUMANN, 1918, A. g. P. **172**, 141) nahe zu stehen. Über die Eigenschaften des gegen Skorbut wirksamen Stoffes (Antiskorbutin), der mit dem oben genannten nicht identisch ist, sind die Erfahrungen noch geringer.

Die hier berührten noch ganz in der Entwicklung begriffenen Erfahrungen lehren, daß die übliche Gruppierung der organischen Nährstoffe in Eiweiß, Fett und Kohlehydrat unzulänglich und nur im Interesse einer übersichtlichen Darstellung der Ernährungsregeln erlaubt ist. Statt nach den drei Stoffgattungen sollte die Nahrung nach deren Spaltstücken untersucht werden, wie sie vom Verdauungskanal geliefert und in die Körpersäfte aufgenommen werden. Denn diese sind es, die zur Energieentbindung oder zum Aufbau dienen. Die Spaltstücke können zum Teil von den Körperzellen selbst aus anderem Material hergestellt werden (vgl. die Fettbildung aus Zucker, die Zuckerbildung aus Eiweiß) und sind daher innerhalb gewisser Grenzen nicht obligate Bestandteile der Nahrung. Andere unter ihnen können dagegen von den tierischen Zellen nicht hergestellt werden und müssen in der Nahrung enthalten sein, wenn sie ausreichend sein soll. Dahin gehören, soweit bis jetzt bekannt, die schwefelhaltige Gruppe des Eiweiß (Zystin) und dessen Spaltstücke mit zyklischer Konstitution (Tryptophan, Tyrosin, Phenylalanin), weiter das Cholesterin und offenbar auch die oben als akzessorische Nährstoffe bezeichneten Substanzen. Daß die sämtlichen anorganischen Bestandteile des Körpers in ihn eingeführt werden müssen und daher lebenswichtige Bestandteile der Nahrung sind, ist unter 6 besprochen worden.

Zehnter Teil.

Körpertemperatur und Wärmehaushalt.

Im vorhergehenden ist, wie in Teil 1, die Deckung des Energiebedarfs als eine der Aufgaben der Ernährung hingestellt worden. Er ist beim Menschen und den gleichwarmen oder homoiothermen Tieren besonders groß, weil ihre Temperatur in der Regel oberhalb der der Umgebung liegt. Man sollte daher erwarten, daß der Energiebedarf jederzeit von der Umgebungstemperatur abhängig ist. Dies ist jedoch nur unter bestimmten Bedingungen der Fall.

Die Körper- oder Eigentemperatur des Menschen, die gewöhnlich zu 37° angegeben wird, ist nicht ganz konstant. Sie zeigt örtliche und zeitliche Unterschiede. Man mißt sie mit Thermometern, während für fortlaufende Beobachtung Bolometer oder Thermoelemente vorgezogen werden, denen eine sehr kompendiöse, leicht zu tragende Form gegeben werden kann und die sich durch eine rasche Einstellung auszeichnen (BENEDICT und SNELL, 1901, A. g. P. **88**, 492; BENEDICT und SLACK, 1911, Publ. Carnegie Inst. Nr. 155). Zu ärztlichen Zwecken geschieht die Messung in der Achselhöhle. Man muß aber damit rechnen, daß nach Einlegen des Instruments oft 20 Minuten verstreichen bis ihre Temperatur konstant geworden ist. Bei Messung im After fällt diese Einstellungszeit weg; hier kommt nur die des Instruments in Frage. Man muß dasselbe 6 cm tief einführen, wenn die Messung von der Außentemperatur nicht beeinflußt sein soll (BENEDICT und SLACK a. a. O.).

Infolge der Wärmeabgabe nach außen haben die oberflächlichen Teile eine tiefere Temperatur als das Körperinnere. Der Blutkreislauf verringert die Unterschiede, hebt sie aber nicht auf, weil auch das Blut in den oberflächlichen Körperteilen der Abkühlung unterliegt. Dazu kommt, daß die im Innern gelegenen Teile selbst verschiedene Temperaturen aufweisen je nach der Lebhaftigkeit ihres Stoffwechsels. Tätige Organe sind höher temperiert als ruhende. Der Herzmuskel (linke Kammer) ist um 2—3° wärmer als das in ihm enthaltene Blut, das in der Lunge gekühlt worden ist (YOSHIMURA, 1909, A. g. P. **126**, 239; EXNER, 1909, Wien. klin. Wochenschr. **22**. Nr. 17). Der Ort höchster Temperatur im Innern des Körpers wechselt daher je nach der Tätigkeit seiner Organe.

Die zeitlichen Unterschiede bestehen vor allem darin, daß am Abend die Temperatur in der Regel höher ist als am Morgen (vgl. Abb. 65).

Dies gilt bekanntlich auch im Fieber. Das Steigen der Temperatur über Tag und das Sinken über Nacht hängt mit dem Auf und Ab der körperlichen Tätigkeit zusammen, denn bei Bettruhe verschärft durch willkürliche Unterdrückung möglichst aller Bewegungen können die Schwankungen auf wenige Zehntel eines Grades herabgedrückt werden, während sie sonst einen Grad und darüber betragen. Nahrungsenthaltung wirkt ebenfalls verkleinernd auf die Schwankungen (JOHANSSON, 1898, Skand. Arch. f. P. 8, 85; BENEDICT und SNELL 1902, A. g. P. 90, 50). Der schlagendste Beweis für ihre Abhängigkeit von den Erregungen der Tageszeit wird geliefert durch die Verschiebung ihrer Periode nach vor- oder rückwärts bei Wechsel des geographischen Ortes nach Osten oder Westen (SIMPSON, 1912, Trans. R. Soc. Vol. 48. Part. II. Nr. 12).

Körperliche Arbeit erhöht die Temperatur. Die Steigerung ist von der geleisteten Arbeit und den äußeren Bedingungen abhängig. In den Laboratoriumsversuchen von BENEDICT (1913, Publ. Carnegie Inst. Nr. 187), in denen die Versuchsperson ein feststehendes, elektrisch gebremstes Fahrrad drehte, betrug sie höchstens 1,6°. Bei hoher Außen-

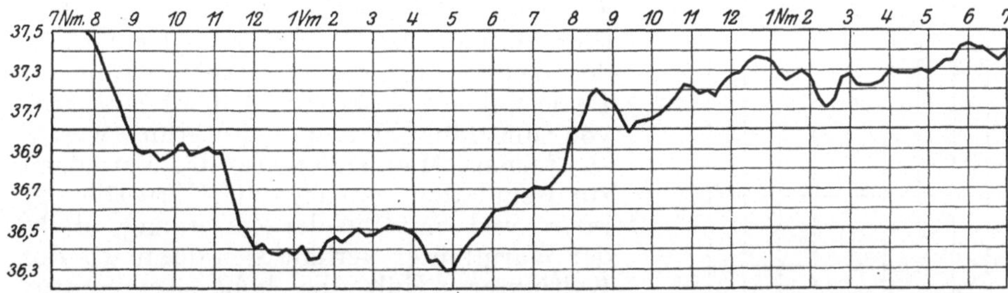

Abb. 65. Gang der Körpertemperatur eines gesunden Menschen innerhalb 24 Std. nach BENEDICT und SNELL, 1902, A. g. P. 90, 36.

temperatur und starker Besonnung sind Temperaturen bis 38,9° beobachtet (bei raschem Absteigen in den Bergen, ZUNTZ und Mitarbeiter, 1906, Höhenklima und Bergwanderungen usw. S. 401). Noch höhere Temperaturen werden im Fieber erreicht. Zu abnorm niedriger Temperatur kommt es im Kollaps.

Zur Festhaltung einer, abgesehen von den täglichen Schwankungen, konstanten Eigentemperatur bedarf es unausgesetzt besonderer Einstellungen, die durch das Nervensystem vermittelt werden und Regulationen heißen. Wie die Aufgabe der Konstanthaltung einer Zimmertemperatur in zweifacher Weise gelöst werden kann, durch wechselnde Heizung oder wechselnde Lüftung, so stehen auch dem Organismus die beiden Wege zu Gebote. Die Regulation durch Mehrung oder Minderung der Wärmeproduktion heißt chemische Regulation. Sie ist typisch für das hungernde Tier. Als Beispiel für die empfindliche Einstellung, auch auf kleine Änderungen der Außentemperatur, können nachstehende Versuchsresultate von RUBNER dienen (Biol. Gesetze. Marburg 1887, S. 13), welche die Kohlensäureausscheidung ausgewachsener hungernder Meerschweinchen bei wechselnder Außentemperatur betreffen.

Außen-temperatur	Temperatur des Tieres	CO_2 pro kg und Stunde in g
0	37,0	2,905
11,1	37,2	2,151
20,8	37,4	1,766
25,7	37,0	1,540
30,3	37,7	1,317
34,9	38,2	1,273
40,0	39,5	1,454

Derselbe Versuch an einem jungen Tiere:

0	38,7	4,500
10	38,6	3,433
20	38,6	2,283
30	38,7	1,778
35	39,2	2,266

Noch anschaulicher werden die Ergebnisse durch die Kurven der Abb. 66. Das junge Tier zeigt entsprechend seiner relativ größeren Körperoberfläche höhere Werte der Kohlensäurebildung. Im übrigen ist der Verlauf der beiden Kurven ein sehr ähnlicher. Beide sinken bis zu einer Außentemperatur von ungefähr 30°, um weiterhin wieder zu steigen. Hier endet also das Vermögen zur Regulation, es steigt die Körpertemperatur und mit ihr die Zersetzung, d. h. der Warmblüter verhält sich dann wie der Kaltblüter. Hält die hohe Temperatur längere Zeit an, so besteht die Gefahr der Überhitzung, die zum Hitzschlag und Tode führen kann.

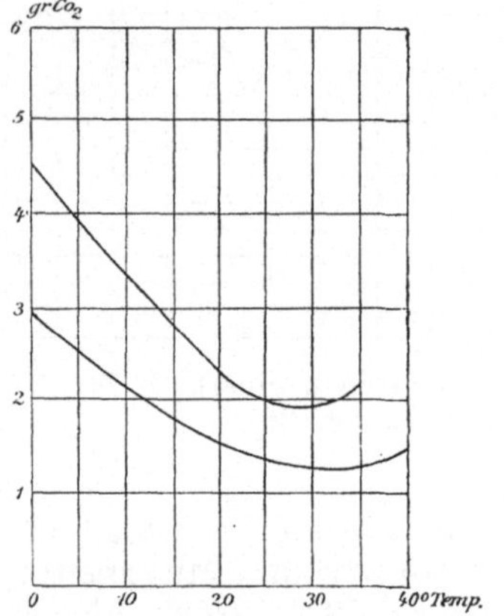

Abb. 66. Die Kohlensäure-Ausscheidung von Meerschweinchen (pro kg und Stunde) in ihrer Abhängigkeit von der Umgebungstemperatur. Die obere Kurve bezieht sich auf ein junges, die untere auf ein ausgewachsenes Tier. Nach RUBNER.

Auch bei sinkender Temperatur ist das Vermögen zur Aufrechterhaltung der Eigentemperatur nicht unbegrenzt. Hier kann es, namentlich leicht bei jungen Tieren, zum Sinken der Eigentemperatur und der Zersetzung kommen, schließlich zum Erfrieren.

In welchem Umfange die einzelnen Organe an der bei niederer Außentemperatur eintretenden Steigerung der Wärmebildung teilnehmen, läßt sich zur Zeit nicht angeben. Doch sprechen eine Reihe von Erfahrungen dafür, daß die großen Drüsen des Leibes, vor allem die Leber, sodann die Skelettmuskulatur daran beteiligt sind (vgl. KREHL, Pathol. Physiol. 9. Aufl. 1918, S. 112). Bekanntlich geraten die Muskeln, wenn das Gefühl des Fröstelns auftritt, leicht in eine gewisse Unruhe, die sich als Zittern, Kälteschauder oder auch in einer Art Steifigkeit (erhöhtem Tonus) äußert. Es besteht ferner größere Geneigtheit zu Gliederbewegungen. In neuerer Zeit sind Versuche am Menschen im nüchternen Zustande ausgeführt worden, in denen unter der Einwirkung wechselnder

Außentemperatur entweder wissentlich angestrebt worden ist, alle diese Bewegungen zu unterdrücken (JOHANSSON, 1898, Skand. Arch. f. P. 8, 95) oder ohne Kenntnis des Versuchszweckes nur der Instruktion gefolgt wurde, sich ruhig zu verhalten (SJÖSTRÖM, 1913, Ebda. 30, 1). Wurden die Versuche im bekleideten Zustande unternommen, so zeigte die Außentemperatur zwischen 10 und 30° keinen deutlichen Einfluß auf die Kohlensäureausscheidung, sofern Zitterbewegungen ausblieben, was meist der Fall war. Zuweilen kam es bei den niedrigeren Temperaturen zu einem leichten Sinken der Körpertemperatur. Bei unbekleidetem Körper trat unter 20° Außentemperatur regelmäßig, zuweilen schon zwischen 20 und 25°, Zittern auf und damit ein Steigen der Kohlensäureausscheidung um 20—30% über den Mindestwert. Es zeigte sich ferner im Laufe des zweistündigen Versuchs bei konstanter (niedriger) Außentemperatur Zunahme des Kältegefühls, des Zitterns und der Kohlensäurebildung.

Bei Zufuhr von Nahrung wird der Einfluß der Außentemperatur auf den Stoffwechsel undeutlich, d. h. letzterer bleibt innerhalb gewisser Temperaturgrenzen konstant. Die Erhaltung der Eigentemperatur des Körpers verlangt dann die Hinausschaffung der gebildeten Wärme, da sonst Speicherung derselben und Steigen der Körpertemperatur eintreten müßte. Dazu sind, solange die Außentemperatur niedrig ist, die gewöhnlichen Wärmeverluste durch Strahlung, Leitung und Verdunstung ausreichend. Ist sie aber hoch, so bedarf es zur Sicherung eines genügenden Wärmeabflusses fördernder Maßnahmen von seiten des Organismus, d. h. der Betätigung einer physikalischen Regulation. Hierzu dient teils die Erweiterung der Blutgefäße der Haut, wodurch sie höher temperiert wird und mehr Wärme ausstrahlt, teils die Tätigkeit der Schweißdrüsen. Letzteres Mittel ist besonders wirksam. Jedes Gramm von der Haut verdunstenden Wassers entzieht dem Körper ungefähr 0,6 Kalorien oder etwa $^1/_7$ der Wärmemenge, die bei der Verbrennung von 1 g Eiweiß oder Kohlehydrat im Körper entsteht. Durch 4 l Schweiß können 2400 Kalorien, d. h. der tägliche Wärmeverlust eines leicht arbeitenden Menschen, dem Körper entzogen werden. An der Wärmeabgabe durch Verdunstung ist übrigens auch die Lunge beteiligt, indem sie die Atmungsluft mit Wasserdampf anreichert. Wird infolge von Muskelanstrengung die Atmung vertieft, so wächst entsprechend die Wärmeabgabe. Auch bei niederer Außentemperatur kann ein Eingreifen der physikalischen Regulation stattfinden im Sinne einer Erschwerung der Wärmeabgabe. Dies geschieht durch Verengerung der Hautgefäße (Erblassen der Haut). Die der Eigentemperatur entsprechende Isotherme rückt dann von der Oberfläche ab in die Tiefe oder, anders ausgedrückt, zwischen dem körperwarmen Blute und dem Außenmedium werden neben der Epidermis noch die anämische Kutis und der Panniculus adiposus als schlechte Wärmeleiter eingeschoben.

Die regulatorischen Vorgänge werden durch das Gehirn ausgelöst, denn bei Ausschaltung desselben (operativ oder durch tiefe Narkose) geht die Fähigkeit zur Regulierung verloren. Verletzungen des Rückenmarkes können ebenfalls zu schweren Störungen des Wärmehaushaltes führen. Durchschneidungen des Brustmarkes, in der Höhe des 2. Dorsalsegmentes oder tiefer, machen die Tiere leicht unterkühlbar. Während ein normales Tier (Kaninchen) seine Körpertemperatur zwischen etwa 6° und 32° Außentemperatur, also innerhalb eines Bereiches von 26°

konstant hält, vermögen dies die operierten Tiere nur noch innerhalb des engen Bereichs von im Mittel 9° (Freund und Strasmann, 1912. A. e. P. 69, 12). Die Tiere sind noch fähig zu fiebern. Da durch den Schnitt alle unterhalb desselben entspringenden Gefäßnerven gelähmt werden (siehe Teil 4, S. 81), ist der Wärmeverlust groß und ein erheblicher Teil des Körpers aus der physikalischen Wärmeregulation ausgeschaltet. Der verbleibende Rest von Regulationsvermögen scheint durch starke Anspannung der chemischen Regulation ermöglicht zu sein. Freund und Grafe (1917, A. g. P. 168, 1) finden bei solchen Tieren eine Erhöhung des Stoffwechsels, insbesondere der Eiweißzersetzung.

Wird das Halsmark durchtrennt, wobei es für den Erfolg nicht von wesentlicher Bedeutung ist, ob der Schnitt im proximalen oder distalen Teil (bis herab zum 7.—8. Zervikalsegment) ausgeführt wird, so erlischt das Regulationsvermögen vollständig und die Körpertemperatur des Tieres wird abhängig von der Außentemperatur. Die Fähigkeit zu fiebern ist verloren. Die Tiere zeigen aber, wie die oben erwähnten,

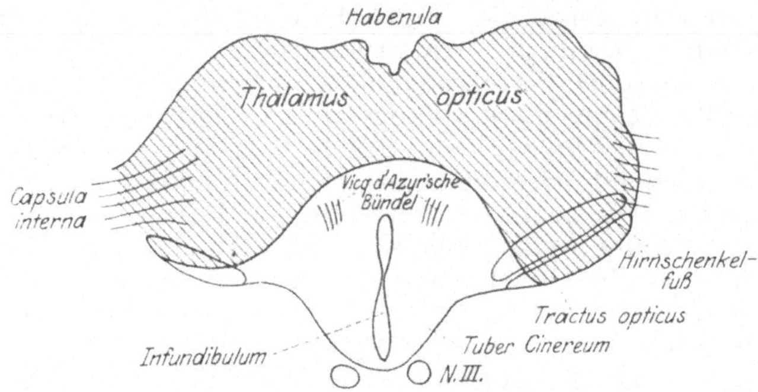

Abb. 67. Querschnitt durch das Zwischenhirn in der Höhe des Tuber cinereum und des hinteren Endes der Capsula interna (Kaninchen). Die schraffierten Abschnitte sind für die Wärmeregulation entbehrlich. Aus Isenschmid und Schnitzler, 1914, A. e. P. 76, 207.

einen gesteigerten Stoffwechsel mit ungewöhnlich starkem Eiweißzerfall (Freund und Grafe a. a. O.). Da hier von einer chemischen Regulation nicht mehr die Rede sein kann, gewinnt es den Anschein, als ob das Gehirn normalerweise dämpfend auf den Eiweißumsatz einwirken würde.

Für die Erhaltung der chemischen Wärmeregulation ist also ein ganz kurzes Stück Rückenmark (1. Dorsalsegment) entscheidend. Durchschneidung oberhalb vernichtet sie, Durchschneidung unterhalb erhält sie und stört nur die physikalische Regulation (Graf Schönborn, 1911, Zeitschr. f. Biol. 56, 209). Eine vollständige Aufhebung der Regulation wird aber auch erreicht, wenn zu der Durchschneidung des Brustmarks hinzutritt die Exstirpation der Ganglia stellata, die Durchschneidung der untersten Zervikalwurzeln oder der beiden Nn. vagi unterhalb des Zwerchfells (Freund, 1913, A. e. P. 72, 295). Diese Erfahrungen weisen auf eine Beteiligung der Abdominalorgane an der Wärmeregulierung, deren Mechanismus noch ungeklärt ist.

Alle vorerwähnten Durchschneidungsversuche lehren, daß die Erhaltung der Eigentemperatur letzten Endes vom Gehirn aus geregelt wird, das die dazu nötigen Erregungen auf dem Wege des Rückenmarks den Organen zukommen läßt. Zur genaueren Umgrenzung des für die Leistung maßgebenden Hirnteiles haben ISENSCHMID und KREHL in systematischer Weise Abtragungen vorgenommen (1912/14, A. e. P. **70**, 109; **76**, 202), aus denen hervorgeht, daß die Hemisphären samt dem Streifenkörper ohne Schaden entfernt werden können, daß aber Verletzungen der ventralen, medialen und kaudalen Abschnitte des Zwischenhirns die Wärmeregulation beeinträchtigen oder aufheben. Wie aus Abb. 67 hervorgeht, sind es die in der Gegend des Infundibulum gelegenen Teile, namentlich das Tuber cinereum, auf deren Erhaltenbleiben es ankommt. Dieser Befund steht in Übereinstimmung mit den Erfahrungen von KARPLUS und KREIDL (1909—1911, A. g. P. **129**, 138; **135**, 401; **143**, 109), nach welchen in derselben Gegend ein Zentrum für die Innervation des sympathischen Systems gelegen ist.

Die Bedeutung gewisser Gehirnteile für die Regulation der Körpertemperatur ist schon früher erschlossen worden aus den Erscheinungen des sog. „Wärmestichs" (ARONSOHN und SACHS, 1885, A. g. P. **37**, 232). Trepaniert man ein Kaninchen in dem Winkel zwischen Koronar- und Pfeilnaht und stößt einen Glasstab parallel der Medianebene bis auf

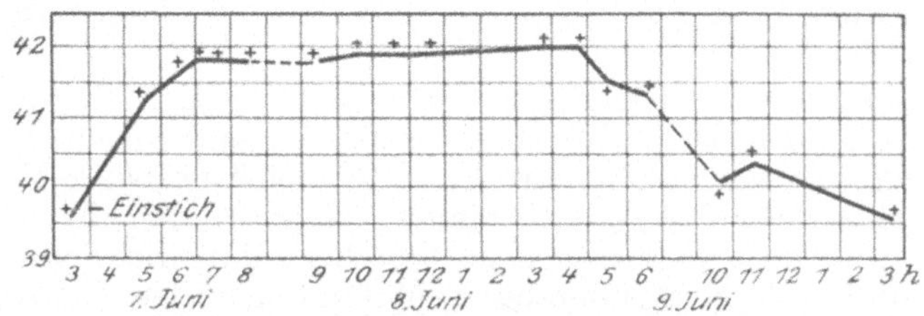

Abb. 68. Temperaturkurve eines Kaninchens nach „Wärmestich". GOTTLIEB, 1890, A. e. P. **26**, 426.

die Schädelbasis hinab, so steigt die Körpertemperatur des Tieres innerhalb weniger Stunden auf 41—42°, bleibt durch 12—24 Stunden auf dieser Höhe, um dann allmählich wieder auf den normalen Wert herabzusinken. Als Beispiel diene Abb. 68. Das Steigen der Temperatur wird, wie O. SCHULTZE gezeigt hat (1899, A. e. P. **43**, 193) durch vermehrte Wärmeproduktion hervorgerufen, bei der hauptsächlich die Kohlehydrate des Körpers verbrannt werden. Hungernde und glykogenfreie Tiere reagieren daher wenig oder gar nicht auf den Eingriff (ROLLY, 1903, Deutsches Arch. f. klin. Med. **78**, 250). Dabei ist die Wärmeabgabe nicht geschmälert. Die vorübergehende Wirkung spricht dafür, daß es sich um einen Reizvorgang handelt, bedingt durch das Auftreten von Demarkationsströmen im Bereich der Verletzung. Da es bei dem beschriebenen Vorgehen in der Regel zu einer Verletzung des Streifenkörpers kommt, hat man diesen als Wärmezentrum angesprochen. Aus der Untersuchung von JACOBJ und ROEMER (1912, A. e. P. **70**, 149) ist jedoch zu entnehmen, daß es hauptsächlich auf die Schädigung des zentralen Höhlengraus der Hirnventrikel ankommt, was den Erhebungen von KREHL und ISENSCHMID nicht widerspricht. Es muß auch berücksichtigt werden, daß das Wärmezentrum des Zwischenhirns, das zugleich ein zentrales Organ für die sympathische Innervation darstellt, mit anderen Hirnteilen in Verbindung steht (KARPLUS und KREIDL a. a. O.).

Die Tätigkeit des Wärmezentrums wird in erster Linie bestimmt durch seine eigene Temperatur. Dies ergibt sich aus den Versuchen von BARBOUR (1912, A. e. P. 70, 1), der zum Einstich eine doppelläufige Hohlsonde benützte, die im Gehirn verblieb und mit verschieden temperiertem Wasser durchströmt wurde. Hierbei zeigte sich, daß Durchspülung mit kaltem Wasser zu einem Steigen der Körpertemperatur, warmes Wasser dagegen zu einem Sinken derselben führte. Es ist ohne weiteres ersichtlich, daß es auf diesem Wege zur Einstellung auf eine konstante Körpertemperatur kommen kann, deren Höhe abhängt von den Schwellenwerten der die Regulation auslösenden Temperaturen.

Die Tätigkeit des Wärmezentrums wird weiterhin beeinflußt durch zentripetale Anregungen, die ihm vor allem von seiten der temperaturempfindlichen Nerven zufließen. Jede thermische Einwirkung auf die Körperoberfläche führt nicht nur am Orte zu einer Änderung der Gefäßweite, sondern wirkt auf das gesamte Gefäßsystem (OTFR. MÜLLER, 1910/11, in VOLKMANNS Sammlg. klin. Vortr. Nr. 606—8 und 630—2) und damit auf die physikalische Regulation. Außerdem führen die Temperaturempfindungen zu bewußten Vorkehrungen gegen Abkühlung oder Überwärmung durch Wechsel der Kleidung, der Muskeltätigkeit, der Nahrung, der Umgebung u. a. m., wodurch die unbewußten Regulationen unterstützt werden.

Einstellung der Körpertemperatur auf einen höheren als den normalen Wert wird als Fieber bezeichnet. In sehr vielen Fällen, vielleicht in allen, handelt es sich um das Eindringen größerer Mengen von Zerfallsprodukten eigener oder fremder Zellen in den Kreislauf. Die Wirkung derselben scheint darin zu bestehen, daß die Schwellenwerte für die Auslösung der regulierenden Maßnahmen des Gehirns erhöht werden, womit Erhöhung der Körpertemperatur verbunden ist. Der fiebernde Organismus ist also nicht unfähig zur Regulation, dieselbe wird nur durch andere Grenztemperaturen hervorgerufen. Zugleich ist aber auch der Zustand der regulierenden Apparate ein sehr unsteter und empfindlicher, so daß Einwirkungen, die am Gesunden keine oder nur geringen Erfolg haben, beim Fiebernden gewaltige Änderungen der Temperatur hervorrufen (thermische Einwirkungen, Antipyretika, Nahrungsaufnahme usw. vgl. KREHL, 1918, Pathol. Physiol. 9. Aufl. S. 97ff.).

Elfter Teil.

Der Muskel als Arbeitsmaschine.

Die mechanischen Leistungen der Muskeln.

Die für den tierischen Organismus so charakteristische Ortsveränderung geschieht durch Muskeln, teils durch sog. glatte, teils durch quergestreifte. Die von letzteren bewirkten Bewegungen sind durch größere Geschwindigkeit ausgezeichnet. Im Zustande der Ruhe stellen die Muskeln Stränge, Bänder, Platten, Netze, Ringe oder Hohlorgane dar, die sich elastisch den jeweiligen Spannungen anpassen. Die Elemente des Muskelgewebes, die Spindelzellen des glatten, die Fasern des quergestreiften Muskels sind stets so orientiert, daß sie von den spannenden Kräften bzw. von den der Bewegung entgegentretenden Widerständen in der Richtung ihrer Längserstreckung beansprucht werden. Über das Verhalten des Muskels gegenüber solchen Kräften gibt die Dehnungskurve Auskunft. Sie wird gewonnen, indem man die Länge des Muskels darstellt als Funktion des spannenden Gewichts, wie es in Abb. 69 geschehen ist, in deren rechtwinkeligem Koordinatensystem die Längen nach unten, die Gewichte nach rechts abgetragen sind. Die Länge des unbelasteten Muskels, seine sog. natürliche Länge, war im vorliegenden Falle 8,6 cm.

Die Kurve bringt in anschaulicher Weise zum Ausdruck, daß der Muskel den dehnenden Gewichten zunächst einen geringen Widerstand entgegensetzt, oder daß seine Elastizität gering ist, daß sie aber mit steigender Dehnung wächst. Die ersten 100 g verlängern den Muskel um mehr als 1 cm; ist der Muskel bereits mit 400 g gedehnt, so verlängern ihn weitere 100 g nur noch um 1 mm. Berechnet man aus der Verlängerung, die der Muskel durch die ersten 10 g erfährt, den Elastizitätsmodul, d. h. das auf die Querschnittseinheit wirkende Gewicht, das den Muskel auf die doppelte Länge dehnen würde, so erhält man den Wert 0,003 kg-Gewicht/mm². Derselbe, durch 500 g gedehnte Muskel hat einen nahezu hundertfach größeren Elastizitätsmodul. Aber auch dieser Wert ist noch sehr klein gegenüber dem in weiten Grenzen konstanten Elastizitätsmodul von Stahl oder Eisen.

Ähnlich wie der Muskel verhalten sich in bezug auf die elastischen Eigenschaften auch andere Gewebe, überhaupt organische Substrate, lebende wie abgestorbene, selbst künstlich gewonnene, wie Leim oder Kautschuk. Das allen diesen Materialien Gemeinschaftliche ist wohl darin zu suchen, daß sie nicht homogen sind (kein einphasisches System darstellen), sondern aus festen Teilen und Flüssigkeit bestehen, wobei letztere teils frei (als Lösungsmittel), teils an quellbare Stoffe gebunden (in fester Lösung) vorhanden ist. Bei Deformation des Systems ändert sich die Wasserverteilung, wie seinerzeit REINKE an gequollenen Laminariastiften gezeigt hat (1879. Botan. Abh. von HAUSTEIN. 4, 1), und der dabei auftretende Quellungsdruck setzt sich mit den dehnenden Kräften ins Gleichgewicht. Da nun bei zunehmender Deformation bzw. Wasserentziehung der Quellungsdruck außerordentlich rasch anzusteigen pflegt (vgl. hierzu OVERTON in NAGELS Handb. d. Physiol. 2, 795 ff.), so dürfte das Verhalten des Muskels und der ihm ähnlich gebauten Substanzen gegenüber dehnenden Kräften verständlich erscheinen.

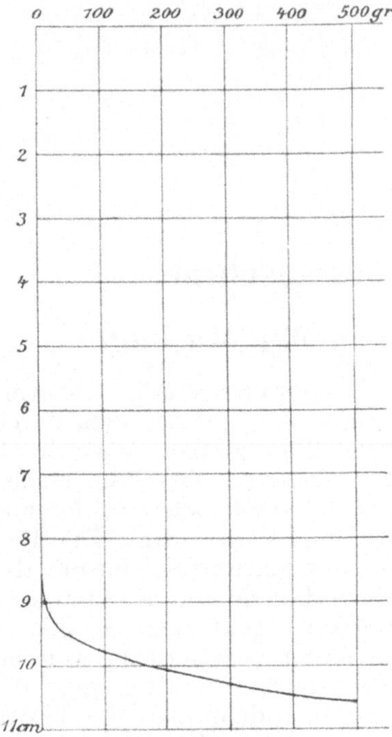

Abb. 69. Dehnungskurve eines Froschmuskels (Doppel-Gracilis und -Semimembranosus) von 8,6 cm natürlicher Länge.

Die Elastizität des Muskels ist unvollkommen insofern als er bei der Entlastung seine ursprüngliche Länge nicht wieder völlig erreicht. Es bleibt eine Verlängerung zurück, die sich allerdings mit der Zeit verkleinert und auch Null werden kann. Wie hier nach Entlastung die zunächst eintretende Verkürzung allmählich weitergeht, so nach Belastung die Verlängerung. Diese Zustände unvollkommenen Gleichgewichts werden als elastische Nachwirkung bezeichnet.

Es entsteht die Aufgabe, die störende Nachwirkung auszuschließen, indem man die Zu- und Abnahme der Spannungen möglichst rasch durchführt. Zu diesem Zwecke hat BLIX den Muskelindikator konstruiert, dessen von SCHENCK vereinfachte Form durch Abb. 70 dargestellt wird (vgl. 1892, Skand. Arch. 3, 305; 1900, A. g. P. 79, 360). Das Instrument besteht aus einem metallenen Winkel W, an dessen langem, horizontalen Schenkel der Muskel M befestigt ist, während der kurze vertikale Schenkel das Achsenlager für den einarmigen Hebel H trägt. Der leichte aber möglichst starre Hebel setzt sich in eine kurze Stahllamelle L fort, mit deren freiem Ende die untere Sehne des Muskels verknüpft ist. Unterhalb des Angriffspunktes des Muskels befindet

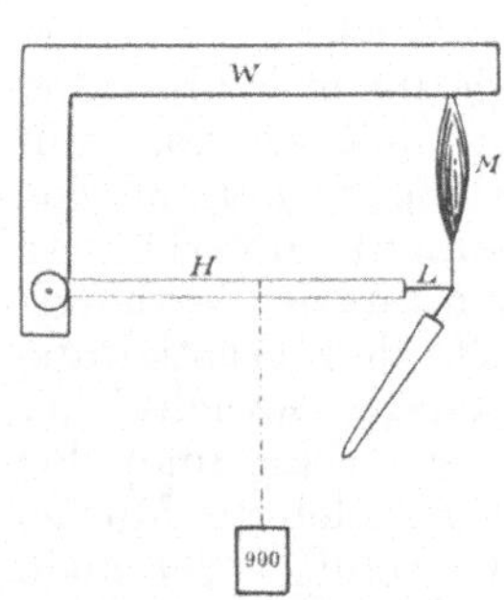

Abb. 70. Muskelindikator nach M. BLIX, schematisch.

sich eine schräg nach abwärts gerichtete Schreibfeder, die mit ihrer Spitze eine berußte Platte berührt. Bei Verkürzungen oder Verlängerungen des Muskels schreibt die Spitze der Feder Bogenlinien um die Hebelachse als Mittelpunkt. Ändert sich die Spannung durch den Zug eines Gewichtes an dem Hebel, so wird die Stahllamelle durchgebogen und die Spitze der Feder schreibt Kurven, die annähernd als Kreisbögen betrachtet werden können, mit dem Angriffspunkt des Muskels als Mittelpunkt. Man erhält, wie aus Abb. 71 zu ersehen ist, ein krummliniges Koordinatensystem, in dem die Längenzunahme des Muskels nach unten, die Spannungen nach rechts geschrieben sind.

Führt man mit dieser Einrichtung Spannung und Entlastung des Muskels in einem Zuge durch, sog. zyklische Deformation, so erhält man eine Kurve von der Art der in Abb. 71 dargestellten. Eine erste derartige zyklische Deformation liefert eine ungeschlossene Kurve, d. h. der Muskel kehrt bei der Entlastung nicht genau in den Ausgangspunkt zurück, er bleibt etwas länger. Durch wiederholte derartige Beanspruchungen gerät der Muskel aber in einen konstanten Zustand, so daß er den Ausgangspunkt genau wieder erreicht und jede Kurve mit der vorhergehenden zusammenfällt. Immer bleibt aber die Entlastungskurve stärker gekrümmt, so daß sie mit der Dehnungskurve das in der Abbildung sichtbare sichelförmige Feld einschließt (MALMSTRÖM, 1895, Skand. Arch. 6, 236). Diese Anpassung der elastischen Eigenschaften des Muskels an die Art der Beanspruchung, die übrigens in ähnlicher Weise, wenn auch in geringerem Ausmaße, an anorganischem Material zu beobachten ist, wird als Akkommodation bezeichnet.

Wie A. FICK gezeigt hat (Mechanische

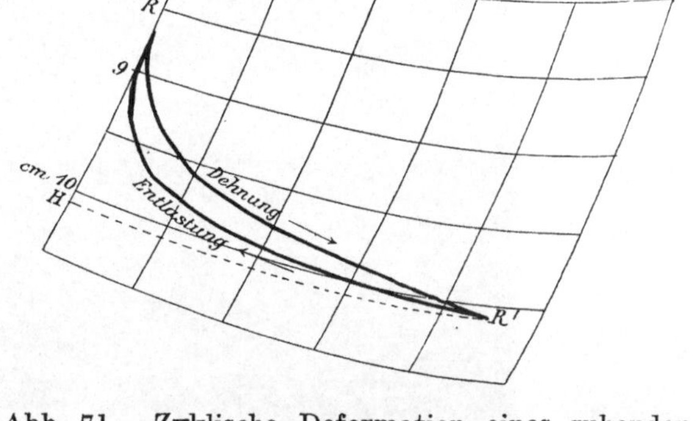

Abb. 71. Zyklische Deformation eines ruhenden Muskels durch den Muskelindikator. Der Muskel (Doppel-Gracialis des Frosches) hat eine natürliche Länge von 8,7 cm.

Arbeit und Wärmeentwickelung usw. Leipzig 1882, 41), ist das dreieckige Flächenstück, das von der Dehnungskurve RR'. der Abszisse R'H und der Ordinate HR eingeschlossen wird gleich der Arbeit, die von der bis zu 450 g anwachsenden dehnenden Kraft an dem Muskel geleistet wird, und ebenso das von der Entlastungskurve R'R und den erwähnten beiden anderen Linien eingeschlossene Dreieck gleich der Arbeit, die bei der Entspannung aus dem Muskel wieder zurückgewonnen wird. Es stellt daher das sichelförmige Feld zwischen der Dehnungs- und Entlastungskurve die Arbeit dar, die bei der zyklischen Deformation verloren geht. Da die Entlastungskurve zu dem Ausgangspunkt zurückkehrt, der Muskel somit durch den Versuch seine mechanischen Eigenschaften nicht ändert, so kann die fragliche Arbeit nur zur Überwindung der inneren Reibungswiderstände aufgewendet worden sein, wobei sie in Wärme übergeführt wird. Im vorliegenden Falle beträgt die verlorene Arbeit etwa 40 gcm und die entsprechende Erwärmung des Muskels 0,0003°.

BLIX hat dann das gleiche Verfahren auf Muskeln angewendet, die er mit Hilfe von Wechselströmen eines Induktoriums in anhaltende

Erregung versetzte (1894, Skand. Arch. **5**, 173). Diese Versuche haben nicht zu eindeutigen Ergebnissen geführt. Je nach der Zeit, die seit Beginn der Dauererregung verflossen ist, liegt die Entlastungskurve bald höher bald tiefer als die Dehnungskurve, oder fällt mit ihr zusammen. Die Entlastungskurve kann nahezu geradlinig oder in verschiedener Weise gekrümmt verlaufen. Diese Erfahrungen machen es wahrscheinlich, daß der erregte Zustand des Muskels nicht ein konstanter neuer Gleichgewichtszustand ist wie annähernd der der Ruhe, sondern daß er, abgesehen von der Art der mechanischen Beanspruchung, auch von dem Erregungsvorgang und der Zeit abhängt.

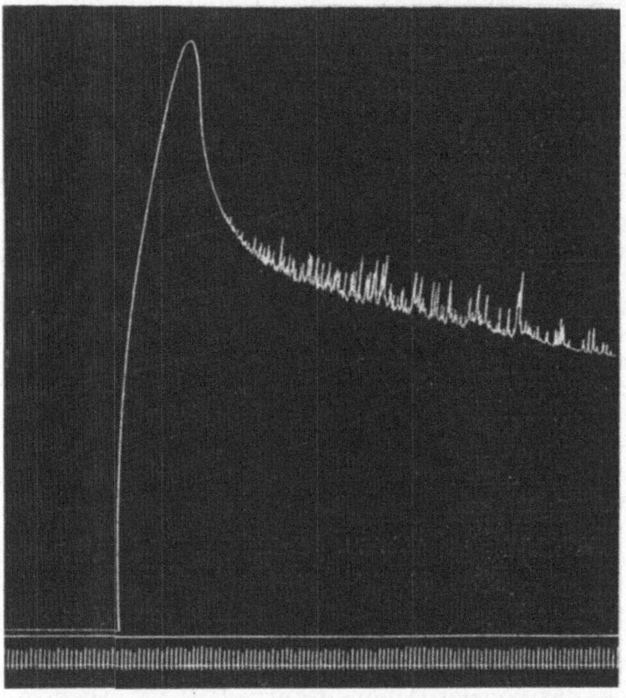

Abb. 72. Tetanische Verkürzung eines Wadenmuskels unter der Wirkung von Wechselströmen. Unten Sekundenmarken.

Die Triftigkeit der Vermutung erweist sich, wenn man einen Muskel bei konstanter Spannung durch einen Wechselstrom in andauernde Erregung versetzt, während er gleichzeitig seine Länge auf der berußten Trommel verzeichnet. Abb. 72 zeigt einen solchen Versuch. Abgesehen von den zitternden Bewegungen, die sich im späteren Verlauf der Kurve einstellen, ist der Anfangsteil durch einen beständigen Wechsel der Höhe ausgezeichnet. Die Kurve steigt steil empor, erreicht einen scharf ausgeprägten Gipfel und sinkt dann sofort wieder ab. Da der physikalische Vorgang des Wechselstroms, der zur Reizung dient, solche Veränderungen nicht aufweist (wie sich z. B. mit Hilfe eines Telephons feststellen läßt), so tritt hier eine Eigentümlichkeit des Muskels zutage, die offensichtlich darin besteht, daß die in einem gegebenen Zeitelement gesetzte

Erregung auf die nachfolgenden modifizierend einwirkt. Im weiteren Verlauf löst sich die Kurve in eine Reihe von Zacken auf, die, wie sich leicht zeigen läßt, auf Ungleichartigkeiten in der Stärke und zeitlichen Folge der Stöße des Wechselstroms beruhen. Damit ist eine weitere Veranlassung für die wechselvolle Erscheinung der Dauererregung gegeben und es entsteht die Aufgabe, erst die Wirkung des einzelnen Induktionsschlages kennen zu lernen, durch deren Häufung die Dauererregung entsteht.

Die Muskelzuckung.

Wird die Aufgabe gestellt, das Verhalten des Muskels gegen einen einzigen momentanen Reiz zu untersuchen, so bringt man die Enden des Muskels in leitende Verbindung mit den Polen der sekundären Spule eines Induktoriums. Durch Schluß oder Öffnung des primären Kreises wird ein einzelner Induktionsschlag erzeugt (Schließungs- bzw. Öffnungsschlag). Der Muskel schreibt seine Längenänderungen mittelst eines Hebels vergrößert auf einer rasch laufenden Trommel. Letztere ist mit einer

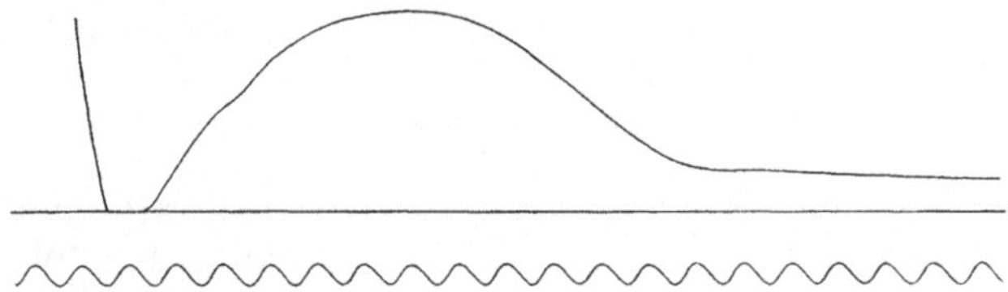

Abb. 73. Zuckung der Adduktoren der Oberschenkel des Frosches, hintereinander geschaltet, darunter die Kurve einer Stimmgabel von 100 Schwingungen in der Sekunde. Der Moment der Erregung wird durch die links von der Kurve stehende Bogenlinie angezeigt. Vergr. $^4/_3$.

Vorrichtung versehen, durch welche die Schließung oder Öffnung des primären Kreises automatisch geschieht.

Das Ergebnis ist aus Abb. 73 zu ersehen. Die wagrechte Linie ist von dem ruhenden Muskel geschrieben; sie entsteht, wenn die Trommel sich dreht, während die Reizauslösung abgestellt ist. Wird letztere in Tätigkeit gesetzt, so trifft den Muskel bei bewegter Trommel ein Reiz, dessen Wirkung auf die Muskellänge durch die über die Horizontale sich erhebende Kurve angezeigt wird. Unterhalb schreibt eine Stimmgabel von 100 Schwingungen ihre Wellen. Wird endlich die Trommel ganz langsam an den Auslösungskontakt herangeführt, so entsteht der Reiz bei unbewegter Trommel und die Kurve ist zu einer Bogenlinie zusammengeschoben. Die Kurve wird als Zuckungskurve bezeichnet bzw., da sie eine Darstellung der wechselnden Längen des Muskels gibt, als Längenkurve.

HELMHOLTZ hat nachgewiesen, daß die Dauer eines Induktionsschlages gegenüber den hier in Betracht kommenden physiologischen Zeiten verschwindet (A. f. P. **1850**, 296). Der zeitliche Ablauf des Erregungsvorganges wird somit durch den erregenden Vorgang oder den Reiz nur eingeleitet und läuft nach inneren, dem Muskel eigentümlichen Gesetzen ab. Man muß annehmen, daß der Reiz eine chemische Änderung setzt, die dann andere in bestimmter Reihenfolge nach sich zieht. ·Diese

Veränderungen führen nicht sofort zu einer sichtbaren Verkürzung des
Muskels, sondern es vergeht eine meßbare Zeit, die als die Zeit der ver-
borgenen Erregung oder als Latenzzeit bezeichnet wird. Sie mißt
in dem vorliegenden Beispiel etwa 0,007 Sekunden. Ihre Dauer ist in
hohem Maße abhängig von den mechanischen Bedingungen, unter denen
die Zuckung abläuft. Durch die Wahl kurzer und dicker, also wenig
dehnbarer Muskeln und möglichst trägheitsfreier Schreibeinrichtungen
kann die Latenzzeit auf 0,004 Sekunden und weniger herabgedrückt
werden (GAD, A. f. P. **1879**, 250; TIGERSTEDT, ebenda, **1885**, Suppl.
S. 249). Wahrscheinlich ist die Zeit zwischen Reiz und Beginn der Kraft-
entwicklung im Muskel noch kürzer.

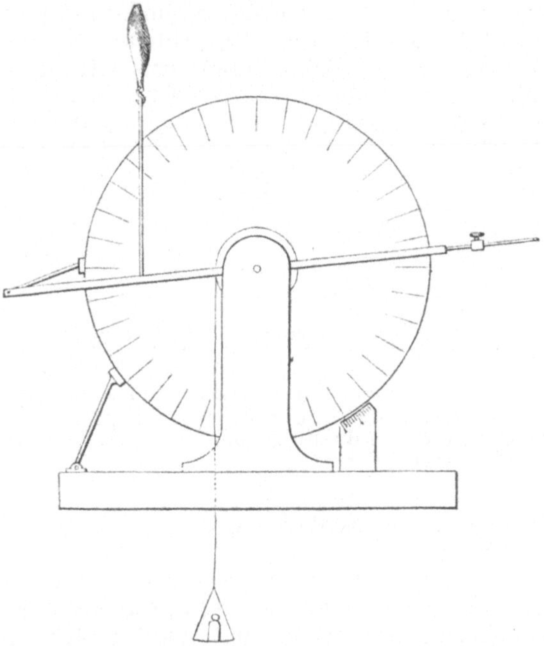

Die Zuckungskurve zerfällt in einen aufsteigenden und einen absteigenden Ast, die im Gipfel der Kurve zusammenstoßen. Die Länge des Muskels ist demnach in beständiger Änderung begriffen und es kommt niemals zu einem dauernden Gleichgewicht zwischen Muskelkraft und den ihr entgegenstehenden Kräften, insbesondere der Schwere. Der Abstand des Gipfels von der Ruhelänge heißt Hubhöhe. Durch Multiplikation derselben mit dem Gewicht erhält man die Arbeit, die von dem zuckenden Muskel gegen die Schwerkraft geleistet wird. Bei der gebräuchlichen Anordnung geht diese Arbeit sofort wieder verloren, da das Gewicht im absteigenden Kurven-

Abb. 74. Der Arbeitssammler von A. FICK, Untersuchungen aus dem Züricher Laboratorium, Wien
1869, S. 4.

ast wieder fällt. Der von FICK konstruierte Arbeitssammler gestattet
dagegen die Arbeit aufzuspeichern, indem der Muskel an einer Welle
mit Sperreinrichtung angreift, so daß er bei seiner Verkürzung das
Schwungrad mitnimmt, dagegen bei seiner Erschlaffung leer zurückgeht
(Abb. 74). Der Apparat hat sich namentlich bei den Untersuchungen
über die Abhängigkeit der Wärmebildung im Muskel von der Art der
mechanischen Beanspruchung als ein wertvolles Hilfsmittel erwiesen.

Im Gegensatz zur Dauererregung stellt die Zuckung eine konstante Tätigkeitsäußerung des Muskels dar, vorausgesetzt, daß gewisse
Bedingungen eingehalten werden, wie konstanter Reiz, konstante Last,
konstante Temperatur und unermüdeter Zustand des Muskels. Ändern
sich dieselben, so ändert sich auch die Zuckung, um aber bei Rückkehr

zu den ursprünglichen Versuchsbedingungen in unveränderter Weise wieder zu erscheinen. Die Zuckung bleibt ferner dieselbe, gleichgültig, ob der momentane Reiz den Muskel direkt trifft oder den zugehörigen Nerv.

Von Muskel zu Muskel ist die Zuckung verschieden. Sie stellt sozusagen das Autogramm des Muskels dar. Besonders auffällig ist die verschiedene Dauer der Zuckungen. Während ein Skelettmuskel des Frosches den Zuckungsgipfel bei Zimmertemperatur in längstens $^1/_{10}$ Sekunde erreicht, braucht der Muskel der Herzkammer das Zehnfache dieser Zeit (siehe oben Abb. 15, S. 46). Noch träger reagieren die glatten Muskeln. Wird ein ringförmiger Streifen aus der Arterie des Rindes bei 38° durch einen momentanen Reiz zur Zusammenziehung veranlaßt, so kann der Zuckungsanstieg mehrere Minuten dauern, siehe oben Teil 4 und das im folgenden Teil 12 über die Leitungsgeschwindigkeit Gesagte.

Auf den Schreibhebel, der die Kurve (Abb. 73) schrieb, wirkten außer der Muskelkraft und der Schwere auch noch Reibungskräfte (in der Achse, auf der Schreibfläche) und die Trägheitskraft der in Drehung versetzten Massen. Die Kurve ist das Ergebnis des Zusammenwirkens aller dieser Kräfte. Die Betrachtung der Kurve läßt erkennen, daß die Kräfte nur in wenigen Augenblicken (in den Wendepunkten) im Gleichgewicht sind und daß in den nach unten konkaven Stücken der Kurve die nach unten gerichteten Kräfte, in den entgegengesetzt gekrümmten die nach oben gerichteten überwiegen. Der Muskel wird also seine Zuckung nicht mit konstanter, sondern veränderlicher Spannung schreiben und demgemäß wechselnde Dehnungen erfahren. Damit ist gesagt, daß die Kurve kein unverfälschter Ausdruck des Verkürzungsvorganges sein kann. Die Forderung, die aus inneren Gründen entstehenden Längenänderungen des zuckenden Muskels möglichst rein zur Darstellung zu bringen, d. h. so, daß die Spannung des Muskels konstant und alle auf das System wirkenden Kräfte andauernd im Gleichgewicht sind, läßt sich strenggenommen nicht erfüllen. Ohne Kraft gibt es keine Beschleunigung, also auch keine Zuckungskurve. Man kann sich aber diesem Grenzzustand nähern, indem man die neben der Muskelkraft wirkenden veränderlichen Kräfte (Reibung und Trägheit) möglichst klein macht, so daß der Muskel im wesentlichen nur den konstanten Zug der Schwere zu überwinden hat.

Diese Aufgabe läßt sich, wie A. Fick gezeigt hat (1871, A. g. P. 4, 301), technisch erfüllen. Die wichtigste Bedingung ist die möglichste Annäherung der erforderlichen Massen an die Hebelachse, weil dadurch Σmr^2, d. h. die Summe der Produkte aus den einzelnen Massenpunkten in das Quadrat ihres Abstandes von der Achse oder kurz das Trägheitsmoment des Hebels zu einem Minimum gemacht wird. Man wählt also die Bestandteile des Schreibhebels um so leichter, je weiter sie von der Achse entfernt sind und bringt namentlich das spannende Gewicht, als größte Masse, so nahe wie möglich an die Achse heran. Der Angriffspunkt des Muskels kann in größerem Abstande angebracht sein, ja es ist dies sogar vorteilhaft, weil dadurch die Winkelgeschwindigkeiten und -beschleunigungen, die er dem Hebel erteilt, und damit auch die Trägheitskräfte des bewegten Systems klein werden. Ist der Forderung genügt, daß die Spannung des Muskels im wesentlichen nur noch von dem angehängten Gewicht bestimmt wird, so ist ihr Wert während des ganzen Zuckungsablaufes annähernd

$$M = G\frac{r}{R},$$

worin G das Gewicht, r dessen Hebelarm und R den Hebelarm des Muskels bedeutet. Da der erstere Hebelarm klein, letzterer groß genommen wird, ist die Spannung des Muskels im selben Verhältnis kleiner als das Gewicht. MR, das Drehmoment des Muskels, wird mit geringen Abweichungen stets gleich sein dem Drehmoment Gr des Gewichts.

Die Massenverteilung, die für die Darstellung möglichst reiner Längenkurven gewählt werden muß, ist das Gegenteil derjenigen, die in dem Bau der Gliedmaßen verwirklicht ist. Außerdem ist in der Regel der Hebelarm der Muskeln klein gegenüber dem der Schwere. Die Folge ist, daß die Muskeln arbeiten unter Spannungen, die während einer Zuckung in weitem Umfange wechseln, und daß der Bewegungsablauf durchaus nicht einer Längenkurve entspricht. Indessen finden sich auch im Körper Einrichtungen, welche dem hier aufgestellten Schema entsprechen, indem die Muskeln sehr kleine Trägheitsmomente bzw. Massen zu beschleunigen haben. Hier ist vor allem das Auge zu erwähnen, dessen Trägheitsmoment in bezug auf irgend eine durch den Drehpunkt gelegte Achse sich zu etwa 4 g cm² berechnet, während das System Unterarm + Hand in bezug auf die Ellbogenachse ein Trägheitsmoment von rund einer

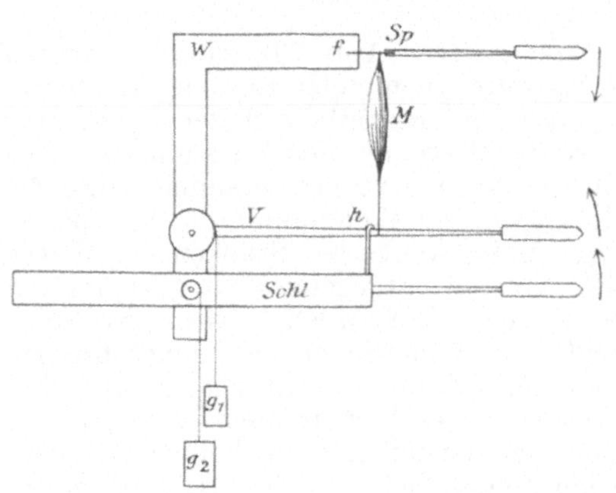

Abb. 75. Einrichtung zur Aufzeichnung von Spannungs-, Verkürzungs- und Schleuderzuckungen nach A. Fick. Sp ist der Spannungszeiger, f dessen federnder Stahlstreifen, V der Verkürzungs-, Schl der Schleuderhebel, M der Muskel.

halben Million g cm² besitzt (vgl. Braune und Fischer, 1892, Leipzig. Abh. 18, 409). Auf die Bedeutung dieser Verschiedenheiten wird unten noch einzugehen sein.

Eine andere ebenfalls von A. Fick zuerst gestellte und gelöste Aufgabe (a. a. O.) besteht darin, die Spannungen zu ermitteln, die der erregte Muskel durchläuft, wenn er an der Verkürzung gehindert ist. Abb. 75 stellt eine Einrichtung dar, welche gestattet, nach Belieben Längen- oder Spannungskurven zu schreiben. Der Muskel ist befestigt zwischen den Hebeln Sp und V. Der Hebel Schl, der durch das Häckchen h an V gehängt werden kann, soll vorläufig außer Betracht bleiben. Der Hebel Sp besteht aus einem Strohhalm (mit papierener Schreibspitze), der auf den kurzen steifen Stahlstreifen f aufgesteckt ist. Ist der Verkürzungshebel V frei beweglich, so wird der erregte Muskel durch denselben seine Verkürzung aufzeichnen, während der Stahlstreifen f kaum merklich nach abwärts gebogen wird. Ist aber der Hebel V durch einen in der Abbildung nicht gezeichneten Stift festgestellt, so

wird der Muskel den Stahlstreifen verbiegen, was durch den Hebel Sp
stark vergrößert zur Aufzeichnung gelangt. In Abb. 76 obere Hälfte
ist eine solche bis zur Spannung von nahe 300 g absteigende Kurve
wiedergegeben. Die damit einhergehende Verkürzung des Muskels, die
in der fraglichen Kurve in 20facher Vergrößerung erscheint, kann vernachlässigt werden. Beispiele für derartigen Gebrauch der Muskeln
sind die Kaubewegungen, insbesondere das Zerdrücken der Nahrung
zwischen den Mahlzähnen, das feste Greifen und Drücken bei der Han-
tierung mit Werkzeugen u. a. m.

In der Mitte zwischen den beiden Extremen liegen die Zuckungen,
bei denen der Muskel sowohl Länge wie Spannung ändert. Die Span-
nungsänderungen erreichen namentlich dann erhebliche Werte, wenn

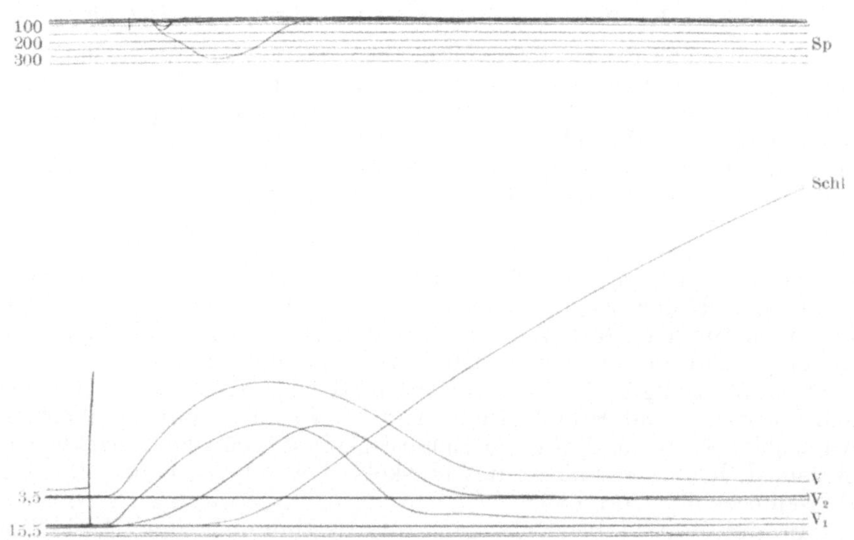

Abb. 76. Sp Spannungskurven (isometrische), Schl Schleuderkurve, V, V$_1$, V$_2$
Längenkurven (isotonische) desselben Muskels, geschrieben mit der in Abb. 75
abgebildeten Einrichtung. Die Zahlen links von der Abbildung bedeuten Spannungen in g.

das zu drehende System ein großes Trägheitsmoment besitzt, das der
Drehung anfänglich einen bedeutenden Widerstand entgegensetzt. Dies
ist der bei der Bewegung der Glieder am häufigsten gegebene Fall. An
dem Beispiel des Unterarms plus Hand ist bereits gezeigt worden, um
welche Größen des Trägheitsmomentes es sich hier handelt. Dazu kommt,
daß die Gliedermuskeln sehr nahe an den Drehungsachsen angreifen,
einer gegebenen Verkürzung also ein erheblicher Drehungswinkel entspricht. Da nun die Beschleunigung infolge der großen Trägheitsmomente
nur eine geringe sein kann, so stehen der Verkürzung des Muskels solange
ansehnliche Widerstände entgegen, bis das Glied eine genügende Winkelgeschwindigkeit erlangt hat, worauf es dann sozusagen leer, d. h. zu-
folge seiner lebendigen Kraft weiter läuft. Diese Art der Bewegung
wird als Wurf oder Schleuderung bezeichnet. Um sie am Modell
zu verwirklichen, hat A. FICK in der Einrichtung der Abb. 75 den dritten
mit Schl bezeichneten Hebel angebracht. Er besteht aus einer eisernen

Schiene, durch deren Mitte eine Achse gesteckt ist, während ein nach rechts vorragender Zeiger die Aufschreibung der Drehungen bewirkt. Wird der Hebel Schl durch das Häckchen h mit V verbunden, so muß der Muskel beide in Bewegung setzen, wobei das große Trägheitsmoment von Schl die Drehung sehr verzögert. Die Kurven V_2 und Schl der Abb. 76 stellen solche von beiden Hebeln gleichzeitig geschriebene Drehungen dar. Man sieht, daß der träge Hebel Schl den Aufstieg der Kurve sehr verzögert, daß er aber später hoch emporgeschleudert wird. Der Hebel V, welcher der Verkürzung des Muskels folgt, macht die Schleuderung nicht mit, er löst sich von dem Häckchen h und kehrt in die Ruhelage zurück (Kurve V_2).

Absolute Kraft und größte Arbeitsleistung des Muskels.

Das Verfahren zur Darstellung der Spannungskurven läßt sich benutzen, um die höchsten Spannungen zu bestimmen, die der zuckende Muskel erreichen kann. Der Federstreif des Spannungszeigers muß dazu sehr steif und der Muskel schon in der Ruhe stark gespannt sein. Dividiert man die maximale Spannung durch den Querschnitt des Muskels, so erhält man die absolute Kraft des Muskels. Als Querschnitt sollte womöglich nicht der anatomische, sondern der physiologische genommen werden, d. h. die Summe der Querschnitte der einzelnen Muskelfasern. Derselbe ist allerdings bei kompliziert gebauten Muskeln schwer zu bestimmen. Unter Zugrundelegung des anatomischen Querschnittes erhält man für den Gastroknemius des Frosches Werte zwischen 2 und 3 kg/cm². Für den menschlichen Gastroknemius sind nach anderem Verfahren 5—10 kg/cm² gefunden worden (REYS, 1915, A. g. P. **160**, 183). Nach CARVALLO und WEISS (1899, A. g. P. **75**, 591) sind die Werte für die absolute Kraft und für die Zugfestigkeit des Muskels merklich die gleichen, d. h. das Vermögen des Muskels Gewichte zu heben, hört erst auf, wenn sie ihn zerreißen.

In der Praxis benützt man zur Bestimmung der Muskelkraft Dynamometer, Federn oder Ringe, die zusammengedrückt werden und die aufgewendete Kraft an einer Teilung ablesen lassen. Durch dieselben wird streng genommen nicht die Kraft des Muskels, sondern die der bewegten Skeletteile gemessen.

Aus der Darstellung der Längen- und Spannungskurven für einen Muskel eröffnet sich die Möglichkeit auf die oben aufgeworfene Frage nach der Dehnungskurve des tätigen Muskels zurückzukommen. Die Längenkurve gibt für jeden Augenblick der Zuckungszeit die zu der gewählten Spannung gehörige Länge. Läßt man einen Muskel für eine Reihe von Spannungen die zugehörigen Längenkurven übereinander schreiben, so erhält man eine Kurvenschar nach Art der Abb. 77 untere Hälfte. Jede auf der Abszisse errichtete Senkrechte schneidet die Schar in Punkten, welche der Dehnungskurve des betreffenden Zeitmomentes angehören. Jede Horizontale schneidet die Schar in Punkten, welche ablesen lassen, welche Spannungen der Muskel durchlaufen müßte, wenn sein unteres Ende in der betreffenden Lage festgehalten würde. Zieht man z. B. eine Horizontale durch den Fußpunkt der Kurve von 3,5 g Spannung, so schneidet sie jede Kurve der Schar zweimal, ausgenommen die unterste von 140 g Spannung. die sie im Gipfel berührt. Daraus folgt, daß unter den gedachten Bedingungen eine höchste Spannung von 140 g zu gewärtigen wäre. Zur Prüfung dieser Folgerung ist sodann der Muskel veranlaßt worden, seine Spannungen mittelst des Zeigers Sp Abb. 75 aufzuschreiben, während sein unteres Ende in der vorgeschriebenen Höhe festgehalten war. Das Ergebnis ist aus der Kurve in der oberen Hälfte der Abb. 77 zu ersehen, welche bis zu dem Spannungswerte von 570 g herabsteigt. Die wirklich erreichten Spannungen sind also um das Mehrfache größer als die aus den Längenkurven abgeleiteten.

Der Versuch lehrt, daß auch dieser Weg der Ermittlung der Dehnungskurve für den tätigen Muskel nicht gangbar ist, weil die Spannung des zuckenden Muskels nicht nur von dem gewählten Zeitmoment und der augenblicklichen Länge abhängt, sondern offenbar auch davon, auf welchem Wege er zu dieser Länge gekommen ist. Erreicht der Muskel

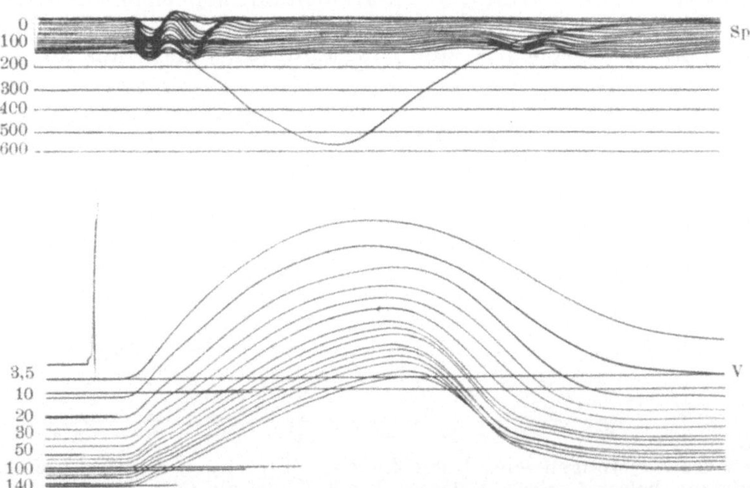

Abb. 77. Der Muskel schreibt zunächst gleichzeitig mit Verkürzungs- und Spannungshebel eine Schar von Zuckungen bei Spannungen, die von 3,5 bis 140 g wachsen. Die Spannung bleibt, wie die Schar der Sp-Kurven (oben) erkennen läßt, während einer Zuckung merklich konstant. Der Muskel wird dann in der Ruhelänge von 3,5 g festgehalten und schreibt die fast bis 600 g herabgehende Spannungskurve (oben). ·Die Zahlen auf der linken Seite bedeuten Spannungen in g.

im Zeitpunkte t die vorgegebene Länge unter Verkürzung und Hebung von Last, so bringt er eine Spannung von höchstens 140 g auf; erreicht er sie aber ohne Verkürzung d. h. war er von vornherein auf diese Länge eingestellt, so schnellt seine Spannung von einem ganz unbedeutenden Werte bis auf 570 g empor. Daß in dem letzteren Falle in dem Muskel etwas anderes vorgeht, ergibt sich auch daraus, daß der Gipfel der Spannungskurve früher erreicht wird, als der Gipfel der tiefsten Längenkurve (vgl. die Abb. 77).

Für die Spannungsentwicklung im Muskel ist es also vorteilhaft, wenn sich seiner Verkürzung Widerstände entgegenstellen. Daraus erklärt sich die wesentlich größere Arbeitsleistung der Schleuderzuckung in Abb. 76 (60 g cm) gegenüber der Längenzuckung von gleicher Ausgangsspannung (15,5 g cm). Es ergibt sich ferner, daß der Muskel innerhalb gewisser Grenzen seine Kraft den Widerständen anpassen kann,

auch wenn der Reiz unverändert bleibt. Dieses Verhalten, das am Herzen
in auffälliger Weise hervortritt, ist vielfach auf eine „Reservekraft"
desselben bezogen worden.

In anderer Form zeigt sich diese wichtige Eigenschaft des Muskels
dann, wenn er zu einer Anzahl von Zuckungen durch stets denselben
Reiz veranlaßt und dabei mit steigenden Gewichten belastet wird. Die
Zuckungshöhen nehmen dann nicht in demselben Maße ab, als die Gewichte zunehmen, sondern viel langsamer, so daß die Arbeitsleistung
d. h. das Produkt aus Hubhöhe und Gewicht bis zu Lasten, die dem
200fachen des Muskelgewichtes gleichkommen, wächst, um bei weiterer
Zunahme der Belastung wieder abzunehmen. Als Beispiel für das Verhalten der Zuckungsarbeit bei steigender Belastung möge Abb. 78 dienen.

Die Anspornung der Muskelkraft durch Widerstände, die sich ihr
entgegenstellen, hängt vermutlich zusammen mit dem eigentümlichen Bau
des Muskels. Es ist schon oben angedeutet worden, daß derselbe ein
mindestens zweiphasisches System darstellt, bestehend aus Flüssigkeit

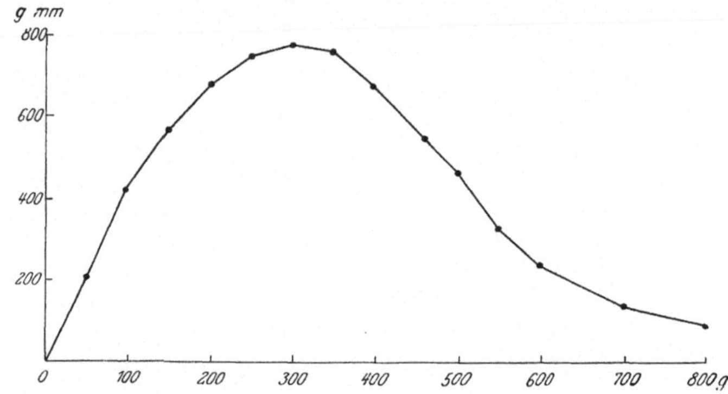

Abb. 78. Arbeitsleistungen eines Gastroknemius (Frosch), der mit steigenden Gewichten belastet wird. Reizung durch maximale Öffnungsschläge.

und gequollenen festen Strukturen. Es wird weiter unten die Annahme
erörtert werden, daß bei der Erregung der Quellungsdruck eine vorübergehende Erhöhung erfährt. Die damit einhergehende Wasserbewegung
(Übertritt von Wasser aus dem freien in den gebundenen Zustand und
zurück) führt zur Formänderung des Muskels. Steht der Formänderung
kein Hindernis entgegen, so wird jede Störung des Gleichgewichts zwischen
osmotischem und Quellungsdruck sich sofort ausgleichen können. Wird
dagegen die Quellung durch Dehnung des Muskels erschwert, so können
starke Druckunterschiede und Verkürzungskräfte auftreten.

Die Messung der Arbeit, welche die Muskeln im lebenden unversehrten Körper verrichten, setzt die Kenntnis einer großen Zahl von
Bedingungen voraus, unter welchen die Arbeit ausgeführt wird. Dahin
gehört die Natur und Größe der geleisteten äußeren Arbeit, die daran
beteiligten Muskeln und ihre Drehmomente in bezug auf die bewegten
Gelenke, die Drehmomente der Widerstände, die bald hemmende, bald
fördernde Wirkung der Schwere, der Trägheitskräfte usw. Die Aufgabe
ist also sehr verwickelt und nur unter besonders einfach gewählten
Bedingungen lösbar. In der Regel begnügt man sich mit der Ermittlung
der äußeren Arbeit, die an hierzu bestimmten Vorrichtungen, Ergo-

metern bzw. Ergographen, geleistet wird, wobei die Muskeln vorwiegend auf Verkürzung oder auf Spannung beansprucht werden können. Der erste derartige Apparat ist von A. Mosso angegeben worden (A. f. P. **1890**, 89); er dient zur Gewichthebung mit einem Finger. Zur Hebung mit beiden Armen ist der Ergometer von Johansson eingerichtet (1901, Skand. Arch. **11**, 273), zur Hebung mit einem Fuß der von C. Tigerstedt (1913, ebenda, **30**, 299). Für ärztliche Zwecke sind insbesondere Arbeitsmesser in Gebrauch, die auf der Bremsung eines mit den Händen (Fick, 1891, A. g. P. **50**, 189; Zuntz, A. f. P. **1899**, 372) oder den Füßen (Benedict und Cady, 1912, Carnegie Inst. Publ. Nr. 167; Krogh, 1913, Skand. Arch. **30**, 375) gedrehten Rades beruhen. Sie gestatten eine genaue Messung der geleisteten äußeren Arbeit.

Unterstützung, Summation und Tetanus.

Die merkwürdige Fähigkeit des Muskels, seinen Spannungszustand in jedem Augenblicke den der Verkürzung entgegenstehenden Widerständen anzupassen, äußert sich noch in einer anderen Erscheinung, die sich aus dem Vergleich der Schar der Längenkurven mit der Spannungskurve voraussagen läßt. In Abb. 77 erreicht der auf einer bestimmten Länge festgehaltene Muskel die Spannung 140 g schon bald nach dem Zuckungsbeginn, der sich verkürzende dieselbe Länge und Spannung erst auf dem Kurvengipfel. Hätte man den ruhenden Muskel mit 3,5 gespannt, ihn dann in dieser Länge nicht festgehalten, wohl aber so unterstützt, daß ein Zusatzgewicht von 136,5 g ihn nicht weiter zu strecken vermochte, so würde der Muskel ebenso bald wie der festgehaltene die Spannung von 140 g erreicht und dann das Gewicht emporgehoben haben. Die Richtigkeit dieser Ableitung wird durch Abb. 79 bewiesen, in der eine

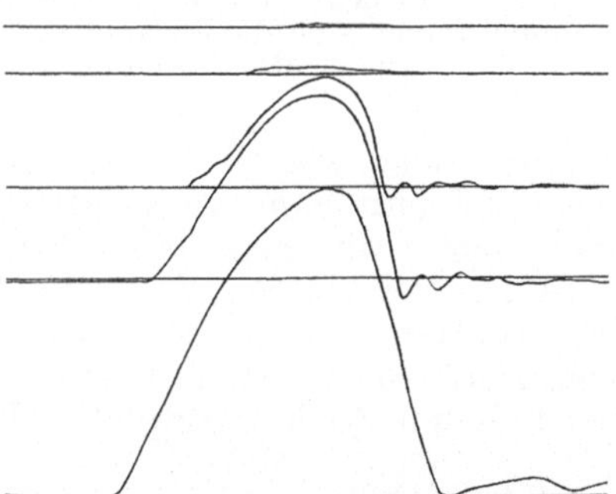

Abb. 79. Zuckungen eines Muskels mit Hebung eines Gewichtes von 12 g, das bei Aufzeichnung der untersten Kurve frei an ihm hängt, bei den folgenden Kurven immer höher unterstützt wird. Die horizontalen Linien geben die Höhe der Unterstützung an.

Last von 12 g erst frei, dann von verschieden hohen Unterstützungen aus gehoben wird. Man sieht, daß unter diesen Versuchsbedingungen der Muskel viel stärkere Verkürzungen erreicht als bei freier Belastung. v. Kries hat das von ihm entdeckte Verhalten ausgedrückt durch den Satz, daß der Muskel um so höhere Zuckungsgipfel erreicht, je weniger Arbeit er während der Zuckung leistet (A. f. P. **1880**, 367). Die Bedeutung der Arbeit für das fragliche Verhalten zeigt sich darin, daß die Unterstützung ohne merkliche Wirkung bleibt, wenn der Muskel mit minimaler Last arbeitet (v. Frey, **1887**, A. f. P. 195).

Die hohen Verkürzungsbeträge, die der Muskel bei unterstützter Last erreicht, treten auch dann in Erscheinung, wenn dem Muskel die Arbeit nicht auf künstlichem Wege, sondern durch eigene vorgängige Tätigkeit abgenommen wird. Läßt man z. B. auf dem Gipfel einer Zuckungskurve einen zweiten Reiz einfallen, so kommt der Rest der

ersten Zuckung nicht zur Ausführung, er wird anscheinend unterdrückt
und an seine Stellung tritt die der zweiten Reizung entsprechende Zuckung,
welche ungefähr um soviel über das Niveau der ersten hinausgeht, als
einer unterstützten Zuckung gleicher Ausgangslage entsprechen würde.
Die Übereinstimmung ist eine ungefähre, weil, wie die genauere Untersuchung lehrt, der Rest der ersten Zuckung doch nicht ganz spurlos
verschwindet, sondern mit der nachfolgenden in eigentümlicher Weise

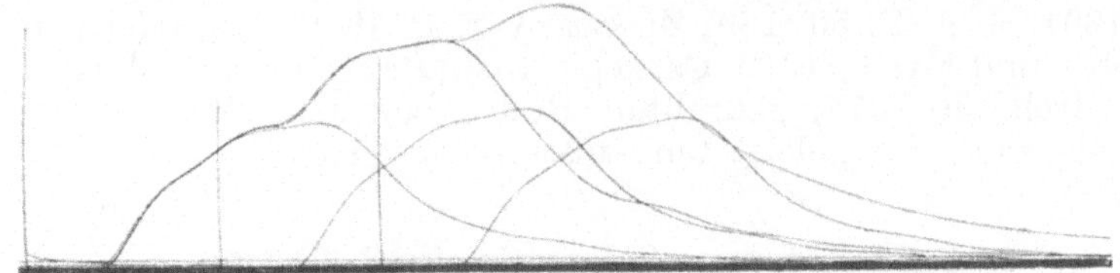

Abb. 80. Der Muskel schreibt bei drei aufeinanderfolgenden Umläufen der Schreib-
trommel je eine einfache Zuckung. Die 3 fast gleich hohen Zuckungen fallen nicht
übereinander, sondern sind hintereinander aufgereiht, weil der Reiz jedesmal an
einem anderen Punkte des Trommelumfanges einfällt. Die 3 Reizmomente sind
an den 3 aufrecht stehenden Bogenlinien kenntlich. Beim vierten Umlauf der
Trommel folgen sich die Reize 1 und 2 in 0,03 sek Abstand, beim fünften Umlauf
alle 3 Reize in den Abständen 0,03 sek und 0,024 sek.

interferiert (v. FREY, A. f. P. 1888, 213). Abb. 80 zeigt drei fast gleich
hohe, bei aufeinanderfolgenden Trommelumläufen gezeichnete einfache
Zuckungen, die gegeneinander um kleine Abschnitte des Trommelumfanges verschoben sind. Bei dem vierten Umlauf wurden zwei, bei
dem fünften Umlauf alle drei Zuckungen unmittelbar hintereinander
ausgelöst, woraus zwei- und dreistufige Kurven resultieren mit wesentlich höheren Zuckungsgipfeln. Der Vorgang wird als Summation der

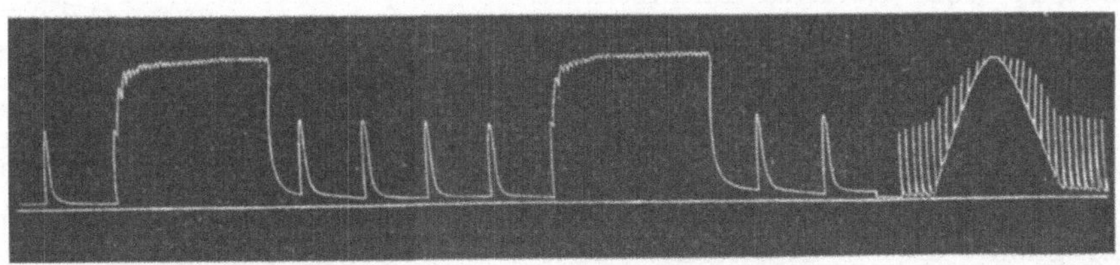

Abb. 81. Verkürzungen eines Muskels, der abwechselnd mit einzelnen und ge-
häuften Induktionsschlägen gereizt wird. Der Schluß der Kurve, der bei sehr
langsam laufender Trommel gezeichnet ist, läßt erkennen, daß durch Zuckungen
mit Unterstützung der Muskel die gleiche Verkürzung erreicht wird wie im Tetanus.
Nach v. FREY, A. f. P. 1888. 198.

Zuckungen bezeichnet (HELMHOLTZ, Monatsber. Berl. Akad. 15. VI.
1855). Er bildet den wesentlichen Grund der bekannten Erscheinung,
daß der Muskel durch gehäufte Reize zu stärkerer Verkürzung gebracht
werden kann als durch Einzelreize. Abb. 81, darstellend die Verkürzungen
eines Muskels, den abwechselnd Einzelschläge und gehäufte Schläge
treffen, gibt hierfür ein Beispiel. Der Reizerfolg gehäufter Schläge
heißt Tetanus.
    Die in Abb. 81 verzeichneten Tetani heißen unvollkommene, weil
an der Zähnelung der Kurve die einzelnen Reize und die ihnen ent-

sprechenden Erregungen noch zu erkennen sind. Bei größerer Frequenz der Reize wird die Kurve glatt: vollkommener Tetanus. Die Kurven solcher Tetani steigen anfangs steil, später mit geringerer Neigung empor und nähern sich, wie Bohr gezeigt hat (A. f. P. **1892**, 233), assymptotisch einem Grenzwert, dessen Höhe über der Grundlinie von der Reizstärke abhängt. Die Frequenz der Reize hat Einfluß auf die Steilheit, mit der die Kurve gegen die Assymptote emporsteigt.

Die Form der tetanischen Kurve ist, abgesehen von dem Unterstützungs- oder Summationsvorgang, von einer Anzahl weiterer Einflüsse abhängig, hauptsächlich davon, wie viele und in welcher zeitlichen Häufung Reize vorhergegangen sind. Diese Einflüsse machen sich auch geltend, wenn die Reize nicht so rasch aufeinander folgen, daß es zur tetanischen Verschmelzung der Zuckungen kommt.

Bekannt ist der Einfluß der Ermüdung. Sie verlängert die Zuckung und macht sie gleichzeitig niedrig. Durch Unterbrechung der Arbeit kann die Ermüdung teilweise oder ganz wieder aufgehoben werden; es tritt Erholung ein. Die Ermüdung wird hinausgeschoben bzw. die Erholung begünstigt durch Zufuhr von Sauerstoff. Indessen zeigt auch der ausgeschnittene, nicht mehr durchblutete Muskel in beschränktem Maße Erholung. Frische Muskeln zeigen beim Eintritt in eine Zuckungsreihe zunächst eine Zunahme der Arbeitsleistung, die sich in Abb. 82 fast über die ganze erste Hälfte der Zuckungsreihe erstreckt und unter dem Namen der Treppe bekannt ist.

Wird im Ablauf einer Reizreihe mit der Reizfrequenz gewechselt, so nehmen, trotz unveränderter Reizstärke, bei wachsender Frequenz die Zuckungshöhen ab, bei abnehmender Frequenz zu (vgl. hierzu Abb. 16 auf S. 47). Man kann von einer Anpassung der Hubhöhe an die Reizfrequenz sprechen und annehmen, daß in der Reizpause von den Vorratsstoffen des Muskels um so mehr in eine für den Reiz angreifbare Form übergeführt wird, je länger die Pause ist.

Eine weitere hierher gehörige Erscheinung ist die sog. Kontraktur. Sie besteht darin, daß der Muskel nach Ablauf der Zuckung oder des Tetanus nicht vollständig in die Ausgangslänge zurückkehrt, sondern sich derselben nur ganz allmählich wieder nähert. Das Ansteigen der

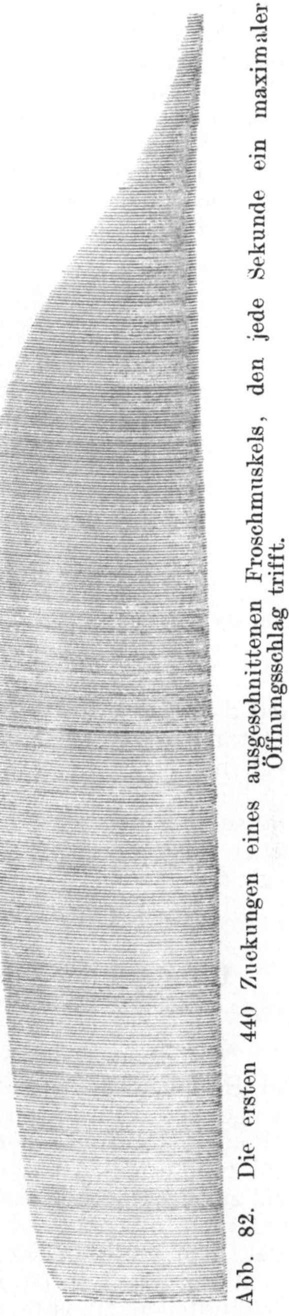

Abb. 82. Die ersten 440 Zuckungen eines ausgeschnittenen Froschmuskels, den jede Sekunde ein maximaler Öffnungsschlag trifft.

Fußpunkte der Zuckungen in der durch Abb. 82 dargestellten Reihe kann als Beispiel für eine langsam zunehmende Kontraktur gelten. Frische Muskeln von Winterfröschen zeigen sie oft in überraschender Ausbildung, wie aus Abb. 83 zu ersehen ist, wo ein schwach belasteter Gastroknemius sich infolge eines kurzen Tetanus auf eine neue Ausgangslage einstellt, die in der Höhe der Zuckungsgipfel vor dem Tetanus gelegen ist. Es gibt also Muskelverkürzungen anhaltender Art, die zwar durch Erregungen hervorgerufen sind, aber selbst nicht Erregungszustände darstellen, und vielleicht auf einem veränderten Quellungszustand des Muskelgewebes beruhen. Sie in den Begriff des Muskeltonus einzubeziehen, wie es wohl zuweilen geschieht, ist nicht zweckmäßig,

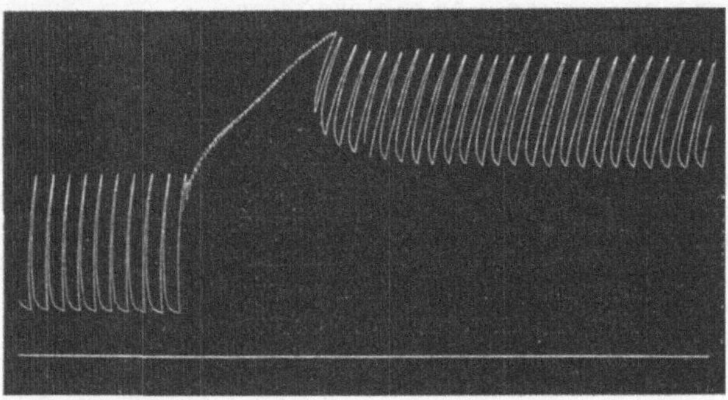

Abb. 83. Änderung der Ruhelage eines rhythmisch gereizten Muskels durch einen zwischengeschobenen Tetanus. Nach v. FREY, A. f. P. **1888**. 202.

weil darunter auch gewisse Formen tetanischer Betätigung der Muskeln verstanden werden, auf die erst weiter unten eingegangen werden kann (vgl. hierzu BORNSTEIN, 1919, A. g. P. **174**, 352). In besonders hoher Ausbildung sowohl nach Umfang wie nach Dauer findet sich die Kontraktur bei den glatten Muskeln, so daß von einer bestimmten natürlichen oder Ausgangslänge bei ihnen kaum gesprochen werden kann (vgl. das im 3. Teil über die Muskeln der Blutgefäße Gesagte).

Chemische Zusammensetzung und Stoffwechsel des Muskels.

Die Muskelzelle besteht wie die Blutkörper und andere Zellen in der Hauptsache aus „Protoplasma", ein wasser- und eiweißreiches Gemenge von Substanzen, das jedenfalls eine gewisse Struktur besitzt, wie aus den osmotischen Eigenschaften, aus der Fähigkeit zur Erregung und zur Fortpflanzung derselben, zum Wachstum, zum Auf- und Abbau und zur Speicherung von Stoffen geschlossen werden muß. Eine Struktur muß nicht nur dem in Fibrillen usw. differenzierten Protoplasma, sondern auch dem undifferenzierten „Sarkoplasma" zugeschrieben werden. Die chemische Analyse ist zur Zeit nicht imstande, zwischen diesen beiden Bestandteilen zu unterscheiden.

Der frische Muskel ist ein sehr wasserreiches Gewebe und damit hängt auch seine Weichheit und Schmiegsamkeit zusammen, die er allerdings nur im unerregten Zustand besitzt. In trockener Luft aufgehängt, verliert er rasch an Gewicht und Volum und verwandelt sich schließlich in einen derben, hornartig durchscheinenden Strang. Säugetiermuskeln enthalten rund $\frac{3}{4}$ ihres Gewichts Wasser.

Der Muskel enthält stets Fett, und zwar in zwei verschiedenen Formen: Als Fettgewebe zwischen den Muskelfasern und als „interstitielle Körnchen" im Innern derselben. Das Fettgewebe entsteht durch Speicherung von Fett in dem Bindegewebe des Perimysium externum und internum. Seine Menge ist außerordentlich wechselnd, beträgt jedoch auch an magerem Fleisch noch ein bis einige Prozent. Das Fleisch gemästeter Tiere kann zu 10 und mehr Prozent aus Fett bestehen. Die interstitiellen Körner sind außerordentlich fein und am gehärteten Präparat nach Färbung mit Osmium oder Sudan nur schwer mikroskopisch nachweisbar. Weit reichlicher werden sie sichtbar, wenn man die Muskelfasern mit verdauenden Lösungen oder mit Laugen behandelt (NOLL, A. f. P. **1913**, 35). Dieser Beobachtung entspricht die schon lange bekannte Erfahrung (DORMEYER, 1897, A. g. P. **65**, 90), daß sich das Fett aus Muskelfleisch, wie überhaupt aus tierischen Geweben, auch nach weitgehender mechanischer Zerkleinerung nicht vollständig extrahieren läßt und daß dies erst gelingt, wenn man das Gewebe verdaut. Es ist also wahrscheinlich, daß ein Teil des Fettes in einer durch das Extraktionsmittel nicht spaltbaren Form an die festen Bestandteile des Muskels gebunden ist.

Mit dem Fett werden durch das Extraktionsverfahren (Äther, Alkohol, Petroläther) stets auch Seifen, Fettsäuren, Phosphatide, vor allem Lezithin sowie Cholesterin dem Muskel entzogen (ERLANDSEN, 1907. Z. phl. C. **51**, 70). Namentlich scheint der schwer extrahierbare Anteil vorwiegend aus Phosphatiden zu bestehen.

Die Kohlehydrate sind im Muskel vertreten durch das Glykogen. Die Menge ist wechselnd, selten über 1% (SCHÖNDORFF, 1903, Z. phl. C. **99**, 191), bei Hunger und Arbeit sich mindernd, aber kaum jemals schwindend. Abnahme des Glykogens findet ferner nach dem Tode statt (BOEHM, 1880, A. g. P. **23**, 44). Durch geeignete Färbeverfahren läßt sich das Glykogen in den Muskelfasern in Form feiner Körnchen oder Schollen nachweisen (ARNOLD, 1909, A. m. A. **73**, 726).

Ein regelmäßiger Bestandteil der Muskeln ist die rechtsdrehende oder Fleischmilchsäure. In Muskeln, die ohne vorherige Beanspruchung (ruhende Muskeln) ganz frisch dem Körper entnommen und in geeigneter Weise extrahiert werden, finden sich nur äußerst geringe Mengen von Milchsäure (0,015—0,02%). In „überlebenden" Muskeln, d. h. solchen, die nach der Präparation erregungsfrei aufbewahrt werden, findet eine Bildung von Milchsäure statt, die bis zum Erlöschen der Erregbarkeit stetig fortdauert. Die Bildung ist am reichlichsten bei Ausschluß von Sauerstoff, spärlicher in Luft und unbedeutend oder fehlend in einer Sauerstoffatmosphäre. Tätigkeit des Muskels vermehrt die Milchsäure, doch kann ein großer Teil derselben bei genügender Sauerstoffzufuhr wieder zum Verschwinden gebracht werden, solange der Muskel erregbar bleibt. In abgestorbenen Muskeln findet eine Bildung von Milchsäure nicht mehr statt (FLETCHER und HOPKINS. 1907, Journ. of P. **35**, 247; FLETCHER. 1911, Ebenda. **43**, 286). Die Herkunft der Milchsäure ist noch nicht geklärt. Daß sie nicht ausschließlich aus dem Glykogen stammen kann, hat schon BOEHM (a. a. O.) gezeigt.

Wie sich aus dem Vorstehenden ergibt, ist der Gehalt des Muskels an stickstofffreien organischen Substanzen, abgesehen etwa vom Fett, im ganzen ein geringer. Weit größer ist die Menge der stickstoffhaltigen Bestandteile. Die Elementaranalyse der entfetteten Trockensubstanz gibt für C, H, N, S und O Werte, die fast genau dem Mengenverhältnis entsprechen, in dem sich diese Elemente im Eiweiß finden (KÖHLER, 1901, Z. phl. C. **31**, 479). Der Muskel besteht sonach zum allergrößten Teil aus Eiweiß. Dies gilt insbesondere auch von seinen charakteristischen Strukturen, den Fibrillen und ihren einfach- und doppelbrechenden Gliedern. Dieselben lösen sich nämlich, wie das Sarkoplasma, leicht in Magensaft. Auf dem Reichtum an Eiweiß beruht auch die Bedeutung des Muskels als Nahrungsmittel.

Zerkleinert man den Muskel und bringt ihn in Lösungen von Kochsalz oder Chlorammonium, so erhält man eiweißreiche Auszüge. Aus frischen Muskeln kann auf diese Weise bis zu $^9/_{10}$ des Eiweißgehaltes in Lösung gebracht werden (SAXL, 1907, Beitr. z. chem. Pathol. u. Physiol.

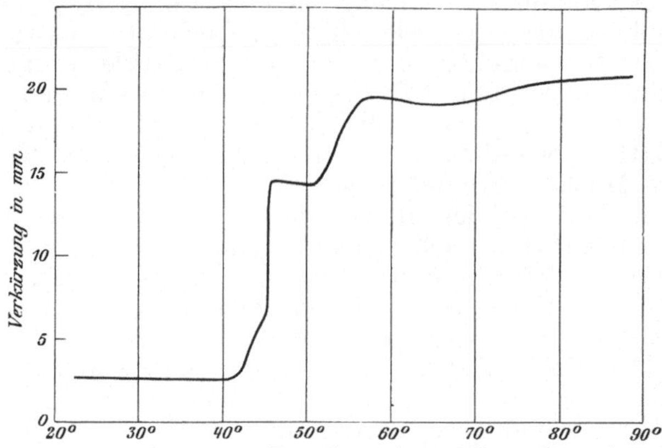

Abb. 84. Verkürzungsstufen eines Froschmuskels (Gastroknemius) bei allmählich steigender Temperatur der ihn umgebenden Ringerlösung.

9, 1). Der unlösliche Eiweißrest wird als Muskelstroma bezeichnet. Es ist allerdings fraglich, ob das was durch Salzlösungen herausgeholt wird, im unzerkleinerten Muskel schon in dieser Form vorhanden ist, denn die Eiweißkörper des Muskels zeigen in bezug auf ihre Löslichkeit eine weitgehende Abhängigkeit von Reaktion, Temperatur, Konzentration und Beschaffenheit der Lösungen, mit denen sie zusammengebracht werden. Ihre Veränderlichkeit äußert sich auch darin, daß sie von selbst gerinnen. KÜHNE, der Muskeln gefrieren ließ und sie in diesem Zustand zerkleinerte, sah aus dem so erhaltenen Muskelschnee beim Auftauen eine Flüssigkeit, das Muskelplasma, sich abscheiden, das schnell zu einem Klumpen gerann. v. FÜRTH unterscheidet im kochsalzhaltigen Muskelextrakt zwei Eiweißkörper von verschiedener Löslichkeit und Gerinnungstemperatur, die er Myosin und Myogen benennt (Handb. d. Biochem. 2, II, 244). Beide gerinnen von selbst, letzterer nach vorheriger Umwandlung in ein lösliches globulinartiges Zwischenprodukt, das sog. lösliche Myogenfibrin. Wie schwierig es ist, aus dem Verhalten von Muskelextrakten einen Hinweis zu gewinnen auf die Eigenschaften der Eiweißstoffe im Innern des unversehrten Muskels, hat die Untersuchung der Wärmestarre gezeigt. Bekanntlich werden die Muskeln beim Erhitzen in Wasser oder indifferenten Salzlösungen kurz, dick, trübe und fest. Die Umwandlung geschieht nicht plötzlich, sondern in allmählicher, innerhalb gewisser Temperaturbereiche sich vollziehender Steigerung. Läßt man die Verkürzungen aufschreiben, so entsteht eine treppenartig ansteigende Kurve aus 4—5 ungleich hohen Stufen, nach Art der Abb. 84. Versucht man nun diese Verkürzungen auf die Gerinnung einzelner Eiweißfraktionen zu beziehen, indem man den Muskel rasch zerreibt, auspreßt und den Preßsaft den gleichen Temperaturen aussetzt, so ist es nur in beschränktem Umfange möglich, von einer Übereinstimmung zwischen Verkürzungs- und Gerinnungsstufen zu sprechen. Eine zwischen den Temperaturen 47 und 55 auftretende, mehr als ein Viertel des gesamten Eiweißbestandes des Preßsaftes betreffende Gerinnung kommt in der Verkürzungskurve überhaupt nicht zum Ausdruck (INAGAKI, 1906, Zeitschr. f. Biochem. **48**, 313).

Eine andere auf die Eiweißkörper des Muskels zurückzuführende Erscheinung ist die Totenstarre. Dieselbe kann nicht auf einer Gerinnung beruhen, da sie sich nach einiger Zeit von selbst wieder löst, während die unzweifelhaft mit Gerinnung verbundene Wärmestarre nicht zurückgeht. Die Totenstarre steht vielmehr in Zusammenhang mit der Säuerung des Muskels, die einsetzt, sobald der Kreislauf unterbrochen wird. Es kann daher auch im lebenden Körper zur Erstarrung von Muskeln kommen, denen die Blutzufuhr abgesperrt ist (STENSONS Versuch, vgl. HERMANNS Handb. 1879, **1**, 128). Dagegen stirbt ein ausgeschnittener Muskel ohne Starreverkürzung ab, wenn er in einer Sauerstoffatmosphäre gehalten wird (FLETCHER, 1902, Journ. of P. **28**, 354; WINTERSTEIN, 1907, A. g. P. **120**, 225), wobei es auch nicht zu einer Anhäufung von Milchsäure im Muskel kommt, bereits gebildete sogar wieder verschwinden kann. Da nun sehr geringe Säuremengen eine starke Quellung und Verkürzung des Muskels herbeiführen, haben MEIGS (1910, Amer. Journ. of P. **26**, 191) und v. FÜRTH und LENK (1911, Biochem. Zeitschr. **33**, 341) die Vermutung ausgesprochen, daß die Totenstarre auf eben diesen Vorgängen beruht. Nun ist die Bildung der Milchsäure abgeschlossen, sobald der Muskel seine Erregbarkeit eingebüßt hat (FLETCHER, 1911, a. a. O.). Die im Muskel vorhandene Menge kann sich weiterhin durch Diffusion, Neutralisation und Oxydation nur vermindern, womit die allmähliche Lösung der Starre einhergeht. Außerdem findet wohl auch eine Veränderung des Muskeleiweiß statt im Sinne einer geringeren Quellbarkeit und Löslichkeit, denn die Extraktion eines Muskels, dessen Starre sich gelöst hat, gibt eine wesentlich geringere Ausbeute als die eines frischen (SAXL, 1906, a. a. O.). Auch zeigt die Kurve der Wärmestarre eines solchen Muskels nicht mehr 4—5, sondern nur noch eine Stufe (INAGAKI, 1906, a. a. O.).

Wie zu erwarten, finden sich in dem eiweißreichen Muskelgewebe stets auch stickstoffhaltige Verbindungen einfacherer Art, die unter dem Namen der stickstoffhaltigen Extraktivstoffe zusammengefaßt zu werden pflegen. Eine ergiebige Quelle für die Darstellung derselben ist der Fleischextrakt; im Muskel beträgt ihre Menge weniger als 1%. Die Stellung dieser Stoffe im Haushalt des Muskels ist noch ungeklärt. Erwähnt seien hier das dem Arginin nahestehende Kreatin (Methylguanidinessigsäure), das wahrscheinlich vom Histidin abzuleitende Karnosin, Purinbasen, besonders Hypoxanthin und die von SIEGFRIED isolierte

Phosphorfleischsäure, die vielleicht einen Energiestoff des Muskels darstellt (vgl. hierzu v. Fürth, 1909, Handb. d. Biochem. 2. II. 266 und
1919, E. d. P. 17, 363).

Über die anorganischen Bestandteile des Muskels liegen
ausführliche Analysen von Katz vor (1896, A. g. P. 63, 1). Unter den
elektropositiven Bestandteilen überwiegt das Kalium, unter den elektronegativen die Phosphorsäure. Neben dem Kalium finden sich Natrium,
Kalzium und Magnesium, neben Phosphorsäure Schwefelsäure und Chlor.
Der größte Teil der Schwefelsäure entsteht bei der Veraschung aus dem
Schwefel des Eiweiß. Preßt man zerkleinerte Muskeln aus und dialysiert
den Preßsaft, so ist die Menge der vorgebildeten Schwefelsäure gering
(Urano, 1907. Zeitschr. f. Biol. 50, 3). Befreit man Froschmuskeln
durch Einhängen in isotonische Rohrzuckerlösung von Blut und Lymphe,
so findet man in ihnen Natrium und Chlor nur noch in Spuren. Infolgedessen läßt sich aus dem Gehalt des frischen Muskels an Natrium und
der bekannten Konzentration desselben in den Gewebssäften die Menge
Flüssigkeit zwischen den Muskelfasern berechnen. Man findet sie zu
$^1/_4$—$^1/_7$ des Muskelvolums (Urano, a. a. O.; Fahr, 1908, Ebenda. 52, 72).

Aus der Verschiedenheit zwischen Blut und Muskel in bezug auf
die Salze muß gefolgert werden, daß ein Austausch von Salzen nicht
möglich ist, oder daß, wenn er stattfindet, durch Einrichtungen unbekannter Art die ursprünglichen Konzentrationsverschiedenheiten stets
wieder hergestellt werden. Für Wasser ist die Substanz der Muskelzelle leicht durchgängig. Dies zeigt sich darin, daß der Muskel in Salzlösungen, deren molekulare Konzentration größer oder kleiner ist als die
des Blutes, schrumpft bzw. aufquillt. Verfolgt man diese Wasserbewegung
mit der Wage, so ergibt sich folgendes: Ein Froschmuskel, der sich mit
einer Chlornatriumlösung von 0,7% ins Gleichgewicht gesetzt hat, enthält etwa 80% Wasser, ein Sartorius von 0,25 g Gewicht also 0,2 g
Wasser. Wird er nun in eine Chlornatriumlösung von 0,35% eingebracht,
so setzt er sich mit derselben in 3—4 Stunden ins Gleichgewicht, wobei
seine Erregbarkeit nicht abnimmt. Sein Gewicht nimmt zu, aber nicht
um einen dem ursprünglichen Wassergehalt gleichen Wert, d. h. um 0,2 g,
wie man erwarten müßte, wenn alles Wasser im Muskel als Lösungs-
wasser vorhanden wäre. Der Muskel nimmt vielmehr nur 0,08 g auf,
so daß das Gewicht des gequollenen Muskels auf ungefähr 0,33 g stehen
bleibt. Es folgt daraus mit Sicherheit, daß das im Muskel vorhandene
Wasser nur zum Teil in Form einer wässerigen Lösung, zum größeren
Teile aber in gebundener Form wahrscheinlich als Quellungswasser vorhanden ist. Die Differenz zwischen erwarteter und gefundener Gewichtszunahme bleibt auch bestehen, wenn man die zwischen den Muskelfasern
vorhandene Gewebsflüssigkeit in Abzug bringt. Es ist diese Erfahrung
ein sicherer Beweis, daß entgegen wiederholt geäußerten Meinungen,
ein Teil des Muskels aus festen, wenn auch gequollenen Substanzen
bestehen muß (vgl. Overton. 1902. A. g. P. 92. 136ff.).

Der Stoffwechsel des Muskels.

Zur Untersuchung des Stoffwechsels sind verschiedene Wege eingeschlagen worden. Die Muskeln der Kaltblüter, die lange überleben
und verhältnismäßig dünn sind, d. h. auf die Einheit der Masse eine
große Oberfläche haben, können nach dem Ausschneiden in ein ge-

schlossenes Gefäß verbracht und auf ihren Gaswechsel untersucht werden. Dieses von Hermann zuerst benützte Verfahren ist dann von Fletcher sehr vervollkommt worden (1898—1911, Journ. of P. **23**, 10; **28**, 354 und 474; **43**, 286). Er bestimmte die von Froschmuskeln ausgeschiedene Kohlensäure in Perioden von 20 Minuten und fand, daß dieselbe nach dem Ausschneiden zuerst rasch, dann langsamer auf sehr niedere Werte herabsank. Später steigt sie bei Entwicklung der Starre bzw. der Fäulnis wieder an.

In Sauerstoff ist sie stärker als in Luft. Wird der Muskel gereizt, so tritt in Sauerstoff eine deutliche Steigerung der Kohlensäureausscheidung ein, um so stärker, je länger und intensiver der Muskel arbeitet. In Luft oder in Stickstoff ist eine vermehrte Ausscheidung von Kohlensäure entweder gar nicht oder nur in unbedeutendem Maße nachzuweisen. Die in den Versuchen mit Sauerstoff ausgegebene Kohlensäure ist somit neu gebildet, nicht durch Diffusion aus dem Muskel entwichen. Dagegen häuft der ausgeschnittene, in Luft oder Stickstoff arbeitende Muskel Milchsäure an (Fletcher und Hopkins, 1907, Journ. of P. **35**, 247). Wahrscheinlich ist dieselbe auch im normal ablaufenden Stoffwechsel ein regelmäßiges Produkt des Umsatzes, das aber, bei genügender Sauerstoffzufuhr, wieder in das Ausgangsmaterial zurückverwandelt wird (vgl. A. V. Hill, 1913, J. of P. **46**, 28).

Diese Ergebnisse stimmen gut mit den Beobachtungen, die bei künstlicher Durchblutung von Warmblütermuskeln gewonnen worden sind und ein zweites Verfahren zur Untersuchung des Stoffwechsels darstellen (v. Frey, Arch. f. Physiol. **1885**, 533; Elias, 1913, Biochem. Zeitschr. **55**, 153). Auch hier zeigten sich Sauerstoffzehrung und Kohlensäureausscheidung des arbeitenden Muskels um so deutlicher gesteigert, je vollkommener die Durchblutung war, d. h. je besser die ausgeschnittenen Muskelmassen mit Sauerstoff versorgt wurden.

Den natürlichen Verhältnissen noch besser entsprechend ist der Vergleich von Blutproben aus Arterie und Vene des aus dem Kreislauf nicht ausgeschalteten Muskels. Chauveau und Kaufmann (1886/87, Compt. rend. **103**—**105**) fanden hierbei den Blutstrom während der Tätigkeit des Muskels auf das 3—7fache gesteigert, den Gaswechsel sogar bis zum 30fachen. Besonders stark stieg die Kohlensäure an und demgemäß auch der respiratorische Quotient. In neuerer Zeit ist dieses Verfahren durch Barcroft und Verzár mit empfindlicheren Methoden wieder aufgenommen worden (1912, Journ of P. **44**, 243), wobei sich deutlich zeigte, daß der erhöhte Gaswechsel nicht auf die Zeit der Arbeitsleistung beschränkt ist, sondern noch geraume Zeit hinterher fortbesteht. Dies entspricht der nachhinkenden Wärmeentwicklung (siehe unten S. 241).

Endlich kann man Aufschluß über den Stoffwechsel des arbeitenden Muskels dadurch erhalten, daß man den Stoffwechsel des ganzen Individuums untersucht einmal bei möglichster Ruhe und dann bei verschiedenen Arbeitsleistungen. Das Problem ist am eingehendsten in den Laboratorien von N. Zuntz (1911, Handb. d. Biochem. 4. I. 826ff.) und Benedict (1913, Carnegie Publ. Nr. 187) studiert worden. Alle Versuche haben ergeben, daß Muskeltätigkeit eine mit der Arbeitsleistung steigende Vermehrung des Gaswechsels hervorruft und daß die Kohlensäure hauptsächlich auf Kosten von stickstofffreien Nahrungs- oder Körperbestandteilen gebildet wird, vorausgesetzt, daß solche in genügender Menge zur Verfügung stehen. In diesem Falle ist sogar die Neigung zum Ansatz von Stickstoff, also zum Muskelwachstum, unverkennbar. Ist dagegen das Versuchsindividuum fettarm und die Nahrung vorwiegend aus Eiweiß bestehend, so arbeitet der Muskel auf Kosten dieses Stoffes. Die an einem Arbeitstage ausgegebene Energiemenge, d. h. die Summe von mechanischer Arbeit und Wärmelieferung kann die Energieausgabe eines Ruhetages um das Mehrfache übertreffen. Die Übereinstimmung zwischen der verlorenen Energie und der aus der Stoffzersetzung gewonnenen hat sich auch in diesem Falle mit großer Schärfe feststellen lassen, wobei man es so einrichtete, daß die geleistete äußere Arbeit vollständig in Wärme verwandelt wurde.

Drückt man die geleistete Arbeit in Wärmeeinheiten aus und dividiert sie durch die Wärmemenge, welche von dem Versuchsindividuum am Arbeitstage mehr geliefert ist als am Ruhetage, so erhält man einen Wert, der als Wirkungsgrad des Muskels bezeichnet wird. Er ist von ATWATER und BENEDICT bei der Arbeit am feststehenden gebremsten Zweirad im günstigsten Falle zu 0,2 bestimmt worden (1904, Ergebn. d. Physiol. **3**. I. 497). ZUNTZ (1897, A. g. P. **68**, 191), der die Arbeit meist in Form der direkt nicht meßbaren Steigarbeit hat ausführen lassen, hat zur Ermittlung des Wirkungsgrades den Stoffwechsel bei horizontaler Fortbewegung zugrunde gelegt (vgl. O. FRANK. 1904, E. d. P. **3**. II. 472) und Werte bis zu 0,35 erhalten. Neuerdings ist auch BENEDICT (a. a. O.) bei ähnlicher Berechnungsweise zu gleichen Werten gelangt.

Energieumsatz und Wärmebildung.

Der Versuch, den Energieverbrauch des arbeitenden Muskels aus dem Stoffwechsel zu erschließen, kann sich entsprechend der Methodik aller Stoffwechselversuche nur über längere Zeiträume erstrecken und daher nichts aussagen über den Umsatz, der einer einzelnen Zuckung oder einem kurzen Tetanus entspricht. Hier tritt ergänzend ein anderes Verfahren ein, das von HELMHOLTZ ersonnen, von HEIDENHAIN und FICK weiter ausgebildet worden ist (man vgl. hierüber BÜRKER in TIGERSTEDTS. Handb. d. physiol. Meth. **2**. I. 3. Abt.).

Da die chemischen Umsetzungen im tätigen Muskel in Oxydationen ausmünden, also mit positiven Wärmetönungen verknüpft sind, so muß bei der Tätigkeit eine vorübergehende Temperatursteigerung eintreten. die, wenn meßbar, zu einer Bestimmung der freigewordenen Wärmemenge dienen kann. Die beiden für die Temperaturmessung zu erfüllenden Bedingungen, große Empfindlichkeit und rasche Einstellung schließen den Gebrauch von Thermometern aus und lassen nur die thermoelektrische Methode aussichtsvoll erscheinen.

Wie bekannt, beruht dieselbe auf der Erfahrung, daß in einem aus zwei Metallen zusammengesetzten Leiterkreise elektrische Spannungsunterschiede nur solange fehlen, als überall gleiche Temperatur herrscht. Haben dagegen die Lötstellen der beiden Metalle verschiedene Temperatur, so zeigt sich ein Strom, dessen Intensität annähernd proportional dem Temperaturunterschied zunimmt. Die auftretenden Potentialdifferenzen sind klein, für Neusilber-Eisen bei 1° Temperaturunterschied ungefähr $25 \cdot 10^{-6}$ Volt (KOHLRAUSCH, Lehrbuch. 1901, 155), die Stromstärke bei

1 Ohm Widerstand im Kreise somit $25 \cdot 10^{-6}$ Amp. Da die Temperaturerhöhung im Muskel infolge einer Zuckung nur einige Tausendstel eines Grades beträgt und die Widerstände im Kreise unter den Wert von 1 Ohm kaum herabgedrückt werden können, so handelt es sich, wie man sieht, um minimale Stromstärken, deren Messung indessen bei der Empfindlichkeit der modernen Galvanometer keine Schwierigkeiten bietet.

Zur Vergrößerung der Ausschläge vermehrt man zweckmäßig die Zahl der Lötstellen und ordnet sie hintereinander zu sog. Thermosäulen an. Es ist Aufgabe der Technik, die Vermehrung der Lötstellen zu vereinigen mit möglichst geringem Widerstand und geringster Masse. Von der letzteren Bedingung hängt nämlich die Schnelligkeit der Einstellung ab, deren Wichtigkeit oben betont wurde.

Hat der Ausschlag des Galvanometers eine bestimmte durch Eichung zu ermittelnde Temperaturerhöhung angezeigt, so erhält man die entsprechende Wärmebildung, indem man die auf der Wage bestimmte Masse des Muskels multipliziert mit der Temperaturerhöhung und mit einer Zahl, die angibt, eine wie große Wärmemenge nötig ist, um die Masseneinheit des Muskels um einen Grad zu erwärmen. Diese, als spezifische Wärme oder Wärmekapazität bekannte Konstante hat für Wasser den Wert 1, für den Muskel etwa den Wert 0,8 (man vgl. BÜRKER, a. a. O. S. 39—41).

Sei die Masse des Muskels 5 g, so erhält man für eine Erwärmung von $0,001^0$ C die produzierte Wärmemenge Q zu

$$Q = 5\,g \times 0,001^0 \times \frac{0,8\ \text{kal.}}{g \times 1^0} = 0,004\ \text{kal.} = 4\ \text{Mikrokalorien.}$$

Nunmehr läßt sich auch ermitteln, welche Stoffmenge zersetzt werden muß, um die fragliche Wärmemenge frei zu machen. Nach S. 201 liefern

1 g Kohlehydrat oder Eiweiß rund 4 große oder kg-kalorien,
1 mg ,, ,, ,, ,, 4 kleine oder g-kalorien,
0,001 mg ,, ,, ,, ,, 4 Mikrokalorien,
0,001 mg Fett ,, 9 Mikrokalorien.

Erwärmt sich ein Muskel von 5 g bei einer Zuckung um $0,001^0$, so entspricht demnach die produzierte Wärme der Oxydation von 0,001 mg Eiweiß oder Kohlehydrat bzw. 0,0004 mg Fett. Die Geringfügigkeit dieser Zersetzung läßt verstehen, daß der Stoffvorrat eines ausgeschnittenen Muskels für hunderte und selbst tausende von Zuckungen ausreicht.

Bei der Umrechnung der gefundenen Temperaturerhöhung in Wärmemengen werden zwei Voraussetzungen gemacht, die besonders erwähnt werden müssen. Erstens wird angenommen, daß alle Teile des Muskels, nicht nur die von der Thermosäule berührten, dieselbe Temperaturerhöhung erfahren, eine Annahme, die unbedenklich erscheint, wenn alle Teile des Muskels erregt werden. Zweitens wird angenommen, daß zwischen dem Moment der Erregung und dem der Temperaturmessung keine in Betracht kommende Wärmemenge verloren geht. Inwieweit letzteres zutrifft, kann nur durch Versuche festgestellt werden, wie sie seinerzeit auf Anregung FICKS von A. DANILEWSKY ausgeführt wurden (1880, A. g. P. **21**, 109). In diesen Versuchen wurde ein am Muskel hängendes Gewicht erst gehoben und dann fallen gelassen. Die lebendige Kraft des Gewichts wird von dem Muskel vernichtet und setzt sich in ihm in Wärme um, deren Betrag nach dem eben beschriebenen Verfahren gemessen werden kann. Trifft die fragliche Voraussetzung in vollem Umfange zu, so muß der in Grammillimeter gemessene numerische Wert der von dem Gewicht geleisteten Arbeit 427mal größer sein als die gefundene Wärmemenge in Mikrokalorien, d. h. der Quotient muß jene Zahl liefern, die als mechanisches Wärmeäquivalent bekannt ist. Die nachstehende Tabelle (aus A. FICK, Mechanische Arbeit etc. Leipzig 1882, 174) gibt im ersten Stab das fallende Gewicht, im zweiten das Produkt aus demselben und der Fallhöhe oder die Arbeit, der dritte Stab die entwickelte Wärmemenge, der letzte Stab den Quotienten von Arbeit durch Wärme.

Gewicht (in g)	Arbeit = Gewicht × Fallhöhe (g mm)	Wärme in Mikrokalorien	$\dfrac{\text{Arbeit}}{\text{Wärme}}$
30	1848	3,70	497
30	924	1,92	481
30	1848	3,59	515
30	924	2,07	446
30	1848	3,33	555
30	1850	3,81	485
60	1500	3,14	478
60	1500	3,03	495
60	1512	3,10	488

Mittel 493

Man sieht, daß die Quotienten von dem geforderten Werte nicht allzusehr abweichen, im Mittel um 15%. Da die Fehler alle in derselben Richtung liegen, so folgt, daß die gefundene Wärmemenge zu klein, d. h. die Temperaturmessung zu niedrig ausgefallen ist. Dies kann bezogen werden auf einen Wärmeverlust infolge Erschütterung des mit dem Muskel verknüpften Apparates oder, was wahrscheinlicher, infolge zu großer Trägheit der messenden Instrumente. Jedenfalls hat der Versuch ergeben, daß die im Muskel entstehende Wärmemenge ihrer Größenordnung nach richtig gemessen werden kann, und daß Versuche am zuckenden Muskel innerhalb der angegebenen Fehlergrenze zutreffende Werte ergeben werden.

Zur Bestimmung des totalen Energieumsatzes im zuckenden Muskel richtet man den Versuch in der Weise ein, daß keine äußere Arbeit geleistet wird, das vom Muskel gehobene Gewicht vielmehr wieder zurückfällt. Der einzige Erfolg der Erregung ist dann eine Erwärmung des Muskels, aus deren Messung sich die entwickelten Wärmemengen ergeben. Nach diesem Plane sind die Versuche der folgenden Tabelle durchgeführt (Stab 1—3), die ebenfalls dem Buche FICKS (a. a. O. S. 221) entnommen ist. Sorgt man dafür, daß der Muskel seine Verkürzung aufschreibt, so ist auch die Arbeit bekannt, die man hätte gewinnen können (Stab 4). Dividiert man mit dem kalorischen Äquivalent derselben (Stab 5) in die entwickelten Wärmemengen, so erhält man das Verhältnis zwischen Wärme und Arbeit (6. Stab); der Wirkungsgrad (7. Stab) ist letzterem Verhältnis reziprok. Jede einer Horizontalreihe entsprechende Messung bezieht sich nicht auf eine. sondern auf drei rasch aufeinanderfolgende Zuckungen. Der Zweck dieser Anordnung war, die Ausschläge zu vergrößern.

1.	2.	3.	4.	5.	6.	7.
Be-lastung des Muskels	Tem-peratur-erhöhung in $^1/_{1000}{}^0$	Wärme-menge in Mikro-kalorien	Arbeit in Gramm-millimeter	Kalorisches Äquivalent der Arbeit	Verhältnis der Wärme zur Arbeit	Wirkungs-grad $= \dfrac{1}{6.} \times 100$
0	5,1	14,6				
20	6,3	18,3	465	1,09	16,7	6,0
40	6,8	19,7	802	1,88	10,5	9,5
80	8,3	23,9	1402	3,34	7,1	14,1
120	8,4	24,2	1914	4,50	5,4	18,5
160	8,9	25,8	2402	5,64	4,6	21,7
200	8,9	25,6	2905	6,83	3,7	27,0
160	9,1	26,2	2402	5,64	4,6	21,7
120	8,1	23,3	1914	4,50	5,2	19,2
80	7,6	21,9	1420	3,34	6,6	15,2
40	6,7	19,5	819	1,92	10,2	9,8
20	6,2	18,0	465	1,09	16,6	6,0
0	4,6	13,4				

Wie man aus dem ersten Stabe sieht, steigen die Versuche von der Belastung 0 schrittweise bis 200 g empor, um dann in gleicher Weise wieder zu sinken. Hierdurch wird es möglich, den Einfluß der Ermüdung kennen zu lernen. Dieselbe macht sich hier nur insofern bemerklich, als die Temperaturerhöhungen und die ihr proportionalen Wärmemengen für gleiche Lasten zum Schluß der Versuchsreihe um ein weniges kleiner ausfallen als im Beginn; in der Arbeitsleistung ist dagegen eine Ermüdung nicht zu bemerken, die Arbeiten der absteigenden Reihe sind eher etwas größer. Das frühe Nachlassen der Wärmeentwicklung gegenüber der mechanischen Leistung ist eine am Muskel stets zu beobachtende Erscheinung. Nach dem, was oben über den Stoffwechsel des ausgeschnittenen Muskels mitgeteilt ist, wird man die Erscheinung so zu deuten haben, daß die Sauerstoffspannung nicht ausreicht zum vollständigen Ablauf der Oxydationsvorgänge und daß sich Zwischenprodukte, vor allem Milchsäure, im Muskel anhäufen. Die Erscheinung ist hier nur angedeutet, wird aber bei rascher Zuckungsfolge sehr auffällig. Sie lehrt, daß ein Teil der Zersetzung und Wärmebildung nicht notwendig mit der mechanischen Leistung verknüpft ist und sozusagen nur ein sekundäres Glied in dem Erregungsvorgang darstellt.

Da alle Zuckungen durch dieselbe Reizstärke ausgelöst worden sind, so läßt die Tabelle erkennen, daß die Zersetzungsgröße im Muskel von der Spannung abhängt, unter der er sich befindet. Dieser Satz gilt auch dann, wenn die Spannungen sich erst im Verlaufe der Zuckung einstellen, wie bei dem Spannungs- und dem Schleuderverfahren (HEIDENHAIN, Mechanische Leistung etc. Leipzig 1864, S. 84ff.; FICK und HARTENECK, 1878, A. g. P. **16**, 58). Die großen Arbeitsleistungen, die durch das Schleuderverfahren aus dem Muskel gewonnen werden können. haben demnach nicht nur einen physikalischen, sondern auch einen physiologischen Grund, wie schon oben gefolgert wurde.

Eine weitere Eigentümlichkeit ist die geringe Zunahme der Wärmeentwicklung, wenn dem Muskel steigende Lasten aufgebürdet werden, während die geleisteten mechanischen Arbeiten erheblich wachsen. Es wird also bei starker Spannung des Muskels ein größerer Anteil der freiwerdenden Energie zu mechanischer Leistung verfügbar, was sich in dem abnehmenden Werte des Quotienten Wärme/Arbeit bzw. in dem zunehmenden Wirkungsgrade äußert. Man ersieht aus dem 3. und 5. Stabe, daß bei der Spannung von 200 g die mechanische Leistung mehr als ein Viertel der gesamten freigewordenen Energie beträgt, und es ist nicht ausgeschlossen, daß bei noch höherer Spannung das Verhältnis sich noch günstiger gestaltet hätte. In der Tat hat Zuntz (1897, A. g. P. 68, 211), wie oben erwähnt wurde, bei seinen Versuchen an Tieren und Menschen unter günstigen Bedingungen den Wirkungsgrad der Muskelarbeit zu 0,31—0,34 ermittelt. Es heißt dies, daß ein Drittel der aufgewendeten Energie als mechanische Arbeit erscheint.

Der Wert dieses Verhältnisses ist theoretisch von großem Interesse, weil er einen Schluß gestattet auf die Art der Energieumwandlung, die im Muskel vor sich geht. Da, wie die Wärmestarre zeigt, Verkürzung auch am toten Muskel noch möglich ist, sind die kontraktilen Teile vermutlich verschieden von den erregbaren. Man kann sich vorstellen, daß in letzteren (in dem Erwärmer) eine gewisse Wärmemenge Q entsteht, die bei der Erregung an die kontraktilen Teile und schließlich nach außen (an den Kühler) abgegeben wird. Nach diesem Bilde arbeitet der Muskel wie eine Dampfmaschine oder allgemeiner wie eine thermodynamische Maschine. Nimmt man an, daß die kontraktilen Teile des Muskels beim Erwärmen sich verkürzen, so ließe sich der mechanische Vorgang zu einem umkehrbaren Kreisprozeß im Sinne von Carnot gestalten (A. Fick, Mechanische Arbeit etc. S. 154). Für denselben gilt die Beziehung

$$\frac{q}{Q} = \frac{T_e - T_k}{T_e}.$$

Sie besagt, daß die nützlich verbrauchte Wärme q sich zur gesamten Wärme Q verhält wie die Differenz der Temperaturen des Erwärmers und Kühlers zu der absoluten Temperatur des Erwärmers.

Angenommen die Erregung des Muskels geschehe bei 27°, d. h. bei der absoluten Temperatur 300 und der Muskel erwärme sich bei der Zuckung um 0,01°, so ist $T_e - T_k = 0,01$ und $q/Q = 0,01/300$ oder 1/30000. Man sieht, daß zur Erzielung eines Wirkungsgrades $\frac{1}{3}$, wie er sich unter günstigen Arbeitsbedingungen tatsächlich erreichen läßt, eine Temperaturdifferenz von 100° zwischen Muskel und Umgebung nötig wäre. Hierzu kommt, daß der Muskel innerhalb der physiologischen Temperaturgrenzen überhaupt nicht merklich seine Länge ändert (Sommer 1908, Zeitschr. f. Biol. 52, 115), so daß auch die oben gemachte Annahme hinfällig wird.

Daraus folgt, daß die Auffassung des Muskels als einer thermodynamischen Maschine unzutreffend und daß die überaus günstige Ausnutzung der freiwerdenden Energie nur verständlich ist unter der Annahme, daß chemische Energie direkt und ohne den Umweg über die Wärmebildung in mechanische umgesetzt wird.

Diese von Fick zuerst angestellten Überlegungen sind seitdem im wesentlichen bestätigt und erweitert worden, insbesondere durch A. V. Hill

(1913, Journ. of Physiol. **46**, 28). Derselbe hat die Wärmeentwicklung des zuckenden Muskels verglichen mit einer künstlich (durch Wechselströme) am abgestorbenen Präparat hervorgerufenen Erwärmung von genau bekannter Dauer und gefunden, daß die physiologische Wärmeentwicklung die Zeit der Zuckung weit überdauern kann. Dies ist der regelmäßige Befund, wenn der Muskel frisch, gut mit Sauerstoff versorgt und die Erregung nur kurz ist. Die Hälfte und mehr der gesamten Wärmeentwicklung kann unter diesen Umständen dem mechanischen Erregungserfolge nachhinken. Diese nachträgliche Wärmeentwicklung wird sehr klein, wenn der Muskel ermüdet oder der Sauerstoff durch Stickstoff oder Wasserstoff verdrängt ist; sie fällt ganz fort, wenn die oxydative Fähigkeit des Muskels durch schwache Vergiftung mit Blausäure unterdrückt wird (WEIZSÄCKER, Münch. med. Wochenschr. 1915, Nr. 7 u. 8). Die primäre oder initiale Wärmelieferung bleibt dagegen unter diesen Umständen bestehen und der Wirkungsgrad kann sich auf wesentlich höhere Werte einstellen, die zwischen 0,4 und 0,9 schwanken (HILL a. a. O. S. 468).

Die Aufteilung der Wärmeentwicklung in zwei Abschnitte steht in engem Zusammenhang mit der gesteigerten Sauerstoffzehrung, die der Muskel noch lange nach abgelaufener Erregung aufweist (siehe oben S. 235, BARCROFT und VERZÁR). Man wird einen ersten, die Spannungsentwicklung bedingenden, chemischen Vorgang annehmen müssen, der auch in Abwesenheit von Sauerstoff vor sich gehen kann und einen hohen Wirkungsgrad aufweist und einen zweiten, die Erregung überdauernden, der auf die Anwesenheit von Sauerstoff angewiesen ist. Zu den Umsetzungsprodukten des ersten Vorganges gehört jedenfalls die Milchsäure, deren Herkunft, wie oben S. 231 erwähnt, dunkel ist. Sie kann nicht einfach aus Traubenzucker entstehen, weil diese Umwandlung weniger Energie liefert als der Muskel, im Verhältnis zur entstehenden Milchsäure, tatsächlich freimacht (HILL, 1912, J. of P. **44**, 502). Daß die Milchsäure den Quellungsdruck gewisser Teile des Muskels erhöht und dadurch seine Verkürzung veranlaßt, ist eine zulässige Hilfsannahme. Durch Diffusion und Neutralisation könnte dann die Säuerung ab-, die Länge des Muskels wieder zunehmen.

Für den zweiten Teil der Wärmeentwicklung besteht eine gewisse Wahrscheinlichkeit, daß sie herrührt von der Oxydation, nicht der gebildeten Milchsäure, sondern anderer Substanzen, deren Energie zum Wiederaufbau des Vorläufers der Milchsäure verwendet wird (HILL. Ebda. **46**, 75). Damit würde auch verständlich werden, daß der Muskel die verschiedenen Nahrungsstoffe gleich gut verwertet, da sie nicht eingehen in die für seine mechanischen Leistungen maßgebenden Umwandlungsprozesse.

Zwölfter Teil.

Die Erregung von Muskel und Nerv.

I. Die Erregungsleitung.

Von dem tätigen oder erregten Zustand des Muskels ist bisher gesprochen worden, als wenn er sich an allen Teilen desselben gleichzeitig abspielte. Dies ist weder bei natürlicher, noch bei künstlicher Erregung der Fall. Die Erregung entsteht vielmehr zunächst nur an gewissen umschriebenen Stellen, um sich von dort über die übrigen Teile auszubreiten. Das geschieht allerdings in der Regel so rasch, daß das Auge, wenigstens am quergestreiften Skelettmuskel, zeitliche Unterschiede nicht wahrnehmen kann. Am Herzen ist dagegen die ungleichzeitige Zusammenziehung von Vorhof und Kammer ohne weiteres sichtbar und von den glatten Muskeln der röhrenförmigen Eingeweide sind in den vorhergehenden Abschnitten eine Anzahl von Bewegungsformen beschrieben worden, die sich durch ihr langsames Weiterrücken auszeichnen.

Das Fortschreiten der Erregung geschieht im Skelettmuskel entlang den Fasern. Dies läßt sich in der Weise aufzeigen, daß man einen parallel-faserigen Muskel auf einer wagrechten Unterlage ausspannt und quer über ihn in möglichst großem Abstande voneinander zwei leichte Schreibhebel legt. Reizt man ein Ende des Muskels, so wird die mit der Erregung einhergehende Verdickung zuerst an dem Hebel bemerklich werden, der der Reizstelle zunächst liegt. Läßt man die Hebel auf einer rasch bewegten Fläche schreiben, so kann man aus dem Abstand der beiden Verdickungskurven die zeitliche Verspätung der Erregung an der entfernteren Beobachtungsstelle ermitteln und durch Division in den Abstand der beiden Hebel die mittlere Geschwindigkeit ihrer Ausbreitung.

Nach diesem oder einem später zu beschreibenden, grundsätzlich übereinstimmenden Verfahren ist die fragliche Geschwindigkeit gemessen worden an den quergestreiften Muskeln der Schildkröte zu 0,5—1,8; des Frosches 1—4, des Kaninchens 3—11 m/sek (BIEDERMANN, Elektrophysiologie 1, 124ff.). Die Zahlen beziehen sich auf frische Muskeln von Zimmertemperatur beim Kaltblüter, von Körpertemperatur beim Warmblüter. Die große Schwankungsbreite ist dadurch bedingt, daß es in jedem Wirbeltiere verschieden rasch zuckende bzw. die Erregung leitende Muskeln gibt, worauf bei der Untersuchung der Eigenschaften des Herzmuskels (S. 46) bereits hingewiesen worden ist. Auch die Skelettmuskeln sind in dieser Richtung nicht gleichartig. In den protoplasmareichen „roten" Muskeln des Kaninchens ist die Geschwindigkeit

3—3,4, in den protoplasmaarmen „weißen" 5—11 m/sek (ROLLETT, 1892, A. g. P. 52, 227). Noch unter die oben genannten Werte herab geht der M. retractor penis der Schildkröte, der bei 22° eine Geschwindigkeit der Erregungsleitung von 41 cm/sek aufweist (HOFFMANN, 1913, Z. f. B. 61, 311). In den menschlichen Vorderarmmuskeln fand sie HERMANN zu 10—13 m/sek (1877, A. g. P. 16, 410). Die Unterschiede werden noch größer, wenn man auch die glatten Muskeln heranzieht. Am Ureter des Kaninchens fand ENGELMANN die Geschwindigkeit zu 2—3 cm/sek (1869, Ebenda, 2, 265). Es ist indessen hier nicht entschieden, ob die Überleitung von Muskelelement zu Muskelelement unmittelbar oder auf dem Wege über Nerven geschieht.

Die Geschwindigkeit der Erregungsleitung ist in hohem Grade von der Temperatur abhängig und wird durch 10° Temperatursteigerung ungefähr verdoppelt (WOOLLEY, 1908, J. of P. 37, 123), was der Geschwindigkeitszunahme chemischer Reaktionen entspricht.

Wie im Muskel findet auch im Nerven die Ausbreitung oder Leitung einer irgendwo gesetzten Erregung in der Faserrichtung statt. Ihr Ablauf kann, wie später zu besprechen sein wird, mit Hilfe der dabei auftretenden elektrischen Eigenströme des Nerven beobachtet werden. Einfacher ist es, die Zuckung des Muskels als Zeichen für die Erregung des zugehörigen Nerven zu benützen. Zwischen dem Augenblick des Reizes und dem Beginn der Zuckung verstreicht eine Zeit, die

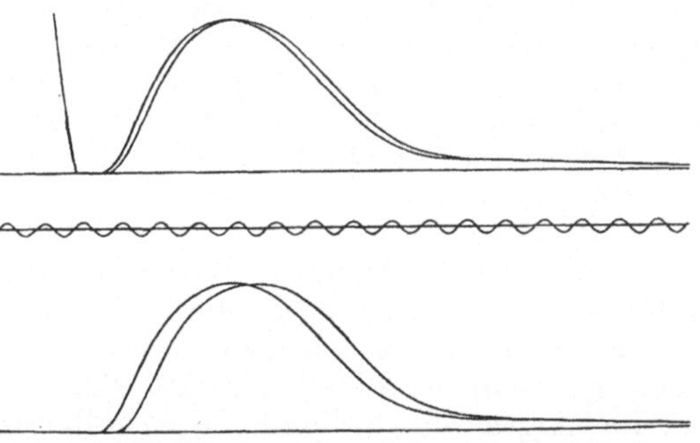

Abb. 85. Zuckungskurven eines Gastroknemius, der vom Nerven aus gereizt wird. Die von der entfernteren Reizstelle ausgelöste Zuckung erscheint etwas später. Das obere Kurvenpaar ist bei Zimmertemperatur, das untere bei gekühltem Nerv geschrieben.

länger ist als die bei direkter Muskelreizung zu beobachtende Latenzzeit (S. 220) und zwar um so länger, je entfernter vom Muskel die Reizstelle liegt. Die Ausbreitung der Erregung im Nerven braucht also Zeit. Aber selbst, wenn man die Reizstelle des Nerven so nahe wie möglich an den Muskel verlegt, ist die Latenzzeit doppelt so lang, als bei direkter Muskelreizung (0,008 gegen 0,004 sek, BURDON SANDERSON, 1895, J. of P. 18, 117). Die Differenz ist zu beziehen auf die Zeit, welche die Erregung benötigt, um die Verbindungsstelle zwischen Nerv und Muskel (das Nervenende) zu durchsetzen.

Der Unterschied in der Latenzzeit je nach der Länge der von der Erregung zu durchlaufenden Nervenstrecke dient nach dem Vorgange von HELMHOLTZ (A. f. A. u. P. 1850, 276) zur Messung der Geschwindigkeit der Erregungsleitung.

Das Messungsverfahren gestaltet sich wie folgt: Der Muskel verzeichnet auf der bewegten Schreibfläche seine Zuckung, deren Abstand von der den Reizmoment kennzeichnenden Marke die Latenzzeit darstellt. Man reizt einmal nahe dem Muskel und dann möglichst entfernt und erhält so zwei Latenzzeiten, deren Differenz der zur Durchsetzung der Nervenstrecke nötigen Zeit entspricht.

In Abb. 85 ist das Ergebnis eines derartigen Versuches wiedergegeben oben an einem Nerven von Zimmertemperatur, unten an demselben Nerven, nachdem er einige Minuten durch Eiswasser gekühlt war. Die der Marke des Reizmomentes nähere Kurve entspricht der Reizung nahe dem Muskel, die entferntere der am Beckenende des Nerven. Die Länge des Nerven zwischen den beiden Reizstellen betrug 55 mm. Um die Längenunterschiede in Zeitintervalle zu übersetzen, ist bei der ersten Umdrehung der Trommel die Stimmgabelkurve mitgezeichnet worden, von welcher 100 Schwingungen auf die Sekunde gehen. 10 Schwingungen entsprechen einer Abszissenlänge von 37 mm, somit 1 mm 0,0027 Sekunden oder 2,7 σ, wenn mit σ ein Tausendstel einer Sekunde bezeichnet wird. Die Messung ergibt nun, daß am zimmerwarmen Nerven die von der entfernten Reizstelle ausgelöste Zuckung um 0,7 mm oder 1,9 σ später liegt, somit die 55 mm Nerv in 1,9 σ oder 29 mm in 1 σ durchlaufen worden sind; die Schnelligkeit der Erregungsleitung betrug in diesem Falle 29 mm/σ oder 29 m/sek. Am gekühlten Nerven ist der Abstand der beiden Zuckungskurven nahezu dreimal so groß, die Geschwindigkeit der Leitung also dreimal kleiner oder gleich 10 m/sek. Für 10° nimmt die Leitungsgeschwindigkeit wie beim Muskel ungefähr um 100% zu (SNYDER, 1908, Am. J. of P. **22**, 179; K. LUCAS 1908, J. of P. **37**, 112).

Es versteht sich, daß eine derartige Rechnung nur zulässig ist unter der Voraussetzung, daß die Leitungsgeschwindigkeit in allen Teilen des geprüften Nerven dieselbe ist. Kann diese Voraussetzung nicht gemacht werden, so ergibt der Versuch nur den mittleren Wert der Leitungsgeschwindigkeit innerhalb der geprüften Strecke. Die Untersuchungen von R. DU BOIS-REYMOND (1899, Zb. f. P. **13**, 513) und ENGELMANN (A. f. P. **1901**, 28) haben ergeben, daß bei einer in allen Teilen des Nerven gleichen Temperatur die obige Voraussetzung im allgemeinen zutrifft.

Für den Warmblüter (Kaninchen, Katze, Hund) haben die nach grundsätzlich gleichem Verfahren angestellten Versuche Mittel-Werte zwischen 60 und 80 m/sek ergeben, für den Menschen 66—69 (GARTEN und MÜNNICH, 1915, Zeitschr. f. B. **66**, 1). Da die Freilegung des Nerven am Menschen nicht angängig ist, sind die Ergebnisse weniger sicher. Frühere Versuche haben daher ziemlich weit auseinanderliegende Zahlen ergeben.

Die größere Leitungsgeschwindigkeit des Warmblüternerven würde sich bei einem Temperaturkoeffizienten = 2 aus der höheren Körpertemperatur genügend erklären. Eine qualitative Verschiedenheit ist aber durchaus nicht von der Hand zu weisen, da die Erfahrung lehrt, daß auch bei den Kaltblütern die Leitungsgeschwindigkeit in weiten Grenzen verschieden ist. So stellt CARLSON (1906, Amer. J. of. P. **15**, 136) einer Geschwindigkeit von 27 m/sek im Ischiadikus des Frosches die Werte 12 beim Hummer (Scherennerv), 2 bei Oktopus (Mantelnerv) und 0,4 bei Limulus (Nervenplexus des Herzens) gegenüber. Bei der Teichmuschel findet sie CREMER gar nur 5 cm/sek (NAGELS Handb. d. P. **4**, 897). Endlich ist die Leitungsgeschwindigkeit der Nerven eines und desselben Tieres nicht die gleiche, insbesondere die der grauen Nerven wesentlich kleiner. So haben GARTEN und FISCHER (1911, Zeitschr. f. B.

56, 505) sie in den Milznerven von Pferd, Schwein und Rind bei 36—38⁰ zu
64—77 cm/sek, also etwa hundertmal kleiner als in den weißen Nerven
gefunden. CARLSON hat darauf hingewiesen, daß, soweit es sich um
vergleichbare motorische Apparate handelt, Zuckungsdauer des Muskels
und Leitungsgeschwindigkeit des Nerven Hand in Hand zu- und abnehmen. Demgegenüber ist beachtenswert, daß motorische und sensible
Rückenmarksnerven die gleiche Leitungsgeschwindigkeit aufweisen
(GARTEN und LENNINGER, 1912, Zeitschr. f. B. **60**, 75).

Interessante Betrachtungen über die Beziehungen zwischen Bau
und Leitungsgeschwindigkeit der Nervenfasern hat GÖTHLIN angestellt
(1910, A. g. P. **133**, 87; 1913 Verhandl. d. schwed. Akad. d. Wiss. **51**, No. 1).
Indem er die Leitungsvorgänge im Nerven mit denen eines elektrischen
Kabels vergleicht, kommt er zu dem Schlusse, daß überall, wo es von
Wichtigkeit ist, eine große Fortpflanzungsgeschwindigkeit des Nerven-
prozesses zu erreichen, die Nervenfasern markreich werden. Im gleichen
Sinne wirkt auch Vergrößerung des Querschnitts des Achsenzylinders.
Für die Triftigkeit dieser Folgerung sprechen die ausgedehnten Unter-
suchungen, die er an Nerven von Tieren der verschiedensten Ordnungen
und Klassen angestellt hat.

Es muß indessen ausdrücklich bemerkt werden, daß von einer
Konstanz der Leitungsgeschwindigkeit nur am lebensfrischen Muskel
und Nerv gesprochen werden kann. Während des Absterbens, sowie
in der Narkose nimmt sie ab und kann schließlich Null werden (GARTEN
und KOIKE, 1910, Zeitschr. f. B. **55**, 311; VERWORN, Erregung und
Lähmung, Jena 1914, S. 119 ff.). Am absterbenden Muskel sieht man
dann die gereizte Stelle sich aufwulsten, ohne daß es zu einem Fortschreiten der Erregung kommt (idiomuskuläre Kontraktion, vgl. HER-
MANN, 1879, Handb. d. Physiol. **1**, I, 45).

Die Erregungsleitung in Muskel und Nerv zeigt noch folgende
wichtige Besonderheiten:

1. Sie ist doppelsinnig, d. h. sie findet in beiden Faserrichtungen
(zentrifugal wie zentripetal) gleich gut und gleich rasch statt. Die Zuk-
kungskurve eines parallelfaserigen Muskels ist daher dieselbe, ob die
Reizung am proximalen oder distalen Ende erfolgt. Bei der natürlichen
Erregung des Muskels vom Nerven her beginnt sie dort, wo die Nerven
in den Muskel eindringen (im sogenannten nervösen Äquator) und
breitet sich von dort zentripetal und zentrifugal aus. Daß auch im Nerven,
und zwar in allen seinen Fasern, die Erregung in beiden Richtungen
mit gleicher Geschwindigkeit sich ausbreitet, läßt sich an den fast ausnahmslos gemischten peripheren Nerven nicht zwingend beweisen in
Ansehung der gleichen Leitungsgeschwindigkeit der motorischen und
sensiblen Fasern (s. oben). Das fragliche Verhalten folgt jedoch für
den motorischen Nerven aus den Versuchen von GARTEN und LENNINGER
(a. a. O., Vergleich der Leitungsgeschwindigkeit des peripheren Nerven
zum Muskel bzw. zur ventralen Rückenmarkswurzel) und für den sensiblen
aus den Versuchen von NICOLAI am Olfaktorius des Hechtes (A. f. P.
1905, Suppl. 341).

2. Sie ist unabhängig von der Reizstärke, wenn man, bei elektrischer
Reizung, die Änderung der Reizstelle, die durch physikalische Stromschleifen entstehen kann, vermeidet, oder durch ein geeignetes Messungsverfahren unschädlich macht (ENGELMANN, 1897, A. g. P. **66**, 574;
NICOLAI, a. a. O.).

3. Die gerade in Erregung begriffene Stelle des Muskels oder Nerven ist für sehr kurze Zeit (wenige Tausendstel einer Sekunde) unzugänglich oder doch schwer zugänglich für einen neuen Reiz (vgl. das analoge Verhalten des Herzens, S. 47). Dieser refraktäre Zustand wandert wie die Erregung, ihr sozusagen auf dem Fuße folgend, über die Faser hin. Ihm ist es zuzuschreiben, daß die an das Ende der Faser gelangte Erregung erlischt und nicht wieder zurückläuft und ebenso, daß zwei einander entgegenlaufende Erregungen, dort, wo sie sich treffen, einander auslöschen (P. HOFFMANN 1912/14, Zeitschr. f. B. **59**, 23 und **64**, 113).

Durch den refraktären Zustand erfährt die Wirkung der Reize, gleichgültig wie sie beschaffen sind, eine zeitliche Begrenzung. Dauererregungen oder was man so nennen kann, sind daher nur durch Wiederholung des Reizes zu erzielen und es hängt von der Dauer des refraktären Zustandes ab, wie rasch die Wiederholungen aufeinander folgen dürfen, ohne unwirksam zu werden. Näheres darüber bei der Besprechung der elektrischen Reize.

Durch die aufgezählten Besonderheiten wird der Erregungsvorgang zu einem Geschehnis, das, einmal eingeleitet, nach inneren, dem jeweils erregten Gewebe eigentümlichen Gesetzmäßigkeiten abläuft und nichts mehr zu tun hat mit dem Anstoß, durch den es hervorgerufen ist. In der wissenschaftlichen Ausdrucksweise wird daher der äußere Anstoß als Reiz streng unterschieden von dem Erfolg, der Erregung, die durch jenen nur ausgelöst wird. Man kann von einer Erregungswelle sprechen insofern, als die Erregung von dem Angriffsort des Reizes ausgehend die Faserabschnitte der Reihe nach ergreift, wobei in jedem Abschnitt derselbe Vorgang sich abspielt, nur zu verschiedener Zeit. Daß es sich aber nicht um eine Wellenbewegung im physikalischen Sinne handeln kann, geht hervor aus der verhältnismäßig geringen Leitungsgeschwindigkeit, aus dem einer chemischen Reaktion entsprechenden Temperaturkoeffizienten derselben (SNYDER, A. f. P. **1907**, 113 und 1908, Amer. J. of P. **22**, 179) und aus den die Erregung begleitenden elektrischen Erscheinungen (s. unten), die eine Arbeitsleistung des erregten Gewebes darstellen, die nur auf Kosten von chemischer Energie stattfinden kann. Weniger beweisend in dem angedeuteten Sinne ist die Erfahrung, daß Muskel und Nerv bei Abwesenheit von Sauerstoff ihre Erregbarkeit und Leitfähigkeit schließlich verlieren (FLETCHER, 1902, J. of P. **28**, 354 und 474; ÖHRWALL, 1903, Skand. A. **7**, 222; v. BAEYER, 1903, Zeitschr. f. allg. P. **2**, 169), denn man kann annehmen, daß durch die Hemmung des Ruhestoffwechsels die Struktur des Gewebes geschädigt wird. Außerdem ist bekannt, daß trotz Sauerstoffmangel die Erregbarkeit lange vorhält und nur allmählich erlischt und das gleiche gilt von der Arbeitsleistung des Muskels. Es gibt also eine anaerob oder anoxybiotisch ablaufende Erregung.

Der Nachweis, daß die Erregung im efferenten Nerven nach beiden Richtungen verlaufen kann, ist von KÜHNE, A. f. A. u. P. **1859**, 595; 1886, Zeitschr. f. B. **22**, 305) an verschiedenen Nervmuskelpräparaten in der Weise geführt, daß er von den Ästen eines gegabelten Nerven einen mechanisch oder elektrisch reizte, wobei auch die von den anderen Ästen innervierten Teile des Muskels in Erregung geraten. Der Versuch wird durch die Abb. 86 und 87 veranschaulicht. Abb. 86 zeigt in schemati-

scher Weise die Nervenverteilung im M. grazilis des Frosches, der durch
eine sehnige Inskription in zwei Hälften geteilt wird, eine kürzere tibiale
(obere Hälfte der Abb. 86) und eine längere koxale. Werden die zur
kurzen Hälfte ziehenden Nervenfäden isoliert gereizt, so zuckt auch
die lange Hälfte des Muskels und umgekehrt. Wird nach Herstellung
eines Präparates nach Abb. 87 der Nerv des Zipfels Z gereizt, so zuckt
sowohl K wie L. Die Ausbreitung der Erregung ist, wie sich anatomisch
und experimentell zeigen läßt, dadurch bedingt, daß sich die meisten
Fasern des Nervenstammes N teilen und einen Ast nach K, den anderen
nach L bzw. Z schicken. Die Erregung, die in den nach Z ziehenden
Fasern gesetzt wird, greift über einerseits auf die zugehörige Muskelhälfte,
anderseits aber auch rückwärts bis zu den Teilungsstellen im Nerven N,
von wo sie zur Muskelhälfte L gelangt.

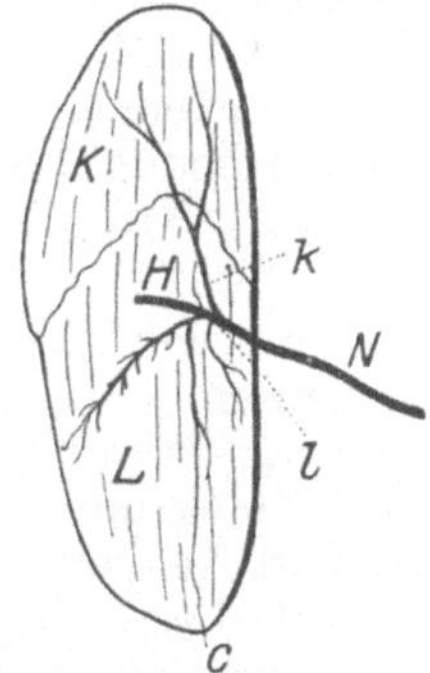

Abb. 86. Der Musculus gracilis des
Frosches mit seinen Nerven von innen ge-
sehen. K kurze (tibiale, untere) Hälfte,
L lange (koxale, obere) Hälfte, k und l
die zugehörigen Äste des Nerven N,
H die den Muskel durchbrechende, zur
Haut gehende Fortsetzung dieses Nerven,
c Ästchen für einen benachbarten Muskel.

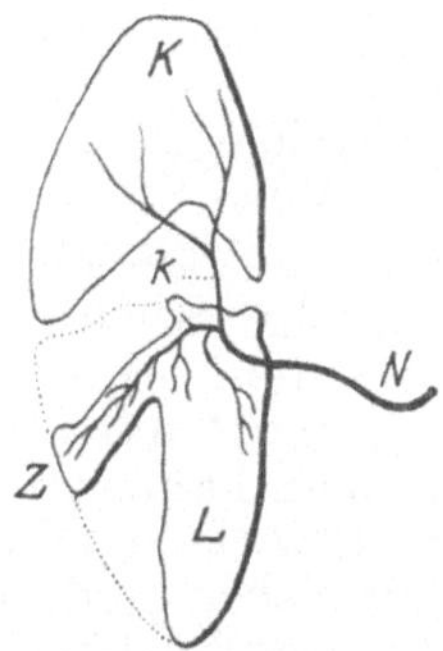

Abb. 87. Die sehnige Inskription zwischen
den beiden Muskelhälften und größere
Stücke dieser selbst sind herausge-
schnitten, ebenso die Nervenäste H
und C. Die beiden Hälften sind nur
noch durch die zu ihnen gehende Äste
des Nerven N verbunden.

Der Versuch lehrt noch etwas weiteres, nämlich, daß die Isolation
der Erregung auf die von einem wirksamen Reize getroffenen Fasern
eines Bündels, die im Nervensystem im allgemeinen erfüllt ist und ohne
die eine geordnete Leistung desselben nicht denkbar wäre, eine Grenze
findet dort, wo eine Faser sich in zwei oder mehrere Äste teilt. Durch
welche Einrichtungen die Isolation innerhalb des Nervenstammes vermutlich gesichert ist, kann erst weiter unten erörtert werden.

II. Die bioelektrischen Ströme.

Im Zustande der Ruhe sind an Zellen und Geweben elektromotorische Kräfte nicht nachweisbar; solche treten aber in Erscheinung bei
der Erregung ferner dann, wenn eine Verletzung stattgefunden hat. Da
alle Gewebe von salzhaltigen Flüssigkeiten durchtränkt sind, also Leiter
zweiter Ordnung darstellen, so können die elektrischen Spannungsunterschiede sich ausgleichen in Gestalt von Strömen, die nach dem Vorgange
von Hermann im Falle der Erregung als Aktionsströme, im Falle

der Verletzung als Demarkationsströme bezeichnet werden. Durch Nebenschließungen, die an das elektromotorisch wirksame Gewebe angelegt werden, lassen sich Stromzweige nach außen ableiten und der Beobachtung und Messung zugänglich machen.

Die hierzu erforderlichen methodischen Vorkehrungen bestehen einmal in der Verwendung von Meßinstrumenten von großer Empfindlichkeit und Beweglichkeit (geringer Trägheit). Letzteres ist namentlich für die Beobachtung der Aktionsströme wichtig, deren Intensität sehr raschen Wechsel zeigt. Hier haben sich das Kapillarelektrometer und besonders das Saitengalvanometer (s. S. 54) bewährt. Eine zweite wichtige Vorkehrung ist die Herstellung einer Nebenschließung, die selbst nicht zum Sitz elektromotorischer Kräfte wird. Dies wäre z. B. der Fall, wenn man metallische Leiter in unmittelbare Berührung mit dem zu untersuchenden Gewebe bringen würde. Man verwendet daher „unpolarisierbare" Elektroden, die aus amalgamiertem Zink in Zinksulfat bestehen, das seinerseits wieder an Kochsalzton grenzt, d. h. Ton, der mit physiologischer Kochsalz- oder mit Ringerlösung angeknetet ist (E. DU BOIS-REYMOND, Ges. Abhandl. 1, 42). Nur dieser Ton kommt mit dem lebenden Gewebe in Berührung.

Die infolge Schädigung eines Gewebes auftretenden Ströme, die Demarkations- oder Verletzungsströme, finden sich in weiter Verbreitung, nicht nur an tierischen, sondern auch an pflanzlichen Geweben und man kann kaum zweifeln, daß jede Zelle imstande ist, solche Ströme zu entwickeln. Daß dieselben an Muskeln und Nerven besonders leicht nachweisbar sind, rührt nur davon her, daß diese Organe aus gleichsinnig geordneten Elementargebilden von makroskopischer Länge bestehen, so daß die Elektroden an verletzte und unverletzte Teile derselben Zelle, Zellsäule, Faser bzw. desselben Faserbündels herangebracht werden können.

Wird ein leicht isolierbarer Muskel, wie z. B. der Sartorius, unverletzt dem Körper entnommen, so zeigt er sich bei beliebiger Anlegung der Elektroden stromlos. Man kann ihn aber jederzeit elektromotorisch wirksam machen, indem man ihn an einer Stelle quetscht, schneidet, über 50° erhitzt oder anätzt. Alle diese Verletzungen dürfen nur partiell ausgeführt werden. Denn wird der ganze Muskel abgetötet, z. B. durch Behandlung mit heißem Wasser oder durch chemische Mittel, so läßt sich eine elektromotorische Wirksamkeit nicht mehr nachweisen.

Der Demarkations- oder Verletzungsstrom beruht demnach auf einem Gegensatz zwischen dem normalen und dem veränderten Teil der Muskelfaser und zwar ist die Oberfläche des normalen Teils positiv gegen den abgetöteten oder doch geschädigten Teil. Verbindet man beide durch einen leitenden Bogen, so geht ein Strom von dem unverletzten zum verletzten Teil, in der Faser natürlich in umgekehrter Richtung. Unmittelbar nach Eintritt der Verletzung ist er noch nicht nachweisbar (Latenzzeit), erreicht aber in wenigen Tausendstel Sekunden seine volle Stärke (GARTEN, 1904, A. g. P. 105, 291); er dauert mit abnehmender Intensität solange an, bis die verletzten Fasern abgestorben sind. Am Nerven geht der Verletzungsstrom rascher zurück und verschwindet lange bevor die Fasern abgestorben sind. Durch Anlegen eines neuen Querschnittes läßt er sich wiederum hervorrufen. Es muß also eine Art Ausheilung der Verletzung Platz greifen.

Da die Verletzungsströme in der die Zellen umspülenden Lymphe einen inneren Schließungsbogen besitzen, läßt sich stets nur ein Teil derselben nach außen ableiten. Demgemäß kann eine Messung ihrer elektromotorischen Kraft auch niemals den vollen Wert ergeben, sondern nur jene Spannungsdifferenz, die zwischen den zur Ableitung gewählten Punkten des inneren Leiterkreises besteht. Unter günstigsten Umständen ist sie gleich 0,075 Volt gefunden worden. Vgl. DU BOIS-REYMOND, A. f. A. u. P., **1867**, 431. Nach SAMOJLOFF ist die wahre Spannungsdifferenz ungefähr 0,1 Volt (1899, A. g. P. **78**, 38).

Die zweite und praktisch viel wichtigere Veranlassung zum Auftreten elektromotorischer Kräfte in lebenden Geweben ist deren Erregung. Die Oberfläche des unerregten Teiles zeigt positive Spannung, die des erregten Teils negative. Die dadurch bedingten und z. T. nach außen ableitbaren Ströme sind außerhalb des Gewebes von dem unerregten gegen den erregten Teil, im Inneren entgegengesetzt gerichtet. Man nennt sie Erregungs- oder Aktionsströme. Ihre Existenz ist ein Ausdruck der Tatsache, daß eine Muskel- oder Nervenfaser nicht mit allen ihren Teilen gleichzeitig in die Erregung eintritt, sondern daß sich diese von dem Reizorte ausgehend nach Art einer Welle über die Fasern ausbreitet (s. oben S. 242). Legt man zwei Elektroden a und b derart an das unverletzte Gewebe an, daß a dem Ursprung der Erregung näher liegt, so zeigt sich zunächst ein Strom, der im abgeleiteten Kreise von b nach a fließt. Kurze Zeit darauf gelangt die Erregung auch an die zweite Elektrode und damit gehen Spannungsdifferenz und Strom auf Null zurück. Sogleich gewinnt aber nun die Erregung bei b das Übergewicht über

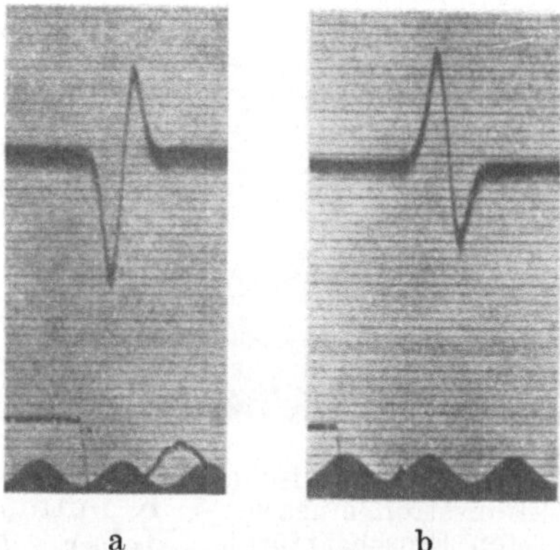

a   b

Abb. 88a u. b. Zweiphasischer Aktionsstrom eines Froschsartorius auf Reizung durch einen Induktionsschlag. Oberste Kurve Ausschlag des Galvanometers, mittlere Kurve Reizsignal, unten Zeitmarken in 60tel Sek. (nach DITTLER).

die bei a, da letztere früher schwindet. Spannungsdifferenz und Strom sind nun entgegengesetzt gerichtet und klingen rasch ab. Diese unmittelbar aufeinander folgenden oder auch durch eine kurze stromlose Pause getrennten, entgegengesetzt gerichteten Stromstöße werden als die beiden Phasen des Aktionsstroms unverletzter Gewebe bezeichnet.

Als Beispiele mögen die Abb. 88a und b dienen (DITTLER, 1913, A. g. P. **150**, Tafel III, Abb. 1a und 1b), die von einem Froschsartorius stammen, der einmal am proximalen Ende gereizt wird (88a) und dann am distalen. Die Ableitungselektroden zum registrierenden Saitengalvanometer liegen zwischen den beiden Reizstellen an dem Muskel aber viel näher der proximalen. Ausschlag der Saite nach unten bedeutet Negativität der proximalen Ableitungselektrode. 88a lehrt also, daß bei Reizung des Muskels am proximalen Ende die proximale Elektrode zuerst negativ, dann positiv wird im Verhältnis zur distalen Elektrode. Umgekehrt bei Reizung des distalen Muskelendes.

Ist der an der Elektrode b liegende Teil des Gewebes abgetötet, so ist ein Verletzungsstrom vorhanden, der im abgeleiteten Bogen von a nach b gerichtet ist. Außerdem kann dieser Teil nicht mehr in Erregung geraten und die von a ausgehende Erregung erlischt, bevor sie b erreicht. Die Folge ist, daß die Erregung sich elektrisch nur noch durch eine einzige Phase ausdrückt, bestehend in einer Schwächung des Verletzungsstromes in der Zeit, während welcher die Erregung unter der Elektrode a hindurchgeht. Diese vorübergehende Schwächung des Verletzungsstromes wird als „negative Schwankung" bezeichnet. Als Beispiel eines einphasischen Aktionsstroms diene Abb. 89, die ebenfalls von einem Froschsartorius stammt (DITTLER, a. a. O., Abb. 6a).

Über die außerordentlich bedeutungsvollen Aufschlüsse, welche die Registrierung der Aktionsströme des schlagenden Herzens, die Elektrokardiographie, über die Ausbreitung der Erregung im Herzen und ihre mannigfaltigen Störungen geliefert hat, ist bereits in Teil 3 berichtet worden.

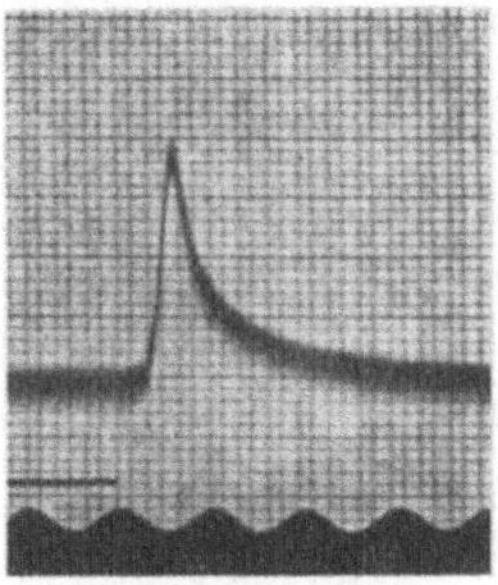

Nicht minder wichtig ist die Registrierung der Aktionsströme der Nerven. Durch dieselbe wird man bei efferenten Nerven unabhängig von dem Erfolgsorgan (Muskel, Drüse, Herz usw.), das zwar in der Regel von der Erregung mitergriffen wird, sie aber in mehr oder weniger abgeänderter Weise zum Ausdruck bringt, so daß es nur mit Vorsicht zur Beurteilung der ersteren verwendet werden kann. Noch größer sind die Transformationen, welche die Erregung afferenter Nerven in Rückenmark und Gehirn erfährt. Für die Kenntnis der Eigenschaften dieser Nerven ist daher die Beobachtung ihrer Aktionsströme die erste Quelle. Auf diesem Wege hat festgestellt werden können die Leitungsgeschwindigkeit in weißen und grauen Nerven, die gleich schnelle Leitung in den efferenten und afferenten Fasern der spinalen Nerven, ihr doppelsinniges Leitungsvermögen u. a. S. 243ff. mitgeteilte Eigenschaften.

Abb. 89. Einphasischer Aktionsstrom eines verletzten Froschsartorius auf Reizung mit einem Induktionsschlag. Bedeutung der drei Kurven wie in Abb. 88 (nach DITTLER).

Es hat sich weiter herausgestellt, daß das Nervensystem eine die Zeit einer Zuckung überdauernde Zusammenziehung der Muskeln nur durch Häufung der Erregungen zustande bringen kann, also durch dasselbe Mittel, dessen sich auch der Experimentator bei künstlicher Reizung bedient. Für die willkürliche Innervation der Muskeln war dies schon seit geraumer Zeit aus den Oszillationen der Verdickungskurve, sowie aus dem die Tätigkeit begleitenden Muskelton gefolgert worden (vgl. NAGELS Handb. d. Physiol. 4, 536), aber erst die Darstellung der Aktionsströme hat die außerordentlich dichte Folge der Erregungen kennen gelehrt, deren sich das Nervensystem zur Betätigung der Skelettmuskeln bedient. Bei willkürlicher Innervation sind allerdings die Oszillationen des Aktionsstroms selten regelmäßig genug, um mit Sicherheit von einem bestimmten Rhythmus sprechen zu können. Die beobachteten Frequenzen schwanken zwischen 50 und 200 in der Sekunde (BUCHANAN, 1908, Quart. J. of exp. P. 1, 211; PIPER, Elektrophysiologie menschlicher Muskeln, Berlin 1912; GARTEN, 1909, Zeitschr. f. B. 52, 534; KUNO,

1914, A. g. P. **157**, 337). Dagegen haben sich die automatischen Erregungen, die bei der Atmung regelmäßig in den N. phrenicus und das Zwerchfell gelangen, als ein besonders günstiges Objekt zur Untersuchung dieser Frage erwiesen. Jede Inspiration stellt eine kurzdauernde tetanische Innervation dar, die sich durch eine meist sehr regelmäßige Folge der einzelnen Erregungsstöße auszeichnet, deren Frequenz je nach der Körpertemperatur (35—38⁰) zwischen 80 und 140 in der Sekunde schwankt (DITTLER und GARTEN, 1912, Zeitschr. f. B. **58**, 420). Die Aktionsströme des Nerven und des Muskels zeigen dieselbe Frequenz, vgl. hierzu Abb. 90 (DITTLER und GARTEN, a. a. O. S. 445).

Wie die willkürliche und automatische arbeitet auch die reflektorische Innervation. Als Beispiel seien in Abb. 91 die tetanischen Aktionsströme mitgeteilt, die von den Augenmuskeln bei den nystagmatischen Bewegungen abgeleitet werden können (P. HOFFMANN, A. f. P. **1913**, 23).

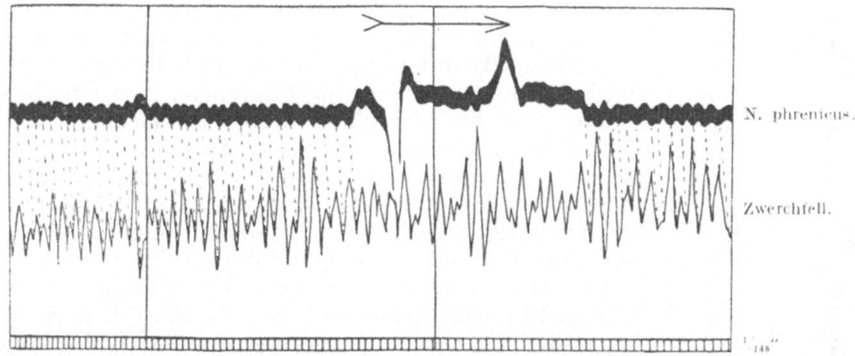

Abb. 90. Gleichzeitige Schreibung der Aktionsströme des N. phrenicus (oben) und eines Zwerchfellzipfels (unten). Am Fuße Zeitmarken in $^1/_{148}$ Sek. Abstand. Das Elektroneurogramm des Phrenikus wird in der Gegend des Pfeiles durch den Einbruch eines Elektrokardiogramms gestört. Die zusammengehörigen Schwankungen der beiden Kurven sind durch gestrichelte Linien verbunden.

Der tiefere Grund für die Rhythmizität der Dauererregung muß in dem refraktären Zustand gesucht werden, der eine Verdoppelung oder Vervielfachung der Erregung nicht zuläßt. Sowie die in einer Muskel- oder Nervenfaser ausgelöste Erregung maximal ist (s. unten das „Alles- oder Nichtsgesetz" im Abschnitt über elektrische Reizung), so ist sie auch souverän, d. h. sie duldet keine zweite neben sich. Erst wenn sie ganz oder zum größten Teil abgelaufen, sind die Bedingungen für eine Wiederholung gegeben. Die höchste Frequenz, die der Erregungsrhythmus annehmen kann, ist damit zugleich ein reziprokes Maß für die Dauer des refraktären Zustandes (P. HOFFMANN, Würzb. Sitzungsb. 7. Nov. 1912).

Die Unmöglichkeit, den Erregungszustand zu steigern durch eine Häufung gleichzeitiger oder innerhalb der refraktären Periode rasch aufeinander folgenden Reize steht nicht im Widerspruch mit der Summation der Muskelzuckungen, von der oben S. 228 die Rede war. Die Zuckung ist ja ein relativ träger Vorgang, der erst zur Entwicklung kommt, wenn die Erregung, soweit sie in Form des Aktionsstromes zum Ausdruck gelangt, im wesentlichen schon abgelaufen ist. Eine Steigerung des mechanischen Erfolges der Erregung ist also sehr wohl möglich durch Reizfolgen mit größerem Intervall als die Dauer des refraktären Zustandes.

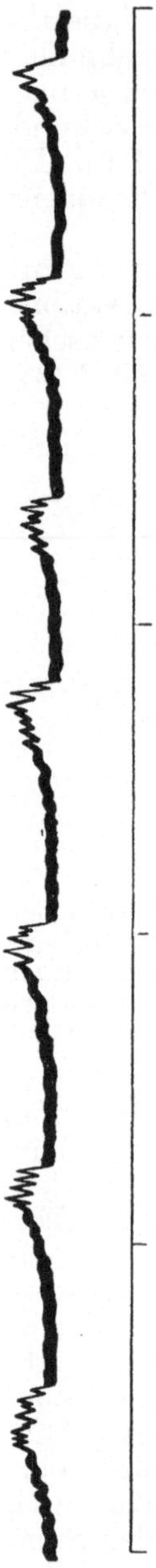

Über die Bedeutung des Aktionsstromes für die Fortpflanzung der Erregung von der primär erregten Stelle aus s. unten im Abschnitt über elektrische Reizung.

Das Auftreten der elektromotorischen Kräfte hängt eng zusammen mit dem histologischen und chemischen Bau der Zellen. Hierbei ist von Bedeutung einmal die Verschiedenheit der Salze, die sich innerhalb und außerhalb der Zelle finden, worauf wiederholt (S. 34 und 234) hingewiesen worden ist. Ein Austausch dieser Salze bzw. ihrer Ionen wird wie man annimmt, durch die Undurchgängigkeit des Protoplasmas bzw. seiner oberflächlichen Schicht, der Plasmahaut, für diese Stoffe oder doch für gewisse Ionen verhindert, kann aber stattfinden bei Verletzung und in vorübergehender Weise bei der Erregung. Hierbei muß es dann infolge der ungleichen Wanderungsgeschwindigkeiten der diffundierenden Ionen zu Potentialdifferenzen bzw. Strömen kommen. Für die Triftigkeit dieser Auffassung spricht, daß, wie Overton gefunden hat, Muskeln, deren Gewebsflüssigkeit durch eine isotonische Lösung von sekundärem Kaliumphosphat ersetzt ist, nach Verletzung keinen Demarkationsstrom oder sogar einen schwachen in verkehrter Richtung zeigen (Würzb. Sitzber. 1905).

Die eben flüchtig skizzierte Vorstellung ist aber deshalb nicht ausreichend, weil die im tierischen Körper vorliegenden Salzkonzentrationen und -kombinationen zur Erzeugung der recht erheblichen elektromotorischen Kräfte nicht ausreichen. Eine weit bessere Annäherung an die wirklichen Verhältnisse wird erreicht, wenn man die beiden wässerigen Salzlösungen durch ein anderes Lösungsmittel, eine zweite „Phase", sich getrennt denkt, durch das eine Verschiebung in der Ionenkonzentration, sei es durch ungleiche Löslichkeit, sei es durch ungleiche Wanderungsgeschwindigkeit, bewirkt wird. Als eine solche Phase würde die Plasmahaut der Zelle, vielleicht auch das Zellstroma überhaupt zu betrachten sein (vgl. hierzu Höber Physikal. Chemie der Zelle, 4. Aufl. 1914, S. 569ff.).

Die Aktionsströme, von denen bisher die Rede war, stellen geringfügige Leistungen dar gegenüber den elektrischen Entladungen, zu denen gewisse Fische (Raja, Torpedo, Malapterurus, Gymnotus) befähigt sind. Während bei Muskel, Nerv und Drüsenzelle die Erregungsströme gewissermaßen nur ein Nebenprodukt darstellen, bilden sie bei den elektrischen Organen dieser Tiere die wesentliche Leistung. Wie Babuchin und Engelmann gefunden haben, werden die elektrischen Organe als Muskelfasern angelegt, erfahren aber in der späteren Embryonalentwickelung eine Umbildung, bei der die elektrische Wirksamkeit auf Kosten der Kontraktilität eine gewaltige Ausbildung erfährt. Durch

Abb. 91. Von rechts nach links zu lesen. Aktionsströme des Rectus medialis (Kaninchen). Regelmäßige nystagmatische Kontraktionen. Unten Zeit in $^2/_5$ Sek.

die vieltausendfache Hintereinanderschaltung von plattenartigen Bildungen, deren jede auf Anregung von seiten des Nerven zu einer elektromotorisch wirksamen Fläche wird, können elektromotorische Kräfte bis zu mehreren hundert Volt entstehen. Die Entladungen sind entweder kurz, zuckungsartig, oder rhythmisch-tetanisch mit hohen Frequenzen, bis 100 pro Sekunde und mehr. Der Fisch selbst ist, wenn auch nicht unempfindlich, so doch unterempfindlich für seine Schläge (vgl. hierzu GARTEN in WINTERSTEINS Handb. d. vergl. Physiol. **3**, II, 170 ff.).

III. Die Reize.

1. Mechanische Reize.

Nicht jede mechanische Einwirkung auf Muskel oder Nerv führt zur Erregung. Drucksteigerungen auf 200 Atmosphären und darüber, die den Muskel samt Nerven treffen, sind wirkungslos und unschädlich, wenn sie als hydrostatischer Druck gleichmäßig von allen Seiten wirken (EBBECKE, 1914, A. g. P. **157**, 79). Auch örtlich umschriebener Druck kann als Reiz unwirksam bleiben, wenn er langsam ansteigt. Am Nerven führt er leicht zur Aufhebung der Leitfähigkeit und zum Verlust der Erregbarkeit an der gedrückten Stelle. Hierzu genügt, wie das bekannte „Einschlafen" der Glieder lehrt, schon verhältnismäßig geringer Druck. Die vorübergehende Aufhebung der Leitfähigkeit steigert sich bei länger dauernder Einwirkung zur „Drucklähmung", die funktionell einer Unterbrechung des Nerven gleich zu achten ist. Es stellen sich dann auch histologisch nachweisbare Veränderungen im Nerven ein, die als eine Folge der Ernährungsstörung am gedrückten Orte und der vollständigen funktionellen Ausschaltung weiter distal aufzufassen sind.

Durchschneidung des Nerven wirkt vorübergehend als Reiz, und lähmt dauernd alle von dem Nerven versorgten Organe, d. h. sie können nunmehr vom Gehirn und Rückenmark aus nicht mehr betätigt werden und auch ihrerseits nicht mehr auf diese wirken. Der Verkehr zwischen gelähmten und ungelähmten Teilen ist dann nur noch ein stofflicher auf dem Wege von Blut und Lymphe. Sofort beginnen dann Veränderungen im abgetrennten Stumpf des Nerven einzusetzen, die in wenigen Tagen zum Verlust der Erregbarkeit und Leitfähigkeit und zum Zerfall der Fasern führen, von denen nur ein bindegewebiger Strang zurückbleibt. Gleichzeitig setzt am zentralen Stumpf des Nerven ein Wucherungsvorgang ein, der darin besteht, daß die durchtrennten Axonen Sprossen treiben, die, wenn sie den Anschluß an den peripheren Stumpf finden, von den Resten der degenerierten Fasern geleitet in ihnen weiterwachsen und schließlich nach Monaten die Verbindung mit den peripheren Geweben wieder herstellen. Auch der periphere Nervenstumpf wird mit seinen Hüllen vollständig regeneriert.

Mechanische Reizung ist indessen sehr wohl ohne Schädigung möglich. Besonders leicht gelingt sie am Nerven. Mit einem leichten Hämmerchen, das mit seiner quer zum Nerven gestellten Schneide auf ihn herabfällt, können Reize in beliebiger Stärke gegeben und Reihen gleich hoher Zuckungen ausgelöst werden (TIGERSTEDT, Studien über mechanische Nervenreizung, Helsingfors 1880; 1881, Nord. med. Arkiv **13**, 12). Ein einheitliches mechanisches Maß für die Stärke des Reizes läßt sich zur Zeit nicht angeben. Die lebendige Kraft ist von Bedeutung insofern, als der Reiz im allgemeinen um so stärker wirkt, je mehr er den Nerven deformiert. Sehr geringe Deformationen, bis etwa 10% der Nervendicke, sind wirkungslos, Deformationen von $20—50\%$ wirken maximal. Stärkere Deformationen geben dann keinen größeren Erfolg, sind vielmehr geeignet, den Nerv zu schädigen (OINUMA, 1909, Zeitschr. f. B. **53**, 303).

Neben der lebendigen Kraft oder der Deformationsarbeit des Reizes ist es die Geschwindigkeit der Deformation von der der Erfolg abhängt, und zwar sind kleine Änderungen der Geschwindigkeit von größerem Einfluß als solche der Arbeit des Reizes. Es ist daher wahrscheinlich, daß schon sehr kleine Deformationen zur Erregung des Nerven genügen, wenn sie mit genügender Geschwindigkeit stattfinden (OINUMA, a. a. O.; v. FREY, Würzb. Sitzungsber. 16. Dez. 1909).

Es spricht mancherlei dafür, daß es nur dann zu einer Erregung kommt, wenn durch den Reiz die Oberfläche der Nervenfaser soweit gelockert wird, daß ein Austausch von Ionen mit der Umgebung stattfinden kann. Es wird also gewissermaßen ein Demarkationsstrom hervorgerufen, der aber sofort wieder verschwindet, weil die Störung zu geringfügig ist, als daß sie nicht unverweilt wieder ausgeglichen würde. Der Stromstoß genügt aber, um an der getroffenen Stelle Erregung hervorzurufen, die nun entsprechend der Eigenart der Faser über dieselbe fortschreitet.

Auch am Skelettmuskel kann man durch leichte Schläge quer zur Faserrichtung Zuckungen auslösen. Benutzt man hierzu Vorrichtungen, die eine Schwellenbestimmung gestatten, so lassen sich Zonen von verschiedener Empfindlichkeit nachweisen. HOFMANN und BLAAS (1908, A. g. P. **125**, 137) haben gezeigt, daß die hochempfindlichen Zonen den Orten gehäufter Nervenenden entsprechen, während die von solchen freien Faserabschnitte des Muskels relativ unempfindlich sind. Merkwürdigerweise bleibt die Verschiedenheit der Schwellenwerte auch nach Degeneration der Nerven bestehen, so daß man schließen muß, die Muskelfaser enthalte im Zusammenhang mit den nervösen Endapparaten Strukturen, welche nach Durchschneidung der Nerven nicht oder doch viel langsamer degenerieren und eine hohe Empfindlichkeit gegen mechanische Reize beibehalten. Zu entsprechenden Folgerungen ist auch LANGLEY geführt worden in seinen Untersuchungen über die Wirkung von Nikotin und Kurare auf entnervte Muskeln (1905, J. of P. **33**, 374; 1906, Zentr. f. P. **20**, 290).

2. Elektrische Reize.

Von allen künstlichen Reizen sind die elektrischen die am meisten verwendeten und methodisch am besten ausgebildeten, weil sie sich auf das feinste quantitativ abstufen sowie zeitlich und örtlich begrenzen lassen. Sie stellen auch die mildeste Art der Reizung dar, d. h. sie können so gestaltet werden, daß sie nicht schädigen und beliebig oft wiederholt werden können. Daß die erregbaren Gewebe so besonders leicht auf diesen Reiz ansprechen, hat vermutlich seinen Grund darin, daß auch bei der natürlichen Erregung elektrische Ströme (Aktionsströme) eine wichtige Rolle spielen. Von diesem Gesichtspunkte aus wäre der elektrische Reiz der am meisten naturgemäße.

Die beiden wichtigsten Formen der elektrischen Reizung sind die Reizung mit konstantem Strom, häufig als galvanische Reizung bezeichnet, und die Reizung mit dem induzierten Strom. Findet letztere statt in Form des Wechselstroms, so ist der Ausdruck faradische Reizung gebräuchlich.

A. Reizung mit konstantem Strom.

Sollen Muskeln oder Nerven innerhalb des lebenden menschlichen oder tierischen Körpers erregt werden, so wird man bei einer Elektrodenfläche von 3 qcm (STINTZING) unter normalen Verhältnissen mit Stromstärken von 0,5—2,0 Milliampere (MA) auskommen. Bei einem Widerstand des menschlichen Körpers von einigen tausend Ohm erfordert dies die Hintereinanderschaltung von einer Anzahl galvanischer Elemente, die durch einen sogenannten Stromwähler zu- oder ausgeschaltet werden. Die dabei auftretenden Erscheinungen werden unten beschrieben werden. Sie sind lange nicht so übersichtlich als die bei Reizung isolierter Muskeln und Nerven zu beobachtenden. Die wesentlichen Wirkungen des elektrischen Stroms sind daher alle an tierischen

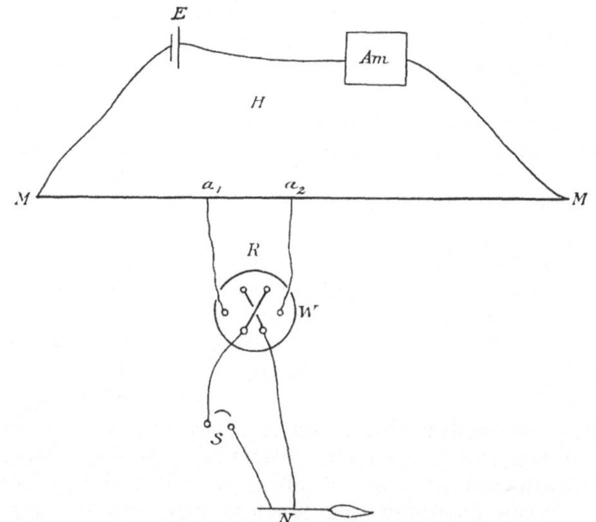

Abb. 92. Versuchsanordnung zur Reizung eines Nerven (N) durch konstante Ströme von stetig veränderlicher Stärke.

Präparaten gefunden worden und auf diese muß auch immer wieder zurückgegriffen werden, wenn die verwickelten Ergebnisse an ganzen Organismen Aufklärung finden sollen.

Die elektrische Reizung isolierter Organe bedarf einer besonderen Methodik, weil hier schon mit weit geringeren Stromstärken die zur Erregung nötige Stromdichte (s. u.) erreicht wird. Ein konstanter Strom von 10^{-6} Amp. oder 1 Mikro-Amp. (μA) wird, durch den Ischiadikus des Frosches fließend, denselben in der Regel in Erregung versetzen und es werden so ziemlich alle Wirkungen des Stroms zur Beobachtung kommen, wenn letzterer bis zum 50fachen jener Stärke ansteigt. Innerhalb dieser Werte ist eine stetige Änderung der Stromstärke anzustreben. Hierzu dient eine Einrichtung, wie die durch Abb. 92 schematisch dargestellte. MM ist ein meterlanger Draht von einigen Ohm Widerstand (Rheochord), Am ein Ampermeter, E ein konstantes galvanisches Element. Ist der Strom im Hauptkreise H geschlossen, so entsteht im Drahte MM ein gleichmäßiges Potentialgefälle und die Spannungsdifferenz zwischen irgend zwei Punkten des Drahtes wird ihrem Abstande proportional sein. Wird nun von zwei Punkten a_1 und a_2 des Drahtes durch den Stromwender W und den Schlüssel S zum Nerv N abgeleitet, so tritt nur ein äußerst schwacher Zweigstrom in den Reizkreis R ein, weil der Widerstand des Nerven vieltausendmal größer ist, als der des Drahtstückes $a_1 a_2$. Es findet durch die Abzweigung auch keine merkliche Verstärkung des Stroms im Hauptkreise statt und man darf mit verschwindendem Fehler annehmen, daß der durch den Nerven gehende Strom der Länge $a_1 a_2$ proportional ist.

Als weitere notwendige Vorkehrungen für einwandfreie Reizergebnisse sind zu nennen die Verwendung unpolarisierbarer Elektroden (s. o. S. 248) und die Erhaltung der ausgeschnittenen Gewebe im Zustande normaler Erregbarkeit. In dieser Richtung ist namentlich dafür zu sorgen, daß sie nicht vertrocknen. Man bringt sie daher in eine sogenannte feuchte Kammer, d. h. das Präparat wird mitsamt den unpolarisierbaren Elektroden in einem mit Wasserdampf gesättigten Raume aufgestellt.

Am übersichtlichsten gestalten sich die Reizerfolge am Muskel. Schickt man durch einen Sartorius des Frosches „absteigend", d. h. vom Becken- zum Knieende sehr schwache Ströme, indem man die Länge der Ableitungsstrecke am Rheochord von Null anfangend schrittweise vergrößert, so lassen sich eine Anzahl unwirksamer oder unterschwelliger Stufen nachweisen, bis etwa bei 10 μA die erste schwache Wirkung sichtbar wird. Dies ist der Schwellenreiz. Bei Steigerung der Stromstärke nehmen die Verkürzungen rasch an Höhe zu und sie können dies bis zu einem gewissen durch weitere Reizverstärkung nicht mehr überschreitbaren Werte tun. Der schwächste hierzu genügende Reiz ist dann als Maximalreiz zu bezeichnen. In der Regel ist indessen ein bestimmter Maximalreiz nicht angebbar, vielmehr nur festzustellen, daß von einer gewissen Reizstärke ab der Muskel sich zwar stets stark zusammenzieht, aber doch in wechselndem Umfang.

Die Tätigkeit des Muskels tritt ein bei der Schließung des Stroms, sie ist eine Schließungserregung; nach ihrem zeitlichen Verlauf ist sie nicht eine Zuckung, sondern ein meist kurz dauernder, rasch absinkender, durch unregelmäßige Schwankungen gekennzeichneter Tetanus. Deutlicher als in der Verkürzungskurve erscheint die Zusammengesetztheit des Erregungsvorganges bei der Registrierung der Aktionsströme, wie sie von GARTEN durchgeführt worden ist (1901, Abhandl. Ges. d. Wiss. Leipzig **26**, 331). Nach dem Abklingen der Erregung ist die weitere Dauer des Stroms ohne Wirkung, ebenso seine Öffnung. Man spricht daher von einem Schließungstetanus (abgekürzt STe), gegebenenfalls von einer Schließungszuckung (SZ). Der im Beginn des Tetanus meist sehr regelmäßige Rhythmus der Erregungen ist in seiner Frequenz in hohem Maße von der Temperatur des Muskels abhängig, womit er sich als eine spezifische Leistung desselben, als sein „Eigenrhythmus" verrät.

Kehrt man die Stromrichtung um, so daß sie „aufsteigend" wird, so findet man wieder einen Schwellenwert, wie bei absteigendem Strom, doch liegt derselbe fast ausnahmslos etwas höher. Dies auf den ersten Blick überraschende Ergebnis wird verständlich, wenn man beachtet, daß der Strom seine erregende Wirkung nicht an beliebigen Stellen entfaltet, sondern, wie sofort bewiesen werden soll, nur dort, wo er aus den Fasern austritt oder anders ausgedrückt, wo er seine physiologischen Kathoden hat (HERING, 1879, Sitzungsber. Wien. Akad. **79**, (3) 4). Nun ist die Zahl der Fasern des Sartorius und demgemäß auch der Querschnitt des Muskels kleiner am Knieende als am Beckenende, so daß dort die auf die Einheit des Querschnitts bezogene Stromstärke oder die Stromdichte größer ist. Diesem Umstande verdankt der absteigende Strom seine größere Wirksamkeit in Form einer niedrigeren Schwelle.

Die polare Wirkung des Stromes, d. h. die Beschränkung der Erregung auf den Ort der physiologischen Kathoden läßt sich am besten dadurch nachweisen, daß man den Muskel an einem Ende narkotisiert. Die diesem Ende zugekehrte Stromrichtung ist dann unwirksam, die entgegengesetzte wirksam. Natürlich dürfen zu dem Versuche nur mäßig starke Ströme verwendet werden, weil sonst von der Längsrichtung der Fasern abweichende Stromschleifen sich bemerklich machen und eine regelwidrige Wirkung vortäuschen können.

Durch sehr starke Ströme können am Muskel auch bei der Öffnung Erregungen erzielt werden, die aber nicht von der Kathode, sondern von der Anode ausgehen. Von praktischer Bedeutung sind dieselben nicht. Da die Öffnungserregung am Nerven viel leichter zu erzielen ist, soll sie dort näher beschrieben werden.

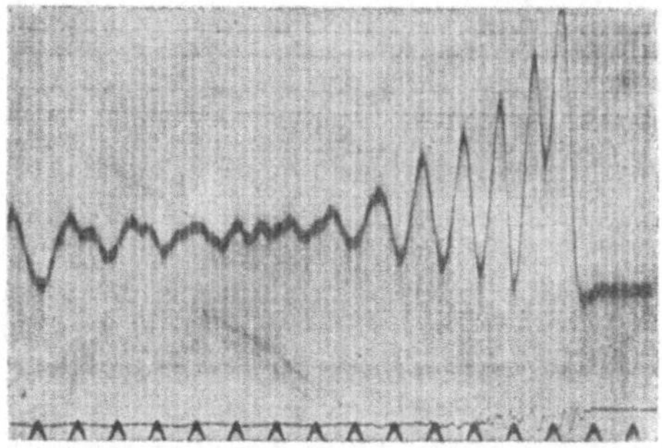

Starke Ströme führen ferner am Muskel zu „Dauerkontraktionen“, Formänderungen in Gestalt umschriebener Aufwulstungen, die bei der Schließung an der Kathode, bei der Öffnung an der Anode auftreten und auf diese Stellen beschränkt bleiben. Es handelt sich hierbei wahrscheinlich um eine örtlich begrenzte Änderung im Quellungszustand des Muskels, die durch Produkte der Elektrolyse hervorgerufen wird (man vgl. über die Wirkung elektrischer Ströme auf Muskeln BIEDERMANN, Elektrophysiologie 1. Bd., Jena 1895, 149 ff. und NAGELS Handb. d. P. **4**, 511 ff.).

Leitet man den konstanten Strom durch einen Nerven, wozu sich der Ischiadikus des Frosches mit anhängendem Gastroknemius als Transformator vorzüglich eignet, so sind die Erfolge den für den Muskel beschriebenen vielfach ähnlich. Auch hier gibt es unterschwellige, schwellenmäßige und überschwellige Reize und, wenn man will, maximale soweit der meist unregelmäßig tetanische Charakter der Erregung einen Vergleich der Verkürzungsgrößen erlaubt. Die rhythmische Natur des Erregungsvorganges kommt in dem Aktionsstrom des zugehörigen Muskels deutlich zum Vorschein, wie aus Abb. 93 zu ersehen (WINTERSTEIN, Handb. **3**, II, 116).

Die Reizschwelle des Nerven liegt etwa 2- bis 5mal tiefer als die des Muskels, wenn sie in Stromstärken gemessen wird. Der Nerv gilt

Abb. 93. Von rechts nach links zu lesen. Einphasische Aktionsströme des Musculus gastrocnemius des Kaninchens. Reizung vom Nerven aus mit 4 D, Temperatur 36,5⁰. Darunter Reizsignal und Schwingungen einer Zungenpfeife von 250 in der Sek. GARTEN, 1909, Z. f. B. **52**, Taf. XV, Fig. 24.

daher als empfindlicher gegenüber der elektrischen Reizung. Bezieht man die schwellenmäßigen Stromstärken aber auf die Einheit des Querschnitts, der beim Sartorius ungefähr 20mal größer ist als beim Ischiadikus, so bedarf der Nerv der größeren Stromdichte. Das dürfte wohl damit zusammenhängen, daß der Nerv durch seine Hüllen besser isoliert ist als der Muskel, so daß es stärkerer Ströme bedarf, um den Widerstand zu überwinden und eine zur Erregung genügende Stromdichte in den Axonen herzustellen. Ein Vergleich der spezifischen Empfindlichkeit der beiden Gewebe ist daher zur Zeit nicht möglich.

Wie beim Muskel läßt sich die polare Wirkung des Stromes sicherstellen in der Weise, daß man die Kathode nach einem abgestorbenen oder einem gelähmten Teil des Nerven verlegt, was zur Aufhebung oder Minderung des Erfolges führt. Umkehr der Stromrichtung ist übrigens auch bei einem überall leitungs- und erregungsfähigen Nerven nicht gleichgültig, weil geringe Unterschiede im Querschnitt, in dem Gehalt an Bindegewebe oder gar in der Schädigung durch die Präparation, durch Austrocknung und dergleichen genügen, je nach Lage der Kathode den Erfolg zu ändern.

Der Hauptunterschied im Verhalten des Nerven gegenüber dem des Muskels liegt darin, daß er viel leichter als dieser auf Stromöffnung reagiert. Bei einer Stromstärke gleich dem 5fachen des Schwellenreizes wird man die Öffnungserregung meist erhalten können, vorausgesetzt, daß der Nerv nicht zu kurze Zeit durchströmt war. Für ihr Auftreten ist nämlich neben der Stärke des Stroms seine Dauer von wesentlicher Bedeutung. Dies weist aber darauf hin, daß die Bedingungen für das Auftreten der Öffnungserregung von dem zugeleiteten Strom erst erarbeitet werden müssen. In der Tat ist seit langem bekannt, daß der elektrische Strom im Nerven, in schwächerem Grade auch im Muskel und anderen Geweben, reversible Änderungen hervorruft, die als innere Polarisation bezeichnet werden und mit dem inhomogenen Bau dieser Teile zusammenhängen. Insbesondere sind es die schlecht leitenden Hüllen des Nerven, die dem Durchgang des Stromes einen erheblichen Übergangswiderstand entgegensetzen und veranlassen, daß neben den Strömungsvorgängen auch Ladungen stattfinden. Eine weitere Folge dieser Widerstände ist, daß die innere Polarisation sich über eine viel größere Strecke ausbreitet als dem Abstande der Elektroden entspricht, ja daß streng genommen, der Nerv in seiner ganzen Länge an derselben teilnimmt, wobei eine anodisch und eine kathodisch polarisierte Hälfte zu unterscheiden ist. Sobald nun der polarisierende Strom unterbrochen wird, gleichen sich die Ladungen wieder ab durch einen im Innern des Gewebes auftretenden Strom, der dem zugeleiteten entgegengerichtet ist. Dadurch werden die bisherigen anodischen Stellen zu kathodischen, was sehr wohl mit einer Erregung verbunden sein kann (vgl. die Darstellung CREMERS in NAGELS Handb. d. P. 4, 979). Ist diese Auffassung der Öffnungserregung zutreffend, so kann die Gesamtheit der durch elektrische Ströme bewirkten Erregungen zusammengefaßt werden in der Regel: Reizung kann nur dort entstehen, wo der Strom, gleichgültig welcher Herkunft, aus der lebenden Faser austritt (an der physiologischen Kathode).

Durch die mit der inneren Polarisation einhergehende chemische Veränderung des Nerven (Änderung der Ionenkonzentration, Erhöhung der Konzentration an den Grenzflächen der einzelnen Phasen) ist eine

Umstimmung desselben verknüpft, die in einer gesteigerten Erregbarkeit in der kathodischen Strecke und einer verminderten in der anodischen besteht. Da es üblich ist, die durch die Polarisation bedingte Ausbreitung des Stroms über den Nerven als Elektrotonus zu bezeichnen, so nennt man auch die genannten Erregbarkeitsveränderungen elektrotonische.

Die erregende Wirkung elektrischer Ströme ist bisher nur als abhängig von ihrer Stärke beschrieben worden. Daß diese Darstellung nicht genügt, folgt schon aus der Tatsache, daß es hauptsächlich die Schließung, also der Beginn der Durchströmung (bei der gegebenenfalls auftretenden Öffnungserregung der Beginn des gegenläufigen Polarisationsstromes) ist, an der die Erregung sich knüpft. Weiterhin ist der Strom ohne Wirkung oder diese nimmt doch sehr rasch ab. Im gleichen Sinne ist ferner die Erfahrung zu deuten, daß man durch langsame und stetige Steigerung der Stromstärke reizfrei zu Werten derselben gelangen kann, die bei sofortiger Schließung lebhaft erregen (sog. Einschleichen in den Strom). Es kommt also auch auf die Geschwindigkeit an, mit der der Strom entsteht. Die Bedeutung dieser von DU Bois-

REYMOND zuerst hervorgehobenen Veränderlichen ist dann von v. KRIES (A. f. P. **1884**, 347) und LUCAS (1907, J. of P. **36**, 253) genauer untersucht worden, indem sie sich geradlinige Stromanstiege von wählbarer Steilheit und Dauer herstellten. Im Gegensatz zu plötzlichen Schließungen oder „Momentanreizen" sind solche „Zeitreize" bei gleicher schließlicher Stromstärke stets weniger wirksam oder anders aus-

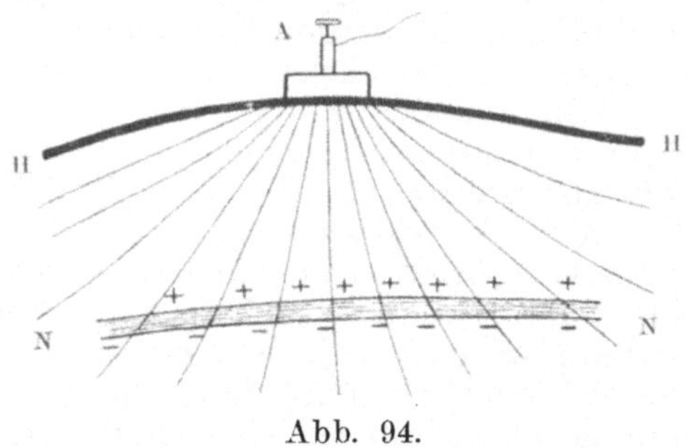

Abb. 94.

gedrückt, Zeitreize müssen zu höheren Stromstärken ansteigen, um den gleichen Erfolg zu haben wie Momentanreize. Der Unterschied ist zum Teil überraschend groß. So muß z. B. bei einer Anstiegsdauer von 1 Sekunde der Strom für den Froschnerv 60mal so stark sein als bei Momentanschließung. Ist die Steilheit des Stromanstieges gegeben, so wächst mit der Dauer desselben die Wirkung, was besagt, daß neben der Geschwindigkeit des Ansteigens doch auch die Stromstärke oder die Elektrizitätsmenge von Einfluß ist.

Damit gelangt man zur Anerkennung der maßgebenden Bedeutung von zwei Variablen Stromstärke und Anstiegsgeschwindigkeit, die in vollkommener Analogie stehen zur Größe und Geschwindigkeit der Deformation bei der mechanischen Reizung.

Viel weniger übersichtlich als bei dem Versuch am ausgeschnittenen Organ sind, wie schon oben erwähnt, die Reizergebnisse bei Durchströmung des lebenden Körpers, wie sie vorgenommen wird, um die Erregbarkeit von Muskeln und Nerven am Menschen zu prüfen. Die Verwickelung ist dadurch gegeben, daß Anoden und Kathoden nicht räumlich scharf getrennt werden können, so daß bei gleicher Fläche der beiden auf die Haut gesetzten Elektroden die Erregung an beiden Orten auftritt. Sei in Abb. 94, die einen Schnitt normal zur Körperoberfläche darstellen

17*

soll, HH die Haut, A die auf dieselbe gesetzte Anode des Stroms, so wird sich derselbe in dem darunter befindlichen leitenden Gewebe nach allen Seiten ausbreiten, was durch die von A ausstrahlenden Linien angedeutet ist. In Wirklichkeit beschränkt sich natürlich der Strom nicht auf die wenigen hier gezeichneten Fäden, sondern erfüllt das Gewebe in völlig stetiger Weise. Die Zeichnung soll nur anschaulich machen, daß die Stromdichte entsprechend der Divergenz der Stromlinien mit der Entfernung von A beständig abnimmt. Ist nun NN ein in der Tiefe liegender Nerv oder eine Muskelfaser, so tritt der Strom auf der mit + bezeichneten Seite in die Faser ein und hat dort seine physiologischen Anoden, er tritt aber auf der mit — bezeichneten Seite sogleich wieder heraus, was zur Bildung von physiologischen Kathoden (man nennt sie in diesem Falle gewöhnlich virtuelle Kathoden) Veranlassung gibt. Nach Umkehr der Zeichen gilt die Abbildung ebenso für die Vorgänge unter der Kathode. Die Folge dieser eigentümlichen Stromverteilung ist, daß unter beiden auf den Körper gesetzten Elektroden sich physiologische Kathoden befinden, weshalb denn auch an beiden Stellen Erregung eintritt. Ein Unterschied besteht nur insofern, als die kathodische Stromdichte am Nerven bei einsteigendem Strom geringer ist als bei aussteigendem, so daß man unter der Kathode in der Regel etwas leichter, d. h. bei geringerer Stromstärke Erregung erhält.

Da nun das Auftreten von Erregungen unter beiden Elektroden nicht erwünscht ist, indem doch nur die Erregbarkeit eines Muskels oder Nerven geprüft werden soll, hilft man sich in der Weise, daß man die eine Elektrode großflächig macht und auf einen ausgedehnten Körperteil setzt, Brust oder Rücken. Dadurch wird die Stromdichte unter ihr so gering, daß es nicht zur Erregung kommt, die Elektrode also unwirksam oder indifferent ist. Die kleinflächige, differente Elektrode (meist 3 qcm$_2$) kommt dann auf den Teil zu stehen, dessen Verhalten untersucht werden soll. Man findet sie dann zuerst, d. h. bei schwächsten Strömen wirksam, wenn sie Kathode ist, doch genügt meist eine geringe Verstärkung des Stromes, um sie auch als Anode (virtuelle Kathoden!) erregungsfähig zu machen. Der Erfolg ist, soweit er Muskeln oder motorische Nerven betrifft, entweder kurz, zuckungsartig (Kathoden- bzw. Anodenschließungszuckung abgekürzt KSZ und ASZ) oder tetanisch, gedehnt (KSTe bzw. ASTe). Bei Reizung von Muskelnerven sind mit stärkeren Strömen auch Öffnungserregungen zu erhalten.

B. Reizung durch Stromstöße.

Wie die vorstehenden Darlegungen zeigen, werden die großen Vorzüge, welche die elektrische Reizung besitzt, bei Verwendung konstanter Ströme dadurch beeinträchtigt, daß sich infolge des tetanischen Charakters der Erregung ihre Dauer und (beim Muskel) der mechanische Erfolg nicht vorausbestimmen läßt. Außerdem ist eine über die zur Erregung nötige Zeit hinausgehende Durchströmung der Gewebe unerwünscht, weil nur die Polarisation vergrößernd. Für die Absicht des Versuches ist es also vollkommen ausreichend, wenn der Strom nur bis zum Eintritt der Erregung anhält bzw. ansteigt, und dann sofort wieder verschwindet. Solche Ströme von sehr kurzer Dauer heißen Stromstöße. Sie lassen sich auf verschiedene Weise herstellen. Das idealste Verfahren ist wohl die Verwendung von Kondensatorentladungen, weil sich bei ihnen alle maßgebenden Größen übersehen und berechnen lassen. Aus technischen und Bequemlichkeitsgründen wird aber allgemein der Induktionsapparat in Form des Schlittens von DU BOIS-REYMOND vorgezogen. Durch Schließen und Öffnen des Stromes in der primären Spule wird die sekundäre induziert und liefert den Schließungs- und Öffnungsschlag, Stromstöße von entgegengesetzter Richtung und, infolge der Selbstinduktion, verschiedenem zeitlichen Verlauf. Der Öffnungsschlag ist kürzer und demgemäß (gleiche Elektrizitätsmenge!) von höherer maximaler Spannung und Intensität als der Schließungsschlag. Im Verhältnis zu den physiologischen Zeiten kann allerdings die Dauer beider Stöße als verschwindend gelten. Die Abstufung der Reizstärke geschieht durch Verschiebung der beiden Spulen gegeneinander.

Mit solchen Stromstößen lassen sich ebenso wie mit dem konstanten Strom unter- und überschwellige Reize erzielen. Der Vorzug der Stromstöße zeigt sich hierbei in einer größeren Gleichmäßigkeit der Erfolge, insbesondere darin, daß von einer gewissen Intensität (= Rollenabstand) ab die Verkürzung des Muskels nicht mehr wächst, also ein bestimmtes Maximum, die Reizhöhe, erreicht ist. Dieselbe stellt sich dann ein, wenn der Reiz stark genug ist, um alle Fasern des Nerven oder Muskels zu erregen. Damit ist zugleich erwiesen, daß für die einzelne Faser das Alles- oder Nichtsgesetz gilt (LUCAS, 1905, J. of P. **33**, 207 und 1909, **38**, 113). Man vergleiche hierzu das früher S. 47 über das Herz Gesagte.

Die Erklärung der Tatsache, daß Stromstöße in der Regel nur Zuckungen hervorrufen, liegt darin, daß sie zu kurz sind, um den Eigenrhythmus des Gewebes auszulösen; es antwortet mit einer einzigen elementaren Erregung, die beim Muskel die Form der Zuckung besitzt (s. o. S. 219).

Ein weiterer Vorzug der induzierten Stromstöße ist dadurch gegeben, daß sie nur an ihrer jeweiligen Kathode erregen. Denn wenn sie auch, wie alle Stromstöße aus einem Schließungsvorgang (Stromanstieg) und einem unmittelbar anschließenden Öffnungsvorgang (Stromabstieg) bestehen, so ist doch, infolge der überaus kurzen Dauer des Stroms die Polarisation zu gering, um eine Öffnungserregung (an der Anode) zu veranlassen. Die Erregungen durch Schließungs- wie Öffnungsschlag des Induktoriums sind also beide physiologisch gesprochen Schließungserregungen, was zur Vermeidung von Mißverständnissen, die durch die physikalischen Benennungen nahegelegt sind, ausdrücklich bemerkt sei. Erst wenn man zu Stromstößen sehr hoher Intensität übergeht, werden die Erscheinungen verwickelter, indem nun auch der Stromabstieg in Form einer anodischen Öffnungserregung sich bemerklich macht und andere Wirkungen auftreten, auf die hier nicht eingegangen werden kann.

Endlich gibt der Induktionsapparat in Verbindung mit dem als NEEFscher Hammer bekannten Selbstunterbrecher die Möglichkeit zur Herstellung von Wechselströmen und damit zur künstlichen Erzeugung von tetanischen Muskelverkürzungen. Auf diesem Wege kann geprüft werden, wie vielen Reizen pro Sekunde der Muskel zugänglich ist. Daß hier eine Grenze gegeben sein muß, folgt aus dem jeder Erregung sich unmittelbar anschließenden refraktären Zustand (siehe oben S. 246), in welchem ein neuer Reiz nicht wirkt. Versuche in dieser Richtung haben ergeben, daß der menschliche Skelettmuskel Reizfrequenzen bis 150 in der Sekunde zu folgen imstande ist und in nicht so sicherer und regelmäßiger Weise auch noch bis 300 (HOFFMANN, A. f. P. **1909**, 430).

Auf eine ähnliche Zahl von Erregungsstößen deuten auch die Oszillationen des Aktionsstroms bei automatischer (siehe oben S. 251) und willkürlicher (siehe oben S. 250) Innervation des Warmblütermuskels. Für das Warmblüterherz liegt die Grenze, entsprechend seinem langdauernden refraktären Zustand, bei künstlicher Reizung schon bei etwa 10 in der Sekunde (HOFFMANN und MAGNUS-ALSLEBEN, 1914, Z. f. B. **65**, 139).

Die Verwendung der Induktionsströme findet ihre Grenze dort, wo sie infolge der trägen Reaktion der zu reizenden Gewebe geringe Wirkung haben bzw. sie erst bei übermäßig hohen Intensitäten gewinnen, wie bei den glatten Muskeln, den grauen (REMACKschen) Nerven u. a. Hier sind Stromstöße langsameren Verlaufs oder Zeitreize (s. o.) am Platze (vgl. hierzu v. KRIES, 1919, A. g. P. **176**, 302).

Die ungleiche Ansprechbarkeit der Organe und Gewebe durch den elektrischen Reiz findet den bezeichnendsten Ausdruck in der sogenannten Nutzzeit, jener Zeit innerhalb welcher der Strom einwirken muß, um die minimale Erregung zu erzielen. Da diese Zeit zugleich in charakteristischer Weise abhängig ist von Stärke und zeitlichem Ablauf des reizenden Stroms, so hat die Bestimmung der Nutzzeit neben ihrer praktischen Wichtigkeit auch eine Bedeutung für die Theorie der elektrischen Reizung (vgl. GILD,EMEISTER, 1913, Zeitschr. f. B. **62**, 358; Derselbe und ACHELIS, 1915, D. Arch. f. klin. Med. **117**, 586).

Unter den Vorgängen, die infolge der Einleitung von elektrischen Strömen in tierischen Teilen stattfinden, ist für die Erregung wohl in erster Linie maßgebend die Konzentrationsänderung der Ionen an der Grenze zweier Lösungsmittel, von denen eines eine Membran sein kann. Indem hierdurch die Struktur des Protoplasmas verändert wird, entsteht Erregung, ähnlich wie auch bei mechanischer Reizung eine Lockerung oder Störung der Struktur angenommen werden mußte. Natürlich setzen dann sofort reparatorische Vorgänge ein, die bei sehr langsam wachsendem Strom es vielleicht gar nicht zu einer Erregung kommen lassen, womit sich die Möglichkeit des „Einschleichens" erklären ließe. Die Bedeutung der Konzentrationsänderungen ist von NERNST hervorgehoben und zu einer Theorie der Erregung verwertet worden, deren mathematischen Folgerungen mit dem bisher vorliegenden Beobachtungsmaterial in guter Übereinstimmung stehen (1908, A. g. P. **122**, 275; EUCKEN, Ber. Preuß. Akad. **1908**, I, 524).

Elektrische Reizung findet nicht nur durch Ströme statt, die von außen dem Körper zugeleitet werden, sie ist auch durch die Eigenströme des Körpers möglich. Durchschneidet man einen Nerven, so gewahrt man an ihm bzw. an seinen Erfolgsorganen einige Zeit hindurch Erregungen, die von dem auftretenden Verletzungsstrom herrühren. Auch die Erregungserscheinungen, die im Anschluß an degenerative und pathologische Prozesse im Rückenmark und Gehirn zu beobachten sind, dürften vielfach auf Reizung durch Demarkationsströme beruhen.

Eine andere Veranlassung zum Auftreten von „Eigen"-Erregungen ist gegeben durch die Aktionsströme benachbarter Organe. Da sich diese, wie die Elektrokardiographie lehrt, im ganzen Körper ausbreiten, ist theoretisch die Reizung jedes erregbaren Teiles möglich. Die Ströme sind nur meistens zu schwach bzw. die Organe genügend voneinander isoliert, um es nicht dazu kommen zu lassen. Im Versuche gelingt es sehr leicht, ein Nervmuskelpräparat (Präparat II) von einem anderen aus (Präparat I) zu reizen. Man braucht nur den Nerv II auf den indirekt (von seinem Nerven aus) erregten Muskel I zu legen. Man erhält die sogenannte sekundäre Zuckung oder sekundären Tetanus. In ähnlicher Weise läßt sich die Erregung von Muskel auf Muskel und von Nerv auf Nerv übertragen, besonders wenn man sie leicht aufeinander preßt oder etwas austrocknen läßt (BIEDERMANN, Elektrophysiol. 363, 668). Erregung der Phrenici kann durch den Aktionsstrom des Herzens erfolgen und führt zur Störung der Atmung durch eine seufzerartige Inspiration. Vermutlich sind auch manche Fälle von ausstrahlenden Empfindungen, besonders solche schmerzhafter Art, falsche Lokalisationen, wie bei „Referred Pain", ungeordneter Gebrauch der Muskeln wie bei den choreatischen Bewegungen und dergleichen auf sekundäre Erregungen zu beziehen.

Endlich ist mit der Möglichkeit, ja Wahrscheinlichkeit zu rechnen, daß die Fortleitung der Erregung, wo immer sie stattfindet, durch den Aktionsstrom der ursprünglich erregten Stelle vermittelt wird. Dieser von HERMANN zuerst ausgesprochene Gedanke, wird von ihm durch die schematische Abb. 95 (HER-MANNS Handb. 1, I, 256; NAGELS Handb. 4, 929) veranschaulicht.

Sie soll eine aus Hülle und Kern bestehende, bei Q querge-schnittene Faser darstellen mit den elektromotorisch wirksamen Flächen A des Verletzungs- und E des Erregungsstromes. Die feinen mit Pfeilspitzen versehenen Kreise geben die Richtung der Ströme an, die in der Faser auftreten. Die

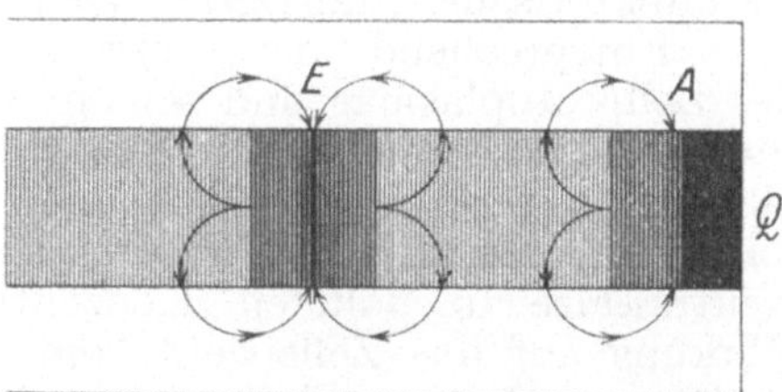

Abb. 95. Die bioelektrischen Ströme im Innern einer verletzten (A) bzw. erregten (E) Faser. Schema nach L. HERMANN.

elektromotorische Kraft dieser Ströme ist, wie oben erwähnt, etwa $^1/_{10}$ Volt, sehr groß aber ihre Intensität, denn der Widerstand ist für die mikroskopisch kleinen Strecken ihrer kürzesten Abgleichungslinien sehr klein. So gut nun der Verletzungsstrom im Augenblick seiner Entstehung die von der Verletzung getroffene Faser erregt, darf dies auch von den Aktionsströmen angenommen werden. Da zu beiden Seiten von E physiologische Kathoden auftreten, steht die Vorstellung mit der tatsächlich nach beiden Richtungen stattfindenden Ausbreitung der Erregung im Einklang. Indem die Nachbarschaft von E, sobald sie in Erregung gerät, nun ihrerseits elektromotorische Wirksamkeit gewinnt, wäre die wellenartige Ausbreitung der Erregung gegeben (vgl. hierzu CREMER in NAGELS Handb. d. P. 4, 929).

3. Chemische Reizung.

Das Ergebnis der zahlreichen Versuche, welche über die Erregung von Muskeln und Nerven durch chemische Stoffe ausgeführt worden sind (vgl. die Darstellungen in NAGELS Handb. d. P. 4, 506 und 822), läßt sich mit großer Wahrscheinlichkeit dahin zusammenfassen, daß jeder Stoff, der eine Schädigung der Zellen hervorruft, auch als Reiz wirken kann. Die Schädigung darf nur keine totale, d. h. die einzelne Zelle oder Faser an allen Punkten ihrer Oberfläche gleichzeitig ergreifende sein, da es dann zur Zerstörung, nicht zur Erregung kommt. Die Schädigung braucht auch keine dauernde zu sein. Ist sie geringfügig und von sofortiger Wiederherstellung des normalen Zustandes gefolgt, so ist eben die Erregung nur eine flüchtige und wiederholbare. Wie es scheint, ist das Wesentliche bei dieser, wie bei der mechanischen Reizung, daß ein dauernder oder flüchtiger Verletzungsstrom entsteht, der nun erst den eigentlichen Erregungsvorgang auslöst. Nach dieser Auffassung würde jeder Reiz schließlich ein elektrischer sein bzw. in einen solchen umgewandelt werden.

Auf Grund der eben erwähnten Einschränkung ist verständlich, daß verdünnte, d. h. nicht oder doch nicht rasch zerstörende Lösungen im allgemeinen bessere chemische Reizmittel darstellen als konzentrierte, doch ist dabei auch die Beschaffenheit der zu reizenden Gewebe und Gewebselemente von Bedeutung, insbesondere ihre mehr oder weniger reichliche Umhüllung mit schützendem Bindegewebe, Lymphscheiden und dergleichen. So sind die weißen Nerven infolge ihrer starken Scheiden für chemische Reize viel schwerer angreifbar als die grauen oder als die Muskeln. Vielleicht beruht es auf einer derartigen Verschiedenheit, daß rezeptorische Nerven mit chemischen Mitteln i. a. leichter erregbar sind als effektorische (GRÜTZNER, 1894, A. g. P. **58**, 69).

Entsprechend der verwickelten chemischen Zusammensetzung des Zellprotoplasmas und seinem Reichtum an Eiweiß ist die Zahl der Stoffe, die als chemische Reize dienen können, sehr groß. Hierher gehören alle Reagenzien, die Eiweiß denaturieren, d. h. aus Lösungen ausfällen oder seinen kolloidalen Zustand verändern, wie Säuren, Alkalien, Metallsalze, Neutralsalze in höheren Konzentrationen, Alkohol usw. Neben der Wirkung auf das Zelleiweiß kommt die verseifende auf die Zellipoide in Frage. Daraus dürften sich die langdauernden Erregungszustände erklären, in die Muskeln in alkalisch reagierenden Salzlösungen verfallen (BIEDERMANN, 1880, Sitzungsber. Wien. Akad. **82**, III, 257). Werden tierische Zellen mit reinem Wasser oder sehr verdünnten Salzlösungen in Berührung gebracht, so werden sie unter Aufquellung rasch zerstört. Ob es dabei zu Erregungserscheinungen kommt, hängt von Umständen ab. Bei isolierten Muskeln tritt die in „Wasserstarre" übergehende Quellung in den Vordergrund. Bei Injektion von Wasser in die Blutgefäße kommt es dagegen zu heftigen Muskelkrämpfen. Injektion von Wasser in die Haut ist sehr schmerzhaft, wirkt somit als starker Reiz.

Erregung kann entstehen nicht nur wenn gewisse Stoffe von außen an die Zelle herangebracht werden, sondern auch wenn der Zelle Stoffe entzogen werden. Muskeln in hypertonischen Kochsalzlösungen (die isotonische Konzentration ist für Amphibien $0{,}7\,^0/_0$, für Säugetiere $1\,^0/_0$) zeigen andauernde Unruhe. Setzt man etwas KCl und $CaCl_2$ zu (Ringerlösung), so wird Verdoppelung der normalen Konzentration ohne Erregung ertragen (OVERTON, 1904, A. g. P. **105**, 241), doch stellt sich dieselbe bei noch weiterem Wasserverlust ein. Weiße Nerven bedürfen hierzu noch höherer Salzkonzentrationen. Ebenso wirkt gesättigte Harnstofflösung.

Erregend wirken ferner reine, kalkfreie Kochsalzlösungen, auch solche von isotonischer Konzentration. Hierbei zeigt sich, daß der Muskel nach einiger Zeit vom Nerven aus nicht mehr erregt werden kann, während direkte Reizung gelingt. Durch Zusatz eines löslichen Kalksalzes kann die indirekte Erregbarkeit wieder hergestellt werden. OVERTON (a. a. O., 279) vermutet, daß der Verlust der indirekten Erregbarkeit in reiner Kochsalzlösung beruht auf der Dissoziation einer organischen Kalkverbindung an der Naht- oder Kittstelle zwischen Nerv und Muskel.

Wird das Natrium aus dem Gewebssaft des Muskels durch eine isosmotische Lösung von Rohrzucker (oder von einem ungiftigen Kaliumsalz) verdrängt, so wird der Muskel völlig unerregbar (Overton, 1902—04, A. g. P. **92**, 346 und **105**, 176). Durch Zufuhr kleiner Mengen von Natrium- oder Lithiumionen ist die Lähmung wieder rückgängig zu machen. Die Anwesenheit von Kationen verschiedener Wanderungsgeschwindigkeit im Innern des Muskels und außerhalb desselben scheint somit eine unerläßliche Bedingung für dessen Erregung zu sein.

Alle durch chemische Reize hervorgerufenen Erregungen sind zeitlich nicht scharf begrenzbar, weil die wirksamen Stoffe entsprechend der im Innern der Gewebe sehr erschwerten Diffusion nur allmählich an die erregbaren Strukturelemente herantreten und ebenso schwer wieder zu entfernen sind. Die Erregungen ergreifen ferner niemals den ganzen Nerv oder Muskel auf einmal, sondern stellen sich bald da, bald dort ein, wodurch sehr unregelmäßige tetanische Zusammenziehungen, meist sogar nur ein eigentümliches Wühlen und Wogen, entstehen, die als fibrilläre Zuckungen, beim Herzen als Flimmern beschrieben werden.

Die Narkose.

Neben den Erregungserscheinungen oder auch ohne diese kommt es stets auch zu Änderungen der Erregbarkeit durch chemische, wie überhaupt durch künstliche Reize. Hierin liegt ein wertvolles Prüfungsmittel, um die Wirkung der verschiedensten Stoffe auf lebende Zellen festzustellen.

Die oben als erregend bezeichneten Stoffe waren in der Regel solche, die nicht ohne weiteres in lebende Zellen eindringen, so daß ihre Wirkung als Folge eines chemischen Angriffs auf die Zelloberfläche anzusehen ist. Eine weit größere Zahl von Stoffen, namentlich aus dem Gebiete der organischen Chemie ist jedoch befähigt, mehr oder weniger rasch in die Zellen einzudringen, wobei es zur Erregung oder nur zur Steigerung der Erregbarkeit und der normalen Zellfunktionen kommt oder aber zu ihrer Verminderung und schließlichen Aufhebung oder Lähmung. Der letztere Zustand wird als Narkose bezeichnet. Häufig geht der Narkose eine Erregbarkeitssteigerung vorauf.

Die narkotisch wirkenden Mittel teilen sich, wie Overton gezeigt hat, in zwei Gruppen, die er als indifferente und basische Narkotika unterscheidet (Studien über die Narkose, Jena 1901). Zwischen beiden Gruppen kommen Übergänge vor, doch ist im allgemeinen eine scharfe Scheidung möglich. Zu den indifferenten Narkotizis gehören eine sehr große Zahl von Stoffen (mehr als die Hälfte der bekannten Kohlenstoffverbindungen), die chemisch indifferente Körper sind oder doch nicht in ausgesprochenem Grade einen basischen, sauren oder salzartigen Charakter besitzen. Zu ihnen zählen auch einige anorganische Verbindungen wie Kohlensäure, Schwefelkohlenstoff und Stickoxydul. Ist für einen Stoff dieser Gruppe die zur Narkose nötige Konzentration in bezug auf eine bestimmte Zellenart gefunden, so gilt diese Konzentration in der Regel auch für andere Zellenarten, mögen dieselben pflanzlicher oder tierischer Herkunft sein. Die narkotisierende Wirkung ist ferner eine vorübergehende, d. h. sie hört auf nach vollständiger Entfernung der betreffenden Verbindung aus der die Zellen umgebenden Lösung, Overton, a. a. O., S. 7.

Die zweite Gruppe umfaßt die organischen Basen und ihre salzartigen Verbindungen, von welch letzteren es aber auch nur der in wässeriger Lösung hydrolytisch abgespaltene basische Bestandteil ist, der
eine Wirksamkeit entfalten kann, weil er allein imstande ist in die Zellen
einzudringen. Von den anorganischen Verbindungen gehört hierher
das Ammoniak, während die Laugen der Alkalimetalle ausgeschlossen
sind, weil sie, abgesehen von ihrer ätzenden Wirkung, in die Zellen nicht
eindringen können. Die Wirkung dieser organischen Basen unterscheidet
sich von der der indifferenten Narkotika insofern, als hier nicht für
jeden Stoff ein Durchschnittswert der Konzentration aufgestellt werden
kann, der mit geringen Abweichungen für beliebige Zellenarten gültig
ist. Es zeigt sich vielmehr, daß die Konzentration eines freien Alkaloids,
die zur vollständigen Narkose erforderlich ist, für verschiedene Zellgat-
tungen um sehr große Beträge, nicht selten um mehr als das Zehnfache
differiert. Die Narkose ist ferner in sehr vielen Fällen keine vorübergehende in dem oben definierten Sinne und die Wirkung bei stets gleich
gehaltener Außenkonzentration eine fortschreitende.

Zur genaueren Verfolgung der Entwickelung und des Schwindens
der Narkose eignen sich Muskel und Nerv in hervorragendem Maße,
weil ihre Erregbarkeit ein bequemes Maß für den Grad der Veränderung

Abb. 96. Der Ischiadikus eines Frosches wird alle 10 Sekunden von einem Reiz
getroffen, der eine maximale Zuckung des M. gastrocnemius hervorruft. Die
Leitung der Erregung im Nerv wird vorübergehend durch Narkose unterbrochen.
Die narkotisierende Lösung beginnt in dem durch den Pfeil bezeichneten Momente
einzuwirken. Weiteres s. im Text.

bietet. Abb. 96 stellt das Ergebnis eines derartigen Versuches dar. Der
Ischiadikus eines Frosches wird alle 10 Sekunden von einem Induktions-
reiz getroffen, der auf das Beckenende des Nerven einwirkt, und eine
maximale Zuckung des M. gastrocnemius auslöst. Dieselbe wird in
der üblichen Weise auf der sehr langsam gehenden Trommel verzeichnet.
Nach dem 8. Reiz wird das Mittelstück des Nerven in Ringerlösung
getaucht, der 0,5 Gewichtsprozent Amylalkohol zugesetzt sind. In den
nächsten Minuten ist der Reiz noch von gleicher Wirksamkeit wie zuvor;
in der 9. Minute beginnt ein rasches Sinken der Zuckungshöhe und bald
hören die Reize auf wirksam zu sein. Die Erregung kann das Mittelstück
des Nerven nicht mehr durchsetzen. Die narkotisierende Lösung wird
nunmehr entfernt und durch gewöhnliche Ringerlösung ersetzt, worauf
schon nach 1 Minute die Reize wieder wirksam werden und in kurzer
Zeit ihre volle Wirkung erreichen.

Im Gegensatz zu den Stoffen der ersten Gruppe zeigt die Narkose
durch die basischen Stoffe Erscheinungen, die auf die Bildung von mehr
oder weniger festen Verbindungen im Innern der Zelle hinweisen. Entsprechend ihrer leichten Löslichkeit in den Lipoiden gehen diese basischen
Narkotika rasch in die Zellen ein, die Entgiftung ist dagegen eine sehr
verzögerte. Die fortschreitende Giftwirkung und die sehr ungleiche
Empfindlichkeit verschiedener Zellenarten gegen diese Stoffe sprechen

für ein von chemischer Verwandtschaft bestimmtes Verhalten (OVERTON, a. a. O., S. 171).

In dieser Beziehung sei nur kurz auf die Drüsenwirkung des Pilokarpin, auf die schmerzstillende Wirkung des Kokain auf die Lähmung der Skelettmuskeln oder genauer der motorischen Nervenenden durch Kurarin, auf die durch Veratrin ausgelösten Muskelkrämpfe und dergleichen hingewiesen.

Das leichte Eindringen der narkotisierenden Stoffe in die Zelle ist nach der von H. H. MEYER und E. OVERTON gleichzeitig aufgestellten Theorie (OVERTON, Studien über die Narkose, Jena 1901) ermöglicht durch ihre Löslichkeit in den Lipoiden der Zelle. Da diese fettartigen Stoffe (Cholesterin, Phosphatide, darunter besonders Lezithin, neutrales Fett, Fettsäuren) sich in jeder Zelle finden, erklärt sich die gleichartige Wirkung auf Zellen der verschiedensten Art und Herkunft. Bei gegebener Konzentration des Narkotikums in der Außenflüssigkeit richtet sich die in der Zelle erreichbare Konzentration nach der Menge der vorhandenen Lipoide und nach dem Teilungskoeffizienten des Narkotikums zwischen Wasser und Lipoid. Der Wert dieses Koeffizienten ist von der chemischen Struktur des Narkotikums abhängig; er zeigt in Reihen homologer Verbindungen eine gesetzmäßige Zu- bzw. Abnahme, welcher auch der Grad der narkotisierenden Wirkung vielfach parallel geht.

Über die Mechanik der narkotisierenden Wirkung hat sich OVERTON nicht des näheren geäußert, was bei der geringen Einsicht in den Stoffhaushalt der Zelle, die zur Zeit noch besteht, verständlich ist. Er vermutet, daß es sich nicht um eine Umsteuerung, sondern nur um eine Erschwerung der normalen Zellfunktionen handelt (a. a. O. S. 178), gewißermaßen um einen Ablauf derselben unter erhöhter innerer Reibung, eine Vorstellung, die insofern ansprechend ist, als, wenigstens unter den indifferenten Narkotizis die Wirkung einer außerordentlich großen Zahl sehr verschiedenartig zusammengesetzter Stoffe qualitativ völlig gleichartig und nur quantitativ unterschieden ist. Man wird so dahin gedrängt, in der Narkose eine vorwiegend physikalische Änderung des Zellstoffwechsels zu sehen.

In neuerer Zeit sind vielfach Tatsachen gefunden worden, die mit der Lipoidtheorie schwer in Einklang zu bringen sind. Hierher gehören die Beobachtungen von RUHLAND über die Vitalfärbung von Pflanzenzellen (1914, Jahrb. f. wissenschaftl. Bot. 54, 391), die Erfahrungen von WARBURG (1912—1914, A. g. P. 144, 465; 155, 547) über die Beeinflussung von Enzymreaktionen und nicht vitalen Prozessen, wie die Verbrennung von Oxalsäure an Tierkohle, durch Narkotika und die analogen Befunde von MEYERHOF (1914, Ebenda 157, 251 u. 307) bezüglich der Zersetzung von Wasserstoffperoxyd durch kolloidales Platin.

Diesen Erfahrungen sucht eine andere Auffassung gerecht zu werden, die den Mechanismus der Narkose erblickt in einer Adsorption der Narkotika an die Zellstruktur, die zugleich Trägerin ist der Fermente und damit der wesentlichen Stoffwandlungen. Das leichte Eindringen der Narkotika in die Zellen wird aber zu erklären gesucht aus der Verringerung der Oberflächenspannung, welche die wäßrige Lösung durch die Anwesenheit dieser Stoffe erfährt, was auf eine Begünstigung ihres Übertritts in ein angrenzendes Lösungsmittel hinausläuft (vgl. TRAUBE, 1915, A. g. P. 160, 501; 161, 530 und die zusammenfassende Darstellung von WINTERSTEIN, „Die Narkose", Berlin 1919).

Dreizehnter Teil.

Rückenmark und Gehirn.

Die Reflexe.

Die bisher untersuchten Erregungserscheinungen bezogen sich auf
Muskeln und Nerven, die, aus ihrem natürlichen Zusammenhang gelöst,
künstlich gereizt wurden. Unter normalen Bedingungen kommt eine
solche isolierte Erregung nicht vor, sie ergreift vielmehr stets eine Anzahl
von hintereinander geschalteten Gliedern, von denen das erste ein
Empfangs- oder Sinnesorgan, das letzte ein Erfolgsorgan (Muskel, Drüse
usw.) ist. Die Verbindung zwischen dem Anfangs- und Endglied wird
durch zwei oder mehr Nerveneinheiten (Neuronen) hergestellt. Der
ganze Vorgang wird als Reflex bezeichnet, weil die Erregung durch
das mit dem Sinnesorgan verknüpfte rezeptorische Neuron in das Rückenmark ein- und durch ein effektorisches Neuron wieder austritt.

Zum Zustandekommen eines Reflexes ist somit im einfachsten
Falle eine Kette von vier erregbaren Gliedern erforderlich in folgender
Reihenfolge:

Sinnesorgan — rezeptorisches Neuron — effektorisches Neuron —
Erfolgsorgan.

Zwischen das rezeptorische und effektorische Neuron können noch
weitere Glieder eingeschaltet sein.

In diesen Ketten funktionell zusammenhängender Glieder treten
bei jeder Erregung außer den bereits im Teil 12 beschriebenen Erscheinungen noch folgende Besonderheiten zutage.

1. Die Ausbreitung der Erregung von Glied zu Glied findet stets
nur in einer Richtung statt, unbeschadet der Fähigkeit des einzelnen
Gliedes die Erregung in beiden Richtungen zu leiten. Man kann daher
wohl in der vorstehend beschriebenen viergliedrigen Reflexleitung die
Erregung in der aufgezählten Reihenfolge von irgend einem Gliede
auf die folgenden übergehen lassen, aber nicht in umgekehrter Folge.
Durchschneidet man an einem Frosche die ventralen Rückenmarkswurzeln sämtlicher zu einem Bein gehenden Nerven, so ist jede reflektorische Einwirkung auf die Muskeln dieses Beines ausgeschlossen,
während von eben diesem Beine aus Reflexe auf die gesamte Muskulatur
des Frosches (mit Ausnahme des gelähmten Beines) wie früher ausgelöst
werden können.

Durchschneidet man dagegen die dorsalen Nervenwurzeln für das
fragliche Bein, so verlieren seine Nerven die Fähigkeit, Reflexe auszulösen, während seine Muskeln den vom Rückenmark kommenden reflek-

torischen Erregungen zugänglich sind (vgl. hierzu JOH. MÜLLER, 1844, Handb. d. Physiol. **1**, 560).

Durch welche Einrichtung des Leitungsweges der Übertritt der Erregung nur in einer Richtung ermöglicht wird, ist nicht bekannt. Es ist ENGELMANN seinerzeit gelungen, durch ungleiche Temperierung der beiden Hälften eines Muskels die ursprünglich doppelsinnige oder reziproke Erregungsleitung in reversibler Weise in eine einseitige oder irreziproke umzuwandeln, indem die Erregung von der abgekühlten (träge reagierenden) Hälfte auf die erwärmte, aber nicht umgekehrt überging (1895, A. g. P. **62**, 400). Vielleicht ist die trägere Reaktion des Muskels im Vergleich zu der des Nerven zugleich der Grund für die Tatsache, daß der letztere zwar seine Erregung auf den Muskel übertragen, aber sie nicht vom Muskel empfangen kann. Ob eine derartige Erklärung auch für die übrigen Irreziprozitäten des Reflexbogens zulässig, ist unbekannt.

2. Eine zweite Besonderheit der Reflexe besteht darin, daß ihr Auftreten im Vergleich zur Leitungszeit in den Nerven ein mehr oder weniger verzögertes ist oder genauer, daß der Erfolg sich in bezug auf die Zeit seines Eintretens nicht vorausbestimmen läßt. Für den Muskel und den peripheren Nerv ist dies möglich, wenn die Art des Muskels oder Nerven und die Temperatur (natürlich auch völlig unermüdeter Zustand) gegeben sind. Insbesondere ist die Geschwindigkeit der Erregungsleitung unabhängig von der Reizstärke (vgl. S. 245), während diese von großem Einfluß ist auf die Latenzzeit des Reflexes oder kurz die Reflexzeit. So fand SHERRINGTON (1906, Integrative Action etc. S. 19) die Reflexzeit des Beugereflexes am Hinterbein des Hundes bei mäßiger Reizstärke zu 50 und mehr σ (1 σ = 0,001 Sek.), während sie bei stärkerer Reizung auf 30 und selbst 22 σ sank. Die von der Erregung zu durchlaufende Nervenstrecke ist 2/3 m. Nimmt man entsprechend den Befunden von GARTEN und MÜNNICH (1915, Zeitschr. f. B. **66**, 1) die Leitungsgeschwindigkeit in den Nerven des Hundes zu 78 m/sek an, so wäre für die Leitung in den Nerven eine Zeit von 8—9 σ und bei Hinzurechnung von 8 σ für die Latenz des Muskels und der Nervenenden in ihm eine Zeit von insgesamt 17 σ ausreichend. Die Reflexzeit ist, wie obige Zahlen lehren, stets länger, bei schwachen Reizen bis zum Dreifachen.

Zu einem Teile könnte die Verzögerung dadurch bedingt sein, daß das rezeptorische Neuron sich innerhalb des Rückenmarks verästelt. GÖTHLIN hat darauf hingewiesen, daß in markarmen Nervenfasern von geringem Querschnitt eine Abnahme der Leitungsgeschwindigkeit zu erwarten ist (1910, A. g. P. **133**, 87). Doch läßt sich auf diesem Wege der wechselnde Wert der Latenzzeit nicht erklären. Ebensowenig können die Zellen des Spinalganglions dafür verantwortlich gemacht werden, weil nach den Beobachtungen von BETHE (1898, Biol. Zb. **18**, 843) und STEINACH (1899, A. g. P. **78**, 291) die Erregung gar nicht nötig hat, in den Zellkörper einzudringen, indem sie wahrscheinlich innerhalb des T-förmigen Fortsatzes von dem distalen auf den proximalen Schenkel übergeht. GARTEN und LENNINGER haben denn auch die in dem gemischten peripheren Nerven gesetzte Erregung gleichzeitig in den beiden Rückenmarkswurzeln eintreffen sehen (1912, Zeitschr. f. B. **60**, 75). Es besteht daher eine gewisse Wahrscheinlichkeit, daß die von HELD (1904, Abhandl. Ges. d. Wiss. Leipzig **29**, 145) entdeckten und als „Endfüßchen“ beschriebenen Ansatzstellen des rezeptorischen und überhaupt des vorgeordneten Neurons an der Ganglienzelle des nachgeordneten (SHERRINGTONS „Synapsen“) der hauptsächliche Sitz der Verzögerung sind.

Besonders starke Verzögerung zeigen Reflexe, wenn sie von Reizen ausgelöst werden, die einzeln überhaupt unwirksam sind, aber durch Wiederholung schließlich wirksam werden. Hier kann sich die Reflexzeit über viele Sekunden und Minuten erstrecken. So kommt es z. B. häufig erst nach längerer Dauer des Kratzens im Halse zum Hustenstoß, des Kriebelns in der Nase zum Nießen, nach längerer Nausea zum Erbrechen u. dergl. mehr. Der Reflexapparat muß also die Fähigkeit besitzen, die andringenden Erregungen zu speichern, so daß sie schließlich das Erfolgsorgan erreichen können. Der Vorgang wird als Summation der Erregungen bezeichnet.

Es ist lediglich eine andere Erscheinungsweise dieser Fähigkeit zur Speicherung der Erregungen, daß die Reflexbewegung mit dem Ende des auslösenden Reizes meist nicht sofort erlischt, sondern ihn in Form einer Nachwirkung überdauert.

3. Eine weitere wichtige Eigenschaft der Reflexe besteht darin, daß sie sich nicht darauf beschränken, die der Bewegung dienenden Muskeln in Tätigkeit zu setzen, sondern daß sie zugleich die gegenwirkenden oder antagonistischen Muskeln erschlaffen oder „hemmen“. Erregung und Hemmung, Zusammenziehung und Erschlaffung von Muskeln sind stets

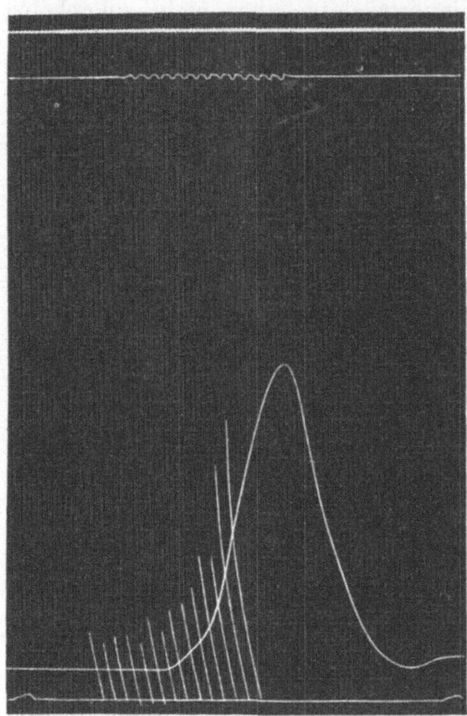

Abb. 97. Zusammenziehung des Beugemuskels im Beugereflex, hervorgerufen durch rhythmische Reizung eines afferenten Nerven (Saphenus internus). Die Zahl und Folge der Reize ist an den Zacken der 2. Linie von oben zu erkennen, außerdem durch die Bogenlinien, welche die Kurve schneiden. Zeit in 0,01 sek. oben, in sek. unten. SHERRINGTON Int. Act. p. 94.

die beiden zusammengehörigen Seiten eines jeden Reflexes. Dies kann in verschiedener Weise nachgewiesen werden. Im spinalen Tier, dessen Rückenmark abgetrennt ist vom Gehirn, führt die Reizung der Zehen eines Hinterbeines mit verschiedenen, namentlich schädigenden (schmerzhaften) Reizen zu einer Beugebewegung in diesem Bein und häufig auch zu einer Streckbewegung in dem gegenüberliegenden. Mit der Zusammenziehung der Beuger auf der gereizten Seite ist eine Hemmung der Strecker, mit der Zusammenziehung der Strecker des anderen Beins eine Hemmung der Beuger verbunden

(SHERRINGTON, 1906. Integrative Action of the Nervous System, London. p. 63). Der Nachweis der Erschlaffung in den antagonistischen Muskeln setzt natürlich voraus, daß sich dieselben zur Zeit des Versuchs in Zusammenziehung befinden, was durch eine vorausgehende Reizung des anderen Beines erreicht werden kann (vgl. Abb. 97 und 98).

Die Hemmung ist nicht ein peripherer, sondern ein zentraler Vorgang. Efferente Nerven, welche die Skelettmuskeln erschlaffen, haben bisher nicht nachgewiesen werden können. Die Wirksamkeit des zum gehemmten Muskel gehenden efferenten Nerven ist nicht verändert (VERWORN, Arch. f. P. **1900**, Suppl. 105). Es scheint, daß nur eine Einwirkung auf die im Vorderhorn liegende Ganglienzelle bzw. auf ihre Synapsen stattfindet, wodurch sie für die von anderwärts kommenden Erregungen unzugänglich wird.

Durch Strychnin und Tetanustoxin wird übrigens die hemmende Wirkung der Reflexe unterdrückt und in Erregung verwandelt, so daß antagonistische Muskeln gleichzeitig in Tätigkeit geraten (SHERRINGTON, 1906, Integr. Action etc. S. 106ff.).

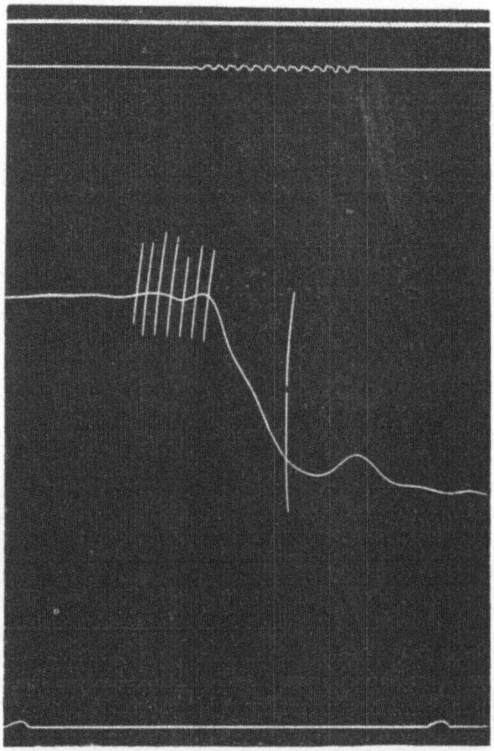

Die Reflextypen.

Im einzelnen ist die Erscheinungsweise der Reflexe von großer Mannigfaltigkeit, je nach der Natur des ergriffenen Erfolgsorgans, der gereizten afferenten Bahn, der Art, Dauer und Stärke des auslösenden Reizes. Auch der Zustand oder die „Stimmung" des Nervensystems ist von Belang. Es gibt kurze, zuckungsartige oder wirklich nur aus einer Zuckung bestehende Reflexe und längere Zeit anhaltende, tetanische. Ferner kann man unterscheiden einfache, nur aus einer Bewegungsform (Beugung, Streckung usw.) bestehende und zusammengesetzte Reflexe, einmalige und wiederholte, insbesondere rhythmisch wiederkehrende Bewegungen. In bezug auf die ergriffene Körperseite gibt es gleichseitige, d. h. auf der gereizten Seite auftretende und gegenseitige Reflexe, einseitige und doppelseitige.

Beispiele für einfache, kurze Reflexe sind die Sehnenreflexe,

Abb. 98. Erschlaffung (Hemmung) des Streckmuskels im Beugereflex, hervorgerufen durch rhythmische Reizung eines afferenten Nerven (Saphenus internus). Die Kurve ist wie Abb. 97 zu lesen. Der Vergleich mit derselben zeigt, daß die Hemmung des Streckers im gleichen Augenblick einsetzt, wie die Verkürzung des Beugers. SHERRINGTON Int. Act. p. 95.

die hauptsächlich an der unteren Extremität durch Schlag auf die Sehne
ausgelöst werden und in einer einmaligen Zusammenziehung des zugehörigen Muskels bestehen. Die Registrierung des Aktionsstromes ergibt, daß es sich um eine Zuckung handelt (vgl. Abb. 99), die mit einer
für Reflexe ungewöhnlich kurzen Latenzzeit nach dem Schlage erscheint.
Der Kniereflex des Menschen, d. h. die Zuckung der Kniestrecker auf
mechanische Reizung der Patellarsehne hat nach F. A. HOFFMANN eine
Latenz von 20—30 σ (1906, Deutsches Arch. f. klin. Med. **120**, 173),
d. h. sie ist so kurz, daß sie bei der Länge des Reflexbogens so gut wie
vollständig für die Nervenleitung und die Latenz des Muskels aufgeht
und daß für die Überleitung der Erregung im Rückenmark kaum ein
merklicher Zeitaufwand bleibt. Ähnlich rasch geschieht die Überleitung
beim Achillessehnenreflex (Zuckung der Wadenmuskeln). Es legt dies
den Gedanken nahe, daß es sich bei den Sehnenreflexen um einen besonders einfach gebauten, d. h. aus einer kleinen Zahl von Neuronen

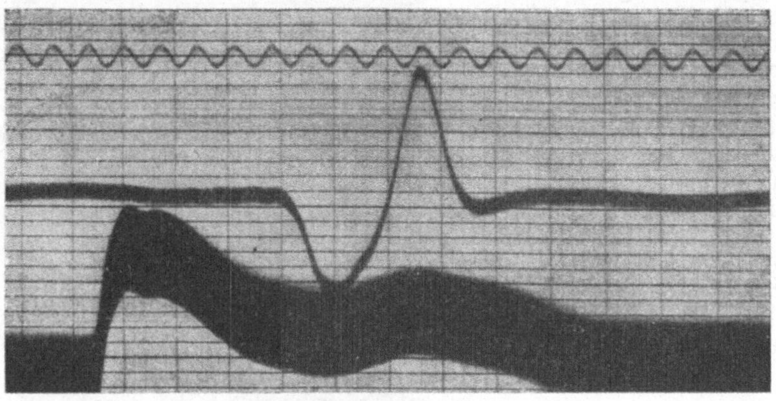

Abb. 99. Aktionsstrom des M. quadriceps im Patellarreflex nach P. HOFFMANN.
A. f. P. **1910**, 223. Oben Stimmgabel ¹/₂₄₈ Sek., Mitte Aktionsstromkurve zwei-
phasisch, beginnend mit Negativität der proximalen Elektrode, unten Markierun
des Reizes (Schlag auf Ligamentum patellae). Abstand der vertikalen Striche 5,7 σ.

bestehenden Reflexbogen handelt. Bekanntlich gibt es unter den
Kollateralen der dorsalen Rückenmarkswurzeln solche, die ohne Unterbrechung durch Schaltzellen nach dem gleichseitigen Vorderhorn ziehen
und die dort liegenden effektorischen Ganglienzellen umspinnen (vgl.
hierzu Abb. 100). Man kann annehmen, daß sie zur Leitungsbahn der
Sehnenreflexe gehören.

Als tetanische Zusammenziehung erscheint der bereits oben erwähnte gleichseitige **Beugereflex**, der durch schmerzhafte Reizung
der Haut hervorgerufen wird. Noch weit länger dauernd, aber von
geringerer Intensität sind die **tonischen Reflexe**, die namentlich
in jenen Muskeln auftreten, die de   Schwerkraft entgegenwirken und
dadurch die aufrechte Körperhaltung ermöglichen (SHERRINGTON a. a. O.
S. 301ff). Man vergleiche hierzu auch das in Teil 14 über die Stellreflexe
Gesagte. Als Beispiel für die Reflexe mit rhythmischer Bewegungsform sei der sog. **Kratzreflex** angeführt, der von SHERRINGTON eingehend untersucht worden ist (1905, E. d. P. 4. 811). Er ist auszulösen

beim Hunde von einem sattelförmigen Feld der Rückenhaut (vgl. Abb. 101 A) durch schwache, mechanische oder faradische (juckende) Reize und setzt die Beuger und Strecker des Beins der gleichen Seite abwechselnd in Erregung, durchschnittlich 4,5 mal in der Sekunde. Die Überleitung der Erregung vom rezeptorischen Neuron auf das effektorische, zum Muskel hinführende, geschieht durch ein zwischengeschaltetes Neuron, dessen Achsenfortsatz in dem lateralen Teil des Seitenstrangs nach abwärts zieht, wie in Abb. 101 B angedeutet.

Die Innervationswege der Reflexe.

Jedes afferente Neuron ist, soviel man weiß, befähigt, Reflexbewegungen hervorzurufen. Es empfängt seine Erregung von seiten der zugehörigen Sinneseinrichtung und stellt somit einen nur von dieser aus beschreitbaren Erregungsweg dar, einen Privatweg nach der Ausdrucksweise SHERRINGTONS. Die in das Rückenmark eindringende Erregung greift dort über, unmittelbar oder durch Vermittlung von Schaltneuronen, auf eine Anzahl von efferenten Neuronen, deren Achsenfortsätze das Rückenmark auf dem Wege der ventralen Wurzeln verlassen. An der Einleitung der Bewegung, mag sie auch noch so umschrieben sein, sind stets mehrere Nervenwurzeln bzw. Rückenmarkssegmente beteiligt. Dies folgt schon anatomisch aus der Tatsache, daß jede in das Rückenmark eintretende

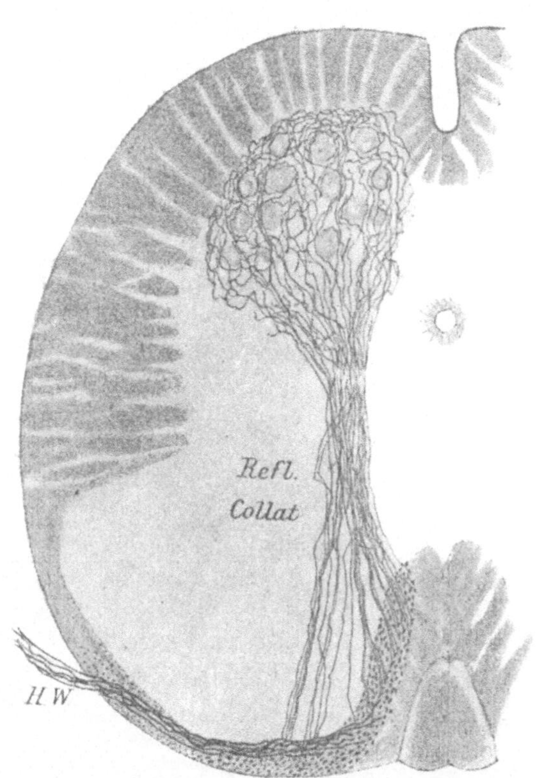

Abb. 100. Querschnitt des Rückenmarks einer neugeborenen Maus. Man sieht von den Fasern der hinteren Wurzel HW Reflexkollateralen in das Vorderhorn der gleichen Seite eindringen und dort die Ganglienzellen umspinnen. Nach LENHOSSÉK, Bau des Nervensystems, Berlin 1895, S. 307.

afferente Faser sich innerhalb des Hinterstrangs in einen auf- und einen absteigenden Ast teilt, die durch Kollateralen mit einem längeren Abschnitt der grauen Substanz des Rückenmarks in Verbindung treten. Außerdem ist durch vielfältige Versuche nachgewiesen, daß an der Innervation jeder Bewegung, wie z. B. Dorsal- oder Plantarflexion der großen Zehe 3—4 Rückenmarkssegmente beteiligt sind (SHERRINGTON, 1892, Journ. of P. **13**, 748). Nach AGDUHR (1916, Anat. Anz. **49**, 1) geschieht sogar die Innervation der einzelnen Muskelfasern, sofern diese mehr als eine motorische Endplatte besitzen, von verschiedenen Segmenten. Der Erregungsweg, der auf der rezeptorischen Seite auf eine einzige Nervenfaser beschränkt sein kann, umfaßt also auf der effektorischen Seite eine große Zahl derselben, wie dies für einen merklichen Bewegungserfolg erforderlich ist.

Nun wird aber ein bestimmter Muskel oder eine Gruppe von Muskeln nicht nur von einer afferenten Bahn in Erregung versetzt, sondern von vielen, wobei die Beanspruchung eine gleichartige oder verschiedenartige sein kann. Es kann ferner die eine Bahn im erregenden,

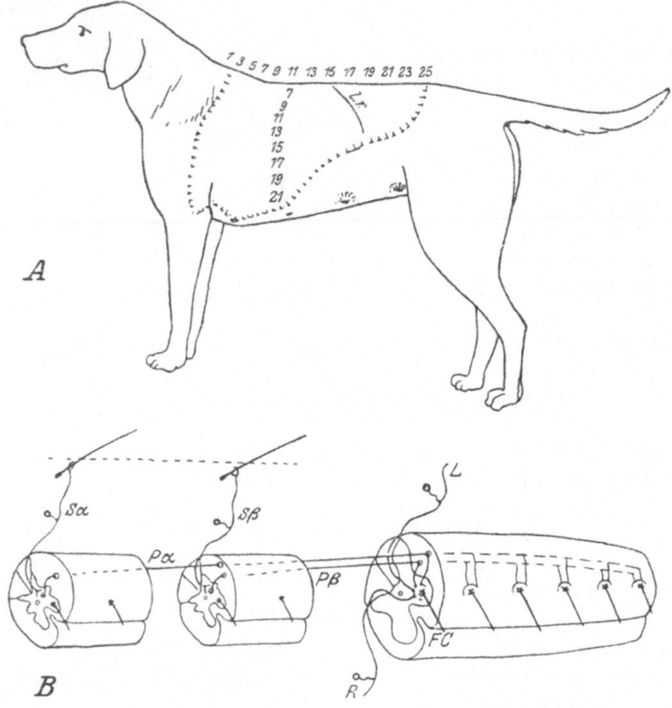

Abb. 101. A sattelförmiges Feld der Rückenhaut des Hundes, von dem der Kratzreflex ausgelöst werden kann.
B Schema der Leitungsbahnen des Kratzreflexes. Sα und Sβ afferente Bahnen von der Rückenhaut (den Haaren) links. Pα und Pβ Schaltneurone. R und L afferente Bahnen vom rechten und linken Hinterbein. FC ventrale Wurzelfasern zu den Beugern der Hüfte. Nach SHERRINGTON a. a. O.

die andere im hemmenden Sinne einwirken. Es findet demnach eine Konkurrenz der Einwirkungen auf die ihnen gemeinschaftliche letzte Strecke des Leitungsweges statt (SHERRINGTON). Der Erfolg ist bald gegenseitige Förderung und damit Verstärkung des Reflexes, bald Unterdrückung des einen Reflexes zugunsten des anderen. Welcher von diesen Fällen verwirklicht wird, hängt ab von der Natur der konkurrierenden Reflexe. Gleichartige Reflexe fördern sich, ungleichartige verdrängen sich, und zwar der stärkere den schwächeren, der neu auftretende den schon seit längerer Zeit wirksamen usw. Dies ist die sog. Interferenz der Reflexe. Wie ersichtlich, wird auf diese Weise eine ungeordnete, sich gegenseitig störende Tätigkeit der Muskeln vermieden.

Als Beispiel für die gegenseitige Förderung bzw. Verstärkung zweier Reflexe sei der durch Abb. 102 dargestellte Versuch mitgeteilt. Unter den Zacken der Fünftelsekundenschreibung finden sich die Linien zweier Signale Sα und Sβ, die nach abwärts ausbiegen, solange die faradische Reizung der Punkte α und β dauert, die in dem sattelförmigen Felde der Abb. 101 A gelegen sind. Wie die Kurve FC des Beugemuskels erkennen läßt, ist weder die Reizung des Punktes α, noch die von β für sich allein imstande, einen Kratzreflex auszulösen, wohl aber die

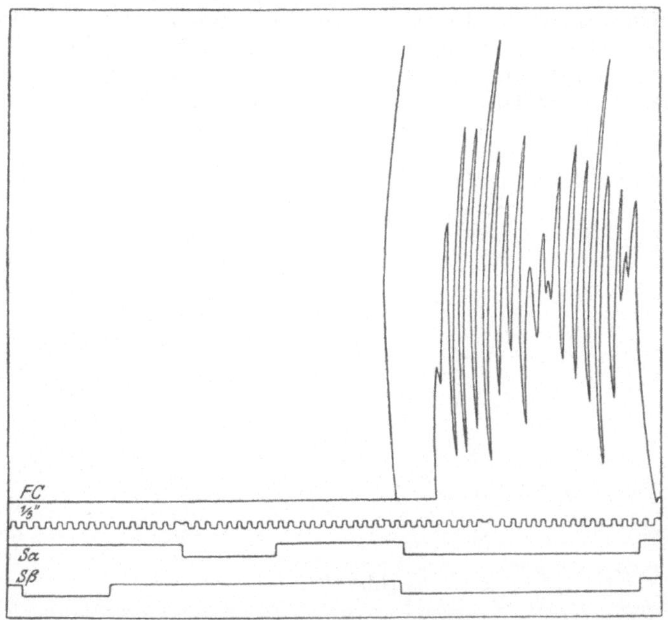

Abb. 102. Von unten nach oben: Ausbuchtungen der 1. und 2. Linie nach unten zeigen die Zeitdauer der faradischen Reizung der afferenten Nerven Sα und Sβ der Abb. 101 B. 3. Linie Fünftelsekunden. Oberste Linie Bewegung der Beuger der Hüfte. Die Bewegung (Kratzreflex) tritt erst ein, wenn beide Reize gegeben werden, nicht bei Reizung nur eines Nerven. Die Bogenlinie vor der Muskelkurve gibt den Augenblick an, in welchem beide Reize einfallen. Nach SHERRINGTON, a. a. O.

gleichzeitige Reizung beider. Die Bogenlinie vor den Zacken der Kratzbewegung gibt den Moment des Einfallens beider Reize an.

Mit der Stärke des auslösenden Reizes wächst die Stärke, die Ausbreitung und, soweit es sich um tetanische Bewegungsformen handelt, auch die Dauer der Reflexe. Bei Reflexen, die, wie die Sehnenreflexe, aus einer einzigen Zuckung bestehen, ist die verschiedene Stärke oder Höhe derselben wohl nur so zu verstehen, daß in dem tätigen Muskel eine mehr oder weniger große Zahl von Fasern in Erregung gerät, da für die einzelne Faser das Alles- oder Nichtsgesetz gilt (siehe oben S. 261). Dies heißt, daß die Kollateralen, durch die das afferente Neuron seine Erregung auf die efferenten überträgt, hierzu ungleich befähigt sind bzw. ungleich langer Summation bedürfen derart, daß bei schwachen bzw. kurzdauernden Reizen nur eine beschränkte Zahl der letzteren an der Erregung teilnimmt. Durch Strychnin werden die Unterschiede in der Erregungsleitung aufgehoben, so daß jeder Reiz zur maximalen Erregung scheinbar sämtlicher Muskeln führt. Ob also zwei gleichzeitig ausgelöste Reflexe interferieren oder ungestört nebeneinander ablaufen, hängt nicht nur davon ab, welche Muskeln und in welcher Form sie diese beanspruchen, sondern auch von ihrer Stärke. Starke Reflexe sind zugleich ausgebreitet und müssen sich gegenseitig beeinflussen, während schwache Reflexe dies nicht zu tun brauchen.

Übrigens bestehen in bezug auf die Anzahl der Muskeln, die an einer Reflexbewegung mittlerer Stärke teilnehmen, im einzelnen große Unterschiede. Es gibt Reflexe, die eng umschrieben sind, d. h. sich nur auf einen oder einige wenige Muskeln beschränken und andere, die sich über den ganzen Körper oder doch große Abschnitte desselben ausbreiten.

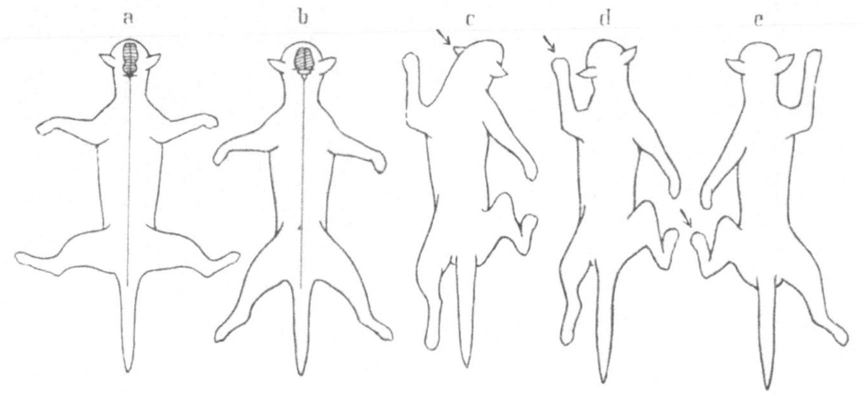

Abb. 103.

Zu den ersteren gehören die Sehnenreflexe, der Blinzelreflex auf Berührung von Hornhaut oder Bindehaut des Auges oder auf Belichtung desselben, der Kremasterreflex, bestehend in einer Hebung des gleichseitigen Hodens durch den M. cremaster und hervorgerufen durch Streichen über die Haut auf der Innenseite des Oberschenkels, der Bauchreflex auslösbar durch Streichen über die Bauchhaut und bestehend in einer Kontraktion der gleichseitigen Bauchmuskeln, der Glutäalreflex d. h. Kontraktion der Mm. glutaei auf Reizung der darüberliegenden Haut, der Analreflex d. h. Kontraktion des M. sphincter externus auf Reizung der Haut in der Gegend des Afters u. a. m.

Ausgebreitete Reflexe sind dagegen von der Haut der Ohrmuschel und den Enden der Glieder auszulösen, wie die Umrisse c—e der Abb. 103 zeigen, an welchen die Pfeile die Orte der Reizung andeuten. Insoweit hiermit eine veränderte Kopfstellung verbunden ist, spielen für die Gesamthaltung auch die vom Labyrinth und den Halsmuskeln ausgehenden Stellreflexe eine Rolle (siehe unten Teil 14). Als Ausgangsstellung für die fraglichen Reflexe kommen die durch Abb. 103 a und b angedeuteten in Frage. In a ist das Tier gelähmt durch einen Schnitt, der das Rückenmark vom Gehirn trennt. Auf den Tisch gelegt, lassen sich die Glieder in der in der Zeichnung angegebenen Weise widerstandslos abduzieren. In b ist die Haltung eines Tieres gegeben, bei dem das Gehirn in der Höhe des Sehhügels quer durchtrennt ist. Die Glieder befinden sich in tonischer Streckung (Enthirnungsstarre siehe unten S. 287).

Das Rückenmark als Leitungsweg.

Bei Besprechung des Kratzreflexes ist bereits auf die Schaltneuronen hingewiesen worden, durch die verschiedene Höhen des Rückenmarks miteinander funktionell verbunden werden. Ihre parallel der Achse des Markes verlaufenden, zahlreich vorhandenen Fasern werden zuweilen als endogene oder Assoziationsfasern des Rückenmarks bezeichnet. Sie liegen in der Regel der grauen Substanz desselben dicht an. Zu ihnen gesellen sich die Fortsetzungen der dorsalen Wurzeln, deren Fasern sich nach Eintritt in das Rückenmark bekanntlich in einen kürzeren absteigenden und längeren aufsteigenden Ast gabeln. Endlich sind es die der Verbindung von Gehirn und Rückenmark dienenden Fasern, die den gleichen achsenparallelen Verlauf einhalten. So entsteht ein mächtiger Mantel von längsverlaufenden, den grauen Kern des Rückenmarks allseitig einhüllenden Fasermassen, die durch die Nervenwurzeln in Stränge — Vorder-, Seiten-, Hinterstränge — geschieden werden. Durch den Markreichtum ihrer Fasern erscheinen die Stränge im auffallenden Lichte weiß; daher ihre Bezeichnung als weiße Substanz des Rückenmarks.

Innerhalb der Stränge lassen sich eine Anzahl von Systemen unterscheiden, die dadurch entstehen, daß Fasern von gleicher funktioneller Bedeutung zu mehr oder weniger geschlossenen Bündeln vereinigt sind. So bestehen die Hinterstränge so gut wie ausschließlich aus Fasern, die Erregungen hirnwärts leiten, während die Fasern der Vorderstränge vorwiegend Regungen des Gehirns an das Rückenmark vermitteln. In den Seitensträngen sind sowohl ab- wie aufsteigend leitende Bahnen vorhanden.

Die Zusammensetzung der weißen Substanz des Rückenmarks aus Faserbündeln verschiedener Herkunft und Bedeutung äußert sich auch in der Ungleichzeitigkeit der Markbildung im Laufe der embryonalen Entwicklung (FLECHSIG, Die Leitungsbahnen etc. Leipzig 1876) und in den Degenerationserscheinungen nach Verletzungen oder Erkrankungen des Rückenmarks. Als Beispiel für eine degenerative Gliederung möge Abb. 104 nach HOCHE dienen. Sie stellt dar sechs Querschnitte des Rückenmarks nach Kompression in der Höhe des 7. Brustwirbels. In der Nähe der Kompressionsstelle (Querschnitt 3) betrifft die Degeneration (schwarze Stellen) fast den ganzen Querschnitt der weißen Substanz. Die Querschnitte 4—6 zeigen die abwärts, Querschnitte 2 und 1 die aufwärts degenerierenden Bündel. Hier treten besonders hervor das keilförmige Mittelstück der Hinterstränge (GOLLscher Strang), hauptsächlich enthaltend Bahnen, die von den unteren Extremitäten nach dem Gehirn aufsteigen, und die lateralen Abschnitte der Seitenstränge enthaltend Fasern, die in den CLARKEschen Säulen des Brustmarks entspringen und nach dem Kleinhirn ziehen (Kleinhirn-

seitenstrangbahn). In den Querschnitten unterhalb der Kompressionsstelle tritt die Degeneration der medialen Teile des Seitenstrangs am
stärksten hervor. Sie entsprechen einer Bahn, die in der vorderen Zentralwindung der Großhirnrinde entspringt und ohne Unterbrechung durch
graue Massen ins Rückenmark zieht. Die Bahn ist eine gekreuzte, d. h.
die Fasern des linken Seitenstrangs kommen aus der rechten Hirnhälfte
und umgekehrt. Die Kreuzung geschieht in der sog. Pyramide des
Rautenhirns; die Bahn ist als Pyramidenseitenstrangbahn bekannt.

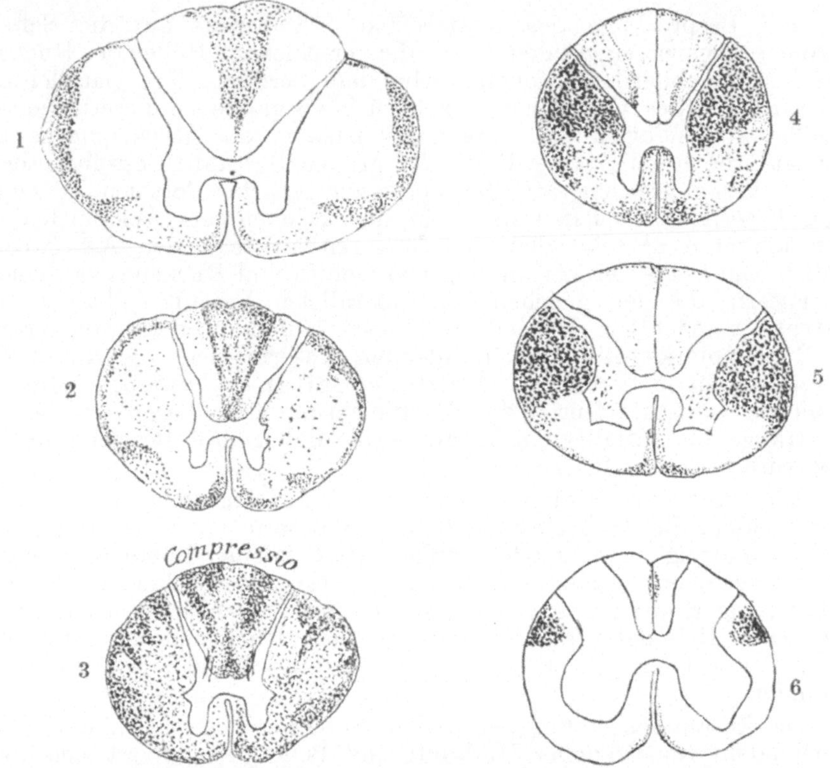

Abb. 104. Degeneration der Leitungsbahnen des Rückenmarks nach Kompression
in der Gegend des mit 3 bezeichneten Querschnitts (nach Hoche).

Weniger auffällig ist die Degeneration in den medialen Teilen des Vorderstrangs, wo ungekreuzte Anteile derselben Bahn verlaufen (Pyramidenvorderstrangbahn). Von großen heuristischem Wert ist, daß im allgemeinen die Richtung der Degeneration (und der Markentwicklung)
mit der Leitungsrichtung übereinstimmt.

Auf Grund der Markentwicklung und der Degenerationserscheinungen haben u. a. folgende in Abb. 105 hervorgehobene Bahnen festgestellt werden können:

1. Der schon erwähnte GOLLsche Strang von den unteren Extremitäten zum Rautenhirn (Kern des GOLLschen Stranges).

2. Der BURDACHsche Strang aus den oberen Extremitäten zum
Rautenhirn (Kern des BURDACHschen Stranges).

3. Das Schultzesche kommaförmige Bündel, d. i. die gesammelten absteigenden Äste der dorsalen Wurzelfasern.

4. und 5. Die dorsale und ventrale Kleinhirnseitenstrangbahn.

6. Der Tractus spino-thalamicus aus Zellen der Hinterhörner hervorgehend. Die Fasern gehen in der vorderen Kommissur auf die andere Seite über und endigen im Sehhügel.

Alle diese Bahnen sind afferente.

7. und 8. Die Pyramiden-, Seiten- und Vorderstrangbahn.

9. Der Tractus rubro-spinalis (Monakowsches Bündel) entspringt aus dem roten Kern der Haube. Die Fasern ziehen nach Kreuzung durch das Rautenhirn zum Seitenstrang des Rückenmarks.

10. Der Tractus vestibulo-spinalis entspringt im Deitersschen Kern (Boden des 4. Ventrikels, lateraler Abschnitt) und zieht als ungekreuztes aber wenig geschlossenes Bündel in die ventralsten Teile des Vorderstrangs.

Die Bahnen 7—10 sind efferente.

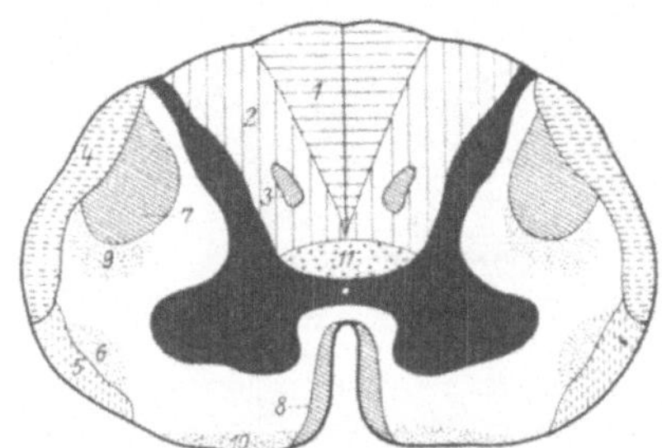

Abb. 105. Querschnitt des Halsmarkes mit schematischer Abgrenzung der wichtigsten Leitungsbahnen der weißen Substanz.

Mit 11. ist ein im Hinterstrang liegendes Feld bezeichnet, das endogene, die verschiedenen Höhen des Rückenmarks verbindende Fasern enthält, das ventrale Hinterstrangfeld. Andere derartige Faserbündel liegen in den medialen, der grauen Substanz anliegenden Teilen der Seiten- und Vorderstränge, doch sind sie meist von den langen Bahnen nicht so scharf zu trennen, wie das eben genannte Feld.

Über die Funktion dieser Bahnen siehe weiter unten.

Das autonome Nervensystem.

Die bisher betrachteten Reflexe spielten sich ab zwischen den Sinnesnerven der Haut und der Bewegungsorgane einerseits, den Nerven der Skelettmuskulatur anderseits. Entsprechend den Eigentümlichkeiten dieser Nervenbahnen wird der den Reflex auslösende Reiz gleichzeitig wahrgenommen und die reflektorisch erregten Muskeln stehen zugleich unter der Herrschaft des Willens, so daß eine Beeinflussung des Reflexes, ja sogar seine Unterdrückung möglich ist. Die anatomischen Grundlagen für diese und andere Leistungen werden unter dem Namen des zerebrospinalen oder somatischen Nervensystems zusammengefaßt.

Daneben gibt es nun aber eine große Zahl anderer Reflexe, deren auslösender Reiz im allgemeinen nicht zum Bewußtsein kommt und die durch den Willen nicht beeinflußt werden können. In den der Darstellung des Kreislaufes, der Atmung, der Verdauung und des Wärmehaushaltes gewidmeten Abschnitten sind bereits verschiedene dieser reflektorischen Vorgänge gewürdigt worden. Hier sei nur an die kontrollierende und regulierende Tätigkeit der Herznerven und des Gefäßzentrums, an die Selbststeuerung der Atmung und die zahlreichen Re-

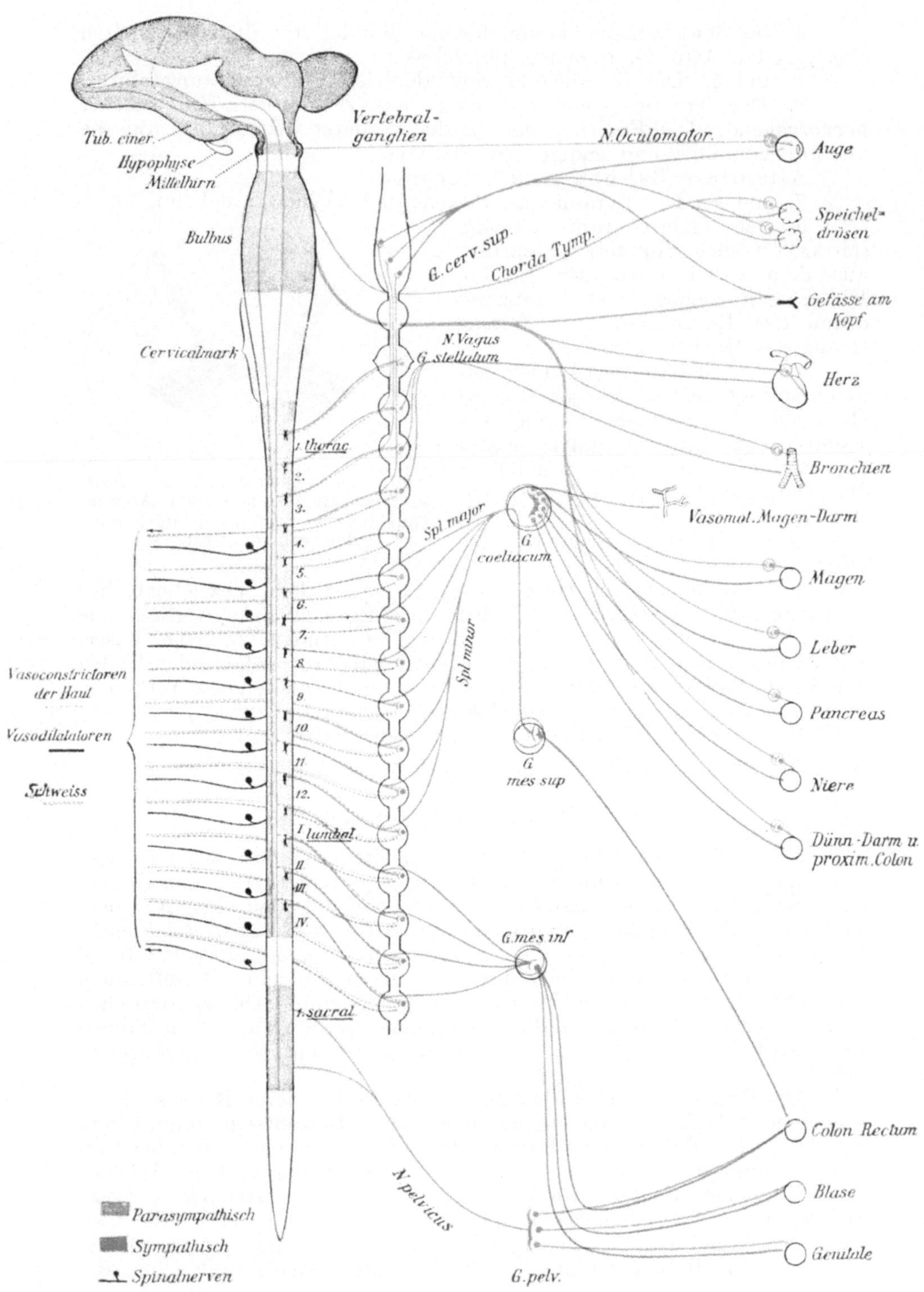

Abb. 106. Schematische Darstellung des autonomen Nervensystems.

flexe erinnert, durch die die rechtzeitige und ausreichende Abscheidung der Verdauungssäfte, die Fortbewegung der Nahrung durch den Verdauungskanal u. a. gesichert wird. Die nervösen Einrichtungen, die diese Leistungen vermitteln, werden als autonomes oder viszerales Nervensystem bezeichnet. Ein Teil dieses Nervensystems ist als Sympathikus schon seit Jahrhunderten bekannt; seine Fasern entspringen aus dem Brust- und Lendenmark. Erst in neuerer Zeit hat sich herausgestellt, daß derselbe ergänzt wird durch Fasern, die aus dem Gehirn und Sakralmark hervorgehen. Sie werden als Parasympathikus zusammengefaßt (LANGLEY, 1903, E. d. P. 2. II. 818; 1913, Zentralbl. f. P. 27, 149).

Die Sonderstellung dieses Nervensystems ist auch histologisch gerechtfertigt. Seine Fasern sind im Gegensatz zu denen des zerebrospinalen zumeist markarm (graue Nerven) und daher im ungefärbten Zustande schwer oder gar nicht sichtbar. Es ist ferner eine Eigentümlichkeit dieses Systems, daß die Verbindung zwischen Zentral- und Erfolgsorgan nicht durch ein Neuron, sondern durch zwei (zuweilen wohl auch durch mehrere) hergestellt wird. Der Achsenfaden der im Rückenmark oder Gehirn gelegenen Ursprungszelle des ersten Neurons spaltet sich in einem peripheren Ganglion auf und umspinnt den Zellkörper des zweiten Neurons, dessen Achsenfaden erst das Erfolgsorgan erreicht. Man unterscheidet daher einen prä- und einen postganglionären Teil des Leitungsweges. Die Verbindungsstelle liegt entweder in einem der sympathischen, entlang der Wirbelsäule aufgereihten Vertebralganglion oder weiter nach der Peripherie zu in einem Prävertebralganglion; sie kann durch Bepinseln des Ganglions mit einer halbprozentigen Nikotinlösung gelähmt werden, womit ein bequemes Verfahren gegeben ist, ihren Ort festzustellen (LANGLEY).

Die Beziehung des autonomen Nervensystems zu seinen Erfolgsorganen ist in Abb. 106 nach MEYER und GOTTLIEB (Experimentelle Pharmakologie. 3. Aufl. Leipzig 1914) schematisch zur Darstellung gebracht. In derselben sind die parasympathischen Nerven blau, die sympathischen rot gezeichnet. Man erkennt, daß die Erfolgsorgane aus beiden Quellen Nerven erhalten und der Versuch ergibt, daß die doppelte Innervation eine gegensätzliche ist. Der N. oculomotorius verengert die Pupille (Erregung des Sphinkters), der Sympathikus erweitert sie (Erregung des Dilatators). Der Vagus wirkt auf die Herztätigkeit hemmend, der Sympathikus fördernd, während der Einfluß beider Nerven auf die Bewegungen des Darmes der umgekehrte ist. Der Tonus der Gefäßmuskeln wird durch die sympathischen Nerven erhöht, durch die parasympathischen vermindert usw. In bezug auf die Drüsen ist eine gegensätzliche Wirkung der beiden Nervenarten auf den Absonderungsvorgang bisher nicht sicher festgestellt. Wie es scheint, ist die Verschiedenheit des Chorda- und Sympathikusspeichels erklärbar aus den die Reizung dieser Nerven begleitenden vasomotorischen Veränderungen (siehe oben S. 125).

Der Gegensatz zwischen den sympathischen und parasympathischen Nerven kommt auch in ihrem Verhalten gegen Gifte zum Ausdruck. Nikotin lähmt allerdings die Ganglien des gesamten autonomen Systems, Atropin dagegen nur die Endigungen der parasympathischen Nerven. Es erweitert also die Pupille durch Lähmung der parasympathischen Fasern des Okulomotorius im Sphinkter der Iris, läßt die Absonderung der Verdauungsdrüsen versiegen, lähmt die hemmende Wirkung des Vagus auf das Herz usw. Muskarin erregt eben diese Nerven (und ähnlich verhalten sich Pilokarpin und Physostygmin), ist dagegen unwirksam auf die sympathischen. Für diese ist das Suprarenin oder Adrenalin ein mächtiges Erregungsmittel, das alle sympathischen Wirkungen in Erscheinung treten läßt, Erweiterung der Pupille (durch Erregung des Dilatator), Verengerung der Blutgefäße (mit Ausnahme der des Herzens, vgl. S. 78), Beschleunigung und Kräftigung des Herzschlages, Unterdrückung der Darmbewegungen, Sträuben der Haare bzw. Gänsehaut u. a. m. Eine erregende Wirkung auf die Schweißdrüsen läßt sich nachweisen, wenn man das Suprarenin in die Haut einspritzt, während bei Einführung in den Kreislauf die Gefäßverengerung die Absonderung des Schweißes verhindert (DIEDEN, 1916, Zeitschr. f. B. **66**. 387).

Alle bisher besprochenen Wirkungen des autonomen Systems waren efferente; ihre reflektorische Hervorrufung bedarf aber auch afferenter Bahnen. Dieser Aufgabe dienen z. T. die afferenten Nerven des zerebrospinalen Systems. So ist das Spiel der Pupillen von optischen Reizen, die Absonderung der Speicheldrüsen und des Appetitsaftes von der Erregung der Geschmacks- und Gefühlsnerven des Mundes abhängig. Die regulatorischen Vorkehrungen des Wärmehaushaltes werden mitbestimmt von der Erregung der temperaturempfindlichen Nerven. In allen diesen Fällen ist der Reflex auf das autonome System mit Sinnesempfindungen verbunden. In anderen Fällen sind jedoch solche nicht nachweisbar. So wird durch afferente Fasern des Vagus die Selbststeuerung der Atmung, die regulatorische Tätigkeit der Herz- und Gefäßnerven vermittelt, ohne daß das Bewußtsein hiervon Nachricht erhält. Ebenso läuft im Verdauungskanal, in den Harn- und Geschlechtsorganen, eine große Zahl verborgener regulatorischer Vorgänge und Reflexe ab, die, soweit sie nicht als auf chemischem Wege vermittelt angesprochen werden müssen, das Vorhandensein von afferenten Nerven voraussetzen. Nun können allerdings diese Eingeweide mehr oder weniger schmerzen, insbesondere bei krampfartigen Zusammenziehungen ihrer glatten Muskeln; die Schmerzhaftigkeit des Splanchnikus und anderer autonomer Nerven ist experimentell nachgewiesen (NEUMANN, 1912, Zentralbl. f. P. **26**, 277; KAPPIS, 1913, Mitt. a. d. Grenzgeb. d. Med. u. Chir. **26**, 493). Es liegt daher nahe anzunehmen, daß es eben diese Nerven sind, die bei schwacher Reizung die fraglichen Reflexe vermitteln. Ebenso möglich ist aber auch, daß die autonomen Reflexe durch besondere afferente Nerven ausgelöst werden und daß die Erregung der Schmerznerven modifizierend bzw. hemmend auf dieselben einwirkt. So werden z. B. bei der dem Erbrechen vorhergehenden Üblichkeit die normalen Magenbewegungen zum Stillstand gebracht, Kardia und Ösophagus erschlafft (siehe oben S. 129).

Das autonome Nervensystem kann nicht nur auf reflektorischem Wege, sondern auch vom Gehirn aus in Tätigkeit gesetzt werden. Die zusammenfassende reziproke Innervation des Herzens und der Gefäße von seiten des Kopfmarkes (Zentrum der Herznerven, Gefäßnervenzentrum) ist bereits im 3. und 4. Teil besprochen worden. In noch höherem Sinne zusammenfassend für das ganze autonome System wirken nach den Befunden von KARPLUS und KREIDL (1910, A. g. P. **135**, 401) sowie von ASCHNER (Berl. klin. Wochenschr. 1916, Nr. 28) gewisse Teile des Zwischenhirns, insbesondere das Tuber cinereum und die Corpora mamillaria. Pupillenerweiterung, Schweißabsonderung, Polyurie und Glykosurie, Blutdrucksteigerung, Kontraktionen des schwangeren Uterus, des Mastdarms und der Blase sind auf Reizung dieser Hirnteile beobachtet worden. Die Beziehung dieser Stelle zur Wärmeregulation ist im 10. Teil besprochen worden.

Die normale Veranlassung zur Erregung dieser Hirnteile und damit des autonomen Systems bilden die Gemütsbewegungen. Es ist zwar von manchen Psychologen (JAMES, C. LANGE, SERGI) angenommen worden, daß die (reflektorische) Erregung der autonomen Nerven das Primäre darstelle und die Gemütsbewegung erst die Folge der hierdurch gesetzten körperlichen Veränderungen sei. Von SHERRINGTON ist jedoch gezeigt worden, daß die äußeren Zeichen der emotionellen Erregung unverändert fortbestehen, wenn man auf operativem Wege alle nervösen Bahnen unterbricht, die aus den Eingeweiden und aus der Haut des Rumpfes und der Glieder dem Bewußtsein Nachrichten zuführen (1900, Proc. R. S. **66**, 390). Die Wirkungen auf die autonom innervierten Organe wird noch dadurch gesteigert, daß auch die Absonderung der Nebennieren, wie überhaupt der endokrinen Drüsen, unter dem Einfluß des Sympathikus steht. Es tritt dann eine Erhöhung des Suprareningehaltes im Blute auf und damit eine Zunahme aller Zeichen sympathischer Erregung (CANNON und DE LA PAZ, 1911, Am. Journ. of P. **28**, 64; METZNER, Rektoratsrede. Jena 1913).

Das Rautenhirn.

Das Rautenhirn ist als Endstation einer großen Zahl von afferenten Nerven (X, IX, VIII, V) und als Ursprungsstätte des größten Teils der efferenten Hirnnerven (XII, XI, X, IX, VII, VI) zu mannigfachen Reflexen befähigt. Es empfängt Erregungen von der Haut des Gesichts, von den Schleimhautflächen der Atmungswege und des Verdauungskanales bis herab zum Magen und den obersten Abschnitten des Darmes, aus dem Herzen und der Aorta und aus dem Ohrlabyrinth, insbesondere aus dem vestibularen Teil desselben. Die efferenten Nerven wirken auf die Drüsen und Muskeln des Verdauungskanales, worunter außer den Kaumuskeln und den Muskeln der Zunge auch die Muskulatur der Gesichtshaut einbegriffen ist, auf die Drüsen, die quergestreifte und glatte Muskulatur der Atmungswege (Kehlkopf, Bronchien), auf das Herz. Der noch im Bereich des Rautenhirns entspringende VI. Nerv dreht das Auge der gleichen Seite nach außen.

Indem das Rautenhirn in geordneter Weise Erregungen von den aufgezählten afferenten Bahnen auf die efferenten überträgt, stellt es den nervösen Mechanismus dar, durch den die Aufnahme, Prüfung und erste Verarbeitung der Nahrung besorgt wird. Eine ähnlich führende Rolle spielt das Rautenhirn für die Atmung einschließlich der Stimmbildung und Sprache, wie zum Teil schon in einem früheren Abschnitte ausgeführt worden ist und weiter unten noch näher zu würdigen sein wird. Bekanntlich entspringen die efferenten Nerven für die Atmungsmuskulatur, abgesehen vom Fazialis und Akzessorius, aus dem Hals- und Brustmark. Das Rautenhirn faßt diese weit verstreuten Nervenursprünge zusammen und stellt sie, abgesehen von seiner sogleich zu erwähnenden automatischen Tätigkeit, unter den Einfluß der afferenten

Nerven des Gehirns und des Rückenmarks. Die Regelung des Gefäßtonus und die wichtige Anpassung der automatischen Herztätigkeit
an denselben geschieht ebenfalls durch diesen Hirnteil. Als eine Besonderheit muß hervorgehoben werden, daß bei den meisten dieser
Überleitungen die symmetrischen efferenten Bahnen gleichzeitig ergriffen
werden. So folgt z. B. (beim Menschen) auf einseitige Reizung der Hornhaut die Schließung beider Augen, auf Belichtung eines Auges Pupillenverengerung auf beiden. Ebenso ist die Tätigkeit der Muskeln beim
Saugen, Schlucken, Atmen eine vollkommen symmetrische.

Die Wichtigkeit der zentripetalen und reflektorischen Funktionen
des Trigeminus sowie des Glossopharyngeus und Vagus läßt verstehen,
daß Schädigungen dieser Nerven mit erheblichen Ausfallerscheinungen
verknüpft sind und zu schweren Störungen führen können. Die Frage
nach den Folgen einer Lähmung des Trigeminus ist von praktischer
Wichtigkeit geworden, seitdem bei Trigeminusneuralgien die Durchschneidung des Nerven oder die Ausrottung des Gasserschen Knotens nicht
selten ausgeführt wird. Bei Tieren, insbesondere bei Kaninchen, führt
die Unempfindlichkeit des Auges, die nach Durchtrennung des Trigeminus,
speziell des ersten Astes, eintritt, in der Regel in kurzer Zeit zu einem
perforierenden Hornhautgeschwür und zum Verlust des Auges. Man
glaubte hierfür nicht nur die kaum vermeidlichen Schädigungen des
Auges verantwortlich machen zu müssen, sondern auch einen Nachlaß
der wiederherstellenden oder heilenden Fähigkeiten in dem entnervten
Gewebe. Man stellte sich vor, daß im Trigeminus besondere Faserarten,
sog. trophische Nerven vorhanden seien, durch welche die Wider-
standskraft der Gewebe bedingt bzw. gesteigert werde. In ähnlicher
Weise erklärte man die Entzündung der Nasenschleimhaut, die Geschwüre
auf Lippen, Zahnfleisch und Gaumen, die bei den Tieren auf der operierten
Seite beobachtet wurden. Später hat man gelernt, die Entzündung
des Auges bei den Tieren zu vermeiden (TURNER, 1895, Brit. med. Journ.
Nr. 1821) und ebenso haben sich bei Menschen, denen der Trigeminus
einer Seite entfernt war, derartige Störungen nicht eingestellt. FEDOR
KRAUSE (Die Neuralgie des Trigeminus, Leipzig 1896) schreibt dies
wohl mit Recht dem Umstande zu, daß der Blinzelreflex ein doppel-
seitiger ist. Das gesunde Auge ist somit der Wächter für das kranke
und gewährt ihm den gleichen Schutz wie sich selbst. Derselbe Autor
hat sogar beobachtet, daß an seinen Operierten zufällig aufgetretene
Augenentzündungen, selbst schwerer Art, wieder heilten. Nach CL.
JACOBSON heilen Wunden in entnervten Hautflächen nicht langsamer
als anderwärts (1910, Amer. Journ. of P. 26, 413).

Durchschneidung beider Vagi führt je nach der Höhe, in der
sie stattfindet, zu verschiedenen Störungen. Geschieht die Trennung
oberhalb des Abganges der Laryngei sup., so tritt Unempfindlichkeit
und Lähmung des Kehlkopfes, unterhalb nur Lähmung auf. In beiden
Fällen ist der Verschluß der Luftwege beim Schlucken ein ungenügender
und die Tiere sterben leicht an Schluckpneumonie. Durchtrennung
der Vagi unterhalb des Abgangs der Nn. recurrentes ist ebenfalls für
die Tiere gefährlich infolge der Lähmung des Ösophagus (vgl. KREHL,
A. f. P., 1892, Suppl. 278) und Beeinträchtigung der Magenfunktionen.
In jüngster Zeit ist es KATSCHKOWSKY und PAWLOW gelungen, bei sorg-
samster Pflege vagotomierte Tiere (Hunde) am Leben zu erhalten (1901,
A. g. P. 84, 6). Der vermutete trophische Einfluß auf das Herz hat

sich nicht nachweisen lassen (H. FRIEDENTHAL, A. f. P. **1902**, 135).
Zur Frage der Trophik vgl. man auch KÖSTER, Spinalganglien, Leipzig
1904, S. 26 und JENSEN, 1910, Med.-naturw. Arch. **2**, 459.

Durch vielfache Beobachtungen ist sicher gestellt, daß Durchtrennung der zentripetalen Fasern des Trigeminus oder Vagus auch
motorische Störungen im Gefolge hat, und zwar Ausfall tonischer Innervationen (FILEHNE, A. f. P. **1886**, 432) und Unbeholfenheit im Gebrauch
der Muskeln zu geordneter Tätigkeit. Derartige Nachrichten gehen
bis auf CHARLES BELL zurück. In neuerer Zeit hat EXNER (1891, A. g. P.
48, 592) die Gesamtheit der einschlägigen Erscheinungen unter dem
Namen der Sensomobilität zusammengefaßt und gezeigt, in welch
hohem Maße selbst die sog. automatischen und spontanen Innervationen
der Regelung durch zentripetale Impulse bedürfen. Dasselbe gilt für
die vom Rückenmark innervierten Muskeln. MOTT und SHERRINGTON
beobachteten bei Affen Nichtgebrauch und lähmungsartige Erscheinungen
an der vorderen Extremität, nachdem alle zentripetalen Wurzeln derselben durchschnitten waren (1895, Proc. R. S. **57**, 481). Werden Tauben
die afferenten Nerven für beide Flügel durchtrennt, so ist das Flug-
vermögen dauernd aufgehoben (W. TRENDELENBURG, A. f. P. **1906**, 1).

Zusammenfassende Tätigkeiten des Rauten- und Mittelhirns.

Ein eigentümlicher Zug der Hirnreflexe ist ihre enge Beziehung
zur Atmung. Nicht nur beim Husten, Niesen und Gähnen und Schluchzen,
sondern auch beim Schlucken, Saugen und Erbrechen wird die Atmung
beeinflußt, bald in eigentümlicher Weise umgestaltet, bald unterbrochen
und gehemmt. Die Atembewegungen geschehen durch eine sehr große
Zahl von Muskeln, deren Nerven zwischen dem dritten Zervikal- und
ersten Lendennerven aus dem Rückenmark entspringen (vgl. oben
S. 113). Die Ein- und Ausatmungsmuskeln werden abwechselnd und
in regelmäßiger Wiederkehr in Tätigkeit gesetzt. Die Veranlassung
hierzu geht aber nicht vom Rückenmark, sondern vom Rautenhirn aus.
Werden die beiden durch einen Schnitt von einander getrennt, so stellen
die Atemmuskeln ihre Tätigkeit sofort ein, während ein Schnitt durch
das Mittelhirn die Atmung nicht unterbricht. Wie LE GALLOIS zuerst
fand (man vgl. ROSENTHAL, 1882, HERMANNS Handb. d. P. 4. II. 244),
genügt beim Säugetier die Zerstörung eines sehr umschriebenen Gebietes
in der Gegend des Kernes der afferenten Vagusfasern, um die Atmung
dauernd zum Stillstand zu bringen. Dieses Gebiet wird als Atmungszentrum bezeichnet. Versuche zur genaueren Bestimmung seiner Lage
sind von GIERKE (1873, A. g. P. **7**, 585), MISLAWSKY (Zentralbl. med.
Wiss. **1885**, 465), GAD und MARINESCU (A. f. P. **1893**, 175), ausgeführt
worden. Die beiden letzten Untersucher verlegen es in die Formatio
reticularis, was auch aus anatomischen Gründen wahrscheinlich ist.

Das Atmungszentrum ist, wie in einem früheren Abschnitt ausgeführt wurde, empfindlich für die Temperatur und chemische Zusammensetzung, insbesondere für die Kohlensäurespannung des Blutes.
Die Kohlensäure wirkt unmittelbar auf dieses Organ, nicht etwa durch
Vermittlung von irgendwelchen afferenten Nerven. Aus diesem Grunde

und wegen der rhythmischen Wiederkehr der Erregungen spricht man von einer **automatischen** Tätigkeit des Zentrums.

Da die Unterbrechung der Atmung beim Warmblüter den sofortigen Tod zur Folge hat, muß künstliche Atmung eingeleitet werden, wenn untersucht werden soll, ob das vom Rautenhirn abgetrennte Rückenmark imstande ist, auch von sich aus rhythmische Impulse zu den Atemmuskeln zu schicken. Derartige Versuche haben ergeben, daß unter günstigen Umständen (junge Tiere, Strychnin) nicht nur Reflexe auf die Atemmuskeln, sondern auch rhythmische, zwischen In- und Exspiration wechselnde Innervationen erhalten werden können (LANGENDORFF, A. f. P. **1880**, 518; WERTHEIMER, 1880, Arch. de P. 5. sér. **1**, 761), doch sind sie lange nicht so regelmäßig und andauernd wie die normalen Atembewegungen. Andere Forscher leugnen, besonders für das erwachsene Tier, die spinale Atmung vollständig und sehen in den u. U. auftretenden Zusammenziehungen der Atemmuskeln nur unregelmäßige Krämpfe (PORTER und MUHLBERG, 1901, Amer. Journ. of P. **4**, 334).

Unbeschadet seiner automatischen Tätigkeit ist das Atemzentrum nervösen Einwirkungen von vielen Seiten her zugänglich. Die Beschleunigung des Atemrhythmus durch die zentripetalen Lungenfasern des N. vagus ist auf S. 118 besprochen worden. Daß auch andere Nerven auf die Atmung verändernd einwirken können, beweisen die zahlreichen, mit einer Modifikation der Atmung einhergehenden Reflexe, von welchen schon die Rede war. Der Einfluß des Gehirns auf die Atembewegungen wird durch die Veränderung derselben bei den Gemütsbewegungen und bei der Lautgebung bezeugt.

Außer dem Zentrum für die Atmung existiert in dem verlängerten Mark noch eine zweite Stelle, welche für den ganzen Körper eine regulierende Leistung besorgt, das sog. Gefäßzentrum. Es bestimmt die Wegsamkeit der Blutgefäße und damit die Verteilung des Blutes über den Körper, wie auf S. 81ff. näher ausgeführt ist. Sein Ort läßt sich durch systematische Schnittführung in ähnlicher Weise feststellen, wie dies für das Atemzentrum geschehen ist. Nach den Versuchen von C. LUDWIG mit OWSJANNIKOW (1871, Leipz. Ber. **23**, 135) und DITTMAR (1873, Ebda. **25**, 449) ist es im proximalen Teil des Rautenhirns im Gebiete der Formatio reticularis gelegen.

Die Tätigkeit des Gefäßzentrums ist eine tonische, d. h. es schickt andauernd Erregungen nach den Ursprungskernen der Gefäßnerven im Rückenmark. Der Tonus nimmt zu, wenn die Kohlensäurespannung des Blutes steigt. Daher der hohe Blutdruck bei Erstickung. Tonussteigernd wirkt ferner die Erhöhung der Bluttemperatur (W. TRENDELENBURG, 1913, Zeitschr. f. experim. Med. **1**, 455). Daneben gibt es eine große Zahl zentripetaler Erregungen sowie psychische Einflüsse, die den Gefäßtonus verändern. Als Beispiel seien die von der Aorta kommenden zentripetalen Vagusfasern erwähnt, die ihre Erregung auf das Gefäßzentrum übertragen und dessen Tonus herabsetzen; vgl. die Wirkung des N. depressor, S. 83. Starke Füllung der Blutgefäße, besonders der Venen, wie sie unter der Wirkung der Schwere in abhängigen Körperteilen eintritt, bedingt zentripetale Erregungen, welche durch Vermittlung des Gefäßzentrums wieder die gleichmäßige Blutverteilung herbeiführen. Dieser beständigen regulatorischen Tätigkeit verdankt der Mensch einen in allen Körperlagen gleichen Blutdruck, sowie einen den Bedürfnissen der Organe sich anpassenden Blutstrom. Anscheinend besteht innerhalb des Gefäßzentrums eine gewisse Lokalisation für die verschiedenen Organe und Gefäßgebiete. So wird als Folge einer ·Aufhebung des Tonus in den Lebergefäßen die Zuckerausscheidung im Harn betrachtet, die nach dem sog. Zuckerstich vorübergehend auftritt. Der Stich muß in der Mittellinie der Rautengrube, etwa in der Mitte zwischen den Striae acusticae und Vaguskern ausgeführt werden (CL. BERNARD, 1835, Leçons de physiologie. I. 339). In ähnlicher Weise wird die zuckerfreie Harnflut oder Polyurie, die nach Verletzung einer benachbarten Stelle eintritt, aufgefaßt als bedingt durch eine Lähmung der Nierengefäße, vgl. oben S. 185.

Im Gegensatz zum Atmungszentrum, dessen Tätigkeit durch kein spinales Organ ersetzt werden kann, besitzt das Rückenmark nach Abtrennung von dem verlängerten Mark noch eine gewisse Herrschaft über die Gefäße. GOLTZ hat beobachtet (1874, A. g. P. 8, 482), daß das isolierte Lendenmark zu tonischen und reflektorischen Einwirkungen auf die Gefäße der unteren Extremität befähigt ist. Eine zusammenfassende Beherrschung der Gefäße des ganzen Körpers, wie sie das verlängerte Mark ausübt, läßt sich aber für das Rückenmark nicht nachweisen.

Eine dritte zusammenfassende Leistung des Rautenhirns ist der Tonus der Skelettmuskeln. Tonische, d. h. andauernde und schwache Erregungen gewisser Muskeln lassen sich auch am Rückenmarkstier nachweisen (BRONDGEEST, A. f. A. u. P. **1860**, 703). Hängt man dasselbe auf, so nehmen die Beine eine leicht gebeugte Haltung an, die als eine Wirkung der Schwere aufgefaßt werden muß. Indem nämlich die Beine unter ihrem eigenen Gewicht sich strecken, werden die Beugemuskeln und ihre Sehnen gedehnt, was zu einer Erregung der in ihnen enthaltenen rezeptorischen Nerven und reflektorisch zur Zusammenziehung dieser Muskeln führt. Daneben kommen auch Anregungen von seiten der Haut in Betracht. Wird die Reflexbahn unterbrochen, indem man die zu einem Beine gehörigen dorsalen Rückenmarkswurzeln durchtrennt, so verschwindet der Tonus dieses Beins, wie aus Abb. 107 zu ersehen ist.

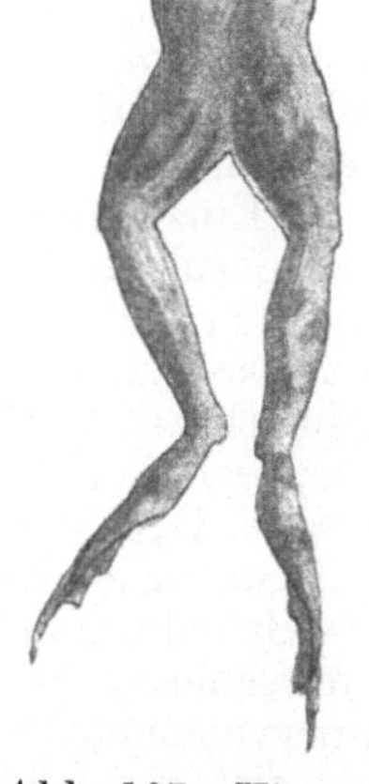

Abb. 107. Hinterbeine eines hängenden Frosches, an dem die afferenten Leitungsbahnen für das rechte Bein durchtrennt sind (nach HÖBER).

Viel stärker ausgeprägt und die ganze Körpermuskulatur umfassend, sind die tonischen Erregungen, die vom Gehirn ausgehen. Den höchsten Grad erreichen sie am „dezerebrierten" Tier (SHERRINGTON, Integr. Action. S. 299), d. h. an dem Tiere, dem Groß-, Zwischen- und Mittelhirn abgetrennt ist vom Rautenhirn (Kleinhirn-Brückentier bzw. Kleinhirn-Oblongatatier nach MAGNUS, 1916, A. g. P. **163**, 405). Der Zustand wird als Enthirnungsstarre bezeichnet; er tritt sofort nach Durchtrennung des Gehirns auf. Der Kopf ist dabei nach dem Rücken gebeugt, der Schwanz steil aufgerichtet, die Glieder maximal gestreckt (WEILAND, 1912, A. g. P. **147**, 1).

Der Tonus der Muskeln wird unterhalten durch die Erregungen, die auf dem Wege der afferenten Nerven des ganzen Körpers beständig

in das Rückenmark und weiter zum Gehirn fließen (W. Trendelenburg,
A. f. P. **1906**, 1). Zu bestimmten Gliederstellungen und Körperhaltungen
wird er entwickelt hauptsächlich durch zwei nebeneinander wirksame
Einflüsse, die von dem Labyrinth des Felsenbeins, insbesondere von
den im Vestibulum desselben enthaltenen Otolithenapparaten und dann
von den Muskeln, Sehnen und Gelenkbändern der Halswirbelsäule
ausgehen. Die Zusammenfassung aller dieser afferenten Erregungen
und ihre Überleitung auf die Muskulatur geschieht durch das Kleinhirn
und die mit ihm in enger Beziehung stehenden Nervenkerne (untere Olive,
Deiters scher Kern, Roter Kern der Haube, Kerne des Kleinhirndaches).
Das Mittelhirntier besitzt die Fähigkeit, die normale Körperstellung
einzunehmen und sie durch die von den Labyrinthen und den afferenten
Körpernerven ausgelösten „Stellreflexe" zu erhalten, wenn Abweichungen
von derselben herbeigeführt werden (Magnus a. a. O.). Das dezerbrierte
Tier zeigt neben der Enthirnungsstarre zwar auch noch tonische Hals-
und Labyrinthreflexe. Dieselben führen aber nicht mehr zur Rückkehr
in die normale Körperstellung, weil diese überhaupt nicht mehr von
selbst eingenommen werden kann. Das dezerebrierte Tier steht aber,
wenn man es hinstellt.

Ein anderer Weg, über die Verrichtungen des Kleinhirns Aufschluß zu erhalten, besteht in der operativen Entfernung desselben oder
einzelner Teile. Luciani, der zahlreiche Versuche dieser Art ausgeführt
hat (Das Kleinhirn, übersetzt von Fränkel, Leipzig 1893) macht darauf
aufmerksam, daß die operierten Tiere keinerlei Beeinträchtigung ihrer
rezeptorischen Fähigkeiten, ihrer Intelligenz oder ihrer Instinkte erkennen
lassen. Dagegen sind die Bewegungsstörungen sehr auffallend. Stehen
und Gehen ist lange Zeit unmöglich und dauernd erschwert, viel weniger
das Schwimmen. In bezug auf die Ursachen der Bewegungsstörungen
unterscheidet er 1. die mangelhafte Stetigkeit und Gleichmäßigkeit der
Innervationen (Atonie und Astasie), welche die Bewegungen schwankend
und zitternd machen, 2. die geringe Kraft (Asthenie) der Muskeln und
3. die Bewegungsstörungen im engeren Sinne, Ataxie. Höchst merkwürdig ist, daß die Asthenie nicht nur eine nervöse Erscheinung ist,
sondern auf einer wirklichen Atrophie der Muskeln beruht. Auf diese
atrophische Muskelschwäche ist bereits Ewald bei seinen Versuchen
an labyrinthlosen Tauben aufmerksam geworden (Unters. üb. d. Endorgan des N. octavus, Wiesbaden 1892). Die Entstehung der Ataxie ist
bedingt durch eine Abnahme oder das Fehlen der Dämpfung, welche
unter normalen Verhältnissen allen Gliederbewegungen zukommt und
auf dem Eingreifen der Antagonisten beruht. Auf diese selbsttätige
Regulierung des Ausmaßes der Bewegungen, bei welcher die propriozeptiven Bahnen der passiv gedehnten Muskeln eine wichtige Rolle
spielen, wird weiter unten noch zurückzukommen sein.

Nach den Untersuchungen von Bárány sind in jeder Kleinhirn-
hemisphäre Zentren für die Bewegung der gleichseitigen Extremitäten,
im Wurm für die Rumpfmuskulatur anzunehmen, die einen beständigen
Tonus unterhalten (Handb. d. Neurol. v. Lewandowsky. **1**, 919 u. **3**, 811,
Berlin 1910).

Zur Gruppe der zusammenfassenden, nicht automatisch aber
reflektorisch tätigen Gehirnteile gehören ferner die Vierhügel. Ihre
Beziehung zum Sehnerven ist hauptsächlich durch die Arbeiten von
Cajal (1891, La cellule **8**) aufgedeckt worden, während Held (A. f. A.

1893, 201) die Verknüpfung mit dem N. cochlearis genauer kennen gelehrt hat. Sie beherrschen die Bewegungen der Augen und des Kopfes auf optische und akustische Eindrücke. Durch elektrische Reizung der Vierhügel werden Augenbewegungen hervorgerufen, und zwar teils symmetrische, teils solche, bei welchen beide Augen sich in gleichem Sinne bewegen, sog. synergetische. Bei stärkerer Reizung kommt es auch zu Bewegungen des Kopfes.

Das Vorderhirn (Prosenzephalon).

Als Vorderhirn wird der vor den Vierhügeln gelegene Teil des Gehirns bezeichnet. Dasselbe zerfällt in das Zwischenhirn (Dienzephalon), dem der Sehhügel mit den Kniehöckern und der Pars mammillaris hypothalami zugehört und in das Endhirn, zu dem alle weiter nach vorn gelegene Hirnteile zu rechnen sind.

Von dem Sehhügel ist bereits oben erwähnt worden, daß er die zweite Unterbrechungsstelle oder Schaltstation für die aus dem Rückenmark aufsteigenden afferenten Bahnen darstellt, so daß die Leitung von der Körperoberfläche zur Hirnrinde sich aus drei Neuronen zusammensetzt. Da ferner der größte Teil der Fasern des Tractus opticus im äußeren Kniehöcker, zahlreiche Fasern der Hörbahn zum inneren Kniehöcker ziehen und auch eine Verbindung zwischen Riechhirn und Sehhügel nachweisbar ist (Flechsig, Gehirn und Seele. Leipzig 1896), so stellt der Sehhügel mit seinen Annexen einen Sammelpunkt für fast sämtliche afferente Bahnen dar. Störungen im Gebiete des Sehhügels sind demgemäß vor allem von Ausfalls- (bzw. Reizungs-)erscheinungen auf dem rezeptorischen Gebiete gefolgt.

Die Regio subthalamica, insbesondere das Grau des 3. Ventrikels, muß als ein zentraler Apparat·für die Wärmeregulation und für das autonome Nervensystem des Körpers betrachtet werden, wie an einer früheren Stelle (S. 282) näher ausgeführt worden ist.

Über die Funktion des Streifenhügels, bestehend aus Linsenkern und Schwanzkern, lassen sich zur Zeit begründete physiologische Vorstellungen nicht entwickeln.

Die Hemisphären des Großhirns bestehen aus der grauen Rinde, die mit Einschluß der Furchen, eine Fläche von etwa $^1/_5$ qm darstellt, und den aus ihr entspringenden Leitungsbahnen, der weißen Substanz oder dem Mark des Gehirns. Von dem Stützgewebe (Neuroglia), den Blut- und Lymphgefäßen des Gehirns wird hier abgesehen. Diese Leitungsbahnen verbinden teils die beiden Hemisphären (Kommissurenfasern, gesammelt im Balken), teils die Rindengebiete einer Hemisphäre (Assoziationsfasern). Eine dritte Art von Leitungsbahnen (die Projektionsfasern) stellen endlich die Verbindung zwischen Hirnrinde und tiefer gelegenen Teilen des Hirns sowie mit dem Rückenmark her.

Die Hirnrinde.

Die Rinde des Großhirns zeigt auf dem Normalschnitt schon bei makroskopischer Betrachtung, noch mehr bei mikroskopischer Untersuchung örtliche Unterschiede im Bau, die zu einer ganz bestimmten, mit den Furchen und Windungen nur teilweise zusammenfallenden Gliederung führen. Die Unterschiede sind gegeben einmal durch die verschiedene Anordnung, Form, Größe und Zahl der Nervenzellen (Zytotektonik) und dann durch die verschiedene Verteilung der Faserzüge innerhalb der Rinde (Myelotektonik). Nach dem ersten Gesichtspunkt hat BRODMANN etwa 60 Einzelfelder unterscheiden können (Deutsche Chirurgie. Stuttgart 1914, **11**. I. 87), während VOGT nach dem 2. Gesichtspunkt auf nahezu 200 gekommen ist (1910, Journ. f. Psychol. u. Neurol.).

Die Bedeutung dieser zunächst rein anatomischen Gliederung besteht nun darin, daß eine Anzahl der durch sie festgestellten Rindenfelder zusammenfällt mit solchen, denen auf Grund experimenteller und klinischer Erfahrungen besondere Funktionen zugeschrieben werden müssen. Dahin gehören:

1. Die Tastsphäre. Unter diesem Gebiete versteht man den Einstrahlungsbezirk der Hinterstränge des Rückenmarks bzw. ihrer aus der Schleife und der anschließenden thalamo-kortikalen Bahn bestehenden Fortsetzungen. Der Einstrahlungsbezirk umfaßt im wesentlichen die hintere Zentralwindung und die anschließenden Ränder des Gyrus supramarginalis und der oberen Scheitelwindung. Da die Fasern der Schleife fast vollständig kreuzen, vertritt die hintere Zentralwindung links im wesentlichen die Sensibilität der rechten Körperhälfte und umgekehrt. Läsionen dieses Bezirks führen zu Parästhesien bzw. zu Empfindungslähmungen auf der gegenüberliegenden Körperhälfte, wobei die distalen Gliederabschnitte in der Regel am stärksten betroffen sind. Es hat sich mit ziemlicher Wahrscheinlichkeit eine gewisse Lokalisierung innerhalb des Bezirkes feststellen lassen in dem Sinne, daß zunächst dem Scheitel das Tastfeld des Beins gelegen ist und daß daran nach außen und unten die Felder für den Arm und das Gesicht sich anschließen. Die Sensibilitätsstörungen beziehen sich ferner meist nicht auf alle Empfindungsqualitäten, manchmal sogar nur auf eine einzige, so daß auf eine verschiedene Verteilung der einzelnen Komponenten über die Fläche des Tastfeldes geschlossen werden muß. Wie dieselbe aber des näheren beschaffen sein mag, ist nicht bekannt (BRODMANN a. a. O. 192).

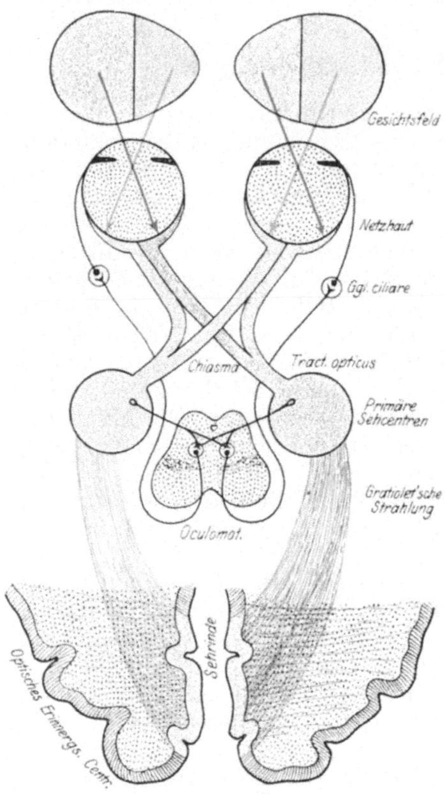

Abb. 108. Die Sehbahnen beim Menschen (nach BING).

2. Die Sehsphäre. Sie umfaßt die in der Tiefe der Fissura calcarina gelegene Rinde und die anschließenden Ränder des Cuneus und des Gyrus lingualis, greift auch zuweilen über den Pol des Hinterhauptlappens ein wenig auf die äußere Fläche der Hemisphäre über. Sie deckt sich mit dem Rindenbezirk, der durch achtschichtigen Bau und durch einen weißen Markstreifen (Vicq d'Azyrscher Streifen) ausgezeichnet ist (Area striata). Infolge der unvollständigen Kreuzung der Sehnerven ist die Sehsphäre jeder Seite mit den gleichnamigen Netzhauthälften der beiden Augen verbunden (vgl. Abb. 108). Bei Schädigung oder Ausfall einer Sehsphäre kommt es daher zu einer Schwächung oder zum Verlust des Sehvermögens auf den ungleichnamigen Gesichtsfeldhälften der beiden Augen, binokuläre, homonyme Hemiamblyopie bzw. Hemianopsie. Die gleiche Störung kann auch durch Unterbrechung der Sehbahn an irgend einem Punkte zwischen Chiasma und Rinde bedingt sein. Die Gegend des schärfsten Sehens, die Netzhautgrube, bleibt häufig funktionstüchtig oder wird es doch bald wieder, was auf eine doppelseitige Vertretung hinweist.

Innerhalb der Sehsphäre werden von Henschen noch weitere Lokalisationen vermutet derart, daß die obere Kalkarinalippe der oberen Netzhauthälfte, die untere der unteren und der Boden der Furche den Horizontalmeridian der Netzhaut entspricht (Handb. d. Neurol. von Lewandowsky, Berlin 1910, 1, 905). Für eine Lokalisation spricht das Vorkommen inselförmiger Gesichtsfeldausfälle (Skotome).

3. Die Hörsphäre. Dieselbe wird von allen Experimentatoren in den Schläfelappen verlegt, vorwiegend in die oberen und hinteren Abschnitte desselben (Hund, Affe). Einseitige Abtragung der Rinde des Gebietes hat nach den meisten Beobachtern Hörstörungen auf beiden Ohren zur Folge, so daß eine unvollständige Kreuzung der Hörbahnen, ähnlich wie bei der Sehbahn, anzunehmen ist.

Die klinischen Erfahrungen stehen mit den experimentellen im allgemeinen in Übereinstimmung, doch lassen auch sie eine genauere Umgrenzung vorläufig nicht zu. Immerhin sprechen viele Beobachtungen für die der Insel zunächst liegenden Abschnitte. Schädigungen dieses Gebietes auf der linken Seite pflegen mit Sprachstörungen (sensorische Aphasie) einherzugehen, von der unten die Rede sein wird (vgl. Brodmann a. a. O. S. 230).

4. Die Riechsphäre muß auf Grund der Untersuchungen über Markentwicklung (Flechsig) und Faserverlauf an die Hirnbasis verlegt werden und umfaßt den Uncus und den Gyrus hippocampi. Kaudalwärts in Zusammenhang mit ihr steht vermutlich das Rindenfeld des Geschmacks (Flechsig, Gehirn und Seele. Leipzig 1896).

5. Die motorischen Rindenfelder. Dieselben sind dadurch ausgezeichnet, daß von ihnen aus durch schwächste, auf der Zungenspitze kaum fühlbare, faradische Reize Bewegungen in der gegenüberliegenden Körperhälfte hervorgerufen werden (Fritzsch und Hitzig, A. f. A. u. P. 1870, 300). Die Übertragung der Erregung von der Hirnrinde auf die motorischen Zellen in den vorderen grauen Säulen des Rückenmarks geschieht durch die Pyramidenbahn. Doch sind nach Durchschneidung derselben noch Wirkungen auf die Muskulatur der gekreuzten, wie auch der gleichen Körperseite, wenn auch schwieriger, zu erzielen. Statt Reizung der Rinde führt, nach Abtragung derselben, auch die des Stabkranzes, also der Pyramidenbahn selbst, zur Bewegung.

Hierbei zeigt sich die Latenzzeit verkürzt, die Reizschwelle erhöht.
Stärkere, langdauernde oder oft wiederholte Rindenreizung führt zu
Muskelkrämpfen, die nach Aufhören des Reizes allmählich abklingen
(Rindenepilepsie).

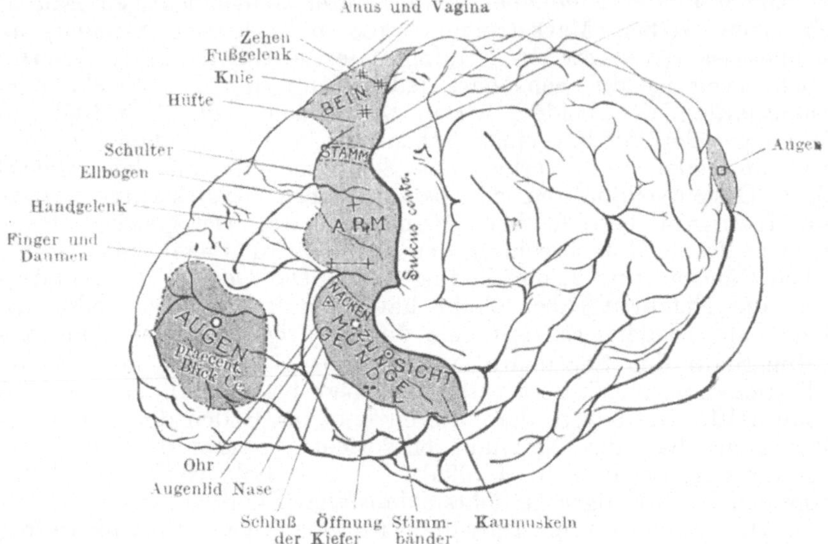

Abb. 109. Motorische Rindenfelder des Schimpansen nach SHERRINGTON und
GRÜNBAUM. Außenfläche der linken Hemisphäre.

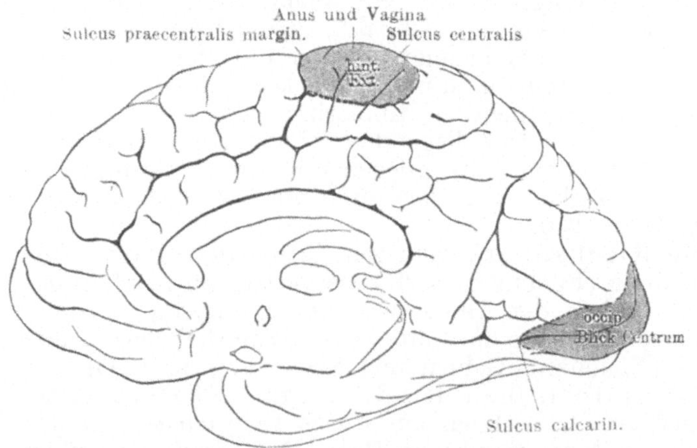

Abb. 110. Dasselbe; Innenfläche der rechten Hemisphäre.

Das bei den höheren Affen elektrisch erregbare Rindengebiet
umfaßt auf der Außenfläche des Gehirns die vordere Zentralwindung
und die angrenzenden Teile der 1. Stirnwindung, auf der Medianfläche
den Lobulus paracentralis. Abb. 109 und 110 zeigen das Ergebnis der
Versuche von SHERRINGTON und GRÜNBAUM (1901 und 1903, Proc. R.
S. Vol. **69** und **72**) am Schimpansen. Die auslösbaren Bewegungen hängen

von dem Orte der Reizung ab in der Weise, daß zunächst der Medianebene die Muskeln des Beins und des Perineums ansprechen, weiter nach außen und unten die des Rumpfes und Armes, und von dem untersten an die Sylvische Spalte stoßenden Drittel der vorderen Zentralwindung die des Nackens, des Gesichts und des Mundes. Zwei Felder, von denen aus Bewegungen der Augen hervorgerufen werden können, liegen abseits, das eine im Stirnhirn, das andere im Hinterhauptshirn.

Auch am Menschen sind bei Gelegenheit von Operationen am Gehirn elektrische Reizungen vorgenommen worden, um die Ausgangspunkte für Muskelkrämpfe und andere klinische Reizsymptome festzustellen. Dabei hat sich sowohl die Ausdehnung des erregbaren Gebietes wie die Verteilung der auslösbaren Bewegungen innerhalb desselben als sehr nahe übereinstimmend mit den Ergebnissen an den höheren Affen herausgestellt; man vgl. hierzu die Abb. 111 nach KRAUSE (Chirurgie des Gehirns und Rückenmarks. Berlin und Wien 1911). Die Innervation der Muskeln ist dabei stets eine geordnete, d. h. wie bei den Reflexen auf die Ausführung einer bestimmten Bewegung gerichtete und demgemäß eine reziproke, d. h. mit der Erregung der agonistischen Muskeln geht die Erschlaffung der antagonistischen Hand in Hand. Wird ein Rindenfeld gereizt und gleichzeitig die zugehörige Muskelgruppe reflektorisch in Tätigkeit gesetzt, so verstärken oder bahnen sich die beiden Erregungen, und zwar auch dann, wenn jede der beiden für sich allein zu schwach ist, eine Bewegung hervorzurufen (EXNER, 1882, A. g. P. 28, 487). In Übereinstimmung damit hat kürzlich P. HOFFMANN gefunden (1918, Z. f. B. 68, 351), daß die Sehnenreflexe bei gleichzeitiger willkürlicher Betätigung der betreffenden Muskeln außerordentlich verstärkt bzw. überhaupt erst nachweisbar gemacht werden.

Wird ein motorisches Rindenfeld entfernt, so zeigt sich hinterher, daß die zugehörigen Muskeln nicht oder nur ungeschickt und unkräftig gebraucht werden. Die Störungen, die anfangs sehr auffällig sind, treten mit der Zeit zurück und können schließlich ganz verschwinden, wenn der Rindendefekt nicht groß ist. Man muß daraus schließen, daß der fragliche Muskel oder die Muskelgruppe nicht nur mit dem zerstörten Felde Verbindung besitzt, sondern durch Vermittlung der subkortikalen Apparate auch mit anderen Feldern, besonders mit dem symmetrischen der anderen Hemisphäre. Das zerstörte Feld war nur jenes, von dem der Muskel am leichtesten ansprach.

Beim Menschen bedingen umschriebene Läsionen des motorischen Gebietes neben oder ohne Reizerscheinungen isolierte Lähmungen in dem zugeordneten Körperteil. Zerstörungen der motorischen Rinde in größerem Umfange oder, was viel häufiger, der aus ihr hervorgehenden Pyramidenbahn führt zur Halbseitenlähmung der gekreuzten Körperhälfte, zur Hemiplegie.

Aphasie, Apraxie, Agnosie.

Neben den Rindengebieten, die dadurch ausgezeichnet sind, daß sie mit Hilfe der Projektionsfasern des Stabkranzes in besonders enger Beziehung zur Peripherie des Körpers stehen (Sinnesorgane, Muskulatur), haben die klinischen und pathologischen Beobachtungen noch eine Reihe weiterer Rindengebiete kennen gelehrt, an die zum Teil recht

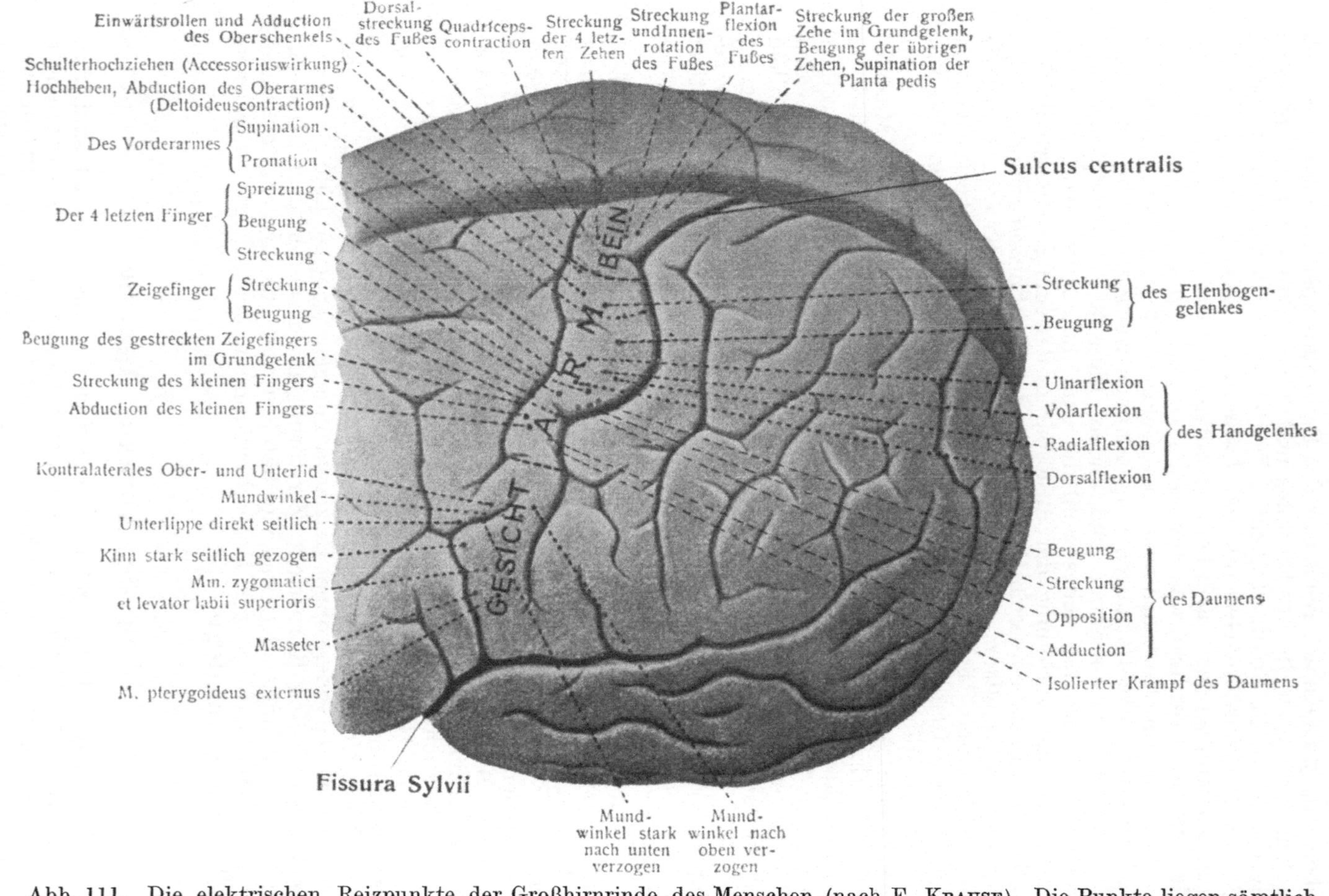

Abb. 111. Die elektrischen Reizpunkte der Großhirnrinde des Menschen (nach F. Krause). Die Punkte liegen sämtlich in der vorderen Zentralwindung.

verwickelte Funktionen geknüpft sind. Hierher gehören zunächst die verschiedenen Formen von Sprachstörungen, die unter dem Sammelnamen der Aphasie zusammengefaßt werden. Nicht zu ihr zu rechnen sind jene Schwierigkeiten in der Verständigung, die einerseits durch Schwerhörigkeit oder Taubheit, anderseits durch fehlerhaften Gebrauch der Sprachmuskeln (Stottern) oder durch Lähmung derselben bedingt sind. Hier hat weder das Verständnis für das Gesprochene oder Geschriebene, noch die Fähigkeit, die Gedanken in geeigneter Weise mitzuteilen (Sprechen, Schreiben) Schaden gelitten.

Zu den Aphasien ist dagegen jene Störung zu rechnen, wo der Kranke zwar hört, das Gesprochene aber nicht mehr versteht, sei es, daß ihm dasselbe wie ein wirres Geräusch oder wie eine völlig fremde Sprache vorkommt. Der Kranke ist dabei zum Sprechen befähigt und zumeist sogar sehr geschwätzig, doch drückt seine Rede in der Regel nicht das aus, was er sagen will (Paraphasie) oder ist überhaupt ohne verständlichem Zusammenhang. Nachsprechen ist unmöglich oder ebenfalls paraphasisch. In der Regel ist auch Lesen und Schreiben gestört (Alexie, Paragraphie). Diese als sensorische Aphasie bezeichnete Störung tritt stets auf bei Läsionen des hinteren Drittels der ersten Schläfenwindung der linken Hemisphäre.

Das Gegenstück hierzu ist die motorische Aphasie. Bei ihr ist das Sprachverständnis völlig ungeschmälert und bei reiner Form auch die Herrschaft über die Sprechmuskeln. Der Kranke findet aber nicht die zum Sprechen nötige Innervation, weil er sie nicht mehr kennt. Er ist gewissermaßen in der Lage eines Menschen, der eine verwickelte Betätigung, wie das Spielen eines Musikinstrumentes, das Stricken eines Strumpfes ausführen soll, ohne sie jemals vorher getrieben zu haben. Demgemäß fehlt bei dem Kranken im Gegensatz zum sensorisch Aphasischen auch der Antrieb zum Sprechen, er ist stumm oder äußert nur in der Erregung wenige Worte. Die motorische Aphasie beruht auf Zerstörung der Rinde der dritten Stirnwindung linkerseits (BROCAsche Windung) und der anschließenden Teile der Insel.

Das Gebundensein der Sprache an die angegebenen Bezirke der linken Hemisphäre gilt für die überwiegende Zahl der Fälle und steht in Beziehung der Rechtshändigkeit der meisten Menschen. Bei Linkshändern (etwa $5\,^0/_0$ der Menschen) ist vorwiegend die rechte Hemisphäre an den Sprachleistungen beteiligt.

Über weitere klinisch unterschiedene Formen von Aphasie vgl. BRODMANN a. a. O. S. 283.

Wie das Verständnis für das gesprochene Wort verloren gehen kann, so für alle Gehöreindrücke überhaupt. Das Gehörte wird nicht mehr erkannt, kann nicht mehr gedeutet und verwertet werden. Die als Seelentaubheit oder akustische Agnosie bezeichnete Störung scheint an beiderseitige Erkrankungen des Schläfelappens gebunden zu sein.

Weit häufiger beobachtet ist die Seelenblindheit oder optische Agnosie. Auch hier handelt es sich in der Regel um doppelseitige Erkrankung, und zwar der lateralen Windungen des Hinterhauptslappens. Ist nur eine Seite erkrankt, so muß es (beim Rechtshänder) die linke Seite sein, wenn es zu der fraglichen Störung kommen soll. Das Sehvermögen ist erhalten, der Kranke vermag aber seine Gesichtseindrücke nicht mehr zu verstehen, sie erscheinen ihm fremdartig und verwirrend.

Er findet sich in der ihm vertrauten Umgebung nicht mehr zurecht,
wenn er nicht die Hilfe anderer Sinne heranziehen kann. Sehr merkwürdige Fälle dieser Art sind von WILBRAND, F. MÜLLER und LISSAUER
beschrieben worden (vgl. KÜLPE, 1912, Zeitschr. f. Psychopathologie,
1. Band).

Eine weitere Form der Agnosie ist die Aufhebung des Tasterkennens
oder die Tastlähmung (taktile Agnosie). Sie ist nicht einer Herabsetzung
oder Aufhebung der Sensibilität gleichzusetzen, da sie trotz einer solchen
fehlen und anderseits bei normaler oder wenig geschädigter Sensibilität
vorhanden sein. kann. Es handelt sich also auch hier wie es scheint,
nur um den Verlust der Fähigkeit, die Tasteindrücke für Wahrnehmungen
zu verwerten. Als anatomischer Sitz der Störung werden von den meisten
Beobachtern die an das mittlere Drittel der hinteren Zentralwindung
angrenzenden Teile des Scheitellappens angegeben. Die Tastlähmung
tritt im allgemeinen auf der dem Sitz des Hirnherdes gegenüberliegenden
Seite auf, doch scheint auch hier eine gewisse Bevorzugung der linken
Hirnhälfte zu bestehen.

Wie die Agnosien zur sensorischen, so stellt sich die Apraxie
zur motorischen Aphasie. Man versteht unter diesem von LIEPMANN
aufgestellten Krankheitsbild das Unvermögen nicht gelähmte Körperteile richtig zu gebrauchen (1900—1906, Monatschr. f. Psych. u. Neurol.
8, 17 u. 19). Sie kann sich in verschiedener Weise äußern als Ausfall,
Erschwerung, Vergröberung, unvollständige Ausführung bestimmter Bewegungen oder in Form des Ersatzes derselben durch andere nicht zweck-
dienliche. Man hat demgemäß verschiedene Formen von Apraxie unterschieden, denen vermutlich auch eine verschiedene anatomische Grundlage zukommt. Neben dem linken Scheitellappen, der wohl die wichtigste
Rolle bei dieser Erkrankung spielt, scheinen auch in der Balkenfaserung
gelegene Herde derartige Erscheinungen hervorrufen zu können.

Das Gehirn als körperlicher Repräsentant des Bewußtseins.

Es ist eine jedermann geläufige und zweifellos berechtigte Vorstellung, daß das Großhirn, insbesondere dessen Hemisphären, der
körperliche Träger des Bewußtseins ist. Die mit der Ausbildung des
Großhirns von den Fischen bis zu den Säugern zunehmende Gelehrig-
keit, die während der Ontogenese des Menschen mit der Entwicklung
des Gehirns Hand in Hand gehende Steigerung der geistigen Leistungen
sprechen ebensosehr zugunsten dieser Annahme wie die Erfahrung,
daß alle das Gehirn treffenden Schädigungen auch die seelischen Verrichtungen mehr oder weniger beeinträchtigen. Eine Verringerung der
Blutzufuhr zum Gehirn (Kompression der Karotiden) genügt, um sofort
völlige Bewußtlosigkeit herbeizuführen, während pathologische Veränderungen, die, wie beim Altersschwund, bei Entzündungen der Hirn-
häute, bei der spätsyphilitischen progressiven Paralyse hauptsächlich
die Hirnoberfläche treffen, eine tiefgehende Störung und Umstimmung
des psychischen Verhaltens hervorrufen.

Die Parallelisierung von psychischen Leistungen und physiologischen Vorgängen kann jedenfalls nicht so geschehen, daß man für

jede Kategorie der ersteren einen besonderen Abschnitt des Gehirns verantwortlich zu machen sucht, trotz der Tatsache, daß es Sinnessphären, motorische Rindenfelder und Gehirngebiete gibt, die zu den aphasischen, agnostischen und apraktischen Störungen in Beziehung stehen. Einem solchen Beginnen widerspricht schon die wesentliche Eigenart des Bewußtseins, nicht eine Summe von Inhalten zu sein, sondern ein zusammenhängendes Ganzes, das um die Person seines Trägers sozusagen konzentrisch geordnet ist. Jeder neue Eindruck nimmt daher Einfluß auf die Gesamtheit des Bewußtseins, modifiziert dieselbe und damit die jeweilige „Stimmung".

Versucht man dieser Eigentümlichkeit des seelischen Geschehens einen adäquaten physiologischen Vorgang an die Seite zu stellen, so wird man ihn am ehesten in einem beständigen Austausch von Erregungen zwischen allen an den psychophysischen Prozessen jeweils beteiligten Hirngebieten erblicken. Diesem Gedanken trägt die Assoziationslehre Rechnung, indem sie durch die leitenden Nervenfasern des Hirns eine gegenseitige Einwirkung der gleichzeitig oder hintereinander eindringenden Erregungen und deren Residuen aufeinander geschehen läßt. Dieser, die Einrichtung eines Telephonnetzes gewissermaßen zum Vorbild nehmenden Vorstellung erwächst aber eine große Schwierigkeit dadurch, daß die Herstellung der Beziehungen zwischen den eindringenden Erregungen viel weniger von ihrer zufälligen Gleichzeitigkeit bzw. zeitlichen Nachbarschaft abhängt als vielmehr von der Wertung, die ihnen von seiten des empfindenden Subjekts zu teil wird. Die Assoziationslehre kann sehr wohl verständlich machen, daß eine bereits bestehende Verbindung durch Wiederholung und Übung ausgebaut wird, nicht aber, daß sie überhaupt entsteht (vgl. v. KRIES, Rektoratsrede, Freiburg i. B. 1898).

Man wird daher dem physiologischen Geschehen im Hirn außer den Fähigkeiten der Überleitung und Aufstapelung von Eindrücken noch weitere Möglichkeiten zuerkennen müssen, für die sich ein Bild vielleicht am besten an Hand bekannter Stoffwechselvorgänge gewinnen läßt. Die in die Säfte des Körpers eindringenden Stoffe können für die Zellen ohne weiteres oder nach vorgängiger Umwandlung verwertbar sein, sie werden in die Struktur derselben aufgenommen und assimiliert. Sie können aber auch störend wirken und die Zellen schädigen oder eine Gegenwirkung hervorrufen, die zur Bildung von Abwehrstoffen, zur Unschädlichmachung u. dgl. führt. In ähnlicher Weise wird man sich auch die psychophysischen Leistungen des Gehirns mit der Fähigkeit ausgestattet denken müssen, auf die eindringenden Erregungen in einer von der Konstitution und den Erfahrungen des Individuums abhängigen Weise zu reagieren, bald zustimmend, angliedernd, verwertend, bald ablehnend, verarbeitend, überwältigend. Jedenfalls ist das Gehirn nicht einfach der Spielball der auf es einstürmenden Eindrücke.

Vierzehnter Teil.

Die Leistungen der Sinne. I. Hälfte.

Die Untersuchung der seelischen Erscheinungen an Personen mit krankem Gehirn haben gezeigt, wie groß die Schwierigkeiten sind, wenn es sich darum handelt, dort, wo das physiologische Experiment versagt, aus psychischen Vorgängen Aufschluß zu gewinnen über die psychophysischen. Am aussichtsreichsten sind solche Bestrebungen auf sinnesphysiologischem Gebiet, weil die dabei in Frage kommenden psychischen Vorgänge verhältnismäßig einfach sind und in bezug auf ihre Qualität und Intensität in der Regel eine klare Abhängigkeit von der Art und Stärke der angewandten Reize zeigen.

Bei Untersuchung der Reflexe hat es sich unter anderem herausgestellt, daß die auftretende Bewegung abhängt von der afferenten Bahn, auf die der Reiz wirkt. In bezug auf die rezeptorischen Nerven des Hirns, von denen fast jeder eine bestimmte Sinnesleistung in ausschließlicher Weise vertritt, ist diese Abhängigkeit ohne weiteres ersichtlich und auf Grund der Ergebnisse der Hirnanatomie verständlich. In bezug auf die afferenten Nerven des Rückenmarks ist die Abhängigkeit nicht ohne weiteres durchsichtig, weil in ihnen stets Fasern verschiedener Funktion gemischt sind und der Reiz in der Regel kein auswählender ist. Der Tierversuch gibt daher über die Qualität der afferenten Erregung keine oder nur sehr unsichere Auskunft.

Aber auch der Versuch am Menschen bedarf der Analyse und der darauf gegründeten Zuspitzung des Experiments, wenn die in der andringenden Erregung enthaltenen Komponenten ermittelt werden sollen. Der die Körperoberfläche treffende Reiz erregt eine große Zahl qualitativ verschiedener Endorgane. Die resultierende Wahrnehmung läßt aber hiervon nichts erkennen, sie bietet die zusammengefaßte und überarbeitete Darstellung eines reizenden Objektes, aus dessen Eigenschaften erst ein Schluß auf die verschiedenen Seiten seiner sinnesphysiologischen Wirksamkeit möglich ist.

Auf diesem Wege hat sich bis jetzt feststellen lassen, daß die von den afferenten Nerven des Rückenmarks vermittelten Wahrnehmungen sich aus Empfindungen von vierfach verschiedener Wesensart oder Modalität zusammensetzen, und daß innerhalb jeder Modalität wieder gewisse Abarten oder Qualitäten vorkommen. Man kann die vier Modalitäten kurz kennzeichnen durch die Reizarten, die zu ihrer Auslösung besonders geeignet sind. Es werden erregt:

1. Durch thermische Reize Temperaturempfindungen,

2. und 3. durch deformierende Reize Druck- und Kraftempfindungen,

4. durch chemische Reize Schmerzempfindungen.

Diese Wirkungen sollen im folgenden etwas eingehender untersucht werden.

Die Temperaturempfindungen.

Temperaturempfindungen können nur von der Haut und einigen wenigen Schleimhautflächen (Mund, Nase, Auge, After) erregt werden. Sie treten auf, wenn die Temperatur der Haut verändert wird, und zwar Kaltempfindungen beim Sinken und Warmempfindungen beim Steigen der Hauttemperatur. Wie die Änderung hervorgerufen wird, ist an sich gleichgültig. Sie kann aus äußeren Gründen geschehen durch Änderung der Wärmeausstrahlung (Scheren der Haare, Bedecken des Körpers), der Wärmeleitung (Berührung der Haut mit Stoffen von anderer Wärmekapazität und Wärmeleitung) oder der Verdunstung; aus inneren Gründen durch Änderung des Blutstroms in der Haut. Voraussetzung für die Entstehung einer Empfindung ist jedoch, daß die Temperaturveränderung nicht zu klein ist und daß sie nicht zu langsam geschieht (E. GERTZ, Psykofysiska Undersökningar usw. Lund 1918). Dies sind Bedingungen, wie sie entsprechend auch für die Wirksamkeit mechanischer und elektrischer Reize auf Muskel und Nerv als maßgebend erkannt worden sind (S. 254, 259).

Der Grund, warum langsame Temperaturänderungen wirkungslos bleiben, liegt in der Anpassung oder Gewöhnung an die Umgebungstemperatur, zu der die Nervenenden innerhalb gewisser Grenzen, etwa zwischen 10 und 40⁰ nach GERTZ, befähigt sind. Geschieht die Temperaturänderung der Haut so langsam, daß die Anpassung jederzeit mit ihr gleichen Schritt halten kann (etwa 0,1—0,2⁰ pro Minute), so fehlt jede Erregung.

Damit hängt zusammen, daß die Haut trotz örtlich verschiedener Temperatur thermisch erregungsfrei sein kann. So ist uns in der Regel nicht bewußt, daß die bedeckten Körperteile wärmer sind als die unbedeckten und von diesen wieder die nach außen konkaven Flächen wärmer als die konkaven. Erst wenn die Hohlhand auf den Handrücken der anderen Seite oder auf die Stirne gelegt wird, tritt der Unterschied zutage (E. H. WEBER, Tastsinn und Gemeingefühl, S. 101). Versenkt man für einige Zeit die eine Hand in Wasser von 25⁰, die andere in solches von 35⁰ und taucht dann rasch beide in Wasser von 30⁰, so erscheint dieses der einen Hand warm, der anderen kalt.

Hat die Haut sich auf eine bestimmte Temperatur eingestellt und fehlen demgemäß Temperaturempfindungen, so bedarf es, wie schon oben erwähnt, einer Änderung von einer gewissen Größe (und Geschwindigkeit), um die Empfindung kalt oder warm entstehen zu lassen. Die als Reizschwelle zu bezeichnende Größe ist abhängig von der Ausgangstemperatur, namentlich aber von der Reizfläche in dem Sinne, daß sie abnimmt mit wachsender Fläche. Werden größere Gliederabschnitte, wie z. B. die Hand, in verschieden temperiertes Wasser getaucht, so können günstigsten Falles noch Unterschiede von $^1/_{10}$⁰ wahrgenommen werden. Nimmt man die Schwelle für kalt und warm gleich groß an, so würde ein Temperaturbereich von 0,2° wirkungslos sein und die R u h e b r e i t e oder Indifferenzstrecke des Temperatursinnes unter den gegebenen Bedingungen darstellen. Bei kleinerer Reizfläche und einer von der gewöhnlichen stark abweichenden Anpassungstemperatur kann die Ruhebreite mehrere Grade umfassen.

Für die verschiedene Stärke der reinen Temperaturempfindungen verfügt die Sprache über die Ausdrücke kalt, kühl, lau, warm und heiß. Sehr niedrige Temperaturen werden als schneidend, beißend oder brennend kalt, Temperaturen von 50° aufwärts als brennend heiß bezeichnet. Es handelt sich im einen wie im anderen Falle um die Miterregung von Schmerznerven, denn diese letzteren Qualitäten der Temperaturempfindung fehlen an analgetischen Stellen. Die Empfindung heiß scheint nur dann aufzutreten, wenn neben den Wärmenerven auch die Kältenerven gereizt werden (HACKER, 1913, Z. f. B. **61**, 240ff.), die, wie sogleich näher zu besprechen sein wird, auch durch Temperaturen oberhalb 40° ansprechen, und zwar mit der für sie charakteristischen Empfindung.

Die Mannigfaltigkeit der Temperaturempfindungen ist demnach dadurch bedingt, daß drei Arten afferenter Nerven, für Kälte, Wärme und Schmerz durch Temperaturreize in wechselnder Stärke in Erregung versetzt werden. Sucht man dies in übersichtlicher Weise darzustellen, so erhält man nachstehende Tabelle, in der links die sprachlichen Bezeichnungen für die Temperaturempfindungen, rechts die Beteiligung der drei Nervenarten an der Erregung eingetragen sind. + bedeutet Erregung, ○ Fehlen derselben.

	Wärme-nerven	Kälte-nerven	Schmerz-nerven
Schneidend oder beißend kalt	○	+	+
Kalt	○	+	○
Kühl	○	+	○
Indifferent	○	○	○
Lau	+	○	○
Warm	+	○	○
Heiß	+	+	○
Brennend heiß	+	+	+

Man kann auch versuchen, die Erregungsgrößen zur Darstellung zu bringen, mit der die einzelnen Komponenten je nach der Temperatur an der einfachen oder Mischempfindung vermutungsweise beteiligt sind. Dies ist in Abb. 112 geschehen, wo über den der Temperatur proportionalen Abszissen die Erregungsgrößen als Ordinaten aufgetragen sind. Der Indifferenzpunkt, d. h. die Temperatur, bei der alle drei Apparate in Ruhe sind, ist willkürlich auf 33° angesetzt. Bei steigender Temperatur treten zuerst die Wärmenerven, dann die Kältenerven, schließlich die Schmerznerven in die Erregung ein. Die Erregungsgröße der letzteren übersteigt bald die der beiden anderen, wie aus der vordringenden Stärke der Schmerzempfindung geschlossen werden muß. Auf eine Scheidung der Schmerzempfindung in eine oberflächliche, helle und eine tiefe, dumpfe, ist hier verzichtet (vgl. hiezu unten S. 312).

Sinkt die Temperatur unter den Indifferenzpunkt herab, so tritt die Erregung der Kältenerven für ein größeres Temperaturintervall allein auf; erst nahe dem Nullpunkt des Thermometers tritt Schmerz

hinzu, ebenfalls mit sinkender Temperatur rasch an Stärke zunehmend.
Geht die Temperatur so tief herab, daß das Gewebe gefriert, so hört
alle Empfindung auf, um beim Auftauen wieder zurückzukommen.

Die Wirkung eines Temperaturreizes ist von dem Orte seiner Einwirkung in hohem Grade abhängig. Im allgemeinen sind Haut und
Schleimhäute in der Nähe der Körperöffnungen (Mund, After, Harn-
röhrenmündung, Nase), ferner Brustwarze und Auge durch hohe Temperaturempfindlichkeit ausgezeichnet, während die als Tastorgane be-
vorzugten distalen Gliederabschnitte vergleichsweise stumpfen Tem-
peratursinn haben.

Die Temperaturempfindlichkeit der Haut ist bei kleinflächiger
Reizung keine stetige, sondern auf gewisse sehr umschriebene Orte beschränkt, die als Kalt- bzw. Warmpunkte bezeichnet werden (BLIX,
1884, Z. f. B. 20, 141). Be-
stimmungen der Dichte
dieser Punkte sind an
einer größeren Zahl von
Hautflächen von SOMMER
durchgeführt worden
(Würzb. Sitzb. 1900, 63).
Er fand für die Kalt-
punkte eine mittlere
Dichte von 13 im cm²,
was für die ganze Körper-
oberfläche die Zahl von
250 000 ergibt. Dagegen
fand er für die Warm-
punkte nur eine mittlere
Dichte von 1,5 im cm²
oder rund 30 000 für den
ganzen Körper.

Die Verteilung der
temperaturempfind-
lichen Apparate über
die Haut ist eine sehr
ungleichmäßige. Selten
liegen sie ganz vereinzelt,

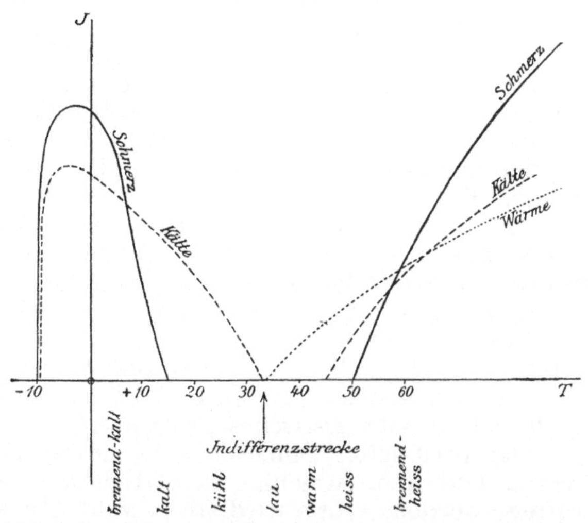

Abb. 112. Schematische Darstellung der Erregungsgrößen J, mit der die drei temperaturempfindlichen
Sinnesapparate der Haut bei verschiedenen Temperaturen T in Tätigkeit treten.

meist in Gruppen zusammen, so daß zwischen den Gruppen Lücken,
zuweilen bis zu 1 cm² Größe entstehen, in denen die Warm- oder Kaltempfindung oder beide fehlen. An manchen Hautstellen von guter
oder sogar hervorragender Kaltempfindlichkeit tritt die Warmempfindung sehr zurück oder fehlt ganz. Dahin gehört die Bindehaut und
Hornhaut des Auges (nur der Rand der Hornhaut ist kaltempfindend),
die Eichel des männlichen Gliedes, die Brustwarze. Überwiegend kalt-
empfindlich sind ferner die Schleimhäute des Mundes und der Nase.

Die Kalt- und Warmpunkte einer Hautfläche lassen sich, einmal
bestimmt, immer wieder an den gleichen Orten nachweisen. Sie stellen
also Projektionen unveränderlicher Sinneseinrichtungen auf die Oberfläche dar. THUNBERG hat durch sehr rasch abklingende Temperaturreize (1901, Skand. Arch. 11, 382), HACKER durch allmählich in die
Haut dringende narkotische und ätzende Stoffe nachgewiesen, daß die
Enden der kaltempfindenden Nerven oberflächlicher liegen als die der

warmempfindenden. Ihre voneinander und von anderen Nervenenden
unabhängige Verteilung über die Haut gewährt die Möglichkeit, ungestört durch andersartige Empfindungen die Wirkung verschiedener
Reizmittel zu prüfen. Man erfährt hierbei, daß die Kalt- und Warmpunkte außer auf thermische auch auf mechanische und elektrische
Reize ansprechen. Es gibt sogar einige wenige chemische Substanzen,
wie Chloroform und Menthol, die erregend auf die Kaltnerven wirken
oder doch ihre Erregbarkeit durch adäquate Reize steigern (SCHWENKEN-
BECHER, Münch. med. Wochenschr. 1908, Nr. 28). Wichtig ist, daß
jeder wirksame Reiz, gleichgültig welcher Art, ausschließlich jene
Empfindungsqualität hervorruft, die dem geprüften Nervenende bei
adäquater Reizung zukommt. Dies tritt besonders auffällig hervor bei
der sog. paradoxen Kaltempfindung, die entsteht, wenn Kaltpunkte durch Temperaturen über 40° gereizt werden (v. FREY, 1895,
Ber. Ges. d. Wiss. Leipzig. 47, 172). Es zeigt sich hier ein Verhalten,
das nicht nur für die temperaturempfindlichen Nervenenden, sondern,
soweit Prüfungen hierüber vorliegen, ganz allgemein für Sinneseinrichtungen gilt. Demnach ist, wie JOHANNES MÜLLER seinerzeit ausgeführt hat (Handb. d. Physiol. Koblenz 1840, 2, 254) ,,die Sinnes-
empfindung nicht die Leitung einer Qualität oder eines Zustandes der
äußeren Körper zum Bewußtsein, sondern die Leitung einer Qualität,
eines Zustandes eines Sinnesnerven zum Bewußtsein, veranlaßt durch
eine äußere Ursache, und diese Qualitäten sind in den verschiedenen
Sinnesnerven verschieden, die Sinnesenergien.'' Diese Folgerung, damals
auf Grund einer verhältnismäßig kleinen Zahl von Erfahrungen aufgestellt und in der Literatur als der Satz von der spezifischen Energie
der Sinneseinrichtungen bekannt, ist seitdem in zahlreichen Fällen
bestätigt worden und hat sich für die Forschung auf dem Gebiete als
ein fruchtbares heuristisches Prinzip erwiesen. Inwieweit die Spezifität
nur den peripheren Sinnesorganen, inwieweit sie auch den leitenden
Nerven und den aufnehmenden Hirnteilen zukommt, ist seitdem oft
erörtert worden. Man wird aber wohl HERING Recht geben müssen.
der für eine weitgehende Spezifität der Leitungsbahnen und der zentralen
Apparate eintritt (Zur Theorie der Nerventätigkeit. Leipzig 1899).

Die durch die dorsalen Wurzeln in das Rückenmark eintretenden
Nerven des Temperatursinnes scheinen sofort die Mittellinie zu überschreiten und in Nachbarschaft der Schmerznerven im Seitenstrang
der gekreuzten Seite emporzuziehen. Hierfür spricht die Schädigung
bzw. Aufhebung dieser Empfindungsqualitäten bei Syringomyelie und
Halbseitenläsionen. Als das kortikale Endigungsgebiet dieser Bahnen
muß nach dem früher Gesagten die hintere Zentralwindung angenommen
werden. Wahrscheinlich muß den Leitungsbahnen für die beiden Qualitäten der Temperaturempfindung eine gewisse Selbständigkeit zuerkannt
werden, da isolierte Schädigungen der Kalt- bzw. Warmempfindung
vorkommen. Derartige Kranke empfinden alle thermischen Reize als
von einerlei Art, entweder kalt oder warm, sog. perverse Temperaturempfindung (vgl. ALRUTZ, 1906, Skand. Arch. 18, 166). Im ersten Falle
dürfte die Wirkung der Wärmereize auf einer paradoxen Erregung der
Kaltpunkte beruhen, während im zweiten Falle der Kältereiz die Warmpunkte wahrscheinlich rein mechanisch (Prüfung mit kalten festen
Gegenständen!) erregt, welcher Einwirkung sie besonders leicht zugänglich sind.

Die Druckempfindungen.

Mechanische Einwirkungen auf die Haut führen zu Druckempfindungen, wenn sie mit einer Deformation der Haut verbunden sind. Ein überall gleicher Druck oder ein örtlich ungleicher, aber innerhalb einer größeren Hautfläche stetig zu- oder abnehmender Druck wird nicht gefühlt. Nicht gefühlt wird also der Luftdruck und dessen Schwankungen, auch dann nicht, wenn er künstlich auf das Zwei- bis Dreifache gesteigert wird (Arbeiten unter Preßluft). Keine Druckempfindung entsteht ferner, wenn man Finger oder größere Gliederabschnitte in Quecksilber taucht (MEISSNERS Versuch, 1859, Zeitschr. f. rat. Med. 3. Reihe. 7, 99). Gleiches gilt für das Tauchen unter Wasser.

Auf welche Weise die zur Erregung der Drucknerven erforderliche Deformation entsteht, ob durch Druck, Zug, Verschiebung u. dgl., ist an sich gleichgültig. Druck und Zug können sogar, namentlich wenn sie sich auf kleine Hautflächen erstrecken, nicht unterschieden werden (v. FREY, 1897, Ber. Ges. d. Wiss. Leipzig. 49, 464; HACKER, 1913, Zeitschr. f. Biol. 61, 255). Es kommt nur darauf an, daß in der Haut, am Orte der empfindlichen Nervenenden, ein Druck- oder Spannungsgefälle, etwa nach Art der Abb. 113 geschaffen wird, während dessen Richtung ohne Belang ist.

Die Wirksamkeit der Deformationen ist aber noch an zwei Bedingungen geknüpft: Sie dürfen nicht zu geringfügig sein und nicht zu langsam entstehen. AUBERT und KAMMLER (1858, MOLESCHOTTS Unters. z. Naturl. 5, 145) fanden Gewichtchen von weniger als 2 mg überall unwirksam und an vielen (unbehaarten!) Orten gilt dies auch für 0,1 g. Unwirksam bleiben auch die allmählich sich entwickelnden Deformationen, wie sie z. B. durch sehr langsame Bewegung der Glieder, bei der allmählichen Dehnung der Haut durch Schwangerschaft, Geschwülste u. dgl. entstehen.

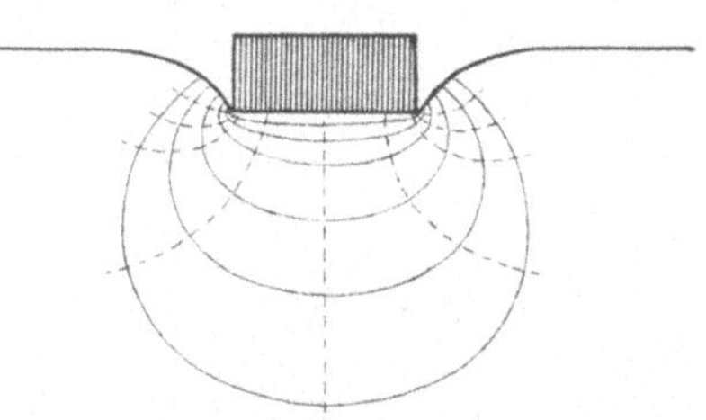

Abb. 113. Schematische Darstellung der Deformation der Haut durch ein aufgelegtes Gewicht sowie der dabei auftretenden Druck- und Zugspannungen.

Die Bedeutung der Deformationsgeschwindigkeit für die Reizwirkung läßt sich quantitativ feststellen, wenn man sich auf schwellenmäßige Reize beschränkt und bei wechselnder, aber stets bekannter Deformationsgeschwindigkeit die eben merklichen Reizstärken bestimmt. Es zeigt sich dann, daß man sich bei langsam zunehmender Deformationen in starke Reize „einschleichen" kann, während rasche Deformationen schon bei geringer Stärke wirksam werden (v. FREY, 1896, Abh. Ges. d. Wiss. Leipzig. 23, 188). Die Bedingungen sind also ähnlich wie bei der mechanischen und elektrischen Reizung von Muskel und Nerv.

Der Grund, warum langsam wachsende Reize nicht wirken, muß in der Erscheinung der Anpassung oder Gewöhnung (Adaptation) an den Reiz gesucht werden, die bei den Druckempfindungen besonders gut zu verfolgen ist. Man setzt zu dem Zwecke an einem Orte der Haut einen Dauerreiz, der objektiv konstant bleibt und an einem anderen Orte einen Momentanreiz, dessen Stärke man so bemißt, daß er dem Dauerreiz jeweils gleich erscheint. Es zeigt sich dann, daß der Momentanreiz

um so schwächer gewählt werden muß, je später er einfällt. In den durch
Abb. 114 veranschaulichten Versuchen währte der Dauerreiz 4 Sekunden,
der Momentanreiz fiel $^1/_8$, $^1/_4$, $^1/_2$, 1, 2 oder 3 Sekunden nach Beginn
des Dauerreizes ein. Seine dem Dauerreiz subjektiv gleiche Stärke,
die gefunden wird, indem man ihn gleichzeitig mit oder kurz vor letzteren
gibt, ist jedesmal gleich 4 gesetzt. Die Kurven lassen erkennen, daß
der Eindruck des Dauerreizes rasch verblaßt, um so rascher je kleiner
die Reizfläche ist. Objektive Konstanz. des Dauerreizes ist allerdings
nicht streng zu erzielen, da ein auf die Haut gesetztes Gewicht infolge
Verdrängung von Gewebsflüssigkeit allmählich tiefer einsinkt, die Deformation
also wächst. Es werden nach und nach mehr Nervenenden
in die Reizung einbezogen, was sich namentlich bei großer Reizfläche fühlbar
macht in einer verhältnismäßig langen Dauer des subjektiven Eindrucks.
Die Erregungen durch kleinflächige Reize verblassen dagegen sehr
rasch und führen zu jener Form der Empfindung, die als Berührung der
weniger flüchtigen Druckempfindung gegenübergestellt zu werden pflegt.

Der Anpassung oder Gewöhnung ist es zuzuschreiben, daß der
Druck, den die Haut durch die Kleidung und an den unterstützenden
Flächen durch die Schwere des eigenen Körpers erfährt, nach kurzer
Zeit nicht mehr wahrgenommen wird, die Aufmerksamkeit sich also neuen
Eindrücken zuwenden kann. Aus ihr wird auch verständlich, daß es so
leicht zu Drucklähmung von Nerven, dem sog. Einschlafen der Glieder
kommt.

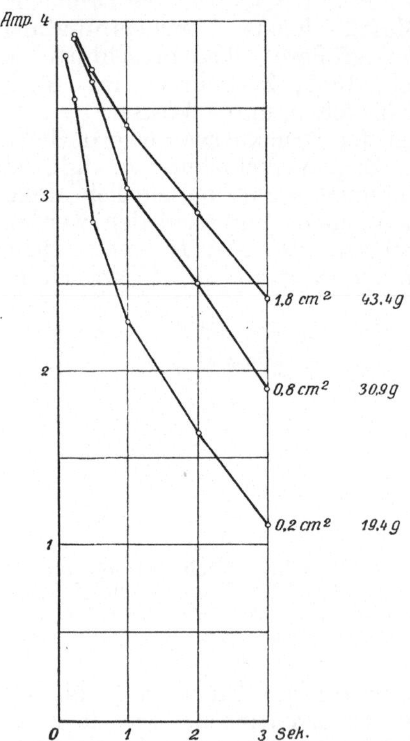

Abb. 114. Abfall der Empfindungsstärke in den ersten drei Sekunden
nach Einsetzen eines konstanten Druckreizes. Die drei Kurven beziehen
sich auf die nebenstehenden Reizflächen und Belastungen (nach
v. Frey und Goldmann, 1914, Z. f. B. **65**, 196).

Die Anpassung darf nicht als Ermüdung aufgefaßt werden. Das
folgt schon aus der Erfahrung, daß ein auf die Haut gesetztes Gewicht,
das infolge der Anpassung nicht mehr wahrgenommen wird, beim Abheben
neuerdings eine, durchaus den Charakter der Berührung tragende
Empfindung hervorruft. Weiter zeigt sich, daß Stoßreize so gut wie
gar nicht ermüden und daher beliebig oft wiederholt werden können.
Der Drucksinn zeigt dabei die Besonderheit, daß er diese Anstöße, selbst
wenn sie sehr dicht aufeinander folgen, nicht wie das Ohr zu einer kontinuierlichen
Empfindung verschmilzt, sondern sie getrennt zur Wahrnehmung
bringt. Die Empfindung wird als Kriebeln oder Schwirren,
bei höheren Reizstärken als Hämmern bezeichnet und stellt eine besondere
Wahrnehmungsform des Drucksinns dar. Wie hoch die Frequenz

gesteigert werden darf, ohne daß die gesonderte Wahrnehmung der Stöße verloren geht, ist noch nicht systematisch untersucht Nach BRYANT (1910, Arch. f. Ohrenheilk. **82**, 209) liegt die Grenze für die Fingerspitze bei 8000 Schwingungen pro Sekunde, eine Beobachtung, die ohne Angabe der Reizintensität nicht eindeutig ist.

Auf dieser Fähigkeit des Drucksinns beruht die eigentümliche, anscheinend den ganzen Körper erschütternde Wirkung tiefer Töne, namentlich der Orgel. Sie ist ärztlich in der Weise verwertet worden, daß man schwingende Stimmgabeln auf die Haut setzte und ihre Wahrnehmbarkeit bzw. die Dauer der Wahrnehmung prüfte. Dabei ist der Ort, wo die Gabel aufgesetzt wird, insofern von Wichtigkeit, als durch unterliegende Knochen, die als gute Schalleiter wirken, der Reiz auf weitab liegende Hautstellen übertragen werden kann, was zur Vorsicht bei Beurteilung der Prüfungsergebnisse mahnt. Die in der ärztlichen Literatur zuweilen vertretene Ansicht, daß das „Vibrationsgefühl" durch die Nerven der Knochen vermittelt werde, entbehrt der experimentellen Unterlagen (vgl. v. FREY, 1915, Z. f. B. **65**, 417).

Es ist bereits oben auf die Versuche von AUBERT und KAMMLER hingewiesen worden, die eine örtlich ungleiche Empfindlichkeit der Haut für deformierende Einwirkungen ergeben haben. Sie finden die niedrigsten Schwellen nicht an den Tastflächen der Hände oder den Lippen, sondern auf der Streckseite der Finger und auf den behaarten Flächen der Gesichtshaut. Diese Bevorzugung fällt aber fort nach dem Rasieren der Haare. Damit ist festgestellt, daß das Haar eine den Reiz übertragende, die Erregung begünstigende Einrichtung darstellt.

Noch größere örtliche Unterschiede in der Empfindlichkeit lassen sich aufdecken, wenn man sehr kleinflächige Reize anwendet und sie nach ihrer Stärke abstufbar macht. Mit solchen schwellennahen Reizen fand BLIX (1885, Z. f. B. **21**, 153) die Druckempfindlichkeit ausschließlich auf gewisse, von ihm als Druckpunkte bezeichnete Stellen von unveränderlicher Lage beschränkt. Die weitere Verfolgung dieser Entdeckung hat dann gelehrt, daß diese Punkte auf den behaarten Flächen nur an den Haaren gelegen sind, und zwar in der Projektion der Haarwurzel auf die Oberfläche. Da praktisch jedes Haar einen Druckpunkt besitzt, so gibt die Dichte des Haarkleides zugleich Auskunft über die Dichte der Nervenenden des Drucksinns, die in den kranz- oder korbartigen Geflechten markloser Nervenfäden zu erblicken sind, die die Haarbälge dicht unter der Einmündung der Talgdrüsen umspinnen. An den haarlosen Flächen ist die Verteilung der hier lediglich experimentell nachweisbaren Druckpunkte im wesentlichen dieselbe, wie an den behaarten, mit dem Unterschiede jedoch, daß zumeist eine dichtere Zusammendrängung der Nervenenden, besonders gegen die distalen Enden der Glieder Platz greift. Als Organe des Drucksinns an diesen Flächen müssen die MEISSNERschen Körperchen gelten, deren Vorkommen auf diese Orte beschränkt ist und die ihrer Zahl nach mit der experimentell ermittelten Dichte der Druckpunkte genügend übereinstimmen (v. FREY, 1896, Abh. Ges. d. Wiss. Leipzig. **23**, 255).

Ist die Lage der Nervenenden des Drucksinns bekannt, so läßt sich auch die Frage nach dem Mindestmaß von Energie beantworten. das zu ihrer Erregung aufgewendet werden muß. Hierzu bedarf es nur der Bestimmung der Kraft und der Deformation des Schwellenreizes. Bei Reizung des Druckpunktes durch einen gegen ihn gerichteten Stoß hat sich die Schwellenenergie im Mittel zu 0,4 erg gefunden, während ein an dem Haare angreifender und es als Hebel benützender Reiz schon mit 0,02 erg auskommt. Hier kommt die Überlegenheit der behaarten Hautflächen quantitativ zum Ausdruck. Verwendet man Reize größerer Fläche, die eine Mehrzahl von Nervenenden erregen, so ist die erforderliche Reizenergie im allgemeinen größer, weil auch die zwischen den Druckpunkten liegenden, für diese Form der Reizung unempfindlichen Flächenelemente mit deformiert werden müssen. Nur an den Flächen mit besonders großer Dichte der Nervenenden kann dieser Nachteil wieder ausgeglichen werden durch den nervösen Vorgang der Verstärkung auf den unten zurückzukommen sein wird (v. FREY, 1919, Z. f. B. 70, 333).

Wächst der Reiz über den Schwellenwert hinaus, so bedarf es stets einer Zunahme von endlicher Größe, der Unterschiedsschwelle (U.-S.), bevor es zu einer merklichen Verstärkung der Empfindung kommt. E. H. WEBER, der darüber zuerst systematische Versuche angestellt hat, fand, daß die U.-S. bei großem Ausgangs- oder Grundreiz größer ist als bei kleinem, daß aber ihr Verhältnis zum Grundreiz, die sog. relative Unterschiedsschwelle (r. U.-S.) annähernd konstant bleibt (Tastsinn und Gemeingefühl. Braunschweig 1851, S. 85 u. 91). FECHNER (Elemente der Psychophysik. Leipzig 1860) hat dann auf die weitreichende Bedeutung dieses als WEBERS Gesetz bezeichneten Verhaltens für verschiedene Sinnesgebiete und für Größenvergleichungen auf psychischem Gebiete überhaupt hingewiesen und in geistvoller Weise quantitative Beziehungen zwischen Reiz und Empfindung daraus abzuleiten gesucht (psychophysisches Gesetz).

Für den Drucksinn ist eine eingehende Prüfung der Gültigkeit des WEBERschen Gesetzes von STRATTON durchgeführt worden (1896, Philos. Studien. 12, 525). Er fand die r. U.-S. in der Tat in recht weiten Grenzen konstant und im Mittel gleich $^1/_{25}$ des Grundgewichtes. Die relative Unterschiedsempfindlichkeit (r. U.-E.), die der r. U.-S. reziprok ist, würde sich demnach auf 25 stellen. Er ist sich darüber klar, daß die Verstärkung des Eindrucks sowohl auf verstärkter Erregung wie auf Ausbreitung der Deformation beruhen kann (intensive und extensive Änderung), doch ist ihm nicht gelungen, die Bedeutung dieser beiden Komponenten zu sondern. Für seine ausschließlich an der Fingerspitze angestellten Versuche muß die extensive Änderung eine maßgebende Rolle spielen, so daß der Wert der r. U.-S. an anderen Orten wahrscheinlich ein größerer, wenn überhaupt ein konstanter ist. Die Frage, ob es auch für das einzelne Endorgan eine U.-S. gibt und welcher Wert ihr etwa zukommt, ist zur Zeit noch eine offene. Die Gültigkeit des Alles- oder Nichtsgesetzes für die Sinnesnerven kann, wenn sie überhaupt besteht, wohl nur verstanden werden für die einzelnen Erregungsstöße, aus denen sich die im allgemeinen tetanische Erregung dieser Nerven zusammensetzt. Der zentrale Erfolg könnte dann je nach Frequenz und Zahl dieser Stöße in weiten Grenzen veränderlich sein.

Der Ortswert der Druckempfindungen.

Neben ihrer Qualität und Intensität besitzen die Druckempfindungen eine weitere Besonderheit, die darin besteht, daß sie an diese oder jene Stelle der Haut verlegt werden, sie besitzen einen Ortswert. Es ist das eine Eigenschaft, die dem Drucksinn nicht allein zukommt. Alle Sinnesempfindungen tragen mehr oder weniger ausgesprochen auch eine örtliche Bestimmung. Bei dem Drucksinn tritt sie aber besonders deutlich und zwingend in Erscheinung. Er wird darin nur von dem Gesichtsinn übertroffen.

Die erste Frage, die sich hier erhebt, ist die nach der Genauigkeit der Ortsbestimmung. Henri (Die Raumwahrnehmungen des Tastsinns. Berlin 1898), der darüber Versuche angestellt hat, fand sie mit erheblichen Fehlern behaftet, am wenigsten auf der Haut über den Gelenken. Spearman (1906, Psychol. Studien. 1, 388), der die Prüfungen auf viel größere Hautflächen ausdehnte, stellte fest, daß das jeweilige Versuchsfeld stets zu klein erscheint und daß auch die Abweichung der Gliederstellungen von der Mittellage unterschätzt wird. Das heißt aber nichts anderes, als daß es isolierte Ortsbestimmungen nicht gibt, daß sie vielmehr stets von den vorher stattgefundenen beeinflußt sind.

Unter diesen Umständen erscheint es richtiger auf die absolute Lokalisation zu verzichten, von vorneherein zwei Reize zu geben und nach deren Unterscheidbarkeit oder Nichtunterscheidbarkeit bzw. nach der Größe ihres scheinbaren Abstandes zu fragen. Das ist der von E. H. Weber eingeschlagene Weg (De pulsu etc. Lipsiae 1834, p. 49; Tastsinn und Gemeingefühl. Braunschweig 1851, S. 59). Er berührte die Haut mit den Spitzen eines geöffneten Zirkels und verkleinerte den Abstand der Spitzen, bis sie nicht mehr unterschieden werden konnten. Dieser Abstand wird gegenwärtig als Raumschwelle bezeichnet. Er beträgt z. B.

an der Zungenspitze	1 mm
an den Fingerspitzen	2 ,,
am roten Teile der Lippen	4,5 ,.
am oberen und unteren Teile des Unterarms	41 ,,
,, ,, ,, ,, ,, ,, Unterschenkels . . .	41 ,.
am Rückgrate, in der Mitte des Halses und des Rückens	68 ,,

Es liegt nahe, die feine Ortsunterscheidung an der Zunge und den distalen Abschnitten der Glieder mit der großen Dichte der Nervenenden dortselbst in Beziehung zu setzen und dies ist auch von Weber geschehen. Für den Rumpf läßt sich aber diese Auffassung nicht durchführen. Hier ist trotz normaler Dichte der Nervenenden die Raumschwelle ungewöhnlich groß. Ihr widerspricht auch die Variabilität der Raumschwelle, vor allem aber die Erfahrung, daß die Ortsunterscheidung sofort sehr viel feiner wird, wenn man die beiden Reize nicht gleichzeitig gibt, sondern in kurzem zeitlichen Abstand aufeinander folgen läßt. Es hat sich für diesen Fall gezeigt, daß in der Regel schon zwei benachbarte Druckpunkte unterschieden werden können, deren Abstand z. B. am Unterarm nur wenige Millimeter beträgt. Hier liegt also eine Raumschwelle vor, die der Entfernung der Nervenenden voneinander entspricht und demgemäß unveränderlich ist. Sie wird gemäß dem Verfahren zu ihrem Nachweis als Raumschwelle bei Sukzessivreizung oder kurz als Sukzessivschwelle bezeichnet (v. Frey und Metzner, 1902, Zeitschr. f. Psychol. 29, 161) im Gegensatz zu der Simultanschwelle Webers.

Die genauere Untersuchung der letzteren, wobei der Zirkel WEBERS zu ersetzen war durch Geräte, die völlige Gleichzeitigkeit der Reize sicherstellten und meßbare Abstufung ihrer Stärke erlaubten, hat dann eine Anzahl von Einwirkungen der beiden Erregungen aufeinander ergeben, die sich äußern in einer scheinbaren Verstärkung, in einer Abstumpfung oder verminderter Begrenzungsschärfe der beiden Eindrücke und in einer scheinbaren gegenseitigen Annäherung. Die erste Einwirkung ist völlig analog der Verstärkung, die gleichartige und gleichzeitig hervorgerufene Rückenmarksreflexe aufeinander ausüben (siehe oben S. 275) und wird daher auch in gleicher Weise aufzufassen sein. Die Erscheinungen der Abstumpfung und Annäherung machen die großen Werte der Simultanschwelle verständlich (v. FREY und PAULI, 1913, Z. f. B. **59**, 497 u. 516).

Die Versuche über die Größe der Sukzessivschwelle haben ferner ergeben, daß die Unterscheidung zweier Reize nicht gleichbedeutend ist mit ihrer Lokalisation. Bei voller Sicherheit über das Vorhandensein zweier Reize kann der Reagent ganz unsicher sein über ihre Lagebeziehungen. Sollen letztere mit einiger Sicherheit erkannt werden, so muß die Entfernung der Reize um das mehrfache größer gewählt werden als der Abstand zweier benachbarter Tastpunkte. Es wird daher eine dritte, zwischen den Werten der Sukzessiv- und Simultanschwelle liegende Richtungsschwelle anzunehmen sein. Aus diesen Erfahrungen muß geschlossen werden, daß der Unterschied zwischen den aus verschiedenen Druckpunkten kommenden Erregungen zunächst ein rein qualitativer oder individueller ist, daß sie Merkzeichen zu ihrer Unterscheidung besitzen, und daß die Umwertung zu räumlichen Unterschieden erst sekundär, hauptsächlich unter Mitwirkung von Bewegungsempfindungen vor sich geht. (Man vgl. HELMHOLTZ, Die Tatsachen in der Wahrnehmung. Vorträge und Reden. Braunschweig 1884, **2.** 227 ff.)

Die biologische Bedeutung des Drucksinns ist eine doppelte. Er ist befähigt zu Nachrichten über gewisse Eigenschaften der Dinge außerhalb des Beobachters, aber in erreichbarer Nähe desselben, über Eigenschaften, die kurz als geometrische und mechanische bezeichnet werden können, wie Größe, Form, Masse, Oberflächenbeschaffenheit, Aggregatzustand u. dgl. mehr. In dieser Hinsicht ist der Drucksinn ein exterozeptiver, die Außendinge erfassender und von ihnen erregter Sinn. Er ist aber zugleich ein propriozeptiver, auf die Wahrnehmung des eigenen Körpers gerichteter Sinn insofern, als er Nachrichten liefert über die Bewegungen und die aus ihnen hervorgehenden Lagen und Stellungen des Körpers und seiner Glieder. Diese Leistung ist lange Zeit übersehen oder nicht genügend gewürdigt worden in der Meinung, daß hierfür in erster Linie die Sensibilität der Gelenke aufzukommen habe (GOLDSCHEIDER, Ges. Abh. 2. Bd. Berlin 1898).

Neuere Beobachtungen haben diese Annahme als irrig erwiesen. Von chirurgischer Seite ist gezeigt worden, daß die Gelenkflächen einschließlich des unterliegenden Knochens völlig unempfindlich sind gegen jede Art mechanischer Reizung (OEHRWALL, 1914, Skand. Arch. **32**, 217). Die hohe Schmerzempfindlichkeit der Knochenhaut, der Gelenkkapsel und Gelenkbänder kommt für die hier erörterten Wahrnehmungen selbstverständlich nicht in Betracht.

Anderseits haben Untersuchungen über die **Führungsschwelle**, d. h. über die kleinsten durch äußere Kräfte herbeigeführten Gelenkbewegungen, die noch richtig erkannt werden, ergeben, daß sie in hohem Grade abhängt von dem Spannungs- und Empfindlichkeitszustand, der das Gelenk bedeckenden Haut, nicht aber von der Beschaffenheit der Gelenkflächen, die sogar entfernt (reseziert) sein können, ohne daß die Führungsschwelle sich ändert (v. FREY und MEYER, 1918, Z. f. B. **68**, 301 u. 339; **69**, 322). Gleichzeitig hat sich herausgestellt, daß nach Anästhesierung der Haut über einem Gelenk auch der selbsttätige Gebrauch desselben gestört und unsicher ist.

Während die Wahrnehmung der selbsttätigen wie der geführten Bewegungen mit großer Sicherheit und Genauigkeit erfolgt, ist die der jeweiligen Lage des Körpers und der Stellung seiner Glieder weniger bestimmt, insbesondere, wenn längere Zeit vollständige Ruhe eingehalten wird. Die Erscheinung erklärt sich aus der den Organen des Drucksinns eigentümlichen Anpassung, wodurch der Eindruck von Dauerreizen rasch zum Verblassen kommt (siehe oben S. 304).

Die Spannungs- und Kraftempfindungen.

Unter den afferenten Nerven des Rückenmarkes gibt es noch eine zweite Art von Fasern, deren Endorgane auf Erregung durch mechanische Reize eingestellt sind. Ihr Hauptverbreitungsgebiet sind die quergestreiften Muskeln und deren Sehnen. Doch dürften auch die Faszien und andere bindegewebige Strukturen hier mit einzurechnen zu sein.

Die rezeptorische Natur der **Muskelspindeln** ist von SHERRINGTON dadurch bewiesen worden, daß er sämtliche zu dem untersuchten Muskel in Beziehung stehenden ventralen Rückenmarkswurzeln mehrere Wochen vorher durchschnitt. Es degenerieren dann alle efferenten oder motorischen Fasern des Muskelnerven und der Muskel selbst. Erhalten blieben die afferenten Nerven des Muskels, die ein Drittel bis die Hälfte der Fasern des Muskelnerven ausmachen, die Muskelspindeln und die in ihnen enthaltenen Muskelfasern (1894, Journ. of P. **17**, 211). In den Sehnen, im Perimysium und Peritendineum sind neben freien Nervenendigungen eingekapselte beschrieben worden, z. T. von einer den PACINIschen Körperchen ähnlichen Form. Es besteht daher die Möglichkeit, daß auch die echten Pacinikörperchen Organe zur Wahrnehmung von Spannungen sind.

Eine der Leistungen dieser Nerven ist bei Besprechung der Sehnenreflexe und des Muskeltonus bereits oben gewürdigt worden. Sie vermitteln aber nicht nur Reflexe, sondern auch Empfindungen, denn jede Muskelanstrengung verrät sich dem Ausführenden durch die sie begleitenden Spannungsempfindungen. Da es in der Physiologie üblich ist, die von dem tätigen Muskel aufgebrachte Spannung als seine Kraft zu bezeichnen, ist die von E. H. WEBER eingeführte Bezeichnung Kraftempfindung eine sinngemäße. In der Literatur wird statt von dem Kraftsinn meist von dem Muskelsinn gesprochen. Von den Kraftempfindungen sind zu unterscheiden die schmerzhaften Empfindungen, welche die Ermüdung, den Muskelkrampf, die Muskelzerreißungen (Hexenschuß), die rheumatischen und andere pathologische Veränderungen im Muskel begleiten.

Die Kraftempfindungen treten im allgemeinen nicht so aufdringlich hervor, wie dies für die Empfindungen der Temperatur, des Drucks und des Schmerzes der Fall ist. Bei der als Tasten bezeichneten Betätigung der Glieder treten sie anscheinend hinter den Druckempfindungen zurück, mit denen sie zu schwer trennbaren Komplexen verschmelzen. Trotzdem besitzen sie für diese Wahrnehmungen eine hohe Bedeutung, wie sich daraus ergibt, daß bei der Vergleichung zweier Gewichte durch den Drucksinn allein die Urteile nicht so genau ausfallen, wie unter Mitwirkung des Kraftsinns (Hebung der Gewichte). E. H. WEBER fand im letzteren Falle die relative Unterschiedsschwelle (r. U.-S.) = $^1/_{40}$ gegen $^1/_{30}$ im ersten Falle (Tastsinn und Gemeingefühl. Braunschweig 1851, S. 89). Gestaltet man das Verfahren so, daß die Aussagen der beiden Sinne sich widersprechen müssen, so werden die des Kraftsinns bevorzugt. Hierfür wie für die Leistungen des Kraftsinns überhaupt kann folgender einfache Versuch als Beispiel dienen.

Die Versuchsperson legt den gestreckten und pronierten Arm auf eine Stütze, die fast auf Schulterhöhe eingestellt ist. Der Arm ist ihr durch einen Schirm verdeckt. Der Versuchsleiter setzt ein bügelförmiges Gewicht auf den Oberarm und fordert die Versuchsperson auf, den Arm langsam bis zur wagrechten Stellung zu heben. Sobald der Arm wieder herabgelassen ist, nimmt der Versuchsleiter das Gewicht ab und setzt es auf den Unterarm und läßt von neuem heben. Die Versuchsperson findet nun das Gewicht schwerer wie zuvor, was verständlich ist, weil es mit einem größeren Hebelarm auf die Schulter wirkt, das Drehmoment der Schwere also zugenommen hat. Will man die Empfindungen gleich machen, so muß das distale Gewicht im umgekehrten Verhältnis der Hebelarme verkleinert werden. Wird der Arm nicht gehoben, sondern auf der Unterlage ruhen gelassen, so ist für das Urteil nur die Schwere des Gewichtes maßgebend, gleichgültig wo es aufgesetzt wird (v. FREY, Würzb. Sitzungsber. 1914, S. 3).

Bei dem Hebeversuch muß das von den Muskeln aufgebrachte Drehmoment gleich und entgegengesetzt dem der Schwere sein. Da der Hebelarm der Muskeln bei gegebener (wagrechter) Stellung des Arms konstant bleibt, ist das Drehmoment der Muskeln nur abhängig von der Kraft, die sie entwickeln, die mithin wahrgenommen und für die Urteilsbildung verwertet wird. Die Annahme, daß etwa der durch die Muskeltätigkeit gesteigerte Gelenkdruck die Grundlage für das Urteil bilde, ist abzulehnen, da die Gelenkflächen, wie schon oben bemerkt, unempfindlich sind.

Die bei der obigen Versuchsanordnung unterscheidbaren Drehmomente verhalten sich etwa wie 100 zu 101, die relative Unterschiedsschwelle ist also 1/100 und die relative Unterschiedsempfindlichkeit 100. Die Unterscheidung der auf den Arm gesetzten Gewichte ist indessen lange nicht so fein, weil außer ihnen auch der ganze Arm gehoben werden muß, der gewissermaßen eine sehr große Tara darstellt. Die nutzbare, d. h. die durch das Verhältnis der unterschiedenen Gewichte bestimmte U.-E. ist also kleiner als die wahre, von dem Kraftsinn wirklich geleistete. Die erstere wird der letzteren um so näher kommen, je geringer die Masse und die Länge des bewegten Gliedes ist. Dies trifft für die distalen Gliederabschnitte zu, an denen TRUSCHEL bis zu einer r. U.-E. = 80 gekommen ist (1913, Arch. f. d. ges. Psychol. 28, 183).

Die Gewichtsvergleichung in der beschriebenen Form, bei der es sich um mehr oder weniger dauernde Muskelkontraktionen handelt, wird jedoch in ihren Leistungen wesentlich übertroffen durch die zweite allgemein gebräuchliche, die mit Schleuderung der Gewichte einhergeht. Die kurzdauernde, oft wiederholbare Bewegung, die Möglichkeit, die Schleuderung der beiden zu vergleichenden Gewichte in große zeitliche Nähe zu bringen, sichert diesem Verfahren seine Überlegenheit. Es hat sich gezeigt, daß bei Schleuderung mit der Hand zwei Gewichte von 800 und 804 g noch unterscheidbar sind, was einer nutzbaren r. U.-S. von $1/_{200}$ und einer r. U.-E. = 200 entspricht. Die wahre r. U.-E. ist dabei noch zweimal größer. Damit stellt sich der Kraftsinn in bezug auf seine U.-E. an die Spitze aller Sinne (v. Frey, 1914, Z. f. B. **65**, 203).

Die nähere Untersuchung der Vorgänge bei dieser Vergleichung hat ergeben, daß die Schleuderbewegung für die beiden ungleichen Gewichte im Mittel in völlig gleicher Weise geschieht, woraus folgt, daß die Muskeln den ungleichen Bewegungswiderständen bzw. Massen proportionale Kräfte entgegensetzen, die wahrgenommen werden. Der Drucksinn spielt hierbei nur insofern eine Rolle, als er den gleichmäßigen Ablauf der Bewegungen überwacht.

Während bei den Bewegungen der größeren Gliederabschnitte das feine Unterscheidungsvermögen des Kraftsinns nur dann zur praktischen Auswirkung kommt, wenn große Bewegungswiderstände zu überwinden sind, gilt diese Beschränkung nicht für die distalen Gliederabschnitte sowie für jene Muskeln, bei denen die zu bewegenden Massen bzw. Trägheitswiderstände ganz zurücktreten gegen die elastischen Widerstände. Hierher gehören die Zungenmuskeln, wie überhaupt die Muskeln für Sprache und Mimik, die Muskeln des Kehlkopfs, des Auges u. a. m. Bei der Tätigkeit dieser Muskeln fallen wahre und nutzbare Unterschiedsempfindlichkeit praktisch zusammen und damit erklärt sich die außerordentlich feine Einstellbarkeit der von ihnen bewegten Teile.

Das Zusammenwirken von Drucksinn und Kraftsinn, wie es bei der als Tasten bezeichneten Betätigung stattfindet, ist einer gegenseitigen Unterstützung dieser beiden Sinne und einer vollkommeneren Ausnützung ihrer Leistungsfähigkeit gleichzuachten. Dadurch, daß die Haut über die zu betastenden Gegenstände hingeführt wird, kommt dem Urteil die hohe Unterschiedsempfindlichkeit des Kraftsinns zugute, zugleich erfährt die Haut beständig wechselnde Deformationen, wodurch die der Sukzessivschwelle entsprechende feinere Ortsunterscheidung ermöglicht wird. Endlich ergänzen die Aussagen des Kraftsinns die des Drucksinns insofern, als sie nicht wie diese rasch verblassen, sondern ausdauernd sind, die Erscheinung der Anpassung also fehlt oder doch nur schwach entwickelt ist.

Der Kraftsinn kann wie der Temperatur- und Drucksinn sowohl propriozeptive wie exterozeptive Bedeutung gewinnen. Ersteres, wenn er über die aufgewendete Muskelkraft unterrichtet, letzteres, wenn er verwertet wird zu Urteilen über die Widerstände, die die Außendinge ihrer positiven oder negativen Beschleunigung entgegensetzen.

Die Schmerzempfindungen.

Schmerzempfindungen entstehen, wenn chemische Stoffe verschiedener Art mit den lebenden Geweben in Berührung kommen. Zur Entscheidung der Frage, ob ein Stoff schmerzerregend wirkt, kann man ihn mit der Hornhaut des Auges in Berührung bringen oder ihn in die Haut injizieren. Man findet dann, daß die in Teil 12 als chemisch erregend aufgezählten Stoffe bzw. Konzentrationen auch Schmerzreize sind, während alle die Gewebe nicht schädigenden Lösungen schmerzlos ertragen werden. Der Versuch lehrt ferner, daß bei vielen Stoffen mit diesen Wirkungen noch narkotisierende oder lähmende verbunden sind, wofür die a. a. O. mitgeteilten Gesichtspunkte maßgebend sind.

Die Wirkung der chemischen Stoffe auf die Schmerznerven ist eine ganz spezifische. Denn Stoffe, die auf die Apparate des Temperatursinns wirken, wie Menthol und Chloroform oder auf die des Drucksinns, wie die Karbolsäure, sind nur sehr wenige bekannt. Man kann sagen, daß die Schwelle für chemische Reizung für die letztgenannten Sinne viel höher liegt als für den Schmerzsinn.

Es sind aber nicht nur von außen herangebrachte Stoffe, die schmerzhaft wirken, sondern auch im Innern der Gewebe gebildete. Mechanische und thermische Verletzungen erregen Schmerzen, auch wenn sie aseptisch bleiben. Dabei entsteht, namentlich bei den mechanischen Verletzungen, der Schmerz nicht sofort, sondern entwickelt sich allmählich. So folgt z. B. beim Schlag gegen das Schienbein oder bei Verwundung mit einem scharfen Messer der Schmerz der Druckempfindung mit deutlicher Verspätung nach. Man wird anzunehmen haben, daß die erregenden Stoffe erst aus den verletzten oder zerstörten Gewebsteilen austreten und an die schmerzempfindlichen Nerven herandiffundieren müssen. Damit erklärt sich auch das lange Nachhalten des Schmerzes. Bei septischen Wunden und Entzündungen, bei Insektenstichen u. dgl. vereinigt sich die Wirkung fremder und im Körper entstandener Stoffe. Die Natur dieser reizenden Stoffe ist unbekannt. Die Schmerznerven gewinnen infolge ihrer Empfindlichkeit gegen die bei der Schädigung der Gewebe entstehenden Zerfallsprodukte die Bedeutung von Warnern vor allen den normalen Ablauf des Stoffwechsels bedrohenden Einwirkungen.

Man unterscheidet helle, oberflächliche und tiefe, dumpfe Schmerzen, die beide wieder in eine Anzahl von Unterarten zerfallen. Der oberflächliche Schmerz kann stechend, beißend, schneidend, brennend, ätzend usw. sein, Bezeichnungen, die teils auf seine Entstehungsweise, teils auf seine örtliche Ausbreitung hinweisen, also nicht eigentliche Qualitätsbezeichnungen sind. Ist die Intensität gering, so spricht man von Jucken.

Daß diese Empfindungen in sehr oberflächlichen Schichten der Haut ausgelöst werden können, folgt aus der Erfahrung, daß Abschürfungen, die nur bis zur Schleimschicht der Epidermis gehen, also gar nicht in die Kutis hinabreichen, schmerzhaft sind. Es läßt sich überdies in verschiedener Form beweisen, daß schmerzempfindliche Nerven sehr oberflächlich endigen, oberflächlicher als die für die übrigen Sinnesqualitäten der Haut.

Dies lehren alle Reize, die sich so gestalten lassen, daß ihre erregende Wirkung auf die Oberfläche beschränkt bleibt, also z. B. sehr kleinflächige mechanische Reize wie Dornen, Stacheln, Nadeln u. dgl. Messend läßt sich die Sache verfolgen, wenn man sich geeichte Reize herstellt in Form von Stachelborsten (v. FREY, 1913, Z. f. B. **63**, 363). Mit einer Reizfläche von $^1/_{500}$ mm² und einer Reizstärke von 4 cg erhält man nur über Druckpunkten Berührungsempfindungen, an allen übrigen Orten, wenn überhaupt einen Erfolg, ausschließlich Schmerzempfindungen. Noch überzeugender wirkt der Versuch mit unipolarer faradischer Reizung. Man macht ein feines, weiches, an dem freien Ende rundgeschmolzenes Drähtchen zur Kathode der Öffnungsschläge, während eine großflächige indifferente Elektrode irgendwo an den Körper gelegt wird. Man findet mit dem Drähtchen bei dem größten noch wirksamen Rollenabstand eine große Zahl von Orten auf der Haut, von denen sich eine anhaltende, nicht oszillierende Stichempfindung ohne begleitende Erregung der Druckpunkte auslösen läßt. Man muß den Rollenabstand verkleinern, wenn letztere ansprechen sollen, was in der für sie typischen Form des Schwirrens geschieht (v. FREY, 1894, Sitzungsber. Ges. d. Wiss. Leipzig. **46**, 290).

Weiterhin läßt sich die oberflächliche Endigung von Schmerznerven dadurch erweisen, daß man lähmende oder ätzende Stoffe von der Oberfläche her in die Haut einführt. Rein lähmende, durch Diffusion oder Kataphorese eindringende Stoffe unterdrücken ausschließlich die oberflächliche Schmerzempfindung. Temperatur- und Druckempfindung bleiben unberührt, weil die ohnehin nur in geringer Konzentration bis zur Kutis gelangenden Stoffe hier durch Blut und Lymphe bis zur Unterschwelligkeit verdünnt werden (HACKER, 1914, Z. f. B. **64**, 189). Ätzt man die Haut an, so daß Substanzverluste entstehen und die Nervenenden zerstört werden, so ist es wieder der oberflächliche Schmerz, der zuerst verschwindet.

Alle diese Erfahrungen weisen auf die in die Epidermis eindringenden Nerven als diejenigen hin, die für den hellen, oberflächlichen Schmerz verantwortlich zu machen sind. Sie sind in neuerer Zeit an zahlreichen Orten der Haut und der Schleimhäute in reicher Verästelung nachgewiesen worden (CAJAL, Système nerveux. Paris 1909, **1**, 461), zuerst in dem Epithel der Hornhaut von COHNHEIM (1866, A. p. A. **38**, 343). Sie dringen hier, da die Hornschicht fehlt, bis nahe an die Oberfläche, und dem entspricht die außerordentliche Empfänglichkeit der Hornhaut für schmerzhafte Reize. Die Endigungen dieser Nerven sind als knopfförmige Anschwellungen beschrieben worden; sie nehmen aber z. T. die Form von Körben an, die sich an die Epithelzellen schmiegen und als Tastmenisken bezeichnet worden sind (MERKEL, Über die Endigungen usw. Rostock 1880). Wenn diese Nervenenden als freie, d. h. nicht geschützte gelten, so ist das nur insofern richtig, als ihnen eine bindegewebige Hülle oder Kapsel fehlt. Sie sind aber geschützt durch die Epidermis selbst, die gegen chemische wie mechanische Einwirkungen widerständiger ist als die Kutis. Es ist also durchaus berechtigt, von einem Epidermisschmerz zu sprechen, so wie man von einem Zahn- oder Muskelschmerz spricht.

Versucht man unter Anwendung sehr kleinflächiger mechanischer Schwellenreize die Schmerzempfindlichkeit der Epidermis in bezug auf ihre örtlichen Verschiedenheiten zu prüfen, so findet man die erregbaren als Schmerzpunkte zu bezeichnenden Orte außerordentlich dicht gehäuft, viel dichter als die Warm-, Kalt- und Druckpunkte.

Trotzdem ist das Vorhandensein ausgezeichneter, auf den Reiz rein stechend reagierender Punkte und ihre Sonderung durch unempfindliche Flächenelemente leicht festzustellen. An letzteren ist es vielfach möglich, eine feine scharfe Nadel in die Haut einzubohren, ohne daß Schmerz entsteht. Die der Wahrnehmung der Temperatur und des Druckes dienenden Nervenenden werden durch Nadelstich im allgemeinen nur adäquat, nicht zugleich schmerzhaft erregt, doch kann letzteres vorkommen, wenn zufällig in der Epidermis über jenen der Kutis angehörenden Nervenenden ein schmerzempfindlicher Nervenfaden sich verästelt. Die Durchmusterung einer kleinen Hautfläche auf dem Handrücken ergab im Quadratzentimeter über 100 als Schmerzpunkte zu bezeichnende Stellen.

Bisher war nur von dem hellen Oberflächen- oder Epidermisschmerz die Rede. Es ist aber nur zu wohl bekannt, daß auch die Kutis oder doch wenigstens gewisse in ihr vorhandene Strukturen, sowie andere tief gelegene Organe schmerzen können. Man spricht dann von tiefen dumpfen Schmerzen, womit einerseits ihr Sitz, anderseits ihr vorwiegender Empfindungscharakter gekennzeichnet werden soll. Wie THUNBERG gelehrt hat, kann man sich den Unterschied zwischen diesen beiden Arten sehr leicht vorführen, indem man einmal eine ganz feine, schmale Hautfalte zwischen den Nägeln und dann wieder eine breite, dicke zwischen den Fingern quetscht (1901, Skand. Arch. 12, 394). Von einem einheitlichen Charakter des dumpfen Schmerzes kann nicht die Rede sein. Kopfweh, Zahnweh, Muskelschmerzen, Kolikschmerzen, Schmerzen des Periosts oder einer entzündeten Sehnenscheide sind nicht von einer Art. Worin aber die Unterschiede bestehen und ob sie nur formaler, d. h. raumzeitlicher Natur sind, ist schwer zu sagen. BECHER, der sich mit dieser Frage eingehend beschäftigt hat, neigt zur Annahme einer Mehrzahl von Qualitäten (1915, Arch. f. d. ges. Psych. 34, 189).

Wenn auch der dumpfe Schmerz vielerorts entstehen kann, so sind doch nicht alle Organe gleich empfindlich. Die Knochen sind empfindlicher als die Muskeln, die Keimdrüsen empfindlicher als die Niere oder die Leber. Die Empfindlichkeit innerhalb der Masse eines Organs ist ferner keine stetige. Die Empfindlichkeit der Knochen beruht im wesentlichen auf der Empfindlichkeit der Knochenhaut, die des Gehirns auf der seiner Häute. Doch gibt es auch in dem als unempfindlich geltenden Hirn Teile von hoher Schmerzerregbarkeit (Boden des 3. Ventrikels nach ASCHNER (Berl. klin. Wochenschr. 1916, Nr. 28). Sehr empfindlich sind die Blutgefäße insbesondere die Arterien, so daß der Versuch, auf dem Wege der Injektion in dieselben ein Anästhetikum zu verteilen, wegen Schmerzhaftigkeit wieder hat aufgegeben werden müssen (HOTZ, 1911, Beitr. z. klin. Chir. 76, 812).

Eine noch wenig geklärte Frage ist die Empfindlichkeit der Eingeweide. Nach den ausgedehnten Erfahrungen LENNANDERS an Operierten sollten alle vom Sympathikus und Vagus unterhalb des Rekurrens innervierten Organe unempfindlich sein gegen jede Art von Reiz, Empfindungsvermögen dagegen bestehen in den vom zerebrospinalen oder somatischen Nervensystem versorgten Teilen. Kolikschmerzen wären demnach zu erklären aus der Reibung des lebhaft bewegten Darms usw. an dem parietalen Blatt des Peritoneums (Literatur bei NEUMANN, 1910, Zentralbl. f. d. Grenzgeb. usw. 13). Diesen Angaben ist seitdem sowohl von chirurgischer wie von klinischer und vivisektorischer Seite vielfach widersprochen worden. Nach zahlreichen seither gesammelten Beobachtungen dürfte sowohl der Muskulatur des Darms wie seinem Mesenterium Schmerzempfindlichkeit zukommen. Die negativen Befunde LENNANDERS werden aus der Anwendung von Kokain, dem erschöpften Zustand der Patienten und aus den Schwierigkeiten ihrer Beobachtung und Befragung zu erklären gesucht. Es ist ferner zu beachten, daß die inneren Schmerzen in der Regel allmählich entstehen, vermutlich als Nebenerscheinung des langsam sich ändernden Stoffwechsels und daß daher plötzlich einsetzende und nur vorübergehend wirkende Reize für die fraglichen Nerven nicht adäquat sind.

Wie dem nun auch sei, so kann doch nicht bestritten werden, daß die Empfindungen aus den inneren Organen unter normalen Bedingungen meist schwach und undeutlich sind, verglichen mit den aus der Haut stammenden und daß in den Eingeweiden eine große Zahl von Reflexen und nervösen Einflüssen stattfindet ohne zum Bewußtsein zu gelangen. Da innerhalb des autonomen Systems besondere, ihm allein zugehörige afferente Nerven bisher nicht nachgewiesen sind, wird man anzunehmen haben, daß die afferenten Nerven der Eingeweide zwar spinaler Natur sind, sich aber von den übrigen afferenten Bahnen dadurch unterscheiden, daß ihre Erregungen, sofern sie nicht stark sind, nicht oder nur wenig über die Schwelle des Bewußtseins treten. Ganz ohne Nachrichten aus den inneren Organen dürfte übrigens das Bewußtsein wohl niemals sein. Sie machen zusammen das aus, was man wohl als das subjektive Befinden bezeichnet.

Eine Eigentümlichkeit der afferenten Bahnen aus den Eingeweiden besteht darin, daß sie im Rückenmark mit den aus der Haut stammenden in so nahe Beziehung treten, daß ihre Erregung auch letztere beeinflußt. Es entstehen dann die übertragenen oder induzierten Schmerzen (Referred Pain), wie sie namentlich von HEAD beschrieben worden sind (Die Sensibilitätsstörungen der Haut usw. übers. von SEIFFER. Berlin 1898). Der Vorgang scheint auch in umgekehrter Richtung stattfinden zu können, also eine Induktion von Bahnen des oberflächlichen Schmerzes auf solche des tiefen (HACKER, 1914, Z. f. B. **64**, 189; GOLDSCHEIDER, 1916, A. g. P. **165**, 1). Überhaupt ist die Erregungsleitung in den Bahnen keine so isolierte, wie die im Gebiete des Temperatur und Drucksinns. Starke Schmerzen strahlen aus, so daß ihre Lokalisation oft ungenau und schwierig ist (z. B. Zahnschmerz). Ob es sich dabei um eine Ausbreitung der Erregung innerhalb grauer Massen oder um mangelhafte Isolation in den Leitungswegen handelt, ist nicht bekannt. Übergreifen kräftiger Temperaturreize auf Schmerznerven (kalte Dusche) kommt ebenfalls vor. Bekanntlich sind im Rückenmark die nach dem Eintritt auf die Gegenseite übertretenden Bahnen für Temperatur- und Schmerzreize einander benachbart (Syringomyelie).

Das periphere Ausbreitungsgebiet der schmerzempfindlichen Fasern eines Hautnerven fällt niemals genau zusammen mit dem der Temperatur- und Drucknerven. Lähmung eines peripheren Nerven führt daher zu den Erscheinungen der Dissoziation, worunter man versteht, daß das für Schmerz unempfindliche Gebiet sich nur teilweise deckt mit den entsprechenden Gebieten der anderen Sinne. Übrigens kommt es nur bei Lähmung größerer Nervenäste zum Auftreten völlig anästhetischer Flächen, weil die gegenseitige Durchdringung der Ausbreitungsbezirke benachbarter Nerven für den Ausfall wenigstens teilweise aufkommt.

Die Eindrücke des Schmerzsinns können genau so wie die des Temperatur-, Druck- und Kraftsinns sowohl in extero- wie propriozeptiver Weise verwendet werden. Die Fähigkeit des Feuers zu brennen wird ebenso als eine ihm innewohnende zu seiner Wesenheit gehörige Eigenschaft betrachtet wie die zu leuchten. Der scharfe Geschmack des Pfeffers, der stechende Geruch des Ammoniaks werden auf diese Stoffe bezogen und neben anderen Eigenschaften zu deren Kennzeichnung benützt. Durch den Umstand, daß eine einmal gesetzte schmerzhafte Erregung häufig sehr lange nachdauert, überhaupt in bezug auf ihren zeitlichen Verlauf eine weitgehende Unabhängigkeit zeigt von dem auslösenden äußeren Reiz, ist der Zusammenhang zwischen diesem und der Schmerzempfindung viel lockerer als bei den Eindrücken anderer Sinne und daher zu Schlüssen auf die Eigenschaften des Reizes wenig geeignet. So richtet sich die Aufmerksamkeit naturgemäß auf die veränderte Beschaffenheit des schmerzenden Gewebes, was die Wahrnehmung zu einer propriozeptiven macht. Damit ist aber nicht veranlaßt, die Schmerzempfindungen von den übrigen abzutrennen und sie nach dem Vorgange E. H. Webers als „Gemeingefühle" diesen gegenüber zu stellen. Die Beziehung der Empfindung auf das empfindende Objekt ist auch den anderen Empfindungen nicht fremd, wie oben mehrfach hervorgehoben wurde. Eine Sonderstellung in psychologischer Hinsicht kann den Schmerzempfindungen nur insofern zuerkannt werden, als sie in höherem Grade als andere zur (unlustigen) Gefühlsbetonung neigen und von derselben in der Regel ganz „durchtränkt" sind (Becher a. a. O.).

Die Geschmacksempfindungen.

Geschmacksinn und Geruchsinn können wie der Schmerzsinn als chemische Sinne bezeichnet werden, weil sie durch chemische Reize erregt werden. Sie unterscheiden sich aber von dem Schmerzsinn dadurch, daß die Erregung durch die chemischen Reize unmittelbar geschieht, nicht auf dem Umwege über eine Schädigung des Gewebes. Die durch sie vermittelten Empfindungen sind daher in viel höherem Grade zu exterozeptiver Verwertung geeignet als die des Schmerzsinns.

Geruch tritt wohl häufig ohne gleichzeitigen Geschmack, aber Geschmack selten ohne Geruch auf. In der Sprache des täglichen Lebens bedeutet daher „Schmecken" die Betätigung beider Sinne. Um den Geruch auszuschließen genügt es, die Nase zu verschließen. Man erfährt dann erst, wie arm an Wahrnehmungsinhalten das reine Schmecken ist.

Geschmacksempfindungen können außer von der Schleimhaut, der Zunge und des weichen Gaumens auch von der Nasenhöhle, dem Rachen und Kehlkopf ausgelöst werden (Zwaardemaker, A. f. P. **1903**, 120; Rollet, 1899, A. g. P. **74**, 388; Beyer, 1904, Z. f. Ps. **35**, 260; Kiesow und Hahn, 1901, Ebda. **27**, 80). Zungenmitte, Wangenschleimhaut und harter Gaumen sind nur beim Kinde schmeckfähig. Sie verlieren diese Eigenschaft im Laufe des Lebens infolge der Schädigungen, denen diese Flächen ausgesetzt sind (Kiesow, 1894, Philos. Stud. **10**, 333). Als die den Reiz aufnehmenden Organe gelten allgemein die sog. Geschmacksknospen, eiförmige, in das Schleimhautepithel eingelagerte Gebilde, die aus dicht zusammengepackten spindeligen Zellen bestehen.

deren nach der Schleimhautoberfläche gerichtetes Ende je ein Stiftchen trägt. Diese Zellen werden von den letzten Verästelungen der Geschmacksnerven dicht umsponnen. Die Geschmacksknospen des hintersten Zungendrittels (Gegend der Papillae circumvallatae) degenerieren nach Durchtrennung des N. glossopharyngeus (v. VINTSCHGAU und HÖNIGSSCHMIED, 1880, A. g. P. **23**, 1). Die Geschmacksknospen in der vorderen Hälfte der Mundhöhle erhalten dagegen ihre Nerven aus dem dritten Ast des Trigeminus, dem sie durch die Chorda zugeführt werden. Erkrankungen des Mittelohrs führen daher leicht zu Störungen des Geschmacks im vorderen Abschnitt der Zunge. Die Herkunft der in der Chorda verlaufenden Geschmacksfasern ist noch strittig. Ausrottung des GASSERschen Knotens schädigt zuweilen den Geschmack im vorderen Zungenteil oder hebt ihn auf, während in anderen Fällen eine Wirkung ausbleibt (FEDOR KRAUSE, Neuralgie des Trigeminus. Leipzig 1896, 82ff.; KÖSTER, 1902, D. Arch. f. klin. Med. **72**, 327). Die Geschmacksknospen der Epiglottis und des Kehlkopfes erhalten ihre Nerven wahrscheinlich vom Vagus (ZANDER, 1897, Anat. Anz. **14**, 131).

Bedingung für die Reizung der Geschmacksorgane ist Löslichkeit der Stoffe in Wasser bzw. im Speichel. Unlösliche Substanzen sind geschmacklos. Löslichkeit in Fetten und Ölen ist dagegen nicht erforderlich, wodurch sich die schmeckenden Stoffe von den riechenden unterscheiden. Aber nicht jeder lösliche Stoff schmeckt. Wasser selbst ist geschmacklos, ebenso eine große Zahl in ihm gelöster Gase. Vielleicht ist aber nur deren Konzentration zu gering, denn, wie bei allen Reizen bedarf es auch hier der Überschreitung einer Schwelle. Mit der Konzentration wächst die Empfindung, zugleich ändert sie aber auch häufig ihren Charakter, indem neue Qualitäten hinzutreten, solche des Geschmacks wie des Tastsinns. Stärkere Säuren machen die Zähne rauh oder „stumpf", stärkere Laugen bringen das Epithel der Schleimhaut zum Quellen und erzeugen den Eindruck der Schlüpfrigkeit und Glätte. Häufig tritt noch Brennen hinzu. Adstringentia gerben die Schleimhaut und machen sie trocken usw.

Durch Erhöhung der Konzentration lassen sich also Mischgeschmäcke und inhaltsreiche Geschmackseindrücke herstellen, durch Verdünnung diese in ihre Bestandteile trennen. Reine Substanzen im Sinne der Geschmacksanalyse sind solche, deren Geschmack nach Ausschaltung der Tast- und Schmerzempfindungen bei steigender Verdünnung sich nicht ändert, sondern nur schwächer wird und schließlich verschwindet. Diese der Verdünnung standhaltenden Geschmacksarten sind zugleich typische, d. h. sie kommen nicht nur einer einzigen Substanz, sondern einer Reihe von solchen zu. Sie gelten als die allen Geschmacksempfindungen zugrunde liegenden Qualitäten oder Grundempfindungen. Es sind dies **sauer, salzig, süß** und **bitter**. Zur Prüfung dieser Empfindungen bei Kranken mit Störungen des Geschmacks werden gewöhnlich Zitronensäure, Kochsalz, Rohrzucker und Pikrinsäure verwandt.

Die Geschmacksqualitäten haben unzweifelhaft Beziehungen zur chemischen Konstitution der schmeckenden Substanzen. Die als Säuren bezeichneten Stoffe haben nicht nur im allgemeinen den sauren Geschmack gemeinsam, sondern auch das Verhalten zu Indikatoren, die Entwicklung von Wasserstoff in Berührung mit Metallen u. a. m. Die Stärke des sauren Geschmacks ist nachweislich eine Funktion der Konzentration der Wasserstoffionen (RICHARDS, 1898, Chem. Zentralbl.

I. 704). Bei wenig dissoziierten Säuren, wie z. B. Salizylsäure oder Pikrinsäure treten noch andere Qualitäten daneben oder sogar überwiegend hervor.

Auch bei den salzig schmeckenden Substanzen decken sich physiologische Wirkung und chemische Beschaffenheit insofern, als die neutralen Salze nicht nur des Natriums, sondern auch der übrigen Alkalien diese Geschmacksqualität hervorrufen, am deutlichsten die Halogensalze. Benützt man Salze anderer Anionen, so ändert sich der Geschmack, d. h. es kommen noch weitere Komponenten, insbesondere die bittere, hinzu. So schmeckt zwar eine $5\,\%$ Lösung von schwefelsaurem Natrium namentlich an den Zungenrändern salzig, doch gesellt sich am Zungengrunde deutlich ein bitterer Geschmack hinzu. Sehr zurück tritt der salzige Geschmack bei den Salzen der alkalischen Erden. $MgSO_4$ in $2\,\%$iger Lösung schmeckt, wie schon der Name Bittersalz sagt, fast rein bitter. Spült man mit Wasser nach, so tritt der salzige Geschmack deutlicher hervor. Das Auftreten solcher Mischgeschmäcke läßt sich vielleicht aus der Dissoziation dieser Salze in wässeriger Lösung erklären (HÖBER und KIESOW, 1898, Z. physik. Chem. **27**, 601).

Die Empfindung süß wird erzeugt durch zahlreiche Stoffe, die zum Teil eine chemische Verwandtschaft nicht verkennen lassen. So sind alle zwei- und mehrwertigen Alkohole der aliphatischen Kohlenwasserstoffe süß, und wenn diese Eigenschaft mit zunehmendem Molekulargewicht abzunehmen scheint, so dürfte dies mit der abnehmenden Löslichkeit in Wasser bzw. Speichel zusammenhängen. Süßschmeckend sind ferner im allgemeinen die Aldehyde und Ketone dieser Alkohole, speziell die der sechswertigen Alkohole, die sog. Hexosen und deren Kondensationsprodukte, die Di- und Polysaccharide, wobei auch wieder mit zunehmender Größe des Moleküls die Süße abnimmt. Süß schmecken aber auch die α-Aminosäuren der aliphatischen Reihe, das Chloroform, die Salizylsäure und ihr Natriumsalz, das Anhydrid der Sulfaminbenzoesäure (Saccharin) und zahlreiche diesen Stoffen verwandte Verbindungen (STERNBERG, A. f. P. **1905**, 201), süß schmeckt eine große Zahl anorganischer Stoffe, wie die Bleisalze, die Berilliumsalze, die Laugen der Alkalien u. a. m. (Derselbe, A. f. P. **1903**, 113). Für diese sehr verschiedenartigen chemischen Verbindungen läßt sich nach den gegenwärtigen Kenntnissen eine gemeinsame Eigenschaft im objektiven Sinne und ein Grund für die sehr ungleichen Schwellenkonzentrationen nicht angeben; ihre übereinstimmende physiologische Wirkung ist daher vorläufig unverständlich.

Ähnlich verhält es sich mit den bitter schmeckenden Stoffen. Auch hier lassen sich gewisse Gruppen namhaft machen, wie die salinischen Bitterstoffe (Bittersalze), die Laugen, die Salze der Ammoniumbasen, die tertiären aromatischen Amine; daneben Stoffe wie Äther, Pikrinsäure u. a. Ein durchgreifendes gemeinsames chemisches Merkmal fehlt. Man vergleiche hierzu G. COHN, Die organischen Geschmackstoffe. Berlin 1914.

Die Existenz weiterer Qualitäten des Geschmacksinnes ist durchaus zweifelhaft. Der laugige und metallische Geschmack lassen sich in ihren wesentlichen Merkmalen auf Geruchskomponenten zurückführen (v. FREY, 1910, A. g. P. **136**, 275; HERLITZKA, 1908, Arch. di Fisiol. **5**, 217).

Verschiedene Erfahrungen sprechen dafür, daß den vier Grundqualitäten des Geschmacks verschiedene Endorgane und Leitungsbahnen zugeordnet sind:

1. Werden die einzelnen Qualitäten nicht an allen Teilen der schmeckenden Flächen gleich gut, d. h. gleich intensiv wahrgenommen. Süß wird am besten an der Zungenspitze, am wenigsten am Zungengrunde empfunden; das Umgekehrte gilt für bitter. Salzig hat das Sensibilitätsmaximum an der Zungenspitze und den vorderen Zungenrändern, sauer in der Mitte der beiderseitigen Zungenränder (HÄNIG, 1901, WUNDTS Philos. Studien. 17, 576).

2. Reizt man einzelne Papillae fungiformes in möglichst lokalisierter Weise mit Geschmacksstoffen, so findet man selten eine Papille, welche für alle vier Qualitäten anspricht. In der Regel werden nur zwei oder drei wahrgenommen, ja es fanden die beiden Forscher, welche sich mit dieser Frage beschäftigten, übereinstimmend einzelne Papillen, welche nur auf eine einzige Qualität abgestimmt waren. OEHRWALL, 1891, Skand. Arch. 2, 1; KIESOW, 1898, Philos. Stud. 14, 591. Die Flächen zwischen den Papillen sind nicht schmeckfähig.

3. Es gibt gewisse Stoffe, welche auf die Schleimhaut aufgetragen, einzelne Geschmacksqualitäten aufheben. So wird durch Kokain die Empfindung bitter, durch die Gymnemasäure, durch Bromammonium und andere Salze die Empfindung süß für einige Zeit ausgeschaltet. Man vgl. ROLLETT, 1899, A. g. P. 74, 399 u. 409; KUNKEL und EHRSAM, 1899, Diss. Würzburg.

4. Bei Störungen im Gebiete des Geschmacksinnes, wie sie als Begleiterscheinung von Fazialislähmungen vorzukommen pflegen, ist ein ungleiches Verhalten der einzelnen Qualitäten die Regel derart, daß eine oder mehrere derselben gelähmt, die anderen erhalten sind. Das Verhalten ist als partielle oder dissoziierte Geschmackslähmung zu bezeichnen (KÖSTER a. a. O. S. 359)

Ob die auswählende Erregbarkeit einer Verschiedenheit der Geschmacksknospen oder der in ihnen enthaltenen Zellen zuzuschreiben ist, läßt sich zur Zeit nicht entscheiden.

Die Stärke des Geschmackseindruckes, den die Lösung eines Stoffes macht, hängt nicht nur von seiner Konzentration ab, sondern in hohem Maße von der Größe der Schleimhautfläche, mit der er in Berührung kommt. Die Schwellenkonzentration sinkt mit wachsender Fläche. Dieser Umstand macht die bisher bestimmten Schwellen schwer vergleichbar; er beweist aber zugleich, daß hier, wie auf anderen Sinnesgebieten, die gleichzeitig in benachbarten Bahnen auftretenden Erregungen gleicher Qualität sich gegenseitig verstärken. Erregungen verschiedener Qualität wirken dagegen häufig störend aufeinander ein, derart, daß sie die Schwellenwerte wechselseitig emportreiben oder daß sie sich ganz aufheben (kompensieren) (KIESOW, 1896, Philos. Stud. 12, 255; HEYMANS, 1899, Z. f. Ps. 21, 338).

Die für die Verdauung wichtigen Reflexe, durch welche, von den Geschmacksnerven ausgehend, die Speichel- und Magendrüsen zur Absonderung angeregt werden, sind bereits im 5. Teil besprochen worden.

Die Geruchsempfindungen.

Geruchsempfindungen entstehen, wenn gewisse Stoffe, Gase oder Dämpfe, sich der Atmungsluft beimischen. Aber nicht jedes Gas ist riechbar; so sind z. B. Stickstoff, Sauerstoff, Wasserstoff, Methan, Kohlenoxyd geruchlos. Andere Gase, wie Kohlensäure, erregen nur die Geschmacks- und Schmerznerven des Atmungsweges. Um diese nicht geruchlichen Qualitäten auszuschließen, genügt es, die Konzentration des fraglichen Stoffes zu vermindern. Die Geruchsschwellen sind wohl stets niedriger als die Geschmacksschwellen.

Der rezeptorische Apparat des Geruchsorgans wird gebildet von einem beiderseits der Nasenscheidewand gelegenen, den spaltförmigen obersten Teil der Nasenhöhle einnehmenden kleinen Bezirk der Nasenschleimhaut, der sich durch gelbliche Färbung und einen abweichenden Bau des Epithels von der übrigen Schleimhaut unterscheidet. Die Ausdehnung dieser Regio olfactoria entspricht auf jeder Seite etwa einem Fünfpfennigstück. Man unterscheidet in dem hohen einreihigen Epithel verästelte Stützzellen und spindelförmige Riechzellen, mit einem bis an die Oberfläche der Schleimhaut reichenden und dort härchentragenden Ende und einem feinen in die Schleimhaut eindringenden Fortsatz, der sich dort als blasser Nervenfaden mit den von anderen Riechzellen kommenden zu einem Nervenbündel vereinigt. Diese Bündel durchsetzen die Öffnungen des Siebbeins und senken sich in den Bulbus olfactorius des Riechhirns, speziell in die Glomeruli olfactorii ein.

Die Geruchsempfindungen sind von einer ganz außerordentlichen Mannigfaltigkeit. An jedem riechenden Gegenstand scheint ein spezifischer, sozusagen persönlicher Geruch zu haften. Damit hängt zusammen, daß Gerüche im allgemeinen nicht beschrieben, sondern durch Angabe des riechenden Gegenstandes gekennzeichnet werden. Immerhin besitzt die Sprache einige generalisierende Bezeichnungen wie brenzlich, blumig, fruchtig, faulig, ranzig. Diese auf psychologischer Basis entstandenen Namen haben im Verein mit gewissen mehr äußerlichen Gesichtspunkten zu Einteilungsversuchen geführt, nach welchen die Riechstoffe in eine Anzahl (bis zu neun) Klassen eingereiht werden (ZWAARDE-MAKER, Physiologie des Geruchs. Leipzig 1895).

In jüngster Zeit hat HENNING die Aufgabe neuerdings nach rein psychologischem Verfahren in Angriff genommen unter Benützung einer reichen Auswahl von Riechstoffen und unterstützt von einer großen Zahl von Versuchspersonen. Er kommt auf sechs Geruchsklassen (blumig, faulig, fruchtig, würzig, brenzlich, harzig), die er entsprechend ihrem Verwandtschaftsverhältnis auf die Ecken eines dreikantigen Prismas verteilt (HENNING, Der Geruch. Leipzig 1916). Nach seinen Ausführungen besitzen die einer Geruchsklasse zugehörigen Stoffe auch gewisse Gemeinsamkeiten der chemischen Struktur.

Für das Gegebensein einer Anzahl von elementaren oder Grundempfindungen spricht weiter die Beobachtung von Ausfallserscheinungen, die sich auf einzelne Geruchsqualitäten beschränken und den dissoziierten Lähmungen im Gebiete des Tastsinns an die Seite gestellt werden können. Solche Beobachtungen sind von ROLLETT (1899, A. g. P. **74**, 411) und HOFMANN (Münch. med. Wochenschr. **1918**, Nr. 49) beschrieben worden. Letztere Mitteilung ist besonders bemerkenswert dadurch, daß bei zwei Versuchspersonen die Wiederkehr des (durch Katarrh) geschädigten

Riechvermögens in ganz verkehrter Weise geschah. Die Stoffe wirkten auf den Geruch, aber in anderer Weise als vor der Schädigung, so daß die Versuchsperson erst fragen mußte, um was für einen Geruch es sich „in Wirklichkeit" handle. Demnach scheint die Zusammensetzung der Empfindungen doch verwickelter und die Zahl der Komponenten größer zu sein, als man bisher anzunehmen geneigt war und die Aussicht gering, die Grundempfindungen durch Vergleich zahlreicher von der Natur und der chemischen Industrie gelieferter Stoffe ohne weiteres feststellen zu können.

Hierzu kommen als weitere Schwierigkeit die meist sehr niedrigen Schwellen. Wie auf anderen Sinnesgebieten wäre auch hier anzustreben die Reize möglichst genau zu definieren, so daß sie in konstanter, jederzeit reproduzierbarer Weise zur Wirkung gebracht werden können. Dies ist aber selbst bei Verwendung „reiner" Substanzen nicht gesichert, weil auf chemischem Wege nicht nachweisbare Zusätze oder Verunreinigungen für den Geruch entscheidend sein können.

Wie außerordentlich klein die Mengen sind, die zur Erkennung gewisser Stoffe durch den Geruch genügen, haben u. a. die Versuche von E. FISCHER und PENTZOLD ergeben (1886, Biolog. Zentralbl. **6**, 61). Sie fanden, daß Merkaptan noch wahrgenommen wurde, wenn der Liter Luft 4.10^{-8} mg enthielt. Berücksichtigt man, daß beim Schnüffeln die in die Nase eingezogenen Luftmengen weit unter 1 Liter betragen, und daß von dieser Luft nur ein Bruchteil in die Riechspalte gelangt, so ist die Empfindlichkeit des Apparates erstaunlich.

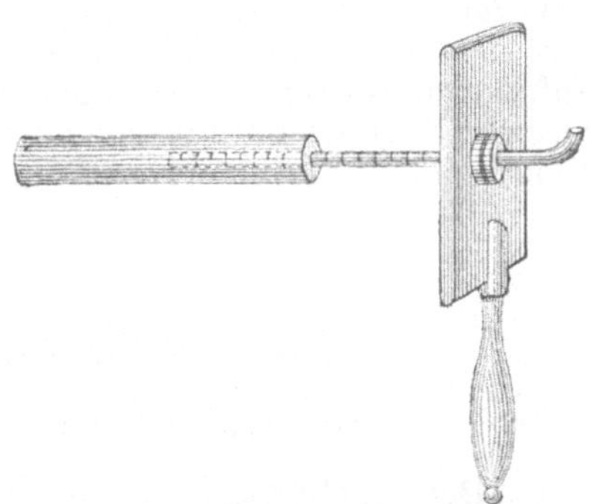

Abb. 115.   ZWAARDEMAKERS Olfaktometer.

Ein Vergleich mit der Empfindlichkeit anderer Sinne ist nicht möglich, weil die Mechanik der Erregung nicht bekannt ist und daher auch nicht die Energie des Schwellenreizes. Eine wertvolle Zusammenstellung von Geruchsschwellen gibt HENNING (1916, Z. f. Ps. **76**, 75).

Die feine Witterung vieler Säugetiere und die im Verhältnis zum Menschen starke Entwicklung des Riechhirns, haben zu der Annahme geführt, daß der Geruchsinn bei ihnen noch weit empfindlicher sei als der des Menschen. Versuche, welche hierüber von GARTEN in Verbindung mit HEITZENROEDER und SEFFRIN ausgeführt worden sind (1913/15, Z. f. B. **62**, 491 und **65**, 493), wobei sich die Registrierung der Atmung als ein sehr geeignetes Prüfungsverfahren herausgestellt hat, haben ergeben, daß bei Verwendung technisch hergestellter „reiner" Riechstoffe die Empfindlichkeit des Menschen größer ist, umgekehrt die des Hundes bei Verwendung nicht genau definierbarer Riechstoffgemische tierischen Ursprungs.

Ein zur Messung der Geruchschärfe vielbenutztes Gerät ist der Riechmesser oder Olfaktometer von ZWAARDEMAKER (Physiologie des Geruchs, Leipzig 1895, S. 85ff.). Er besteht, wie aus Abb. 115 hervorgeht, aus einem beiderseits offenen Rohr, das durch ein Brett gesteckt und dessen zur Einführung in die Nasenöffnung bestimmtes Ende leicht aufgebogen ist. Über das gerade, mit Einteilung versehene Ende wird ein Zylinder geschoben, der mit dem zur Prüfung gewählten Riechstoff durchtränkt ist. Durch Aus- oder Einschieben des Zylinders wird bewirkt, daß der Strom der Einatmungsluft über eine größere oder kleinere abdunstende Oberfläche streicht.

Die Riechschleimhaut ist reich an Drüsen, die nach ihrem Bau als seröse anzusprechen sind. Man wird sich also vorzustellen haben, daß die Oberfläche des Organs von dem Sekret befeuchtet ist, und daß die herandiffundierenden Riechstoffe sich erst darin lösen müssen, was bei den unwägbar kleinen Stoffmengen, die zur Geruchserregung genügen, wohl möglich sein wird. Dann erst können die Stoffe von den Riechzellen aufgenommen werden, wozu sie entsprechend ihrer Lipoidlöslichkeit befähigt erscheinen (man vgl. hierzu BACKMAN, 1917, A. g. P. **168**, 351). Sehr schwache Reize haben eine lange Latenzzeit, was auf einen Speicherungsvorgang hinweist. Ob die nach Exstirpation des GASSERschen Knotens anscheinend stets auftretende Schwächung des Riechvermögens auf der operierten Seite auf einer Verminderung des Nasensekretes, auf vasomotorischen Störungen oder auf einer Mitwirkung des Trigeminus an den Geruchsempfindungen beruht, ist eine offene Frage (FED. KRAUSE, Neuralgie des Trigeminus. Leipzig 1896, S. 91).

Die Beschleunigungsempfindungen.

1. Die Wahrnehmung von Winkelbeschleunigungen.

Der Nachweis, daß im Kopfe Organe für die Wahrnehmung von Winkel- und Progressivbeschleunigungen vorhanden sind, ist von MACH durch zweckmäßig ersonnene und vielfach abgeänderte Versuche am Menschen erbracht worden (Grundlinien der Lehre von den Bewegungsempfindungen. Leipzig 1875). Für die Wahrnehmung der Winkelbeschleunigungen sprechen folgende Versuche. Er setzte die Versuchsperson auf ein Drehgestell mit vertikaler Achse und stellte fest, daß bei Ausschluß der Augen jede Winkelbeschleunigung dem Sinne und der Größe nach wahrgenommen wird. Anhalten der Drehung erzeugt also die Empfindung einer Gegendrehung. Bei plötzlichem Anhalten dauert diese Empfindung unter Auftreten von Schwindelgefühl geraume Zeit nach und die Achse der scheinbaren Gegendrehung kann durch Verlagerung des Kopfes verändert werden. Ebenso kann bei konstanter Winkelgeschwindigkeit, also fehlender Drehempfindung, diese durch Änderung der Kopfstellung wieder hervorgerufen werden. Damit ist auch gezeigt, daß der Drucksinn der Haut, der ja zweifellos zu diesen Wahrnehmungen beitragen kann, für dieselben nicht entscheidend ist. Ein objektives Kennzeichen der hierbei auftretenden Erregungen ist der um die gleiche Achse schwingende Nystagmus (Augenschwanken). Es machen die Augen die Drehung des Kopfes zunächst nicht mit, sie bleiben zurück, oder, wie man in Beziehung auf den Kopf auch sagen kann, sie bewegen sich in entgegengesetzter Richtung, um schließlich mit einem raschen Ruck in der Drehrichtung in die Ausgangslage zurückzukehren, worauf sich, bei fortdauernder Drehung, der Vorgang wiederholt. Bei lebhaften Drehempfindungen treten auch Störungen in der

Innervation der Körpermuskulatur auf (Reaktionsbewegungen gegen den Schwindel).

Als die die Drehempfindung, den Schwindel und den Nystagmus auslösenden Organe sind die Bogengänge anzusprechen. Darauf deuteten schon die von FLOURENS und GOLTZ an Tieren unternommenen operativen Eingriffe, vor allem aber die Reizungen, die von BREUER (Wiener med. Jahrb. **1874**, 72 u. **1875**, 87) und in besonders vervollkommter Weise von EWALD (Untersuchungen über das Endorgan des N. VIII. Wiesbaden 1892) ausgeführt worden sind und zu den gleichen Reaktionsbewegungen führen, wie das Drehen der Tiere. Ein anderer, auch am Menschen gangbarer Weg zur Erregung ist quere Durchströmung des Kopfes mit dem konstanten Strom, wobei eine Scheinbewegung von der Anode zur Kathode und dieser entgegengesetzt eine Reaktionsbewegung auftritt (MACH a. a. O. S. 52).

Besonders wichtig ist der von BÁRÁNY entdeckte kalorische Nystagmus, weil er die Prüfung der Bogengangfunktion in getrennter Weise für rechts und links gestattet. Läßt man in den Gehörgang einer Seite kühles Wasser (20°) einlaufen, so entsteht bei jedem Menschen mit normalem Bogengangsapparat rotatorischer und horizontaler Nystagmus nach der nicht ausgespritzten Seite. Wasser von Körpertemperatur erzeugt keinen Nystagmus, Wasser von etwas höherer als Körpertempertur erzeugt einen nach der ausgespritzten Seite gerichteten rotatorischen Nystagmus (Physiol. u. Pathol. des Bogengangapp. Wien 1907).

Unter den Taubstummen zeigt ein großer Prozentsatz weder den kalorischen noch den Drehnystagmus, so daß auf Fehlen bzw. Verlust des Bogengangapparates geschlossen werden muß (KREIDL, 1891, A. g. P. 51, 119).

2. Die Wahrnehmung der Progressivbeschleunigung.

Die wichtigste und beständig auf den menschlichen Körper wirkende progressiv beschleunigende Kraft ist die Schwere. Über ihre Richtung kann der Gesichtssinn Auskunft geben, über ihre Richtung und Größe der Drucksinn, da stets die Hautfläche auf der die Last des Körpers ruht, deformiert wird. Nach neueren Untersuchungen von BACKHAUS (1919, Z. f. B. 70, 65) liefert der Drucksinn schon für sich allein recht genaue Angaben. Es zeigt sich indessen, daß auch bei Ausschluß dieser Sinne die Richtung der Schwere erkannt wird. Zur Ausschließung des Drucksinns dient Eintauchen des Körpers in Wasser. Viele Taubstumme verlieren dabei vollständig die Orientierung (JAMES, 1882, Amer. Journ. of Otol. 4).

Wirkt neben der Schwere noch eine zweite beschleunigende Kraft, so wird die Richtung ihrer Resultierenden wahrgenommen und diese als Richtung der Schwere aufgefaßt. Eine solche Täuschung entsteht z. B. auf dem MACHschen Drehgestell und dauert, auch bei konstanter Winkelgeschwindigkeit, solange an als die Drehung (MACH a. a. O. S. 27). Beim Durchfahren einer Eisenbahnkurve erscheinen alle in Wirklichkeit vertikalen Linien schiefstehend, und zwar sind sie auf der konvexen Seite der Kurve mit ihrem oberen Ende von dem Beschauer abgeneigt, auf der konkaven ihm zugeneigt.

Die durch progressiv beschleunigende Kräfte („Fortschrittskräfte", MACH) hervorgerufenen zentripetalen Erregungen sind, analog dem

Nystagmus bei Drehbeschleunigung, mit Reflexen verbunden, die sich auf den ganzen Körper erstrecken und durch tonischen Charakter ausgezeichnet sind. Sie führen daher zu bestimmten Haltungen des Körpers und seiner Teile, die von der Stellung des Kopfes im Raume zwangsmäßig bestimmt werden und so lange dauern als die Kopfstellung. Sie sind abhängig vom Labyrinth und fallen fort, wenn dieses entfernt wird. Am längsten bekannt sind die bei Schieflagen des Kopfes auftretenden kompensatorischen Augenstellungen, insbesondere die Gegenrollungen bei Neigung des Kopfes um die sagittale Achse (NAGEL, Handb. d. Physiol. **3**, 770). In neuerer Zeit sind die Stellreflexe auf die Körpermuskulatur von MAGNUS und DE KLEIJN einer eingehenden Untersuchung unterzogen worden, wobei sich neben den Labyrinthen die rezeptorischen Nerven des Halses als bestimmend herausgestellt haben (1912—15, A. g. P. **145**, 455; **154**, 163 u. 178; **160**, 429). Die durch die letzteren hervorgerufenen „Halsreflexe" beeinflussen die Muskeln der beiden Körperhälften in entgegengesetzter Weise: Die Glieder der „Kieferseite", d. h. jener Seite, der die Gesichtsseite des Schädels zugekehrt ist, werden gestreckt, die der anderen gebeugt. Diese Reflexe bleiben nach Entfernung der Labyrinthe bestehen. Die Labyrinthreflexe lassen sich durch Eingipsen von Kopf, Hals und Brust rein zur Darstellung bringen. Durch sie wird der Muskeltonus in allen vier Gliedern in gleichem Sinne geändert. Das Minimum des Strecktonus wird bei aufrechter Körperstellung und abwärts geneigtem Kopfe erreicht.

Aus dem beständigen tonisierenden Einfluß, den das Labyrinth auf die Körpermuskulatur ausübt, sind wohl auch die eigentümlichen Erscheinungen von Ungeschicklichkeit und Muskelschwäche zu erklären, die labyrinthlose Tiere aufweisen und für die EWALD lehrreiche Beispiele beigebracht hat. Labyrinthlose Tauben sind u. a. nicht mehr imstande zu fliegen.

Die vorstehend mitgeteilten experimentellen Erfahrungen stellen außer Zweifel, daß die rezeptorischen Einrichtungen des Labyrinths an der Wahrnehmung von beschleunigenden Kräften wesentlichen Anteil haben und daß sie auch bei Tieren einen Einfluß auf die Muskulatur ausüben, der dieser Annahme entspricht. Die Frage, wie die genannten Kräfte die Erregung bewirken, läßt sich bei der Kleinheit, Unzugänglichkeit und Verletzlichkeit der Organe nur auf Grund ihres anatomischen Baues vermuten.

Das häutige Labyrinth ist ein Kanalsystem mit bindegewebiger Wand, einer Auskleidung von einschichtigem Pflasterepithel und einem aus Lymphe (Endolymphe) bestehenden flüssigen Inhalt. Es erfüllt den im Felsenbein ausgesparten Raum, das knöcherne Labyrinth, nur zum Teil. Der freibleibende, von Bindegewebszügen und Gefäßen durchzogene Raum ist mit der Außenlymphe oder Perilymphe erfüllt. Das häutige Labyrinth zerfällt in zwei Hälften, die nur durch den engen Ductus utriculo-saccularis miteinander in Verbindung stehen. Die vordere Hälfte besteht aus dem häutigen Schneckenkanal und dem Sakkulus, die hintere Hälfte aus dem Utrikulus mit den drei Bogengängen. Die Schnecke erhält Nervenfasern aus der feinfaserigen Hälfte des sog. N. acusticus, welche als N. cochleae bezeichnet wird. Die übrigen Abschnitte erhalten ihre Nerven aus dem dickfaserigen N. vestibuli.

Dieselben versorgen aber nicht die ganze Fläche dieser Abschnitte des häutigen Labyrinths, sondern nur gewisse, relativ kleinflächige Teile desselben, welche durch ein Epithel von besonderer Form und Größe ausgezeichnet sind. Diese Stellen sind die Otolithenflecke des Sakkulus und Utrikulus und die Cristae oder Leisten, welche sich in den Ampullen der Bogengänge gegen das Lumen des Kanals erheben. Die Cristae besitzen ein Epithel aus hohen, zylindrischen, haartragenden Zellen. Die Haare ragen in den Ampullenraum hinein und sind an der Spitze zu einem eigentümlichen Schopf verklebt (J. Breuer, 1903, Wiener Sitzgsb. **112**, 315). Auch die zylindrischen Zellen an den sog. Maculae acusticae besitzen Haare. Dieselben sind aber zu einer über dem Epithel schwebenden Platte vereinigt, auf welcher, in eine gelatinöse Masse eingebettet, Kriställchen aus kohlensaurem Kalk, die sog. Otolithen oder Gehörsteinchen liegen (J. Breuer, 1890, A. g. P. **48**, 195).

Die Bogengänge dürften nach einer schon von Mach und Breuer ausgesprochenen Vermutung in der Weise in Erregung versetzt werden, daß bei jeder Kopfdrehung der flüssige Inhalt eines oder mehrerer Bogengänge einen Bewegungsantrieb relativ zur Wand des Ganges erhält, wodurch die Epithelhaare der Crista gespannt und die Nerven erregt werden. Ein derartiger Vorgang würde auch insofern den zu stellenden Anforderungen genügen, als er nur im Beginne einer Drehung zu einem Be-

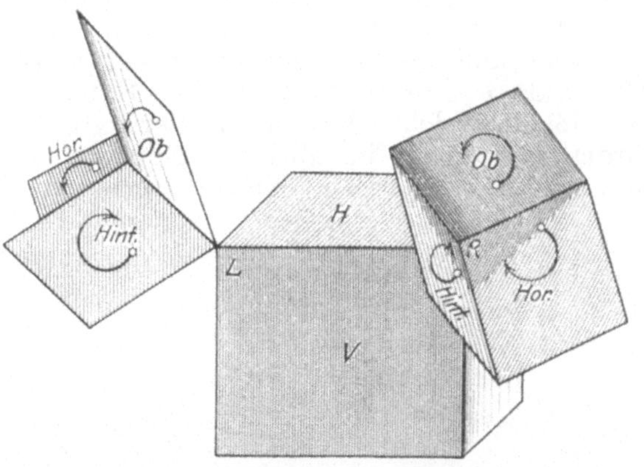

Abb. 116. Schematische Darstellung der paarweisen Anordnung der sechs Bogengänge in parallelen Ebenen und ihrer Lage zur horizontalen (H) und vertikalen (V) Koordinatenebene. Die Pfeile zeigen die Drehrichtung aus der Ampulle in den Bogengang. Nach Mach, Bewegungsempfindungen usw., S. 107.

wegungsantrieb führt, zu einem Aufhören desselben bei länger dauernder Drehung und zu einem Bewegungsantrieb in entgegengesetzter Richtung, sobald die Drehung unterbrochen wird. Damit wären die beiden entgegengesetzten Empfindungen zu Beginn und zu Ende der Drehung, sowie die Empfindungslosigkeit während derselben in Übereinstimmung.

Es ist eine bemerkenswerteTatsache, daß je zwei Bogengänge in der Weise zusammengehören, daß sie nahezu in einer Ebene bzw. in zwei zu einander parallelen Ebenen liegen, wie dies Abb. 116 in schematischer Weise zur Darstellung bringt. Die beiden Bogen eines Paares unterscheiden sich aber insofern, als der Weg aus dem Bogen in die Ampulle in entgegengesetzter Richtung verläuft. Nimmt man an, daß eine Erregung des Apparates nur dann stattfindet, wenn die Drehung im angedeuteten Sinne geschieht, so würde ein zusammengehöriges Paar von Bogengängen orientieren über Drehungen um ein und dieselbe Achse, aber jeder der beiden Bogen nur über eine der beiden möglichen Drehungsrichtungen. Ewald (a. a. O. S. 264) sah bei mechanischer

Reizung eines bloßgelegten Bogenganges deutliche Wirkung nur dann, wenn der Inhalt des Ganges gegen die Ampulle gedrängt wurde. Die Bedeutung der eigentümlichen Anordnung der sechs Bogengänge wäre dann darin zu sehen, daß sie jede in was immer für einer Ebene stattfindende Drehung wahrzunehmen gestattet, weil stets eine Wirkung auf einen oder mehrere Apparate erfolgen muß.

In bezug auf die Otolithenapparate, deren es beim Menschen jederseits zwei ungefähr senkrecht gegeneinander gestellte gibt, nimmt man an, daß je nach der Haltung des Kopfes die Spannung der durch die Otolithen beschwerten Haare sich ändert und daß hierdurch die Epithelzellen und weiterhin die Nerven erregt werden, welche die Epithelien dicht umspinnen. Auf diese Weise wäre ein Einfluß der Schwerkraft, wie überhaupt jeder beschleunigenden Kraft, auf das Organ verständlich. Die Bedeutung der Otolithenorgane für die Lokomotion der Tiere erhellt aus den Versuchen von BREUER, 1890, A. g. P. **48**, 195; LOEB, 1891, Ebda. **49**, 175; VERWORN, 1891, Ebda. **50**, 423. Besonders beweisend sind die Versuche von KREIDL, Wiener Sitzungsber. 10. Nov. 1892 und 5. Jan. 1893 und von PRENTISS (1901, Bull. Mus. Comp. Zool. **36**), in welchen Krebse zur Herstellung eiserner Otolithen veranlaßt wurden, worauf die im übrigen völlig normalen Tiere durch ihre Körperstellung auf magnetische Kräfte wie auf die Schwerkraft reagierten.

Fünfzehnter Teil.

Die Leistungen der Sinne. II. Hälfte.

Die Gehörsempfindungen.

Gehörs- oder Schallempfindungen entstehen, wenn Lufterschütterungen das Trommelfell treffen. Statt durch die Luft kann ein geeigneter Reiz auch durch die Weichteile und Knochen des Schädels dem Ohre zugeleitet werden. In der Regel finden diese beiden Formen der Zuleitung gleichzeitig statt, weil die Druckschwankungen der Luft sich wie auf das Trommelfell so auch auf den Schädel übertragen und anderseits eine dem Schädel unmittelbar erteilte Erschütterung sich doch der Luft in der Paukenhöhle und damit dem Trommelfell mitteilt. Von den beiden Formen der Reizung ist die Zuleitung durch die Luft die wirksamere. Die Ohrmuschel muß als ein Apparat betrachtet werden, der mit seiner den andringenden Schallwellen entgegengerichteten Fläche diese auffängt und sie dem Gehörgang zuleitet. Der elastische Knorpel, aus dem sie, abgesehen von dem Hautüberzug, besteht, macht sie hierzu besonders geeignet.

Die Gehörsempfindungen zeigen qualitative Unterschiede, die durch die Ausdrücke Knall, Geräusch und Klang gekennzeichnet werden. Zur Erzeugung eines Klanges bedarf es einer Lufterschütterung von regelmäßiger Periode und nicht zu geringer Frequenz (mindestens 30 in der Sekunde). Der hierdurch erzeugte Eindruck hat aber nichts von der Periodizität des Reizes an sich, sondern fließt glatt und gleichmäßig dahin, auch wenn seine Stärke sich ändert. Die Empfindung eines Geräusches entbehrt dagegen dieses gleichmäßigen Flusses, sie ist unruhig, wechselvoll, uneinheitlich und daher häufig unlustbetont. Der Knall kann subjektiv als ein kurzes Geräusch von hoher Intensität bezeichnet werden. Welcher Art die Lufterschütterung sein muß, um den Eindruck eines Knalles oder eines Geräusches zu erzeugen, läßt sich zur Zeit nur in der Weise angeben, daß sie nicht die regelmäßige Periodizität eines Klangreizes haben darf.

Klänge wie Geräusche entstehen, wenn elastische Körper durch einen Anstoß in Schwingung versetzt werden. Damit Schwingungen von regelmäßiger Periodizität entstehen, wie sie zu einem Klang erforderlich sind, muß der elastische Körper eine bestimmte Form haben und homogen sein. Auch die Dimensionen sind von Bedeutung, da sie die Frequenz der Schwingungen wesentlich bestimmen.

Läßt man klingende Körper ihre Schwingungen aufschreiben, so erhält man, auch bei gleicher Frequenz oder Schwingungszahl, äußerst verschiedene und meist sehr verwickelte Kurven, die sich subjektiv durch einen verschiedenen Klangeindruck, die Klangfarbe, kenntlich machen. Die einfachste Schwingungsform ist die pendelförmige. Sie kommt zustande, wenn die den Körper in die Ruhelage zurücktreibende Kraft proportional ist seiner Ausweichung. Ihr entspricht die einfachste, ärmste oder leerste Klangfarbe oder wenn man will, das Fehlen einer solchen. Diese Empfindung und ebenso der sie hervorrufende physikalische Vorgang wird als Ton bezeichnet. Töne unterscheiden sich durch ihre Höhe und Stärke. Die Höhe wächst mit der Schwingungszahl, die Stärke mit der Ausweichung. Die Beziehung zwischen objektiver, physikalischer Intensität eines Tones und der Stärke, in der er gehört wird, ist verwickelt und noch nicht übersehbar.

Die Fähigkeit, Pendelschwingungen als Töne zu hören, ist eine begrenzte. Schwingungen, deren Zahl unter 30 in der Sekunde sinkt, erregen eine Tonempfindung, wenn überhaupt, nur äußerst schwach, der vorherrschende Eindruck ist ein flatterndes Geräusch. Es tritt hier die Erregung des Drucksinns (Schwirren) in den Vordergrund. Die obere Grenze für die Hörbarkeit liegt bei etwa 20 000 Schwingungen; sie ist wie die untere von der Intensität des Tones abhängig, namentlich aber von dem Alter der Versuchsperson: Die obere Hörgrenze liegt am höchsten (20 000) im Kindesalter und rückt mit dem Alter nach unten (bis 13 000 mit 50 Jahren. GILDEMEISTER, 1918, Zeitschr. f. Sinnesph. **50**, 161). Der geringen Empfindlichkeit des Ohres für Schwingungen in der Nähe der angegebenen Grenzen steht eine erstaunlich hohe für Töne von 1000 bis 5000 Schwingungen gegenüber. Zur Wahrnehmung des Tones 3200 genügt eine Energiemenge von 5 . 10^{-16} Erg,

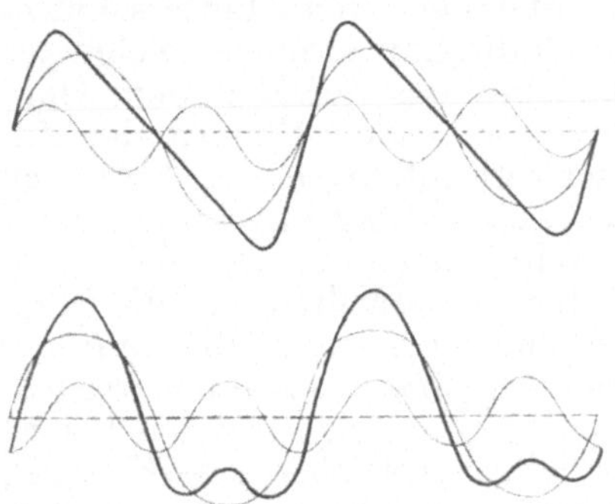

Abb. 117. Zusammensetzung zweier Sinusschwingungen (Grundton und Oktave) mit dem Amplitudenverhältnis 2:1, oben ohne Phasenverschiebung, unten mit einer Verschiebung von $^1/_4$ Schwingung der Oktave. Die resultierende Schwingung ist stark ausgezogen.

während die tiefsten Töne milliardenmal stärker sein müssen (MAX WIEN, 1903, A. g. P. **97**, 33). Unterschiede der Tonhöhe werden am besten in den Grenzen von 200—600 Schwingungen wahrgenommen; die Schwelle beträgt hier 0,4—0,5 einer Schwingung (MAX MEYER, 1898, Zeitschr. f. Ps. **16**, 352).

Nach dem Lehrsatze von FOURIER läßt sich jede beliebige periodische Funktion darstellen als eine Summe von Sinusfunktionen verschiedener Perioden und Amplituden und einem konstanten Glied. Die Periode der ersten Sinusfunktion ist gleich der Periode der zu zerlegenden komplizierten Funktion, die Perioden der weiteren Sinusfunktionen betragen $^1/_2$, $^1/_3$, $^1/_4$ usw. von der ersteren, d. h. ihre Frequenzen stehen im Verhältnis 1:2:3:4 usw. Führt man diese Zerlegung für die Schwingung eines Klanges durch, so erhält man seine Teiltöne, von denen der tiefste der Grundton, die übrigen seine Obertöne heißen. Die Zerlegung läßt sich auch durch physikalische Mittel (Resonatoren) bewerkstelligen. Dieselbe ist aber nicht wie die mathematische auf Obertöne beschränkt, deren Schwingungszahlen ganze Vielfache des Grundtons sind — sog. harmonische Obertöne — sondern sie kann auch unharmonische liefern und liefert sie bei allen nicht musikalisch verwertbaren Klängen. Mathematisch und physikalisch ist eine Klangverschiedenheit ferner dann gegeben, wenn die Schwingungen der Teiltöne eine zeitliche Verschiebung gegeneinander, eine sog. Phasenverschiebung, erleiden. So sind in Abb. 117 zwei Schwingungsformen dargestellt, die aus denselben beiden Sinusschwingungen zusammengesetzt sind, sich aber dadurch voneinander unterscheiden, daß unten die schnellere Schwingung (die Oktave) um ein Viertel ihrer Wellenlänge nach rechts verschoben ist. Vielfache Prüfungen haben ergeben, daß eine solche Phasenverschiebung keinen Einfluß hat auf den Charakter des Klanges (HERMANN, 1894, A. g. P. **56**, 467), woraus zu schließen ist, daß das Ohr die Schwingungsform nicht als solche wahrnimmt, sondern nur die aus der Analyse sich ergebenden Teilschwingungen. Bevor diese Fähigkeit näher erörtert werden kann, ist erst die Einwirkung der Schwingungen auf das Ohr zu betrachten.

Die Übertragung der Luftschwingungen auf das innere Ohr.

Das wichtigste Organ zur Aufnahme der Schallschwingungen ist das Trommelfell, das seiner Bedeutung nach mit den Membranen des Telephons und des Phonographen verglichen werden kann. Gerade diese Instrumente zeigen aber auch die Schwierigkeit der Aufgabe, welche darin besteht, Töne von beliebiger Höhe gleich gut aufzunehmen und zu übertragen. Glatt gespannte Membranen haben einen ausgesprochenen Eigenton und schwingen nur auf einen kleinen Bereich von Tonhöhen kräftig mit; sie haben also bei geringer Dämpfung eine große Resonanzschärfe. Soll die Bevorzugung von Tönen bestimmter Höhe vermieden werden, so bedarf es starker Dämpfung. Bei dem Trommelfell ist diese durch die unregelmäßige, trichter- oder kegelförmige Gestalt sowie durch die Einlagerung des Hammerstiels erreicht, der einen starren Radius des Trommelfells darstellt. Versuche mit derartig gebauten Membranen haben ihre Überlegenheit in der Schallübertragung erwiesen. (HENSEN, Handb. d. Physiol. Leipzig 1880, **3**, II, 46 und 1886, Z. f. B. **23**, 291; A. FICK, Beiträge zur Physiologie, Festschrift für C. LUDWIG, Leipzig 1886, 23; HERMANN, 1890, A. g. P. **47**, 347).

Die nach außen konkave Krümmung der Trommelfellradien ist durch den Zug des Trommelfellspanners (M. tensor tympani) und den Bau der beiden Faserschichten bedingt. Die äußere, als Stratum radiatum bezeichnete Schicht besteht aus steifen, sehr wenig dehnbaren Fasern, die von dem elliptischen Umfang nach dem „Nabel" des Trommelfells bzw. nach dem Hammerstiel ziehen. Sie würden sich unter dem Zuge des Trommelfellspanners gerade strecken, wenn sie nicht durch den Widerstand der inneren Faserschicht, des Stratum circulare, gehindert würden. Diese Schicht besteht, wie schon der Name sagt, aus kreisförmig um den Nabel des Trommelfells gelagerten Fasern von großer Elastizität, die in der Nähe der Basis des Kegels dichter angeordnet sind als an dessen Spitze. Diese Fasern werden um so stärker gespannt, je mehr sich die Radiärfasern strecken und so muß als Gleichgewichtsform die Krümmung des Trommelfells entstehen.

Die beim Eindringen einer Schallwelle in den äußeren Gehörgang
auftretende Luftverdichtung wird die Radiärfasern des Trommelfells
zu strecken suchen, die Zirkulärfasern stärker spannen, also den Zug
des Trommelfellspanners unterstützen, während die nachfolgende Luftverdünnung in umgekehrter Weise wirkt. Die Wegstrecken, die dabei
der Nabel des Trommelfells und das Ende des mit ihm verwachsenen
Hammerstiels ausführt, sind wesentlich kleiner als die Exkursionen der
mittleren Stellen einer jeden Radiärfaser, wodurch die Einrichtung
die Bedeutung eines Krafthebels gewinnt. Eine weitere Verkleinerung
der Bewegung kommt dadurch zustande, daß der lange Fortsatz des
mit dem Hammer gemeinsam sich drehenden Amboß nur $^2/_3$ der Länge
des Hammerstiels besitzt. Mit dem Ende jenes Fortsatzes ist aber der
Steigbügel gelenkig verbunden, dessen Platte die mitgeteilten Schwingungen auf das ovale oder Vorhofsfenster des Labyrinths überträgt
(HELMHOLTZ, Wissenschaftl. Abh. 2, 503ff. und O. FISCHER, Medizin.
Physik, Leipzig 1913, S. 531ff.). Der Steigbügelmuskel (M. stapedius)
kann als Antagonist des Trommelfellspanners aufgefaßt werden.

Eine andere Einrichtung, die im Sinne eines Krafthebels wirkt,
ist der große Unterschied in der Fläche von Trommelfell und Vorhofsfenster, der sich nach SCHWALBE (Anatomie der Sinnesorgane) etwa
wie 70:3 mm² verhält. Die auf das Trommelfell einwirkenden Druckschwankungen werden also auf eine mehr als zwanzigmal kleinere Fläche
konzentriert.

Die Spannung des Trommelfells und damit seine Empfindlichkeit
für Schalleindrücke wird durch den in der Paukenhöhle herrschenden
Druck beeinflußt; der Ausgleich mit dem äußeren Luftdruck ist durch
die Tuba auditiva s. Eustachii möglich. Dieser Kanal ist in seinem
hinteren knöchernen Teil beständig offen, in seinem vorderen knorpeligen
bzw. knorpelig-membranösen Teil in der Regel geschlossen, indem die
Wände, unter Bildung eines annähernd vertikal gestellten Spaltes sich
berühren. Der Verschluß kann durch Drucksteigerung im Nasenrachen-
raum, noch leichter durch Druckverminderung, überwunden werden;
ferner bewirken gewisse Bewegungen der Schlundmuskulatur, wie sie
beim Schlucken und Gähnen vorkommen (Tensor und Levator palati
mollis) eine vorübergehende Öffnung. Bei offener Tube können die
Schallwellen auch auf diesem Wege in das Mittelohr gelangen, wobei
der Klang der eigenen Stimme bedeutend verstärkt wird. Werden von
außen kommende Schallwellen sowohl durch den äußeren Gehörgang
wie durch die Tube dem Trommelfell zugeführt, so erleiden die Bewegungen
des Trommelfelles eine Abschwächung. Drucksteigerungen in der Paukenhöhle setzen die Hörschärfe herab, entspannen das Trommelfell und
drängen es samt dem langen Hammerstiel nach außen. Dabei lösen
sich die sperrzahnartig ineinandergreifenden Ränder des Hammer-
amboßgelenks voneinander, so daß die Gefahr einer Auswärtsbewegung
aller drei Knöchel und eines Einreißens der Membran des runden Fensters
vermieden ist (HELMHOLTZ a. a. O. 545).

Die transversalen Schwingungen des Trommelfells werden also
verkleinert und in entsprechendem Verhältnis kräftiger gemacht auf das
Vorhofsfenster und damit auf das Labyrinthwasser übertragen. Von
einer Kompression der Flüssigkeit durch die in Frage kommenden Kräfte
kann nicht die Rede sein. Die Bewegung der Steigbügelplatte nach innen
wäre sonach nur möglich, wenn gleichzeitig das ringförmige, von der

Platte nach dem Rande des Vorhofsfensters gespannte Band nach außen vorgewölbt wird. Durch das Vorhandensein des runden oder Schneckenfensters ist aber ein Ausweichen des Wassers in dieser Richtung möglich und damit eine Beeinflussung der auf diesem Wege liegenden Teile des häutigen Labyrinths. Zu diesen Teilen gehört vor allem die Schnecke, nicht die Bogengänge, die sozusagen in einem toten Winkel des Labyrinths gelegen sind. Inwieweit die Gebilde des Vorhofs (Sakkulus und Utrikulus) von den Schwingungen beeinflußt werden, entzieht sich zur Zeit der Kenntnis.

Das Volumen der Labyrinthhöhlung beträgt etwa 0,2 ccm oder 4 Tropfen, wenn man den ccm zu 20 Tropfen rechnet; $^3/_5$ dieses Volums fallen auf die Schnecke (WÄTZMANN a. a. O. S. 42). Durch die Schallwellen ist demnach eine Flüssigkeitsmenge von 2—3 Tropfen zwischen Vorhofs- und Schneckenfenster hin und her zu bewegen. Man hat sich dabei zu vergegenwärtigen, daß bei den im Verhältnis zu der Länge der Schallwellen verschwindenden Dimensionen des leitenden Apparates ein Phasenunterschied in ihm nicht auftreten kann, sämtliche Gebilde zwischen Trommelfell und Schneckenfenster also wie ein starrer Körper hin und her schwingen. Bei einer Ausbreitungsgeschwindigkeit des Schalles von rund 1,5 km/sek im Wasser und 3 km/sek im Knochen hat ein Ton von 1000 Schwingungen eine Wellenlänge von 1,5 bzw. 3 m. Auf einem Wege von wenigen mm Länge, wie er im Ohr gegeben ist, kommt also ein Phasenunterschied nicht in Betracht.

Die Resonatoren des inneren Ohres.

Die häutige Schnecke teilt den Raum des knöchernen Schneckenkanals in drei Abteilungen oder Treppen, deren mittlere sie selbst bildet, dc Abb. 118. Sie ist, wie die übrigen Teile des häutigen Labyrinths, mit denen sie durch den Ductus reuniens (Henseni) verbunden ist, mit Lymphe (Endolymphe) erfüllt. Die beiden durch die häutige Schnecke getrennten, mit Perilymphe gefüllten Räume der knöchernen Schnecke werden als Vorhofstreppe scv und Paukentreppe sct unterschieden. An der Spitze der Schnecke kommunizieren die beiden perilymphatischen Räume miteinander, da die Schneckentreppe schon vorher blind endigt.

Die Schneckentreppe ist mit Epithel ausgekleidet, das auf der der Paukentreppe zugewendeten Seite des Kanals eine besondere Ausbildung besitzt und die Enden des N. cochlearis aufnimmt. Dieser Teil der häutigen Schnecke ist als Spiralorgan oder CORTIsches Organ bekannt. Die dort vorhandenen Epithelien sind teils eigentümlich geformte Stützzellen, teils Sinnesepithelien, die sog. Hörzellen. Letztere werden von den Nervenenden umsponnen. Die Epithelien erheben sich über der Basilarmembran, eine ziemlich straff gespannte elastische Membran, die im wesentlichen aus radial gerichteten Fasern besteht, die in tangentialer Richtung nur lose zusammenhängen. Die härchentragenden freien Enden der Hörzellen sind durch die Öffnungen einer von den Stützzellen und den sog. Pfeilerzellen getragenen, von eigentümlichen Fortsätzen derselben, den sog. Phalangen, zusammengesetzten Membran gesteckt. Den Härchen der Hörzellen liegt gegenüber die CORTIsche oder Deckmembran, die an dem Labium vestibulare der Lamina spiralis ossea befestigt ist.

Für die Deutung dieser Gebilde sind die Leistungen des Ohres maßgebend. Dieselben bestehen zunächst darin, daß die Schwingungszahl der Töne unabhängig von ihrer Stärke als ihre Höhe wahrgenommen wird. Ferner ist das Ohr imstande, komplizierte Schwingungsformen in ihre pendelartigen Komponenten zu zerlegen, d. h. die in einem Klang enthaltenen Töne herauszuhören. Bei Klängen, die von einem einzelnen musikalischen Instrument angegeben werden, ist diese Zerlegung aller-

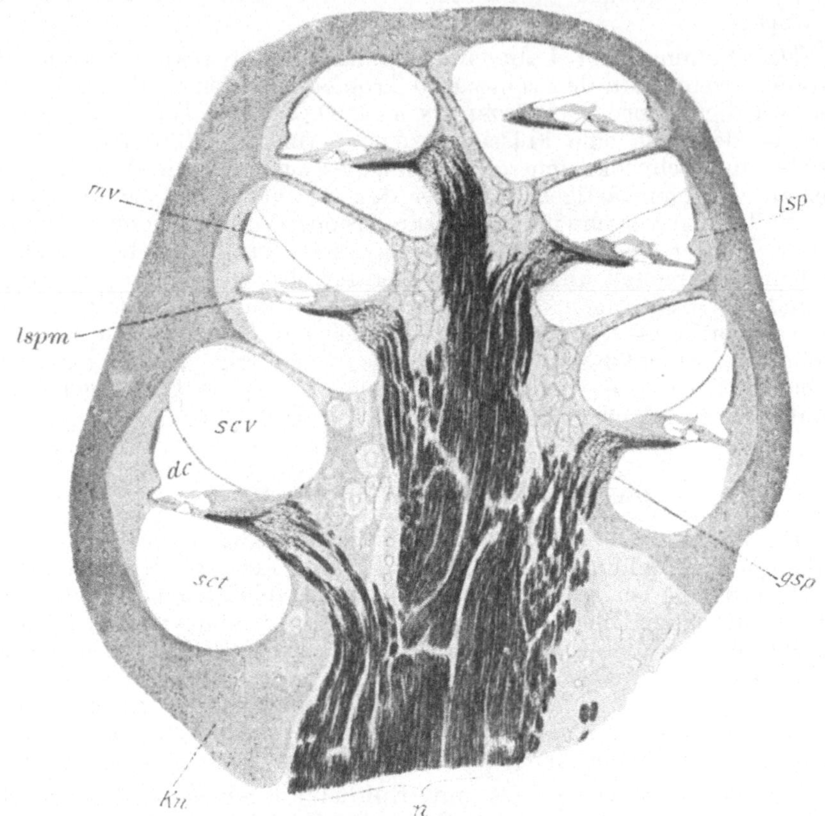

Abb. 118. Mittlerer Längsschnitt durch die Schnecke der Katze. Vergr. 25. Nach SOBOTTA, Histologie. *dc* = ductus cochlearis, *gsp* = Ganglion spirale, *Kn* = Knochen, *lspm* = lamina spiralis membranacea, *lsp* = Ligamentum spirale. *mv* = Membrana vestibuli, *n* = Schneckennerv, *sct* = Scala tympani, *scv* = Scala vestibuli.

dings nicht immer leicht, weil das gleichzeitige An- und Abklingen aller Komponenten die Neigung zur Verschmelzung in der Klangfarbe fördert. Durch Übung und geeignete Nachhilfe läßt sie sich jedoch stets erreichen. Daß die Fähigkeit grundsätzlich bei jedermann besteht, folgt aus der Tatsache, daß es möglich ist, aus einer Vielheit von Stimmen den einzelnen Redner oder Sänger, aus einem Orchester das einzelne Instrument herauszuhören. Eine weitere wichtige Tatsache ist, daß der Eindruck eines Klanges durch Phasenverschiebung seiner Teiltöne nicht geändert wird. Dies ist von HERMANN (1894, A. g. P. **56**, 467) sehr anschaulich in der Weise gezeigt worden, daß er die Phonographenwalze in verkehrter Richtung ablaufen ließ. Endlich ist von LINDIG (1903, Ann. d. Phys. **10**, 242) in eingehender Weise die Ergebnislosigkeit der Phasenverschiebung geprüft und bestätigt worden.

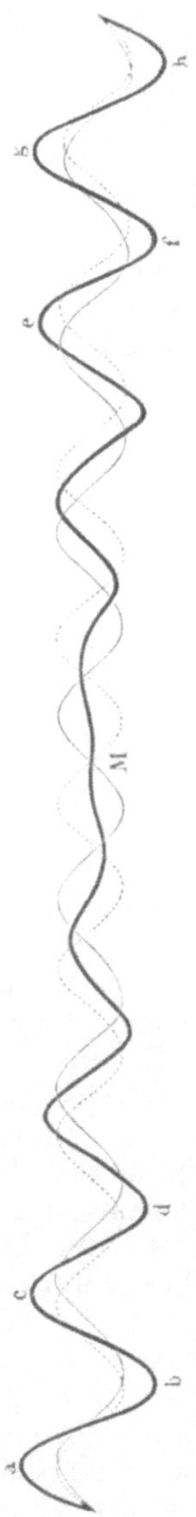

Alle diese Erfahrungen sprechen dafür, daß im Ohre Resonatoren vorhanden sind, d. h. Einrichtungen, die auf bestimmte Tonhöhen abgestimmt sind. Als die abgestimmten Teile können die Fasern der Basilarmembran gelten, deren Länge von der ersten Schneckenwindung bis zur Spitze um mehr als das Zwölffache zunimmt (HENSEN, 1863, Z. f. wiss. Zool. **13**, 492). Demnach wäre die Spitze der Schnecke der Ort, wo die Resonatoren für die tiefsten Töne, die Basis der Ort, wo sie für die höchsten Töne zu suchen sind. Die Erregung der Nerven hätte man sich als eine auf mechanischem Wege ausgelöste vorzustellen, die dann eintritt, wenn ein Abschnitt der Basilarmembran durch Resonanz in so starke Schwingungen gerät, daß die Härchen der Hörzellen an die Deckmembran stoßen. Wie HELMHOLTZ, der Schöpfer dieser Theorie gezeigt hat, reichen die etwa 20000 Fasern und die Zahl der auf ihnen stehenden Reihen von Hörzellen völlig aus für die erfahrungsgemäß unterscheidbaren Tonhöhen (1877, Tonempfindungen. S. 242). Als eine Stütze der Theorie können die klinischen Erfahrungen über das Auftreten von Tonlücken und Toninseln gelten (BEZOLD, 1900, Münch. med. Wochenschr. **19**, 673), sowie die Möglichkeit durch starke und langdauernde Töne örtlich umschriebene Schädigungen des CORTIschen Organs zu erzielen (YOSHII, 1909, Arch. f. Ohrenheilk. **58**, 201).

Die Auffassung des CORTIschen Organs als einer Reihe abgestimmter Resonatoren begegnet allerdings gewissen Schwierigkeiten infolge der winzigen Dimensionen der Teile (so würde z. B. die auf 30 Schwingungen abgestimmte Saite der Basilarmembran nur 0,5 mm lang sein); indessen ist über die Spannung und Belastung dieser Saiten zu wenig bekannt, als daß die Vorstellung als unzulässig bezeichnet werden könnte. Die Theorie macht eine Anzahl von Eigentümlichkeiten der Gehörsempfindungen, sowie gewisse subjektive Erscheinungen ohne weiteres verständlich. Sie erklärt vor allem, warum das Ohr die Schallbewegung gerade in Pendelschwingungen auflöst; sie macht das langsame Anklingen der Tonempfindungen begreiflich, weil die Anstöße sich im Resonator summieren müssen. Die HELMHOLTZsche Theorie erklärt ferner sehr gut die Erscheinung des Schwebens zweier benachbarter Töne. Dasselbe besteht bekanntlich darin, daß der Zusammenklang der beiden Töne kein gleichmäßig andauernder ist, sondern ein rhythmisches An- und Abschwellen zeigt, das als Schweben, Schlagen oder Stoßen bezeichnet

Abb. 119. Schwebungskurve entstanden aus dem Zusammenklang zweier Sinuswellen (zarte und gestichelte Kurve) mit dem Schwingungsverhältnis 8:9; a—h Maxima der Schwebungskurve, M Minimum. (SCHÄFER, Handb. d. P. 3, 524.)

wird. In der Luft und in den mitschwingenden Teilen des Mittelohres werden die beiden Tonschwingungen nach Art der Abb. 119 interferieren. Das innere Ohr, das die Schwingungsformen analysiert, sollte dagegen die beiden Komponenten heraushören. Dies findet jedoch nur unter gewissen von der Unterschiedsschwelle für Tonhöhen abhängigen Grenzen statt. Sind die beiden erzeugenden oder primären Töne der Höhe nach nur wenig verschieden, so werden sie in der Empfindung nicht getrennt und es entsteht der Eindruck eines einzigen in seiner Stärke veränderlichen Tons. Bei größeren Intervallen hört man die beiden Primartöne ruhend und daneben einen dritten, zwischenliegenden, in das Ohr lokalisierten „Zwischenton" (STUMPF, 1890, Tonpsychologie. 2, 480; SCHÄFER, 1905, Handb. d. P. 3, 525 u. 567). Die Erscheinung ist offenbar eine Folge der starken Dämpfung, welche den Resonatoren des inneren Ohres eigentümlich ist und sie befähigt, auch auf Töne mitzuschwingen, die nicht genau mit ihrem Eigenton übereinstimmen (HELMHOLTZ a. a. O. 287).

Außer zu Schwebungen gibt der Zusammenklang zweier oder mehrerer Töne auch noch Veranlassung zur Entstehung von Kombinationstönen, insbesondere zu Tönen, deren Schwingungszahl gleich der Differenz der Schwingungen der beiden Primärtöne ist und deshalb

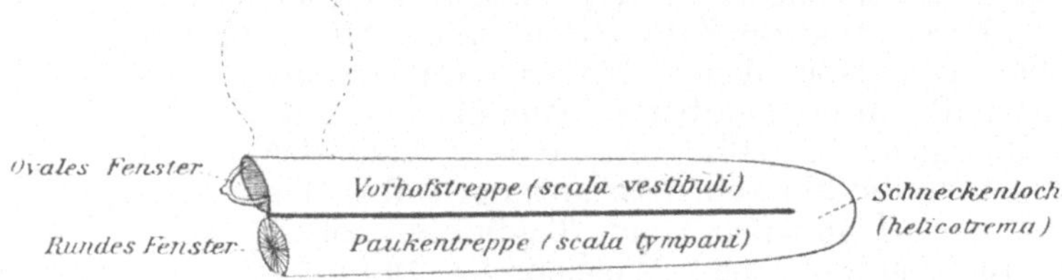

Abb. 120. Schema der Schnecke nach O. FISCHER.

Differenztöne genannt werden. Sie sind namentlich bei hochliegenden Primärtönen leicht wahrzunehmen. Diese Differenztöne sind objektiv (durch Resonatoren) nachweisbar, wenn die beiden Primärtöne von einem gemeinschaftlichen Luftraum aus angeblasen werden, wie dies im Harmonium oder der Doppelsirene geschieht. Auch Membranen, die von den beiden Primärtönen gleichzeitig stark angeregt werden, lassen Differenztöne entstehen. Es ist daher sehr wahrscheinlich, daß in den Fällen, wo der Differenzton physikalisch nicht nachweisbar ist, gleichwohl aber gehört wird, seine Entstehung in den schalleitenden Teilen des Ohres gesucht werden muß (SCHÄFER a. a. O. 525). Die Unterbrechungstöne, welche bei periodischer Unterbrechung oder Abschwächung eines primären Tones gehört werden und vielfach als unverträglich mit der Resonatorentheorie erklärt worden sind, haben sich in neuerer Zeit teilweise ebenfalls als objektive Töne, teilweise als Differenztöne erweisen lassen (SCHÄFER a. a. O. 532).

Die Auffassung der Schnecke als eines Systems von Resonatoren wird auch nicht erschüttert durch die außerordentlich ungleiche Empfindlichkeit des Ohres für Töne verschiedener Höhe, wie sie von M. WIEN nachgewiesen worden ist (siehe oben S. 328). Es ist, wie die Betrachtung der Abb. 120 ergibt, durchaus verständlich, daß die durch die Schallschwingungen hervorgerufenen Flüssigkeitsverschiebungen zwischen ovalem und rundem Fenster ausschließlich auf dem Wege durch das Schneckenloch geschehen müßten, wenn Vorhofstreppe und Paukentreppe durch eine starre Scheidenwand getrennt wären. Da zwischen beiden die nachgiebige Schneckentreppe eingeschoben ist, wird sich die Übertragung der Bewegung hauptsächlich durch deren Vermittlung vollziehen, wobei die basalen Teile (d. h. die Orte der hochgestimmten Resonatoren) stärker deformiert werden müssen als die an der Spitze gelegenen (O. Fischer, 1908, Ann. d. P. u. C. 4. F. 25, 118). Derselbe Autor hat ferner darauf hingewiesen, daß bei diesen Flüssigkeitsverschiebungen die Bewegungen des Cortischen Organs und seiner Deckmembran im allgemeinen nach Größe und Richtung übereinstimmen werden, so daß eine Veranlassung zur Gehörserregung nicht vorliegt. Nur im Falle der Resonanz geraten Basilarmembran und Cortisches Organ in weit stärkere Schwingung als die Deckmembran, was dann zur Erregung der Nervenanhänge führt. Die Theorie von Helmholtz kann daher noch immer als die einfachste, alle gut beobachteten Erscheinungen zusammenfassende und erklärende Annahme betrachtet werden, so daß ein Eingehen auf andere Theorien, die entweder eine Modifikation derselben darstellen (Hermann, 1894, A. g. P. 56, 494) oder auf ganz anderen Grundlagen ruhen (Ewald, 1899 und 1903, Ebda. 76, 147; 93, 485) an dieser Stelle nicht geboten erscheint.

Wie die Wahrnehmung der Töne, so geschieht auch die der Geräusche wahrscheinlich durch die Schnecke. Auf die Verwandtschaft zwischen Tönen und Geräuschen ist schon oben (S. 327) hingewiesen worden. Aus vielen Geräuschen kann man Töne bestimmter Höhe unmittelbar heraushören und alle Geräusche haben eine ihnen eigentümliche Höhenlage, die auch in den für sie gebräuchlichen sprachlichen Bezeichnungen zum Ausdruck kommt. Geräusche können aus Tönen entstehen. Ein Tongewirr, wie das Stimmen des Orchesters, der Zusammenklang vieler menschlicher Stimmen, wirken als Geräusche. Schwebungen verleihen den mit ihnen behafteten Tönen einen rauhen knarrenden Charakter. Jeder Ton, von dem nur wenige Schwingungen in das Ohr gelangen, wird als Geräusch (Knall) gehört (Exner, 1876, A. g. P. 13, 228; W. Kohlrausch, 1880, A. d. P. u. C., N. F. 10, 1). Taubheit für Töne ist auch stets mit Taubheit für Geräusche verbunden. Es liegt also kein Grund vor, die Wahrnehmung der Geräusche an einen anderen Ort zu verlegen, als die der Töne (man vgl. hierzu Schäfer a. a. O. 579).

Stimme und Sprache.

Von allen dem Ohre zufließenden Schallbewegungen haben die der Stimme und Sprache als Grundlagen des menschlichen Verkehrs die größte Wichtigkeit. Die menschliche Stimme wird erzeugt durch den Kehlkopf, dessen Stimmbänder die Rolle von membranösen Zungen spielen. Durch den Exspirationsstrom (seltener durch den Inspirationsstrom) in Schwingungen versetzt, unterbrechen sie rhythmisch den durchtretenden Luftstrom und bestimmen dadurch die Höhe des gesungenen oder gesprochenen Klanges.

Während beim Neugeborenen die Höhe der Stimme fast unveränderlich ist, nimmt ihr Umfang mit dem Alter zu und läßt sich durch Übung noch weiter steigern. Die Lage des Stimmumfanges innerhalb der Tonreihe oder Skale heißt die Stimmlage. Sie ist in erster Linie abhängig von den Dimensionen des Kehlkopfes. Sie ist daher beim Erwachsenen tiefer als beim Kind, bei dem Manne tiefer als beim Weibe. Die mit der geschlechtlichen Entwicklung einhergehende Vergrößerung des Kehlkopfes führt namentlich beim Manne zu einer Vertiefung der Stimme (Stimmwechsel oder Mutation).

In zweiter Linie ist die Spannung der Stimmbänder maßgebend, die durch die Binnenmuskeln des Kehlkopfs in weiten Grenzen verändert werden kann. Auch die Muskeln, die von dem Kehlkopf zu den benachbarten Skelett- und Weichteilen ziehen, wirken hierbei mit. Spannung der Stimmbänder findet statt, wenn der Schildknorpel sich dem Ringknorpel nähert (M. cricothyreoideus) und dabei die Gießbeckenknorpel festgestellt sind, was durch die vereinte Wirksamkeit einer Anzahl von Muskeln, vor allen die Mm. cricoarytaenoidei und thyreoarytaenoidei geschieht. Einen Einfluß auf die Schwingungszahl der Stimmbänder haben ferner die in ihnen eingebetteten Fasern der Mm. thyreoarytaenoidei, indem sie den Bändern vermutlich verschiedene Spannung, Dicke und Querschnittsform erteilen können. Die Spannung der Bänder ist auch von der Stärke des Anblasens abhängig. Es bedarf daher beim Singen eines Tones verschiedener Einstellungen des Apparates für piano und forte.

Die Stimme des Erwachsenen verfügt in der Regel über einen Umfang, von etwas über eine Oktave, und zwar liegt
die Baßstimme in der großen und ungestrichenen Oktave,
der Bariton in der ungestrichenen,
„ Tenor in der ungestrichenen und eingestrichenen,
„ Alt ebenso doch etwas höher,
„ Sopran in der ein- und zweigestrichenen Oktave.

Dieser Stimmumfang gilt für die gewöhnliche, am wenigsten anstrengende Art der Stimmerzeugung, die durch die starke Resonanz des Brustkorbes ausgezeichnet ist und Bruststimme heißt. Durch Übergang in die Kopf- oder Falsettstimme kann der Umfang der Stimme nach oben vergrößert werden. Der Kehlkopf wird dabei gehoben und seine Muskeln stark gespannt. Die Stimmritze, die sich bei der Bruststimme abwechselnd schließt und dann wieder zu einem engen Spalt öffnet, bleibt jetzt dauernd offen und die Schwingungen betreffen nur einen schmalen zugeschärften Rand des Bandes; der Luftverbrauch ist vergrößert (man vgl. NAGEL, 1908, in dessen Handb. 4, 740 und MUSEHOLD, 1897, Arch. f. Laryngol. 7, 1). Die Falsettstimme klingt leerer und weicher, d. h. an Obertönen ärmer als die Bruststimme. Die Resonanz findet hauptsächlich in den luftführenden Räumen des Kopfes statt.

Neben der Klangerzeugung im Kehlkopf spielt die Resonanz in den darüber befindlichen luftführenden Räumen, dem sog. Ansatzrohr, für den Charakter der menschlichen Stimme eine sehr wichtige Rolle. Infolge der großen Veränderlichkeit des Ansatzrohres verfügt die Stimme über vielerlei Klangfarben, die als Vokale bezeichnet werden. Ein wichtiges Unterscheidungsmerkmal dieser Klangfarben von denen der musikalischen Instrumente besteht darin, daß die dem Grundton beigemischten Obertöne nicht mit ersterem ihre Höhe wechseln, sondern verhältnismäßig unberührt bleiben, weshalb es auch möglich ist, ohne Mitbeteiligung des Kehlkopfes zu sprechen, mit Flüsterstimme.

Hierbei werden lediglich die Resonanzräume durch den Ausatmungs-
strom angeblasen, was mit einem stärkeren Luftverbrauch verknüpft
ist als das laute Sprechen.

Wird mit Stimme gesprochen, so liefert der Kehlkopf, wie alle
Zungenpfeifen, einen an Obertönen sehr reichen Klang, in dem dann durch
das darüber befindliche An-
satzrohr einzelne Teiltöne
verstärkt werden. Da die
Eigentöne des Rohres meist
sehr hoch liegen, in der
Gegend der drei- und vier-
gestrichenen Oktave, so
finden sich praktisch in
jedem Stimmklang Ober-
töne, die mit diesen Eigen-
tönen mehr oder weniger genau zusammenfallen. Hier-
zu kommt, daß die Wände
dieser Räume nicht starr,
sondern durch Muskeltätigkeit verstellbar sind. Wenn
also auch die Beobachtung
eines Sprechenden oder
Singenden zu zeigen scheint,
daß für einen gegebenen
Vokal unabhängig von der
Stimmhöhe stets die gleiche
Stellung der Mundteile eingenommen wird, so hat doch
die genauere Untersuchung
der Vokalklänge gelehrt,
daß die für sie charakteristischen verstärkten Teiltöne nach ihrer Höhenlage
nicht unverrückbar sind,
sondern je nach der Höhe
des Grundtons innerhalb gewisser, meist recht enger
Grenzen schwanken. Es
findet eine Anpassung des
Ansatzrohres an die Höhe
des Grundtons statt derart,
daß dessen Eigentöne stets
harmonische Obertöne des
Grundtons sind (Stumpf,
Sitzungsber. Akad. d. Wiss.

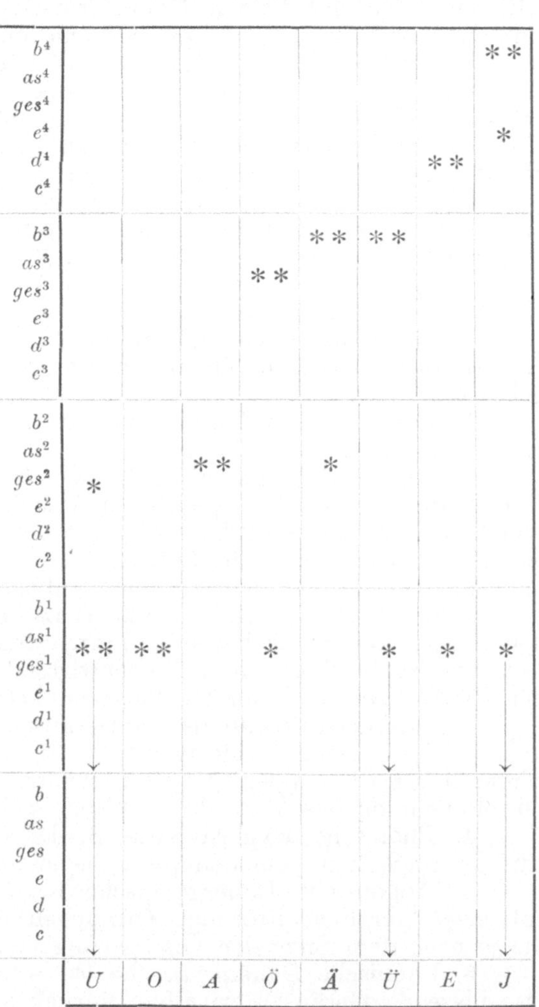

Abb. 121. Lage der Haupt- (2 Sterne) und der
Nebenformanten (1 Stern) der Vokale in der Tonreihe, nach Stumpf.

Berlin **1918**, 333), sich also im Stimmklang vorgebildet finden und
ohne weiteres verstärkbar sind. Hermann (1890—95, A. g. P. **47**,
351; **53**, 264; **61**, 169), der die von Donders und Helmholtz
aufgefundenen charakteristischen Eigentöne der Vokale als deren
Formanten bezeichnete, wurde zu der Ansicht geführt, daß sie
in der Regel unharmonisch zum Grundton sind, was sich wie erwähnt,

nicht bestätigt hat. Die Lage ist auch wie gesagt, keine unveränderliche, so daß es richtiger ist, von Formantregionen oder Verstärkungsgebieten zu sprechen (STUMPF a. a. O.). Außer Hauptverstärkungsgebieten oder Hauptformanten sind bei fast allen Vokalen noch Nebenformanten festzustellen. Eigentümlich sind die Verhältnisse beim U. „Dieser Vokal hat keinen Hauptformanten, oder wenn man so will, nur einen mit dem Grundton beweglichen: der Grundton selbst muß hier die größte relative Stärke haben" (STUMPF). Das entspricht dem dumpfen, hohlen oder leeren, d. h. obertonarmen Klang des U. Ein schwacher Nebenformant in der Höhe um f^2 ist indessen vorhanden. Löscht man die oberhalb g^1 gelegenen Teiltöne der Vokalklänge durch Interferenz aus, so gewinnen alle Vokale U-Charakter.

Eine schematische Darstellung der Befunde von STUMPF gibt Abb. 121, in der die Nebenformanten durch einen, die Hauptformanten durch zwei Sterne gekennzeichnet sind. Die nach unten gerichteten Pfeile deuten die Beweglichkeit des U-Formanten an, der zugleich Nebenformant für Ü und J ist.

Die Umlaute, sowie die den verschiedenen Dialekten und Sprachen eigentümlichen Vokale bilden Übergänge zwischen den fünf oben angeführten.

Was die übrigen Laute der deutschen Sprache betrifft, so lassen sie sich nach HERMANN (1900, A. g. P. **83**, 1) in folgende Gruppen teilen:

1. Glatte Halbvokale L, M und N. Geräuschlose Klänge oder Vokale, die sich von den eigentlichen Vokalen nur durch geringere Stärke und Offenheit unterscheiden. Sie besitzen, wie die Vokale, Formanten. Bei M und N entweicht die Luft durch die Nase, bei L durch den Mund, zu beiden Seiten der dem Gaumen anliegenden Zungenspitze.

2. Remittierende Halbvokale, R-Laute. Vokale mit selbständigen, denen des M und N naheliegenden Formanten und oszillierender Intensität. Letztere ist bewirkt durch die schwirrende Bewegung der Zunge bzw. der Uvula. Die Zahl der Oszillationen beträgt 20—40 p. Sek.

Alle übrigen Sprachlaute sind Geräuschlaute, und zwar folgender Art:

3. Aphonische Explosivlaute P, T, K mit Verschluß des Mundraums durch die Lippen, die Zungenspitze oder den Zungenrücken und Durchbrechung des Verschlusses ohne Stimmerregung im Kehlkopf.

4. Phonische Explosivlaute B, D, G. Die Explosionsgeräusche sind schwach und vom Stimmton begleitet.

5. Aphonische Dauergeräusche F, Ss, Sch, Ch. Der Luftstrom entweicht durch spaltförmige Öffnungen unter blasenden Geräuschen, die je nach dem Sitze der Verengerung verschiedenen Charakter haben.

6. Phonische Dauergeräusche W, weiches S, weiches Sch und J. Das blasende Geräusch tritt hier zurück gegen den Stimmton und erscheint dadurch weicher.

Alle diese Sprachlaute können auch ohne Stimmton, dann aber, mit Ausnahme von 3 und 5, nur leise angegeben werden (Flüsterstimme). Der Eigenton des Ansatzrohres wird dabei durch den Exspirationsstrom angeblasen.

Die Gesichtsempfindungen.

Gesichtsempfindungen entstehen, wenn Licht gewisser Wellenlängen und nicht zu geringer Intensität ins Auge gelangt. An einer Gesichtsempfindung unterscheidet man die Art oder Qualität, die Stärke oder Intensität und endlich die Richtung, aus der der Reiz (das Licht) kommt.

Eine Aussage über die letztere Eigenschaft wäre allein schon dadurch ermöglicht, daß die als Blende wirkende Regenbogenhaut von dem aufs Auge fallenden Licht nur ein verhältnismäßig enges Strahlenbündel ins Innere des Auges dringen läßt, sowie ein Loch im Fensterladen eines verdunkelten Raumes genügt, um auf der gegenüberliegenden Wand ein Bild der Außendinge in Zentralprojektion entstehen zu lassen. Wesentlich schärfer und lichtstärker wird das Bild durch die dem bildauffangenden Schirm der Nervenhaut des Auges vorgelagerten durchsichtigen Medien.

Der bilderzeugende Apparat des Auges

besteht aus Hornhaut, Kammerwasser, Linse und Glaskörper. Die Hornhaut kann in erster Annäherung als eine von konzentrischen Kugelflächen begrenzte, dünne, uhrglasartige Schale aufgefaßt werden, die außen von einer kapillaren Schicht Tränenflüssigkeit, innen vom Kammerwasser benetzt ist. Eine solche Schale kann den sie durchsetzenden Lichtstrahlen nur eine sehr geringe Parallelverschiebung erteilen, so daß ihre optische Wirkung für eine übersichtliche Darstellung außer Betracht bleiben darf. Von der Linse soll zunächst noch abgesehen werden. Der dioptrische Apparat des Auges würde sonach nur noch bestehen aus Kammerwasser und Glaskörper, die beide einen dem Wasser nahezu gleichen Brechungsindex besitzen. Die Fläche, mit der sich diese Flüssigkeiten gegen die Luft abgrenzen, hat den Krümmungsradius (r) der Hornhaut, d. i. rund 8 mm.

Ein derartig beschaffenes brechendes System hat zwei ungleiche Brennweiten f_1 und f_2, die sich verhalten wie die Brechungsindizes n_1 und n_2 von Luft und Wasser, d. h. wie 1 : 1,33 und deren Länge sich ergibt aus den bekannten Gleichungen

$$f_1 = \frac{n_1 r}{n_2 - n_1}; \qquad f_2 = \frac{n_2 r}{n_2 - n_1} \quad \ldots \ldots \quad 1)$$

Setzt man für r, n_1 und n_2 die angegebenen Werte, so erhält man für f_1 und f_2 24 bzw. 32 mm. Dividiert man die Gleichungen durch n_1 bzw. n_2, so erhält man die auf den Brechungsindex 1, d. h. auf Luft reduzierte Brennweite

$$\frac{f_1}{n_1} = \frac{f_2}{n_2} = \frac{r}{n_2 - n_1} = 24 \text{ mm} \quad \ldots \ldots \quad 2)$$

Da Brennweite und Brechkraft einander reziprok sind, stellen die Ausdrücke

$$\frac{n_1}{f_1} = \frac{n_2}{f_2} = \frac{n_2 - n_1}{r} \quad \ldots \ldots \ldots \quad 3)$$

die rezuzierte Brechkraft des Systems dar. Als Maßeinheit gilt allgemein der reziproke Wert eines Meters, die als Dioptrie (D) bezeichnet wird. Man erhält demnach für die Brechkraft des Systems den Wert

$$\frac{1}{0,024} = 41,7 \; \text{D}.$$

Es braucht kaum besonders bemerkt zu werden, daß von Brennpunkten, d. h. von in der optischen Achse liegenden Punkten, in denen die vor der Brechung parallel zur Achse laufenden Strahlen zusammengebrochen werden, nur gesprochen werden kann, wenn ausschließlich Strahlenbüschel von sehr enger Öffnung, sog. Achsen- oder Nullstrahlen, zur Abbildung verwendet werden. Anders ausgedrückt heißt dies, daß der zur Abbildung benützte Teil der brechenden Fläche so klein ist, daß er von einer Ebene nicht merklich verschieden ist. Diese Ebene heißt die Hauptebene des Systems, ihr Schnittpunkt mit der Achse der Hauptpunkt.

Da die in der Luft parallel zur Achse einfallenden Strahlen als von einem unendlich fernen in der Achse liegenden Objektivpunkt ausgehend betrachtet werden können, ist der im Wasser liegende zweite Brennpunkt der zu jenem fernen Punkte gehörige Bildpunkt. Umgekehrt werden vom zweiten Brennpunkt ausgehende Strahlen nach der Brechung parallel zur Achse verlaufen und sich in jenem fernen Punkte treffen. Objekt- und Bildpunkt gehören wechselseitig zusammen, sie sind einander konjugiert. Ebenso ist der erste Brennpunkt einem im 2. Medium in unendlicher Ferne gelegenem Achsenpunkte konjugiert. Und so läßt sich zu jedem beliebigen auf der Achse gelegenen Punkt ein konjugierter finden. Die Abstände der Punkte eines solchen Paares von dem Hauptpunkte pflegen im 1. Medium mit a, im 2. mit b bezeichnet zu werden, wobei Längen, die der Richtung des einfallenden Lichtes entgegen gemessen werden, als negative gelten. In dem hier betrachteten, als linsenlos angenommenen Augenmodell sind daher alle von der Hornhaut ausgehend in der Luft gemessenen Längen negativ, die im Wasser gemessenen positiv zu nehmen. Demgemäß ist in den vorstehend aufgeführten Gleichungen f_1 mit negativem Vorzeichen zu versehen.

Statt von der Hauptebene kann der Ort der konjugierten Punkte auch durch die Abstände e_1 und e_2 von den zugehörigen Brennpunkten bestimmt werden. Für dieselben gilt die später noch zu benützende sog. „Brennpunktsgleichung"

$$e_1 e_2 = f_1 f_2 \quad \ldots \ldots \ldots \ldots \ldots \quad 4)$$

In bezug auf den Hauptpunkt wird die Lage der konjugierten Punkte bestimmt durch die „Hauptpunktsgleichung"

$$\frac{-f_1}{-a} + \frac{f_2}{b} = 1 \quad \ldots \ldots \ldots \ldots \quad 5)$$

Multipliziert man die Glieder derselben mit den in Gleichung 3) angegebenen Werten, so erhält man

$$\frac{n_2}{b} - \frac{n_1}{a} = \frac{n_2 - n_1}{r} = D \quad \ldots \ldots \ldots \quad 6)$$

Die Bedeutung dieser Gleichung ergibt sich aus folgendem. Oben wurde $\frac{f_2}{n_2}$ die reduzierte Brennweite und $\frac{n_2}{f_2}$ die reduzierte Brechkraft des Systems genannt. Analog ist $\frac{b}{n_2}$ als der reduzierte Abstand des Bildpunktes zu bezeichnen, während der reziproke Wert $\frac{n_2}{b}$ die reduzierte Konvergenz des gebrochenen Strahlenbündels genannt wird. Es ist üblich für die Ausdrücke $\frac{n_1}{a_1}$ bzw. $\frac{n_2}{b}$ die Zeichen A und B zu setzen, womit die Gleichung 6) die Form

$$B = A + D \ldots \ldots \ldots \ldots \quad 7)$$

gewinnt, in Worten: die Konvergenz der gebrochenen Strahlen ist gleich der Brechkraft des Systems, vermehrt um die Konvergenz der einfallenden Strahlen. Entsprechend den früheren Ausführungen ist wiederum eine Konvergenz in der Richtung des Lichteinfalls positiv, die entgegengesetzte negativ zu rechnen.

In Wirklichkeit ist nun das menschliche Auge nicht ein System mit einer, sondern mit mehreren brechenden Flächen, denn die hintere Hornhautfläche ist stärker gekrümmt als die vordere (GULLSTRAND in HELMHOLTZ' Physiolog. Optik. 3. Aufl. 1, 282) und dazu kommen noch die brechenden Flächen der Linse. Unter der Annahme, daß diese Flächen sämtlich Kugelflächen sind und ihre Krümmungsmittelpunkte in einer Geraden (der optischen Achse) liegen, das System also zentriert ist, gestatten die von GAUSS und MÖBIUS entwickelten Sätze den Gang der Strahlen durch ein derartiges System und die Lage der konjugierten Punkte und Ebenen durch ebenso einfache Rechnungen oder Konstruktionen wie bei der Brechung an nur einer Fläche zu finden. Insbesondere gelten die oben mit 1) bis 6) bezeichneten Gleichungen unverändert auch hier, wenn man berücksichtigt, daß das mehrflächige System statt des einen Hauptpunktes deren zwei besitzt und ebenso statt des einen Knotenpunktes (entsprechend dem Krümmungsmittelpunkt der einzigen brechenden Fläche) deren zwei. Die in den Hauptpunkten senkrecht zur optischen Achse errichteten beiden Hauptebenen sind dadurch ausgezeichnet, daß jeder Punkt der einen sich an kongruenter Stelle der anderen virtuell abbildet, woraus folgt, daß jeder Strahl, der auf einen Punkt einer Hauptebene gerichtet ist, nach der Brechung durch den kongruenten Punkt der anderen gehen muß. Für die Knotenpunkte anderseits gilt, daß jeder vor der Brechung gegen den ersten Knotenpunkt ziehende Strahl nach der Brechung unter gleichem Achsenwinkel durch den zweiten geht. Die durch die Knotenpunkte gehenden Strahlen ändern also durch die Brechung nicht ihre Richtung, sondern werden nur parallel zu sich selbst verschoben. Abb. 122 läßt erkennen, wie mit Hilfe der genannten Punkte bzw. der Hauptebenen zu dem Objekte A B das zugehörige Bild a b konstruiert werden kann.

Die vorgenannten mit den Brennpunkten eine Sechszahl bildenden Punkte werden als die Kardinalpunkte des Systems bezeichnet. Die in den Gleichungen 1) bis 6) auftretenden Längen $-f_1$, f_2, $-a$ und b sind hierbei von den zugehörigen Hauptpunkten zu messen, während r den Abstand des ersten Knotenpunktes von dem ersten Hauptpunkt bzw. des zweiten von dem zweiten Hauptpunkt bedeutet. Gleichzeitig ist r = f$_2$ — f$_1$, wie schon aus den Gleichungen 1) zu folgern. Die reduzierten Konvergenzen — A und B und die Brechkraft D sind natürlich ebenfalls in bezug auf die zugehörigen Hauptebenen zu verstehen.

Die Lage der Kardinalpunkte auf der Achse des Auges wird bestimmt durch die für die Lichtbrechung maßgebenden Konstanten des Auges. Diese sind

    1. die Brechungsindizes der durchsichtigen Medien,
    2. die Krümmungshalbmesser der brechenden Flächen,
    3. die Abstände ihrer Scheitelpunkte voneinander.

Zur Bestimmung der Brechungsindizes dient für die flüssigen wie festen Medien das Refraktometer von Abbe, das sehr genaue Messungen ermöglicht. Die damit für Kammerwasser und Glaskörper gefundenen Werte (1,336) folgen unten in der Tabelle der Konstanten des schematischen Auges. Ganz eigentümliche Verhältnisse bietet die Linse. Werden die einzelnen Schichten derselben untersucht, so zeigt sich, daß ihr Brechungsindex vom vorderen Pol in der Richtung der Achse fort-

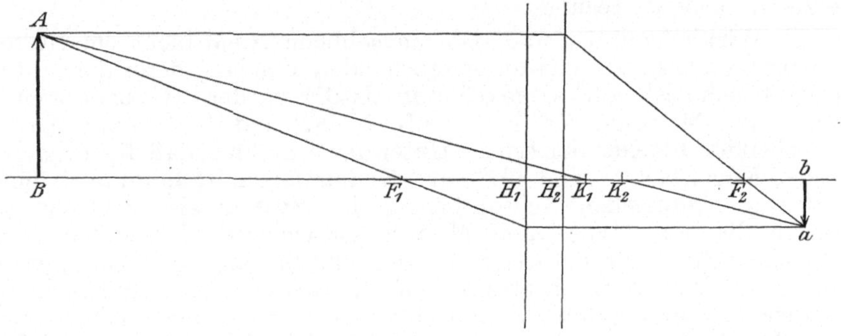

Abb. 122. Konstruktion des Bildes (ab) eines Gegenstandes (AB) mit Hilfe der sechs Kardinalpunkte: F$_1$, F$_2$ Brennpunkte, H$_1$, H$_2$ Hauptpunkte, K$_1$, K$_2$ Knotenpunkte eines Sammelsystems.

schreitend bis zu einem im sog. Linsenzentrum erreichten Maximum zunimmt (von 1,386 bis 1,406), um dann wieder abzunehmen, so daß am hinteren Linsenpol der Ausgangswert fast genau wieder erreicht wird. Die Indexvariation ist bei jugendlichen Linsen bis etwa zum zweiten Lebensjahrzehnt eine kontinuierliche, um dann eine sprunghafte zu werden, da sich ein stark brechender Kern von der schwächer brechenden Rinde mehr oder weniger scharf abgrenzt. Noch schwächer als an den Polen bricht die Linsensubstanz an dem Äquator (1,375). Die Änderung des Brechungsindex ist also am größten, wenn man vom Linsenzentrum gegen den Äquator fortschreitet.

Zur Kenntnis der optischen Wirkung der Linse sucht man ihren Totalindex zu ermitteln, d. h. den Index einer Linse, die bei gleichen Dimensionen und gleicher Wirkung aus homogenem Material besteht. Dies ist, wie Gullstrand gezeigt hat, an der Leichenlinse und selbst an einer frisch extrahierten nicht möglich, weil jede Änderung der Linsenform auch den Totalindex ändert. Somit bleibt nur der Weg der Bestimmung am Lebenden, indem man die Brechkraft des Vollauges vergleicht mit der des linsenlosen und aus der Differenz mit Hilfe der bekannten Indexvariation und der wieder am Lebenden bestimmten

Krümmung der Linsenflächen und der Lage ihrer Pole auf der optischen Achse den Totalindex berechnet (GULLSTRAND a. a. O. S. 286). Derselbe findet sich etwas höher als der des Linsenkernes, nämlich zu rund 1,41, was aus folgender Überlegung verständlich ist. Infolge der gegen den Kern zunehmenden Krümmung der Linsenschichten, kann die Linse aufgefaßt werden als eine Kombination einer fast kugeligen Sammellinse als Kern und zweier konvex-konkaver Deckstücke als Rinde nach Art der Abb. 123. Die Deckstücke wirken wie zwei Konkavlinsen; sie mindern die Brechkraft des Kerns um so mehr, je höher ihr Brechungsindex. Die Brechkraft der ganzen Linse gewinnt also dadurch, daß die Brechungsindizes gegen die Oberfläche abnehmen. Soll die Linse durch eine optisch gleichwertige, homogene ersetzt werden, so genügt es nicht, den Rindenschichten den Brechungsindex des Kerns zu geben; hierdurch würde die Brechkraft der Linse herabgesetzt. Der Totalindex muß höher sein als der des Kerns.

Zur Bestimmung der Krümmungsradien dienen die von den brechenden Flächen erzeugten Spiegelbildchen. Sie sind von der Hornhaut und der vorderen Linsenfläche, als Konvexspiegeln, aufrecht, von der hinteren Linsenfläche verkehrt. Das Reflexbild der Hornhaut ist durch seine Lichtstärke auffallend, die beiden anderen, besonders das große von der vorderen Linsenfläche sind viel lichtschwächer (vgl. Abb. 124). Sie sind am leichtesten zu beobachten, wenn man die Lichtquelle bewegt, wobei die beiden aufrechten gleichsinnige, das verkehrte gegensinnige Bewegungen ausführen.

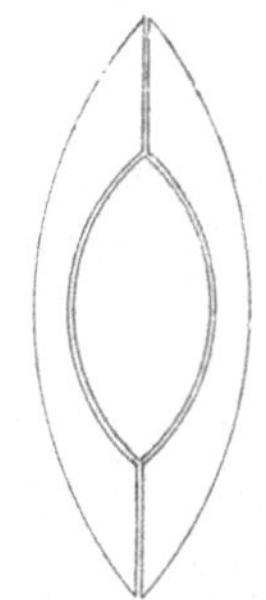

Abb. 123. Schema des Linsenbaues zur Erläuterung der optischen Wirkung der Linsenschichtung.

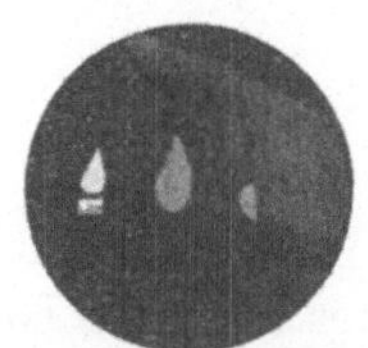

Abb. 124. Die Reflexbilder einer Kerzenflamme, wie sie von der Hornhaut und den beiden Linsenflächen des menschlichen Auges entworfen werden.

Die Messung der Spiegelbilder des Auges kann bei der beständigen Unruhe des Auges nicht durch Anlegen eines Maßstabes geschehen. HELMHOLTZ beobachtete daher das zu messende Reflexbildchen durch das Ophthalmometer, ein Fernrohr, vor dessen Objektivlinse sich zwei planparallele Glasplatten befinden, die um eine gemeinschaftliche vertikale Achse in entgegengesetzter Richtung, aber stets um gleichgroße Winkel gedreht werden können. Die eine Platte deckt die obere Hälfte der Objektivlinse, die andere die untere. Die von einem leuchtenden Punkte kommenden, durch die beiden Platten in das Fernrohr eindringenden Lichtstrahlen werden nur solange in einem Bildpunkte zusammengebrochen, als die beiden Platten parallel stehen. Werden die Platten gedreht, so entstehen Doppelbilder, die mit zunehmender Drehung immer weiter auseinanderrücken. Man verwendet bei der Messung das Spiegelbild zweier Lichtpunkte oder einer hellen rechteckigen Fläche und dreht die Platten solange, bis die Doppelbilder sich mit den inneren Rändern berühren, d. h. um ihre Breite gegeneinander verschoben sind. Die Größe dieser Verschiebung kann aus den Konstanten des Ophthalmometers berechnet oder empirisch bestimmt werden. Ist die Breite des Bildchens bekannt und außerdem die Breite des gespiegelten Gegenstandes sowie sein Abstand vom Auge, so erhält man den Krümmungshalbmesser des Spiegels durch eine einfache Rechnung.

Die Bestimmung des Abstandes der beiden Linsenpole von dem Hornhautscheitel geschieht ebenfalls mit Hilfe der von diesen spiegelnden Flächen kommenden Lichtreflexe, wobei ihr scheinbarer Ort nach Art einer geodätischen Winkelmessung anvisiert und dann bei bekannter Brechkraft der vorliegenden Medien auf den wirklichen umgerechnet wird.

Die zahlreich vorliegenden Messungen dieser Konstanten haben auch bei normalen Augen recht erhebliche individuelle Schwankungen ergeben. Die daraus gezogenen Durchschnittswerte stellen die Konstanten des schematischen Auges dar, die sich nach Einführung einiger weiterer Vereinfachungen nach GULLSTRAND (a. a. O. 303) wie folgt stellen:

Angenommen:

Brechungsindex des Kammerwassers und Glaskörpers ... 1,336
,,   der Linse 1,413
Krümmungsradius der Hornhaut 7,8   mm
,,   der vorderen Linsenfläche 10,0   ,,
,,   der hinteren   ,, ... 6,0   ,,
Ort der vorderen Linsenfläche hinter dem Hornhautscheitel 3,6   ,,
,, ,, hinteren   ,,   ,,   ,,   ,,   7,2   ,,

Berechnet:

Ort des vorderen Hauptpunktes hinter dem Hornhautscheitel   1,505   ,,
,, ,, hinteren   ,,   ,,   ,,   ,,   1,631   ,,
,, ,, vorderen Knotenpunktes ,,   ,,   ,,   7,130   ,,
,, ,, hinteren   ,,   ,,   ,,   ,,   7,256   ,,
Vordere Brennweite des Auges . . . . — 16,740   ,,
Hintere   ,,   ,,   ,, ... 22,365   ,,
Brechkraft des Auges 59,74   D

Für viele Betrachtungen des Strahlenganges im Auge ist es erlaubt und nützlich, das Schema noch weiter zu vereinfachen, indem man die beiden Hauptpunkte, die ohnehin nur einen sehr geringen Abstand ($^1/_8$ mm) voneinander haben, in einen einzigen mittleren zusammenzieht und ebenso die beiden Knotenpunkte in einen mittleren. Man gelangt so zu dem reduzierten Auge, das gleich dem oben S. 339 benützten linsenlosen Augenmodell nur eine einzige brechende Fläche besitzt, die Luft und Wasser scheidet, 1,57 mm hinter dem Hornhautscheitel liegt und eine so starke Krümmung aufweist, daß der Ausfall der Linse dadurch aufgewogen wird. Ihr Krümmungshalbmesser entspricht dem Abstand zwischen Haupt- und Knotenpunkt = 5,6 mm. Man kann endlich für rasche Überschlagsrechnungen die Zahlen abrunden und nach DONDERS setzen:

die vordere Brennweite . . . . — 15 mm
,, hintere   ,, ...   20 ,,
Halbmesser der brechenden Fläche . . . .   5 ,,
Ort des Hauptpunktes hinter der Hornhaut des schema-
    tischen Auges . . . .   2 ,,

Die bisher gemachte Voraussetzung, daß die von einem Punkte kommenden Lichtstrahlen durch das Auge in einem Bildpunkt zusammengebrochen werden, ist aus mehreren Gründen nicht erfüllt.

Durch die bei der Weite der Blende (Iris) nicht vermeidbare Mitwirkung der Randstrahlen, durch unvollkommene Zentrierung der brechenden Flächen, durch ungleiche Krümmung derselben in verschiedenen Meridianen (Astigmatismus), durch schräg zur Achse einfallendes Licht, endlich durch chromatische Aberration, kommt es zur Entstehung von kaustischen oder Brennflächen, die sich auf der Netzhaut je nach der Entfernung der Lichtquelle und der Refraktion des Auges als gleichmäßig erleuchtete Zerstreuungskreise oder als Strahlenfiguren mit hellem oder dunklem Zentrum abbilden (GULLSTRAND in TIGERSTEDTS Handb. d. physiol. Meth. **3**, I. 3. Abt.). Daneben findet noch eine diffuse Lichtzerstreuung statt durch Beugung an der Blendenöffnung, mancherlei Reflexionen an den brechenden Flächen und der Sklera und mangelhafte Homogenität (Trübungen) der brechenden Medien. Auf Eigentümlichkeiten der Gesichtsempfindungen, wodurch diese Unvollkommenheiten des brechenden Apparates wenigstens teilweise wieder aufgewogen werden, wird später zurückzukommen sein.

Die Refraktion des Auges.

Nach der auf S. 341 unter 7) abgeleiteten Gleichung
$$B = A + D$$
ist die (reduzierte) Konvergenz der gebrochenen Strahlen B gleich der Konvergenz der einfallenden A vermehrt um die konstante Brechkraft des Auges. Durch Umstellung erhält sie die Form
$$A = B - D \qquad\qquad\qquad 8)$$

Durch sie wird die Konvergenz der einfallenden Strahlen bestimmt, wenn die der gebrochenen gegeben ist. Wert und Vorzeichen von A hängen ab von der Differenz B—D. Versteht man unter b den in der Achse gemessenen Abstand der Netzhaut von der Hauptebene und unter $\dfrac{b}{n_2}$ den reduzierten Wert desselben, so ist B die reduzierte Konvergenz der auf der Netzhaut zur Vereinigung kommenden Strahlen.

Der Ort der Netzhaut ist je nach der Achsenlänge des Auges individuell verschieden und häufig auch im rechten und linken Auge nicht übereinstimmend. Gegenüber kurzachsigen Augen bis zu 19 mm Achsenlänge, d. h. 19 mm Abstand zwischen Hornhautscheitel und Zapfenschicht der Netzhaut, stehen exzessive langachsige bis zu 35 mm (HESS, Refraktion und Akkommodation. Leipzig 1910. S. 457). Die Differenz B—D, die als die **Refraktion des Auges** bezeichnet wird, kann daher positiv, null oder negativ sein, je nachdem $B \gtreqless D$ als D ist.

Ist $B > D$ oder was dasselbe bedeutet $b < f_2$, so liegt die Netzhaut vor dem Brennpunkt, parallel einfallende Strahlen werden hinter ihr, auf ihr nur solche vereinigt, die bereits in der Lichtrichtung konvergierend (mit der positiven Konvergenz A) auf das Auge treffen. Solche Augen heißen weitsichtige, der Zustand Hypermetropie oder Hyperopie. Sie können ferne Gegenstände scharf sehen, wenn durch ein Konvexglas von der Brechkraft $+$ A den parallel einfallenden Strahlen die Konvergenz $+$ A erteilt wird.

Ist B $=$ D oder b $=$ f$_2$, so liegt der 2. Brennpunkt in der Netzhaut, die rechte Seite der Gleichung 8) und damit auch A wird Null, a unendlich, d. h. parallel einfallende Strahlen werden auf der Netzhaut vereinigt, sehr ferne Gegenstände ohne weiteres scharf gesehen. Solche Augen heißen normalsichtige, der Zustand Emmetropie.

Ist endlich B $<$ D oder b $>$ f$_2$, so liegt die Netzhaut hinter dem 2. Brennpunkt, die Differenz B—D und damit auch A werden negativ, was bedeutet, daß nur negativ konvergierende, d. h. divergierende Strahlen auf der Netzhaut vereinigt werden können. Es liegt Myopie vor, das Auge ist ein kurzsichtiges. Ein (Konkav-)Glas von der Brechkraft — A wird die aus der Ferne kommenden (parallelen) Strahlen so divergent machen, daß deutliches Sehen ferner Dinge möglich ist.

Angenommen ein Dondersches reduziertes Auge sei emmetropisch, so beträgt seine Achsenlänge 20 mm, d. h. sie ist gleich der hinteren Brennweite, die Bilder sehr ferner Gegenstände liegen in der Netzhaut. Ist dagegen die Achsenlänge 21 mm, so erhält man für e$_1$, d. i. für den Abstand des auf der Netzhaut abzubildenden Gegenstandes von dem 1. Brennpunkt nach Gleichung 4) den Wert

$$e_1 = \frac{f_1 f_2}{e_2} = \frac{300 \text{ mm}^2}{1 \text{ mm}} = 300 \text{ mm}$$

und für den Abstand desselben von der Hauptebene 315 mm, was einer negativen Konvergenz der einfallenden Strahlen von — 3,17 D entspricht. Durch den einen Millimeter Achsenverlängerung ist also bereits eine Myopie von über 3 D entstanden und die scharf gesehenen Gegenstände sind von unendlicher Ferne bis auf 31,5 cm an das Auge herangerückt. Die Bilder dieser Gegenstände sind auf $^1/_{20}$ verkleinert.

Die Akkommodation des Auges.

Der bilderzeugende Apparat des Auges ist in bezug auf seine Brechkraft innerhalb gewisser Grenzen veränderlich, wodurch das Auge die Fähigkeit gewinnt, Gegenstände in verschiedener Entfernung, wenn auch nicht gleichzeitig, so doch nacheinander möglichst scharf zu sehen. Diese Fähigkeit heißt die Akkommodation des Auges. Die Umstellung geschieht durch die Linse, die ihre Form und damit auch ihre Brechkraft verändert. Die Linse ist, namentlich im jugendlichen Auge, sehr leicht zu deformieren, so daß der Zug des Strahlenbändchens, das sich in der Gegend des Linsenäquators an die Kapsel ansetzt, genügt, um die Wölbung der beiden Linsenflächen, namentlich der vorderen, zu verringern. Nimmt dagegen die Spannung des Strahlenbändchens ab, was durch Zusammenziehung des M. ciliaris geschieht, so kehrt die Linse in ihre natürliche stärker gekrümmte Form zurück. Bei stärkster Akkommodation wird das Strahlenbändchen ganz schlaff, so daß die Linse durch ihre Schwere etwas nach abwärts sinkt und bei Bewegungen des Auges schlottert (Hess a. a. O. S. 234).

Für sein schematisches Auge findet Gullstrand (a. a. O. S. 335) bei maximaler Akkommodation ein Vorrücken des vorderen Linsenpoles um 0,4 mm, eine Abnahme des Krümmungshalbmessers der vorderen Linsenfläche von 10 auf 5,33 mm, der hinteren Fläche von 6 auf 5,33 mm, eine Zunahme der Brechkraft der Linse von 20,5 auf 33 D und des ganzen Auges von rund 60 auf 70,5 D.

Unter Akkommodationsbreite A versteht man den Unterschied in der Brechkraft des Auges bei Einstellung für die Nähe P (propinquus) bzw. Ferne R (remotus), also

$$A = P - R.$$

Die drei Größen sind wiederum reziproke Werte von in Meter gemessenen Längen, wobei die vor dem Auge gelegenen als positiv, die hinter dem Auge negativ gerechnet werden. Die Akkommodationsbreite wird sonach in Dioptrien angegeben. Sie nimmt im Laufe des Lebens durch Hinausrücken des Nahepunktes beständig ab, von etwa 14 D im Alter von 10 Jahren bis auf 0 mit 70 Jahren. Dies ist verursacht nicht durch verminderte Leistungsfähigkeit des Ziliarmuskels, sondern durch die abnehmende Weichheit der Linse, die schließlich durch die wechselnden Spannungen des Strahlenbändchens nicht mehr in ihrer Form verändert wird. Im späten Alter rückt auch der Fernpunkt etwas vom Auge ab.

Der Akkommodationsmuskel wird von autonomen Fasern des N. oculomotorius innerviert, deren Erregungen im Ziliarganglion auf die kurzen Ziliarnerven und weiter auf den Muskel übergehen. Die Erregung trifft in beiden Augen alle Teile des Muskels gleichzeitig und gleich stark. Sie ist gewöhnlich mit Konvergenzbewegung und Pupillenverengerung vergesellschaftet. Durch Atropin wird die Akkommodation gelähmt, Eserin ruft einen Akkommodationskrampf hervor.

Der Augenspiegel.

Bekanntlich gelten die Gesetze der optischen Abbildung auch bei umgekehrtem Strahlengang. Es muß daher, wie im Auge Bilder der äußeren Dinge entstehen, auch möglich sein, Bilder des Augeninneren nach außen zu werfen. Daß dieselben für gewöhnlich nicht beobachtet werden, liegt hauptsächlich an der geringen Lichtmenge, die aus dem Auge herauskommt. Von dem in das Auge dringenden Licht wird der größte Teil durch das Pigment absorbiert. Ein Bruchteil gelangt aber bis an die Sklera, wird hier zurückgeworfen, durchdringt von neuem die Aderhaut und Netzhaut und gelangt schließlich nach außen. Bei dem zweimaligen Durchgang durch das Pigment wird der größte Teil der kurzwelligen Strahlen absorbiert. Hierdurch sowie infolge des Blutreichtums der Aderhaut erscheint das aus dem Auge dringende Licht rot (Augenleuchten).

Ist das Auge pigmentlos (Albino), so genügt schon das durch die Sklera einfallende Licht, um das ganze Augeninnere diffus zu erhellen und ohne besondere Hilfsmittel das Auge leuchten zu sehen. Unter normalen Verhältnissen muß durch Spiegel, die vor das beobachtende Auge gesetzt werden, die Erhellung bewirkt werden (HELMHOLTZ, Wissenschaftl. Abh. 2, 229 u. 261). Am besten erfolgt sie durch einen in der Mitte durchbohrten Hohlspiegel, der das Licht einer seitlich aufgestellten Lampe in das Auge der Versuchsperson Vp, Abb. 125 wirft. Ist dieses Auge emmetrop, so werden die von seiner Netzhaut ausgehenden Strahlen nach der Brechung als parallele Strahlenbündel austreten. Ist das Auge des Beobachters B ebenfalls emmetrop, so kann es diese Strahlen ohne weiteres auf seiner Netzhaut vereinigen, also den Hintergrund von Vp sehen. Es ist demnach der Punkt Q das Bild von P und umgekehrt. Alle von P durch die Pupille von Vp austretenden Strahlen werden von B in Q vereinigt.

Sind Vp oder B oder beide nicht emmetrop, so muß deren Ametropie korrigiert werden. Hat z. B. Vp eine Myopie von 3 D, B eine solche von 2 D, so wird ein Glas von —3 D die aus Vp kommenden Strahlen parallel

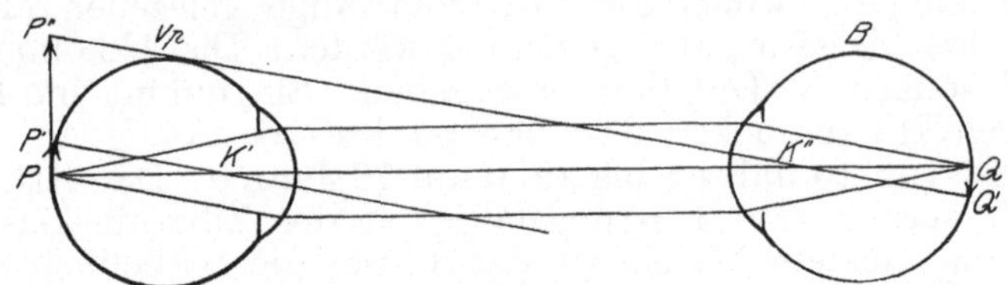

Abb. 125. Beobachtung des Augenhintergrundes im aufrechten Bilde.

machen und ein weiteres Glas von —2 D wird die für B nötige Divergenz herbeiführen. Ein Glas von —5 D wird demnach B gestatten, den Hintergrund von Vp deutlich zu sehen. Wird von dieser Linse die zur Korrektur von B nötige abgezogen, so erhält man die zur Korrektur von Vp erforderliche Linse. Die Untersuchung gibt demnach Aufschluß über den Refraktionszustand von Vp.

Der dioptrische Apparat von Vp wirkt bei der Beobachtung als Lupe, die eine mit dem Abstand zwischen Vp und B wechselnde, aber stets beträchtliche Vergrößerung hervorruft. Wie aus der Ähnlichkeit der rechtwinkeligen Dreiecke PP′K′ und PP″K″ hervorgeht, deren nach rechts gewendeten Spitzen durch die Knotenpunkte von Vp und B gebildet werden, verhält sich

$$\overline{PP'} : \overline{PP''} = \overline{PK'} : \overline{PK''}.$$

$\overline{PK'}$ ist gleich 15 mm, $\overline{PK''}$ ist der Abstand des Beobachters von P. Wird derselbe zu 21 cm angenommen, so ist die Vergrößerung eine 14fache.

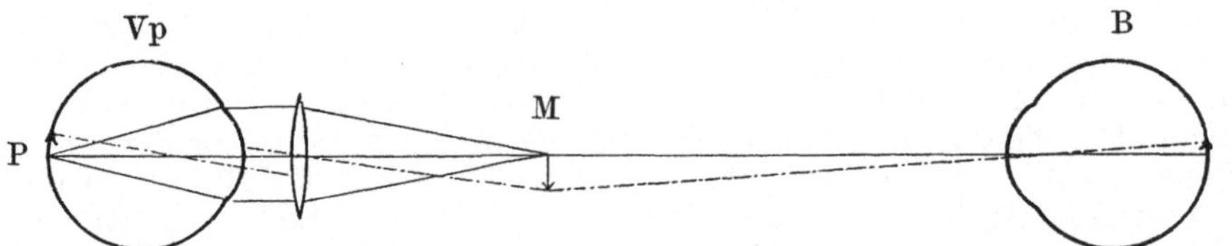

Abb. 126. Beobachtung des Augenhintergrundes im umgekehrten Bilde.

Wie aus Abb. 125 ersichtlich, finden die oberhalb P liegenden Netzhautbezirke von Vp ihre Abbildung unterhalb Q im Auge B. Für B erscheint daher die Netzhaut von Vp geradeso orientiert, wie sie bei direkter Betrachtung erscheinen würde, nur durch den dioptrischen Apparat von Vp vergrößert. Man nennt daher die beschriebene Methode die Untersuchung im aufrechten Bilde.

Ein anderes Verfahren, Abb. 126, besteht darin, daß vor das Auge Vp eine Sammellinse gebracht wird, die das aus dem Auge kommende Licht zu einem in M liegenden reellen Bilde vereinigt, das von dem

Auge B betrachtet wird. Dem Auge erscheint die Netzhaut von Vp verkehrt (Untersuchung im umgekehrten Bilde), weniger stark vergrößert, dafür aber in größerer Fläche sichtbar als bei dem erst beschriebenen Verfahren.

Die Vergrößerung des Bildes läßt sich aus der Abbildung mit Hilfe der beiden ähnlichen Dreiecke, die ihren rechten Winkel in P und M haben, sofort ableiten. Die Entfernung des Punktes P von dem Knotenpunkt von Vp ist wieder 15 mm, die Entfernung des Punktes M von dem Mittelpunkt der Linse sei 50 mm, d. h. die Linse habe eine Brechkraft $+$ 20 D. Die Vergrößerung ist dann $\frac{50}{15} = 3{,}3$.

Da die Netzhaut durchsichtig ist, so wird sie bei der Betrachtung mit dem Augenpsiegel selbst nicht gesehen, wohl aber die in ihr sich ausbreitenden Gefäße (vgl. Abb. 127) und die Pigmentierung der Macula lutea. Die Netzhautgrube ist an einem kleinen querovalen Lichtreflex kenntlich. Zuweilen schimmern durch die Pigmentschicht des Auges die großen Venen der Aderhaut hindurch. Die Eintrittstelle des Sehnerven (Papilla nervi optici) hebt sich durch ihre helle Farbe von dem übrigen roten Grunde ab, weil hier sowohl die Pigmentschicht wie die Aderhaut unterbrochen ist.

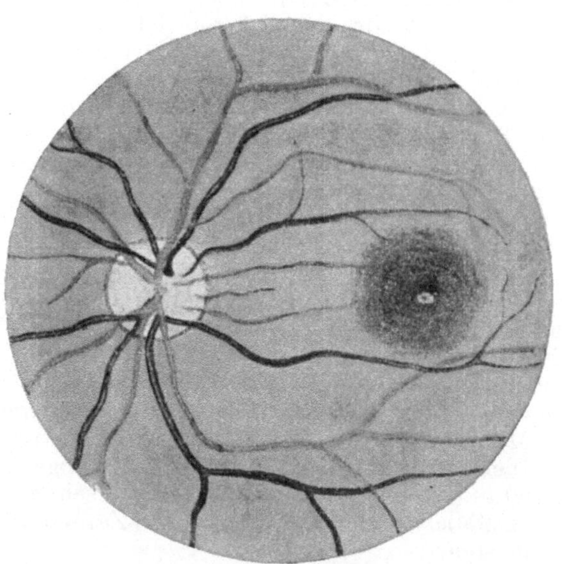

Abb. 127. Normaler Hintergrund, rechtes Auge. Links die Papilla nervi optici mit der Art. und V. centralis retinae und ihren Verzweigungen. Rechts die Macula lutea, in dem dargestellten Beispiele dunkel pigmentiert, mit zentralem elliptischen Fovealreflex.

Die Wirkungen des Lichtes auf die Netzhaut.

In der Netzhaut wird die Energie des eindringenden Lichtes wenigstens zu einem Teile in Nervenerregung, also einen chemischen Prozeß, umgewandelt.

Der Angriffspunkt des Reizes ist in der äußersten, dem Pigmentepithel anliegenden Schicht der Zapfen und Stäbchen zu suchen. Hierfür sprechen u. a. die durch den blinden Fleck bewiesene optische Unerregbarkeit der Fasern des Sehnerven, der eigentümliche Bau der Netzhaut in der Gegend des schärfsten Sehens und die entoptische Erscheinung des Schattens der Netzhautgefäße.

Das Vorhandensein eines blinden Fleckes oder Skotoms im Gesichtsfeld jeder Netzhaut wird bei zweiäugigem Sehen nicht bemerk-

lich, weil die beiden Gesichtsfelder sich gegenseitig ergänzen. Bei ein-
äugiger Beobachtung läßt sich sehr leicht feststellen, daß temporal
vom Fixationspunkt im Gesichtsfeld ein Bezirk vorhanden ist, in welchem
kleine Gegenstände verschwinden. Für gewöhnlich wird dieser Bezirk
nicht als verschieden von der Umgebung wahrgenommen. Er beginnt
etwa 12° temporal vom Fixationspunkt und erstreckt sich bis etwa 18°.
Der horizontale Durchmesser beträgt demnach 6°, der vertikale hat
ungefähr gleiche Ausdehnung. Für den in 1 m Entfernung stehenden
Beobachter verschwindet eine Kreisfläche von 10 cm Durchmesser,
wenn der Mittelpunkt derselben schläfenwärts 25 cm vom Fixationspunkt
entfernt ist. Aus der Tatsache des blinden Flecks folgt, daß die Fasern
des N. opticus für Licht nicht empfindlich sind.

Die Stelle des deutlichsten Sehens, die Netzhautgrube, ist durch
das Fehlen der vorderen dem Glaskörper zugewendeten Schichten der
Netzhaut ausgezeichnet, sowie durch eine besonders dichte Anordnung
langgestreckter Zapfen (über 13000 pro mm², SALZER, 1880, Wiener
Ber. 81, III, 7). Die als Stäbchen bezeichneten Elemente fehlen hier
fast oder ganz, treten dagegen in den peripheren Teilen der Netzhaut
in größerer Zahl auf.

Die auf der Glaskörperseite der Netzhaut verlaufenden Netzhautgefäße werfen auf die empfindliche Schicht Schatten, die man am leichtesten wahrnimmt, wenn man Licht von ungewöhnlicher Richtung her
ins Auge fallen läßt. Man entwirft hierzu mittelst einer Sammellinse
das Bild einer starken Lichtquelle auf der Sklera, die genug von dem
Lichte durchläßt, um die Gefäßschatten auf dem direkt nicht beleuchteten Gesichtsfelde sichtbar zu machen. Aus der bei Bewegung der
Lichtquelle erfolgenden scheinbaren Verschiebung der Gefäßfigur hat
H. MÜLLER den Wert von 0,2—0,3 mm für die Entfernung zwischen
Gefäßen und empfindlicher Schicht abgeleitet (1855, Würzb. Verh.
4, 100 u. 5, 411), was mit dem anatomisch gemessenen Abstand zwischen
den Gefäßen und der Schicht der Zapfen in genügender Übereinstimmung steht.

Objektiv nachweisbare Erregungserscheinungen.

Die Annahme, daß die Erregung in der am weitesten skleral gelegenen Schicht der Netzhaut entsteht, wird gestützt durch die chemischen und morphologischen Änderungen, die dort unter dem Einfluß
des Lichtes stattfinden. Präpariert man bei rotem Lichte die Augen
eines Tieres, das längere Zeit im Dunkeln gehalten worden ist, so findet
man die Netzhaut, soweit sie stäbchenhaltig ist, rosenrot bis purpurn
gefärbt. Durch weißes Licht wird sie in kurzer Zeit gebleicht. Durch
Gallensäuren oder gallensaure Alkalien werden die Stäbchen gelöst,
wobei der als Sehpurpur beschriebene Farbstoff anscheinend unverändert in Lösung geht. Seine chemische Zusammensetzung ist nicht
bekannt. Er widersteht der Fäulnis und der Austrocknung. Durch
stärkere Säuren und Alkalien, durch Alkohol, Äther usw. sowie durch
Hitze wird er zerstört. Wird die Lösung vor den Spalt des Spektroskops
gebracht, so zeigt sich eine starke Absorption im Grüngelb und Grün
und eine schwächere im Blau, während rotes und violettes Licht fast
ungeschwächt hindurchgeht. Durch Alaunlösung läßt sich der Sehpurpur
innerhalb der Netzhaut fixieren, worauf er im Lichte sich länger hält.

Diesem Umstande verdankt man die Möglichkeit Optogramme herzustellen, d. h. die von dem dioptrischen Apparate des Auges entworfenen
Bilder der leuchtenden Gegenstände auf der Netzhaut wie auf einer
photographischen Platte festzuhalten (KÜHNE, 1879, Handb. d. P. 3,
I. 235; GARTEN, 1908, Handb. d. ges. Augenheilk. I. 3, 130).

Gebleichte Netzhäute können ihre Farbe wieder gewinnen, wenn
sie in Berührung mit der Pigmentschicht bleiben. Die Regeneration
ist beim Warmblüter an die Erhaltung des Kreislaufs gebunden.

Von den durch das Licht hervorgerufenen morphologischen
Veränderungen seien erwähnt die Wanderungen des Pigments in
den Pigmentzellen und die abwechselnde Zusammenziehung und Streckung
der Innenglieder der Stäbchen und Zapfen. Die Veränderungen sind

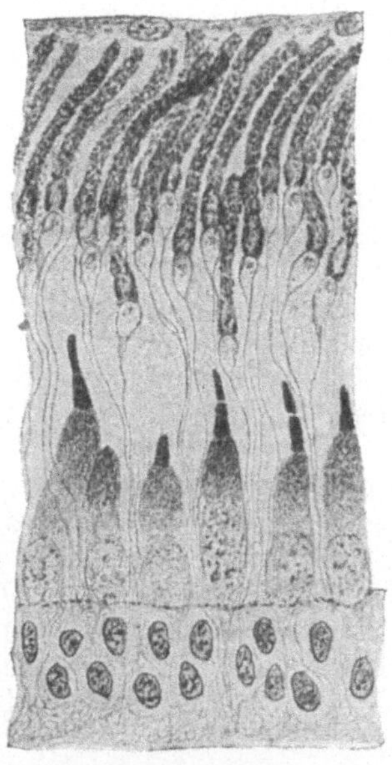

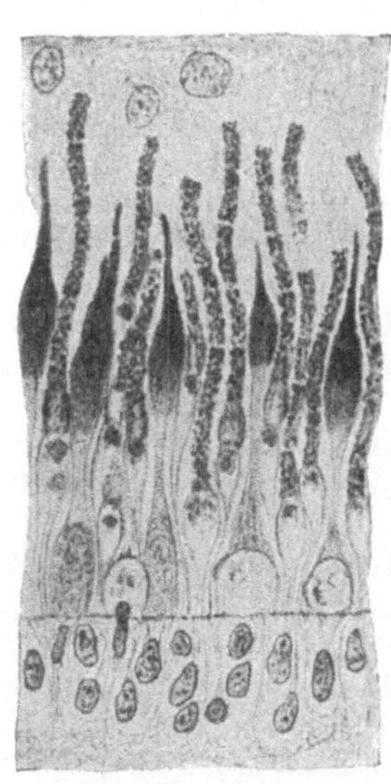

Abb. 128. Hellnetzhaut vom Weißfisch. Nach GARTEN.

Abb. 129. Dunkelnetzhaut vom Weiß-fisch. Nach GARTEN.

bei niederen Wirbeltieren viel deutlicher als bei den höheren, zum Teil
wohl deshalb, weil sie bei letzteren schwerer festzuhalten sind, vielleicht
auch durch die notwendige Präparation rückgängig gemacht werden.
Stäbchen und Zapfen verhalten sich dem Lichte gegenüber im allgemeinen entgegengesetzt, indem erstere bei Belichtung des Auges mit
geringen Intensitäten, letztere bei heller Beleuchtung der Membrana
limitans externa sich nähern (vgl. Abb. 128 u. 129). Stäbchen und Zapfen
sind demnach zwei Apparate, die im allgemeinen, namentlich bei den
niederen Wirbeltieren, nicht gleichzeitig, sondern abwechselnd in Tätigkeit zu treten scheinen. Die glaskörperwärts vorgeschobenen Sehelemente
werden von dem einfallenden Licht getroffen, während die skleralwärts
liegenden Elemente durch das Pigment geschützt sind. Namentlich
zeigt sich im hellbelichteten Auge das Pigment so weit nach vorne geschoben, daß die ausgestreckten Stäbchen ganz in dasselbe eingebettet
sind (GARTEN, 1907, in Handb. der ges. Augenheilk. I. Teil. 3. Band).

Nicht mit Sicherheit auf bestimmte Teile der Netzhaut beziehbar, aber als objektive Zeichen der Lichtwirkung nicht weniger wichtig sind die photoelektrischen Ströme und die Pupillenbewegungen.

Der unverletzte Augapfel des lebenden Tieres ist dauernd der Sitz einer elektromotorischen Kraft. Leitet man mit unpolarisierbaren Elektroden von der Hornhaut und von irgend einem Punkte der hinteren Bulbushälfte zu einem Galvanometer ab, so zeigt sich ein Strom, der von der Hornhaut durch das Galvanometer zum hinteren Augenpol geht, im Innern des Auges also von der Netzhaut zur Hornhaut. Verwendet man die hintere Bulbushälfte allein oder die isolierte Netzhaut, so erhält man im äußeren Kreise einen Strom, der von der Glaskörperseite nach der Sehnenhautseite gerichtet ist. Die Spannung dieses „Bestandstromes“ ist von gleicher Größenordnung wie die des Demarkationsstroms von Muskel oder Nerv. Wird ein im Dunkeln gehaltenes Auge belichtet, so erfährt der Bestandstrom sowohl im Moment des Lichteinfalls wie im Moment der Wiederverdunklung eine positive Schwankung, d. h. eine Verstärkung. Bei ganz frischen Präparaten geht der Belichtungsschwankung eine kurze negative Phase voraus. Auch der Bestandstrom zeigt im allgemeinen während der Belichtung eine Zunahme, die sich lange über die Belichtungszeit hinaus erstrecken kann. Übrigens zeigen die photoelektrischen Ströme in bezug auf ihren zeitlichen Ablauf und die quantitativen Verhältnisse eine große Mannigfaltigkeit, wodurch ihre Deutung sehr erschwert wird. Sicher ist aber, daß die Ströme ein außerordentlich empfindliches Reagens für die Wirkung des Lichtes auf die Netzhaut darstellen (GARTEN, 1908, Handb. der ges. Augenheilk. I. Teil. 3. Band).

Ein weiteres objektives Zeichen für die Reizung der Netzhaut durch Licht ist die damit verbundene Verengerung der Pupille, die stets in beiden Augen gleichzeitig und gleich stark vor sich geht, auch wenn nur ein Auge wechselndem Lichteinfall ausgesetzt ist (konsensuelle Lichtreaktion). Verengerung der Pupillen tritt ferner ein bei der Akkommodation und bei der Konvergenz der Augen (sog. Mitbewegung der Pupillen). Pupillenerweiterung stellt sich ein als Begleiterscheinung sensibler Reize und zahlreicher Gemütserregungen.

Die Regenbogenhaut des Auges hat die Bedeutung einer Blende, durch die einerseits eine übermäßige Belichtung des Auges vermieden, anderseits die für die Erzeugung scharfer Bilder nachteiligen Randstrahlen wenigstens teilweise abgeblendet werden. Der Querschnitt des ins Auge gelangenden Strahlenbündels wird durch die Bilder der wirklichen Blende bestimmt, welche von dem dioptrischen Apparat, d. h. von der Hornhaut und der Linse entworfen werden (Ein- und Austrittspupille). Im reduzierten Auge nach DONDERS (siehe oben S. 344) fallen beide zusammen und liegen in der 20 mm vor dem hinteren Brennpunkt befindlichen brechenden Fläche. Ist das Auge auf den abzubildenden Punkt nicht eingestellt, so hängt die Größe des Zerstreuungskreises auf der Netzhaut außer von dem Abstand des Bildes von ihr noch von der Größe der Pupille ab. Von den Mängeln des dioptrischen Apparates wird hierbei abgesehen.

Die Größe der Pupille wird durch zwei Muskeln bestimmt, von welchen der Sphinkter vom N. oculomotorius, der Dilatator vom Halssympathikus innerviert wird. Beide Nerven sind von ihren Kernen tonisch erregt (Kern des Okulomotorius, unteres Halsmark), wie sich mittelst Durchschneidung nachweisen läßt. Die Einstellung der Pupille ist von der ins Auge fallenden Lichtmenge abhängig und geschieht reflektorisch. Die afferente Bahn des Reflexes ist der N. opticus, die Überleitung der Erregung vom Optikus auf die efferenten Nerven der Iris erfolgt wahrscheinlich durch Bahnen, welche vom vorderen Vierhügel ausgehen.

Die zur Iris gehenden efferenten Nerven werden durch eine Anzahl Gifte in auswählender Weise teils gelähmt, teils erregt. Atropin, Homatropin und Euphthalmin lähmen die Nervenenden im Sphinkter und mehr oder weniger auch im Akkommodationsmuskel, Physostigmin und Muskarin bewirken Reizung derselben Nerven. Suprarenin und Kokain reizen die Enden des Sympathikus im Dilatator (vgl. SCHENCK, 1905, in Handb. f. P. **3**, 79).

Die Beziehungen zwischen Reiz und Empfindung bei Verwendung farblosen Lichtes.

Wird von räumlichen Unterschieden abgesehen, so kann die farblose Empfindung nur in einer Richtung verändert werden, nämlich in bezug auf ihre Helligkeit. Die Empfindungen mittlerer Helligkeit werden als Grau bezeichnet, das bei zunehmender Helligkeit in Weiß, bei abnehmender in Schwarz übergeht. Es kann wohl nicht bezweifelt werden, daß Schwarz eine wirkliche Empfindung ist, selbst dann, wenn ein objektiver Lichtreiz und sei er noch so schwach, fehlt. Schwarz kann nur dort empfunden werden, wo unter anderen Bedingungen andere Gesichtsempfindungen entstehen. Fehlt die Empfindung, wie z. B. beim einäugigen Sehen in der Gegend des blinden Flecks oder außerhalb der Grenzen des Gesichtsfeldes, so wird dieser Mangel nicht als Schwarz gedeutet, sondern als solcher erkannt. Schwarz gilt daher dem nicht Voreingenommenen als wirkliche Farbe, genau so wie irgend eine andere.

Die Intensität eines Lichtreizes, der wirksam sein soll, darf nicht unter einen gewissen als Schwelle zu bezeichnenden Wert sinken. Die Energie des Schwellenreizes ist von einer Reihe von Bedingungen abhängig. Dahin gehören die Wellenlänge des benutzten Lichtes, der Adaptationszustand (s. u.) des Auges, Ort und Flächengröße der Netzhautstelle, die bestrahlt wird, Weite der Pupille, endlich Dauer der Bestrahlung. Unter Einhaltung möglichst günstiger Bedingungen ist von v. KRIES die Schwelle zu rund $2 \cdot 10^{-10}$ Erg. gefunden worden. Die Dauer der Bestrahlung betrug dabei meist 0,05 Sek. Für die Sichtbarkeit dauernd exponierter Objekte bedurfte es einer Energiezuführung von $5,6 \cdot 10^{-10}$ Erg. pro Sekunde (1907, Zeitschr. f. Sinnesphysiol. **41**, 373).

Wächst die Intensität des Reizes, so wächst i. a. auch die Empfindung, doch bedarf es stets einer endlichen Zunahme des Reizes, der Unterschiedsschwelle damit der Unterschied merklich wird. Das Verhältnis des eben merklichen Reizzuwachses zum Anfangs- oder Grundreiz, die sog. relative Unterschiedsschwelle ist nach den Messungen von A. KÖNIG (Sitzungsber. Akad. Wiss. Berlin 1889, S. 641) innerhalb einer gewissen Strecke mittlerer Reizstärke recht konstant, etwa $^1/_{60}$, bei hohen Reizstärken, namentlich aber bei schwachen Reizen wesentlich größer. Es zeigt also auch hier der Gültigkeitsbereich des WEBERschen Gesetzes (siehe oben S. 306) eine Einschränkung auf mittlere Reizstärken. Werden die in bezug auf ihre Helligkeit zu beurteilenden Felder ohne trennenden Kontur dicht nebeneinander gesetzt, wie es bei den photometrischen Methoden oder beim Farbenkreisel geschieht, so können noch wesentlich kleinere Helligkeitsunterschiede (bis gegen $1/_{200}$) wahrgenommen werden (vgl. v. KRIES. NAGELS Handb. d. Physiol. **3**, 250).

Nach oben ist die Intensität der Erregung nur durch den Blendungsschmerz und schließlich durch die schädigenden Wirkungen sehr starken Lichtes auf die Netzhaut (CZERNY, 1867, Sitzungsber. Akad. Wiss. Wien. **56**) begrenzt. Der Blendungsschmerz scheint nicht durch Reizung des Optikus, sondern durch eine solche der Trigeminusfasern im Auge zustande zu kommen, denn er fällt fort nach Verödung des Trigeminus (F. KRAUSE. Neuralgie des Trigeminus. Leipzig 1896, S. 77).

Lichtreize von kurzer Dauer erscheinen schwächer als bei andauernder Darbietung. Die Erregung erreicht also nicht sofort ihre volle Stärke. es findet ein „Anklingen" oder „Ansteigen" derselben statt, dessen Dauer von der Stärke des Reizes abhängig ist (EXNER, 1868, Sitzungsber. Akad. Wien. **58**, 601). Anderseits bleiben im Sehorgan nach Erlöschen eines Reizes noch mehr oder weniger rasch abklingende Erregungen zurück, deren Stärke, Dauer, zeitlicher und qualitativer Ablauf in hohem Maße von Stärke, Dauer und Art des Reizes, aber auch von dem Adaptationszustand (s. u.) des Auges abhängen. Diese zurückbleibenden Erregungen werden als positive Nachbilder bezeichnet. Bekanntlich genügt ein Blick in die Sonne, um ein lange nachhaltendes Bild derselben im Auge zu behalten. Über die verschiedenen Phasen im Abklingen der Nachbilder vergleiche man v. KRIES in NAGELS Handb. d. P. **3**, 220.

Ist der Reiz ein periodisch sich wiederholender, so können bei genügend kurzer Periode die reizlosen oder reizschwachen Pausen durch die Nachbilder soweit verdeckt werden, daß der Anschein kontinuierlicher Belichtung entsteht. Hierbei entspricht der Reizerfolg dem durchschnittlichen Wert der Belichtung (Gesetz von TALBOT), d. h. der kontinuierliche Eindruck ist dem gleich, der entstehen würde, wenn das während jeder Periode eintreffende Licht gleichmäßig über die ganze Dauer der Periode verteilt würde (HELMHOLTZ, Ph. O. 3. Aufl. **2**, 174).

Auf dieser Trägheit des Auges beruht die Farbenmischung mit Hilfe des Farbenkreisels, sowie die Vortäuschung von Bewegungen durch Lebensrad und Kinematograph, wobei die Bilder der aufeinander folgenden Lagen und Stellungen eines Gegenstandes dem Auge in einer zur Verschmelzung genügend raschen Folge dargeboten werden (Verschmelzungsfrequenz). Wird dieselbe nicht erreicht, so tritt eine eigentümliche diskontinuierliche Empfindung auf, die als Flimmern bezeichnet wird.

Das Auftreten der kontinuierlichen Empfindung ist außer von der Periodendauer, der Stärke und Verteilung der Elementarreize innerhalb der Periode noch abhängig von dem Adaptationszustand und der Unterschiedsempfindlichkeit des Auges und einigen anderen Variablen, wie Größe und Ort der gereizten Stelle, Kontrast u. dgl. Die Verschmelzungsfrequenz zeigt daher je nach den Versuchsbedingungen große Unterschiede, die sich zwischen 10 und 70 Perioden pro Sekunde bewegen (vgl. v. KRIES a. a. O. S. 230 u. 252).

Die psychologische Ordnung der Gesichtsempfindungen.

Versucht man die ungeheuere Mannigfaltigkeit der Gesichtsempfindungen lediglich nach ihrer subjektiven Ähnlichkeit und Unähnlichkeit und ohne Rücksicht auf ihre Entstehungsweise zu ordnen, wobei wiederum alle räumlichen Verschiedenheiten außer Betracht bleiben sollen, so wird man vor allem die farbigen Empfindungen von den farblosen trennen und letztere in eine Reihe stellen, die vom tiefsten Schwarz zum grellsten Weiß reicht, während in der Mitte der Reihe die verschiedenen Stufen von Grau Platz finden. Die Stellung jedes Graus in der Reihe ist, wenn der Ausgangspunkt der Zählung gewählt ist, durch die Ordnungszahl eindeutig bestimmt, da man zu ihm, ob man vom Schwarz oder vom Weiß ausgeht, immer nur durch die gleiche Zahl von Stufen gelangen kann.

Bei der Ordnung der farbigen Empfindungen ist es zweckmäßig, von ihrer verschiedenen Helligkeit zunächst abzusehen, d. h. eine mittlere, einem mittleren Grau etwa entsprechende Helligkeit zugrunde zu legen. Je reiner und ungeschmälerter der Farbenton zum Ausdruck kommt, desto größer ist seine Sättigung. Zur Herstellung möglichst gesättigter Farben ist es bequem sich eines Spektrums zu bedienen, doch können auch durch Pigmente sehr gesättigte Farben hergestellt werden. Gleitet man mit dem Auge etwa vom äußersten Rot anfangend über das Spektum hin, so bemerkt man bis zur C-Linie und selbst noch darüber hinaus keine deutliche Änderung des Farbentons, sondern vorwiegend eine Zunahme der Helligkeit. Es folgt sodann der Übergang in Orange und gelb, die aber immerhin noch als dem Rot verwandt oder an es erinnernd bezeichnet werden können. Geht man weiter gegen den kurzwelligen Teil des Spektrums, so folgt innerhalb der Wellenlängen von 560—460 $\mu\mu$ der rasche Umschlag von Gelb durch Grün zu Blau. Auch hier kann von einer gewissen Ähnlichkeit zwischen Gelb und Grün, zwischen Grün und Blau gesprochen werden, die in Bezeichnungen wie grüngelb oder blaugrün ihren Ausdruck findet. Vergleicht man dagegen Rot mit Grün oder Gelb mit Blau, so kann von einer Ähnlichkeit nicht wohl die Rede sein, die Farben schließen sich vielmehr gegenseitig aus. Es ist nicht möglich von einem Rot unmittelbar durch ein gesättigtes Grünlichrot zum Grün zu gelangen, sondern nur durch die Reihe der zwischenliegenden gesättigten Farben oder aber in der Weise, daß man sich die Sättigung des Rot bis zur Farblosigkeit abnehmend denkt und von hier unter zunehmender Sättigung zum Grün gelangt. Analog sind die Beziehungen zwischen Gelb und Blau.

Geht man endlich in der Reihe der Spektralfarben weiter bis zum Violett, wo ebenfalls der Farbenton mit der Wellenlänge sich nur wenig ändert, so tritt wieder eine Verwandschaft zum Rot zutage, ja man kann durch die verschiedenen Purpurtöne, die sich allerdings im Spektrum nicht finden, zum Rot zurückkehren.

Man wird also die gesättigten Farben nicht in einer Geraden, sondern in einer geschlossenen Kurve anordnen in der Weise, daß die schon durch die Sprache herausgehobenen Haupt- oder Prinzipalfarben (AUBERT) besonders hervortreten und zugleich die Gegensätzlichkeit zwischen Rot und Grün, Gelb und Blau zum Ausdruck kommt. Dies führt zu einem Viereck ,längs dessen Seiten die Übergänge zwischen den vier an die Ecken zu stellenden Hauptfarben aufzureihen sind, während in

23*

die Diagonalen die Übergänge von Rot zu Grün und von Blau zu Gelb durch ein farbloses Grau einzuordnen wären. Damit wäre auch für die Schwarz-Weiß-Reihe, für die in dem Farbenviereck kein Platz ist, der Durchschnittspunkt gefunden. Jede Gerade, die von diesem Durchschnittspunkt nach irgend einem Punkt der Umrandung des Farbenvierecks gezogen wird, ist die geometrische Darstellung sämtlicher Empfindungsstufen, die vom farblosen Grau zu der betreffenden Farbe führen, wobei die Sättigung mit der Entfernung vom Graupunkt zunimmt.

Geht man nunmehr von den bisher allein berücksichtigten Farbenempfindungen mittlerer Helligkeit zu solchen von größerer und kleinerer Helligkeit über, wobei sich dieselben, wie bekannt, unter Abnahme ihrer Sättigung dem Weiß bzw. dem Schwarz nähern, so muß man zur geometrischen Darstellung Farbenvierecke zu Hilfe nehmen, die längs der Schwarz-Weiß-Achse parallel dem Viereck mittlerer Helligkeit verschoben sind.

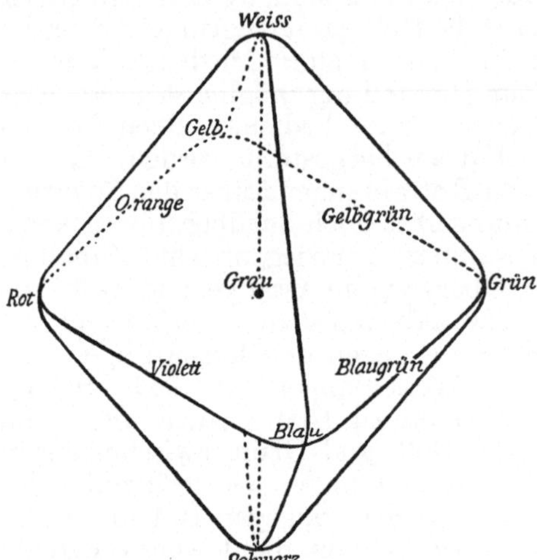

Abb. 130. Farbenoktaeder nach EBBINGHAUS.

Sie nehmen dabei stetig an Flächeninhalt ab, um schließlich an den Enden dieser Achse zu einem Punkte, dem äußersten Weiß- bzw. Schwarzpunkt zusammen zu schrumpfen. Auf diese Weise entsteht der Farbenoktaeder von EBBINGHAUS (Abriß der Psychol. 6. Aufl. Leipzig 1919, S. 58; Grundzüge der Psychol. 4. Aufl. Leipzig 1919. 1, 201) Abb. 130. In demselben ist die Ebene des Farbenvierecks schräg zur Schwarz-Weiß-Achse gestellt, um anzudeuten, daß gelb dem Weiß näher steht als irgend eine andere Farbe.

Es hat nicht an Versuchen gefehlt, das psychologisch geordnete System der Lichtempfindungen zu verwerten als Hinweis auf Art und Zahl der ihm zugrunde liegenden einfachen oder Elementarempfindungen und weiterhin auf die sie bedingenden physiologischen Vorgänge. In besonders umfassender und geistvoller Weise ist dies von E. HERING unternommen worden in seiner Theorie der Gegenfarben (1874, Wiener Sitzungsb. **69**, III).

Er nimmt entsprechend den drei Achsen des Farbenoktaeders einen Aufbau des Sehorgans aus drei mehr oder weniger voneinander unabhängigen Sehsubstanzen an, die als die schwarz-weiße, rot-grüne und blau-gelbe bezeichnet werden. Der Gegensätzlichkeit der in einer Sehsubstanz repräsentierten Empfindungsarten wird dadurch Rechnung getragen, daß auch die Erregung als auf zwei entgegengesetzte Weisen vor sich gehend, angenommen wird, entweder durch Zerlegung (Dissimilation, D-Prozeß) hoch zusammengesetzter Substanzen oder durch ihren Aufbau (Assimilation, A-Prozeß). A- und D-Prozeß sollen stets gleichzeitig und in der Weise voneinander abhängig stattfinden, daß ein Überwiegen des D-Prozesses, indem es den Vorrat an zersetzbarer Substanz vermindert, die Disposition zum A-Prozeß oder die A-Erregbarkeit erhöht, die zum D-Prozeß vermindert und umgekehrt. Die Aufrechterhaltung eines bestimmten Erregungszustandes ist unter diesen Voraussetzungen, auch bei Konstanz der Reize, nicht möglich, und es wird die Tendenz bestehen, die Erregungsvorgänge auf Gleichgewicht zwischen A- und D-Prozeß einzustellen, womit Aufhören der Farbenempfindung in den farbigen Substanzen und eine mittlere Grauempfindung in der schwarz-weißen Sehsubstanz verbunden gedacht wird. Die notwendige Reduktion der sechs unabhängigen Variablen auf drei (s. u.) wird dadurch zu erreichen gesucht, daß der Empfindungszustand innerhalb jeder der drei Sehsubstanzen von dem Verhältnis der A- und D-Prozesse abhängig angenommen wird.

Die Durchführung dieser hier nur in den flüchtigsten Umrissen skizzierten Theorie stößt auf eine Reihe von Schwierigkeiten und Bedenken, die sich teils auf die biologischen Voraussetzungen derselben beziehen, teils auf die psychologischen Folgerungen, die sich aus der Gleichstellung der Gegensätzlichkeit zwischen Schwarz-Weiß einerseits, den Farbenempfindungen anderseits ergeben. Auch führt der Versuch, die Überbestimmtheit, die durch das Vorhandensein von sechs unabhängigen Variablen gegeben ist, dadurch zu vermeiden, daß man die Empfindungen von dem Verhältnis der A- und D-Prozesse in den drei Sehsubstanzen bestimmt sein läßt, zu Widersprüchen mit der Erfahrung (vgl. hierzu v. KRIES in NAGELS Handb. d. P. 3, 144ff.).

Zusammenfassend läßt sich sagen, daß die psychologische Analyse, so notwendig und wichtig sie ist, als Wegweiser für die Erfassung der physiologischen Vorgänge für sich allein nicht ausreicht, voraussichtlich deshalb, weil die der Beobachtung vorläufig allein zugänglichen Bewußtseinsinhalte das Korrelat später Phasen des Erregungsvorganges darstellen, der bei seinem Vordringen aus der Peripherie gegen die zentralen Teile des Organs wesentliche Veränderungen erleidet. Man wird sich daher vorerst dahin bescheiden müssen, die Abhängigkeit der Empfindungen von Art und Stärke der gebotenen Reize möglichst vollständig und quantitativ festzustellen.

Die Ergebnisse der Mischung von Spektralfarben.

Bekanntlich entfaltet nur ein Teil der im Sonnenlicht enthaltenen Wellenlängen eine Wirkung auf das menschliche Auge. Der sichtbare Teil des Spektrum ist ungefähr zwischen den Wellenlängen 800 und 400 $\mu\mu$ eingeschlossen. Die ultraroten Strahlen wirken auf die Wärmenerven der Haut, die ultravioletten auf die photographische Platte. Letztere erregen ferner in den durchsichtigen Medien des Auges und in der Netzhaut Fluoreszenz und bei genügender Intensität und Wirkungsdauer entzündliche Veränderungen (Konjunktivitis, Schneeblindheit, Hauterythem).

Von den durch die spektralen Lichter hervorgerufenen Farbenempfindungen ist bereits oben die Rede gewesen. Mischt man zwei oder mehrere derselben zusammen, so erhält man im allgemeinen keine neuen Farben, sondern solche, die der einen oder anderen Spektralfarbe mehr oder weniger nahe stehen, sich aber von ihr durch geringere Sättigung unterscheiden. Wie aber auch die Mischung aussehen mag, das Auge ist nicht imstande, die in der Mischung enthaltenen Komponenten nach

Art und Quantität anzugeben. Werden derartige Aussagen gemacht, so gründen sie sich nicht auf die unmittelbare Wahrnehmung, sondern auf Erfahrungen, die bei der Mischung von Pigmenten usw. gewonnen worden sind.

Folgende Mischungsergebnisse verdienen besondere Erwähnung:

1. Rot und violett in wechselnden Mengenverhältnissen gemischt. geben die durch hohe Sättigung ausgezeichneten Purpurtöne, welche die Reihe der gesättigten Farben zu einer geschlossenen Kurve ergänzen.

2. Aus spektralem Rot und einem grünlichen Gelb von 540 $\mu\mu$ lassen sich bei richtiger Wahl des Mengenverhältnisses alle zwischenliegenden spektralen Lichter mit voller Sättigung herstellen. Alle hier möglichen Mischungen lassen sich darstellen auf einer Geraden, welche die Orte der beiden zusammengemischten Lichter verbindet. Der Ort der Mischung teilt diese Strecke im umgekehrten Verhältnis der Mengen, mit dem die beiden Komponenten in die Mischung eingehen (Schwerpunktskonstruktion).

3. Aus spektralem Rot und einem reinen Grün lassen sich dagegen keine gesättigten Farben mischen; man erhält dem Weiß nahestehende. je nach dem Mengenverhältnis rötliche, gelbliche oder grünliche Mischungen und wählt man als zweite Komponente ein bläuliches Grün, so entsteht bei richtigem Mischungsverhältnis vollkommen farbloses Weiß. Die beiden gemischten Farben nennt man komplementär. Wie zum Rot läßt sich auch zu jedem Orange und Gelb eine Komplementärfarbe im kurzwelligen Teil des Spektrums finden und, bezieht man die Purpurfarben ein, auch

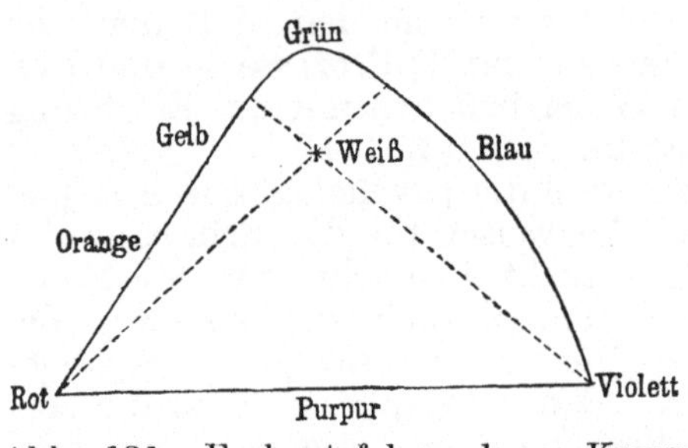

Abb. 131. Farbentafel nach v. KRIES, NAGELS Handb. d. P. 3, 117.

zu jedem Grün. Fügt man zu einem komplementären Farbenpaar ein zweites oder mehrere solche hinzu, so bleibt die Mischung weiß.

Allgemein können die Ergebnisse der Lichtmischung dahin zusammengefaßt werden, daß a) das Aussehen der Mischung sich ändert, wenn eine der beiden Komponenten stetig verändert wird, b) daß gleich aussehende Lichter gemischt gleich aussehende Mischungen geben, c) daß Lichter oder Lichtgemische, die gleich aussehen, auch gleich bleiben, wenn alle Intensitäten in gleichem Verhältnis verändert werden.

Zur geometrischen Darstellung der Mischungsergebnisse dient die Farbentafel (Abb. 131), die nach dem Schwerpunktsprinzip konstruiert, eine dreieckige Gestalt erhält mit teils geraden, teils gekrümmten Seiten, mit den gesättigten Farben längs der Umrandung und einem im Innern gelegenen Weißpunkt, in dem sich alle die komplementären Farbenpaare verbindenden Geraden schneiden. Die Tafel läßt ohne weiteres ablesen. daß man mehr Violett braucht als Gelb-Grün, mehr Rot als Blau-Grün, um Weiß zu mischen, und daß jede überhaupt mögliche Lichtart sich herstellen läßt durch Zusammenmischung einer Spektralfarbe mit Weiß in richtigem aus der Tafel ableitbaren Mengenverhältnis. Das Weiß kann hierbei auch durch ein beliebiges, anderes einfaches oder gemischtes Licht vertreten werden. Wählt man statt einer feststehenden und einer beweglichen Spektralfarbe drei feststehende, etwa Rot, Grün und Violett, so lassen sich aus ihnen alle Lichter mischen, die in dem ihre Orte verbindenden Dreieck liegen. Auf diesem Wege würde schon ein großer Teil der in der Farbentafel vertretenen Lichter herstellbar sein. Nimmt man neben Rot und Violett als 3. Komponente ein Grün von einer das spektrale Grün übertreffenden Sättigung, so würden aus ihnen alle Lichter der Farbentafel mischbar sein (vgl. v. KRIES a. a. O. S. 110ff.).

Die aus den Mischungsversuchen sich ergebende Erkenntnis, daß der physiologische Erfolg jeder Reizung (von gewissen noch zu erwähnenden Ausnahmen abgesehen) durch drei Bestimmungen erschöpfend darstellbar ist, hat zu der von TH. YOUNG zuerst ausgesprochenen, von HELMHOLTZ eingehend erörterten Annahme geführt, daß es im Auge drei Arten von rezeptorischen Elementen gibt, die durch rotes bzw. grünes und violettes Licht, wenn auch nicht ausschließlich, so doch vorwiegend gereizt werden und je nach ihrer Beteiligung an der Erregung die resultierende Empfindung bestimmen. Dabei wird unter Erregung, den Erfahrungen an Muskel und Nerv entsprechend ein nur in einer Richtung veränderlicher Vorgang verstanden. Für die peripheren, von der Reizung unmittelbar getroffenen Teile des Sehorgans kann diese Voraussetzung wohl als eine erlaubte gelten, für die zentralen Teile ist sie zum mindesten zweifelhaft, wie noch zu erörtern sein wird.

Angeborene partielle Farbenblindheit.

Die von HELMHOLTZ vertretene Dreikomponententheorie, nach der das Sehen des Farbentüchtigen ein trichromatisches ist, wird wesentlich gestützt durch die Tatsache, daß ungefähr $3\,^0/_0$ aller Menschen (fast ausschließlich Männer) einen eigentümlich reduzierten Farbensinn haben, weswegen sie zu Unrecht als „farbenblind" bezeichnet werden. Das Wesentliche an dieser Anomalie ist, daß es möglich ist, zu jedem beliebigen homogenen Licht und zu jedem beliebigen Lichtgemisch eine ihm gleichwertige Mischung von bestimmten Mengen roten und blauen Lichtes herzustellen. Ein bestimmter in der Gegend des Blaugrün gelegener Punkt des Spektrums, der sog. neutrale Punkt, erscheint dem unzerlegten weißen Licht gleich. Die Gesamtheit der Reizwirkungen ist als Funktion zweier Variablen erschöpfend darstellbar. Das Sehen dieser Personen, ist daher, im Gegensatz zum trichromatischen ein dichromatisches zu nennen.

Alle bisher genauer untersuchten Dichromaten gehören einer von zwei Gruppen an, die sich dadurch unterscheiden, daß die eine gegen die kurzwelligen, die andere gegen die längerwelligen Lichter relativ empfindlicher ist. Am deutlichsten tritt dieser Unterschied zutage, wenn den Dichromaten die Aufgabe gestellt wird, zu einem mit Natriumlicht beleuchteten Felde ein gleichaussehendes mit dem Rot der Lithiumlinie herzustellen. Die für langwelliges Licht weniger empfindlichen brauchen hierzu die fünffache Menge. Berücksichtigt man noch, daß den Dichromaten der letzteren Art das Spektrum am roten Ende verkürzt erscheint, so ist die Annahme naheliegend, daß ihnen die Rotkomponente, den Dichromaten der anderen Art die Grünkomponente fehlt. v. KRIES hat für diese beide Arten beschränkten Farbensinns die Bezeichnungen Protanopen und Deuteranopen in Vorschlag gebracht (a. a. O. S. 149ff.). Die von HERING für diese Anomalien eingeführte Bezeichnung als Rot-Grün-Blindheit ist nicht zu empfehlen, da sie die charakteristischen Unterschiede zwischen Protanopen und Deuteranopen vernachlässigt und auch leicht zu Mißverständnissen Veranlassung gibt.

Noch häufiger als „Farbenblinde" finden sich Farbenschwache. Sie bilden nicht eine wohlabgegrenzte Gruppe, sondern stellen in fließender Weise den Übergang her zwischen der vollen Farbentüchtigkeit und der Dichromasie. Sie werden als anomale Trichromaten bezeichnet. Zu den charakteristischen Eigentümlichkeiten derselben pflegen geringe Unterschiedsempfindlichkeit gegen Änderung der Wellenlänge des Lichtes, Unsicherheit im Erkennen von farbigen Reizen von kleiner Fläche und kurzdauernder Darbietung zu gehören. Bei der Herstellung einer Gleichung zwischen homogenem Gelb und einer Mischung von spektralem Rot und Gelbgrün) sog. Rayleigh-Gleichung, vgl. oben S. 358 unter 2.) trennen sich die anomalen Trichromaten in zwei Gruppen, von denen die eine weit mehr Rot, die andere weit mehr Grün nimmt als der Farbentüchtige. Sie nähern sich hierdurch einerseits den Protanopen, andererseits den Deuteranopen und werden demgemäß in Protanomale und Deuteroanomale unterschieden. Infolge dieser Unvollkommenheiten sind sie wie die Dichromaten von Betätigungen auszuschließen, bei denen, wie im Verkehrswesen, rasches und sicheres Erkennen von Farben gefordert werden muß. (Vgl. hierzu v. Kries in Helmholtz Physiol. Optik, 3. Aufl. 2, 343; Koellner, 1915, Arch. f. Augenheilk. 78, 302.)

Dämmerungs- und Tagessehen.

Alle bisher besprochenen Lichtwirkungen gelten für jene Beleuchtungsstärken, die über Tag auf das Auge einzuwirken pflegen. In der Dämmerung, bei schwachem Mondlicht und bei jeder genügend abgeschwächten künstlichen Beleuchtung treten ganz andere Erregungserscheinungen auf.

Zunächst steigt die Empfindlichkeit des Auges auf das Mehrtausendfache an (Piper, 1903, Z. f. Ps. 31, 161), aber nicht sofort, sondern allmählich im Verlauf einer halben bis ganzen Stunde. Daher der anfängliche Anschein völliger Dunkelheit, wenn man von einem hellerleuchteten Raum in einen schwach erleuchteten tritt. Erst nach Minuten hat sich das Auge an die Dunkelheit „gewöhnt" und beginnen Einzelheiten sichtbar zu werden. Die Erregbarkeitszunahme ist gering, wenn überhaupt nachweisbar, in der Gegend des schärfsten Sehens, in einem etwa 1—2° im Durchmesser umfassenden Bezirk, um dann temporal wie nasal rasch anzusteigen und bei 10—20° das Maximum zu erreichen. Darauf beruht es, daß in der Dämmerung schwer sichtbare Gegenstände deutlicher erscheinen, wenn man sie nicht scharf fixiert, sondern etwas an ihnen vorbei sieht. Die Erregbarkeitssteigerung wird als Dunkeladaptation bezeichnet.

In diesem Zustande ist das Sehen ferner in der Weise verändert, daß alle schwachen Lichter farblos gesehen werden, wie dies vom Sehen in der Dämmerung bekannt ist. Es erscheint alles grau in grau, nur in verschiedener Helligkeit; das Sehen ist ein total farbenblindes. Ein entsprechend lichtschwaches Spektrum erscheint hierbei als ein heller, aber farbloser Streifen mit der größten Helligkeit im Grün, statt wie beim Tagessehen im Gelb (HERING und HILLEBRAND, 1889, Sitzber. Akad. Wien. **98**, 70). Das rote Ende des Spektrum ist verkürzt.

Farbenunterscheidendes Tagessehen und farbloses Dämmerungssehen schließen sich nicht gegenseitig aus, sondern können sehr wohl nebeneinander bestehen. Dies zeigt sich bei zunehmender Verdunklung und entsprechend wachsender Adaptation in einer Änderung der Farben. die als PURKINJEsches Phänomen bekannt ist. Legt man eine Stange Siegellack auf ultramarinblauen Grund, der bei Tag unzweifelhaft dunkler erscheint als das Rot, so wird letzteres bei fortschreitender Dämmerung bald fast schwarz, während der Grund in einem eigentümlich bläulichsilbergrauen Licht zu leuchten scheint. Im Tagessehen eingestellte Farbengleichungen verlieren daher im allgemeinen ihre Gültigkeit im Dämmerungssehen.

Für das Verständnis des Dämmerungssehen ist es von großer Bedeutung, daß es nach sorgfältigen Versuchen in einem sehr kleinen, der Netzhautmitte entsprechenden Bezirk von etwa $1{,}5^0$ Durchmesser fehlt (v. KRIES und NAGEL, 1900, Z. f. Ps. **23**, 161). Dies legt die Annahme nahe, daß Tagessehen und Dämmerungssehen durch zwei funktionell verschiedene Apparate vermittelt werden, ersteres durch den farbentüchtigen Apparat der Zapfen, der im Zentrum der Netzhaut allein das Feld beherrscht, letzteres durch den nur Helligkeiten unterscheidenden, zu starker Adaptation befähigten Apparat der Stäbchen, der in den exzentrischen Stellen der Netzhaut in den Vordergrund tritt. Es ist dies die von v. KRIES vertretene **Duplizitätstheorie des Sehens** (v. KRIES in NAGELS Handb. d. P. **3**, 184). Durch sie gewinnt auch der den Stäbchen allein eigentümliche Sehpurpur eine Beziehung zum Sehakt, indem seine in der Dunkelheit stärker hervortretende Regeneration und langsam zunehmende Anhäufung mit dem trägen Einsetzen des Dämmerungssehen in Zusammenhang gebracht werden kann. Im gleichen Sinne ist die Tatsache zu deuten, daß die Kurven der Lichtabsorption in den verschiedenen Spektralbezirken durch Lösungen von Sehpurpur praktisch zusammenfallen mit den Dämmerungswerten derselben Spektrallichter für das dunkeladaptierte Auge (W. TRENDELENBURG, 1904, Z. f. Ps. **37**, 1).

Durch die Duplizitätstheorie wird endlich jene Anomalie des Sehvermögens verständlich, die als **angeborene totale Farbenblindheit** bezeichnet wird. Die hierbei bestehende Art des Sehens ist mit dem Dämmerungssehen des Farbentüchtigen zu vergleichen, nicht nur in bezug auf das Fehlen jedes Farbeneindruckes, sondern auch in bezug auf den Helligkeitswert der spektralen Lichter, der sich in vergleichenden Untersuchungen als im wesentlichen übereinstimmend ergeben hat (v. KRIES, 1897, Z. f. Ps. **13**, 292). Man kann demnach die total Farbenblinden als Stäbchenseher bezeichnen und sie in dieser Beziehung mit jenen Tieren vergleichen, die wie Eule, Maulwurf, Igel usw. ein vorwiegend oder ausschließlich aus Stäbchen bestehendes Sehepithel besitzen. Über histologische Untersuchungen der Netzhäute von total Farbenblinden ist bisher nichts bekannt geworden.

Die Farbenblindheit der Netzhautperipherie,

die an jedem Auge nachweisbar ist, scheidet sich in zwei Zonen, von denen die äußerste nur Helligkeitsunterschiede wahrnimmt, wobei jedoch im Gegensatz zum Verhalten des Dämmerungssehens, aber in Übereinstimmung mit dem der farbentüchtigen Netzhautbezirke, die größte Helligkeit des Spektrums im Gelb gelegen ist (v. KRIES, 1897, Z. f. Ps. 15, 247). Eine weiter nach innen gelegene Zone besitzt einen beschränkten Farbensinn insofern, als alle langwelligen Lichter gelb, die kurzwelligen blau gesehen werden (HESS, 1889, Arch. f. Ophthalm. 35, 4. S. 1). Das Sehen ist dort ein dichromatisches, und zwar entspricht es nach Maßgabe der Verwechslungsgleichungen dem des Deuteranopen, während der Protanop, auch bei exzentrischem Sehen sich ganz abweichend verhält. In bezug auf die Schwierigkeiten, welche die Eigentümlichkeiten des exzentrischen Sehens der Erklärung durch eine der oben skizzierten Theorien bereitet, sei auf die Darstellung von v. KRIES verwiesen (a. a. O. 3. 197ff.).

Gegenseitige Beeinflussung gleichzeitig wirkender optischer Reize.

Treffen nach Intensität oder Qualität unterschiedene Reize gleichzeitig verschiedene Netzhautstellen, so beeinflussen oder induzieren sich die Erregungen gegenseitig. Die Erscheinungen sind um so deutlicher, je größer die Gegensätze bezüglich Helligkeit und Farbe sind und je näher sie aneinander rücken. Zwischengeschobene Konturen wirken abschwächend.

Die Beeinflussung ist eine doppelte. Zunächst eine gegensinnige derart, daß dunkel neben hell noch dunkler, hell neben dunkel umso heller erscheint, farbloses neben einer Farbe in der Gegenfarbe gefärbt. Diese sehr auffälligen Erscheinungen sind unter dem Namen des Kontrastes bekannt, der hier, wo es sich um die gegenseitige Beeinflussung gleichzeitig wirkender Reize handelt, als Simultankontrast bezeichnet wird. Legt man ein Stück graues Papier auf einen farbigen Bogen, so erscheint das Grau komplementär gefärbt. Die Täuschung ist noch eindringlicher, wenn durch darübergelegtes Mattglas oder durchscheinendes Papier die scharfen Grenzen verschwinden (Florversuch). Besonders schön ist der Versuch mit farbigen Schatten, die von verschieden gefärbten Lichtquellen herrühren. Als Beispiel für Helligkeitskontrast kann Abb. 132 dienen. Die grauen verwaschenen Flecken, die in den Kreuzungspunkten der weißen Streifen auftreten, kommen dadurch zustande, daß die Streifen zwischen den schwarzen Flächen heller erscheinen als an deren Ecken. Durch den Simultankontrast werden die Unvollkommenheiten der optischen Bilderzeugung im Auge (siehe oben S. 345) bis zu einem gewissen Grade

Abb. 132. Beispiel für Helligkeitskontrast. Man beachte die verwaschenen grauen Flecke, die in den Kreuzungspunkten der weißen Gitterstäbe auftreten.

korrigiert, indem der Gegensatz zwischen ungleich belichteten Netzhautstellen schärfer herausgehoben wird, als der physikalischen Lichtverteilung entspricht (vgl. hierzu Tschermak, 1903, E. d. P. 2. II. 726).

Äußerlich ähnlich mit dem Simultankontrast sind z. T. die Erfolge der Umstimmung, die das Auge durch jeden Reiz erfährt. Um dieselbe zu prüfen, läßt man auf das Auge hinter dem „umstimmenden" Licht das „reagierende" fallen. Unter der Wirkung des umstimmenden Lichtes blaßt die Empfindung mehr und mehr ab, und die Disposition zur Auslösung der gegensätzlichen Empfindung nimmt zu. Bei der nachfolgenden Einwirkung des reagierenden Lichtes tritt dieselbe dann als sukzessiver Kontrast in Erscheinung. Hierher gehören die so leicht zu beobachtenden und häufig störenden negativen bzw. komplementär gefärbten Nachbilder. Auf diesem Wege gelingt es auch, Farbenempfindungen von einer Sättigung zu erzeugen, gegen welche reine, von dem nicht umgestimmten Auge betrachtete Spektralfarben weißlich erscheinen.

Wirkt ein Reiz längere Zeit auf eine Netzhautstelle ein, so nimmt seine kontrasterregende Wirkung auf die Umgebung mehr und mehr ab und macht einer gleichsinnigen Beeinflussung Platz. So erscheint also das graue Schnitzel auf farbigem Grund zunächst komplementär gefärbt (Simultankontrast); bei längerer Fixation verschwindet aber diese Wirkung und die Farbe des Grundes überzieht allmählich das Grau — sog. gleichsinnige Induktion —. Da gleichzeitig die Farbe des Grundes durch „Umstimmung" zunehmend verblaßt, müssen die Unterschiede fortschreitend an Deutlichkeit einbüßen. Auf diesem Verblassen und schließlichem Verschwinden dauernder Reize beruht es wohl, daß die von den Netzhautgefäßen auf das Sehepithel geworfenen Schatten für gewöhnlich nicht sichtbar sind, es aber sofort werden, wenn durch schräg ins Auge dringendes Licht die Schatten auf andere Stellen fallen und durch Bewegung der Lichtquellen ihren Ort wechseln.

In neuerer Zeit sind eine Reihe von Beobachtungen gewonnen worden, die dahin deuten, daß das Zustandekommen von Simultankontrast und gleichsinniger Induktion nicht in der Netzhaut, sondern in den zentralen Teilen des Sehorgans gesucht werden muß. Dahin gehören die Sichtbarkeit des blinden Flecks und die an ihm wie auch an erworbenen Skotomen (Gesichtsfeldlücken) zu erzeugenden Kontrasterscheinungen (Tschermak, 1903, a. a. O.; Brückner, 1917, Zeitschr. f. Augenheilk. 38, 1). Ferner hat Köllner gezeigt, daß sich bei passend gewählten Versuchsbedingungen Simultankontrast und gleichsinnige Induktion binokular ebenso sicher und gleich stark erzielen lassen, wie monokular (1916, Arch. f. Augenheilk. 80, 63). Damit ist nachgewiesen. daß die in der Netzhaut ausgelösten Erregungen auf ihrem Leitungswege Einwirkungen ausgesetzt sind, durch die der schließlich in Bewußtsein auftretende Erfolg ganz wesentlich umgestaltet werden kann. Zugleich ist aber auch die Möglichkeit gegeben, die anscheinende Unvereinbarkeit der Ergebnisse der Farbenmischung, die zu einer dreikomponentigen Gliederung des rezeptorischen Apparates und zur Auffassung des Weiß als einer Mischempfindung führen, mit der psychologisch begründeten Vierfarbentheorie dahin aufzulösen, daß erstere der Funktionsweise des peripheren, der Lichtwirkung unmittelbar ausgesetzten

Teiles des Organs, letztere der des zentralen entspricht. Man vgl. hierzu
G. E. Müller, 1896/97, Z. f. Ps. **10** u. **14**; v. Kries in Nagels Handb.
d. P. **3**, 266 ff.

Die Raumwahrnehmungen des Auges.

Gesichtsempfindungen gleicher Qualität und Intensität können
sich noch dadurch unterscheiden, daß sie an verschiedenen Orten gesehen werden. Die Beziehung des Gesehenen auf Dinge, die sich in
einer gewissen räumlichen Lage zum Sehenden befinden, ist zunächst
gegeben durch den dioptrischen Apparat, der auf der Netzhaut ein Bild
entwirft, das eine Zentralprojektion der Außendinge darstellt. Der
durch den Knotenpunkt des (reduzierten) Auges gehende ungebrochene
Strahl gibt die Richtung an, in welcher der zum Bildpunkt gehörige
Objektpunkt gesucht werden muß.

Da das retinale Bild ein verkehrtes ist, wird zuweilen die Frage
aufgeworfen, wie es komme, daß es aufrecht gesehen wird. Die Fragestellung ist irreführend, weil sie stillschweigend annimmt, daß die auf
der Netzhaut entstehenden Bilder als solche gesehen werden können.
Die Aufgabe jedes Sehenden besteht lediglich darin, seine Bewegungs-
und Gesichtsempfindungen in Einklang zu bringen. Wandern des Netz-
hautbildes nach rechts ist für ihn ein Zeichen, daß der Gegenstand nach
links rückt, da er nach demselben links greifen muß usw. Ergeben sich
Widersprüche zwischen beiden, so wird sofort durch geänderte Innervation die Lösung angestrebt, so bei Betätigungen vor dem Spiegel
oder unter dem Mikroskop. Einen interessanten Versuch dieser Art
hat Stratton ausgeführt (1897, Psychological Review. **4**, 341). Er trug
acht Tage hindurch eine bildumkehrende Brille und lernte nach großen
anfänglichen Schwierigkeiten nicht nur die Bewegungen richtig auszuführen, sondern auch die Sehdinge wieder aufrecht und richtig orientiert
zu sehen.

Eine Wahrnehmung der Richtungen, aus denen das Licht kommt,
setzt ferner voraus, daß die Reizung benachbarter Netzhautstellen
unterschieden wird. Die Feinheit der Unterscheidung wird gemessen
durch die Sehschärfe. Dabei wird angenommen, daß das geprüfte
Auge emmetropisch oder seine Ametropie durch Gläser korrigiert ist.
Die Bilder liegen also in der Fläche der Netzhaut und sind so scharf
als der dioptrische Apparat sie herstellen kann. Unter diesen Voraussetzungen sind zwei Lichtpunkte (Sterne) in einer Winkelminute Abstand
für die meisten Augen eben noch unterscheidbar. Diese Sehschärfe gilt
als normal oder = 1.

Zur praktischen Prüfung benützt man Schriftzeichen (Buchstaben,
Ziffern, durchbrochene Ringe), die aus solcher Entfernung betrachtet
werden, daß das ganze Zeichen unter 5′, die einzelnen Striche und Lücken
unter 1′ Sehwinkel erscheinen. Muß der Prüfling in halbe Entfernung
gehen, um die Zeichen lesen zu können oder kann er aus der vorgeschriebenen Entfernung nur doppelt so große Zeichen erkennen, so ist
die Sehschärfe $\frac{1}{2}$ usw.

Da die Bogenlänge für den Winkel 1′ gleich 0,0003 des Halbmessers
ist, beträgt der Abstand der unterscheidbaren Reize auf der Netzhaut
des (reduzierten) Auges $0{,}0003 \times 15\,\text{mm} = 4{,}5\,\mu$, was gerade dem
Durchmesser der Zapfen in der Netzhautgrube entspricht. Nun kann

allerdings nicht davon die Rede sein, daß das Bild eines leuchtenden Punktes oder genauer der Querschnitt des ihm zugehörigen Strahlenbündels auf einen einzigen Zapfenquerschnitt beschränkt bleibt, woraus folgt, daß die Bilder der beiden unterscheidbaren Punkte sich teilweise decken werden. Man wird daher annehmen müssen, daß die Unterscheidung ermöglicht wird durch die ungleiche Helligkeit innerhalb der Zerstreuungskreise, die durch Kontrast eine subjektive Verstärkung erfährt (siehe oben S. 362).

Die Sehschärfe hat nur im Mittelpunkte des Gesichtsfeldes den oben angegebenen Wert. Beobachtet man exzentrisch, d. h. mit den seitlichen Teilen der Netzhaut, so nimmt die Sehschärfe sehr rasch auf niedrige Werte ab, in 40° Abstand vom Fixationspunkt schon auf $^1/_{200}$ der zentralen (vgl. Abb. 133). Daher der Zwang zur Fixation, d. h. zur Einstellung des Auges auf den Gegenstand, den man „sehen" will.

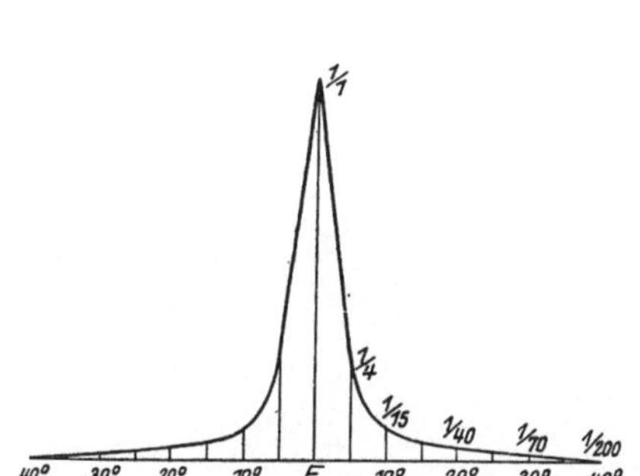

Abb. 133. Abnahme der Sehschärfe von der Fovea (F) gegen die Netzhautperipherie.

Abb. 134. Zur Theorie der Unterschiedsempfindlichkeit für seitliche Verschiebung einer Geraden.

Die als Sehschärfe gemessene Leistung des Auges entspricht dem, was bei optischen Instrumenten als deren Auflösungskraft bezeichnet wird. Sie stellt aber nicht die Grenze des räumlichen Unterscheidungsvermögens des Auges dar. Man betrachte z. B. eine senkrechte Linie, deren obere und untere Hälften noniusartig gegeneinander verschoben sind, wie dies für die Linie aa in Abb. 134 der Fall ist. Hier können noch Verschiebungen im Betrage von 10 Winkelsekunden und selbst weniger wahrgenommen werden, was sich nach Hering (Ges. d. Wiss. Leipzig, 4. Dez. 1899) in der Weise erklären dürfte, daß, wie die Abbildung erkennen läßt, verschiedene Zapfenreihen von dem Bilde bedeckt, unter Umständen auch dieselbe Zapfenreihe in ihren beiden Hälften ungleich stark belichtet wird. Über die Bedeutung dieses Unterscheidungsvermögens für die Tiefenwahrnehmung vgl. weiter unten.

Die Ausdehnung des einäugigen Gesichtsfeldes nach den verschiedenen Richtungen wird mit dem Perimeter (Abb. 135) gemessen. Dieses besteht aus einem mit Gradteilung versehenen Halbkreis aa, dessen Mitte m um eine horizontale Achse drehbar ist, so daß er in eine beliebige Neigung zur Vertikalen eingestellt werden kann. Das zu prüfende

Auge befindet sich im Mittelpunkt des Halbkreises bei b und fixiert
dauernd eine Marke auf dem ihm zugewendeten Ende der Achse m.
Bei verschiedener Neigung des Halbkreises werden auf seiner konkaven
Fläche farblose oder farbige Marken solange verschoben, bis sie aus
dem Gesichtsfeld verschwinden oder bei umgekehrter Bewegung in demselben auftauchen. Die Grenzen werden dann in eine Perimeterkarte
nach Art der Abb. 136 eingetragen. Die Bestimmung kann sich auf
die Sichtbarkeit der Marke überhaupt oder aber auf die Erkennung ihrer
Farbe beziehen; siehe oben S. 361 das über die Farbenblindheit der
Netzhautperipherie Gesagte.

Die Abb. 136, in der die Gesichtsfeldgrenzen sowohl für das rechte
(ausgezogen), wie für das linke Auge (gestrichelt) eingetragen sind, läßt
erkennen, daß in temporaler Richtung das Gesichtsfeld jedes Auges
die größte Ausdehnung besitzt (über 90°) und daß sie nach unten größer
ist als nach oben. Entsprechend der Ausdehnung des temporalen Ge-

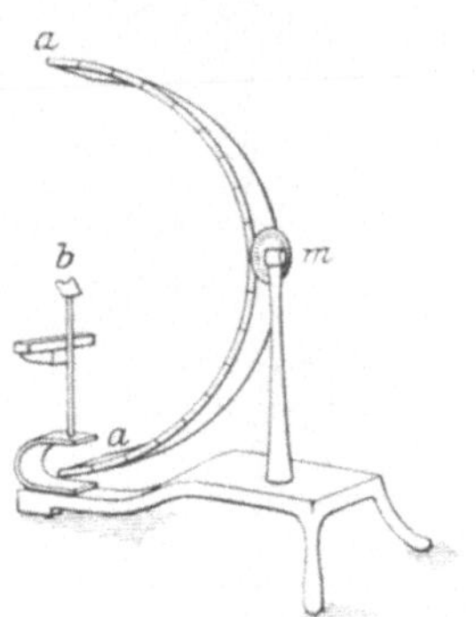

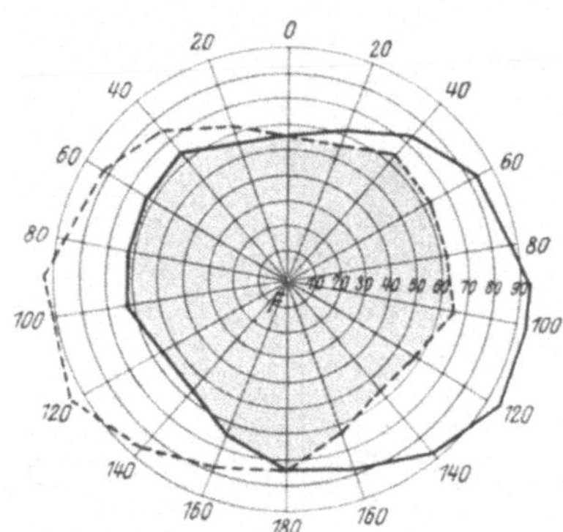

Abb. 135. Perimeter zur Bestimmung der Grenzen des
Gesichtsfeldes.

Abb. 136. Das binokulare Gesichtsfeld. Die
ausgezogene Linie begrenzt das Gesichtsfeld
für das rechte, die gestrichelte das Gesichtsfeld für das linke Auge.

sichtsfeldes reicht die Netzhaut auf der nasalen Seite des Auges weiter
nach vorne. Das gemeinschaftliche Gesichtsfeld beider Augen, die etwas
dunkler gehaltene herzförmige Fläche, ist kleiner als das Gesichtsfeld
eines Auges. Nicht eingezeichnet in die Abbildung sind die Orte der
blinden Flecke (siehe oben S. 349), der für das rechte Auge rechts vom
Fixationspunkt F zwischen den konzentrischen Kreisen 10 und 20, für
das linke Auge ebensoweit nach links gelegen ist.

Die Augenmuskeln und die von ihnen ausgeführten Bewegungen.

Wenn das Gesichtsfeld, wie oben geschehen, in ein temporales,
nasales, oberes und unteres geteilt und ihm nach diesen Seiten verschiedene Ausdehnung zugeschrieben wird, so setzt das voraus, daß bei
gegebener Lage der Blicklinie zum Kopfe, d. h. der Geraden, die von
dem Fixationspunkte nach dem Drehpunkt des Auges gezogen ist, auch
die Orientierung der Netzhaut zum Kopfe festgelegt ist. Dies ist tatsächlich der Fall, und zwar für jede beliebige Richtung der Blicklinie

(Gesetz von DONDERS, vgl. HELMHOLTZ, Physiol. Optik. 3. Aufl. 3, 39).
Man überzeugt sich von der Gültigkeit dieses Gesetzes am besten durch
Nachbilder. Hat man sich das Nachbild einer hellen Linie im Auge
erzeugt und läßt sodann das
Auge herumschweifen, so gelangt
bei Rückkehr zur alten Fixations-
stellung das Nachbild mit dem
Vorbild stets wieder genau zur
Deckung, und zwar sofort und
ohne Mitwirkung einer willkürlichen Beeinflussung. Entwirft
man das Nachbild an einer
anderen Stelle des Gesichtsfeldes,
so ist auch hier seine Lage durch
die Richtung der Blicklinie unabänderlich bestimmt.

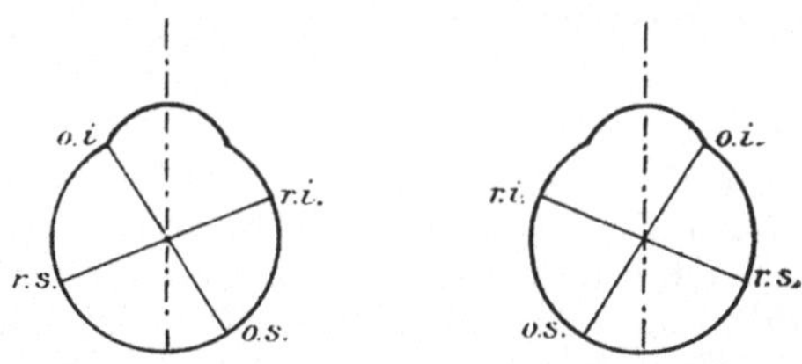

Abb. 137. Lage der Drehungsachsen für die
beiden schiefen sowie für die oberen und
unteren geraden Augenmuskeln bei Primärstellung der Augen. oi = Obliquus inferior.
os = Obliquus superior, ri = Rectus inferior.
rs = Rectus superior. Visierlinien gestrichelt.

  Die Herstellung der jeweiligen der Richtung der Blicklinie
zugeordneten Stellung der Netzhaut ist eine Leistung der Augenmuskeln, die je zu sechst an jedem Auge angreifen. Geht man aus
von der Primärlage der Augen, d. h. von jener Lage, in der sie bei
aufrechter Kopfhal-
tung horizontal ge-
radeaus in die Ferne
sehen, so drehen der
äußere und innere ge-
rade Augenmuskel das
Auge um eine vertikale
durch den Drehpunkt
des Auges gehende
Achse, wobei die Blick-
linie auf dem ebenen
Blickfeld eine horizon-
tale Spur beschreibt.
die in Abb. 138 mit
R. ext., R. int. be-
zeichnet ist.

  Der obere und
untere gerade Augen-
muskel drehen das
Auge um eine hori-
zontale Achse, r. s. —
r. i. in Abb. 137, die
von außen, hinten,
nach innen vorne ge-
richtet ist und mit
der Blicklinie einen
nasal offenen Winkel

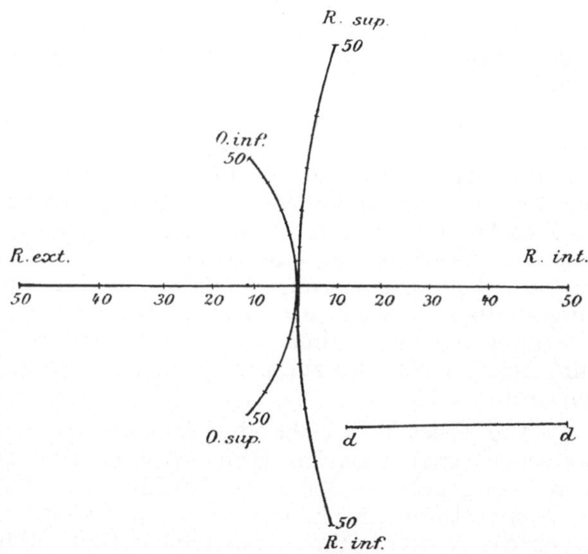

Abb. 138. Darstellung der Bahnen, die der Fixationspunkt des linken Auges durchmißt, wenn es um die
in Abb. 137 dargestellten Achsen gedreht wird. Die
Ebene, auf der die Bahnen projiziert sind, ist um die
Länge dd vom Drehungspunkt entfernt.

von 70° einschließt. Bei Drehung um diese Achse hinterläßt die Blicklinie auf dem ebenen Blickfeld die in Abb. 138 mit R. sup. — R. inf.
bezeichnete Spur, die ein Stück einer Kreislinie darstellt.

  Die beiden schiefen Augenmuskeln endlich haben eine gemeinschaftliche horizontale Achse, die von außen vorne nach innen hinten gerichtet ist und mit der Blicklinie einen nach vorne und außen offenen Winkel von 35° einschließt. Bei Drehung um diese Achse beschreibt die Blicklinie die in Abb. 138 die mit O. inf. — O. sup. bezeichnete Stück eines Kreisbogens.

Aus der Abb. 138 läßt sich ersehen, daß von der Primärlage ausgehend reine Seitenwendungen des Blicks durch alleinige Innervation des äußeren bzw. inneren geraden Augenmuskels bewirkt werden können, während für eine reine Hebung das Zusammenwirken des Rectus superior und Obliquus inferior, für reine Senkungen die des Rectus inferior und Obliquus superior erforderlich ist. Mehr als zwei Muskeln müssen in Tätigkeit treten, wenn Hebung oder Senkung mit Seitenwendung kombiniert wird, oder wenn das Auge aus einer Sekundärstellung in eine andere übergeht.

Wie aus der anatomischen Anordnung der Muskeln hervorgeht, besitzt das Auge grundsätzlich eine Bewegungsfreiheit von drei Graden; es bedarf also dreier voneinander unabhängiger Bestimmungen, wenn die Lage zum Kopfe eindeutig gegeben sein soll. Verwendet man als die beiden ersten Bestimmungen den Erhebungs- und Seitenwendungswinkel der Blicklinie in bezug auf die Primärstellung, so bleibt als dritte notwendige Bestimmung die Angabe der „Raddrehung" des Auges, d. h. des Winkels, um den das Auge mit der Blicklinie als Achse gedreht ist. Als Ausgangsstellung dient hierbei die Lage des unten noch näher festzusetzenden mittleren Querschnittes der Netzhaut in der Primärstellung.

Die oben als Donderssches Gesetz der Augenstellung bezeichnete eindeutige Orientierung der Netzhaut für jede Lage der Blicklinie bedeutet nun offenbar, daß bei gegebenem Erhebungs- und Seitenwendungswinkel der Raddrehungswinkel nicht mehr wählbar und mit den beiden ersten Größen bereits gegeben ist, was einer physiologischen Beschränkung der Bewegungsfreiheit auf eine solche zweiten Grades gleichkommt. Die gesetzmäßige Orientierung der Netzhaut läßt sich aus dem von Listing aufgestellten Bewegungsgesetz ableiten, welches besagt, daß beim Übergang aus der Primärlage in eine andere Lage das Auge sich um eine Achse dreht, die zur primären und sekundären Lage der Blicklinie senkrecht steht.

Die Gesetze, welche die Augenbewegungen und -stellungen beherrschen, sind wichtige Hilfsmittel für die Orientierung im Raume. Wäre bei gegebener Lage der Blicklinie die Orientierung der Netzhaut noch unbestimmt, so könnte sich eine fixierte Linie in einem beliebigen durch die Netzhautmitte gehenden Schnitt abbilden und es müßte zur Erkennung ihrer Lage neben der Stellung der Blicklinie zum Kopfe auch noch die Orientierung der Netzhaut wahrgenommen werden. Durch das Stellungsgesetz wird letzteres erspart. Wenn aber mit jeder Stellung der Blicklinie eine bestimmte Augenstellung gesetzmäßig verbunden sein soll, so kann dies, wie Helmholtz gezeigt hat (Physiol. Optik. 3. Aufl. 3, 55 u. 72), durch kein anderes Gesetz einfacher als durch das Listingsche erreicht werden, so daß dieses dem Grundsatze der leichtesten Orientierung entspricht. Zugleich ermöglicht das Listingsche Gesetz eine exakte Definition der Primärlage als derjenigen, von welcher aus das Auge dem Gesetz entsprechend gedreht werden kann.

Die beiden Augen können nur gemeinsam bewegt werden „wie ein Zwiegespann mit einfachen Zügeln" (HERING in HERMANNS Handb. d. P. **3**, 521), und zwar geschieht dies so, daß die beiden Blicklinien auf den fixierten Punkt gerichtet werden, wobei sie natürlich stets in einer gemeinsamen Ebene, der Visierebene bleiben. Je nach der Entfernung des fixierten Punktes sind die Blicklinien einander parallel oder nach vorne konvergierend. Endlich können die beiden Blicklinien und mit ihnen die Visierebene gehoben oder gesenkt werden. Die Bewegungsantriebe sind dabei für beide Augen gleich groß und in folgender Weise abwandelbar.

1. Gleiche Hebung bzw. Senkung.
2. „ Wendung nach links oder rechts.
3. „ Drehung nach innen oder außen (bis zur Parallelstellung der Blicklinien).

Bei unsymmetrischen Augenstellungen tritt algebraische Summation der vorstehend unterschiedenen Bewegungsantriebe ein, so daß in der Tat die beiden Augen wie ein einfaches Organ (Doppelauge) innerviert werden. Unter experimentellen Bedingungen (Vorsetzen von Prismen usw.) kann es übrigens im Interesse des Einfachsehens zu Augenbewegungen und Stellungen kommen, die den angeführten Gesetzen widersprechen.

Die Augenmuskeln werden nicht nur zur Bewegung der Augen, sondern auch zum Festhalten ihrer Stellungen in Anspruch genommen. Jede Augenstellung ist die Resultante der Kräfte, mit denen die tetanisch kontrahierten Muskeln auf den Bulbus wirken (P. HOFFMANN, A. f. P. **1913**, 23). Da dieser „Tonus" kein ganz stetiger ist, wird keine Augenstellung gleichmäßig eingehalten; es finden stets kleine Schwankungen um dieselbe statt.

Im Hinblick auf die im wachen Zustande andauernde Erregung der Augenmuskeln reiht sich das DONDERSsche Stellungsgesetz und die ständige Rückkehr der Augen in die Primärlage den anderen Tonuserscheinungen an, die in früheren Abschnitten als Folge der andauernden Erregung des Vestibularapparates und anderer Sinnesorgane besprochen worden sind und häufig als Ausfluß eines „Gleichgewichtssinnes" zusammengefaßt werden. Gleich der aufrechten Körper- und Kopfhaltung steht auch das Stellungs- und Bewegungsgesetz im Dienste der Orientierung und der Lokomotion und zeigt sich daher wie jene abhängig von den genannten afferenten Impulsen. Dies wird bewiesen durch die bereits S. 324 erwähnten kompensatorischen Drehungen der Augen bei Abweichung des Kopfes von der aufrechten Haltung und durch die nystagmatischen Augenbewegungen, die durch Drehbeschleunigungen hervorgerufen werden (siehe oben S. 323). Die Innervation der verschiedenen Bewegungen geschieht von seiten der Kerne des III., IV. und VI. Gehirnnerven, die unter sich durch das hintere Längsbündel, mit den optischen Bahnen durch das vordere Paar der Vierhügel, mit den akustischen Bahnen durch das hintere Paar derselben verbunden sind. Die Beziehungen zum Vestibularis vermittelt nach CAJAL eine Bahn, die aus dem DEITERSschen Kern kommt und sich dem hinteren Längsbündel anschließt.

Das zweiäugige Sehen.

Wie die beiden Augen durch die Art der Innervation ihrer Muskeln zu einem einheitlich bewegten Organe (Doppelauge) verkuppelt sind, so fließen auch die durch sie vermittelten afferenten Erregungen zu einem einheitlichen Eindruck zusammen. Trotz zweier Augen wird im allgemeinen einfach gesehen. Diese Regel hat aber auch ihre Ausnahmen und es bedarf nur der darauf gerichteten Aufmerksamkeit, um gewahr zu werden, daß der sichtbare Raum neben einfach gesehenen Dingen auch stets doppelt gesehene enthält. Der Grund, warum letztere vielen Menschen unbemerkt bleiben, liegt darin, daß sie im Bereich des indirekten, weniger scharfen Sehens liegen und daher die Aufmerksamkeit nicht auf sich ziehen.

Einfachsehen heißt, daß die Erregung gewisser Punkte der beiden Netzhäute auf dieselbe Stelle des Raumes bezogen wird. Solche Punkte nennt man identische, korrespondierende oder Deckpunkte. Zu ihnen gehören vor allen die Mittelpunkte der beiden Netzhäute, in denen der von den Augen fixierte Punkt zur Abbildung kommt. An demselben Orte oder wenigstens in derselben Richtung gesehen wird aber nicht nur der Punkt, in dem die Gesichtslinien beider Augen sich schneiden, sondern auch was sonst noch in der Richtung der beiden Gesichtslinien liegt, mögen sich diese Dinge auch an ganz verschiedenen Stellen des objektiven Raumes befinden.

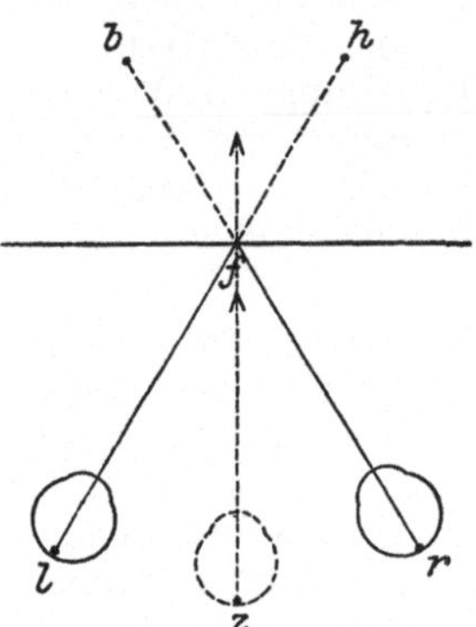

Abb. 139. Nachweis der identischen Sehrichtung nach HERING.

Darüber unterrichtet der folgende von HERING angegebene Versuch (HERMANNS Handb. d. P. 3. I. 386). Man stelle sich in der Entfernung von etwa $^1/_2$ m vor ein Fenster, das eine freie Aussicht gewährt, schließe das rechte Auge und fixiere mit dem linken Auge einen etwas nach rechts gelegenen fernen Gegenstand, etwa ein Haus (h in Abb. 139). Zugleich bringe man auf der Fensterscheibe eine Marke f an, die das Haus teilweise deckt. Man schließe nun das linke Auge und öffne das rechte, richte letzteres auf die Marke und beachte, welchen fernen Gegenstand sie dem rechten Auge teilweise verdeckt. Es sei dies ein Baum b. Schließlich fixiere man mit beiden Augen die Marke f. Man wird gerade hinter derselben, von ihr teilweise gedeckt, sowohl das ferne Haus wie den Baum sehen, bald deutlicher das eine, bald das andere, je nachdem im Wettstreit das Bild des einen oder anderen Auges siegt. h, b und f erscheinen somit dem Beobachter in derselben Sehrichtung, bei symmetrischer Konvergenz der Augen in der Medianebene. Die Richtungsbestimmung geschieht gerade so, als ob sich zwischen den beiden Augen, in der Gegend der Nasenwurzel, ein einziges „Zyklopenauge" z befinden würde, das die auf die Netzhäute der wirklichen Augen fallenden Eindrücke derart auf sich vereinigt, als ob die in den Mittelpunkten der linken und rechten Netzhaut auftretenden Bilder im Mittelpunkte seiner Netzhaut entstünden. Sie werden dann sämtlich in der Gesichtslinie des Zyklopenauges gesehen.

Um zu erfahren, welche Punkte der beiden Netzhäute außer den

beiden Mittelpunkten noch als Deckpunkte anzusprechen sind, ist man
so vorgegangen, daß man jedem der beiden in Primärstellung befindlichen Augen in einem besonderen Gesichtsfelde ein anderes Linienstück
dargeboten und geprüft hat, wie diese Stücke gelagert sein müssen,
damit sie von den Augen zu einer ununterbrochenen Linie vereinigt
werden können (Substitutionsmethode). Das Ergebnis dieser Versuche
kann zunächst in schematischer Weise dahin zusammengefaßt werden,
daß die als Netzhauthorizonte oder als mittlere Querschnitte bezeichneten
Linien, in denen die Netzhäute von der Visierebene (siehe oben S. 369)
geschnitten werden, Decklinien sind und in ihnen Deckpunkte jene,
die nach derselben Seite gleichweit vom
Mittelpunkt der Netzhaut entfernt sind.
Ebenso sind die im Mittelpunkte auf dem
Netzhauthorizont errichteten Senkrechten,
der scheinbare vertikale Meridian oder der
mittlere Längsschnitt Decklinien und in
ihnen gleichweit vom Mittelpunkt nach oben
oder unten entfernte Punkte Deckpunkte.
Durch den mittleren Quer- und Längsschnitt
zerfällt jede Netzhaut in 4 Quadranten (I—IV
in Abb. 140). Punkte zweier gleichnamiger

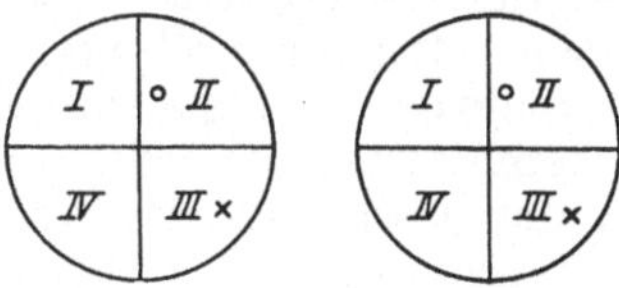

Abb. 140. Lage der Deck-
punkte, der sich deckenden
Hauptschnitte und Quadranten der beiden Netzhäute
(schematisch).

Quadranten, die gleichen Abstand vom mittleren Quer- bzw. Längsschnitt haben, sind Deckpunkte, so z. B. die in den Quadranten II
und III durch kleine Kreise bzw. Kreuze gekennzeichneten Punkte.
Denkt man sich also die Netzhäute aus den beiden Augen entfernt
und so aufeinander gelegt, daß ihre Mittelpunkte sowie die mittleren
Quer- und Längsschnitte sich decken, so würden sämtliche übereinander
liegenden Punkte der beiden Flächen Deckpunkte sein. Nicht identische
Punkte heißen disparate.

Ist bekannt, welche Punkte der beiden Netzhäute als Deckpunkte zu gelten haben, so kann
man fragen, wo die in ihnen abzubildenden Punkte
des Sehraumes zu suchen sind. Entsprechend der
Bedeutung der Deckpunkte können nur Dinge, die
sich an jenen Orten des Sehraumes befinden, einfach
gesehen werden. Die Gesamtheit dieser Orte bildet
den Horopter für die jeweilige Augenstellung. So
besteht z. B. bei Primärstellung der Augen, d. h.
beim Sehen gradaus in die Ferne der Horopter
aus dem ganzen über eine gewisse Entfernung
hinaus gelegenen, binokular sichtbaren Raum
(HERING a. a. O. S. 375). Bei symmetrischer Kon-

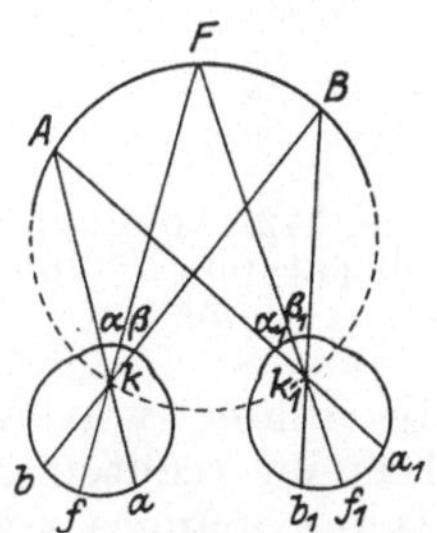

Abb. 141. Horopter-
kreis.

vergenz der Augen auf den Punkt F der Abb. 141 werden außer
dem Fixationspunkte auch die auf dem sog. MÜLLERschen Horopter-
kreise liegenden Punkte z. B. A und B auf Deckpunkten (a, a_1 bzw. b, b_1)
abgebildet. Denn bei der Gleichheit der Winkel α und α_1 bzw. β und β_1
müssen auch die Strecken $af = a_1 f_1$ und $bf = b_1 f_1$ sein. Der Bogen
AFB und die in F auf der Ebene des Kreises errichtete Senkrechte stellen
den Horopter für die fragliche Konvergenzstellung dar.

In Wirklichkeit ist nun freilich die gegenseitige Deckung der beiden
Netzhäute keine so vollkommene, wie sie oben an Hand der Abb. 140
angenommen wurde. Auf dem Netzhauthorizont gleichweit voneinander

entfernte Punkte haben auf der temporalen Hälfte des Horizonts einen
größeren Raumwert als auf der nasalen Hälfte, so daß bei Halbierung
einer horizontalen Linie (ohne Zuhilfenahme von Augenbewegungen)
die nasal gelegene Linienhälfte stets kleiner ausfällt als die temporale
(KUNDTscher Teilungsversuch vgl. TSCHERMAK, 1905, E. d. P. **4**, 517;
HOFMANN, 1915, Ebda. **15**, 238). Weiter stehen die mittleren Längsschnitte der beiden Netzhäute in den meisten Augen nicht senkrecht
auf den mittleren Querschnitten, sondern konvergieren nach unten.
Dies ist mit Hilfe der Substitutionsmethode daran zu erkennen, daß
bei Primärstellung der Augen eine je einem Auge zur Hälfte dargebotene,
auf der Visierebene wirklich senkrecht stehende Linie in der Mitte zu
einem stumpfen Winkel geknickt erscheint. Diese als „physiologische
Inkongruenz" bekannten Abweichungen von der oben vorausgesetzten
schematischen Anordnung der Deckpunkte bedingen gewisse Änderungen
in der Form des Horopters. Für die Primärstellung wird derselbe zu
einer horizontalen, ungefähr in der Höhe des
Fußbodens liegenden, sich in die Ferne er-
streckenden Ebene, für eine symmetrische Konvergenzstellung ist die durch den Fixierpunkt
gehende Gerade nicht mehr senkrecht zur Visierebene, sondern mit ihrem oberen Ende von dem
Gesichte abliegend. Endlich wird durch die
räumliche Ungleichwertigkeit der temporalen
und nasalen Netzhauthälften aus dem MÜLLER-
schen Horopterkreis eine Kurve, die je nach
dem Abstand des Fixationspunktes von dem
Gesichte diesem die konkave oder konvexe Seite
zukehrt (HILLEBRAND, 1893, Z. f. Ps. **5**, 1;
HELMHOLTZ, Physiol. Optik. 3. Aufl. **3**, 347 und
398; HERING a. a. O. S. 375).

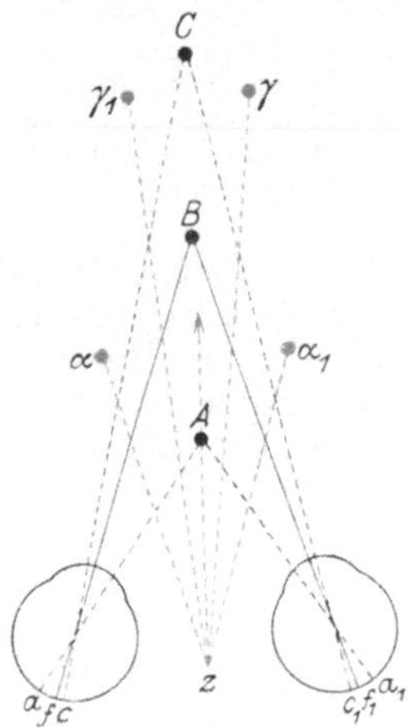

Abb. 142. Abbildung auf
disparaten Netzhaut-
punkten.

Nicht im Horopter liegende Gegenstände
kommen auf disparaten Netzhautstellen zur Abbildung und werden infolgedessen doppelt gesehen.
Stellen in Abb. 142 die Punkte A, B und C Durch-
schnitte von drei senkrecht zur Visierebene gestellten Stäben dar und werde B fixiert, so liegen
die Bilder von A in beiden Augen temporal von der Netzhautmitte.
Das im rechten Auge entstehende Bild a_1 wird vom Standpunkt des
Zyklopenauges z gesehen in der Richtung z α, das des linken Auges a in
der Richtung z α_1 erscheinen. Die Doppelbilder sind gekreuzt,
d. h. es verschwindet bei Verdeckung des linken Auges das rechte und
umgekehrt. Die Bilder von C liegen dagegen in beiden Augen nasal
von der Netzhautmitte. Es erscheint daher das Bild c_1 in der Richtung z γ,
c in der Richtung z γ_1, die Doppelbilder sind ungekreuzt oder gleich-
namig.

Zur Entstehung deutlicher Doppelbilder bedarf es einer Disparation,
von der in Abb. 142 angedeuteten Größenordnung. Die dem Sehakte
stets innewohnende Tendenz zum Einfachsehen kann hier nicht durch-
dringen. Hält sich die Disparation in engeren Grenzen, so wird trotz
derselben einfach gesehen, aber nicht in der Weise, daß die Unterschiede
zwischen den Eindrücken beider Augen etwa verschwinden, sondern
daß sie zur binokularen Tiefenwahrnehmung verwertet werden.

Aus der Abb. 142 ist ja ohne weiteres zu entnehmen, daß die bitemporale Disparation der zu A gehörigen Bilder um so größer wird, je mehr sich A von B entfernt und entsprechendes gilt für die binasale Disparation der zu C gehörigen Bilder. Die quere Disparation gibt demnach ein Maß für die Tiefenerstreckung $\overline{BA}$ bzw. $\overline{BC}$.

Bei der außerordentlichen Feinheit des Raumsinns des Auges (siehe oben S. 365) können auf 1 m Abstand noch Tiefenunterschiede von 1 mm wahrgenommen werden. Mit zunehmender Entfernung nimmt aber die Tiefenwahrnehmung rasch ab, weil bei dem geringen Abstand der beiden Augen die Disparation unter die Grenze der Merklichkeit sinkt. Vergrößert man den Augenabstand künstlich mit Hilfe des Telestereoskops von HELMHOLTZ oder dem ebenso wirkenden Scherenfernrohr, so kann die Tiefenwahrnehmung wesentlich vervollkommt werden. Endlich bietet die photographische Kamera die Möglichkeit, zwei Aufnahmen desselben Gegenstandes von den Endpunkten einer beliebig großen Standlinie zu machen, die dann im Stereoskop vereinigt werden können. Auf diesem Wege ist es möglich, nicht nur eine plastische Darstellung entfernter Gebirge, sondern sogar des Saturns und seiner Monde zu erzielen (HARTWIG, Das Stereoskop. Leipzig 1907).

Stehen solche Hilfsmittel nicht zur Verfügung, so ist man zur Beurteilung des Tiefenabstandes weit entfernter Gegenstände auf die Verwertung einer Anzahl von Kennzeichen von sekundärer Bedeutung angewiesen. Hierher gehört u. a. die sog. Luftperspektive, d. h. die Trübung, die der in der Luft enthaltene Staub vor ferne Gegenstände legt, die Schattenbildung, die perspektivische Verkürzung, die Größe des Sehwinkels, unter dem Gegenstände von bekannter Größe, z. B. Menschen erscheinen. Von diesen Hilfsmitteln macht die künstlerische Darstellung zur Erzielung von Tiefenwirkungen Gebrauch. Ein Hilfsmittel, das nur dem bewegten Beobachter zur Verfügung steht, ist die scheinbare Verschiebung der gesehenen Dinge gegeneinander. Bei monokularer Betrachtung kann schließlich auch die Akkommodation des Auges einen gewissen Schluß auf die Tiefenerstreckung des Gesehenen erlauben.

Das Sehen von Bewegungen.

1. Gleitet das Bild eines Gegenstandes über die Netzhaut hin, ohne daß gleichzeitig eine Blickbewegung stattfindet, so entsteht der Eindruck der Bewegung des Gegenstandes. Der Geschwindigkeit sind dabei gewisse Grenzen gezogen. Es gibt Bewegungen, die zu rasch sind, um gesehen zu werden, wie die Versuche mit dem Farbenkreisel zeigen und andere, wie das Wachsen des Grases, die zu langsam sind. Sehr langsame Bewegungen, wie die der Uhrzeiger, werden zumeist nur in der Form wahrgenommen, daß nach Ablauf einer gewissen Zeit die Ortsveränderung feststellbar ist. Rasche Bewegungen werden dagegen unmittelbar als solche erkannt, auch wenn Größe und Geschwindigkeit der Ortsveränderung nicht angebbar sind. Man unterscheidet daher eine direkte und eine indirekte Form der Bewegungswahrnehmung (EXNER, 1875, Sitzungsber. Akad. Wien. **72**. III. 156). Die Deutung der wahrgenommenen Bewegung ist übrigens stets noch von Nebenumständen abhängig, die sehr häufig zu Täuschungen Veranlassung geben, so z. B. wenn man im Kahne gleitend die Ufer für bewegt hält u. dgl. m.

Der Bewegungseindruck entsteht in gleicher Weise, wenn bei ruhenden Gegenständen die Augenstellung durch äußere Kräfte oder durch unwillkürliche Muskeltätigkeit verändert wird. Hierher gehören die Scheinbewegungen, die auftreten, wenn durch seitlichen Fingerdruck das Auge, durch Linsen oder Prismen die Netzhautbilder verschoben werden, ferner der Gesichtsschwindel, der auftritt, wenn man sich mehrmals rasch um sich selbst dreht und dann plötzlich still steht. Seine Ursache sind die nystagmatischen Bewegungen der Augen.

Werden dagegen die Augen willkürlich im Interesse des Sehens bewegt, so führen die damit einhergehenden Verschiebungen der Bilder auf den Netzhäuten nicht zur Vorstellung einer Bewegung. Es muß also die Verschiebung der Bilder durch eine gleich große und entgegengesetzte Verschiebung ihres Ortswertes aufgehoben werden. Die Veranlassung zu dieser Umwertung muß in der Ortsveränderung der Aufmerksamkeit gesucht werden. Indem ein indirekt gesehener Gegenstand die Aufmerksamkeit fesselt, wird die entsprechende Blickbewegung ausgelöst. Unterbleibt die Bewegung infolge Lähmung des Muskels, oder weil das Auge durch ein äußeres Hindernis in seiner Beweglichkeit beschränkt ist, so findet dennoch die Umwertung statt, die dann, weil eine entsprechende Verschiebung der Bilder auf der Netzhaut fehlt, zu Scheinbewegungen Veranlassung gibt. Ob neben der Ortsveränderung der Aufmerksamkeit auch die Spannungsempfindungen der Augenmuskeln an der Umwertung beteiligt sind, ist eine nicht entschiedene Frage.

Ob es Bewegungswahrnehmungen gibt ohne Ortsveränderung der Bilder auf der Netzhaut, indem das Auge dem bewegten Gegenstand dauernd folgt, ist eine offene und schwer zu beantwortende Frage. Da der Vergleich mit ruhenden Gegenständen zu vermeiden ist, muß der Versuch in verdunkeltem Raume ausgeführt werden. Unter diesen Bedingungen ist aber die Fixation des bewegten Lichtpunktes sehr erschwert durch die unwillkürlichen Blickschwankungen, die sich hierbei stärker bemerklich machen als unter gewöhnlichen Verhältnissen (vgl. hierzu HOFMANN, 1915, E. d. P. **15**, 331).

Lehrbuch der Physiologie des Menschen von Dr. med. **Rudolf Höber**, o. ö. Professor der Physiologie und Direktor des physiologischen Instituts der Universität Kiel. Z w e i t e, durchgesehene Auflage. Mit 244 Textabbild. 1920. Preis geb. etwa M. 32,—.

Physiologisches Praktikum. Chemische, physikalisch-chemische und physikalische Methoden. Von Geh. Medizinal-Rat Prof. Dr. **Emil Abderhalden**, Direktor des physiologischen Instituts der Universität Halle a. S. Z w e i t e, verbesserte u. vermehrte Auflage. Mit 287 Textfig. 1919. Preis M. 16,—; geb. M. 18,80.

Praktische Übungen in der Physiologie. Eine Anleitung für Studierende von Dr. **L. Asher**, o. Professor der Physiologie, Direktor des physiologischen Instituts der Universität Bern. Mit 21 Textfiguren. 1916. Preis M. 6,—.

Allgemeine Physiologie. Eine systematische Darstellung der Grundlagen sowie der allgemeinen Ergebnisse und Probleme der Lehre vom tierischen und pflanzlichen Leben von **A. v. Tschermak**. In zwei Bänden. Erster Band: **Grundlagen der allgemeinen Physiologie.** 1. Teil: Allgemeine Charakteristik des Lebens, physikalische und chemische Beschaffenheit der lebenden Substanz. Mit 12 Textabbildungen. 1916. Preis M. 10,—.

Biochemie. Ein Lehrbuch für Mediziner, Zoologen und Botaniker von Dr. **F. Röhmann**, a. o. Professor an der Universität und Vorsteher der chemischen Abteilung des physiologischen Instituts zu Breslau. Mit 43 Textfiguren und 1 Tafel. 1908. Preis gebunden M. 20,—.

Kurzes Lehrbuch der physiologischen Chemie. Von Dr. **Paul Hári**, a. o. Professor der physiologischen und pathologischen Chemie an der Universität Budapest. Mit 3 Textabbildungen. 1918. Preis M. 12,--; geb. M. 14,60.

Klinische Chemie. Von Professor Dr. med. **L. Lichtwitz**, ärztlicher Direktor am städtischen Krankenhause zu Altona. Mit 13 Textfiguren. 1918. Preis M. 14,—; gebunden M. 16,60.

Die physikalisch-chemischen Grundlagen der Biologie. Mit einer Einführung in die Grundbegriffe der höheren Mathematik. Von Dr. phil. **E. Eichwald**, ehemaligem Assistenten, und Dr. phil. **A. Fodor**, erstem Assistenten am physiologischen Institut der Universität Halle a. S. Mit 119 Textabbildungen und 2 Tafeln. 1919. Preis M. 42,—; gebunden M. 48,—.

Mikroskopie und Chemie am Krankenbett. Von **Hermann Lenhartz.** N e u n t e, umgearbeitete und vermehrte Auflage von Professor Dr. **Erich Meyer**, Direktor der medizinischen Klinik in Göttingen. Mit 168 meist farbigen Abbildungen und einer Tafel. 1919. Preis gebunden M. 25,—.

Hierzu Teuerungszuschläge.

Leitfaden der Mikroparasitologie und Serologie. Von Prof. Dr. E. Gotschlich, Direktor des Hygienischen Instituts der Universität Gießen und Prof. Dr. W. Schürmann, Halle a. S. Mit besonderer Berücksichtigung der in den bakteriologischen Kursen gelehrten Untersuchungsmethoden. Ein Hilfsbuch für Studierende, praktische und beamtete Ärzte. Mit 213 meist farbigen Textabbildungen. 1920. Preis M. 25,—; geb. M. 28,60.

Repetitorium der Hygiene und Bakteriologie in Frage und Antwort. Von Prof. Dr. W. Schürmann, Privatdozent an der Universität Halle a./S. Zweite, erweiterte Auflage. 1919. Preis M. 6,—.

Leitfaden der medizinisch-klinischen Propädeutik. Von Dr. F. Külbs, Professor an der Akademie für praktische Medizin in Köln. Zweite Auflage. Mit 86 Textabbildungen. 1920. Erscheint Anfang Sommer-Semester 1920.

Vorlesungen über klinische Propädeutik. Von Dr. E. Magnus-Alsleben, a. o. Professor an der Universität in Würzburg. Mit 14 zum Teil farbigen Abbildungen. 1919. Preis M. 16,—; geb. M. 18,60.

Einführung in die Kinderheilkunde. Ein Lehrbuch für Studierende und Ärzte von Dr. B. Salge, o. ö. Professor der Kinderheilkunde, zur Zeit in Marburg a. d. Lahn. Vierte, erweiterte Auflage. Mit 15 Textabbildungen. 1920.
Preis gebunden M. 22,—.

Der geburtshilfliche Phantomkurs in Frage und Antwort. Von Geh. Hofrat Prof. Dr. B. Krönig, Direktor der Universitäts-Frauenklinik in Freiburg i. Br. Zweite, unveränderte Auflage. 1920. Preis M. 2,40.

M. Runges Lehrbücher der Geburtshilfe und Gynäkologie. Fortgeführt von R. Th. von Jaschke und O. Pankow.
    Lehrbuch der Geburtshilfe. Neunte, erweiterte Auflage. Mit 476 darunter zahlreichen farb. Abbildungen im Text. Erscheint Anfang Sommer-Semester 1920.
    Lehrbuch der Gynäkologie. Sechste, erweiterte Auflage. Mit etwa 300, darunter zahlreichen farb. Abbildungen im Text. Unter der Presse.

Einführung in die gynäkologische Diagnostik. Von Dr. Wilhelm Weibel, Privatdozent für Geburtshilfe und Gynäkologie, erster Assistent der II. Universitäts-Frauenklinik (Prof. E. Wertheim) in Wien. Mit 144 Textabbildungen. 1917. Preis gebunden M. 6,80.

Grundriß der Augenheilkunde für Studierende. Von Geh. Medizinalrat Prof. Dr. F. Schieck, Direktor der Universitäts-Augenklinik in Halle a./S. Mit 105 zum Teil farbigen Textabbildungen. 1919. Preis M. 9,—; geb. M. 11,40.

Hierzu Teuerungszuschläge.